Imrich Daubner

Mikrobiologie des Wassers

Imrich Daubner

Mikrobiologie des Wassers

2. überarbeitete Auflage
mit 60 Abbildungen und 70 Tabellen

Herausgegeben
von H. Grahneis und
H.-D. Münch

Akademie-Verlag · Berlin
1984

Titel der slowakischen Originalausgabe:
Mikrobiológia vody

RNDr. I. Daubner, Dr. sc.

Leiter des Sektors Limnologie und der Fachabteilung Hydromikrobiologie des Institutes für experimentelle Biologie und Ökologie des Zentrums für biologisch-ökologische Wissenschaften der Slowakischen Akademie der Wissenschaften, Bratislava

Erschienen im Akademie-Verlag, DDR-1086 Berlin, Leipziger Straße 3—4

Lizenznummer: 202 · 100/502/84
Printed in the German Democratic Republic
Gesamtherstellung: VEB Druckhaus „Maxim Gorki", 7400 Altenburg
Einband und Schutzumschlag: Eckhardt Steiner
LSV 1345
Bestellnummer 762 316 8 (5790)

06400

Vorwort des Autors zur 1. Auflage

Die Hydromikrobiologie ist ein Wissenschaftszweig, der sich mit dem Studium von Mikroorganismen — Bakterien im weiteren Sinne — im Wasser befaßt. Sie prüft Anzahl, Morphologie, physiologische Leistungen und ökologische Beziehungen sowohl untereinander als auch in Beziehung zum Biotop.

Als selbständige wissenschaftliche Disziplin entfaltet sich die Hydromikrobiologie schon seit einem Jahrhundert und bildet heute einen bedeutsamen und sich schnell entwickelnden Wissenschaftszweig. Es ist bemerkenswert, daß dieser Problematik keine selbständige zusammenfassende Arbeit gewidmet wurde, die die bisherigen Erkenntnisse enthält und ein erforderliches Hilfsmittel, besonders für jüngere Hydromikrobiologen, wäre. In den USA erschienen zwar zwei Werke, die sich mit dieser Problematik befassen (Prescott, Winslow und McCrady 1950 sowie Gainey und Lord 1952); in beiden finden wir jedoch nahezu ausschließlich in klassischer Form Abhandlungen über die enge Gruppe der saprophytischen und enteralen Bakterien, die im Wasser vom hygienischen Standpunkt aus bestimmt werden.

In der Fachliteratur der ganzen Welt kann man Monographien über die Mikrobiologie des Bodens, der Milch und Milchprodukte, des Fleisches, von Konserven u. a. finden. Es gibt Abhandlungen mit Betonung der medizinischen, hygienischen, technischen, landwirtschaftlichen und anderer Standpunkte. Eine Monographie, die sich mit den Mikroben des Wassers unter biologischen Aspekten befaßt, haben wir nicht gefunden.

In der vorliegenden Publikation versuchen wir, auf der Grundlage von Literaturangaben und an Hand der Ergebnisse eigener Forschung und bisheriger Erfahrungen ein Bild über Vorkommen, Tätigkeit, Bestimmung und Bedeutung der Mikroben — vor allem der Bakterien — im Wasser zu vermitteln.

Den Mikroorganismen im Wasser der Meere und Ozeane wird gleichzeitig Aufmerksamkeit gewidmet. Auch wenn wir uns dessen bewußt sind, daß die Mikrobiologie des Meeres ein selbständiges Gebiet der Wissenschaft ist und als solches auch bearbeitet wurde (ZoBell 1946, Kriss 1959), meinen wir jedoch, daß in einer Monographie „Mikrobiologie des Wassers“ dieser Teil wenigstens zusammengefaßt beschrieben werden sollte. Schließlich handelt es sich dabei um Fragen, die in engem Zusammenhang stehen. Die Flüsse führen bei ihrem Einfließen in das Meer eine spezifische Mikroflora mit und sind umgekehrt Einflüssen des Meeres ausgesetzt. So können diese zwei Gebiete nicht formal getrennt werden, wenn die Arbeit ein geschlossenes Bild über Vorkommen und Entfaltung der Mikroorganismen im Wasser geben soll.

Wir wissen, daß die vorliegende Publikation die Problematik der Hydromikrobiologie in ihrer ganzen Breite nicht erschöpfen kann. Abgesehen davon, daß bisher bei weitem nicht alle Tatsachen über Vorkommen, Anzahl und Aktivität der Mikroben im Wasser bekannt und bewertet sind, häuften sich auf diesem Gebiet im letzten Jahrhundert viele Erkenntnisse theoretischen und experimentellen Charakters an. Unsere Arbeit will ein Ansporn für die weitere Entwicklung der Hydromikrobiologie als Ganzes und ihrer einzelnen speziellen Teilgebiete sein.

Wir teilten das Buch in neun Kapitel, in denen wir die Geschichte der Mikrobiologie des Wassers seit ihrem Beginn bis zur Gegenwart darlegen und das Wasser als Umwelt, besonders seine physikalischen und chemischen Eigenschaften und seine speziellen ökologischen Bedingungen für die darin lebenden Organismen, betrachten. Die ökologischen Beziehungen der Mikroorganismen bilden eines der am wenigsten erforschten Gebiete der Hydromikrobiologie, deshalb ist das Studium dieser interessanten Problematik schon längere Zeit Gegenstand unserer Forschungen. Im Kapitel über die Ökologie führen wir in größerem Umfang die Ergebnisse unserer bisherigen theoretischen und experimentellen Arbeiten an.

Ein relativ umfassendes Kapitel widmeten wir auch den bereits allgemein gut bekannten Bakteriengruppen, die aus hygienisch-epidemiologischen Gründen wichtig sind, und dies nicht nur hinsichtlich ihrer Bestimmung und Bewertung, sondern auch bezüglich ihrer Taxonomie, Nomenklatur und Klassifikation. Gründlich bearbeitet wurde auch die Lebenstätigkeit und Bedeutung der Mikroorganismen im Wasser. Es handelt sich um das mikrobielle Plankton des Wassers als Ganzes sowie um die einzelnen Gruppen der autotrophen und heterotrophen Mikroorgansimen, die wesentlichen Vermittler des Abbaues der organischen Stoffe, die Produzenten neuer organischer Verbindungen aus anorganischen Elementen und Stoffen und um die Regler des Stoffkreislaufes im Wasser.

Bei der Beschreibung neuer Untersuchungsverfahren richteten wir unsere Aufmerksamkeit vor allem auf jene, die erweiterte Perspektiven für die hydromikrobiologische Grundlagenforschung und für die Routineuntersuchung des Wassers eröffnen sowie bei der realen Einschätzung von Zahl und Art der Mikroorganismen im Wasser Hilfe bieten. Wir haben besonders Methoden hervorgehoben, die eine Untersuchung des Wassers an Ort und Stelle ermöglichen und so die Beeinflussung der Wasserproben durch Transport und Aufbewahrung ausschließen. Methoden, die heute als veraltet und ungenau angesehen werden müssen, führten wir nicht an.

Im neunten Kapitel ist eine Zusammenstellung von Nährböden angeführt. Dabei verweisen wir besonders auf moderne flüssige und feste Nährmedien sowie auf differential-diagnostische und spezielle Nährböden für die einzelnen physiologischen Gruppen. Wir führten auch einige Indikatoren und biochemische Tests zur Identifizierung der isolierten Stämme unter besonderer Berücksichtigung von Bakterien der Familie Enterobacteriaceae an.

Den letzten Abschnitt bildet die Bibliographie, in der wir Arbeiten aus allen Gebieten der Mikrobiologie des Wassers zusammenstellten. Auch wenn es unser Bestreben war, vorwiegend Literaturangaben zusammenzufassen, die auf die ganze Breite des Studiums der Mikroorganismen in Wässern vom Beginn der Hydromikrobiologie bis zur Gegenwart hinweisen sollen, um dadurch den Interessenten mit allen Gebieten der Forschung und Untersuchung der Wässer vom Standpunkte der Mikrobiologie her bekannt zu machen, mußten wir aus der großen Anzahl der Arbeiten, die bisher auf diesem Gebiet veröffentlicht wurden, eine Auswahl treffen. So ließen wir Angaben aus, die einem allgemeinen Leserkreis praktisch unzugänglich sind (Manuskripte, Dissertationen, Vorträge), falls diese nicht wesentlich neue und außerordentlich bedeutende Ergebnisse zitieren. Wir entschlossen uns zur Zusammenstellung einer derartigen, breiten Bibliographie, weil es sich eigentlich um die erste monographische Bearbeitung der angeführten Thematik handelt. Das Werk von PRESCOTT et al. (1950) bringt zwar auch viele bibliographische Angaben; die Autoren zitierten jedoch keine Literatur aus dem slawischen Sprachgebiet. Deshalb ergänzten wir die fehlenden Angaben und tilgten so die Schuld gegenüber allen Mitarbeitern, die viel Mühe und häufig auch ihre ganze Lebensarbeit der Lösung von Problemen der Hydromikrobiologie widmeten.

Die Aufgabe einer ersten Bearbeitung und Interpretation von Problemen ist stets schwer. Wir sind uns deshalb bewußt, daß in unserer Arbeit noch vieles ergänzt und vervollkommnet werden muß. Die Notwendigkeit der Ausfüllung der Lücke in der hydrobiologischen Literatur, soweit es sich um die Hydromikrobiologie handelt, erschien uns aber so dringlich, daß wir uns dieser Aufgabe annahmen. Die Kritik der Arbeit, die uns in Zukunft ein Leitfaden sein wird, überlassen wir dem Leser.

Schließlich ist es mir eine angenehme Pflicht, dem wissenschaftlichen Redakteur, Herrn Professor V. MUCHA, Mitglied der Slowakischen Akademie der Wissenschaften, Herrn Professor P. NEMEC, Korrespondierendes Mitglied der Slowakischen Akademie der Wissenschaften, und Herrn Dozent RNDr. V. SLÁDEČEK, DrSc. für ihre wertvollen Hinweise als Rezensenten zu danken. Herrn Dipl.-Ing. J. MAYER, CSc. bin ich für die Mithilfe bei der Fertigstellung des slowakischen und deutschen Manuskriptes zu Dank verpflichtet.

Den Herausgebern der deutschen Ausgabe des Buches, Herrn Obermedizinalrat Prof. Dr. med. habil. H. GRAHNEIS und Herrn Dipl.-Biol. Dr. rer. nat. H.-D. MÜNCH, bin ich für die sorgfältige Durchsicht des Manuskriptes sowie für wertvolle Ergänzungen, die zur Vervollkommnung des Werkes beigetragen habe, aufrichtig dankbar.

Bratislava, Juni 1970 I. DAUBNER

Vorwort der deutschen Herausgeber

DAUBNERS „Mikrobiologie des Wassers" erschien 1967 in slowakischer Sprache zu einer Zeit, in der im deutschsprachigen Raum mehrere Publikationen vorbereitet wurden, die den gleichen Themenkomplex berühren. Dadurch wird einerseits das zeitliche Erfordernis deutlich, andererseits ergibt sich eine sinnvolle Ergänzung auf diesem Gebiet. Die 1970 erschienenen „Ausgewählten Methoden der Wasseruntersuchung" stellen eine erste Fassung der einheitlichen DDR-Methoden dar, wobei es sich um detaillierte Arbeitsanweisungen für die laborative Routinetätigkeit mit „Kochbuch-Charakter" handelt; HACKENBERGS „Untersuchungsmethoden der Hygiene" enthalten u. a. einen allgemeinen Überblick über die Untersuchungsverfahren der Wasserhygiene und RHEINHEIMERS „Mikrobiologie der Gewässer" gibt eine Einführung in mikrobiologische Arbeitsgebiete der angewandten Limnologie.

Die den Hydromikrobiologen hiermit vorgelegte Arbeit DAUBNERS in deutscher Sprache ist als erster Versuch einer monographischen Darstellung dieses noch recht jungen Wissenschaftszweiges zu werten. Während in mehreren Publikationen (PRESCOTT, WINSLOW und MCCRADY 1950, GAINEY und LORD 1952, BONDE 1962 und MCKINNEY 1962) die hygienischen und sanitärtechnischen Gesichtspunkte bevorzugt dargestellt wurden, in anderen (ZOBELL 1946, KRISS 1959 und WOOD 1967) die Vertreter der marinen Mikrobiologie zu Wort kamen und z. B. KUZNECOV (1952) die Rolle der Mikroorganismen in den Nährstoffkreisläufen stehender Gewässer darlegte, müssen neuere Erkenntnisse aus Fortschritts- und Symposiumsberichten bzw. aus der nahezu unüberschaubaren Anzahl von Fachzeitschriften entnommen werden.

Die DAUBNERsche Darstellung erreicht zwar nicht das Ziel einer allumfassenden Monographie, bringt jedoch einen guten Überblick, kluge Anregungen und ausreichend Einzelheiten für die wissenschaftlichen Mitarbeiter der Organe der Hygieneinspektionen, der Einrichtungen und Betriebe der Wasserwirtschaft und für die Studenten an Universitäten, Akademien und Fachschulen sowie für sonstige Interessenten benachbarter Disziplinen. Besonderes Verdienst des Autors ist es, dem deutschen Leser eine Fülle z. T. schwer zugänglicher Literatur aus dem slawischen Sprachgebiet zu erschließen.

Autor und Herausgeber waren um eine einheitliche und moderne Nomenklatur bemüht; es zeigte sich jedoch, daß dieser Absicht durch verschiedene Entwicklungsrichtungen der Hydromikrobiologie, durch die Uneinheitlichkeiten im Schrifttum und durch die sich noch im Fluß befindlichen Auffassungen Grenzen gesetzt sind.

Bei der Redaktion der deutschen Ausgaben bemühten wir uns weitestgehend um Originaltreue — ein Bestreben, das wir dem Autor schuldig zu sein glaubten. Dies trifft sowohl auf den Buchtitel als auch auf den Mikroorganismen- und den Antibiotikabegriff und auf manches andere zu. Darüber hinaus mußten jedoch zahlreiche Anpassungen an den deutschen Sprachgebrauch und in Absprache mit dem Autor mehrere Ergänzungen vorgenommen werden.

Wenn das Buch den Studenten der einschlägigen Fachrichtungen (Hydrobiologie, Kommunalhygiene, Wasserwirtschaft) als Lehrmaterial dienen, den Bearbeitern hydromikrobiologischer Fragen Anregungen oder Literaturhinweise geben und die versierten Fachleute zu Kritik und Vervollständigungen anregen kann, wäre das gemeinsame Anliegen von Autor und Herausgeber voll erfüllt.

Halle/Saale, Mai 1971 H. GRAHNEIS/H.-D. MÜNCH

Vorwort des Autors zur 2. Auflage

Zwölf Jahre nach der Herausgabe der „Mikrobiologie des Wassers" und 17 Jahre nach der Veröffentlichung der Originalarbeit in der ČSSR wird vom Akademie-Verlag, Berlin, die 2. Auflage dieses Werkes herausgegeben. Diese für den Autor erfreuliche Tatsache stellt ihn gleichzeitig vor eine nicht leichte Aufgabe. Der Strom der neuen Ergebnisse theoretischer, experimenteller und anderer Arbeiten, der Publikationen und Methoden ist so enorm, daß es praktisch unmöglich ist, alle zu erfassen und in einer monographischen Arbeit darzustellen.

Im vollen Bewußtsein dieser Realität haben wir uns in der zweiten Auflage des Buches bemüht, die Prinzipien, Grunderkenntnisse und Arbeitsverfahren der Hydromikrobiologie in aktualisierter Form zu präsentieren. Aufbau und Umfang des Werkes blieb praktisch unverändert. Einzige Ausnahme ist die Eingliederung eines Abschnittes „Nutzung der mikrobiellen Tätigkeit im Wasser" in das 6. Kapitel. Im Text wurden vorwiegend ältere Angaben (Passagen, Tabellen, Rezepturen usw.) weggelassen und durch neuere Daten ersetzt bzw. neue Abschnitte eingefügt. Einige der letzteren (z. B. Enteroviren) sollen als Anregung zur Entfaltung entsprechender Fachgebiete betrachtet werden. Mehrere Teilgebiete der Wassermikrobiologie sind heute schon so umfangreich, daß sie bald eine eigene monographische Darstellung verdienen.

Den letzten Abschnitt bildet wieder die Bibliographie, in der wir Arbeiten aus allen Gebieten der Wassermikrobiologie anführten und die eine Fortsetzung der Angaben der 1. Auflage darstellt. Auch wenn es unser Bestreben war, alle bzw. viele Nachweise zu erfassen, die auf die ganze Breite des Studiums der Mikroorganismen in Wässern hinweisen würden, mußten wir aus der großen Anzahl der Publikationen, die auf diesem

Gebiet veröffentlicht worden sind, eine Auswahl treffen. Für die Wiederaufnahme der Bibliographie, die besonders Angaben aus dem slawischen Sprachgebiet bringt, haben wir uns auf Grund des positiven Echos entschlossen, das die 1. Auflage des vorliegenden Werkes gefunden hat. Damit erhält der Leser ein komplexes Bild über den Stand der gegenwärtigen Mikrobiologie des Wassers. Unsere aufrichtige Hoffnung ist, daß auch eine 2. Auflage zur Entwicklung dieses aktuellen und nützlichen Wissenschaftszweiges dienen wird.

Die fachliche Herausgabe dieser Auflage haben erfreulicherweise wieder die Herren Obermedizinalrat Prof. Dr. sc. med. H. Grahneis und Dipl.-Biol. Dr. rer. nat. H.-D. Münch übernommen. Ihnen, sowie meinen Mitarbeitern, bin ich für die Hilfe bei der Vorbereitung des Manuskriptes und viele wertvolle Anregungen zu aufrichtigem Dank verpflichtet.

I. Daubner

Vorwort der deutschen Herausgeber zur 2. Auflage

In den Jahren seit dem Erscheinen von Daubners „Mikrobiologie des Wassers“ hat sich auch dieses Fachgebiet weiterentwickelt. So hat Rheinheimers „Mikrobiologie der Gewässer“ bereits eine dritte Auflage (1981) erfahren, von Reichardt erschien die „Einführung in die Methoden der Gewässermikrobiologie“ mit dem Hinweis, daß nach Rodinas „Methoden der Wassermikrobiologie“ (1965) bereits wieder eine grundsätzliche Bestandsaufnahne erforderlich sei, und in der DDR erwarten wir mit Interesse die deutsche Übersetzung Kuznecov/Romanenkos Neuausgabe der „Mikrobiologische Untersuchung von Binnengewässern“. Die „Deutschen Einheitsverfahren zur Wasser-, Abwasser- und Schlammuntersuchung“ der BRD wurden ergänzt und die „Ausgewählten Methoden der Wasseruntersuchung“ als standardisierte Einheitsmethoden der DDR werden z. Zt. unter breiter Zusammenarbeit zwischen Wissenschaftlern und Praktikern überarbeitet.

Der Wert der Daubnerschen Darlegungen, die er in seiner 2. Auflage gestrafft und modernisiert hat, deren Nomenklatur der inzwischen erschienenen 8. Auflage von „Bergeys Manual of Determinative Bacteriology“ (1974) angepaßt wurde und in der der Autor aktuelle Teilgebiete (z. B. Wasservirologie, Plasmidübertragung, Aktivitätsbetrachtungen) besser berücksichtigt, besteht nach wie vor darin, daß er in ganzheitlicher Betrachtungsweise versucht, einen monographischen Überblick zu geben, zahlreiche Literatur aus dem slawischen Sprachgebiet erschließt und eine Fülle von Anregungen gibt.

Das Buch erscheint uns als Studentenlehrbuch geeignet und kann den Mitarbeitern der hygienischen und wasserwirtschaftlichen Praxis helfen, die Zusammenhänge ihrer wassermikrobiologischen Einzelaufgaben besser zu verstehen.

In diesem Sinne wünschen wir dem Werk eine gleich gute Aufnahme wie seiner Erstausgabe.

H. Grahneis/H.-D. Münch

Inhalt

Sechstes Kapitel

Siebentes Kapitel

Achtes Kapitel

Erstes Kapitel

Die Geschichte der Hydromikrobiologie

Schon lange vor der Entdeckung der Mikroorganismen wurden Vermutungen über ihre Existenz in der Umwelt ausgesprochen und der Verdacht wegen des Ausbruches vieler Krankheiten fiel nicht selten auf „schlechte Wässer“. Der römische Enzyklopädist und Schriftsteller VARRO schrieb bereits vor Beginn unserer Zeitrechnung, daß „in Sumpfgebieten unsichtbare kleine Lebewesen wachsen, die durch Mund und Nase in den Körper eindringen und dort schwere Erkrankungen hervorrufen“.

Abb. 1. ANTONIE VAN LEEUWENHOEK (1632—1723) mit seinem Mikroskop.

Jedoch erst der Bau des Mikroskops durch den Holländer LEEUWENHOEK im Jahre 1683 ermöglichte es, diese Hypothesen zu bestätigen: es wurde die Existenz von Mikroorganismen nachgewiesen. LEEUWENHOEK konnte mit seinem Mikroskop oder genauer seiner starken Lupe, mit der er eine 200fache und wahrscheinlich noch höhere Vergrößerung erzielen konnte, Mikroorganismen sehen und ziemlich genau beschreiben (Abb. 1). Er machte seine Beobachtungen u. a. an Heuaufgüssen, Regen- und Brunnenwasser, so daß man ihn gewissermaßen als den ersten Menschen ansehen kann, der das Wasser mikrobiologisch untersuchte. Es waren jedoch nur erste empirische Versuche, in das mikroskopische Reich einzudringen, keinesfalls waren diese Experimente zur Bestimmung des mikrobiellen Gehaltes des Wassers gedacht.

Die Erforschung des Wassers auf wissenschaftlicher Grundlage beginnt erst in der zweiten Hälfte des XIX. Jahrhunderts. Sie wurde hauptsächlich von Chemikern, weniger durch Mikrobiologen, betrieben. Die mikrobiologischen Untersuchungen waren vorwiegend hygienisch-mikrobiologischer Art, d. h. sie wurden zur Untersuchung des

Wassers als Faktor bei der Übertragung von Krankheitserregern durchgeführt. Die Anfänge der bakteriologischen Wasseruntersuchungen sind mit Namen wie PASTEUR, KOCH, GÄRTNER, MIQUEL und anderen hervorragenden Wissenschaftlern verbunden.

Noch vor Beginn dieser klassischen Untersuchungen bewies SNOW 1855, daß eine Übertragung der Cholera durch Trinkwasser möglich ist. Auf Grund seiner theoretischen Überlegungen bestimmte er genau den Ansteckungsherd bei der Choleraepidemie in London im Jahre 1854, der innerhalb von 10 Tagen über 500 Menschen zum Opfer fielen. Es handelte sich um Wasser aus einer Pumpe, in welche Abwasser einsickerte (ROSENAU 1956). Ein Jahr später, d. h. im Jahre 1856, sprach WILLIAMS die Vermutung aus, daß Typuserkrankungen infektiöser Art seien und durch Trinkwasser, das mit menschlichen Fäkalien in Berührung kam, übertragen werden können (GAINEY und LORD 1952).

Gegen Ende der zweiten Hälfte des vorigen Jahrhunderts erschienen weitere Angaben über das Wasser als Übertragungsweg des infektiösen Agens, und zwar in den Arbeiten von WIDAL, MESNIL, SEITZ, VINCENT, NICATI, RIETSCH, FRÄNKEL, GUARCH u. a. Besonders sei auf die „Diagnostik der Bakterien des Wassers“ von LUSTIG (1893) und die Monographie „Microorganisms in Water“ von FRANKLAND (1894) verwiesen, da in beiden neben den pathogenen auch die saprophytischen Wasserbakterien abgehandelt sind.

Diese und weitere Erkenntnisse bewirkten ein reges Interesse an der bakteriologischen Wasseruntersuchung. Es wurde festgestellt, daß praktisch alle Wässer eine gewisse Zahl von Mikroorganismen enthalten und daß proportional dazu auch die Wasserverunreinigung ansteigt. Dabei müssen jedoch auch weitere Faktoren in Betracht gezogen werden, die die Zahl von Bakterien im Wasser beeinflussen, wie Jahreszeiten, Regenfälle, Wasserstand u. a.

Auf Grund dieser Erkenntnisse unterteilt MIQUEL im Jahre 1886 das Wasser nach der Zahl der in ihm enthaltenen Bakterien in verschiedenen Qualitätsstufen. Als „außergewöhnlich rein“ betrachtete er Wässer mit weniger als 10 Keimen in 1 ml.

Im Zusammenhang mit dem Studium der Ursache des Entstehens der Typhusepidemie in Zürich im Jahre 1894 untersuchte KLEIBER das Wasser des Züricher Sees und beschrieb 42 Arten von typischen Wasserbakterien. Auf Grund der Bestimmung weiterer mikrobieller Formen schloß er auf die Anwesenheit und den Zufluß einer neuen Verunreinigung in den See. An seine Arbeit knüpfte 1902 PFENNIGER an. Er widmete sich dem Studium der vertikalen Verteilung von Bakterien im Züricher See im Verlaufe des ganzen Jahres. Dabei wies er auf die Unterschiedlichkeit der bakteriellen Schichtung im Wasser hin, auf die erhöhte Keimzahl in der Umgebung des Züflusses von Verunreinigungen und ihre Schwankung im Verlauf des Jahres (82 ... 20000 Keim/ml auf Gelatinenährboden). Im weiteren wurde festgestellt, daß die Zahl der Bakterien eines Gewässers auch horizontal verschieden ist (KUZNECOV 1952, 1959, DOUGHERTY und LAMBERTI 1954). PRAUSSNITZ, der das Wasser der Isar untersuchte, bestimmte bakteriologisch den Einfluß der Abwässer der Stadt München (KREDBA et al. 1948).

Eine hydrobakteriologische Erforschung im ökologischen Sinne führte VORONIN (zit. nach KUZNECOV 1959) am Glubokoe-See Ende des vorigen Jahrhunderts (1897) durch. Er befaßte sich besonders mit dem Studium des Bakterienvorkommens in den Gewässern und seinem Verhältnis zur Biomasse und zum Phytoplankton. Seine Ergebnisse sind jedoch nur aus einem kleinen Teil der Gesamtzahl der Mikroorganismen abgeleitet, da in dieser Zeit noch nicht die direkte mikroskopische Methode bekannt war, die die Bestimmung des mikrobiellen Planktons als Gesamteinheit ermöglicht.

NADSON knüpfte im Jahre 1903 an diese Arbeit an und klärte den Anteil der Bakterien am Kreislauf der Stoffe im Wasser. Mit Hilfe von Reinkulturen der entsprechenden Mikroorganismen, die er aus dem Wasser isolierte, gelang es ihm, experimentell den Kreislauf einiger Stoffe nachzuahmen. Außerdem widmete er sich der Erforschung der Vorgänge bei der Bildung von H_2S im Wasser und der Funktion der Bakterien bei diesen Prozessen.

Bei dieser Gelegenheit sollen auch die Arbeiten von NIKITINSKIJ (1907) und später von STROGANOV angeführt werden, die sich mit der genauen Erforschung des Anteiles der Mikroorganismen an Selbstreinigungsvorgängen im Wasser befaßten. Auf Grund ihrer Arbeiten und Erfahrungen wurde eine der ersten Kläranlagen für Abwasser errichtet (KUZNECOV 1952).

Aus jenen Jahren stammt auch die erste Erwähnung einer mikrobiologischen Wasseruntersuchung der Donau „vom Leopoldsberg bis Preßburg", die BREZINA im Jahre 1906 ausführte.

Zu Ende des XIX. und Beginn des XX. Jahrhunderts wurde an Hand von Beispielen durch die Bestimmung spezifischer ätiologischer Faktoren bei Darmerkrankungen (bei Typhus im Jahre 1880, bei Cholera im Jahre 1884, bei Dysenterie im Jahre 1898 und bei Paratyphus im Jahre 1900) und durch die Erkenntnis, daß sich die Erreger dieser Erkrankungen in großer Zahl im Abwasser befinden, festgestellt, daß Wasser nach Verunreinigung mit Abfällen und Abwässern als Übertragungsweg dieser und anderer Krankheitserreger dienen kann. Dabei sind für die menschliche Gesundheit Wässer, die menschliche Exkremente enthalten, besonders gefährlich. Eine große Rolle spielte auch die Entdeckung ESCHERICHS (1855) der ungeheuren Zahl von Bakterien *Escherichia coli* in menschlichen Ausscheidungen und die Feststellung, daß diese Bakterien eigentlich in allen Wässern enthalten sind, die mit dem Menschen in Berührung kamen. Auf dieser Grundlage beantragten 1893 SMITH und RODET die Bestimmung von *E. coli* im Wasser als Kriterium zur Begutachtung seiner hygienischen Qualität (MINKEVIČ 1949).

Im Zusammenhang mit den gewonnenen Erkenntnissen traten mehrere praktische Fragen in den Vordergrund. Das war vor allem die Notwendigkeit des systematischen Nachweises der Bakterien, der Bestimmung der Keimzahlen, die Frage des Schutzes des Wassers vor bakterieller Verunreinigung, die Art und Möglichkeit der Desinfektion bzw. die Aufbereitung von verunreinigtem Wasser für den Bedarf des Menschen und viele andere Probleme.

Bei der Untersuchung verschiedener Methoden zur quantitativen und qualitativen Bestimmung von Mikroorganismen erwies es sich, daß der direkte Nachweis pathogener Keime wegen ihrer geringen Zahl im Vergleich zu den Millionen Bakterien der Begleitflora in der Praxis nur schwer möglich ist. Diese Erkenntnis erforderte andere Kriterien zur bakteriologischen Bewertung des Wassers, d. h. das Vorhandensein einer gewissen zulässigen Zahl bestimmter Bakterien in einer gewählten Volumeneinheit. Diese Kriterien sollten an Hand gründlich durchdachter und bewährter Methoden ausgearbeitet und angewandt werden.

Der erste Versuch Einheitsverfahren für bakteriologische Wasseruntersuchungen auszuarbeiten, wurde in den USA unternommen. Im Jahre 1895 beauftragten Mitglieder der Gesellschaft für öffentliches Gesundheitswesen (American Public Health Association) eine Gruppe von Spezialisten, sich dieser Frage anzunehmen. Das Resultat ihrer Tätigkeit wurde als „Standard Methods for Water Analysis" publiziert. In diesen sind die ersten bakteriologischen Kriterien angeführt. So wurde beispielsweise festgelegt, daß in 1 ml Trinkwasser auf Agarnährboden bei 37 °C nach 24 Stunden nicht mehr als 100 Keime nachweisbar sein dürfen.

Diese Methoden fanden Anwendung bei den Laboratoriumsuntersuchungen, die im Zusammenhang mit auftretenden infektiösen Darmerkrankungen durchgeführt wurden. Seit 1910 begannen dann systematische bakteriologische Untersuchungen des Wassers in der Umgebung der Großen Seen (Frost 1926). Die Ergebnisse von allen diesen physikalisch-chemischen, bakteriologischen und biologischen Analysen dienten als Unterlagen für die Auswahl der Standardmethoden.

Die erwähnten Einheitsverfahren wurden 1912 erweitert, präzisiert und erscheinen in den erforderlichen etwa 5jährigen Zeitabständen als überarbeitete Auflagen. Gegenwärtig gibt es Standardverfahren zur physikalischen, chemischen, mikrobiologischen und biologischen Untersuchung des Wassers in mehreren Staaten. In der DDR wurden in den Jahren 1970—1975 „*Ausgewählte Methoden der Wasseruntersuchung*", die auch einen komplexen mikrobiologischen Teil enthalten, publiziert und es erschien 1982 eine wesentlich erweiterte und überarbeitete Fassung. Zur Verfügung stehen heute auch die ersten internationalen Standardverfahren für die Wasseruntersuchung, die im Rahmen der RGW-Länder ausgearbeitet worden sind (1977). Sie enthalten gleichfalls physikalische, chemische, mikrobiologische und biologische Methoden, die als „empfohlene" zu betrachten sind.

Im Jahre 1914 erschien auch die erste Monographie über Bakterien des nördlichen Eismeeres von Isačenko. Ihre Bedeutung liegt in der Zusammenfassung der Ergebnisse der systematischen bakteriologischen Erforschung der Meere und Ozeane. An die Arbeit Isačenkos knüpften bedeutende Spezialisten, wie Zobell (1946), Kriss (1959) und andere an, die bis heute ihre Arbeiten der bakteriologischen Untersuchung der Meere und Ozeane widmen.

Für die Entwicklung der Hydrobakteriologie leisteten bedeutsame Beiträge die Untersuchungen von Cumming (1916) am Potomac sowie die Arbeiten von Hoskins (1926), Butterfield (1928) und Streeter (1930) am Ohio in den USA. Des weiteren sind die Forschungen von Bachmann (1925) am Rhein, Childs (1928) am Mississippi und Boruff (1929) am Illionis zu erwähnen. Diese Fachleute untersuchten die Wasserverunreinigung und Prozesse der Selbstreinigung, die in den Gewässern vor allem unter bakteriellen Einflüssen verlaufen. Besondere Aufmerksamkeit widmeten vor allem Streeter et al. der Klärung des biochemischen Sauerstoffbedarfs (BSB). Die Autoren kamen zur Auffassung, daß dieser Bedarf hauptsächlich auf der Tätigkeit der Bakterien und nur in geringem Ausmaße auf chemischen Prozessen beruht.

Der Erforschung der Mikroflora des Wassers autochthonen und allochthonen Ursprungs unter dem Gesichtspunkt des Vorkommens der Arten widmete sich zuerst Gorovic (1916) in Rußland. Das Ergebnis dieser mehrjährigen Untersuchungen ist eine erste Erfassung aller Bakterienarten, die gewöhnlich im Wasser vorkommen oder hier nahezu regelmäßig anzutreffen sind. Abgesehen von einem Arten-Verzeichnis von Frankland (1894), bringen in dieser Beziehung weitere Angaben Studien von Snow und Fred (1926) am Mendota-See in den USA, von Marcá (1927, zit. bei Kuznecov 1952) am Genfer See, von Janke und Sekera im Jahre 1934 am Lunzer See (zit. bei Kuznecov 1952), von Baier (1935) an Fischteichen in der Umgebung von Kiel und später von Taylor (1942) der Seen in England untersuchte.

Bei der Forschung an Seen und Stauseen wurden viele hydromikrobiologische Grunderkenntnisse gewonnen. Zu diesen gehören Ergebnisse über die zonale Verteilung der Bakterien im Wasser und über die Beziehung der Mikroorganismen zur Qualität und Quantität der Nährstoffe, publiziert von Bere (1933). Die Autorin untersuchte Flüsse in Wisconsin und ist einer der ersten Hydromikrobiologen, die das direkte mikroskopische Auszählen von Mikroorganismenzellen anwandte.

Sehr wertvoll sind in dieser Beziehung die Arbeiten von RODINA (Abb. 2) in der UdSSR. Von ihren zahlreichen Publikationen erwähnen wir die Forschungen über die vertikale Verteilung der Mikroorganismen im Wasser (1936), Angaben über die Bakterienmasse im Wasser und über die Rolle der Bakterien als wichtige Nahrungsgrundlage für höhere Organismen (1950, 1959). RODINA et al. bewiesen, daß die Bakterien nicht nur hinsichtlich der Selbstreinigung des Wassers wichtig sind, sondern auch wirtschaftlich, vor allem bei der Intensivierung der Fischproduktion, Bedeutung haben. Ihr Buch „Methoden der Wassermikrobiologie“ (1965) fand eine breite Publizität und wurde in mehrere Sprachen übersetzt (1968, 1972).

Die Erforschung der See im westlichen Sibirien, von ISAČENKO begonnen, setzte KUZNECOV bei anderen Seen in der UdSSR fort. Seine Monographie über die Rolle der

Abb. 2. Prof. A. G. RODINA (1901–1966).

Mikroorganismen im Stoffkreislauf der Seen (1952) zählt bis heute zu den grundlegenden hydromikrobiologischen Arbeiten (siehe deutsche Ausgabe 1959).

Weiterhin müssen die Arbeiten von PERFIL'EV erwähnt werden, welcher, anknüpfend an die Studien von OMELJANSKIJ, seine langjährige Tätigkeit auf die Untersuchung der Seen-Sedimente vom Standpunkt der Hydromikrobiologie konzentrierte. Schon in den Jahren 1926/27 widmete er der Bedeutung physiologischer Bakteriengruppen im Stoffwechsel- und Kreislauf sowie der Bildung von Mineralien (z. B. der Eisenerze) Aufmerksamkeit. PERFIL'EV ist der Begründer der Theorie von der mikrozonalen Struktur der Sedimente und Mitautor der Methode des direkten mikroskopischen Auszählens von Bakterien in Kapillaren (PERFIL'EV und GABE 1961).

Zu Beginn der vierziger Jahre erschienen die ersten Arbeiten RAZUMOVS über die Bakterienökologie, die Beziehung der Bakterien zum Phytoplankton und das detaillierte Studium des mikrobiellen Planktons als Ganzes. Das ermöglichte ihm die Methode des direkten mikroskopischen Auszählens von Mikroben auf Membranfilter, die auf Grund der Arbeiten CHOLODNYJS im Jahre 1932 von ihm ausgearbeitet wurde. Diese Methode, die in einer bestimmten Volumeneinheit des Wassers nahezu alle vorhandenen Mikroorganismen in relativ kurzer Zeit nachzuweisen ermöglicht, bedeutete in der Erforschung des Wassers eine neue Etappe, sowohl in der hygienischen als auch allgemein limnologischen Bewertung. Genauer wird diese Methode im siebten Kapitel beschrieben.

In Böhmen finden wir erste Bemerkungen über die Notwendigkeit auch der bakteriologischen Wasseruntersuchung in der sogenannten Gedenkschrift zur Wasserfrage (1877). Man wies darauf hin, daß die chemische Wasseruntersuchung, die damals praktisch das alleinige Kriterium für die Bewertung der Wassergüte darstellte, kein vollständiges Bild der hygienischen Qualität des Wassers bietet. Diese Auffassung wurde durch die Ergebnisse PASTEURS unterstützt. Danach sind in allen Wässern Mikroorganismen enthalten, die „jedes Filter durchdringen, wobei das Wasser, obwohl es in einem Tropfen eine ganze Menge enthält, dennoch rein und klar scheint".

Im Jahre 1895 führte KABRHEL an der Moldau bei Prag bakteriologische Wasseruntersuchungen unter allgemeinem hygienischen Aspekt durch. Auf Grund langjähriger Forschungen kam er zu der Auffassung, daß bei Proben der gleichen Entnahmestelle die Ergebnisse der bakteriologischen Wasseruntersuchungen auch bei unverändertem Verunreinigungsgrad unterschiedlich sein können und daß diese Schwankungen in direkter Beziehung zu den hydrologischen Verhältnissen stehen. Seine Erkenntnisse faßte er in seinem Buch „Wasserhygiene" zusammen, das 1927 erschien.

Zu Beginn unseres Jahrhunderts untersuchten auch JAKSCH und RAU, die sich auch um eine direkte Bestimmung pathogener Arten bemühten, das Moldauwasser bei Prag.

BULÍŘ modifizierte 1907 das EIJKMANsche Anreicherungsmedium zur Bestimmung der Coligruppe aus dem Wasser. Nach Angaben von SEDLÁK (1955) untersuchte KUTSCHERA bereits in den zwanziger Jahren Wasserproben mit Membranfilter eigener Herstellung.

Vom Jahre 1922 an setzte KREDBA die bakteriologische Untersuchung des Moldauwassers fort. Besondere Aufmerksamkeit widmete er unter hygienischen Gesichtspunkten der Erfassung fäkaler Verunreinigungen des Wassers (1958).

Ein Bahnbrecher der bakteriologischen Untersuchung des Wassers in der Slowakei ist MUCHA. Zu Beginn widmete er sich dem Trinkwasser (1939), später den Oberflächenwässern. Seine Arbeiten über die Donau (1956, 1962, 1965) zeigen ein hohes methodisches Niveau und kennzeichnen eine bemerkenswerte Etappe der modernen Hydromikrobiologie.

Im deutschsprachigen Gebiet finden wir recht frühzeitig Bemerkungen über den Mikroorganismengehalt des Wassers. Es ist bezeichnend, daß die ersten Untersuchungen komplex mit hydrobiologisch-mikroskopischen Erhebungen durchgeführt wurden und das Erkennen von Infektionswegen bei Epidemien zum Ziele hatten. So untersuchte COHN (1883) in Breslau systematisch Brunnen, um der Entstehung von Choleraepidemien auf die Spur zu kommen. In Unkenntnis des Choleraerregers sind seine Schluß-

Abb. 3. Prof. Dr. A. GÄRTNER (1848–1934).

folgerungen interessant, daß mit dem Auftreten der Krankheit ein starker Mikroorganismengehalt in den Brunnen einherging. Sein Schüler MEZ (1898) faßte die damaligen Kenntnisse über die mikroskopische Wasseranalyse zusammen und widmete den Bakterien besondere Aufmerksamkeit.

Als Klassiker der Wassermikrobiologie sind jedoch KOCH und GÄRTNER anzusehen. KOCH schuf in den Jahren 1880/81 die Grundlage der bakteriologischen Untersuchungstechnik, verwertete seine Kenntnisse für die öffentliche Gesundheitspflege (Wasserhygiene) und bewies 1892 anläßlich der Hamburger Choleraepidemie den eindeutigen Zusammenhang zwischen verseuchtem Trinkwasser und dem Krankheitsgeschehen. Als Nestor der Hydrobakteriologie kam GÄRTNER (Abb. 3) mit seinen Mitarbeitern zu der Feststellung, daß die Keimzahl im Wasser im besonderen Maße vom Gehalt an organischen Stoffen abhängig ist. Im Jahre 1895 publizierte er seine Erfahrungen über die Untersuchung und Beurteilung der Wässer und war lange Jahre am Hygieneinstitut Jena tätig. Besonderes Interesse verdienen seine Arbeiten über die Beziehungen von verunreinigtem Grundwasser zu mehreren Typhusepidemien (1902) und seine zusammenfassende Darstellung „Die Hygiene des Wassers“ (1915). Wichtig sind seine hygienische Leitsätze, nach denen ein Wasser mit mäßigen Organismengehalt keineswegs stets als unrein anzusehen ist, ein Wasser mit zunehmender Organismenzahl jedoch immer unappetitlicher und damit — obwohl Krankheitserreger fehlen können — für Trinkzwecke unbrauchbar wird.

Die wesentlichsten Beiträge des vergangenen halben Jahrhunderts stammen aus den Arbeitsgebieten der Wasserhygiene. Gegenwärtig befaßt sich schon eine bedeutende Anzahl von Spezialisten aus vielen Instituten und Laboratorien mit der Untersuchung und Erforschung des Wassers vom Standpunkt der Mikrobiologie bzw. Limnomikrobiologie aus. Zahlreiche Methoden wurden ausgearbeitet und Ergebnisse gewonnen, die es ermöglichen, sich ein umfassendes Bild über die mikrobielle Besiedlung und Tätigkeit im Wasser zu bilden — dies bezeugen heute schon mehrere Monographien (Rheinheimer 1971, Paluch 1973, Reichardt 1978, Pawlaczyk-Szpilowa 1980 u. a.). Die Tendenz zielt auf eine steile Aufwärtsentwicklung der Hydromikrobiologie, damit unsere Kenntnisse von den Mikroorganismen im Wasser quantitativ und qualitativ ein Maximum erreichen — so daß wir später auch jene Prozesse im Wasser regeln können, die unter dem Einfluß von Mikroorganismen verlaufen.

Literatur

Ausgewählte Methoden der Wasseruntersuchung. Band II: Biologische, mikrobiologische und toxikologische Methoden. Wiss. Red.: G. Breitig und W. von Tümpling, 2. überarb. und erweiterte Auflage, 1982, 579 S.

Bachmann, W. und L. Fleischer: Über die Veränderung des Rheinwassers durch die Düsseldorfer Abwässer. Ges. Ing. 48, 459, 1925.

Baier, R.: Studien zur Hydrobakteriologie stehender Binnengewässer. Arch. Hydrobiol. 29, 183, 1935.

Bere, R.: Numbers of Bacteria in Inland Lakes of Wisconsin as Shown by Direct Microscopic Method. Int. Rev. Hydrobiol. Hydrograf. 24, 248, 1933.

Boruff, C. S.: Illinois River Studies 1929—1930. Ind. Engng. Chem. 22, 1252, 1930.

Brezina, H.: Die Donau vom Leopoldsberg bis Preßburg, die Abwässer der Stadt Wien und deren Schicksal nach ihrer Einmündung in den Strom. Z. Hyg. 53, 112, 1906.

Bulíř, J.: Bedeutung und Nachweis des Bacterium coli im Wasser und eine neue Modifikation der Eijkmanschen Methode. Arch. Hyg. 62, 1, 1907.

Butterfield, C. T.: Experimental Studies of Bacterial Death Rates in Polluted Waters. J. Bacteriol. 16, 257, 1928.

Childs, J. A.: Second Annual Report Metropolitan Drainage Commission of Minneapolis and St. Paul, Minnesota 1928.

Cohn, F.: Über lebende Organismen im Trinkwasser. Günsbergs Zschr. Klin. Med. 4, 229, 1883.

Committee of Bacteriologists.: Procedures Recommended for the Study of Bacteria, with Especial Reference to Greater Uniformity in the Description and Differentiation of Species. Trans. Am. Publ. Hlth Ass. 23, 60, 1898.

Cumming, R. S., N. C. Purdy und H. C. Ritter: Investigation of the Pollution and Sanitary Condition of the Potomac Waterhead. U. S. Publ. Hlth Serv. Hyg. Lab. Bull. 104, 1916.

Dougherty, J. M. und A. J. Lamberti: Textbook of Bacteriology, 3. Aufl., C. V. Mosby Comp., St. Louis 1954.

Frankland, G. C.: Microorganisms in Water. Longmans, Green & Co., London 1894.

Frost, W. H.: A Review of the Work of the United States Public Health Service in Investigations of Stream Pollution. Publ. Hlth Res. 41, 75, 1926.

Gainey, P. L. und T. H. Lord: Microbiology of Water and Sewage. Prentice-Hall Inc., Englewood Cliffs 1952.

Gärtner, A.: Untersuchung und Beurteilung der Wässer, Vieweg 1895.

Gärtner, A.: Die Quellen in ihren Beziehungen zum Grundwasser und zum Typhus. Gustav Fischer, Jena 1902.

Gärtner, A.: Die Hygiene des Wassers, Braunschweig 1915.

Gorovic, L. M.: Bakteriologičeskoe issledovanie vody. In: Učenie o mikroorganiznach, unter Red. von Zlatogorov, Moskva 1916.

Gorovic-Vlasova, L. M.: Opredelitel' bakterij. Snabtechizdat, Moskva 1933.

Hoskins, J. K.: Quantitative Studies of Bacterial Pollution and Natural Purification in the Ohio and the Illinois Rivers. Publ. Hlth Rep. 41, 319, 1926.

Isačenko, B. L.: Issledovanija nad bakterijami Severnogo ledovitogo okeana. Tr. Murmansk. n/prom. ekspedicii 1906 g., St. Petersburg 1914.

Kabrhel, G.: Hygiena vody. Mladá gen., Praha 1927.

Kredba, M.: Hygiena hospodaření s vodami. Stát. zdrav. nakl., Praha 1958.

Kriss, A. E.: Morskaja mikrobiologija (glubokovodnaja). Izd. AN SSSR, Noskva 1952.

Kuznecov, S. I.: Rol' mikroorganizmov v krugovorote veščestv v ozerach. Izd. AN SSSR, Moskva 1952.

Kusnezow, S. I.: Die Rolle der Mikroorganismen im Stoffkreislauf der Seen. VEB Deutscher Verlag der Wissenschaften, Berlin 1959.

Kuznecov, S. I., M. V. Ivanov und N. N. Ljalikova: Vvedenie v geologičeskuju mikrobiologiju Izd. AN SSSR, Moskva 1962.

Kuznecov, S. I. und V. I. Romanenko: Mikrobiologičeskoe izučenie vnutrennych vodoemov. Izd. Akad. Nauk SSSR, Moskva-Leningrad 1963.

Lustig, A.: Diagnostik der Bakterien des Wassers. Gustav Fischer-Rosenberg und Sellier, Jena—Turin 1893.

Mez, C.: Mikroskopische Wasseranalyse. Julius Springer, Berlin 1898.

Miquel, P.: De la richesse en bactéries des eaux d'essengeage. Rev. d'hygiene 8, 388, 1886.

Minkevič, I. E.: Bakterii gruppy kišečnoj paločki kak sanitarnopokazatelnye mikroorganizmy. Medgiz, Leningr. otd. 1949.

Mucha, V.: Význam a prevedenie bakteriologickej kontroly pitnej vody. Bratislavské lek. listy 19, 1, 1939.

Mucha, V.: Úlohy výskumu povrchových vôd. Naša veda 3, 13, 1956.

Mucha, V. und I. Daubner: Limnologische und hygienische Forschungen auf dem tschechoslowakischen Abschnitt der Donau. Z. ges. Hyg. 8, 401, 1962.

Mucha, V. und I. Daubner: Hydromikrobiologie im Rahmen der limnologischen Erforschung der Donau in der ČSSR. Arch. Hydrobiol. (Suppl.) 30, 1, 1965.

Paluch, J. et al.: Mikrobiologia wód. Państwowe Wyd. Naukowe, Warszawa 1973.

Pawlaczyk-Szpilowa, M.: Mikrobiologia wody i ścieków. Pan. Wyd. Naukowe, Warszawa 1980.

Polívka-Huppert: Pamětní spis o vodní otázce Král. hlav. města Prahy, Praha 1877.

Perfiliev, B. C. und D. R. Gabe: Kapilljarnye metody izučenija mikroorganizmov. Izd. AN SSSR, Leningrad 1961.

Razumov, A. S.: Prjamoj metod učeta bakterij v vode. Mikrobiol. 2, 131, 1932.

Reichardt, W.: Einführung in die Methoden der Gewässermikrobiologie. Gustav Fischer, Stuttgart-New York 1978.

Rheinheimer, G.: Mikrobiologie der Gewässer. Gustav Fischer Verlag, Stuttgart-New York 1971.

Rodina, A. G.: Mikrobiologičeskie issledovanija vodojemov. Izd. AN SSSR, Leningrad 1950.

Rodina, A. G.: Bakterioplankton vod zaroslej v ozerach — kormovaja baza bezpozvonočnych. Dokl. AN SSSR 127, 1286, 1959.

RODINA, A. G.: Metody vodnoj mikrobiologii. Izd. nauka, Moskva—Leningrad 1965.
RODINA, A. G.: Mikrobiologiczne metody badania wod. Państw. Wydawnictwo Rolnicze i Leśne, Warszawa 1968.
RODINA, A. G.: Methods in Aquatic Microbiology. Univ. Park Press, Baltimore 1972.
ROSENAU: Preventive Medicine and Public Health, 8. Aufl., Appl. Century-Crofts Inc., New York 1956.
SALIMOVSKAJA-RODINA, A. G.: Opyt primenenija metoda plastinok obrastanija k izučeniju bakterial'noj flory vody. Mikrobiol. 5, 4, 1936.
SEDLÁK, J.: Enterobacteriaceae jako původci střevních nákaz. SZN, Praha 1955.
SNOW, L. M. und E. B. FRED: Some Characteristics of the Bacteria of Lake Mendota. Trans. Wisconsin Acad. Sci. 22, 1926. Standard Methods for the Examination of Water and Wastewater, 13. ed., AWWA, New York 1970.
STREETER, H. W.: The Natural Purification Capacities of Streams. Sew. Works J. 1, 1930 (ref. Ges. Ing. 37, 575, 1930).
STREETER, H. W. und E. B. PHELPS: A Study of the Pollution and Natural Purification of the Ohio River. Publ. Hlth Bull. 146, 1, 1925.
TAYLOR, C. B.: Bacteriology of Freshwater. The Types of Bacteria Present in Lakes and Streams and Their Relationship to the Bacterial Flora of Soil. J. Hyg. 42, 2, 1942.
Unificirovannye metody issledovanija kačestva vod. Čast I—IV Izd. tret'e. Sovet Ekonomičeskoj Vzaimopomošči. Soveščanie rukovoditelej vodochozjajstvennych organov stran-členov SĖV Moskva 1977. Čast IV; Metody mikrobiologičeskogo analiza vod. 116 S.
ZOBELL, C.: Marine Microbiology. Chron. Botan. Comp., New York 1946.

Zweites Kapitel

Das Wasser als Umwelt

Die Bedeutung des Wassers für Lebewesen

Zweifellos kann gesagt werden, daß das Wasser für das Leben aller Organismen von grundlegender Bedeutung ist. Ohne seine Anwesenheit kann keine Art von Leben entstehen oder längere Zeit existieren.

Schon in ferner Vergangenheit vertrat der griechische Philosoph Thales die Ansicht, daß Wasser die Grundsubstanz aller Dinge sei. Zwei Jahrhunderte später erklärte Pindaros „das Wasser ist das Beste!". Aristoteles und Empedokles zählten das Wasser auf Grund chemischer und meteorologischer Erkenntnisse zu einem der vier Elemente, die die Grundlage aller Dinge sind: Luft, Erde, Feuer und Wasser.

Seit dieser Zeit gewann die Wissenschaft viele exakte Erkenntnisse, die die Bedeutung des Wassers bestätigten. Heute können wir auf Grund der wissenschaftlichen Ergebnisse die Bedeutung und die Rolle des Wassers für alles Lebende bewerten. Es ist erwiesen, daß ohne Wasser kein physiologischer Prozeß ablaufen kann. Die Wassermenge bestimmt die Beweglichkeit, Dichte und Konsistenz des Organismus, die Aktivität der verschiedenen chemischen Prozesse im Stoffwechsel. Jede Änderung der Konzentration des Wassers in der Zelle (Entnahme von Wasser durch Diffusion oder Osmose) wirkt sich auf ihre Lebensfunktionen aus. Mangel an Wasser kann diese Funktionen behindern und schließlich das Absterben des Organismus bewirken.

Das Wasser bildet nicht nur den Hauptanteil der Lebewesen (in einigen Wasserorganismen beträgt der Wassergehalt bis zu 98%), sondern es gelangt in den Organismus in bedeutend größerer Menge als alle aufgenommenen Stoffe zusammen. Das Wasser trägt Nährstoffe und Ausscheidungen, da die einen wie die anderen den Organismus in gelöstem Zustande erreichen oder verlassen. Das Wasser ist Lösungsmittel für alle jene Kristalloide (Salze, Kohlenhydrate usw.), die die Grundlage des Metabolismus bilden. Es wurde bewiesen, daß der Eintritt der Kristalloide in die lebende Zelle und ihre Ausscheidung aus der Zelle für das Leben grundlegende Bedeutung haben. Dabei ist nicht nur die chemische Wirkung der in die Zelle eindringenden Stoffe wichtig, sondern auch die Änderung des osmotischen Druckes und die Zufuhr von Ionen mit ihren elektrischen Ladungen. Aus diesem Grunde sind wäßrige Lösungen der Kristalloide und ihre Konzentration, von der die Höhe osmotischen Druckes abhängt, sowie die Diffusion durch semipermeable Membranen, außergewöhnlich wichtige Faktoren, die auf die Lebensvorgänge regulierend einwirken. Besonders bedeutsam ist dieser Umstand bei Bakterien, bei denen die Zufuhr von Nährstoffen und die Ausscheidung ausschließlich durch semipermeable Membranen stattfindet. Die Bakterien sind im Unterschied zu höheren Organismen lediglich zur Aufnahme von gelösten Nährstoffen fähig; als Lösungsmittel dient fast immer das Wasser.

Stufenweise, mit weiterem Vertiefen unserer Erkenntnisse und durch Eröffnen neuer Perspektiven, zeigt sich die Bedeutung des Wassers stets aufs Neue. Es ist ein unersetzlicher Stoff nicht nur für den Organismus, sondern auch für die Physik, Chemie, Biologie, Meteorologie und andere Wissenszweige, in denen es als Reaktionsträger auftritt. Vielfach wurde das Wasser als Konstante und Maßeinheit gewählt. Ohne Wasser kann der Mensch seinen biologisch-physiologischen, hygienischen, ökonomisch-kulturellen, Sports- und Erholungsansprüchen nicht gerecht werden. Das Wasser benutzt auch die Industrie, sei es in der Technologie, zur Kühlung, als billiges Transportmittel und für weitere mannigfaltige Zwecke.

Für die Organismen, die uns in dieser Arbeit interessieren, bildet das Wasser die Umwelt, in der sie ihr ganzes Leben oder zumindest einen Teil davon verbringen, wobei das Wasser sie von allen Seiten umgibt.

Das Vorkommen des Wassers auf der Erde

Im Vergleich zum Festland überwiegt das Wasser an der Oberfläche unserer Erdkugel: die Hydrosphäre, d. h. das Wasser in allen seinen Formen und Orten, beträgt 70,8%, was etwa 1400000000 km^3 entspricht. Auf jeden Quadratzentimeter der Erdoberfläche entfallen 273 Liter, davon ist die überwiegende Menge Salzwasser (98%). Auf dieselbe Festlandfläche entfallen nur 0,1 Liter flüssiges Süßwasser, 4,5 Liter Eis und 0,003 Liter Wasserdampf. Etwa 3/4 des Süßwassers bilden die Eisberge und Gletscher wie auch der sog. „ewige Schnee". Die Seen enthalten 0,4%, die Flüsse 0,04% und die Atmosphäre 0,043% des Wassers. Das Überwiegen und die unerschöpfliche Menge des Wassers auf der Erde zwingt die Lebewesen direkt, dieses Material als Hauptbestandteil zum Aufbau des Organismus zu nutzen.

Das Wasser tritt in der Natur in verschiedenen Formen auf. Die Unterteilung in verschiedene Typen: atmosphärisches, Oberflächen- und Grundwasser, fließendes oder stehendes Wasser usw. charakterisiert natürlich nur den gegebenen Zustand und Ort, an dem es sich befindet. Eine statische und mechanische Unterteilung, auch wenn sich die einzelnen Wässer voneinander chemisch oder biologisch unterscheiden, entspricht nicht dem tatsächlichen Stand und der Dynamik des Wassers. Das atmosphärische Wasser wird durch Kontakt mit der Oberfläche Oberflächenwasser. Beim Einsickern in den Boden sprechen wir von Grundwasser und andererseits bezeichnen wir eine sichtbar gewordene Quelle als Oberflächenwasser oder fließendes Wasser (Bach).

Physikochemisch ist Wasser keine einfache Verbindung zweier Atome Wasserstoff und eines Atoms Sauerstoff. Die Unterschiede im Wassermolekül sind durch Anwesenheit verschiedener Isotope des Wasserstoffes und Sauerstoffes bedingt. Wir wissen, daß außer Wasser mit der Molmasse 18, das in der Natur signifikant überwiegt (99,8%), Moleküle mit der Masse 19, 20, 21 und 22 auftreten. Der Sauerstoff hat außer seinem häufigsten Isotop mit der Masse 16 noch Isotope der Masse 17 und 18 und der Wasserstoff Isotope der Masse 1, 2, 3 und 4. Die Menge der schweren Atome ist jedoch nur gering. Beim Sauerstoff ist das Verhältnis $O^{16}:O^{17}:O^{18} = 3150:5:1$. Beim natürlichen Wasser entfallen auf 6000 Moleküle H_2O ein Molekül D_2O, welches man als „schweres Wasser" bezeichnet. Durch Kombination der verschiedenen schweren Atome des Sauerstoffes und Wasserstoffes kann man 30 unterschiedliche Wassermoleküle erhalten.

Vom Standpunkt der Wasservorkommen unterscheidet man zwei Hauptgruppen: Süß- und Salzwasser. Der Unterschied liegt im Salzgehalt (hauptsächlich an NaCl), der auch andere Eigenschaften der einzelnen Wassertypen beeinflußt und somit zur Herausbildung verschiedener ökologischer Bedingungen für seine Besiedlung beiträgt.

Im allgemeinen bildet die Besiedlung des Wassers Biozönosen, die sich aus mehr oder weniger spezifischen Vertretern der Flora und Fauna zusammensetzen und die an das Leben unter den gegebenen spezifischen Bedingungen adaptiert sind. Die Verhältnisse sind in erster Linie durch die physikalischen und chemischen Eigenschaften des Wassers gegeben. Die Kenntnis dieser Eigenschaften ist gleichzeitig ein Schlüssel zum Verständnis aller Prozesse und Lebensvorgänge der verschiedenen Biozönosen im Wasser.

Die physikalischen und chemischen Eigenschaften des Wassers

Zu den Hauptfaktoren, die das Wasser als Umwelt charakterisieren, zählt man die Durchsichtigkeit und den Wärmehaushalt, den Salzgehalt und die biogenen Elemente, die organischen Stoffe und die gelösten Gase. Aus den gegenseitigen Beziehungen einiger dieser Merkmale leiten sich zwei weitere, für das Leben und die Entfaltung der Mikroorganismen sehr wichtige Faktoren, ab: die Wasserstoffionenkonzentration (pH) und das Redoxpotential (rH_2) des Wassers. Eine große Rolle spielen auch die elektrolytische Dissoziation und die Oberflächenspannung des Wassers.

Durchsichtigkeit

Wasser ist ein durchsichtiges Medium. Photometrisch wurde im Atlantischen Ozean nach 80 Minuten dauernder Exposition das Durchdringen von Licht bis in 1500 m Tiefe nachgewiesen. Die genaue Grenze des Durchdringens von Photonen in das Wasser kann auch heute noch nicht bestimmt werden, obwohl wir wissen, daß Licht die biologischen Prozesse entscheidend beeinflußt. Das Durchdringen des Lichtes im Wasser verhindern suspendierte Stoffe (z. B. Humine), Turbulenzerscheinungen und andere Faktoren.

Die Hauptmenge des Lichtes wird schon an der Oberfläche des Wassers absorbiert und zwar abhängig von den erwähnten Faktoren. Im ersten Meter des Wassers werden etwa 50% zurückgehalten, eine Tiefe von 2 m erreichen etwa 40% und 10 m nur etwa 30% des auf die Oberfläche des Wassers auffallenden Lichtes.

Prinzipiell ist die Durchlässigkeit des Wassers für die Strahlungsenergie von der Wellenlänge abhängig (Tab. 1). In die größte Tiefe dringen grüne und etwas weniger tief blaue Strahlen. Am stärksten werden ultraviolette, rote und infrarote Strahlen zurückgehalten, sie dringen nur bis etwa 30 m Tiefe ein. Im allgemeinen ist die Absorption des Lichtes im Süßwasser intensiver als im Salzwasser (RUTTNER 1962).

Tabelle 1

Durchlässigkeit von destilliertem Wasser für Licht unterschiedlicher Wellenlänge nach BIRGE (BRINGMANN 1970, abgeändert).

Wellenlänge (nm)	Durchlässigkeit je m (%)
800	11,1
700	55,0
600	81,0
500	99,2
400	98,3

Die Durchsichtigkeit des Wassers ergibt bei subjektiven Messungen in Meeren und Ozeanen, in Seen, hauptsächlich aber in Flüssen, wo die Durchsichtigkeit des Wassers sich in der Größenordnung einiger Dezimeter bewegt, bedeutend kleinere Werte. In Meeren und Seen wurde eine Proportionalität zwischen der Tiefe und Durchsichtigkeit festgestellt.

Die größte Durchsichtigkeit des Wassers wurde durch die schon erwähnte subjektive Methode (SECCHI-Sichtscheibe) im Atlantischen Ozean und zwar im Sargassomeer mit über 66 m bestimmt, im Schwarzen Meer wurden 61 m gemessen, im Mittelländischen Meer 30–60 m. Der Indische Ozean und auch das Nördliche Eismeer haben eine etwas geringere Durchsichtigkeit (45 m), die Ostsee bis zu 13 m usw.

Soweit es sich um Seen handelt, wurden die größten Werte im Baikalsee gemessen. Die Durchsichtigkeit des Wassers erreicht dort nach CHUDJAKOV (1926) bis 40 m (Tab. 2). Der Genfer See hat eine Durchsichtigkeit von bis zu 19 m, der Vierwaldstätter See von bis zu 17 m, der Züricher See von bis zu 9,5 m usw.

Tabelle 2

Minimale, mittlere und maximale Werte der Durchsichtigkeit des Wassers im Baikalsee (Durchschnittswerte für die Jahre 1909–1915).

Monate	Die Durchsichtigkeit in m		
	Minimum	Mittelwert	Maximum
I.	16,2	22,0	30,0
II.	12,0	18,9	28,0
III.	10,0	16,3	24,0
IV.	12,5	17,3	22,0
V.	11,0	17,5	22,0
VI.	19,0	26,0	40,2
VII.	6,0	19,2	31,5
VIII.	5,0	10,1	16,0
IX.	7,0	11,1	39,5
X.	12,0	14,5	18,0
XI.	14,0	20,8	27,0
XII.	22,0	25,1	31,0
Jahres-Durchschnitt	5,0	18,1	40,2

Die Durchsichtigkeit der Flüsse ist allgemein geringer. Ihre Werte betragen nur einige Dezimeter. Vegetationsfärbungen und andere Faktoren verringern die Durchsichtigkeit noch weiter. Als Beispiel führen wir die Durchsichtigkeit des Donauwassers an, die im Verlauf des Jahres von weniger als 10 cm bis 50 cm schwankt (MUCHA et al. 1966, BANU et al. 1967).

Wärmehaushalt

Ein bedeutsamer ökologischer Faktor, der nicht nur das Leben der Mikroorganismen, sondern auch die Intensität ihrer Lebensvorgänge beeinflußt, ist die Temperatur. Der eigentliche Wärmehaushalt des Wassers hängt von seinen weiteren physikalischen Eigenschaften ab, d. h. von der Dichte, Leitfähigkeit usw., und auch davon, ob es sich um stehende oder fließende Gewässer handelt, da sich in den letzteren das Wasser mehr oder weniger gleichmäßig vermengt (Abb. 4).

Eine der wichtigsten Eigenschaften des Wassers ist die Wärmekapazität. Diese Eigenschaft hat grundlegende Bedeutung nicht nur die Lebensmöglichkeit im Wasser, sondern, wie man feststellen kann, generell für das Leben auf unserem Planeten.

In Anbetracht dessen, daß man das Wasser zur Bestimmung der Wärmeeinheit (Kalorie)[1] nutzt, beträgt die Wärmekapazität des Wassers zwischen 0 und 1 °C genau

[1] nach der SI-Einheitentafel: 1 Kalorie $\triangleq$ 4,1868 Joule.

1,000. Der mittlere Wert zwischen 0 und 100 °C entspricht 1,004. Eine solche Wärmekapazität haben außer Wasserstoff und Ammoniak keine der natürlich vorkommenden oder allgemein gebräuchlichen Flüssigkeiten. Eine Folge dieser Besonderheit ist vor allem die Gleichmäßigkeit der Wassertemperatur. Große Wärmeschwankungen von −40 °C bis +50 °C, zu denen es auf dem Festland kommt, werden im Wasser nicht beobachtet. Die Amplitude der Schwankungen, denen die Organismen des Wassers ausgesetzt sind, beträgt etwa 30 °C. Tiefere Schichten des Wassers weisen eine relativ konstante Temperatur auf (Tab. 3).

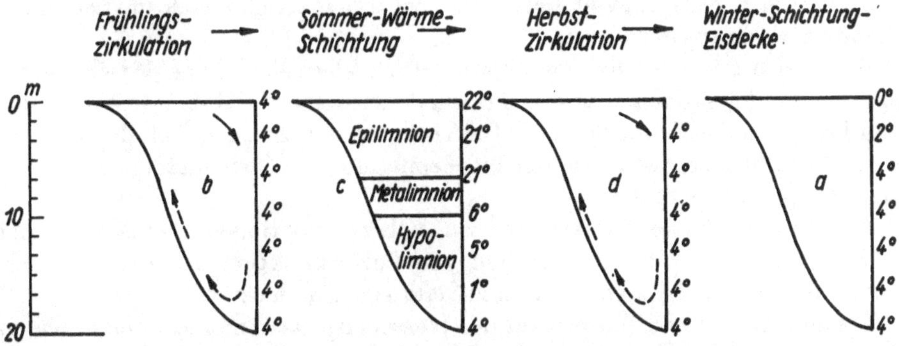

Abb. 4. Beziehungen zwischen Wassertiefe und -temperatur in einem Süßwassersee zu verschiedenen Jahreszeiten.

Tabelle 3

Wassertemperaturen in verschiedenen Tiefen des Long-Sees (USA) im Jahresverlauf (Birge und Juday 1932).

Tiefe in m	Werte in °C			
	19. III.	22. IV.	3. VI.	31. VIII.
Oberfläche	0,4	5,2	21,0	23,3
3	2,9	—	15,8	21,3
5	3,3	5,2	12,8	18,5
7	—	—	9,5	14,9
10	3,4	5,0	7,0	8,9
12	—	—	6,3	8,4
15	3,8	4,8	6,2	8,2
18	4,0	4,5	—	8,1
22	4,6	4,2	5,9	7,8

Zur Temperaturkonstanz großer Wasserkörper tragen auch andere Faktoren bei: Verdunstung, Bewegung und Durchmischung. Den hauptsächlichen Einfluß hat jedoch die hohe Wärmekapazität des Wassers. Diese Eigenschaft beeinflußt nicht nur seine Temperatur, sondern hat auch Einfluß auf die Milderung der Grenzwerte klimatischer Temperaturen im Sommer und Winter. Dies ist besonders auf Inseln im offenen Meer deutlich. Hier findet man die größte Konstanz der mittleren Temperaturen im Verlauf des Monats und auch die geringsten Schwankungen der Temperatur im Tag-Nacht-Rhythmus.

Wie wir bereits zu Beginn dieses Abschnittes erwähnten, ist die hohe spezifische Wärme für jeden lebenden Organismus wichtig, der doch selbst einen hohen Prozentsatz an Wasser enthält. Die hohe Wärmekapazität des Wassers bewirkt, daß eine gewisse zu- oder abgeführte Wärmemenge die Temperatur des Organismus nur wenig beeinflußt. Die Wichtigkeit einer nahezu konstanten Temperatur für Leben und richtige Funktion des Organismus muß wohl nicht weiter betont werden. Wir wissen auch, daß die Intensität der chemischen Reaktionen und der biologischen Prozesse temperaturabhängig ist. Kuznecov (1952) führt an, daß sich bei einer Temperaturänderung von 10 °C die Intensität der mikrobiologischen Prozesse etwa 2,5mal steigert (bzw. verringert), die Lebenstätigkeit der Wasserbakterien steigert sich in diesem allgemeinen Sinne bis zu einer Grenze von 20—25 °C.

Bei einer bestimmten höheren Temperatur ändern sich einige physikalisch-chemische und Immunitätssysteme des Organismus irreversibel. Dabei treten Denaturierung von Proteinen, Dysfunktionen der Enzyme usw. auf. Zweifellos stellt zur exakten Regelung aller Prozesse, vor allem der biochemischen, die Gleichmäßigkeit der Temperatur eine Hauptbedingung dar.

Aus diesem Grunde benutzen wir zur Sicherung optimaler Verhältnisse bei der Vermehrung und zum normalen Verlauf von Lebensfunktionen bei der Anzüchtung von Mikroorganismen im Laboratorium zuverlässige Thermostate.

Die hohe spezifische Temperatur des Wassers ist daher nicht nur einer der wichtigsten Faktoren zur Regelung der Temperatur der Lebewesen, sondern auch ihrer gesamten Umwelt aus Atmosphäre, Festland und Wasser. Die Gleichmäßigkeit bzw. die Regelmechanismen der Temperatur erleichtern den Stoffkreislauf im Wasser, bewirken das Entstehen von Meeresströmungen und Luftbewegungen.

Beim Auftreten der Sonnenstrahlen auf die Wasseroberfläche bewirkt nur ein geringer Teil der absorbierten Energie eine Erhöhung der Wassertemperatur. Der größere Teil wird zur Verdunstung verbraucht. In Laboratoriumsversuchen mit optisch reinem Wasser wurde festgestellt, daß 45% der eingestrahlten Wärme in den ersten 10 cm absorbiert werden. In die Tiefe von 10 m dringen etwa 18% und bis 100 m nur 1% der empfangenen Wärme ein. Je mehr suspendierte Stoffe das Wasser enthält, um so intensiver wird die Wärme absorbiert, wodurch sich die angegebenen Werte bedeutend verringern. Es wurde berechnet, daß von der freien Wasseroberfläche in einem Jahr 2—2,5mal soviel Wasser verdunstet wie von einer gleichen Fläche des Festlandes. Aus der Themse verdunsten z. B. in Trockenperioden etwa 79% der Niederschläge, bei relativ höherer Luftfeuchtigkeit nur etwa 65%. Im Ozean in Äquatornähe erreicht die Verdunstung jährlich 2,3 m Wassersäule, was pro Quadratkilometer 10^{15} Kalorien erfordert. Wenn wir diese auf die Menge atmosphärischen Wasserdampfs berechnen dann befinden sich in einer Luftsäule mit 1 m^2 Grundfläche 15—20 kg Wasser.

Dichte des Wassers

Eine der bekannten Eigenschaften des Wassers ist die anomale Vergrößerung seines Volumens in Gefrierpunktnähe (Tab. 4). Diese Eigenart des Wassers ist ein anschauliches Beispiel der Umwelteinwirkung auf die Bedürfnisse des Lebens. Es ist schwer einzuschätzen, um wieviel sich die Existenzbedingungen der Wasserorganismen verschlechtern würden, falls das Wasser, wie andere Flüssigkeiten und Stoffe, seine größte Dichte beim Gefrierpunkt erreichen würde. Folgender Gedankengang mag es andeuten: Wenn das Wasser beim Gefrieren sein Volumen nicht vergrößerte und das Eis nicht fähig wäre, an der Oberfläche des Wassers zu schwimmen, so bedeutete dies, daß die kalten Schichten des Wassers auf den Grund sinken würden, um dort einzufrieren. Das gebildete Eis könnte kaum mehr auftauen, da das wärmere Wasser ständig aufsteigen würde und an der Oberfläche verbliebe. Die Menge des Eises würde im Verlaufe des Winters von Jahr zu Jahr anwachsen; auf dem Grund würde das Eis auch die Sommermonate überdauern, so daß sich nach gewisser Zeit, je nach den klimatischen Bedingungen und Eigenschaften des Wassers, das gesamte Wasser in den Wintermonaten in Eis umwandeln würde. Dies bedeutete praktisch das Aufhören allen vegetativen Lebens im Wasser. Dazu kann es jedoch wegen der erwähnten Eigenschaft des Wassers nicht kommen; die Temperatur der unteren Wasserschichten kann nie kleiner sein, als die oberen; das Eis bleibt an der Oberfläche, da es ein kleineres spezifisches Gewicht hat. Dadurch wird das Wasser unter einer Eisdecke vor weiterer Abkühlung geschützt und die Seen und Flüsse frieren normalerweise in der Tiefe nicht zu.

Tabelle 4

Die Dichte des Wassers und seine Volumenänderungen bei unterschiedlichen Temperaturen

°C	Wasserdichte	Vergrößerung des Volumens (%)
0	0,99987	0,013
1	0,99993	0,007
2	0,99997	0,003
3	0,99999	0,001
4	1,00000	0,000
5	0,99999	0,001
6	0,99997	0,003
7	0,99993	0,007
8	0,99988	0,012
9	0,99981	0,019
10	0,99973	0,027
20	0,99824	0,176
30	0,99567	0,440
40	0,99283	0,770
50	0,98813	1,190
100	0,95934	4,070

Mit den Eintreten der wärmeren Jahreszeit schmilzt im Frühjahr die Eisschicht in kurzer Zeit. Die kalte Wasseroberfläche beginnt sich zu erwärmen (bzw. im Herbst abzukühlen), und, da Wasser bei 4 °C die maximalen Werte der Dichte erreicht, beginnt es in tiefere Schichten abzusinken. Dadurch kommt es schließlich zur vollständigen Vermischung des Wassers, zur sogenannten vertikalen Frühjahrs- oder Herbstzirkulation, die ein gleichmäßiges Verteilen der Temperatur — die Homothermie — zur Folge hat (vgl. Abb. 4).

Wie wir nun verstehen können, findet man in einer bestimmten Tiefe Wasser mit einer Temperatur nahe 4 °C. Im Sommer schichtet sich wärmeres, im Winter kälteres Wasser hinzu. So entsteht eine direkte Sommer- und eine inverse Winterschichtung der Wassertemperaturen. Die Schichtungsvorgänge werden in Fließgewässern durch das ständige Durchmischen gestört. Dies bedeutet gleichzeitig, daß dann die Temperaturverteilung in allen Tiefen mehr oder weniger gleichmäßig ist.

In Meeren und Ozeanen spielt bei der Schichtung des Wassers auch der Salzgehalt eine bedeutende Rolle, da dieser die Dichte des Wassers beeinflußt. Weitere wichtige Faktoren sind die Strömungen der Meere und andere Umstände, über die wir am Schluß dieses Kapitels berichten werden.

Wasser als Lösungsmittel

Von allen bekannten Flüssigkeiten ist Wasser das beste Lösungsmittel; es gibt nur wenige Stoffe, die in Wasser nicht löslich sind. Dies erklärt auch die Vielzahl der chemischen Stoffe, die im Wasser anzutreffen sind. Es ist unzweifelhaft, daß diese Eigenschaft des Wassers für eine chemische mehr oder weniger beständige Umwelt und damit für das Leben im Wasser nicht weniger wichtig ist als die Beständigkeit seiner physikalischen Eigenschaften.

Durch die Löslichkeit der Mineralien treten die verschiedensten chemischen Stoffe in den Kreislauf des Wassers ein und werden so für die lebenden Organismen zugänglich. Eine besondere Bedeutung hat dies für alle Mikroorganismen. Das Wasser umkreist mit allen gelösten Stoffen ständig ihre Zellen, führt so immer neue und vielfältigere Nahrung zu und entfernt die Dissimilationsprodukte. Der Mikroorganismus hat die Möglichkeit, aus den anwesenden Stoffen und Elementen jene zu wählen, die seinen Bedürfnissen in jeder Metabolismusphase am besten entsprechen.

Außer atmosphärischem Sauerstoff treten auf diese Weise nahezu alle Nährstoffe in die Mikrobenzelle ein. Das Wasser wird als Lösungsmittel und Transportmechanismus nicht nur zur Aufnahme von Nährstoffen benutzt sondern auch bei den metabolischen Prozessen im Zellinnern und bei den Exkretionsvorgängen. Soweit uns bekannt ist, existiert kein anderes Lösungsmittel, das ähnlich dem Wasser eine so große Löslichkeit besitzt und sich gleichzeitig im chemischen Sinne so inert verhält. Es ist bekannt, daß das Wasser als ständiger Bestandteil der Atmosphäre in der Umwelt chemisch ungewöhnlich stabil ist. Die Veränderungen, zu welchen es bei der Lösung von Stoffen im Wasser kommt, sind nur selten mit chemischen Reaktionen verbunden und daher übersteht die Mehrzahl der Stoffe diesen Prozeß ohne Veränderung.

Chemische Stoffe im Wasser

Die Eignung von Wasser als universelles Lösungsmittel macht es praktisch nahezu unmöglich, absolut reines Wasser zu erhalten. Auch unbeeinflußtes Wasser enthält, wenn auch unbedeutend und organoleptisch nicht feststellbar, eine gewisse Stoffmenge, die sich im Wasser schon bei seiner Kondensation gelöst hat. Daher hat der Ausdruck „reines Wasser" nur relative Bedeutung und bezeichnet in der Mehrzahl der Fälle seine Eignung zu einer bestimmten Nutzungsform. Für Trink- und Brauchwasser bedeutet dies, daß die Wasserinhaltstoffe keine gesundheitliche Gefahr darstellen, für Betriebswässer dagegen, daß der technologische Prozeß, in dem es verwendet wird, nicht nachteilig durch das Wasser beeinflußt werden kann.

Das Wasser wird stark durch Mikroorganismen verunreinigt, wenn es mit Abfällen, Abwässern oder dem Boden in Berührung kommt. Es handelt sich dabei nie um eine alleinige Verunreinigung mit Bakterien, sondern stets auch mit anderen Stoffen organischer und anorganischer Herkunft. In Abhängigkeit von geographischen und anderen Bedingungen kann es oft große Mengen davon enthalten.

Die natürlichen Wässer unterscheiden sich in ihrer chemischen Zusammensetzung und dem Mineralisierungsgrad oftmals sehr deutlich. Es gibt Wässer, die so salzarm sind, daß sie in ihrem Charakter destilliertem Wasser ähneln. Solche sind z. B. die Wässer des Krasnenskoe- und des Nechljudovo-Sees in der UdSSR oder Wässer aus Alpengletschern. Im Gegensatz dazu gibt es Wässer mit extrem hohem Salzgehalt, wie der Elton-See in der UdSSR mit 250—280 g/l Salzrückstand und mit nahezu gleichem Salzgehalt einige westfälische Salzgewässer, der Große Salzsee in Nordamerika und eventuell das Tote Meer.

Süßwasser enthalten im allgemeinen weniger als 1 g/l Salze (bei höherem Salzgehalt bezeichnen wir sie schon als Mineralwasser). Dabei überwiegen im allgemeinen Salze des Kaliums und Magnesiums, die die Härte des Wassers bestimmen. Ihre Bikarbonate bewirken die temporäre Härte (sie kann durch Kochen entfernt werden). Die Sulfate des Ca und Mg zusammen mit den Chloriden und Nitraten bilden die bleibende oder permanente Härte. Weitere Salze befinden sich im Wasser gewöhnlich in viel kleineren Mengen, in den Grenzen von 2—10 mg/l. Wässer mit hohem Gehalt an Salzen werden allgemein als „harte", mit niedrigem Gehalt als „weiche" Wässer bezeichnet. In einigen Wässern kann das Natriumchlorid hohe Werte aufweisen, ebenso die Natriumkarbonate (sogenannte „Sodaseen"). Ähnlich enthalten auch Wässer einiger Kraterseen freie Schwefelsäure (bis zu 8 g/l) und Kieselsäure (z. B. einige Quellen im Yellowstone-Nationalpark in den USA 570 mg/l).

Der Salzgehalt des Wassers hat jedoch selten einen konstanten Wert, da jedes Element mehr oder weniger am Stoffkreislauf beteiligt ist. Es kann nur der mittlere Wert bestimmt werden, von welchem sich der Gehalt positiv oder negativ unterscheidet.

Zur Entfaltung des Lebens im Wasser hat der Salzgehalt keine so große Bedeutung wie die Anwesenheit der biogenen Elemente Sauerstoff, Stickstoff, Phosphor, Kalium, Eisen u. a., die z. T. nur in minimalen Konzentrationen anwesend sind (Spuren- oder Mikroelemente). Sehr wichtig ist der Gehalt an Stickstoff- und Phosphorverbindungen. Bei niedrigen Konzentrationen kommt es nur zu einer schwachen Entfaltung des Phytoplanktons. Dies bedingt die Produktion organischer Stoffe und beeinflußt dadurch die Intensität der Lebensprozesse im Wasser. So ist es z. B. in oligotrophen Seen, wo die Menge des Stickstoffs 1 mg/l nicht übersteigt. Zur Entwicklung der Algen ist wieder der Gehalt an freier Kohlensäure und an HCO_3^--Ionen wichtig; letztere sind gewöhnlich an das Kalzium gebunden. Die durch das Nährstoffangebot, vor allem P und N verursachte Massenentwicklung der Algen und die damit zusammenhängenden Eutrophisierungserscheinungen, stellen heute ein bedeutendes wasserwirtschaftliches und hygienisches Problem dar. Zur Bekämpfung der Eutrophisierung werden physikalische, chemische und biologische Methoden eingesetzt.

Vom Standpunkt der mikrobiellen Stoffumsetzungen im Wasser hat die Quantität und Qualität der organischen Stoffe grundlegende Bedeutung. Diese können vom abgestorbenen Phyto- und Zooplankton stammen oder zugeführte pflanzliche und tierische Zersetzungsprodukte sein, in welchen es unter dem Einfluß mikrobieller Tätigkeit und physikalischer sowie chemischer Prozesse zu Abbauvorgängen kommt. Außerdem handelt es sich um gelöste organische Stoffe, zu welchen man auch bestimmte Kolloide rechnet. Diese sind entweder weiteren Zersetzungen schwer zugänglich und können als Wasserhumus im weitesten Sinne des Wortes bezeichnet werden, oder es sind Produkte, die durch Bakterien leicht zersetzt werden, wie Aminosäuren, Fettsäuren, Alkohole, Kohlenwasserstoffe und Eiweißverbindungen. Der Gehalt an Huminstoffen ist in den meisten Gebieten nicht groß, im Gegensatz dazu gibt es Wässer aus Moorgebieten mit ungemein hohen Werten. Die Huminstoffe erhöhen die Oxydierbarkeit des Wassers auf 10—20, sogar auf über 100 mg/l O_2 und verursachen eine gelbe bis dunkelbraune Färbung des Wassers.

An dieser Stelle müssen auch die organischen Stoffe der Sedimente erwähnt werden; sie haben ähnlichen Charakter und Struktur wie die organischen Wasserinhaltsstoffe. Zwischen dem freien Wasser und den oberen Sedimentschichten verläuft ein ständiger Austausch der unterschiedlichsten Stoffe. Im Wasser sedimentieren geformte Stoffe, wie Bakterien, abgestorbenes Plankton und Seston, Teilchen von Pflanzen und andere organische Materialien, die dem Wasser zufällig aus der litoralen Zone, dem Boden und aus der Luft zugeführt wurden. Außerdem gelangen in das Sediment durch chemische Umwandlung verschiedene gelöste Stoffe (z. B. Schwefelverbindungen, die im Sediment als Sulfide gebunden werden), Verbindungen des Stickstoffs und organische Stoffe mit unterschiedlichem Mineralisierungsgrad. Dagegen gelangen aus dem Sediment außer einem Anteil an festen Stoffen nahezu alle gelösten organischen Stoffe, die im Sediment durch Zersetzung fester organischer Verbindungen entstanden, ferner CO_2, H_2S, NH_3, löslichen Eisen- und Erdalkaliverbindungen in das freie Wasser. Dieser dynamische Zustand ist auch aus den Angaben von OZEROV (zit. bei CHUDJAKOV 1926) ersichtlich, die er am Pereslavskoe-See machte (Tab. 5). Im Sediment dieses Sees fand der erwähnte Autor relativ geringe Stickstoffmengen. Demgegenüber wurden im Bizertskoe-See bis 3% Stickstoffverbindungen im Schlamm gefunden. Diese Unterschiede kommen dadurch zustande, daß einige Stoffe vom Grund in das freie Wasser geraten, wogegen eine Vielzahl anderer Stoffe vom Wasser an das Sediment abgegeben werden. Dieser Austausch kann solche Intensität erreichen, daß bei einigen Stoffen ein Defizit auftreten kann. Solche Erscheinungen sind nicht die einzigen Faktoren bei der Stoffelimination aus dem Wasser. In den oberen, durch Isolation zuerst erwärmten Schichten, vermehren sich Planktonten, die durch ihren Stoffwechsel dem Wasser gewisse Stoffe entziehen, was zur Verarmung an den bevorzugt assimilierten Stoffen führt.

Tabelle 5

Konzentrationen einiger chemischer Ionen bzw. Elemente in verschiedenen Tiefen der Pereslavskoe-Sees.

Tiefe in m	Konzentration (mg/l)					
				Stickstoff		
	SO_3	$Fe(Fe_2O_3)$	O_2	gesamt	organischer	N_2O_5
Oberfläche	2,7	0,2	8,28	0,269	0,186	0
8–16	3,7	2,3	7,98	0,239	0,207	0
16–25	11,8	40,0	0,43	1,402	0,506	0,08

Ein markantes Beispiel einer solchen chemischen Stratifizierung und einer damit verbundenen spezifischen Besiedlung des Wassers bietet das Schwarze Meer. Dieses, beginnend in Tiefen um 200 m, enthält eine zunehmende Konzentration an H_2S, was jegliche Belebung in dieser Zone unmöglich macht. Dies bedeutet, daß im gesamten Wasserkörper, der hier Tiefen bis zu 650 m erreicht, nur die oberflächennahe Schicht (etwa 15% des Gesamtvolumens) belebt und damit produktiv ist. Der übrige Teil des Meeres stellt ein anaerobes Gebiet dar.

BIRGE und JUDAY (1926) führen auf Grund ihrer Forschungen an mehreren Seen der USA an, daß der Gehalt an abbaufähigen organischen Stoffen in Oberflächenwässern von einigen Zehnteln bis etwa zu 10 mg/l schwankt. Es ist klar, daß diese Werte nur relativ sind und der Gehalt an organischen Stoffen je nach den bestehenden Bedingungen ungewöhnlich variabel ist.

Neben Salzen und organischen Stoffen sind im Wasser auch Gase gelöst (Sauerstoff, Stickstoff, Kohlendioxyd, Methan, Wasserstoff, Schwefelwasserstoff u. a.). Diese sind hydromikrobiologisch von großer Bedeutung, da sie als Energiequelle für die einzelnen physiologischen Bakteriengruppen dienen.

Sauerstoff und Stickstoff, vom Wasser aus der Atmosphäre absorbiert, lösen sich in der oberflächlichen Wasserschicht und vermengen sich durch Strömung und Windexposition mit der ganzen Wassermasse. Wir wissen, daß die Luft 21% Sauerstoff und 79% Stickstoff (inklusive etwa 1% weiterer Gase) enthält. Die im Wasser gelöste Luft weist jedoch etwa 35% Sauerstoff und 65% Stickstoff auf. Ein Liter Luft enthält etwa 200 ml Sauerstoff, aber im gleichen Volumen sauerstoffgesättigten Wassers finden wir nur etwa 10 ml dieses Gases. Die Löslichkeit des Sauerstoffs im Wasser ist temperaturabhängig, bei 760 mm Hg-Druck lösen sich in 1 Liter Wasser folgende Sauerstoffmengen (Tab. 6).

Tabelle 6

Konzentration des im Wasser gelösten Sauerstoffs in Abhängigkeit von der Temperatur.

Temperatur des Wassers (°C)	O_2-Gehalt (mg/l)
0	14,62
5	12,80
10	11,93
15	10,15
20	9,17
25	8,38
30	7,63

Der Sauerstoffgehalt des Wassers weist im Jahresverlauf große Schwankungen auf. Bei intensiver Entwicklung assimilierender Formen können besonders zu Zeiten der „Wasserblüte" extreme Werte auftreten, die das 5fache des Sättigungswertes erreichen. Das geht aus Untersuchungsergebnissen hervor, die Birge und Juday bei Forschungen am Knights-See in den USA erzielten (Tab. 7).

Eine solche Sauerstoffsättigung als Folge der Photosynthese und das Phänomen der Übersättigung sind jedoch nur bei Tageslicht möglich. Im Dunkeln, wo keine Assimilierung vor sich gehen kann, beginnen die gleichen Organismen O_2 zu verbrauchen, so daß es nunmehr rasch zur Eliminierung des Sauerstoffs aus dem Wasser kommt.

Der Sauerstoffhaushalt ist auch Grundlage bei der Berechnung der Belastung von Oberflächenwässern mit Abwässern. Der Vorrat an Sauerstoff und Schwankungen in dessen Gehalt bestimmen den Verlauf und die Intensität der sauerstoffzehrenden Prozesse, in deren Verlauf es zur Selbstreinigung des Wassers kommt. Die Verminderung des Sauerstoffgehaltes bzw. eine Erhöhung des Sauerstoffdefizits beeinträchtigen rasch die Wassergüte.

Methan und Wasserstoff gelangen als Produkte von anaeroben Zersetzungsvorgängen in das Wasser. Ähnlich reichert sich das Wasser mit Kohlendioxid an, welches als Produkt der Atmung der Organismen entsteht; der Gehalt an Kohlendioxid im Wasser ist nicht groß, in einigen Fällen sogar minimal. Dies hat seine Ursache darin,

Tabelle 7

Werte des im Wasser gelösten Sauerstoffs und der Sauerstoffsättigung im Knights-See.

Tiefe in m	Gelöster O_2 in mg/l	O_2-Sättigung in %
	14. VIII.	
3,0	6,8	109,1
4,0	19,2	282,5
5,0	23,6	321,5
6,0	4,9	62,8
	26. VIII.	
3,0	7,6	123,8
3,5	13,4	206,5
4,0	20,4	301,0
4,5	25,5	364,5
5,0	21,2	293,0
5,5	6,8	89,8
6,0	1,4	18,1

Tabelle 8

Gehalt an freiem CO_2 im Wasser des Mendota-Sees (USA). In den Oberflächenschichten ist ein Defizit ersichtlich.

Tiefe in m	Freies CO_2 (mg/l)		
	20. VII.	30. VII.	30. VIII.
0	−4,8	−4,8	−4,1
5	−4,3	−3,3	−4,4
8	−3,0	1,1	−2,2
10	2,0	2,2	−0,8
12	2,5	2,9	2,3
15	2,8	3,8	2,5
18	3,5	4,0	3,7
20	4,0	4,3	—
22	4,3	4,6	4,0

daß der Prozeß der photosynthetischen Assimilation im Wasser in Abhängigkeit von dessen Durchsichtigkeit zwar sogar bis in relativ tiefe Schichten vor sich geht, aber stets gemeinsam mit Konsumenten, die sich auf Kosten der assimilierenden Produzenten vermehren. Dies bedeutet, daß durch die Photosynthese gleichzeitig O_2 produziert und CO_2 verbraucht werden. Den Gehalt an CO_2 im Wasser charakterisieren die Werte von Birge und Juday während ihrer Forschungen am Mendota-See in den USA (Tab. 8).

In einigen Fällen kommt es im Wasser zur Bildung von H_2S. Das Entstehen und die weitere Oxydation von H_2S sind in starkem Maße an die Tätigkeit von Mikroorganismen gebunden. Die H_2S-Konzentration im Wasser übersteigt im allgemeinen kaum einige mg/l, es sind jedoch Fälle bekannt, in denen außergewöhnlich hohe Werte erreicht wurden. HUTCHINSON (1937) führt an, daß im Großen Salzsee in den USA der Gehalt an H_2S 780 mg/l erreicht.

Wasserstoffionenkonzentration

Die im Wasser gelösten Stoffe beeinflussen die Wasserstoffionen-Konzentration (pH-Wert). Für Organismen, die im Wasser leben, ist ein neutraler oder schwach alkalischer pH-Wert optimal. In der Mehrzahl der Fälle ist die Reaktion des Wassers im gewünschten Bereich, kann aber bei unterschiedlichen Wassertypen sehr schwanken (pH 1—11). Die Schwankungen bzw. die Stabilität des pH-Wertes hängen einerseits von der chemischen Beschaffenheit der anwesenden Stoffe, die entweder das Wasser ansäuern oder es alkalisieren, und andererseits von der Pufferfähigkeit des Wassers ab.

Elektrolytische Dissoziation

Es wurde bereits betont, daß man die wäßrigen Lösungen als Grundlage der Lebensprozesse aller Organismen, vor allem aber der Mikroorganismen, ansehen muß. Darüber hinaus kann man feststellen, daß der Zustand der Stoffe in der Lösung bzw. ihr Verhalten beim Kontakt mit dem Lösungsmittel Wasser grundlegende Bedeutung hat. Hierbei sind zwei Eigenschaften des Wassers sehr wichtig: die elektrolytische Konstante und die Oberflächenspannung.

Das Wasser hat eine höhere dielektrische Konstante als andere Flüssigkeiten. Im Wasser gelöste Stoffe dissoziieren weitgehend und liegen dann in Form von Ionen vor. In anderen Lösungsmitteln ist die elektrolytische Dissoziation bedeutend komplizierter, was die Breite der Phänomene im Zusammenhang mit der ionisierten Lösung begrenzt. Die starke Ionisierung erleichtert vor allem den Verlauf chemischer und biochemischer Reaktionen, wobei feststeht, daß dies von der Dielektrizitätskonstante des Lösungsmittels abhängt.

Die elektrolytische Dissoziation ist einer der charakteristischen Werte der Lösungen von Säuren, Basen und Salzen. Durch ihre Wirkung entstehen Reaktionen, welche zwischen den einzelnen Stoffen bzw. den aus ihnen gebildeten Ionen verlaufen. Zweifellos hat die Erhaltung des einfachen Gleichgewichtes zwischen Säuren, Basen und Salzen für jeden physiologischen Prozeß grundlegende Bedeutung. Sie ist eine Voraussetzung für die Stabilität der Protoplasmastruktur, für gewisse Beziehungen zwischen diesen drei Stoffgruppen und damit für weitere organische Strukturen.

Oberflächenspannung

Mit Ausnahme des Quecksilbers hat Wasser von allen gebräuchlichen Flüssigkeiten die größte Oberflächenspannung. Wie bekannt, bestimmen Oberflächenspannung und Dichte einer Flüssigkeit, bis zu welcher Höhe sie in einer Kapillare zu steigen vermag. Biologisch ist diese Tatsache vor allem für höhere Pflanzen sehr wichtig.

Die Oberflächenspannung ist in vielen Fällen die primäre Ursache für Absorptionsvorgänge, durch die der physikalisch-chemische Aufbau des Protoplasmas mitbestimmt wird.

Eine unumgängliche Voraussetzung zur Existenz jeglicher höherorganisierter lebender Struktur ist das Prinzip des kolloidalen Zustandes, welcher eine äußerst feine Dispergierung der Stoffe darstellt. Da die Kolloide, d. h. Stoffe mit großer Oberfläche, die Grundlage für die Existenz jeder höheren Struktur bilden, findet gerade hier die Adsorption in vielfacher Hinsicht Anwendung.

Reduktions-Oxydations-Potential

Die oxydativen Bedingungen der Umwelt, in der sich die Mikroorganismen vermehren, kann man entweder auf Grund des im Wasser gelösten Sauerstoffs oder durch Messung des Reduktions-Oxydations-Potentials bestimmen. Der Gehalt an gelöstem O_2, auf dessen Bestimmung die Untersuchungen der oxydativen Vorgänge in der Umwelt beruhen, kann jedoch die Redox-Bedingungen nicht vollauf charakterisieren. Die Oxydationsvorgänge, d. h. der Verlust von Elektronen in bestimmten Substanzen, verlaufen unabhängig davon, ob an der Reaktion Sauerstoff beteiligt ist oder nicht. Aus diesem Grunde ist es richtiger und genauer, das Reduktions-Oxydations-Potential zu messen. Sein Wert ermöglicht die Bewertung der Intensität von Reduktions- oder Oxydationsvorgängen der Umwelt mit den in ihr vorhandenen Stoffen.

Die Intensität der Redoxvorgänge in der Umwelt wird durch Messung der Potentialunterschiede zwischen ihr und dem Wasserstoff bestimmt. Das Redoxpotential wird in Eh-Werten ausgedrückt, und zwar in Volt (V bzw. mV). Es kann auch als negativer Logarithmus der Konzentration des molekularen Wasserstoffs $r\mathrm{H}_2$ angegeben werden:

$$Eh = 0{,}029(r\mathrm{H}_2 - 2\,\mathrm{pH}), \tag{1}$$

$$r\mathrm{H}_2 = \frac{Eh}{0{,}029} + 2\,\mathrm{pH}. \tag{2}$$

Wie aus den Formeln ersichtlich ist, hängt das Redoxpotential von der Konzentration des molekularen Wasserstoffs und seiner Ionen ab. Der *Eh*-Wert allein charakterisiert die Redoxvorgänge noch nicht. Falls sich im Milieu gleichzeitig der pH-Wert und das Redoxpotential ändern, kann der Fall eintreten, daß der *Eh*-Wert unverändert bleibt. Zwischen den Werten pH und $r\mathrm{H}_2$ besteht eine strenge Abhängigkeit und über die Veränderung des Redox-Wertes im Wasser kann aus dem *Eh*-Wert nur dann geschlossen werden, wenn der pH-Wert unverändert bleibt. Auch kleine Veränderungen des pH-Wertes widerspiegeln sich im $r\mathrm{H}_2$-Wert, d. h. die Veränderungen im $r\mathrm{H}_2$-Potential bedeuten einen Übergang zu einem anderen Typ der Aerobie bzw. zu einer anderen Form des Metabolismus.

Das Meer als Lebensraum

Die Meere mit ihrem charakteristischen Gehalt an Salzen, der ausgeglichenen Temperatur, dem hohen Druck und der relativ kleinen Konzentration an organischen Stoffen, stellen ein spezifisches Biotop dar. Aus diesem Grunde widmen wir dem Meer einen selbstständigen Abschnitt.

Wie wir schon in der Einleitung erwähnten, überwiegt das Meerwasser auf unserer Erdkugel gegenüber dem übrigen Wasser bedeutend; sein Gesamtvolumen beträgt etwa 1370000000 km³. Mit dieser Wassermenge könnte das ganze Festland mit einer 4000 m hohen Wasserschicht bedeckt werden.

Von allen Bedingungen, die ein Milieu zur Ermöglichung des Lebens aufweisen muß, sind vor allem zwei wesentlich: die Anwesenheit von Nährstoffen bzw. Energievorräten und die Konstanz der Bedingungen. Für die Nährstoffverteilung sind noch die Zirkulationsverhältnisse wesentlich.

Alle diese Bedingungen erfüllt das Meer nahezu ideal. Es ist ungewöhnlich konstant in seinen physikalischen und chemischen Eigenschaften und hat praktisch unerschöpfliche Quellen und Vorräte aller für den lebenden Organismus erforderlichen Stoffe. Die ständige Bewegung des Wassers durch die Meeresströme führt den Organismen alle Stoffe, die ihnen das Meer bieten kann, zu und sichert dabei deren gleichmäßige Verteilung.

Beständigkeit der Lebensbedingungen

Als wichtigste Eigenschaft des Ozeans für das Leben kann seine Beständigkeit betrachtet werden. Die Unveränderlichkeit der Bedingungen ist mit den Verhältnissen der Süßwasser nicht zu vergleichen. Nur eine so hoch spezifische Flüssigkeit wie das Blut warmblütiger Organismen ist in dieser Beziehung ähnlich. Auch die künstlichen Regulierungen von Lebensbedingungen, wie sie im Laboratorium heute erreicht werden, sind selten so allgemein und vollendet. Der Mensch kann ständig eine begrenzte Zahl von Faktoren regulieren und kontrollieren, wie z. B. Temperatur, pH-Wert, Konzentrationen verschiedener Stoffe. Er ist aber nicht fähig, gleichzeitig und wechselseitig alle physikalischen und chemischen Parameter gezielt zu beeinflussen. Das ist eine der prinzipiellen Schwierigkeiten bei experimentellen Arbeiten.

Die perfekte Regulierung im Ozean, auf deren Grundlage sich die wichtigsten physikalischen und chemischen Eigenschaften der Lebewesen herausbildeten, hatte für die Natur und die lebenden Organismen grundlegende Bedeutung. Die Behauptung, daß diese Eigenschaften für die Entstehung des Lebens auf unserem Planeten unumgängliche Voraussetzungen waren, besteht höchstwahrscheinlich zu Recht.

Im Verlaufe seiner Entstehung hat sich der Ozean sicherlich geändert. Er kühlte ab und reicherte sich mit Salzen an. Seine Reaktion verschob sich von schwach sauer nach alkalisch, daneben gingen weitere, weniger bedeutsame Veränderungen vor sich. Dazu kam es jedoch im Verlaufe vieler Millionen Jahre, so daß sie für die darin lebenden Organismen keine markanten Veränderungen darstellten.

Temperatur

Messungen zeigten, daß die Temperatur der Ozeane nur ungewöhnlich kleinen Veränderungen unterliegt. Die Temperatur der oberflächigen Schichten der Meere schwankt sehr viel weniger als die Temperatur der untersten Luftschichten (Tab. 9 und 10).

Die Temperaturschwankungen an der Oberfläche des freien Ozeans übersteigen nie die Grenzen von 1 bis 15 °C. Die Wärme pflanzt sich von der Oberfläche des Wassers nur zögernd in die Tiefe fort. So bildet sich eine warme Schicht an der Oberfläche. Mit zunehmender Tiefe sinkt die Temperatur gleichmäßig; in Oberflächennähe lang-

Tabelle 9

Jahresschwankungen der Temperaturen des Meerwassers und der Festlandsluft.

Milieu	Temperatur (°C)					
	0	10	20	30	40	50 m
Ozean	2,3	2,4	3,6	5,9	7,5	5,6
Festlandsluft	—	3,3	7,2	10,2	14,0	25,0

Tabelle 10

Luft- und Wassertemperaturen zu verschiedenen Jahreszeiten.

Milieu	Saisonwerte (°C)					Differenz zwischen Maximum und Minimum
	Winter	Frühjahr	Sommer	Herbst	Jahr	
Luft	9,2	14,8	24,4	17,9	16,6	15,2
Luft über dem Wasser	13,5	15,0	22,0	19,5	17,5	8,5
Wasser in 10 m Tiefe	13,9	14,7	20,3	18,4	16,8	6,4

Tabelle 11

Wassertemperaturen des Atlantischen Ozeans in verschiedenen Tiefen.

Tiefe (m)	Temperatur (°C)
Oberfläche	19
500	16
1000	9
1500	4
2000	3
2500	2,5
3000	2

samer, in größeren Tiefen schneller (Tab. 11). Die Temperatur der tiefsten Schichten schwankt um +2 °C in tropischen Gebieten und −2 °C in polaren Wässern.

Im Mittelländischen Meer, welches durch die kalten Tiefenströme nicht beeinflußt wird, sinkt die Temperatur in vertikaler Richtung relativ schnell auf 11 °C und bleibt dann konstant. Das Wasser kühlt nämlich im Winter an der Oberfläche bis zu dieser Temperatur ab und ist dann durch die wärmeren und weniger dichten Oberflächenschichten vor der Sommerwärme geschützt. Die geringen Schwankungen, denen die Wassertemperatur im Ozean bei der Veränderung der Tiefe oder der geographischen Breite in den einzelnen Jahreszeiten unterliegt, hängen mit den prinzipiellen physikalischen Eigenschaften, die wir in den früheren Abschnitten besprachen, zusammen: mit ihrer Wärmekapazität, mit der Aggregatzustandswärme, vor allem aber mit der Verdunstungsintensität.

Wasserstoffionenkonzentration

Eine allgemein bekannte und konstante Eigenschaft des Meerwassers ist seine alkalische Reaktion. Es wurde festgestellt, daß die Maximalwerte, in deren Bereich sich die Konzentration der Wasserstoffionen bewegt, $11 \cdot 10^{-9}$ H und $45 \cdot 10^{-10}$ H betragen. Die Konzentration der Wasserstoffionen steigt mit zunehmender Tiefe, wodurch die alkalische Reaktion des Wassers herabgesetzt wird (Tab. 12).

Tabelle 12

Ansteigen der Wasserstoffkonzentration mit zunehmender Tiefe in einigen Meeren und Ozeanen.

Tiefe (m)	Konzentration der Wasserstoffionen (10^{-7})			
	Mittelmeer	Atlantischer Ozean	Nordsee	Schwarzes Meer
Oberfläche	0,59	0,60	0,74	0,46
10	—	—	—	0,56
25	—	—	—	0,65
50	0,59	0,66	—	0,71
75	—	—	—	0,93
100	0,62	0,74	0,81	1,38
200	0,65	—	0,83	2,10
300	—	—	—	2,80
400	0,65	0,91	0,93	3,00
600	—	—	0,98	—
800	0,68	0,98	—	—
1000	0,72	0,98	—	—
1200	0,72	1,05	—	—
1500	0,76	1,13	—	—
2000	0,81	1,13	—	—
2500	0,85	—	—	—
3200	0,85	—	—	—

Ein Umstand muß besonders hervorgehoben werden: kleine Schwankungen der Temperatur und der alkalischen Reaktion des Wassers widerspiegeln sich besonders in der Intensität der chemischen Prozesse und des Metabolismus. Theoretisch ist hier der Einfluß der Hydroxyl-Ionen proportional ihrer Konzentration: beim Steigen der Temperatur um 1°C verdoppelt sich die Intensität der chemischen Prozesse. Das bedeutet, daß die chemischen Reaktionen einerseits in den wärmsten Teilen des Ozeans 8mal intensiver verlaufen als in den kältesten Wässern und andererseits in Wässern mit stark alkalischer Reaktion 7mal schneller verlaufen als in jenen, in denen die Wasserstoffionen-Konzentration am höchsten ist. Es muß jedoch betont werden, daß für Organismen in einem bestimmten Biotop diese Schwankungen der Reaktionsgeschwindigkeit kaum wirksam werden, da sie der vollen physiologischen Regulierung unterliegen.

Gehalt an Elementen und Salzen im Meer

Wegen seiner Vielfalt und seines Gehaltes an Stoffen ist das Meer mit keinem anderen Biotop auf unserer Erdkugel vergleichbar. Es stellt nicht nur eine ideale Quelle aller für die lebenden Organismen erforderlichen Stoffe dar, sondern ist auch ein Milieu für die Entstehung verschiedener Lagerstätten mineralischer Rohstoffe, wie Erdöl, Kohle, Schiefer, Kochsalz, Kalisalze und verschiedener Erze. Kalkstein, Marmor und Kreide bilden in den Ozeanen ganze Gebirgsmassive bis zu mehreren tausend Metern Mächtigkeit. Dies alles führen wir nur deshalb an, um ein Bild über die Spezifität des Meeres als Lebensmilieu in seiner ganzen Breite und Größe zu bieten.

Der Gehalt an Stoffen im Meerwasser ist eines seiner beständigen Merkmale, obwohl der Gehalt an Salzen im freien Meer höher ist als am Ufer. Dies ist hauptsächlich auf eine Verdünnung des Meerwassers durch zufließendes Süßwasser und andere Einwirkungen zurückzuführen, die mit Einflüssen des Festlandes zusammenhängen. Bisher wurden im Meerwasser über 50 Elemente nachgewiesen; es kann jedoch angenommen werden, daß sich alle Elemente finden lassen. Im Meerwasser sind außer Wasserstoff und Sauerstoff, Stickstoff, Kohlenstoff, Chlor, Natrium, Magnesium, Schwefel, Phosphor, ferner Arsen, Cäsium, Gold, Silizium, Rubidium, Blei, Barium, Brom, Bor, Fluor, Eisen, Kalium, Ytterbium, Kupfer, Molybdän, Nickel, Zink, Kalzium, Strontium, Vanadium, Kobalt und andere Elemente enthalten (Tab. 13).

Tabelle 13

Prozentuale Anteile der hauptsächlichen Inhaltsstoffe (Elemente und Salze) im Meerwasser.

Element	Gewichtsprozente	Relative Anteile (%)
Brom	0,006	0,19
Karbonate	0,007	0,21
Kalium	0,038	1,11
Kalzium	0,041	1,20
Magnesium	0,130	3,79
Sulfate	0,263	7,66
Natrium	1,049	30,59
Chlor	1,896	55,27

Tabelle 14

Elementgehalt des Meerwassers.

Element	Gehalt (g/Tonne)
Chlor	18980
Natrium	10501
Magnesium	1272
Sulfat	884
Kalzium	400
Kalium	360
Brom	65
Kohlenstoff (anorg.)	28
Strontium	13
Bor	4,6
Fluor	1,4
Rubidium	0,2
Lithium	0,1
Barium	0,05
Jod	0,05
Uran	0,0016
Gallium	0,0005
Thorium	0,0005
Silber	0,00015
Gold	0,000008

Die in der Tabelle nicht angeführten Elemente sind im Meerwasser in bedeutend geringeren Mengen enthalten. Es wurde festgestellt, daß alle diese Elemente durch die Fauna und Flora des Wassers aufgenommen werden und sich deshalb in diesen Organismen häufig akkumulieren. Nach Berechnungen werden aus den Ozeanen jährlich 7 Milliarden Tonnen verschiedener Elemente und Salze ausgeschieden, vor allem Kalzium, Magnesium, Eisen, Mangan, Phosphor, Natrium und Verbindungen des Kohlenstoffs, Wasserstoffs, Stickstoffs und Sauerstoffs. In der Tabelle 14 ist der Gehalt einiger wichtiger Stoffe (auf 1 Tonne Wasser berechnet) angeführt.

Chemische Elemente gelangen in das Wasser vor allem aus gelösten und verwitterten Gesteinen oder gelangen ständig vom Festland durch die Flüsse in die Ozeane. Einige von ihnen, wie z. B. Chlor und Bor, waren jedoch bereits zum Zeitpunkt der Entstehung der Meere in ihnen vorhanden oder wurden durch vulkanische Eruptionen zugeführt. Während der geologischen Zeitalter erhöhte sich die Konzentration einiger Elemente (Natrium), die Konzentration anderer (Bor) ging relativ zurück. In geringeren Konzentrationen befinden sich im Meerwasser organische Stoffe. Größere Anteile davon finden sich in den oberen Wasserschichten und im Sediment; dagegen steigt der Gehalt an anorganischen Verbindungen (Nitrite, Phosphate usw.) mit zunehmender Tiefe (Carlucci 1974).

Das Meerwasser enthält 3,3% gelöster Stoffe, davon 2,75 Salze. Das bedeutet, daß 1 Tonne Meerwasser etwa 35 kg Salze enthält. Den Hauptbestandteil aller gelösten Salze bildet das Natriumchlorid. Es wurde berechnet, daß seine Vorräte in allen Weltmeeren ca. $35 \cdot 10^{17}$ kg betragen. Zum Einschwemmen solcher NaCl-Mengen in das Meer würde man 160 Millionen Jahre benötigen. Kalziumkarbonat könnte schon im Verlaufe von etwa 500000 Jahren angereichert werden. Dies bedeutet, daß die Stoffmenge, die sich derzeit im Ozean befindet, nur einen Bruchteil dessen darstellt, was in Wirklichkeit dem Meer zugeführt wurde. Der Rest ist unter Mitwirkung lebender Organismen verbraucht worden und sedimentierte in Form von Endprodukten (z. B. Kalkstein). Falls jedoch die gegenwärtigen Umweltbedingungen bereits in früheren Epochen vorhanden waren, müßten sich im Meerwasser nicht weniger als $30 \cdot 10^{18}$ kg Kalkstein befinden, d. h. mehr als NaCl. Der Unterschied zwischen diesen theoretischen und den wirklichen Mengen erklärt sich durch das Vorhandensein der schon erwähnten gewaltigen Kalksteinmassive.

Entlang der nordamerikanischen und der norwegischen Küste sowie südlich von Südamerika beträgt die Salzkonzentration im Atlantischen Ozean 3,2—2,2%. Im überwiegenden Teil des Ozeans findet man Konzentrationen von 3,3—3,4%, in großen Gebieten des Nordatlantiks 3,5—3,6%. Einen höheren Salzgehalt haben das Mittelländische und das Rote Meer. Dies muß der starken Verdunstung des Wassers und dem Fehlen größerer Süßwasserzuflüsse zugeschrieben werden. Im allgemeinen ist eine Salzkonzentration von $> 4{,}1\%$ ungewöhnlich. Der mittlere Gehalt an Salzen beträgt 3,45%. Eine Ausnahme bildet das Tote Meer, in dem die Salzkonzentration Werte von 25 bis 32% erreicht.

Die Salzkonzentration im Ozean ändert sich mit der Tiefe. In den Teilen der Meere, in denen ein starker Zustrom von Süßwasser stattfindet, kommen an der Oberfläche kleinere Konzentrationen vor als in der Tiefe. Dort, wo eine stärkere Verdunstung des Wassers erfolgt, sind hingegen die Oberflächenschichten salzreicher. Infolge der höheren Temperatur dieser Schichten kommt es zur Verminderung ihrer Dichte, wodurch sie an der Oberfläche verbleiben.

Der gleichzeitige Verlauf dieser beiden Vorgänge — der Verdünnung und der Verdunstung des Wassers — beeinflußt die jährliche Schwankung der Salzkonzentration in den Meeren. Das Ausmaß dieser Schwankungen ist jedoch nicht bedeutend. Wichtig ist, daß die Relationen der einzelnen Salzanteile stabil bleiben. Das bedeutet, daß einzelne Bestandteile nicht größeren Änderungen unterliegen als die Summe aller Bestandteile. So ist z. B. der Gehalt an Chloriden nicht kleiner als 55,21% und übersteigt nicht 55,34% aller im Meerwasser gelöster anorganischer Stoffe. Diese Konstanz wird durch die Meeresströme verursacht, welche eine ständige Durchmischung des Wassers bewirken. Das hat auch praktische methodische Bedeutung: der Gehalt an Salzen kann leicht und mit relativ großer Genauigkeit durch Titrieren der Chloride bestimmt werden. Die relative und die absolute chemische Stabilität des Meerwassers hat eine bedeutend größere biologische Bedeutung, als man früher annahm. Die bisherigen Untersuchungen zeigen, daß reine Salzlösungen zwar für die Organismen toxisch sein können, aber andererseits Salze in bestimmten Kombinationen und konstanten Verhältnissen für den normalen Verlauf physiologischer Prozesse größte Bedeutung haben. Das Meerwasser ist eine solche nahezu ideale „Pufferlösung" und deshalb ein hervorragend geeignetes Milieu für Leben und Entwicklung der Organismen, und damit auch der Bakterien.

Dem Salzgehalt des Meerwassers ist sein osmotischer Druck proportional; diese wichtige Beziehung ist gleichfalls konstant. Heute steht unzweifelhaft fest, daß der Druck für das Aufrechterhalten der physiko-chemischen Struktur des lebenden Organismus ein wichtiger Faktor ist und eine jener Bedingungen darstellt, deren Konstanz dieselbe Bedeutung hat wie die Stoffkonzentration, die Temperaturregulierung und der pH-Wert. Von ihm sind Absorption und Übergang von Stoffen durch semipermeable Membranen, die Exkretion und das Entstehen von Bioströmen abhängig. Diesem osmotischen Druck sind alle Organismen des Meeres angepaßt.

Über die Konzentration der Elemente entscheiden ihre Löslichkeit, physikalisch-chemische Prozesse und die biologische Aktivität. Interessant ist dabei die Tätigkeit der Organismen, die in ihren Körpern manchmal sehr hohe Konzentrationen einzelner Elemente speichern. Bestimmte Meeresalgen und einige andere Lebewesen reichern Jod an. Die Mengen des akkumulierten Halogens entsprechen bei einigen Organismen oft den Konzentrationen einiger Tonnen Meerwassers. Besonders bedeutsam für Meeresorganismen sind Brom, Kupfer, Nickel, Blei, Zink, Fluor, Arsen, Strontium, Silizium, Silber, Gold, Radium, Uran u. a. Einige Küstenpflanzen reichern z. B. große Mengen Rubidium an.

Die jahreszeitlichen Schwankungen der einzelnen Elemente hängen von der Entwicklung der sie aufnehmenden Flora und Fauna ab. So beobachtet man z. B. im Sommer infolge der intensiven Phytoplankton-Entwicklung ein Defizit an Phosphor in der oberflächennahen Wasserschicht; im Gegensatz dazu beobachten wir im Winter nach Absterben dieser Organismen maximale Phosphor-Konzentrationen im Wasser.

Viele allochthone Stoffe sedimentieren bereits in den Flüssen — andere gelangen in das Meer, wo auch sie mit der Zeit sedimentieren. Einige leichtlösliche Stoffe verbleiben jedoch längere Zeit im Meerwasser, wie z. B. Chlor, Brom, Jod, Schwefel. Wichtig ist, daß auch Elemente wie Quecksilber, Blei, Arsen, Kupfer, und Silber, die für lebende Organismen toxisch sind, in das Sediment gelangen. Diese Entgiftung des Wassers hat für die Existenz und die Erhaltung des Lebens im Meer wesentliche Bedeutung. Gleichzeitig muß jedoch betont werden, daß die unerträgliche ständige Verschmutzung der Meere und Ozeane durch verschiedene toxische und schwerabbaubare Stoffe (Schwermetalle, Pestizide, Erdölprodukte usw.) die stabilen Bedingungen beeinträchtigt und eine reale Gefahr für die dort lebenden Organismen darstellt.

Literatur

BANU, A., et al.: Limnologia sectorului Românesc al Dunării. Ed. Acad. RSR, Bucureşti 1967.

BEGER, H.: Leitfaden der Trink- und Brauchwasserbiologie, 2. Aufl. VEB Gustav Fischer, Jena 1966.

BIRGE, E. und C. JUDAY: Organic Content of Lake Water. Proc. Nat. Acad. Sci. 12, 515, 1926.

BIRGE, E. und C. JUDAY: Solar Radiation in Inland Lakes. Trans. Wisc. Acad. Sci. 33, 1932.

BRINGMANN, G.: Mikrobiologie des Wassers. In: Handbuch der Lebensmittelchemie. Springer-Verlag, Berlin—Heidelberg—New York 1970.

CARLUCCI, A. F.: Nutrients and Microbial Response to Nutrients in Seawater. In: Effect of the Ocean Environment on Microbial Activities, Ed. R. R. COLWELL and R. Y. MORITA, Univ. Park Press, Baltimore, London, Tokyo 1974.

CHUDJAKOV, N. N.: Sel'sko-chozjajstvennaja mikrobiologija. Gostechizdat, Moskva 1926.

HUTCHINSON, G. E.: A Contribution to the Limnology of Arid Regions. Trans. Connet. Acad. Sci. 33, 1937.

KUZNECOV, S. I.: Rol' mikroorganizmov v krugovorote veščestv v ozerach. Izd. AN SSSR, Moskva 1952.

KUSNEZOW, S. I.: Die Rolle der Mikroorganismen im Stoffkreislauf der Seen. VEB Deutscher Verlag der Wissenschaften, Berlin 1959.

MUCHA, V. et al.: Limnológia československého úseku Dunaja. Vyd. SAV, Bratislava 1966.

RUTTNER, F.: Grundriß der Limnologie, 3. Aufl., W. de Gruyter, Berlin 1962.

Drittes Kapitel

Anzahl und Artenverteilung der Mikroben im Wasser

Das Wasser enthält in der Natur stets eine gewisse Zahl von Mikroorganismen. Ihre Arten- und Individuenverteilung schwankt jedoch in weitesten Grenzen unter dem Einfluß vieler physikalischer, chemischer und biologischer Faktoren. Eine gewisse Ausnahme können Quellen bilden, die aus mancherlei Gründen (Temperaturen nahe dem Siedepunkt, hohe Konzentrationen toxischer Stoffe usw.) jegliche Form des Lebens ausschließen.

Die Mikroorganismen bilden im Wasser eine spezifische Biozönose, deren Biotop im allgemeinen das freie Wasser ist. In Anbetracht dessen, daß sie dabei eine beständige Lebensgemeinschaft bilden, kann keine vollständige Analyse des Wassers das mikrobielle Plankton umgehen.

Wie jede andere Biozönose formiert sich auch das mikrobielle Plankton und wird durch äußere Faktoren der Umwelt beeinflußt und verändert. Dabei wirkt das Plankton seinerseits ebenfalls auf das Biotop und verändert es in gewissen Grenzen.

Bevor wir auf die Zahl der Mikroorganismen und ihre Artenzusammensetzung im Wasser unterschiedlichen Typs eingehen, müssen wir uns wenigstens in Kürze mit einigen prinzipiellen limnologischen (bzw. hydromikrobiologischen) und evtl. auch anderen Begriffen vertraut machen. Das ist nicht nur zur Erklärung dieser Begriffe notwendig sondern auch für das allseitige Verständnis des Lebens und der Entfaltung der Biozönose in einem so komplizierten Biotop, wie es das Wasser ist.

Außer gelösten Stoffen befindet sich im Wasser eine Vielzahl ungelöster und unlöslicher Verbindungen. Diese sind entweder suspendiert oder bewegen sich als Schwebestoffe; sie können auch sedimentieren. Je nachdem, ob es sich um ein stehendes oder ein Fließgewässer handelt, sind letztere fest sedimentiert oder werden bei der Bewegung des Wassers auf dem Grund fortbewegt.

Die Hydrologen bezeichnen diese beiden Gruppen nach ihrer Größe als **Schwebestoffe** und **Schiebestoffe**. Die Schwebestoffe sind entweder organischen oder anorganischen Ursprungs und haben in der Hydrobiologie die Bezeichnung **Seston**. Ihr organischer Anteil wird als **Bioseston** und der unbelebte als **Abioseston** oder **Tripton** bezeichnet. Uns wird im weiteren der lebende organische Anteil — das Bioseston — interessieren, welches das **Plankton, Nekton** und **Pleuston** einschließt. Meist mikroskopisch kleine Organismen, die nicht im eigentlichen Wasser leben, sondern unter Ausnutzung der Oberflächenspannung an der Grenzfläche Wasser/Luft vorkommen, werden als **Neuston** bezeichnet. Dazu gehören verschiedene Arten von Eubakterien und Chlamydobakterien, Aktinomyzeten, Cyanophyceen, Chlorophyceen, Flagellaten und andere.

Das **Plankton** ist eine natürliche Gemeinschaft von Organismen, die im gegebenen Milieu geeignete Nahrungsgrundlagen und ökologische Bedingungen für ihre Entfaltung vorfinden. Sie werden frei vom Wasser getragen und sind dessen Bewegung unterworfen (Kolkwitz und Marsson 1902). Eine nähere Beschreibung der Vertreter dieser Organismengruppe bringen wir in den weiteren Abschnitten dieses Kapitels.

Das **Nekton** stellt alle Formen der Lebewesen dar, die im freien Wasser leben und zu aktiven, schnellen Bewegungen auch in rasch fließenden Gewässern befähigt sind (z. B. Fische). Das **Pleuston** schließt alle Oragnismen ein, die an der Oberfläche des Wassers treiben und sich vermehren. Das Plankton und Pleuston bilden gemeinsam eine Gruppe

pelagialer Organismen (Besiedlung des freien Wassers). Die Organismen, welche in Uferzonen leben und sich vermehren, werden als **litorale** bezeichnet.

Den Grund des Wassers besiedelt das **Benthos.** Dieses schließt Organismen ein, die angesetzt (Austern), an gewissen Substraten unter dem Wasser angewachsen (Algen) oder beweglich sind (Würmer, *Stigeoclonium, Thiothrix*). Regelmäßig sind auch verschiedene physiologische Bakteriengruppen (Schwefel-, Eisen-, Methan- u. a. Bakterien) nachweisbar, die hier günstige Ernährungsbedingungen finden. Vom Benthos können Organismen abgetrennt werden die Bewüchse unterschiedlichster Art sowie Beläge und Klumpen an verschiedenen festen Gegenständen (Steinen, Holzstämmen, Krusten von Lebewesen usw.) bilden.

Nach der Größe der vorkommenden Lebewesen können mehrere Plankton-Typen unterschieden werden. Es handelt sich um:

1. das **Megaloplankton** und **Makroplankton,** die große Wasserorganismen einschließen (z. B. Medusen),
2. das **Mesoplankton** — dies sind Organismen mit einer Größe von etwa 500 bis 1000 μm,
3. das **Mikroplankton** d. h. Organismen, die noch durch das Planktonnetz[1] abgetrennt werden (60—500 μm),
4. das **Nannoplankton,** welches die kleinsten mikroskopischen Organismen (5—60 μm) einschließt. Hierher gehört auch die Mikroflora des Wassers, d. h. das mikrobielle Plankton, das Gegenstand und Inhalt unserer Darlegungen sein wird.

Das Wasserplankton kann ähnlich wie auch andere Wasserorganismen bezüglich seines Vorkommens unterteilt werden in **Limnoplankton** (Süßwasserplankton), **Eulimnoplankton** (Seeplankton) usw.

Für die mikrobielle Besiedlung des Wassers schlug CHOLODNYJ in den Jahren 1928 bis 1929 die Bezeichnung **bakterielles Plankton** vor. Dieser Ausdruck ist aber für die Gesamtbesiedlung nicht ausreichend. Unter der Bezeichnung **Bakterien** werden im engeren Sinne des Wortes nur die **Schizomycetes** (Spaltpilze) verstanden. Weitere Gruppen, die im Wasser vorkommen, z. B. Aktinomyzeten, Hefen, Schimmelpilze usw., sind in diesem Begriff nicht eingeschlossen. Darum schlägt PELŠ (1935) als weitere Bezeichnung **Ultranannoplankton** vor, die jedoch wieder nicht die treffendste und verständlichste Bezeichnung ist. RAZUMOV (1962) bezeichnet die besprochenen Organismen als **mikrobielles Plankton** und begründet diese Bezeichnung damit, daß das Wort **Mikrobe** kein systematischer Begriff ist und nur auf die kleinen Ausmaße der Organismen hinweist. Es scheint, daß dieser Ausdruck die mikrobielle Biozönose charakterisiert und in der Hydromikrobiologie verwendet werden kann.

Anzahl und Verteilung der Mikroben im Wasser

Die bisherigen Erfahrungen zeigen, daß im Wasser Vertreter aller morphologischen, systematischen und physiologischen Gruppen der Mikroflora zu finden sind.

Wie die Arbeiten mehrerer Autoren zeigen, unterliegen das Leben und die Entwicklung der Mikroorganismen im Wasser verschiedenen, bekannten Gesetzmäßigkeiten.

[1] Bei der biologischen Wasseranalyse verwendet man zur Probeentnahme und Anreicherung der Organismen aus einer bestimmten Wassermenge das Planktonnetz, durch das die Wasserprobe filtriert wird. Der Durchmesser der Maschen beträgt 50—100 μm (Es können auch Netze mit anderen Maschengrößen verwendet werden).

Ihre sich daraus ergebende Anzahl ist im Grunde das Resultat zweier Hauptprozesse: einerseits der Geschwindigkeit ihrer Vermehrung in Abhängigkeit von Quantität und Qualität der im Wasser vorhandenen (vor allem organischen) Verbindungen, andererseits ihres Absterbens unter dem Einfluß der verschiedenen Faktoren (Konsumtion durch das Zooplankton, Anwesenheit antibiotischer und toxischer Stoffe usw.).

Die Gesamtzahl der Mikroben in einer Volumeneinheit des Wassers kann bis heute nicht genau bestimmt werden.

Im allgemeinen bewertet man die Zahl der Bakterien bis heute nach der Zahl ihrer Kolonien, die aus einer bestimmten Menge des Wassers (gewöhnlich aus 1 ml) auf standardisierten Nährboden gezüchtet werden. Die so erhaltenen Resultate werden als „Gesamtzahl" der Bakterien in 1 ml oder auf ähnliche ungenaue Art bezeichnet. Wir erhalten dabei verzerrte Angaben, weil sich die mikrobiellen Kolonien nicht immer aus einer Zelle, sondern häufig aus Konglomeraten von Zellen entwickeln; die Zahl der gezüchteten Kolonien beträgt nur einen Teil der ursprünglich vorhandenen Bakterien. Die Ursache liegt darin, daß die Mehrzahl von Wasseruntersuchungen für hygienische Zwecke durchgeführt wird, die dabei praktizierten Methoden berücksichtigen bewußt nur jene, die das Wasser vom hygienisch-epidemiologischen Standpunkt charakterisieren.

Die Untersuchungen verschiedener Gewässer auf ihre Gesamtbakterienzahl durch direktes mikroskopisches Auszählen bewiesen, daß die Zahl von Mikroorganismen im Wasser bedeutend größer ist, als die Kultivierungsmethoden ergeben.

Gegenwärtig informiert uns am genauesten über die Gesamtzahl der im Wasser vorhandenen Mikroorganismen die mikroskopische Direktzählung. Sie erlaubt nicht nur eine quantitative sondern — mit Einschränkungen — auch eine qualitative Bewertung. Sie gestattet unter anderem auch die Berechnung der Biomasse, der Größe des Sauerstoffbedarfs dieser Biozönose usw.

Auch auf die Frage der qualitativen Bewertung des mikrobiellen Planktons gibt es keine klare Antwort, da die bisherigen Plattenmethoden praktisch nur die Untersuchung einiger heterotropher Bakterien ermöglicht (Abb. 5). So beurteilt man die Zahl der Bakterien (Mikroben) und ihre Artenverteilung im Wasser, im Zusammenhang damit auch ihre ökologische Funktion und die biochemischen Prozesse, die im Wasser ablaufen, hauptsächlich auf Grund der Kenntnisse über die saprophytische Mikroflora.

Das mikrobielle Plankton des Wassers kann in eine **autochthone** und eine **allochthone** Flora eingeteilt werden. Unter autochthoner Flora verstehen wir Mikroorganismen, die im Wasser geeigneten Bedingungen für ihre Existenz fanden und natürliche Bewohner des Wassers wurden. Unter allochthoner Flora verstehen wir solche Mikroorganismen, die aus den verschiedenen Umweltbereichen in das Wasser gerieten. Der Großteil davon stirbt im Wasser früher oder später ab, da dieses Milieu für sie nicht adäquat ist und ihnen keine günstigen Bedingungen zur Vermehrung bietet. Eine Ausnahme bilden Fälle, in denen die Bakterien gemeinsam mit ihrer bisherigen Umgebung in das Wasser gelangen. Ein solches charakteristisches Beispiel sind Abwässer, die dadurch entstehen, daß eine hohe Zahl von Bakterien gemeinsam mit den zu ihrer Ernährung notwendigen organischen Stoffen in das Wasser eingeschleppt werden. In geringerem Ausmaße bezieht sich dies auch auf niederschlagsbedingte Einschwemmungen.

Der Hauptgrund des Absterbens der allochthonen Mikroflora ist der Mangel an notwendigen Nährstoffen. Dabei ist es interessant, daß sich bei ständigem und langhaltendem Zufluß eines bestimmten Fremdstoffes, den wir in natürlichen Gewässern nur selten oder überhaupt nicht in größeren Konzentrationen antreffen (z. B. von Phenol oder Erdöl) eine neue mikrobielle Flora bilden kann, die fähig ist, diesen Stoff als Nährstoff- und Energiequelle zu nutzen. Eine ähnliche Erscheinung können wir beim Zufluß schwer abbaubarer und gelegentlich sogar toxischer Stoffe in den Vorflutern beobachten. In diesem Fall kommt es zum Absterben der autochthonen mikrobiellen Lebensgemeinschaft, aber nach gewisser Zeit erscheint eine neue, den geänderten Bedingungen angepaßte Mikroflora. Es ist dabei bemerkenswert, und wir beobachten dies bei ganz unterschiedlichen Gewässerarten, daß sich Veränderungen in der Zahl der heterotrophen (saprophytischen) Bakterien, hervorgerufen entweder durch Inhibierung oder Stimulierung ihrer Vermehrung, nicht in der Zahl und der Vermehrungsdynamik aller Mikroben widerspiegeln müssen.

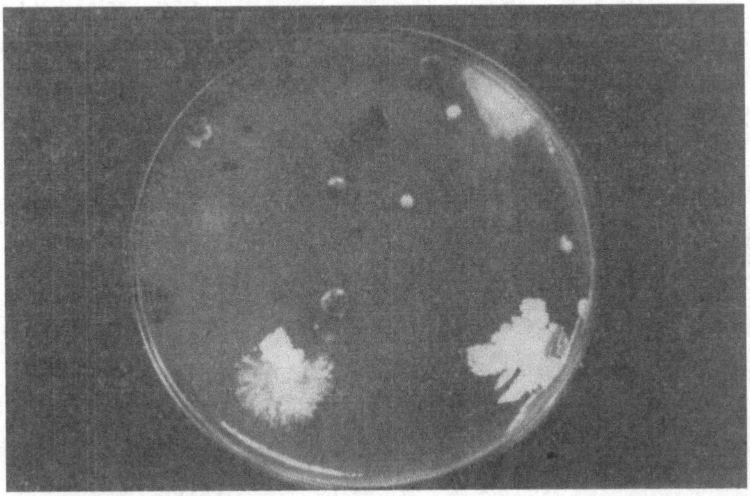

Abb. 5. Kolonien heterotropher Mikroorganismen aus 1 ml Oberflächenwasser (Bebrütung 48 Std. bei 20 °C).

Die Mikroorganismen gelangen auf verschiedenartigsten Wegen in das Wasser. Einen wesentlichen Zufluß bilden kommunale und gewerbliche Abwässer. Als weiterer wichtiger Faktor ist der Boden anzusehen.

Durch Wind und Wellenbewegung, die häufig eine intensive Aufweichung des Ufers bewirken, gelangt eine große Zahl vornehmlich saprophytischer Bakterien in das Wasser. Ebenso geraten viele Mikroorganismen während des Regens in die Vorfluter, vor allem im Frühjahr während der Schneeschmelze. Wenn es sich um Abwässer dichtbesiedelter Orte oder um Schmelzwasser von landwirtschaftlichen Nutzflächen handelt, erreicht die Zahl saprophytischer Bakterien Tausende bis Millionen in 1 ml. Dies macht sich besonders in Flüssen bemerkbar, in denen die Keimzahlen signifikant ansteigen. Dort, wo die Wasserführung verunreinigter Vorfluter durch Schmelzwasser von Schnee und Gletschern erhöht wird, tritt eine Verdünnung der Verunreinigung ein und ein Absinken der Keimzahlen ist die Folge.

Der Anteil der Luft bei der Besiedlung des Wassers mit Mikroorganismen ist nicht allzu groß. Merklich ist er eigentlich nur in Gebieten, die in der Nähe dichtbesiedelter Städte und Industriegebiete liegen. Die hauptsächliche Rolle spielen dabei Staub und Sand, die vom Wind und Thermik in die Luft aufgewirbelt werden und sekundär in das Wasser gelangen.

Ein eigenartiger Faktor der mikrobiellen Verunreinigung können auch Vögel sein. Bekanntlich sind in ihren Exkrementen hohe Zahlen an Enterobakterien enthalten, die mehrere Millionen pro g betragen können. Berechnungen an einigen Flüssen und Seen in Kanada zeigten, daß durch die Vögel im Verlaufe von 24 Stunden je Milliliter des Gewässers eine vermehrungsfähige Enterobakterienzelle zugeführt werden kann (THOMPSON 1943).

Jahreszeitliche Dynamik der Mikroben

Die Mikroorganismenzahl im Wasser unterliegt im Verlaufe des Jahres bedeutenden Schwankungen (Abb. 6). Dabei weisen Flüsse größere Variabilität auf als Seen und andere stehende Oberflächengewässer. Im allgemeinen sind die Keimzahlen in den Wintermonaten kleiner als im Sommer; Hauptfaktoren sind dabei vor allem Temperatur

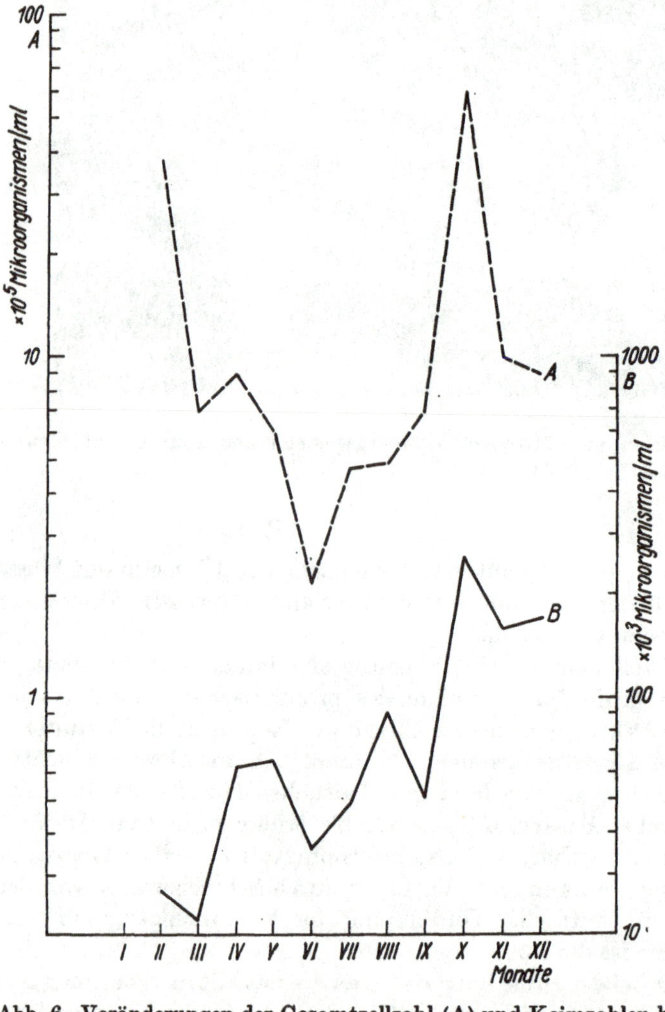

Abb. 6. Veränderungen der Gesamtzellzahl (A) und Keimzahlen heterotropher psychrophiler Bakterien (B) im tschechoslowakischen Donauabschnitt im Jahresverlauf (Durchschnittswerte 1971—1973; die erhöhten Werte in den Wintermonaten sich durch die Zuckerrübenkampagne verursacht).

und Niederschläge. Flüsse und andere Oberflächengewässer weisen in der Regel die größten Keimzahlen nach ergiebigem Regen auf. TAYLOR (1940) geht von Beobachtungen am Windermere-See in England aus und führt an, daß zwischen der Bakterienzahl im Wasser und den Regenperioden eine direkte Proportionalität besteht. Der Einfluß des Regens macht sich nicht nur durch Einschwemmen einer großen Zahl von Mikroorganismen aus Boden und Atmosphäre in das Wasser bemerkbar, sondern er führt gleichzeitig eine Menge organischer Stoffe zu, die den Mikroorganismen als Nahrung dienen. Einen günstigen Einfluß hat auch die erhöhte Belüftung des Wassers, zu der es während des Regens kommt. Auf Grund langjähriger Erfahrungen von SCHMELCK, die er an einem See in der Nähe von Oslo sammelte, steigt die Zahl saprophytischer Bakterien nach Regen von durchschnittlich 10—60 auf 200 in 1 ml (WILSON und MILES 1955).

In anderen Fällen können auch umgekehrte Verhältnisse beobachtet werden: die Keimzahlen erhöhen sich im Winter im Vergleich zum Sommer und zwar 10—100fach. Solche Angaben bringen mehrere Autoren. Analoge Resultate erhielten auch wir bei Untersuchungen an der Donau in der ČSSR. In diesem Falle war der Anstieg der Mikroorganismenzahl in den Wintermonaten mit der alljährlichen Zuckerrübenkampagne verbunden (DAUBNER und TRŽILOVÁ 1976, Tab. 15).

Eine große Zahl von Mikroorganismen kann sich im Wasser auch dann vermehren, wenn es zum Massensterben des Phyto- und Zooplanktons sowie nach dem herbstlichen Absterben der submersen Litoralpflanzen kommt. In diesen Fällen gelangt eine große Menge leicht utilisierbarer organischer Nährstoffe in das Wasser, die die saprophytischen Bakterien prompt umsetzen.

Tabelle 15

Schwankungen der Zahlen saprophytischer Bakterien (koloniebildende Einheiten/ml nach 48 h Bebrütung bei 20 °C) während des Jahresverlaufs in der Donau (Mittelwerte von Entnahmen bei km 1880, 1872 und 1867).

	Keimzahl/ml		
Monat	1971	1972	1973
Januar	—	—	—
Februar	—	—	2700
März	—	3600	1900
April	8900	7600	2100
Mai	5600	4400	9600
Juni	1800	4800	4400
Juli	3500	4900	5900
August	8600	—	9400
September	8100	2700	5700
Oktober	14300	37000	21000
November	15600	18200	12000
Dezember	15200	16400	18300

Vertikale Schichtung der Mikroorganismenzahl

Die quantitative Verteilung der Mikroorganismen im Wasser in vertikaler Richtung weist keine großen Unterschiede auf, obwohl sie zur Tiefe hin eine gewisse sinkende Tendenz hat. Prinzipiell kann man sagen, daß in den oberen Wasserschichten die Zahl der Bakterien am höchsten ist und mit zunehmender Tiefe abnimmt; wahrscheinlich als Folge der Druck- und osmotischen Verhältnisse. Diese zahlenmäßige Abnahme ist aber nicht so augenscheinlich wie z. B. im Boden. Ein signifikantes Abfallen tritt nur in größeren Tiefen der Meere und Ozeane auf, obwohl man auch hier in einigen Fällen an der Oberfläche ähnliche oder sogar niedrigere Bakterienzahlen vorfinden kann als in tieferen Schichten (Tab. 16–18). Razumov (1962) führt an, daß sich die Mikroorganismen an der Oberfläche zu denen der unteren Schichten bis nahe zum Grund adäquat verhalten.

Nach den Ergebnissen der direkten mikroskopischen Auszählung finden sich im Schwarzen Meer die höchsten Bakterienzahlen in der Tiefe vo 50–70 m (Sprungschicht). In größerer Tiefe (bis zu 200 m) vermindert sich die Zahl um mehr als das Zehnfache. Ähnliches gibt es auch im Stillen Ozean, wo ein erstes Maximum in der Tiefe von 70–100 m beobachtet wird.

Sehr interessant sind Angaben über die Verhältnisse der oberflächlichen Grenzschichten des Wassers. Die freie Energie der Molekülschichten an der Grenzfläche Wasser | Luft bedingt eine ganze Reihe von Eigenarten der elastischen Grenzschicht. Diese

Tabelle 16

Jahresverlauf der Vertikalverteilung der mikroskopischen Gesamtzahl an Mikroorganismen im Beloe-See (Kusnezow 1959).

Tiefe in m	Zellzahl × 10^3/ml						
	II	IV	V	VII	IX	XI	II
Oberfläche	379	621	880	2672	706	1495	156
3	801	435	858	833	1850	1397	351
7	446	621	1534	1782	—	—	537
10	—	—	1280	—	5320	3140	1968
12	773	2045	3240	4678	3225	7421	1854

Tabelle 17

Vertikale Verteilung der saprophytischen Bakterien in einigen Fischteichen im Staate Ohio (Malaney et al. 1962).

Entnahmestelle Nr.	Probeentnahme 1961	Keimzahl in 1 ml	
		Oberfläche	in Bodennähe
1	Januar	25000	3000
	Februar	1000000	1000000
	März	100000	36000
8	Januar	11000	40000
	März	110000	120000
23	Januar	11000	40000
	März	57000	65000
25	Januar	70000	25000
26	März	85000	2400
62	Februar	14000	40000
	März	160000	55000

Tabelle 18

Jahresverlauf der Vertikal-Verteilung von Mikroorganismen im Glubokoe-See (Kusnezow 1959).

Tiefe in m	Mikroskopische Zellzahl/ml					
	II	VI	VII	VIII	IX	I
Oberfläche	405	519	436	1730	1751	946
5	340	418	849	134	3240	676
10	770	382	826	357	2017	657
20	620	—	754	620	1302	628
30	575	—	348	894	1609	666

Tabelle 19

Vertikale Verteilung der saprophytischen Bakterien in den Sapropel-Sedimenten einiger Seen in der UdSSR (Ekzercev 1948).

Tiefe des Sedimentes in m	Durchschnittliche Keimzahlen × 10^3/g Sediment					
	Biserovo-See		Pijavočnoje-See		Kolomenskoe-See	
	aerob	anaerob	aerob	anaerob	aerob	anaerob
Oberfläche	42	1,9	220	—	100	16
0,1	12	1,2	50	14	60	8
0,3	7	0,8	10	8	12	7
0,6	7	0,8	—	1,2	—	4
1,0	5	0,2	—	0,5	2	0,07
1,5	—	—	0,6	0,3	—	—
2,0	1,2	—	—	—	0,3	0,06
2,5	—	—	0,2	0,3	—	—
3,0	1,1	—	—	—	0,6	0,05
4,0	0,5	—	—	0,2	0,8	0,04
5,0	0,2	—	—	0,1	—	0,01

Schicht, obwohl sie im Vergleich zur gesamten Masse des Wassers unbedeutend ist, beeinflußt verschiedene physikalische Eigenschaften, wie z. B. den Wert der Oberflächenspannung und einige optische Parameter. Von biologischer Bedeutung ist die Fähigkeit zur Ansammlung von Stoffen, die zu einer Herabsetzung der Oberflächenspannung neigen. Das bedeutet, daß sich in dieser obersten Schicht eine Akkumulation von organischen Stoffen finden läßt, die von den Wasserorganismen genutzt werden können. Durch Anwendung einer speziellen Methode zur Entnahme der Oberflächenschicht des Wassers wurde festgestellt, daß bis zu einer Tiefe von ca. 1 mm etwa 2—10-mal mehr Mikroorganismen vorkommen als die tiefer gelegenen Schichten. Dies wird selbst dadurch nicht verhindert, daß an der Oberfläche die abtötende Wirkung des Sonnenlichtes am intensivsten ist. Die Erklärung muß man in den schon erwähnten Eigenschaften der Oberflächengrenzschicht suchen. Ein weiterer Faktor mag das Absetzen von Staubteilchen auf der Oberfläche des Wassers sein, evtl. können auch bisher unbekannte Faktoren mitwirken.

Eine große Zahl der Mikroorganismen befindet sich auf dem Boden des Gewässers, besonders an der Oberfläche und auch im Inneren der Feinsedimente (Tab. 19). Nach

Kuznecov (1952) finden sich in 1 g lehmigem Sediment von Süßwässern 1–3 Milliarden Bakterien. Ihre Zahl verringert sich mit zunehmender Tiefe, erreicht aber nicht selten noch etwa 100 Millionen in 1 g Sediment. Zavarzina (1955) wandte die Differentialfärbung (Vitalfärbung) an und stellte fest, daß im lehmigen Sediment das Verhältnis lebender zu toten Bakterien etwa 40:600 beträgt. Dieses Verhältnis und die Verteilung der Bakterien auf dem Gewässergrund hängen von der Geschwindigkeit der Sedimentierung der Teilchen ab. Je schneller das Absetzen verläuft, desto mehr verbreiten sich aktive vegetative Formen in die Tiefe. Bei langsamen Prozessen (z. B. in großen Tiefen und entfernt am Ufer) kann man diese Formen nur in Sedimenten bis zu einer Tiefe von etwa 20 cm vorfinden, dann verringert sich ihre Zahl zunehmend. Noch tiefer finden wir ausschließlich Sporen. Bei starker Windexposition kann das Sediment aufgewühlt werden und viele der sedimentierten Organismen gelangen wieder in die oberen Wasserschichten – man spricht dann von einer inneren Anreicherung des Wassers mit Mikroorganismen.

Neuere Forschungen zeigten, daß auch das Periphyton eine bedeutende Rolle für den Organismengehalt des Wassers spielen kann. Seine Fäden, die oft dichte Klumpen bilden, halten verschiedenste im Wasser anwesende Stoffe – mitunter auch Mikroorganismen – zurück. Die Bakterien, die durch die Wasserpflanzen „adsorbiert" worden sind, können durch starke und ruckartige Wasserbewegung (Wind, Schiffahrt usw.) wieder abgeschüttelt werden. Da unter den zurückgehaltenen Organismen auch pathogene Bakterien sein können, hat dies auch eine praktische, hygienische Bedeutung. Kohl (1975) isolierte z. B. bei 18 parallel entnommenen Proben aus 14 Wasserpflanzenproben Salmonellen, konnte dagegen in keiner Wasserprobe diese Keime nachweisen.

Die Zahl der Mikroorganismen ist auch an verschiedenen Stellen des Wassers in horizontaler Richtung unterschiedlich. Dies gilt vor allem für stehende Wässer, in denen diese Zahl und damit auch die Qualität des Wassers an bestimmten Stellen des Gewässers sehr unterschiedlich sein kann. Dies ist auch aus der Studie von Sládeček und Katz (1964) ersichtlich, die einen Fischteich in Mittelböhmen an 13 Entnahmestellen untersuchten. Die Zahl der bei 20 °C kultivierten heterotrophen Keime schwankten zwischen 46 und 2800/ml, die der bei 37 °C isolierten heterotrophen Bakterien zwischen 19 und 1800 Kolonien/ml. Die höchsten Werte wurden in den Uferzonen gefunden, zur Fischteichmitte verminderten sich die Keimzahlen.

Die Kenntnis der Wasserqualität an verschiedenen Stellen des Gewässers hat Bedeutung für die Auswahl des geeignetsten Abschnittes zur Nutzung des Wassers (für

Tabelle 20

Mittlere Mokroorganismenzahlen im Donauwasser an verschiedenen Entnahmestellen (Jahreswerte 1956–1958, Entnahme 0,5 m unter der Oberfläche).

Entnahme bei km	mikroskopische Gesamtzellzahl in 10^3/ml			Keimzahlen saprophytischer Bakterien in 10^3/ml					
				bei 20 °C	nach 48 h	Bebrütung	bei 37 °C	nach 24 h	Bebrütung
	A	B	C	A	B	C	A	B	C
1868	165	172	183	8,6	8,4	8,7	1,7	1,7	2,0
1819	183	139	206	5,3	6,2	8,4	0,5	0,5	0,9
1770	125	118	113	4,3	7,1	12,5	0,3	0,6	1,2

A = linkes Drittel B = Mitte C = rechtes Drittel

Trinkwasserversorgung, Erholung und Wassersport usw.) Bei der Bestimmung dieser Abschnitte ist die Methode der direkten mikroskopischen Auszählung auf Membranfilter sehr vorteilhaft.

Die meisten Mikroorganismen finden sich naturgemäß in Ufernähe und ihre Zahl sinkt mit zunehmender Entfernung. In Flüssen, besonders mit großer Fließgeschwindigkeit, wo das Wasser ständig intensiv durchmischt wird, ist die Zahl der Bakterien an allen Stellen nahezu ausgeglichen. Ein Beispiel eines solchen Flusses ist die Donau, in welcher die Strömungsgeschwindigkeit auf dem ČSSR-Abschnitt in Abhängigkeit vom Wasserstand 2—2,5 m/s beträgt und auch die Zahl der Mikroorganismen gleichmäßig verteilt ist (Tab. 20). Große horizontale Unterschiede in den Bakterienzahlen brauchen auch in stehenden Gewässern nicht aufzutreten, wie dies aus Tabelle 21 ersichtlich ist, in welcher wir unsere mehrjährigen Ergebnisse darlegen.

Tabelle 21
Durchschnittliche Bakterienzahl an verschiedenen Stellen eines Fischteiches in der Westslowakei (etwa 50 cm unter der Oberfläche).

Entnahmeort Nr	mikroskopische Gesamtzellzahl/ml	Zahlen heterotrophen Bakterien/ml
1	172140	208
2	170740	231
3	272875	732
4	238190	482
5	320180	204
6	302100	224
7	188210	219
8	221180	318
9	198115	413
10	232190	338
11	211705	194

Mikrobengehalt in Wässern verschiedener Art und Herkunft

Atmosphärisches Wasser

Wasser im gasförmigen Aggregatzustand enthält keine Mikroorganismen. Mit einsetzender Kondensation zu Regen, Schnee oder Hagel verunreinigt es sich durch Staubteilchen der Luft. Der Grad der Verunreinigung hängt von zwei Hauptfaktoren ab:

1. Verunreinigung der Luft,
2. Form und Dauer der Kondensation.

Regen

Wie schon erwähnt wurde, ist der Gehalt an Mikroorganismen im Regenwasser um so größer, je mehr Verunreinigungen in der Luft sind. Dies ist auch aus den Tabellen 16 und 18 ersichtlich. In den Sommermonaten ist das Ansteigen der Zahl von Mikroorganismen in oberflächlichen Wasserschichten im Vergleich zu den Wintermonaten augenscheinlich.

Größere Zahlen von Bakterien enthält das zuerst kondensierte Wasser, z. B. der erste Anteil des Regens. Im Verlaufe der weiteren Niederschläge sinkt sukzessiv ihre Zahl.

Durch den Auswascheffekt wird aus der Luft aller Staub mit den darin enthaltenen Mikroorganismen absorbiert, so daß nach gewisser Regendauer dieser praktisch steril sein kann. Ebenso können auch andere Kondensationsvorgänge ohne Mikroorganismen verlaufen, wenn sie länger anhalten und in staubfreien Gegenden vor sich gehen. Solche typische Orte sind hohe Gebirge, Polargebiete usw.

Schnee

Schnee ist mikrobiell verunreinigter als Regenwasser. In 1 ml Schmelzwasser aus frischem Schnee wurden durchschnittlich 34—463 saprophytische Keime nachgewiesen (GAINEY und LORD 1952). Die relativ hohe Zahl der Mikroorganismen erklärt sich aus der langsameren Kondensation und der größeren Oberfläche des Schnees. Es ist wahrscheinlich, daß auch die niedrige Temperatur das Überleben der Mikroorganismen im Schnee fördert.

Andererseits enthält der Schnee aus höheren Gebirgsgegenden sehr wenige Mikroorganismen. Im Hochgebirge und in den Regionen des ewigen Eises kann der Schnee praktisch steril sein.

Hagel

Von allen drei Formen der Niederschläge enthält der Hagel die meisten Mikroorganismen. BELLI schreibt, daß der Hagel, der im Juli 1901 in Padua fiel, 140000 saprophytische Keime in 1 Liter enthielt. Eine Identifizierung isolierter Stämme zeigte, daß die nachgewiesenen Bakterien zu 9 Arten gehörten (WILSON und MILES 1955).

Die Erklärung für den großen Keimgehalt des Hagels ist in dem relativ komplizierten Prozeß seiner Entstehung zu suchen. Bei der Bildung des Hagels treibt die aufsteigende Luft Regentropfen in kühlere Regionen der Atmosphäre, wo diese gefrieren. Bei ihrem Fall nach unten schmelzen sie in wärmeren Luftschichten, um durch die kräftige Thermik wieder in das Zentrum nach oben getrieben zu werden, wo sie erneut kristallisieren. Dies kann sich einige Male wiederholen, bis die Hagelkörner an den Rand des Gewitterzentrums gelangen und schließlich zur Erde fallen. Es ist anzunehmen, daß der Luftstrom bei einem Gewitter mit den Regentröpfchen große Staubmengen in die oberen Luftschichten trägt, wo die Staubteile dann gemeinsam mit den Mikroorganismen in die Hagelbildung einbezogen werden. Sonst könnte es nicht geschehen, daß der Hagel Mikroorganismen aus Boden, Wasser und sogar Pflanzensamen enthält.

Eis

Mit Ausnahme der Gletscher in Polargebieten und Hochgebirgen enthält auch das Eis eine gewisse Zahl von Mikroorganismen. Seine Verunreinigung hängt von der Qualität des Wassers ab, aus welchem es entsteht, und da das Wasser stets Keime enthält, sind diese auch im Eis vorhanden. Die niedrige Temperatur des Eises und der feste Aggregatzustand beeinflussen das Überleben der Mikroorganismen günstig und verhindern deren Eliminierung durch Selbstreinigungsprozesse. In der Fachliteratur wird jedoch behauptet, daß das Eis 6 Monate nach seiner Verunreinigung wieder keimfrei sei.

Oberflächenwasser

Der Gehalt an Mikroorganismen in Oberflächengewässern ist sehr unterschiedlich. Der Hauptgrund dafür ist, daß diese Wässer allen Arten von Verunreinigungen aus der Luft, dem Boden usw. ausgesetzt sind. Den Hauptanteil stellen dabei die mannigfaltigen Abwassereinleitungen. Abspülungen von landwirtschaftlich genutzten Böden führen den Oberflächengewässern mit jedem Gramm Bodensubstanz Millionen von Mikroorganismen zu. Wie schon erwähnt, tragen häufige, kurz andauernde Regen ebenfalls zu hohen Keimzahlen bei. Der Gehalt von Bakterien aus der Familie Enterobacteriaceae — worauf noch näher im nächsten Kapitel eingegangen werden wird — hängt direkt oder indirekt von Verunreinigungen der Umwelt ab, die aus Exkrementen von Mensch und Tier stammen. Entsprechend den jeweiligen Umständen, schwankt die Intensität der Verunreinigung bedeutend. Während in Wässern, unbeeinflußt von permanenten fäkalen Verunreinigungen, im allgemeinen 1—2 Keime /100 ml auftreten, steigt diese Zahl in Flüssen auf 1000—10000/ml, und in häuslichen Abwässern erreichen die Enterobakterien extreme Werte.

Stehende Oberflächengewässer

Durch die günstigen Bedingungen, die in stehenden Oberflächenwässern für den Selbstreinigungsvorgang bestehen (schnelle Sedimentierung, längere Exposition für Sonnenlicht usw.), sind diese bezüglich ihres Keimgehaltes reiner als Fließgewässer. Die Zahl der Mikroorganismen hängt hauptsächlich vom Verunreinigungsgrad der Zuflüsse sowie vom Eutrophisierungsgrad ab. Natürliche Seen und ihnen ähnliche Gewässer enthalten, falls sie nicht massiv und ständig verunreinigt werden, selten mehr als 100 heterotrophe saprophytische Keime/ml — selbst wenn das zufließende Wasser einige Tausend enthält.

Als Beispiel kann der Baikal-See angeführt werden. Aus den Wasserproben von Zentral- und Südbaikal wurden durchschnittlich 1—5 Kolonien heterotropher Bakterien/ml gefunden; die Maximalwerte überschritten nicht 20 Kolonien/ml. Eine Ausnahme bildeten die Proben aus der Nähe der Stadt Baikalsk mit 440 Kolonien/ml (Maksimova 1974). Ähnlich sind im Wasser des Michigan-See weniger als 10 heterotrophe Bakterien/ml zu finden. Ein See in der Nähe von Boston, der zur Versorgung der Bevölkerung mit Trinkwasser genutzt wird, enthält 12—504 Keime/ml (Gainey und Lord 1952). Im Stausee von Kljazminsk, der zur Versorgung von Moskau mit Trinkwasser dient, beträgt die Keimzahl durchschnittlich 70—142/ml; die mikroskopische Direktzählung ergab 643000—1741000 Mikroben/ml (Razumov 1962). Im Gegensatz dazu fand Kuznecov (1950) in einigen salzreichen Seen der UdSSR (mit 0,8—1,4 g/l Cl und 0,3 bis 0,4 g/l SO_4) bei mikroskopischer Zählung einige 10 Millionen Mikroben/ml Wasser.

Fließgewässer

Die Keimzahlen sind in Flüssen gewöhnlich höher als in anderen Oberflächengewässern. Dafür verantwortlich sind die ständige Zufuhr von Verunreinigungen als Abwässer, Uferauswaschungen und Bodenabspülungen — die Verunreinigungen aus der Luft und solche, die durch Menschen und Tiere hineingetragen werden. Sartor (1974) berechnete, daß durch den Abwascheffekt von Straßen in das Wasser 99×10^9 koliforme Bakterien und $5{,}6 \times 10^9$ Fäkalkoli/Meile eingebracht werden können.

In Fließstrecken, in denen keine oder nur unbedeutende Verunreinigungen hinzukommen, entledigt sich das Wasser durch natürliche Selbstreinigungsvorgänge der zugeführten Stoffe. Dieser Prozeß wird jedoch gewöhnlich bald durch eine neue Verunreinigung unterbrochen, so daß das Gewässer die ursprüngliche, natürliche Qualität nicht wieder erreichen kann. So kann es geschehen, daß sich ein zuvor reiner Fluß nach einigen Kilometern in einen ausgesprochenen Abwasserkanal verwandeln kann.

In Anbetracht der vielen Faktoren, die den mikrobiellen Gehalt des Stromes beeinflussen — Wechsel von Verunreinigungs- und Selbstreinigungsstrecken verschiedener Intensität — ist praktisch das Anführen allgemein gültiger Werte für Flüsse — gleichgültig ob Hochgebirgsflüsse, Ströme des Tieflandes, flache oder tiefe, langsam oder schnellfließende — nicht möglich. **Jedes Gewässer stellt eine geschlossene individuelle Einheit dar und muß als solche bewertet werden.** Man kann annehmen, daß ein Fluß mit 100—500 heterotrophen, bei 20 °C anwachsenden Keimen/ml relativ rein ist, da bei stärker verunreinigtem Flußwasser die Kolonienzahlen 1000—50000/ml erreichen. Aus stark verunreinigten Wässern isoliert man aus 1 ml auf Fleischpeptonagar nach einer Inkubation von 72 h bei 20 °C 1000000 und mehr Kolonien.

Gainey und Lord (1952) berichten, daß in schwach verunreinigten Flüssen in England die Zahl der saprophytischen Bakterien 19—5720/ml beträgt. Diese Werte stammen von 1709 Proben, die im Verlaufe von 20 Jahren entnommen und untersucht wurden. In Tabelle 22 ist der Gehalt an heterotrophen Keimen in Gewässern verschiedener Qualität zusammengestellt.

Tabelle 22

Gehalt heterotropher Bakterien in Gewässern verschiedenen Reinheitsgrades (Mucha und Daubner 1965, max. Werte Sládeček 1963).

Wasserqualität	Zahl der Kolonien/ml (Inkubation bei 20 °C)
sehr rein	200 (max. 500)
rein	5000 (max. 10000)
mäßig verunreinigt	25000 (max. 50000)
verunreinigt	100000 (max. 250000)
stark verunreinigt	1000000 und mehr (max. 2000000)

Stark verunreinigte Gewässer haben normalerweise ihre höchsten Keimzahlen in regenarmer Zeit und bei niedrigem Wasserstand, wenn sich das Verhältnis zwischen den Volumina der durchfließenden und der zufließenden Wässer verkleinert. In Tabelle 23 führen wir die durchschnittlichen Zahlenwerte der Bakterien in Wässern einiger größerer Flüsse in der Slowakei an, wie wir sie in den letzten Jahren bestimmten.

Tabelle 23

Durchschnittliche Bakterienzahl in einigen größeren Flüssen der Slowakei (Ergebnisse 1971—1973).

Fluß	mikroskopische Gesamtzellzahl/ml	Keimzahl/ml	
		nach 48 h bei 20 °C	nach 24 h bei 37 °C
Donau (bei km 1867)	1700000	6600	4500
March	1800000	6400	1600
Váh	1100000	4200	2200
Hron*	195000	6100	740

* Ergebnisse 1956—1960.

Man muß bedenken, daß die Mehrzahl der Untersuchungen und Literaturangaben, falls sie nicht den Charakter eines langjährigen Durchschnittes haben, nur den momentanen Zustand des jeweiligen Oberflächengewässers widerspiegeln. Daher sind auch andere Werte möglich, die sich auf das gleiche oder ähnliche Gewässer beziehen. Wir sind Zeugen dessen, daß die ständige Entwicklung und Industrialisierung außergewöhnlich einschneidend und verhältnismäßig schnell nicht nur das Bild der Landschaft, sondern auch die Qualität des Wassers verändern. Die Beeinflussung der Oberflächenwässer, insbesondere der Flüsse, findet meist als Erhöhung ihres Bakteriengehaltes in Folge von Abwassereinleitungen und durch die Nutzungen zur Erholung und zum Sport ihren Ausdruck. Nur in Fällen, in denen in die Vorfluter Abwässer mit toxischen Stoffen eingeleitet werden, kommt es zur Eliminierung der Mikroorganismen bzw. zum Austausch der einen physiologischen Bakteriengruppe durch eine andere.

Moorwässer

Die Moorwässer stellen ein spezifisches Biotop dar, dessen Haupteigenschaften Armut an gelösten Elektrolyten, saure Reaktion (niedriger pH-Wert), geringe Pufferkapazität, hoher Huminsäuregehalt und starke Basenadsorption durch Humuskolloide, Mangel an Sauerstoff sowie starke Temperaturschwankungen sind. Diese Bedingungen bestimmen auch die Lebensgemeinschaften, die hauptsächlich aus heterotrophen aeroben und fakultativ anaeroben Bakterien bestehen, die gemeinsam mit den Pilzen und evtl. anderen Organismen, organische Reste des abgestorbenen Torfmooses abbauen. Nach Bringmann (1970) wurden in den Mooren relativ hohe Zahlen der genannten Organismen mit 10^5-10^6/ml gefunden. Es kann angenommen werden, daß die Mikroorganismen auch an der Huminsäure- und Melaninbildung beteiligt sind. Die anaeroben Bereiche werden von eiweißzersetzenden und desulfurierenden Bakterien besiedelt.

Grundwasser

Zu den reinsten Wasservorkommen, die wir in der Natur kennen, gehören Grundwässer. Die Hauptursache hierfür ist in der natürlichen Filtrationsfähigkeit des Bodens zu suchen, die vor dem Ansammeln von Grundwässern in den Hohlräumen der Erde wirksam wird. Das Oberflächenwasser entledigt sich beim Durchgang durch die Bodenschichten sukzessiv der in ihm enthaltenen Stoffe, so auch der Mikroorganismen. Die Effektivität dieser Eliminierung hängt dabei ebenso von der Bodenart (Dichte), wie auch von dem Charakter der Filtrationsschichten ab. In porösen Böden muß natürlich auch eine größere Mächtigkeit vorhanden sein, um dieselbe Zahl von Mikroorganismen zu entfernen, wie in dichtem Erdreich. Es ist erwiesen, daß in genügend undurchlässigen Böden der größte Teil der Mikroorganismen schon in den Oberflächenschichten entfernt wird. Gleichermaßen wirkungsvoll ist die künstliche Filtration in Sandschichten, in denen bis zu 98% aller vorhandenen Organismen entfernt werden.

Die Filtration ist nicht der einzige Grund der großen Reinheit tiefer Grundwässer. Falls das Oberflächenwasser in mittelmäßig durchlässigen Bodenschichten durchschnittlich 5 m/Monat durchsickert, bedeutet dies, daß für eine Tiefe von 600 m 10 Jahre benötigt werden. In so langer Zeit werden die Mikroorganismen aus dem Wasser nicht nur durch die Filtration entfernt, sondern sie sterben auch aus Mangel an Nährstoffen ab. Nach diesen Erwägungen sollten tiefe Grundwässer praktisch steril sein. Und doch ist das nicht der Fall. Mikroorganismen wurden auch in großen Tiefen gefunden und zwar nicht selten in relativ hoher Zahl, besnders bei Anwendung direkter mikroskopischer Methoden.

Sturm (1950) fand in Erdölgebieten bei Samarskaja Luka in Tiefen von 600—1400 m Hunderttausende und Millionen von Mikroben in 1 ml Wasser. Untersuchungen von Kuznecova (1959), die im Tersk-Dagestansker und Moskauer Gebiet durchgeführt wurden, zeigten, daß in Grundwässern die Zahl der Mikroben 10000—45000/ml betrug. Durch Vitalfärbung erwies sich, daß praktisch alle aktiv waren. Die Erklärung einer derart großen Zahl von Mikroorganismen in tiefen Grundwässern kann in mehreren Richtungen gesucht werden. Es ist wahrscheinlich, daß die mikroskopisch bestimmte Mikroflora spezifische physiologische Gruppen von Bakterien darstellt, die an die Lebensverhältnisse in großen Tiefen und an besondere Chemismen, im vorliegenden Falle an Erdölvorkommen, angepaßt sind. Die Mikroorganismen können aber auch durch Bodenrisse o. ä. in das Grundwasser eindringen. Solche unterirdischen Wege bestehen vor allem in Kalksteinformationen und Karstgebieten, wobei es nicht selten ist, daß diese bis in das Grundwasser reichen. Hierbei spielen die geologische Formation unter der Erdoberfläche, die Durchlässigkeit der einzelnen Schichten und der hydrostatische Druck eine Rolle.

Die angeführten Beispiele können als Ausnahmefälle betrachtet werden. Die Grund wässer sind im allgemeinen rein und ihr mikrobieller Gehalt ist unbedeutend. Aus diesem Grunde weisen Quellen eine vorzügliche Qualität auf, die aus diesen Grundwässern stammen und als natürliche Quellen oder als Brunnen verschiedener Typen zutage treten.

Tabelle 24
Biologisch-ökologische Charakteristik der Thermalwässer nach Vouk.

Bezeichnung	Vorherrschende Mikroorganismen	Verbreitung der Mikroorganismen	Fundorte
Blau-Thermen	Cyanophyceen (*Mastigocladus*, *Oscillatoria*, Phormidium usw.)	besonders in Akro- und Hyperthermen	Yellowstone-Park, Kamtschatka
Blau-Kiesel-Thermen	Cyanophyceen, Diatomeen (*Nitzschia*, Amphora usw).	besonders in Euthermen mit erhöhtem Salzgehalt	Karlsbad, Island
Blau-Grün-Thermen	Cyanophyceen (*Oscillatoria*), Chlorophyceen (*Rhizoclonium*, *Stigeoclonium* usw.)	besonders in Chliarothermen	—
Schwefel-Blau Thermen	Cyanophyceen, Schwefelbakterien	besonders in Euthermen, Akro- und Hyperthermen	—
Schwefelthermen	Schwefelbakterien	besonders in Chliarothermen	Deutschland, Polen
Eisen-Blau-Thermen	Cyanophyceen, Eisenbakterien	besonders in Euthermen, Hyperthermen	Japan

Mineral- und Thermalwässer

Als „mineral" werden Wässer mit einem höheren Salzgehalt als 1 g/l bezeichnet. Diese Wassertypen sind ein spezifisches Biotop für bestimmte Mikroorganismen. Da sie vorwiegend aus größeren Tiefen stammen, ist ihr Bakteriengehalt gewöhnlich gering. Echte Bewohner dieser Wässer sind Vertreter einiger physiologischer Gruppen chemoautotropher Organismen (Eisen-, Mangan-, Schwefel-, Nitratbakterien), die aus CO_2 Kohlenstoff gewinnen und die Energie der chemischen Oxydationsvorgänge verwerten. Nicht selten können diese Wässer durch allochthone Organismen verunreinigt werden. Es handelt sich dabei um Bakterien aus den Familien der Pseudomonadaceae und Enterobacteriaceae, um *Desulfovibrio*-Arten u. a. (ŠVORCOVÁ 1972). Diese Bakterien können jedoch im Mineralwasser nur bei Anwesenheit N-haltiger organischer Stoffe, d. h. unter günstigen trophischen Bedingungen, längere Zeit verweilen oder sich sogar vermehren.

Unter Thermalwässer versteht man warme Quellen, deren Austrittstemperatur mindestens 20 °C beträgt. In Abhängigkeit von der Temperatur und anderen Faktoren finden sich hier Vertreter der Eisen- und Schwefelbakterien, Cyanophyceen, Diatomeen und Chlorophyceen. Nach den dominierenden Mikroorganismen können die Mineralwässer in biologisch-ökologischer Sicht in mehrere Typen eingeteilt werden (Tab. 24, BRINGMANN 1970).

Quellen und Flachbrunnen

Waldquellen und seichte Brunnen, die vor äußerer Verunreinigung geschützt sind, zeigen nur schwache mikrobielle Besiedlung. Aus 1 ml werden häufig nur einige saprophytische Keime isoliert, obwohl die Gesamtzahl der Mikroben bedeutend größer ist (Tab. 25).

Tabelle 25
Mikrobiologische Charakteristik einiger Quellen in der Slowakei.

Entnahmeort Nr.	mikroskopische Gesamtzellzahl/ml	Zahl an heterotroph. Bakt./ml	Enterobacteriaceae (in 100 ml)
1	3000	12	0
2	4200	55	6
3	3000	105	1
4	18500	22	0
5	5000	2	1
6	58600	4	6
7	5000	6	2
8	3400	17	6
9	8900	17	0
10	4800	23	6
11	43000	1	0
12	17300	8	1
13	22700	0	4
14	3200	5	0
15	17200	22	0
16	27000	3	2
17	25850	24	11
18	11200	35	5
19	22300	9	10
20	23000	120	4
21	28600	28	4

Wilson und Miles (1955) führen an, daß die Keimzahlen in diesen Wässern nicht mehr als 10—20/ml auf Agarnährboden (37 °C, 24 h) und ca. 1000/ml auf Gelatinenährboden (20—22 °C, 48 h) betragen. Die Mehrzahl der identifizierten Bakterien gehört zu den natürlichen Wasser- oder Bodenformen. Nach Gainey und Lord (1952) ergab die Untersuchung von 50 Quellen in England, daß die durchschnittliche Zahl heterotropher Bakterien 73/ml beträgt (kleinster Wert 1, größter Wert 1800 Keime). Im Staat Massachusetts in den USA enthielten 37 Quellen durchschnittlich 41 heterotrophe Keime, aber nur 6 von 54 untersuchten Proben enthielten mehr als 50 Keime/ml. Wie aus Tabelle 25 zu ersehen ist, fanden wir in der Mittelslowakei bei untersuchten Quellen durchschnittlich 24 heterotrophe Bakterien (20 °C) /ml, während die Gesamtmikrobenzahlen /ml im Durchschnitt 16800 betrugen. Nach Regenfällen steigt die Zahl der Mikroorganismen in diesen Quellen gewöhnlich an und kann auch einige Tausend Keime /ml erreichen.

Auch mitteltiefe Brunnen, wenn sie richtig gebaut und erhalten sind, d. h. falls alle Bedingungen eines hygienisch einwandfreien Brunnens erfüllt sind (Entfernung von Verunreinigungsquellen), liefern mikrobiologisch einwandfreies Wasser. Dagegen können Brunnen, die von außen verunreinigt werden, eine große Zahl von Mikroorganismen verschiedenster Art und Herkunft enthalten. In 100 untersuchten Brunnenwässern in England wurde eine durchschnittliche Keimzahl von 266/ml bestimmt (minimal 1, maximal 11000 Keime). Bei anderen Untersuchungen von 124 nicht verunreinigten Brunnen betrug die mittlere Keimzahl 570/ml (Gainey und Lord 1952). Wir untersuchten mehrere Brunnen in der Südslowakei und führen die mikrobiologische Charakteristik von einigen in der Tabelle 26 an. Die Gesamtmikrobenzahl/ml aus diesen Brunnen betrug 9200. Die Keimzahl heterotropher Bakterien (20 °C) war im Durchschnitt 500/ml.

Tabelle 26
Mikrobiologische Charakteristik einiger Brunnen in der Südslowakei.

Profil Nr.	mikroskopische Gesamtzellzahl/ml	Zahl an heterotrophen Bakt./ml		Enterobacteriaceae/l
		(48 h/20 °C)	(24 h/37 °C)	
1	5700	37	38	5
2	8600	110	17	15
3	10500	2330	100	556
4	16400	166	42	534
5	4900	113	6	21

Tiefbrunnen

Es ist bekannt, daß das reinste und beste Wasser aus tiefen (artesischen) Brunnen gewonnen wird. Wo diese genügend ergiebig sind, dienen sie in der Regel zur Versorgung einer größeren Bevölkerungsgruppe mit Trinkwasser. Da sie allgemein fachlich richtig gebaut werden — teilweise mit relativ großem finanziellen Aufwand — werden Verunreinigungen fern und der mikrobielle Gehalt des Wassers niedrig gehalten. Die Keimzahl der heterotrophen Bakterien/ml ist allgemein sehr klein und übersteigt nur selten 100, Enterobakterien sind nur ausnahmsweise anwesend.

Abwässer

Obwohl diese Art von Wasser kein natürliches Biotop darstellt, wollen wir wenigstens in Kürze auf die hier zu findenden Mikroorganismen eingehen.

In Abwässern, sofern sie keine toxischen Stoffe enthalten, finden sich gewöhnlich außerordentlich hohe Keimzahlen. SLÁDEČEK (1963, 1973) führt für die einzelnen Stufen der Saprobität folgende Maximalwerte für heterotrophe Keime (20 °C)/ml bzw. für *Coli*-Indeces (Keimzahlen in 1000 ml) an: **isosaprob** 10 Millionen bzw. 20 Millionen bis 3 Milliarden; **metasaprob** 20 Millionen bzw. mehr als 10 Milliarden und **hypersaprob** 50 Millionen bzw. mehr als 1 Million. Mikroskopisch werden einige zehn Millionen bis 1 Milliarde Keime bestimmt. Das gilt vor allem für kommunale Abwässer, in denen die Mikroorganismen genügend abbaufähige organische Stoffe zur Verfügung haben. Das Wasser aus der Kanalisation von Bratislava enthält z. B. in 1 ml durchschnittlich 1250000000 Mikroben, davon 48300000 heterotrophe Keime (20 °C, 48 h). Der Unterschied zwischen der direkten mikroskopischen und der Kultivierungsmethode ist in diesem Falle nicht so groß wie bei reineren Wässern. Dies erklärt vor allem der schon erwähnte hohe Gehalt an organischen Stoffen, der eine Vermehrung saprophytischer und andere heterotropher Organismen fördert.

Aus industriellen Abwässern erhält man auf Agarnährboden viel geringere Keimzahlen als aus Kommunalabwässern (Ausnahmen bilden oft die Abwässer der Lebensmittelindustrie, von Schlachthöfen, Konservenfabriken usw.). Nicht selten wachsen aus 1 ml bei 20 °C 1–2 Keime. Dies zeugt entweder von der Toxizität der erwähnten Wässer oder von der Anwesenheit einer spezifischen Mikroflora, die auf den üblichen Nährböden nicht wächst bzw. die wir bisher noch nicht anzüchten können. In diesen Fällen hat die direkte mikroskopische Methode zur Bestimmung von Mikroorganismen eine besondere Bedeutung, da sie uns ermöglicht, die Zellenzahl im Wasser nahezu absolut zu bestimmen.

Aus einer Probe von Abwässern aus Bratislava z. B. isolierten wir aus 1 ml bei 20 °C durchschnittlich 44 Kolonien. Mikroskopisch zählten wir auf Membranfiltern 51500 Zellen, d. h. die 1770fache Anzahl. Aus Abwässern einer Zellulosefabrik kultivierten wir aus 1 ml lediglich 2 Kolonien auf Agarnährboden (20 °C, 48 h), weshalb eine Verunreinigung nicht ausgeschlossen werden kann. Bei der mikroskopischen Auszählung bestimmten wir in derselben Probe außer einer großen Anzahl von Schwefelbakterien eine Vielzahl von Hefe (in einigen Fällen nahezu in Reinkultur). Ähnliche Erfahrungen haben auch andere Autoren gemacht.

Meerwasser

Die quantitative mikrobielle Besiedlung des Salzwassers ist etwas geringer als die des Süßwassers. Nach RAZUMOV (1962) enthalten nicht verunreinigte Salzwässer in 1 ml weniger als 100 heterotrophe Bakterien und in einigen Metern Tiefe geht ihre Zahl auf Null zurück. Dies hängt wahrscheinlich mit der geringen Konzentration organischer Stoffe im Meer und anderen Faktoren (Salzgehalt, Meeresströme u. ä.) zusammen. Ein Beweis dafür ist die Tatsache, daß sich unter Laboratoriumsbedingungen die Zahl der Bakterien im Salzwasser ohne weitere Beeinflussung im Verlaufe von 24–72 Stunden von ursprünglich einigen Zehn auf Zehntausende auf 1/ml erhöht.

In Anbetracht der vielen Faktoren, die bis heute nicht genau erforscht sind, schwankt die mikrobielle Besiedlung der Meere in geographischer, vertikaler oder horizontaler Hinsicht bzw. im Zyklus der Jahreszeiten (Tab. 27 bis 29). Im allgemeinen sind die

Tabelle 27

Vertikale Verteilung heterotropher Bakterien im Schwarzen Meer (Kriss 1959).

Tiefe in m	Keimzahlen/ml (Fischpeptonagar, 5 d/22—25 °C)							
	1946					1949		
	Profil							
	1	2	3	4	5	1	2	3
Oberfläche	340	66	42	124	64	80	330	20
25	410	0	2	0	8	30	70	160
50	50	0	2	8	8	320	20	90
75	10	0	2	4	0	20	20	10
100	30	0	8	16	44	10	10	10
125	30	2	4	0	36	20	50	0
150	20	14	2	0	12	270	20	30
175	0	74	0	12	104	250	40	40
200	0	0	0	4	40	20	0	20
225	10	16	2	8	36	20	20	10
250	10	6	4	0	90	0	0	30
300	—	—	—	—	—	20	150	10
500	0	20	2	0	8	30	100	0
750	10	0	6	128	8	30	10	0
1000	10	6	0	20	0	290	330	10
1250	0	18	78	4	4	0	30	70
1500	550	20	2	0	8	400	10	10
1750	50	14	2	0	—	70	80	0
2000	300	0	52	8	—	420	0	30

Keimzahlen im freien Ozean kleiner als in Küstennähe. In Abhängigkeit von der Jahreszeit können diese Zahlen in 1 ml 500—1000 Keime in der Uferzone und 1—2 Keime (20 ± 2 °C, 72—120 h) im freien Ozean betragen. Die Zahlen in Küstennähe sind vom Grad der örtlichen Verunreinigungen abhängig.

Untersuchungen zeigten, daß in den tropischen Meeren die Zahl der Bakterien im Wasser größer ist als in den nördlichen Breiten und daß ihre Zahl etwa ab 50° nördlicher Breite bis auf ein Zehntel zurückgeht. Die Abhängigkeit der Bakterienzahl im Meerwasser von der Temperatur bestätigt auch Versuche von Keys und Mitarb. (1955). Die Autoren untersuchten die Vermehrungsfähigkeit von Meeresbakterien bei verschiedenen Temperaturen unter Laboratoriumsbedingungen. Es wurde festgestellt, daß bei 21 °C die maximale Zahl in 2—3 Tagen erreicht wurde, bei der tieferen Temperatur von 5 °C jedoch erst nach einigen Wochen. Die intensivere Vermehrung der untersuchten Bakterien bei höheren Temperaturen hängt nach den Autoren mit der Vergrößerung ihrer Fähigkeit zur besseren Ausnutzung der Kohlenstoffverbindungen und mit der Verkleinerung der Grenzkonzentration zusammen, welche die Auswertung der gelösten organischen Stoffe im Wasser begrenzt. Auch weitere Autoren führen an, daß die größten Bakterienzahlen im Wasser in den Sommermonaten (Juli bis September) auftreten. Dies bestätigen auch Ergebnisse von Kriss et al. (1959), die in Tabelle 29 angeführt sind.

Soweit es sich um die vertikale Verteilung der Mikroorganismen im Meer handelt, ist diese sehr unterschiedlich und hängt häufig von örtlichen Bedingungen ab. Die

Tabelle 28

Vertikale Verteilung heterotropher Bakterien im nordwestlichen Teil des Stillen Ozeans (Kriss 1959).

Tiefe in m	Keimzahlen in 3–40 ml (Nähragar, 48–72 h, 25–30 °C)								
	Profil								
	1	3	8	9	14	15	17	18	19
Oberfläche	3	0	44	0	0	7	2	5	3
10	1	1	0	0	0	3	0	1	10
25	0	0	0	0	0	1	0	0	3
50	13	0	0	1	2	0	0	1	0
75	0	0	0	0	1	2	0	—	22
100	0	0	0	0	0	1	0	5	4
150	1	0	0	0	0	0	0	0	9
200	0	1	0	1	0	3	0	—	2
250	1	0	0	0	1	0	0	1	1
300	0	0	0	0	1	0	0	1	1
400	0	0	0	0	0	0	0	3	1
500	1	0	0	0	0	2	0	11	1
600	0	1	0	0	0	1	—	—	—
750	0	0	0	0	0	4	2	10	9
1000	2	3	0	0	0	3	0	18	0
1500	32	0	6	1	0	1	0	1	1
2000	0	0	2	0	1	2	0	2	4
2500	0	0	7	98	10	44	3	0	5
3000	0	0	0	0	0	17	1	4	1
4000	0	100	1	3	0	0	1	5	0
5000	—	0	1	—	—	—	0	—	—
6000	—	60	0	—	—	—	—	—	—
7000	0	65	1	—	—	—	—	—	—

relativ größten Zahlen findet man in den oberflächlichen Schichten und bis zur Tiefe von 200–500 m (in einigen Fällen auch tiefer); sie weisen keine besonderen Unterschiede auf (vgl. Tab. 27–29). Nur in der litoralen Zone, als Folge des Küsteneinflusses, bestimmt man in den tieferen Zonen eine höhere Bakterienzahl als an der Oberfläche. Zu einem signifikanten Absinken ihrer Anzahl kommt es nur in größeren Tiefen von 1000 m und mehr. Bakterien können jedoch auch in sehr großen Tiefen nachgewiesen werden. Kriss (1959) fand im Stillen Ozean heterotrophe Bakterien noch in einer Tiefe von 7000 m. Im nördlichen Eismeer wurden sie bis zu 4000 m Tiefe nachgewiesen.

In den Oberflächenschichten des Wassers unterliegt die Zahl der Bakterien auch im Verlaufe des Tages bedeutenden Änderungen. Offensichtlich ist sie durch die bakterizide Wirkung des Sonnenlichtes während des Tages vermindert. Dies bestätigen die Werte aus 10 m Tiefe, wo sich der keimtötende Effekt der Sonnenstrahlung nicht mehr bemerkbar macht.

Die Angaben über die Zahl der Bakterien im Wasser der Meere und Ozeane, die bisher zitiert wurden, stammen aus Anzüchtungsuntersuchungen und repräsentieren daher die Keimzahlbestimmungen nur einen bestimmten Anteil – ihre Gesamtzahl ist bedeutend größer. Das beweisen auch die Ergebnisse, die durch mikroskopisches Auszählen erhalten wurden. Wenn auch diese Werte auf Grund der erwähnten Faktoren bedeutend

Tabelle 29

Vertikale Verteilung heterotropher Bakterien im zentralen Teil des nördlichen Eismeeres (KRISS 1959).

Tiefe (m)	Keimzahlen in 1000 ml (Nähragar, 4–5 d, 25–27 °C)					
	Profil					
	1 Juli	2 Sept.	3 Mai	4 Mai	5 April	6 Mai
Oberfläche	überwuchert	520	520	160	80	0
10	1120	1995	120	0	0	0
50	315	350	0	0	20	20
75	490	735	0	0	0	0
100	2660	140	0	0	0	40
150	210	2660	80	0	40	20
200	35	3045	0	0	0	0
250	455	665	0	0	0	0
300	überwuchert	980	0	0	0	0
400	280	105	0	0	0	0
500	175	210	0	0	0	0
600	280	245	0	0	0	0
750	210	35	0	0	0	0
1000	—	—	—	0	0	0
1500	0	—	—	—	—	—
2000	490	245	0	0	0	0
2500	455	—	0	0	0	0
3000	70	0	0	0	0	0
3300	420	175	0	0	0	0
3400	70	105	0	0	0	0
3500	—	350	—	—	0	0
3700	—	140	—	—	0	0
3900	—	—	—	—	0	0

schwanken, kann man annehmen, daß sie sich um Werte von 10000 in den arktischen und 100000 in den übrigen Meeren und Ozeanen bewegen. BUTKEVIČ (1938) schreibt, daß im Kaspischen und Asowschen Meer 100000–500000 Mikroben/ml festgestellt wurden; an einigen Stellen überstieg ihre Zahl sogar 2 Millionen. So große Zahlen repräsentieren Biomassen von 50–250 mg/m³ bzw. 1 g/m³, was nahezu so große Werte erreicht wie die Biomasse des Phytoplanktons (100 mg–2 g/m³).

Artenverteilung der Mikroben im Wasser

Die Zahl der Mikrobenarten im Wasser ist ungewöhnlich groß. Dies ist verständlich, da jedes natürliche Gewässer permanent allen möglichen äußeren Verunreinigungen ausgesetzt ist. Das Wasser nimmt während seines Laufes durch verschiedene Gebiete, dichtbesiedelte Städte, Industrieanlagen oder landwirtschaftliche Nutzflächen verschiedene Stoffe und Agenzien auf, von denen die Mikroorganismen einen bedeutenden und wichtigen Teil darstellen.

Im allgemeinen können alle Mikrobenarten, die sich im Wasser vorfinden, nach ihrer Herkunft in drei große Gruppen eingeteilt werden:

1. autochthone Wassermikroorganismen,
2. Mikroorganismen aus Luft und Boden,
3. Bakterien aus menschlichen und tierischen Ausscheidungen.

In die erste Gruppe gehören Organismen, die im Wasser günstige Nahrungs- und Lebensbedingungen für ihre Vermehrung vorfinden und die an das Leben im Wasser angepaßt sind. Es handelt sich um eine große Zahl von morphologisch, physiologisch und systematisch unterschiedlichen, chromogenen und achromogenen, grampositiven und gramnegativen Bakterien, Aktinomyzeten, Pilzen, Hefen und wahrscheinlich auch anderen Mikroorganismen. Die häufigsten Vertreter können in folgende Gattungen eingereiht werden: *Actinomyces, Achromobacter, Alcaligenes, Bacillus, Brevibacterium, Caulobacter, Cytophaga, Flavobacterium, Halobacterium, Hyphomicrobium, Chromobacter, Micrococcus, Nevskia, Nocardia, Pseudomonas, Sarcina, Sporocytophaga, Vibrio*, einige Arten von Eisen- und Schwefelbakterien sowie einige leuchtende Meeresbakterien der Gattung *Photobacterium.*

Als typische Wasserbewohner kann man auch die Gruppe der phototrophen Bakterien bezeichnen. Diese Organismen sind durch ihre spezifischen Enzyme (Bakteriochlorophyll, Karotinoide) zur anaeroben Photosynthese befähigt. Als H_2-Donatoren dienen verschiedene Endprodukte der Degradation organischen Materials, wie z. B. H_2S, Thiosulphat, sowie molekularer Stickstoff und Wasserstoff. Sie kommen hauptsächlich an der Grenze der aeroben und anaeroben Zone von Seen vor, können jedoch auch in den Sedimenten gefunden werden (Rhodospirillaceae). Zu den phototrophen Bakterien gehören *Rhodopseudomonas* (*R. palustris, R. viridis, R. capsulata, R. sulfidophila, Rhodospirillum tenue, Rhodomicrobium vannielii, Chromatium* spec., *Thiocapsa* spec., *Thiodictyon bacillosus, Amoebobacter roseus, Chlorobium* (*C. phaeobacteroides, C. chlorovibrioides, C. phaeovibrioides*), *Prosthecochloris phaeoasteroidea, Pelodictyon* (*P. luteolum, P. phaeum, P. clathratiforme*), *Ancalochloris perfilievii, Chlorochromatium* (*C. aggregatum, C. glebulum*), *Pelochromatium* (*P. roseum, P. roseo-viridae*), *Chloroplana* spec., *Chloroflexus* spec., *Chloronema* (*C. giganteum, C. spiroideum*) u. a. (Gorlenko 1975).

Mit Sicherheit kann nicht festgestellt werden, ob heute auch Myxobakterien, die bisher nur als Bodenorganismen bzw. Zellulosezersetzer betrachtet werden, als Wasserbakterien anzusehen sind. Es zeigt sich nämlich, daß der Metabolismus dieser Bakterien an niedrige Nährstoffkonzentrationen angepaßt ist — was als eines der Kriterien für echte „Wasserbewohner" angesehen wird — und Myxobakterien bei Anwendung geeigneter Methoden und Nährmedien aus verschiedenen Wassertypen regelmäßig isoliert werden können. Diese morphologisch und physiologisch sehr interessante Gruppe von Mikroorganismen wurde bisher nur ungenügend erforscht.

Phylogenetisch stehen die Myxobakterien den Myxomyzeten nahe. Die vegetativen Zellen produzieren einen Schleim, der ihnen eine gleitende Bewegung auf dem festen Substrat (Nährboden) ermöglicht, obwohl sie keine Bewegungsorgane besitzen. Eine charakteristische Eigenschaft dieser Organismen ist die Bildung von Fruchtkörpern (s. Abb. 7), in denen Myxosporen bzw. Myxozysten angehäuft sind. Die Verschiedenheiten in Ausbildung, Morphologie und Färbung dieser Fruchtkörper stellen wichtige Klassifikationsmerkmale dar. Die vegetativen Zellen verfügen über Enzymsysteme zur Hydrolyse von Proteinen und Polysacchariden (z. B. zum Zellulose-Abbau).

Systematisch gehören Myxobakterien nach Bergeys Manual (1974) zur Ordnung *Myxobacterales* mit 4 Familien: Myxococcaceae, Archangiaceae, Cystobacteraceae und

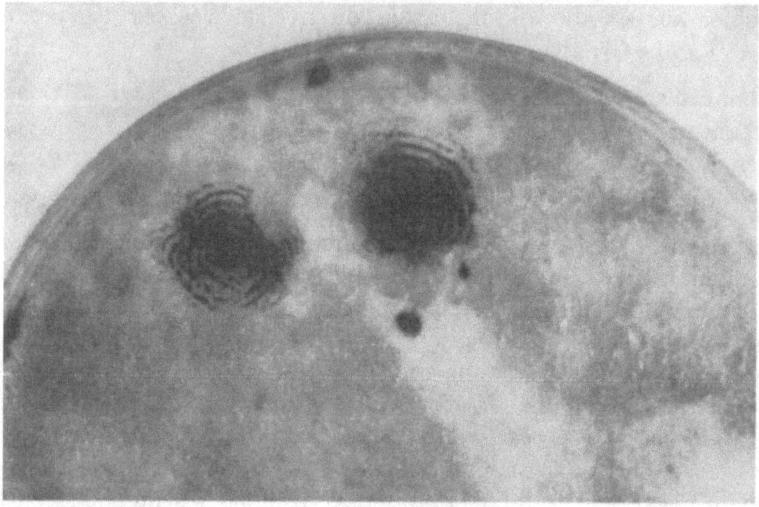

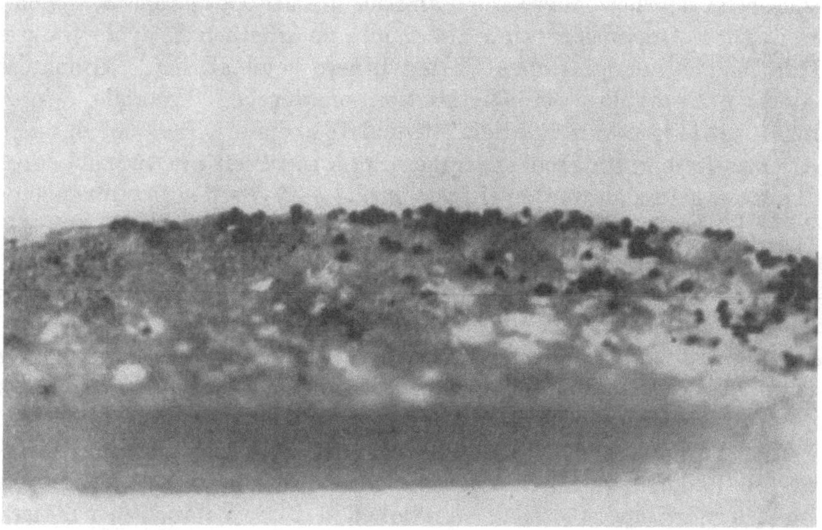

Abb. 7. Typische Kolonien (A) und Fruchtkörper (B) von *Myxococcus xanthus* (Aufnahmen: L. LECIANOVÁ).

Polyangiaceae. Davon lassen sich im Wasser jedoch nur einige Vertreter finden. Nach BERGEY (1974) kommt *Polyangium parasiticum* vor, andere Autoren beschreiben den Nachweis von *Myxococcus stipitatus* aus Oberflächen- und Grundwässern (RAVERDY 1973, BROCKMAN 1974, KOPŘIVÍK 1976). Nach LECIANOVÁ (1975, 1976) spielen die Myxobakterien im Selbstreinigungsprozeß eine wichtige Rolle und können als potentielle Indikatoren für landwirtschaftliche Verunreinigungen dienen. Es wurde bewiesen, daß die Anwesenheit von Myxobakterien mit dem Verunreinigungsgrad des Wassers eng korreliert. Der Anteil bewegt sich von 25% (Trinkwasser) bis 100% (Abwasser). Dabei überwiegen die Vertreter der Gattung Myxococcus, bzw. Polyangium (MIKLOŠOVIČOVÁ, 1981).

In den früheren Klassifikationsschemen gehörten zu Myxobakterien auch die Gattungen *Cytophaga* und *Sporocytophaga*, die in den Gewässern reichlich vertreten sind. Nach Tržilová und Miklošovičová (1975) macht *Sporocytophaga cauliformis* in der Donau (km 1868) 0,35–3% der Gesamtkeimzahl aus und repräsentiert 2,2–22,5% der heterotrophen Bakterien (20 °C). Das bedeutet, daß diese Organismen im Stoffkreislauf und bei der Mineralisierung organischer Verunreinigungen im Wasser eine Rolle spielen können. Gräf und Stürzenhofecker (1965) führen sogar Kriterien für

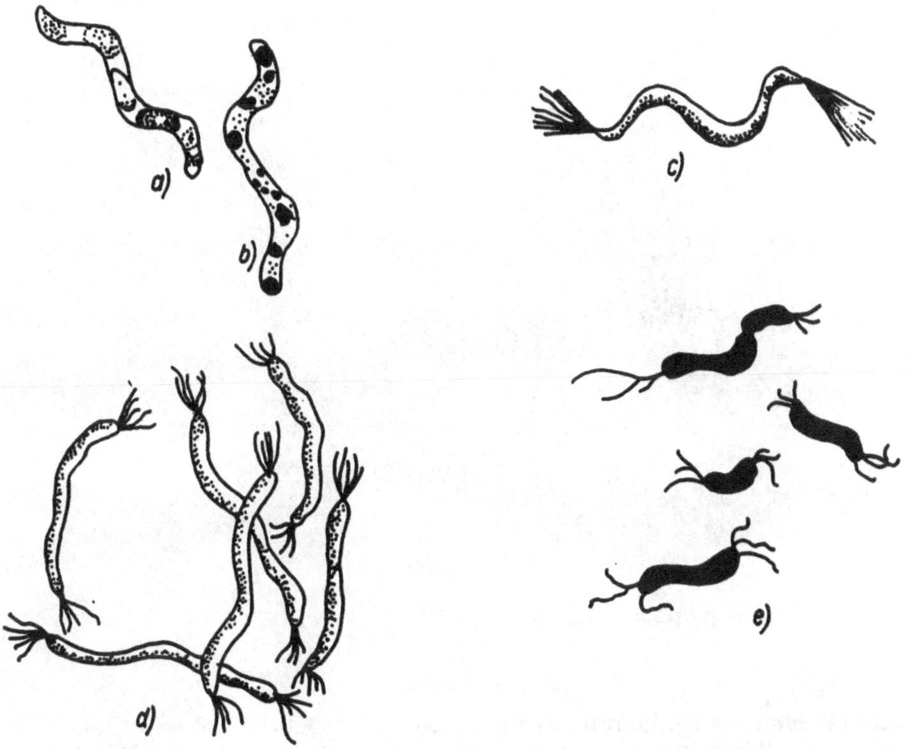

Abb. 8. Verschiedene Arten der Gattung *Spirillum*: *S. volutans* (a, b), *S. undula* (c), *S. serpens* (d), *S. tenue* (e).

die Bewertung der Wasserqualität (Eutrophierungsgrad) auf Grund des Nachweises unterschiedlicher Typen von *S. cauliformis* (Typ II/I) an. Sie bezeichnen damit einen „Myxobakterientypenquotienten" (MTQ). Die Gewässer mit MTQs von > 0,33 werden als eutroph, solche mit niedrigeren MTQs als oligotroph bezeichnet. Nach der neuen Klassifikation gehören diese Bakterien zur Ordnung *Cytophagales*.

Charakteristische wasserbewohnende Bakterien sind hauptsächlich die chromogenen Stäbchen *Pseudomonas fluorescens*, *Serratia marcescens*, *Bacterium indicum*, *Chromobacter aurescens*, *Chr. ochraceum*, *C. violaceum*, weiterhin *Bacillus liquidus*, *Flavobacterium aquatile*, *Aeromonas punctata*, *Micrococcus candicans*, *M. aquatilis*, *M. coronatus*, *M. rhenanus*, *M. luteus* (*Sarcina lutea*), *Staphylococcus margaritaceus*, *Sarcina alba* und *S. paludosa*. Im Wasser nachweisbare spiralige Organismen sind *Spirochaeta plicatilis*, *Spirillum rugula*, *S. serpens*, *S. tenue*, *S. undula*, *S. volutans* (s. Abb. 8) und viele andere.

Bisher unbeantwortet ist die Frage, ob *Bdellovibrio bacteriovorus* (Abb. 9) als Bestandteil der natürlichen Wasserflora betrachtet werden kann. Dieser parasitische, bakteriolytische gramnegative Mikroorganismus soll in der Natur weit verbreitet sein (TAYLOR et al. 1974, FRY und STAPLES 1976). Er wurde regelmäßig aus verschiedenen Wassertypen (Flüssen, Abwässern, Meeren) isoliert. Wie die experimentellen Arbeiten zeigen, lysiert *Bd. bacteriovorus* verschiedene gramnegative Bakterien besonders aus der Familie Enterobacteriaceae und Pseudomonadaceae und trägt zu deren Elimination aus dem Wasser bei. Seine Präsenz ist jedoch wahrscheinlich an die Anwesenheit von Wirtsorganismen gebunden, da in einigen sehr reinen Gewässern dieser Mikroorganismus nicht

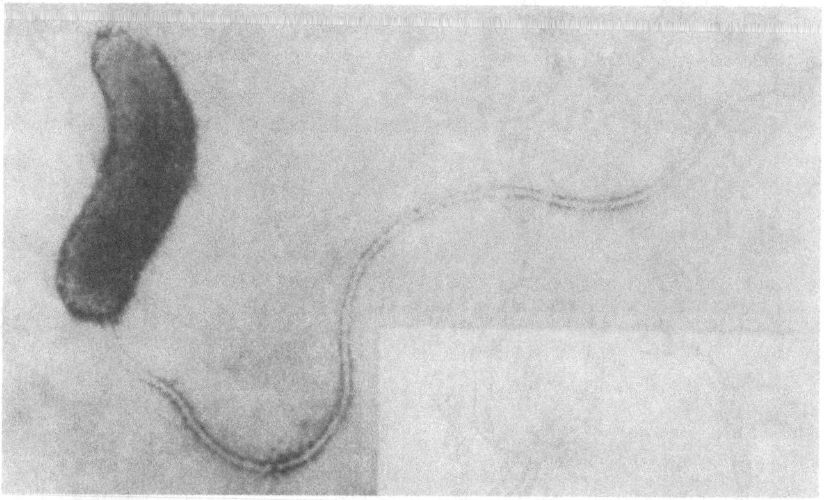

Abb. 9. *Bdellovibrio bacteriovorus.*

nachgewiesen werden konnte. Es ist jedoch auch möglich, daß seine Zahl hier so gering war, daß er durch die gegenwärtigen Methoden nicht gefunden wurde. Erst bei der Anwesenheit von Wirtsorganismen kommt es zu seiner Vermehrung, was seine Isolation natürlich erleichtert.

Die Mehrzahl der Bakterien besiedelt das freie Wasser als mikrobielles Plankton. Einige Vertreter bevorzugen jedoch die Sedimente und gelangen nur durch Turbulenz in das Wasser. Zu diesen gehören einige Arten der Familie Chlamydobacteriaceae (*Sphaerotilus natans, S. roseus* (Abb. 10)). Mit Vorbehalt kann man hierzu auch die Mehrzahl der Eisenbakterien (Abb. 11) rechnen, besonders Vertreter der Gattungen *Crenothrix* (Abb. 12), *Clonothrix, Leptothrix* (Abb. 13), *Gallionella, Spirophyllum* u. a. Typischer sind jedoch Schwefelbakterien (vor allem *Beggiatoa*), einige Purpurbakterien der Gattung *Chromatium, Thiospirillum sanguineum* (Abb. 14) und einige Arten nichtpigmentierter Bakterien-Konglomerate. Die bekannteste von ihnen ist *Zoogloea ramigera.*

Von den Pilzen können im Wasser regelmäßig die Vertreter der *Chytridiomycetes, Oomycetes, Ascomycetes* und *Deuteromycetes* gefunden werden. Als Wasserorganismen können einige Arten der Gattung *Mucor, Leptomitus lacteus,* mehrere Vertreter der Gattung *Saprolegnia* und der Familie Chytridiaceae bezeichnet werden. Mit Vorbehalt kann man auch die Gattungen *Sapromyces, Olpidium* (*O. euglenae, O. rotiferum,*

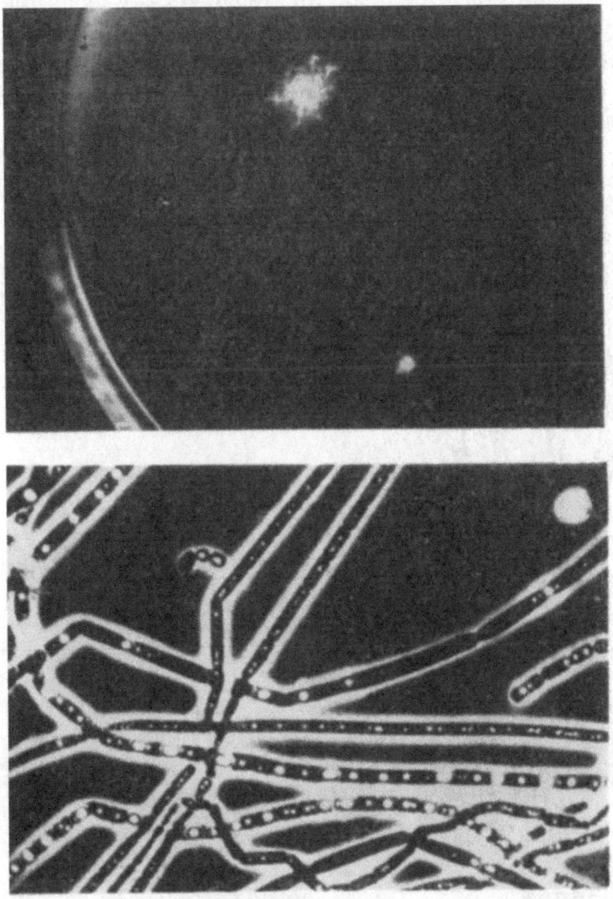

(A)

(B)

Abb. 10. Kolonien (A) und Fäden (B) von *Sphaerotilus natans* aus Abwasser.

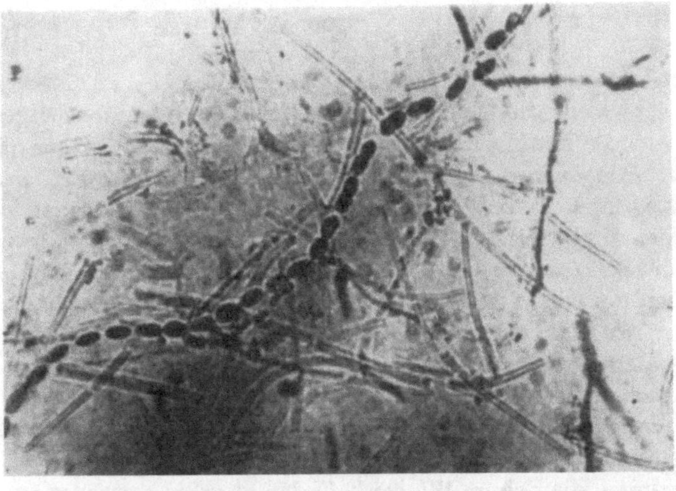

Abb. 11. Kette und Fäden von Eisenbakterien. Es sind auch die Hüllen dieser Bakterien zu erkennen (Färbung mit Erythrosin, Vergrößerung 1000 ×).

Polyphagus, *Achlya* und *Aphanomyces* nennen. Im freien Wasser leben die Vertreter der Familie Saccharomycetaceae; andere höhere Pilze besiedeln verschiedene feste Substrate (Algen, abgestorbenes Material, Holz usw.). Im Sediment findet man häufig *Arthrobotrys oligospira* und Vertreter der Gattungen *Penicillium* und *Aspergillus* (RHEINHEIMER 1971, 1975).

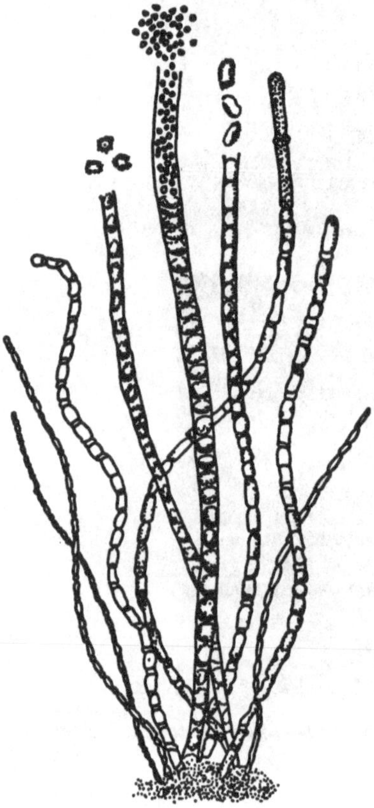

Abb. 12. *Crenothrix polyspora*.

Die Artenzusammensetzung der Mikroorganismen im Meer ist in vielerlei Hinsicht der Besiedlung der Süßwasser ähnlich. In den Meeren und Ozeanen überwiegen gramnegative, nichtsporulierende, häufig bewegliche und pigmentierte Stäbchen (80–95%), die den Gattungen *Pseudomonas*, *Flavobacterium*, *Vibrio*, *Spirillum*, *Actinomyces*, *Cytophaga*, *Beggiatoa*, *Spirochaeta*, *Photobacterium* und *Halobacterium* angehören. Von den Hefen werden am häufigsten verschiedene Arten aus den Gattungen *Candida*, *Torulopsis*, *Cryptococcus*, *Trichosporon* und *Saccharomyces* nachgewiesen. Bei den höheren Pilzen handelt es sich um Vertreter der *Ascomycetes* (*Halosphaeria mediosetigera*) und der *Deuteromycetes* (*Piricauda pelagica*, *Humicola alopallonella*, *Cirrenalia macrocephala*). Seltener sind die *Basidiomycetes* vertreten (*Melanotaenium ruppiae*). Für Brackwässer ist *Olpidium maritimum* typisch (RHEINHEIMER 1971).

Einige Autoren (z. B. JORDAN, 1903) behaupten, daß es wassertypische Mikroorganismen im eigentlichen Sinne des Wortes nicht gibt und vertreten die Ansicht, daß alle Mikroorganismen, die sich im Wasser befinden, dorthin entweder aus der Luft, dem Boden, von abgestorbenem Material pflanzlichen und tierischen Ursprung oder aus den Ausscheidungen lebender Organismen stammen. Diese Ansicht bestätigt sich bis heute jedoch nicht. Im Gegenteil ist nach den bisherigen Erfahrungen und aus zahlreichen Untersuchungen über die Artenverteilung ersichtlich, daß verschiedene Typen spezifisch an das Wassermilieu gebunden sind und daß sie regelmäßig aus unbeeinflußten Wässern isoliert werden können. Zumindest hat sich eine ganze Reihe von Arten so eng an das sekundäre Biotop Wasser angepaßt, daß man sie als typische Wasserformen auffassen kann. Das ist auch aus dem BERGEYschen Manual (1974) ersichtlich, wo bei nicht wenigen Mikroorganismen das Wasser als alleiniger Fundort (Habitat) angeführt ist.

Eine zweite große Gruppe bilden Mikroorganismen, die ständig in das Wasser aus Luft und Boden einwandern, so daß sie dort sehr häufig vorgefunden werden, obwohl sie nicht zur eigentlichen Wasserflora gehören. Die Mehrzahl von ihnen gehört zur Gruppe der aeroben sporenbildenden Bakterien. Ihre typischen Vertreter sind *Bacillus subtilis*, *Bac. megaterium*, *Bac. cereus* und *Bac. mycoides*. Außerdem kann man viele

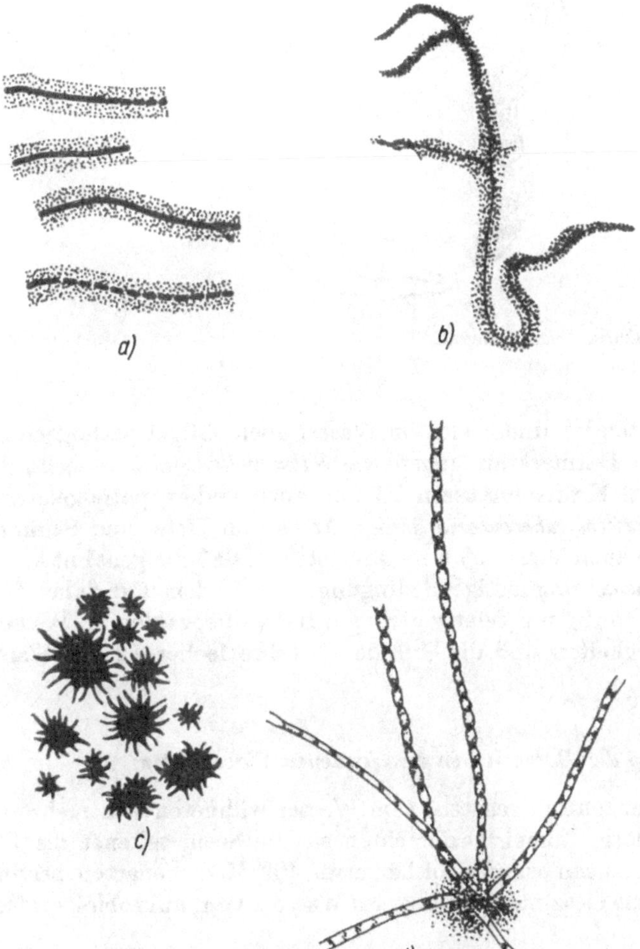

Abb. 13. Verschiedene Formen der Gattung *Leptothrix*: *L. ochracea* (a), *L. discophora* (b), *L. echinata* (c), *L. sideropous* (d).

aerobe Nichtsporenbildner beobachten, daneben bestimmter physiologischer Gruppen — besonders der nitrifizierenden und denitrifizierenden Bakterien — sowie Aktinomyzeten und Hefepilze.

Die dritte Gruppe von Mikroorganismen, die man häufig im verunreinigten Wasser findet, sind Fäkalbakterien und Enteroviren. Zu den erstgenannten gehören vor allem Arten der Familie Enterobacteriaceae. Weiterhin kommen fäkale Streptokokken (Enterokokken), anaerobe Sporenbildner (*Clostridium perfringens* u. a.) und Bifidobakterien (Laktobakterien) vor, die normalerweise Bewohner des Intestinaltraktes von Mensch und Tier sind. Nachweisen lassen sich auch *Pseudomonas aeruginosa*, Vertreter der Familie *Vibrionaceae* und andere.

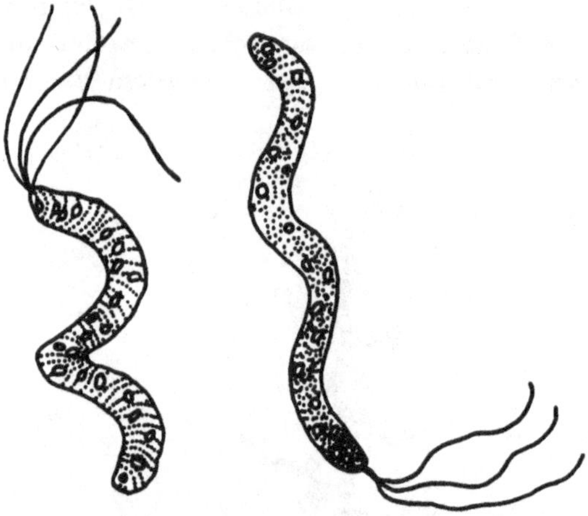

Abb. 14 *Thiospirillum sanguineum*.

Unter gewissen Umständen finden sich im Wasser auch obligat pathogene Bakterien, besonders Erreger von Darmerkrankungen wie *Salmonella typhi*, *Shigella dysenteriae* u. a. In Abwässern aus Krankenhäusern können auch andere pathogene Arten auftreten, z. B. *Mycobacterium tuberculosis*, einige Arten von Hefe- und Schimmelpilzen, Helminthen-Eier sowie auch Viren. Man muß feststellen, daß die genannten Mikroorganismengruppen im Wasser ungünstige Bedingungen vorfinden und daher früher oder später absterben. Ihre häufig nur relativ geringen Individuenzahlen im Wasser und die methodischen Schwierigkeiten sind die Gründe, daß ihre Isolierung aus Wasserproben häufig nicht gelingt.

Artenverteilung der Bakterien in verschiedenen Wasserarten

Dem Studium der Artenzusammensetzung im Wasser widmeten sich mehrere Autoren in verschiedenen Ländern. Zumeist erforschten sie die Seen, seltener die Flüsse und andere Gewässer. Im Ganzen wurden bisher etwa 400 Mikrobenarten bestimmt, was aber bei weitem nicht die Gesamtbesiedlung des Wassers vom mikrobiologischen Standpunkt darstellt.

Zu den ältesten Angaben über die Artenverteilung der Bakterien im Wasser zählen Untersuchungen von Balachoncev und Grimm (1911) durchgeführt am Ladoga-See. Die Autoren führen 42 Arten an, wobei in allen Proben *Staphylococcus aureus* (*Micro-*

coccus albus) isoliert wurde. *Flavobacterium aquatile, Micrococcus luteus, Pseudomonas fluorescens* und *Micrococcus roseus* waren relativ häufig, andere Arten wurden wesentlich seltener festgestellt.

KUZNECOV (1952) untersuchte mit seinen Mitarbeitern 30 Seen in der UdSSR und bestimmte in diesen 119 Bakterienarten. Die verbreitesten von ihnen waren: *Mycobacterium globiforme, M. phlei, Staphylococcus aureus, Pseudomonas fluorescens, Bacillus brevis* und *Bac. cereus* (*Bac. mycoides*). Es war nicht möglich, eine gesicherte Korrelation zwischen dem Vorkommen der einzelnen oder wenigstens einiger Arten und Wässern eines bestimmten Typs (gleicher Reinheitsgrad, Trophie usw.) zu finden.

In Monographien über Wasserbakteriologie findet man zusammenfassende Angaben über die Artenvertretung von Bakterien im Wasser. Erste Übersichten geben LUSTIG (1893), der 181 Wasserarten anführt, und FRANKLAND (1894), der 220 Arten beschreibt. Eine relativ vollständige Aufzählung der Bakterienarten, die sich im Wasser vorfinden, bringt GOROVOIC-VLASOVA (1933). In der 1. Auflage werden 360 Arten mit vielen Synonymen angeführt.

Seit dieser Zeit sind viele Änderungen in der Nomenklatur und Klassifikation der Bakterien eingetreten. Deshalb haben wir ein neues Verzeichnis der Bakterienarten zusammengestellt, die sich im Wasser regelmäßig finden. Wir benutzen die Angaben in BERGEYS Manual (1974) und eigene Resultate (Synomyma in Klammern):

Acetobacter peroxydans
Achromatium oxaliferum (Hillhousia mirabillis, Hillhousia palustris, Achromatium gigas)
Achromatium volutans (Thiophysa volutans, Thiophysa macrophysa)
Achronema angustum (Oscillatoria angusta)
Achronema articulatum
Achronema gotlandicum
Achronema inaequale
Achronema lentum
Achronema macromeres
Achronema profundum (Oscillatoria profunda)
Achronema proteiforme
Achronema simplex
Achronema spiroideum
Achronema sporogenum
Acinetobacter calcoaceticus (Bacterium viscolactis, Micrococcus chinicus, Micrococcus calco-aceticus)
Aeromonas hydrophila (Bacillus hydrophilus fuscus, Bacillus hydrophilus, Proteus hydrophilus, Bacterium hydrophilum, Pseudomonas hydrophilum, Bacillus ichthyosmium, Escherichia ichthyosmia, Proteus ichthyosmius, Pseudomonas ichthyosmia, Pseudomonas fermentans, Flavobacterium fermentans, Proteus melanovogenes, Vibrio jamaicensis)
Aeromonas punctata (Bacillus punctatus, Bacterium punctatum, Pseudomonas punctata)
Alcaligenes aquamarinus (Achromobacter aquamarinus, Bacterium aquamarinum)
Alcaligenes eutrophus (Hydrogenomonas eutropha)
Alcaligenes faecalis (Bacillus faecalis alcaligenes, Bacterium faecalis alcaligenes, Bacterium alcaligenes, Bacillus alcaligenes, Vibrio alcaligenes, Bacterium faecale alcaligenes, Pseudomonas alcaligenes, Salmonella alcaligenes, Achromobacter alcaligenes, Alcaligenes denitrificans, Achromobacter arsenoxydans-tres, Lophomonas alcaligenes, Alcaligenes odorans)
Amoebobacter granula
Amoebobacter pendens (Rhodothece pendens, Rhodothece nuda)
Amoebobacter roseus (Rhodothece conspicua)
Ancalomicrobium adetum
Asticcacaulis excentricus
Azomonas agilis (Azotobacter agile, Azobacter agilis, Azotococcus agilis)

Azomonas insignis
Azotobacter beijerinckii
Azotobacter chroococcum (Bacillus azotobacter, Bacillus chroococcus)
Azotobacter vinelandii
Bacillus acidocaldarius
Bacillus cirroflagellosus
Bacillus filicolonicus
Bacillus freudenreichii (Urobacillus freudenreichii)
Bacillus globisporus
Bacillus laterosporus
Bacillus lentus
Bacillus pacificus
Bacillus pasteurii (Urobacillus pasteurii)
Bacillus psychrophilus
Bacteroides serpens (Bacillus serpens, Bacillus radiiformis, Zuberella serpens, Pseudobacterium serpens)
Bdellovibrio bacteriovorus
Beggiatoa alba (Oscillatoria alba)
Beggiatoa arachnoidea (Oscillatoria arachnoidea, Oscillatoria versatilis, Beggiatoa versatilis)
Beggiatoa gigantea
Beggiatoa leptomitiformis
Beggiatoa minima
Beggiatoa mirabilis
Blastobacter henricii
Brachyarcus thiophilus
Caulobacter bacteroides
Caulobacter crescentus
Caulobacter fusiformis
Caulobacter henricii
Caulobacter intermedius
Caulobacter leidyi
Caulobacter maris
Caulobacter subvibrioides
Caulobacter vibrioides
Caulococcus manganifer
Chlorobacterium symbioticum
Chlorobium chlorochromatii
Chlorobium limicola
Chlorobium limicola, forma sp. sulfatophilum (Chlorobium thiosulfatophilum)
Chlorobium phaeobacteroides
Chlorobium vibriforme (Chlorobium vibrioformis)
Chloropseudomonas ethylica (Chlorobium ethylicum)
Chlorochromatium aggregatum (Chloronium mirabile)
Chromatium buderi
Chromatium fallax
Chromatium gobbi
Chromatium linsbaueri
Chromatium minus (Bacillus minor, Bacterium minus)
Chromatium minutissimum (Bacillus minutissimus, Bacterium minutissimum)
Chromatium okenii (Monas okenii, Rhabdomonas rosea, Spirillum violaceum, Bacterium okenii, Beggiatoa roseo-persicina, Rhabdochromatium roseum, Rhabdochromatium fusiforme, Bacillus okenii, Mantegazzea winogradskyi, Mantegazzea rosea, Pseudomonas okenii, Thiospirillum violaceum, Chromatium densegranulatum)

Chromatium vinosum (Monas vinosa, Bacterium sulfuratum, Bacillus vinosus, Bacterium vinosum, Chromatium sulfuratum)
Chromatium violascens (Chromatium violaceum)
Chromatium warmingii (Monas warmingii, Chromatium cuculliferum, Monas cucullifera)
Chromatiopsis elektron
Chromobacterium lividum (Bacillus lividus, Bacillus violaceus berolinensis, Bacterium lividus, Bacillus berolinensis, Chromobacterium violaceum, Chromobacterium amethystinum)
Chromobacterium violaceum (Chromobacterium janthinum, Chromobacterium laurentium, Chromobacterium manilae)
Citrobacter freundii (Escherichia freundii)
Clathrochloris sulfurica (Aphanothece sulphurica, Clathrochloris hypolimnica, Clathrochloris sulphurica)
Clonothrix fusca
Clonothrix tenuis
Clostridium aminovalericum
Clostridium barkeri
Clostridium bifermentans (Bacillus bifermentans sporogenes, Martellilus bifermentans)
Clostridium kluyveri (Terminosporus kluyveri)
Clostridium thermocellum
Crenothrix polyspora
Cristispira pectinis (Spirochaeta pectinis)
Cylindrogloea bacterifera
Cytophyga krzemieniewskae
Desmanthos thiocrenophilum
Desulfotomaculum nigrificans (Clostridium nigrificans, Sporovibrio desulfuricans)
Desulfovibrio africanus
Desulfovibrio desulfuricans (Spirillum desulfuricans, Bacillus desulfuricans, Microspira desulfuricans, Vibrio cholinicus)
Desulfovibrio gigas
Desulfovibrio salexigens (Microspira aestuarii)
Ectothiorhodospira halophila
Ectothiorhodospira mobilis (Ectothiorhodospira mobile)
Ectothiorhodospira shaposhnikovii
Edwardsiella tarda
Enterobacter aerogenes (Aerobacter aerogenes, Bacillus aerogenes, Bacterium aerogenes)
Enterobacter cloacae (Bacterium cloacae, Cloaca cloacae, Aerobacter cloacae)
Eubacterium endocarditis (Cillobacterium endocarditis)
Eubacterium tortuosum (Bacillus tortuosus, Bacteroides tortuosus, Mycobacterium flavum var. tortuosum)
Flavobacterium aquatile (Bacillus aquatilis, Bacterium aquatilis, Flavobacterium aquatilis, Chromobacterium aquatilis, Empedobacter aquatile)
Flavobacterium breve (Bacillus canicolis brevis, Bacillus canalis parvus, Bacillus brevis, Bacterium canalis parvus, Bacterium canale, Bacterium breve, Flavobacterium brevis, Pseudobacterium brevis, Empedobacter breve)
Flavobacterium capsulatum
Flavobacterium devorans (Bacillus devorans, Chromobacterium devorans)
Flavobacterium halmephilum (Empedobacter halmephilum)
Flavobacterium indoltheticum (Beneckea indolthetica)
Flavobacterium lutescens (Bacterium lutescens, Pseudobacterium lutescens, Aplanobacter lutescens, Empedobacter lutescens)
Flavobacterium rigense (Bacillus brunneus rigensis, Flavobacterium rigensis, Chromobacterium rigense)
Flavobacterium tirrenicum

Flavobacterium uliginosum (Agarbacterium uliginosum)
Francisella novicida
Fusobacterium aquatile
Gallionella ferruginea (Spirillum ferrugineum, Chlamydothrix ferruginea, Spirophyllum ferruginea, Spirophyllum ferrugineum)
Gallionella filamenta (Gloeotila ferruginea, Didymohelix ferruginea, Gloeosphaera ferruginea, Spirulina ferruginea, Gallionella ferruginea)
Gallionella glomerata
Gallionella planctonica
Gallionella pyritica
Gallionella reticulosa
Gallionella sheminzkyi
Gallionella tortuosa
Hafnia alvei (Enterobacter alvei, Enterobacter aerogenes, subsp. hafniae, Bacillus paratyphi-alvei)
Halobacterium marismortui
Halobacterium salinarum (Pseudomonas salinarum, Serratia salinaria, Serratia cutirubrum, Flavobacterium salinarum, Halobacter salinaria, Halobacterium cutirubrum)
Herpetosiphon nigricans
Herpetosiphon persicus
Hyphomicrobium indicum (Hyphomicrobium indium)
Hyphomicrobium neptunium
Klebsiella pneumoniae (Bacterium pneumoniae crouposae, Hyalococcus pneumoniae, Bacillus pneumoniae)
Kurthia zopfii (Bacterium zopfii, Helikobacterium zopfii, Bacillus zopfii, Zopfius zopfii)
Kusnezovia polymorpha
Lamprocystis roseopersicina (Micraola rosea, Cryptococcus roseus, Protococcus roseo-persicinus, Palmella persicina, Pleurococcus roseo-persicinus, Bacterium rubecens, Clathrocystis roseopersicina, Cohnia roseo-persicina, Planosarcina roseo-persicina, Clathrococcus roseo-persicinus, Lankestron rubescens)
Lamprocystis rubra (Thioderma rubra)
Lamprocystis violacea (Thiosphaerion violaceum)
Lampropedia hyalina (Gonium hyalinum, Merismopedia hyalina, Sarcina hyalina, Pediococcus hyalinus, Micrococcus hyalinus)
Leptospira interrogans (Spirochaeta interrogans, Spirochaeta biflexa, Spirochaeta icterogenes, Spirochaeta icterohaemorrhagiae, Spirochaeta nodosa, Leptospira icteroides)
Leptothrix discophora (Megalothrix discophora, Leptothrix crassa)
Leptothrix cholodnii
Leptothrix lopholea
Leptothrix ochracea (Conferva ochracea, Detoniella ochracea, Chlamydothrix ochracea, Sphaerotilus natans forma ochracea)
Leptothrix pseudo-ochracea
Lieskeella bifida
Listeria monocytogenes (Bacterium monocytogenes, Bacterium monocytogenes hominis, Corynebacterium infantisepticum, Corynebacterium parvulum, Erysipelothrix monocytogenes)
Lucibacterium harveyi (Photobacter splendidum, Vibrio splendidus, Achromobacter harveyi, Photobacterium splendidum, Photobacterium sepiae, Pseudomonas harveyi, Photobacterium harveyi)
Macromonas mobilis (Achromatium mobile)
Metallogenium personatum (Metallogenium invisum, Leptothrix echinata)
Metallogenium symbioticum
Micrococcus luteus (Bacterium luteum, Sarcina lutea, Sarcina aurantiaca, Sarcina flava, Micrococcus flavus, Sarcina marginata, Sarcina subflava, Sarcina variabilis, Micrococcus lysodeikticus, Sarcina citrea, Micrococcus afermentans, Staphylococcus flavocyaneus, Sarcina pelagia, Staphylococcus afermentans, Micrococcus sodonensis, Sarcina exiqua)

Micrococcus roseus (Micrococcus tetragenus ruber, Micrococcus agilis, Staphylococcus roseus, Micrococcus rubens, Micrococcus roseofulvus)
Micromonospora chalcea (Streptothrix chalcea, Nocardia chalcea, Actinomyces chalceus)
Micromonospora melanosporea subsp. corymbica
Micromonospora melanosporea subsp. melanosporea
Microcyclus aquaticus
Microcyclus flavus
Mycobacterium gordonae
Mycobacterium smegmatis (Bacillus smegmatis, Mycobacterium paratuberculosis smegmatis)
Mycobacterium vaccae
Naumaniella neustonica
Nevskia ramosa (Gallionella ramosa)
Nitrobacter winogradskyi (Bacterium nitrobacter, Bacillus nitrobakter, Nitrobacterium nitrobacter, Nitrobacterium agilis, Nitrocystis sarcinoides, Nitrogloea micropunctata)
Nitrococcus mobilis
Nitrosococcus oceanus (Nitrosocystis oceanus)
Nitrospira gracilis
Nocardia atlantica (Proactinomyces atlantica)
Ochrobium tectum
Pasteuria ramosa
Pelochromatium roseum
Pelodictyon clathratiforme (Aphanothece clathratiforme, Pelodictyon lauterbornii)
Pelodictyon luteolum (Aphanothece luteola, Schmidlea luteola, Pelodictyon aggregatum)
Pelodictyon parallelum (Aphanothece parallela)
Pelogloea chlorina
Pelonema aphane
Pelonema hyalinum
Pelonema pseudovacuolatum
Pelonema subtilissimum
Pelonema tenue
Peloploca ferruginea
Peloploca fibrata
Peloploca pulchra
Peloploca undulata
Peloploca taeniata
Pelosigma cohnii (Spiromonas cohnii)
Pelosigma palustre
Photobacterium phosphoreum (Micrococcus phosphoreus, Bacillus phosphorescens, Bacterium phosphorescens, Photobacterium phosphorescens, Bacillus hermesi, Streptococcus phosphoreus, Bacillus phosphoreus, Photobacter phosphorescens, Pseudomonas lucifera, Bacterium phosphoreum, Photobacter phosphoreum, Micrococcus physiculus, Coccobacillus acropoma, Acinetobacillus phosporescens, Photobacterium profundum)
Photobacterium mandapamensis
Phragmidiothrix multiseptata
Planctomyces bekefii (Blastocaulis globulifera, Planctomyces crassus, Planctomyces subulatus)
Planctomyces condensatus
Planctomyces gracilis
Planctomyces kljasmensis (Gallionella kljasmensis, Gallionella planctonica, Blastocaulis kljasmensis)
Planococcus citreus (Micrococcus aquivivus, Micrococcus eucinetus, Sarcina citrea)
Polyangium parasiticum
Prosthecochloris aestuarii
Prosthecomicrobium enhydrum
Prosthecomicrobium pneumatica

Pseudomonas aeruginosa (Bacterium aeruginosa, Bacterium aerugineum, Bacillus aeruginosus, Bacillus pyocyaneus, Micrococcus pyocyaneus, Pseudomonas pyocyanea, Pseudomonas polycolor)
Pseudomonas alcaligenes
Pseudomonas aureofaciens
Pseudomonas chlororaphis (Bacillus chlororaphis)
Pseudomonas diminuta
Pseudomonas fluorescens (Bacillus fluorescens, Bacillus fluorescens liquefaciens, Bacterium fluorescens, Liquidomonas fluorescens)
Pseudomonas maltophilia
Pseudomonas mendocina
Pseudomonas palleronii
Pseudomonas pseudomallei (Bacillus pseudomallei, Bacterium whitmori, Loefflerella pseudomallei, Malleomyces pseudomallei)
Pseudomonas putida (Bacillus fluorescens putidus, Bacillus putidus, Pseudomonas eisenbergii, Pseudomonas incognita, Pseudomonas ovalis, Pseudomonas rugosa, Pseudomonas striata)
Pseudomonas stutzeri (Achromobacter sewerinii, Achromobacter stutzeri, Bacillus denitrificans, Bacillus nitrogense, Bacillus stutzeri, Bacterium stutzeri, Pseudomonas stanieri)
Pseudomonas vesicularis (Corynebacterium vesiculare)
Proteus mirabilis
Proteus vulgaris
Rhodomicrobium vanniellii
Rhodopedia tetras
Rhodopseudomonas acidophila
Rhodopseudomonas capsulata (Rhodonostoc capsulatum, Rhodopseudomonas capsulatus)
Rhodopseudomonas gelatinosa (Rhodocystis gelatinosa)
Rhodopseudomonas palustris (Rhodobacillus palustris, Rhodobacterium capsulatum, Rhodomonas palustris, Rhodovibrio parvus)
Rhodopseudomonas sphaeroides (Rhodococcus capsulatus, Rhodococcus minor, Rhodorhagus capsulatus, Rhodorhagus minor, Rhodorhagus sphaeroides, Rhodosphaera capsulata, Rhodosphaera minor)
Rhodopseudomonas vanniellii
Rhodopsuedomonas viridis
Rhodospirillum fulvum
Rhodospirillum molischianum
Rhodospirillum photometricum
Rhodospirillum rubrum (Dicrospirillum rubrum, Rhodospirillum giganteum, Rhodospirillum gracile, Rhodospirillum longum, Spirillum rubrum)
Rhodospirillum tenue
Saprospira grandis
Saprospira toriformis
Serratia marcescens (Bacillus marcescens)
Siderocapsa anulata
Siderocapsa arlbergensis
Siderocapsa coronata
Siderocapsa eusphaera
Siderocapsa geminata
Siderocapsa major
Siderocapsa monoica
Siderocapsa treubii
Siderococcus limoniticus
Sphaerotilus natans (Cladothrix dichotoma, Sphaerotilus dichotomus, Streptothrix fluitans)
Spirillum anulus
Spirillum beijerinckii

Spirillum curvatum
Spirillum delicatum
Spirillum gracile
Spirillum graniferum
Spirillum giesbergeri
Spirillum intersonii
Spirillum linum (Spirillum atlanticum)
Spirillum lunatum
Spirillum metamorphum
Spirillum polymorphum
Spirillum putridiconchylium
Spirllum serpens (Vibrio serpens)
Spirillum sinuosum
Spirillum tenue
Spirillum undula (Vibrio undula)
Spirillum virginianum
Spirillum volutans
Spirochaeta aurantia
Spirochaeta litoralis
Spirochaeta plicatilis
Spirochaeta stenostrepta
Spirochaeta zuelzerae (Treponema zuelzerae)
Streptothrix hyalina (Chlamydothrix hyalina, Leptothrix hyalina)
Sulfolobus acidocaldarius
Tetrachloris inconstans
Tetrachloris merismopedioides
Thermus aquaticus
Thiobacillus denitrificans (Sulfomonas denitrificans)
Thiobacillus ferrooxidans (Ferrobacillus ferrooxidans, Ferrobacillus sulfooxidans)
Thiobacillus intermedius
Thiobacillus neapolitanus
Thiobacillus thiooxidans (Thiobacillus concretivorus, Thiobacillus crenatus, Thiobacillus lobatus, Thiobacillus therminatus, Thiobacillus umbonatus, Thiobacterium thiooxidans)
Thiobacillus thioparus (Bacterium thioparum, Bacterium thiocyanoxidans, Thiobacillus thiocyanoxidans)
Thiobacterium bovista (Bacterium bovista, Thiodendron mucosum)
Thiocapsa pfennigii (Thiococcus spec.)
Thiocapsa roseopersicina (Thiocapsa floridana, Thiocapsa minima)
Thiocystis gelatinosa
Thiocystis rufa
Thiocystis violacea (Planosarcina violacea)
Thiodendron latens
Thiodyction bacillosum (Amoebobacter bacillosus, Rhodocapsa suspensa)
Thiodyction elegans (Thiodyction minus)
Thiopedia rosea (Erythroconis littoralis, Lampropedia rosea, Pediococcus roseus, Planococcus roseus
Thioploca ingrica
Thioploca minima
Thioploca mixta
Thioploca schmidlei
Thiopolycoccus ruber
Thiosarcina rosea (Rhodothiosarcina rosea, Sarcina rosacea, Sarcina rosea, Sarcina sulphurata)
Thiospira bipunctata (Spirillum bipunctatum)

Thiospira winogradskyi (Thiospirillum winogradskyi)
Thiospirillum jenense (Ophidomonas jenensis, Rhodospirillum jenense, Spirillum jenense, Thiospirillum crassum)
Thiospirillum rosenbergii (Spirillum rosenbergii, Thiospirillum coccineum)
Thiospirillum rufum (Spirillum rufum)
Thiospirillum sanguineum (Ophidomonas sanguinea, Spirillum sanguineum)
Thiothrix annulata
Thiothrix longiarticulata
Thiothrix marina
Thiothrix nivea
Thiothrix tenuis
Thiothrix tenuissima
Thiothrix voukii
Thiovulum majus
Toxothrix trichogenes (Chlamydothrix trichogenes, Leptothrix trichogenes, Sphaerotilus trichogenes, Toxothrix ferruginea)
Vibrio anguillarum (Achromobacter ichthyodermis, Vibrio ichthyodermis, Pseudomonas ichthyodermis Vibrio piscium, Vibrio piscium var. japonicus)
Vibrio fisheri (Bacillus fisheri, Achromobacter fisheri, Photobacterium fisheri, Bacillus phosphorescens indigenus, Bacterium phosphorescens indigenus, Microspira marina, Microspira fisheri, Spirillum marinum, Vibrio marinus, Vibrio noticula)
Vibrio cholerae (Bacillus cholerae, Bacillus cholerae-asiaticae, Liquidovibrio cholerae, Microspira comma, Pacinia cholerae-asiaticae, Spirillum cholerae, Spirillum cholerae-asiaticae, Vibrio cholera, Vibrio cholerae-asiaticae, Vibrio comma)
Zoogloea filipendula
Zoogloea ramigera

Morphologische und physiologische Mikrobengruppen

Abgesehen von den Resultaten aus unzählbaren Untersuchungen muß konstatiert werden, daß bis heute die genaue Zahl der im Wasser vorkommenden Arten nicht bekannt ist. Die Frage, welche Arten zur Mikroflora reiner Gewässer, der Seen und Flüsse, des freien Wassers oder der Sedimente gehören, ist keineswegs befriedigend beantwortet. Den Grund hierfür muß man in mehreren Schwierigkeiten sehen, von denen die zwei wichtigsten der Mangel an geeigneten Methoden und die Begrenzung der Forschung durch die praktischen Erfordernisse sein dürften.

Das Studium der im Wasser vorhandenen Mikrobenarten stützt sich hauptsächlich auf die Isolierung, d. h. auf deren Vermehrungsfähigkeit auf bestimmten Nährböden. Das bedeutet, daß alle bisher nachgewiesenen Arten den üblicherweise praktizierten Isolierungs- und Kultivierungsmethoden zugänglich sind. Die bestimmenden Kriterien sind hohe Konzentrationen leicht zersetzlicher organischer Stoffe, annähernd neutraler pH-Wert, eine bestimmte Temperatur und Bebrütungsdauer usw. Dabei widmete man besondere Aufmerksamkeit jenen Arten, die für die Gesundheit von Menschen und Tieren von Bedeutung sind, d. h. die uns helfen, das Wasser und seine Qualität vom sanitärhygienischen Standpunkt aus zu charakterisieren. Die Arten der autotrophen, oligokarbophilen und anderer bisher unbekannter Gruppen wurden durch solche Studien nicht erfaßt. Wie schon erwähnt, mußten in Anbetracht der angewandten Methoden auch die quantitativen Angaben unvollständig und ungenau bleiben.

Es kann angenommen werden, daß die Gruppe der heterotrophen saprophytischen Bakterien und einige Vertreter anderer physiologischer Gruppen ganz oder wenigstens zum großen Teil bekannt sind. Zu welchen Gruppen und Arten jedoch die überwiegende

Zahl der mikroskopisch erfaßten Mikroorganismen gehört, ist bisher nicht bekannt. Es handelt sich um eine große Anzahl morphologisch teils unterschiedlicher, teils sehr ähnlicher Gruppen. Wir wissen, daß in relativ sauberen Gewässern, aus denen auf Agarnährboden (20 °C, 48 oder 72 h) vielleicht nur etwa 2—5 Keime/ml isoliert werden, mikroskopisch Tausende bis Zehntausende von Zellen festgestellt wurden. Die heterotrophen Bakterien, die durch die Plattenmethode erfaßt werden, bilden also nur einen Bruchteil von 0,001—1% aller dort vorhandenen Mikroorganismen. Unter Anwendung verschiedener Nährböden und Verlängerung der Bebrütungszeit auf einige Tage bestimmen wir natürlich eine größere Bakterienzahl aus einem bestimmten Wasservolumen, aber auch dann sind es nur wenige Prozent der Gesamtheit des mikrobiellen Planktons.

Die Schwierigkeit bei der Isolierung des unbekannten Anteiles der Wassermikroflora liegen vor allem darin, daß wir ihre physiologischen Eigenschaften nicht kennen und ihnen daher keine optimalen Nahrungs- und Vermehrungsbedingungen schaffen können. Einige Autoren nehmen an, daß es sich um sogenannte oligokarbophile Bakterien handelt, die als echte Wasserbakterien durch langen Aufenthalt im Wasser den dortigen Bedingungen, vor allem den geringen Nährstoffkonzentrationen angepaßt sind. Es wurden deshalb schon gewisse Teilerfolge durch Anwendung des sogenannten „Hungeragars" erzielt. Das ist ein Nährboden, der aus dem Originalwasser der Probe unter Zusatz von 1—1,5% mehrfach ausgewaschenem japanischen Agar hergestellt wird. Zu diesem Zweck kann auch der hochreine Agar bzw. Agar frei von Hemmstoffen der Fa. **Merck** (No. 1613 und 1614) verwendet werden.

Außerdem wurden beim Anlegen von Kulturen auf Nährböden mit geringeren Konzentrationen organischer Stoffe saprophytische Bakterien gezüchtet, die auf Standard-Nähragar außergewöhnlich langsam und nur als kleine Kolonien angehen. Auch wenn dem Wasser gewisse toxische Stoffe zugesetzt wurden, die den Wuchs der sonst üblichen Keime hemmen, waren nach einer bestimmten Bebrütungsdauer solche kleinen, langsam wachsenden Kolonien zu beobachten. Möglicherweise kann hier eine Analogie zur Anzüchtung auf Standard-Nähragar bestehen: die hohe Konzentration organischer Stoffe übersteigt 100- und mehrfach den Nährstoffgehalt selbst von verunreinigten Gewässern und hemmt dadurch echte Wassermikroorgamismen, die an ganz andere Verhältnisse im Wassermilieu angepaßt sind. Einige Autoren schlagen deshalb vor, einen sogenannten „Optimal-Nährboden" mit minimalen Gehalt, aber dafür breiterem Spektrum an organischen und anderen Stoffen anzuwenden. Bisher bürgerten sich aber diese Nährboden in der Hydromikrobiologie noch nicht ein, und die Frage einer genauen Kenntnis des mikrobiellen Planktons konnte ihrer Lösung noch nicht nähergebracht werden.

Beim Studium der Wassermikroorganismen unter morphologischem Gesichtspunkt kann man feststellen, daß sich ihr überwiegender Teil aus achromogenen, nichtsporenbildenden Stäbchen zusammensetzt. Dies ist wahrscheinlich ein Ausdruck der Verunreinigung des Wassers, da nach Literaturangaben in sauberen Gewässern die Kokkenformen dominieren und besonders chromogene Stämme gefunden werden.

Taylor (1942) stellte auf Grund von Seen- und Flußuntersuchungen in England fest, daß sich aus fäkal verunreinigten Gewässern etwa 95% gramnegative nichtsporenbildende Stäbchen, 4% grampositive sporenbildende Stäbchen und weniger als 1% Kokken isolieren lassen. Zobell (1946) führt an, daß in Meerwasser gramnegative Stäbchen mit 94,6% überwogen.

Razumov (1962) berichtet, daß in den sauberen Wässern des Krugloe-Sees und der Talsperren Pjalovsk und Pestovsk Kokken etwa 80% und Stäbchen 20% des bakteriellen

Planktons ausmachten. Dabei konnte er keine bemerkenswerten saisonbedingten Schwankungen feststellen. Im Stausee Kljazminsk fand er bei allgemein niedrigen Bakteriengehalt 60% Kokken und 40% Stäbchen. In den Sommermonaten Juli bis August, in denen die Bakterienzahlen bis 10000/ml anstiegen, betrug der Anteil der Kokken nur 10% und der Stäbchenformen etwa 70%. Nahezu 20% stellten die Vibrionen, die sich in diesem Gewässer im Verlaufe des Jahres sonst nur in unbedeutender Zahl nachweisen ließen.

Diese Angaben stehen im Einklang mit eigenen Ergebnissen, die bei der Untersuchung verschiedener Gewässer erhalten wurden. In der Donau, die einer ständigen und intensiven Verunreinigung durch kommunale Abwässer ausgesetzt ist, findet man ein Verhältnis Stäbchen: Kokken von etwa 90—99:1 (Durchschnittswerte aus den Jahren 1956—1976). Dieses Verhältnis verringert sich in sauberen Wässern und anderen Wasservorkommen bis auf 1,5:1 (Daubner und Mucha 1964). Czeczuga (1960), der mehrere saubere Fließgewässer in Polen untersuchte, fand ein Stäbchen-Kokken-Verhältnis von durchschnittlich 1:2,6 (Abb. 15).

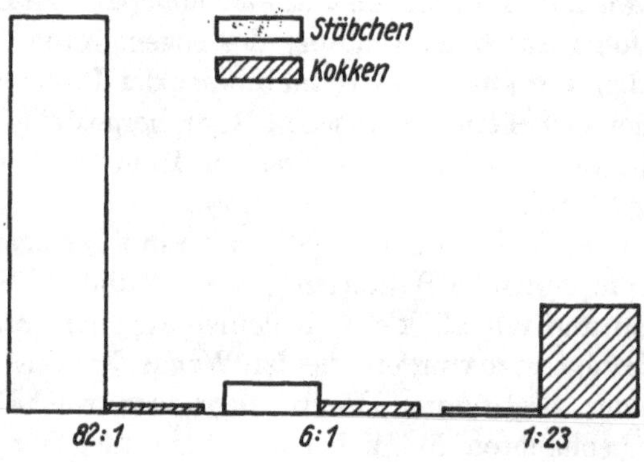

Abb. 15. Verhältnis von Stäbchen zu Kokken in Wässern verschiedenen Reinheitsgrades (von links nach rechts): Donau in der ČSSR, Quellen in der Mittelslowakei, Flüsse im Kreis Bialystok in Polen (Durchschnittswerte).

Rodina (1938) führte quantitative Analysen zur vertikalen Verteilung des mikrobiellen Planktons an einem See durch und stellte fest, daß in Proben von Oberflächenwasser Kokken überwogen, dann folgten Stäbchen und schließlich Schimmelpilze. In 2,5 m Tiefe traten in größerer Zahl Vibrionen auf, obwohl Stäbchen noch immer dominierten. In tieferen Schichten von 3,4—4,5 m stieg die Zahl der Schimmelpilze an. Ab einer Tiefe von 5,5 m waren die Proben allgemein nur schwach mikrobiell besiedelt. Es zeigten sich aber in steigender Zahl Eisenbakterien (*Leptothrix discophora* und *L. ochracea*).

Aus den angeführten Angaben ist ersichtlich, daß die Meinung der Autoren über das Verhältnis der einzelnen morphologischen Bakteriengruppen in den verschiedenen Tiefen nicht einheitlich ist. Es muß dazu jedoch festgestellt werden, daß die Angaben fast ausschließlich von Proben stammen, die an der Oberfläche der Gewässer entnommen wurden. Das bedeutet, daß in reinen Wässern das Überwiegen der Kokken über die Stäbchen keineswegs allgemein sein muß, sondern daß es in den oberflächlichen Wasserschichten — wahrscheinlich infolge des sterilisierenden Einflusses des UV-Anteiles der Sonnenstrahlen — zu einem schnelleren Absterben der empfindlicheren Stäbchen gegenüber Kokken und pigmentierten Formen kommt. BABENZIEN (1966, 1967) bestätigte nach Untersuchungen der bakteriellen Besiedlung von oberflächlichen Wasserschichten, daß einige Arten (z. B. *Nevskia ramosa*) bevorzugt in diesen Schichten vorkommen. Von 83 Stämmen, die er aus sauberen Oberflächenwässern isolierte, waren 45% pigmentiert.

Viel wichtiger als das Verhältnis zwischen Stäbchen und Kokken bzw. anderen morphologischen Gruppen ist nach KUSNEZOW (1959) das Verhältnis zwischen nichtsporenbildenden und sporenbildenden Formen. Wie Untersuchungen in mehreren Seen in der UdSSR zeigten, steht das Verhältnis zwischen den beiden angeführten Mikrobengruppen in engem Zusammenhang mit dem Nahrungsangebot im Wasser.

Die größte Zahl nichtsporenbildender Stäbchen findet man in eutrophen Gewässern, wo sie absolut und relativ die Sporenbildner übertreffen, die dort kaum 10% der Bakterienzahl ausmachen. In mesotrophen Gewässern, wo die Primärproduktion und die Intensität des Kreislaufes an organischen Stoffe geringer sind, vermindert sich die Zahl der nichtsporenbildenden Formen und die relative Zahl der Sporenbildner wächst. In Gewässern des dystrophen Typs, für die der erhöhte Gehalt an schwer abbaubaren organischen Stoffe charakteristisch ist, steigt die Zahl der Sporenbildner auch absolut. Diese Verhältnisse sind aus der Tabelle 30 ersichtlich.

Die Zahl der nichtsporenbildenden Bakterien ist mithin in solchen Gewässern hoch, wo genügend leicht abbaufähige organische Stoffe vorhanden sind. Im Donauwasser, das ständig mit organischen Stoffen solcher Art verunreinigt wird, beträgt der Anteil der nichtsporenbildenden Bakterien durchschnittlich 98,8%, was in Einklang mit den Angaben KUSNEZOWS steht.

Tabelle 30
Mikrobiologische Charakteristik einiger Seen in der UdSSR mit unterschiedlichem Trophiegrad.

See	Zahl der Kolonien/ml		Sporenbildner (%)
	vegetative Formen	Sporenbildner	
Eutroph:			
Černoe	124	9	7,3
Beloe	154	15	9,7
Svjatoe	800	21	2,7
Bielskoe	190	5	2,6
Mesotroph:			
Šitovskoe	46	11	24
Kolomenskoe	31	7	22,6
Oligotroph:			
Bajkal	7	0,5	7,1
Dystroph:			
Pijavočnoe	61	20	33
Černoe II.	13	11	85
Salzig:			
Balpaš	2200	9	0,4
Orazsor	582	4	0,7
Gorkoe	1200	9	0,7

Verhältnismäßig wenige Angaben findet man über die Verbreitung der einzelnen physiologischen Bakteriengruppen im Wasser, obwohl solche Ergebnisse wertvolle Kenntnisse über die bestehenden Artenzusammensetzung des mikrobiellen Planktons ermöglichen. Wir wissen, daß man im Wasser eiweißabbauende Bakterien finden kann, die eine proteolytische Zersetzung bewirken, ferner Mikroorganismen, die Harnstoff zersetzen, Kohlenwasserstoffe vergären und Fette, organische Säuren, aber auch Methan, Zellulose und Chitin zersetzen, die Ammoniak, H_2S, NO_2 usw. bilden. Es gibt Gruppen sulfurierender, desulfurierender, nitrifizierender, denitrifizierender, ammonisierender, Eisen-, Schwefel-, Mangan- und andere Bakterien. Wir können jedoch nicht genau sagen, in welchen Zahlenverhältnissen sie in den verschiedenen Gewässertypen zu finden sind. Norton (1933), der eine mehrjährige Arbeit der Erforschung der Wasserflora vom qualitativen Standpunkt widmete, isolierte schon vor 50 Jahren aus verschiedenen Wassertypen 543 Stämme, die nach ihren morphologischen und biochemischen Merkmalen in 17 physiologische Gruppen gehören.

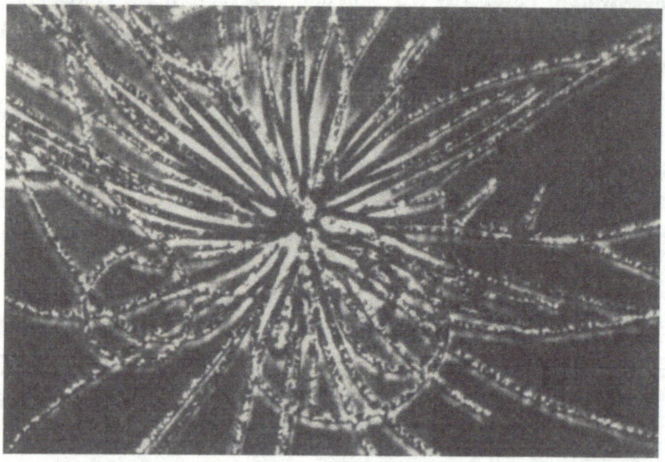

Abb. 16. Fäden des Schwefelbakteriums Thiothrix. (Die lichtbrechenden Partikel sind Tropfen elementaren Schwefels. Vergrößerung 1700 ×).

Die quantitativen und qualitativen Verhältnisse der physiologischen Bakteriengruppen sind in Abhängigkeit vom Wassertyp und von den Nahrungsbedingungen außergewöhnlich unterschiedlich. Im allgemeinen ist ihre Zahl im Vergleich zu den saprophytischen Bakterien relativ klein. Ausnahmen werden bei spezifischen Gewässertypen (eisen-, schwefelhaltige und andere Wasserarten) beobachtet. Der Erfolg ihres Nachweises ist besonders von der sorgfältigen Zubereitung der selektiven Nährböden mit genau eingestelltem pH-Wert abhängig. Folgende Beispiele ermöglichen ein Bild über die physiologischen Bakteriengruppen. Linde (1962) führt an, daß es in den Schwefelwässern von Kemersk eine Vielzahl von pigmentierten und nichtpigmentierten Schwefelbakterien gibt. Die Hauptvertreter gehören den Gattungen *Beggiatoa*, *Thiothrix* und *Lamprocystis* an. Diese Formen besiedeln unter Wasser Algen und andere Substrate. In den Schwefelwässern fanden sich folgende Arten: *Thiothrix tenuis*, *T. nivea* (Abb. 16), *Beggiatoa alba*, *B. minima*, *B. leptomitiformis*, *Chromatium weissei*, *C. minus*, *C. okenii*, *Lamprocystis roseopersicina*, *Thiospirillum sanguineum* und *Thio-*

spira winogradskyi. Gemeinsam mit ihnen wurden auch *Rhodopseudomonas palustris* und *Rhodovibrio parvus* gefunden (beide Arten gehören zu den phytopathogenen Bakterien und bilden unter gewissen Bedingungen ein rotes Pigment). Außerdem wurden chromogene Bakterien, wie *Micrococcus luteus* (*flavus*), *M. roseus*, *M. citreus* und *Staphylococcus aureus* isoliert.

Schwefelreduzierende Bakterien (z. B. *Desulfovibrio*) finden sich gewöhnlich in geringerer Zahl im Wasser. Nach Angaben von Vorošilova und Dianova (1950) betragen ihre Zahlen im Fluß Moskva 100—1000/ml (im Sediment etwa 100000/g). Kuznecov (1934) und Rodina (1938) fanden in einigen Seen bis 1 Million/ml. Nach unseren Untersuchungen liegt der Titer der schwefelreduzierenden Bakterien in der Donau durchschnittlich zwischen 5 ml und 0,1 ml.

In noch geringerer Zahl werden nitrifizierende Bakterien im Wasser nachgewiesen (Titer 10—50/ml). Zahlreicher sind denitrifizierende Bakterien. Im tschechoslowakischen Donauabschnitt wurden durchschnittlich 60—1000 Kolonien/ml festgestellt, weitaus größere Zahlen findet man in den Sedimenten. Ausnahmen bilden Gewässer, auf deren Grund unter Bildung von H_2S und anderen Gasen Reduktionsprozesse verlaufen. Die Bakterien gelangen durch Aufwirbelung aus dem Sediment, durch Abspülen aus Uferpartien und durch Einleitung von Abwässern auch in das freie Wasser. Ähnliche Gesetzmäßigkeiten gelten für das Vorkommen von *Azotobacter* in den Gewässern.

Im Wasser gibt es nur wenige Mikroorganismen, die Erdöl und ähnliche Produkte zersetzen. Relativ größere Zahlen werden an Stellen beobachtet, die von intensiver Schiffahrt oder von Raffinerieabwässern beeinflußt sind. An diesen Prozessen beteiligen sich Bakterien den Gattungen *Pseudomonas* (*P. aeruginosa*, *P. fluorescens*), *Bacillus*, *Flavobacterium*, *Corynebacterium*, *Mycobacterium*, *Micrococcus* und *Nocardia* sowie einige Arten von Aktinomyzeten, Hefen und Pilzen.

Hefepilze und ähnliche Organismen sind im Wasser ebenfalls nur gering vertreten. Sie bilden nicht mehr als 1% des mikrobiellen Planktons und treten hauptsächlich im Sediment und in den Litoralzonen auf. Auf submersen Pflanzen finden sich stellenweise Hunderte von Zellen/cm². Hauptsächlich treten Organismen der Gattungen *Torulopsis* und *Rhodotorula*, seltener Vertreter von *Endomyces* auf. Razumov (1962) fand im Wasser des Stausees Kljaziminsk regelmäßig Vertreter der Gattung *Torula*.

ZoBell 1946 und Isačenko (1951) führen an, daß Hefepilze in den Meeren und Ozeanen weit verbreitet sind. Dabei kommen sie — wie auch in Süßwässern — am häufigsten in den Uferzonen vor. Sie wurden aber auch im offenen Meer in verhältnismäßig weiter Entfernung von der Küste nachgewiesen. Kriss et al. (1952) fanden im Schwarzen Meer farblose und — in geringerer Zahl — auch rosa und schwarz gefärbte asporogene Hefen. Sie gehörten zu den Familien Torulopsidaceae und Rhodotorulaceae sowie einige anderen Gruppen. Meyers et al. (1967) führen an, daß die durchschnittliche Zahl an Hefe im Schwarzen Meer etwa 10 Zellen/Liter (maximal 150 Zellen/l) beträgt. Mit zunehmender Tiefe sinken Individuen- und Artenzahlen. Vorwiegend handelte es sich um *Debaromyces hansenii*, *Candida diddensii*, *Rhodotorula rubra* und *R. glutinis*, daneben kommen *Cladosporium* ssp. sowie *Aerobasidium pullulans* vor. Insgesamt wurden aus 174 Wasserproben des Schwarzen Meeres in 84 Fällen Hefen und 97 Fällen Schimmelpilze isoliert. Rheinheimer (1975) bemerkt, daß es sich bei den Hefen vorwiegend um fakultativ marine Formen mit terrestrischer Herkunft handelt. Abgesehen davon kann man salztolerante Formen auch im offenen Ozean bis zu einer Tiefe von 2000 m finden. Die Zahlen tragen bis zu 513/l. Am häufigsten sind *Candida atmosphaerica*, *Rhodotorula rubra*, *Sporobolomyces odorus* sowie *Candida* ssp. vertreten. Die Frage des Auftretens von Pilzen, Hefen sowie ihrer Bedeutung für die im Wasser ablaufenden biochemischen Prozesse ist bisher nur ungenügend geklärt.

Eine vielschichtige und schwer überschaubare Palette von morphologisch und physiologisch unterschiedlichen Typen beobachtet man bei den Mikroben der Abwässer und bei den Mikroorganismen, die sich an der biologischen Reinigung in Abwässern und in Abwasserbehandlungsanlagen beteiligen.

Im allgemeinen überwiegen in Abwässern nichtsporenbildende, gramnegative Stäbchen, die zur Verwertung mehrerer Stickstofformen fähig sind. Nahezu alle besitzen jedoch denitrifizierende Eigenschaften. Als typische „Abwasserformen" können folgende Arten angesehen werden: *Bacillus subtilis, Beggiatoa roseopersicina, Chromatium okenii, Flavobacterium aquatile, Micrococcus luteus, M. roseus, Pseudomonas denitrificans, Pseudomonas fluorescens, P. putida, Staphylococcus aureus* und *Enterobacter cloacae.*

Aus Belebtschlamm wurden mehrere Arten von Mikroorganismen isoliert, die zu den Gattungen *Bacterium, Micrococcus, Pseudomonas* und *Sarcina* gehörten, wobei Pseudomonaden dominierten. An einzelnen Arten wurden diagnostiziert: *Bacillus cereus, B. cereus var. albolactis, B. subtilis, Citrobacter freundii, Enterobacter aerogenes, E. cloacae, Micrococcus luteus* (*Sarcina subflava*), *Pseudomonas acidovorans, P. caudata, P. dacumhae, P. denitrificans, P. fluorescens, P. oleovorans, P. rathonis,* mehrere Vertreter der Gattung Saccharomyces sowie Pilzarten.

Nach ROGOVSKAJA (1963) fanden sich in Belebtschlammen bei der Behandlung von kaliumazetat-, azetaldehyd-, butyraldehyd-, methylalkohol- und äthylalkoholhaltigen Abwässern *Bacterium dacumhae, Micrococcus luteus, Pseudomonas acidovorans, P. denitrificans, P. fluorescens, P. mycophaga, P. rathonis* und *Staphylococcus aureus.*

ISAAC und JAMES (1964), die die Zusammensetzung der mikrobiellen Flora in Biofilter-Versuchsanlagen in Newcastle (England) untersuchten, führten an, daß 90% aller nachgewiesenen Bakterien zu folgenden Gattungen gehörten: *Alcaligenes, Flavobacterium, Escherichia, Pseudomonas* und *Zoogloea.* An Arten wurden isoliert: *Alcaligenes faecalis, Bacillus cereus, Chromobacterium violaceum, Escherichia coli, Flavobacterium aquatile, F. arborescens, Micrococcus luteus, Nocardia* sp., *Pseudomonas dacumhae, P. stutzeri, P. tralucida, Streptococcus faecalis* und *Zoogloea ramigera.* Das quantitative Verhältnis zwischen den einzelnen Gattungen und Arten ändert sich zwar, aber niemals überwog eine von ihnen signifikant. Die Autoren bemerkten gleichzeitig, daß die Differenzierung der Arten durch Zusammenballungen der Bakterien zu Konglomeraten erschwert wird. Dadurch erklärt sich auch, weshalb in dieser Beziehung die *Zoogloea ramigera* für besonders wichtig gehalten wird.

Literatur

BABENZIEN, H.-D.: Untersuchungen zur Mikrobiologie des Neustons. Verh. Int. Ver. Limnol. **16,** 1503, 1966.

BABENZIEN, H.-D.: Zur Biologie von *Nevskia ramosa.* Z. Allgem. Mikrobiol. **7,** 89, 1967.

BALACHONCEV, E. N.: Rezultaty bakterioskopičeskich i bakteriologičeskich issledovanij. Zb. Ladožskoe ozero kak istočnik vodosnabženija g. Peterburga. St. Peterburg 1911.

BERGEYS Manual of Determinative Bacteriology. 8. Aufl. The Williams & Wilkins Comp., Baltimore 1974.

BROCKMAN, E. R. und R. L. TODD: Fruiting Myxobacters as Viewed with a Scanning Electron Microscope. Int. J. Syst. Bacteriol. **24,** 118, 1974.

BRINGMANN, G.: Mikrobiologie des Wassers. In: Handbuch der Lebensmittelchemie. Springer-Verlag, Berlin—Heidelberg—New York 1970.

BUTKEVIČ, V. S.: O bakterialnom naselenii Kaspickogo i Azovskogo morej. Mikrobiol. 7, 9, 1938.

CZECZUGA, B.: Bakterioplankton niektorych wod powierchniowych woj. Bialostockiego obliczany metoda saczkow membranowych. Roczniki PZ H Warszawa 11, 455, 1960.

DAUBNER, I. und I. MUCHA: Uplatnenie metódy mikroskopického zisťovania baktérií pri vyšetrovaní čistých vôd. Biológia (Bratislava) 19, 40, 1964.

DAUBNER, I. und B. TRŽILOVÁ: Vplyv odpadových vôd na kvalitu vody. čs. úseku Dunaja. Vodní hosp. 6, 161, 1976.

EKZERCEV, V. A.: Opredelenie moščnosti mikrobiologičeski aktivnogo sloja ilovych otloženij ozer. Mikrobiol. 17, 6, 1948.

FRANKLAND, G. C.: Microorganisms in Water. Longmans, Green & Co., London 1894.

FRY, J. C. und D. G. STAPLES: Distribution of *Bdellovibrio bacteriovorus* in Sewage Works, River Water, and Sediments. Appl. Environ. Microbiol. 31, 469, 1976.

GAINEY, P. L. und T. H. LORD: Microbiology of Water and Sewage. Prentice-Hall Inc., Englewood Cliffs, N. J. 1952.

GORLENKO, V. I.: Phototrophe Bakterien der stratifizierten Seen und ihre Ökologie. Verh. d. II. internat. hydromikrobiol. Symposiums, Smolenice (ČSSR) 1975.

GOROVIC-VLASOVA, L. M.: Opredelitel bakterij. Snabtechizdat, Moskva 1933.

GRÄF, W. und P. STÜRZENHOFECKER: Myxobakterientypenquotient des Eutrophierungsindikators bei Oberflächenwässern. Arch. Hyg. 149, 265, 1965.

ISAAC, P. C. G. und A. JAMES: Some Aspects of the Biology of Trickling Filters. Sb. VŠCHT (Praha) 8, 123, 1964.

ISAČENKO, B. L.: Izbrannye trudy. Band 1 und 2 Izd. AN SSSR, Moskva 1951.

JORDAN, E. O.: The Kinds of Bacteria found in River Water. J. Hyg. 3, 1, 1903.

KEYS, A. et al.: The Organic Metabolism of Sea-water with Special Reference to the Ultimate Food Cycle in the Sea. J. marine Biol. Ass. 20, 181, 1935.

KOHL, W.: Bakteriologische Untersuchung von Wasserpflanzen aus der Donau und von Nebenflüssen. Internat. Arbeitsgem. Donauforschung der SIL. XVIII. Arbeitstagung 14. bis 20. September 1975. Wissenschaftliche Kurzreferate. 1. Teil 111—113, Regensburg 1975.

KOLKWITZ, R. und M. MARSSON: Grundsätze für die biologische Beurteilung des Wassers nach seiner Flora und Fauna. Mitt. Kgl. Prüfungsanstalt f. Wasserversorgung und Abwasserbeseitigung 1, 1902.

KOPŘIVÍK, B. und M. VYCHODILOVÁ: Vyznam myxobakterií v hygieně, jejich kultivace a identifikace. Acta hyg. epid. microbiol. (Suppl.) B 1976.

KRISS, A. et al., Mikrobnoe naselenie Čukotskogo morja i Beringova proliva. Krajnij Severo-Vostok Sojuza SSR 2, 336, 1952.

KRISS, A.: Morskaja mikrobiologija (glubokovodnaja). Izd. AN SSSR, Moskva 1959.

KUSNEZOW, S. I.: Die Rolle der Mikroorganismen im Stoffkreislauf der Seen. VEB Deutscher Verlag der Wiss., Berlin 1959.

KUZNECOV, S. I.: Sravnitelnoe izučenie azotnogo, fosfornogo i kislorodnogo režima Glubokogo i Belogo ozer. Tr. Limnol. stancii v Kosine, B. 87, 1934.

KUZNECOV, S. I.: Mikrobiologičeskie issledovanija ozer Kokčetavskoj i Tjumenskoj oblasti. Tr. Labor. sapropel. otloženij, B. 4, 1950.

KUZNECOV, S. I.: Rol mikroorganizmov v krugovorote veščestv v ozerach. Izd. AN SSSR, Moskva 1952.

KUZNECOVA, R. I.: Raspredelenie desulfurirujuščich bakterij po padeniju vodonosnogo plasta (Tersko-Dagestanskaja neftenosnaja provincija). Tr. Vses. Inst. gidrol. inž. geol. 18, 1959.

LECIANOVÁ, L.: Mikrobiologicky výzkum zemědělských odpadních vod. Abschlußbericht. VÚV, Ostrava 1975.

LECIANOVÁ, L., Myxobakterie jako specifické indikátory znečištění vod. Sb. konf. Čs. limnol. spol. ČSAV, Tatranská Lomnica 1976.

LINDE, E. A.: Charakteristika mikroflory mineralnych vod i sapropelevych grjazej v okresnostjach kurorta Kemeri, na rižskom izmorje i v Boldone. Mikroorganizmy i sreda. AN LSSR, Riga 1962.

LUSTIG, A.: Diagnostik der Bakterien des Wassers. 2. Aufl., Gustav Fischer, Jena 1893.
MAKSIMOVA, E. A. et al.: O količestve geterotrofnych mikroorganizmov v vode ozera Bajkal. Mikrobiol. **43**, 124, 1974.
MALANEY, G. W. et al.: Coliforms, Enterococci, Termodurics, Termophiles und Psychrophiles in Untreated Farm Pond Waters. Appl. Microbiol. **10**, 44, 1962.
MEYERS, S. P. et al.: Mycological Investigations of the Black Sea. Bull. marine Sci. **17**, 576, 1967.
MIKLOŠOVIČOVÁ, L.: Výskyt a význam myxobaktérií vo vodách. Vod. hosp. B **7**, 811, 1981.
MUCHA, V. und I. DAUBNER: Hydromikrobiologie im Rahmen der limnologischen Erforschung der Donau in der ČSSR. Arch. Hydrobiol. (Suppl.) **30**, 1, 1965.
NORTON, J. F.: Current Research in Water Bacteriology. J. am. Water Works Ass. **25**, 1473, 1933.
PELŠ, A. D.: K metodike količestvennogo učeta ultranannoplanktona. Tr. Borodinskoj stancii **8**, 3, 1935.
RAVERDY, J.: Sur l'isolement et l'activite bacteriolytique de quelques Myxobacteries isolées de l'eau. Water Res. Pergamon Press **7**, 687, 1973.
RAZUMOV, A. S.: Mikrobialnyj plankton vody. Tr. Vses. gidrobiol. obšč. **12**, 1, 1962.
RHEINHEIMER, G.: Mikrobiologie der Gewässer. 1. und 2. Aufl. Gustav Fischer Verlag, Stuttgart 1971 bzw. VEB Gustav Fischer Verlag, Jena 1975.
RODINA, A. G.: Mikrobiologičeskie issledovanija vodoemov. Izd. AN SSSR, Moskva 1950.
ROGOVSKAJA, C. I. und M. F. LAZAREVA: Mikrobiologičeskaja charakteristika aktivnogo ila očiščajuščego stočnye vody pri proizvodstve plastmass. Mikrobiol. **32**, 1047, 1963.
SALIMOVSKAJA-RODINA, A. G.: O vertikalnom raspredelenii bakterij v vode ozer. Mikrobiol. **7**, 789, 1938.
SARTOR, J. D. et al.: Water Pollution Aspects of Street Surface Contaminants. J. Water Poll. Control Fed. **46**, 458, 1974.
SIDORENKO, G. I., G. A. BAGDASARJAN und J. G. TALAJEWA: *Bdellovibrio bacteriovorus* als aktiver Faktor der Selbstreinigung von Oberflächenwässern unter hygienischem Aspekt. Ref. a. d. Kongreß der Gesellschaft Allgemeine und Kommunale Hygiene der DDR und der Gesellschaft für Seuchenschutz in der DDR vom 13. bis 15. Januar 1975, Dresden 1975.
SLÁDEČEK, V.: Schéma biologického třídění vod. Vodní hosp. **13**, 421, 1963.
SLÁDEČEK, V.: System of Water Quality from the Biological Point of View. Arch. Hydrobiol., Beiheft 7 Ergebnisse der Limnologie, Stuttgart 1973.
SLÁDEČEK, V. und L. KATZ: Horizontal Distribution of Heterotrophic Bacteria in a Fishpond Overgrown with Aquatic Weeds. Sb. VŠCHT (Praha) **8**, 559, 1964.
ŠTURM, L. D.: Mikroskopičeskoe issledovanie neftenosnych vod. Mikrobiol. **19**, 1, 1950.
ŠVORCOVÁ, L.: Mikrobiologische Verunreinigungen der Mineralwässer und Möglichkeiten ihrer Kontamination. Int. Symp. on Procetion of Mineral Waters, Karlovy Vary (Carlsbad) 15.—19. 5. 1972.
TAYLOR, C. B.: Bacteriology of Freshwater. I. Mitt. J. Hyg. **40**, 4, 1940; III. Mitt. J. Hyg. **42**, 2, 1942.
TAYLOR, V. I. et al.: Isolation, Enumeration, and Host Range of Marine Bdellovibrios. Arch. Mikrobiol. **98**, 101, 1974.
THOMPSON, R. E.: The Water Works World. Water and Sewage Works **2**, 1943.
TRŽILOVÁ, B. und MIKLOŠOVIČOVÁ, Lˇ.: Ökologische Beziehungen und einige physiologische Eigenschaften *Sporocytophaga cauliformis* (Myxococcaceae) im Wasser. Biológia (Bratislava) **30**, 685, 1975.
VOROŠILOVA, A. A. und E. V. DIANOVA: O bakterialnom okislenii nefti i ee migracii v prirodnych vodoemach. Mikrobiol. **19**, 3, 1950.
WILSON, G. S. und A. A. MILES: Topley and Wilson's Principles of Bacteriology and Immunity. E. Arnold Publ. Ltd., London 1955.
ZAVARZINA, N. B.: Izučenie pričin zaderživajuščich razvitie mikroorganizomv v tolšče ilovych otloženij ozera Biserova. Mikrobiol. **24**, 5, 1955.
ZOBELL, C.: Marine Microbiology. New York 1946.

Viertes Kapitel

Hygienisch wichtige Mikroorganismen im Wasser

Die Vertreter der in Gewässern vorgefundenen Mikroflora können in natürliche autochthone und transitäre allochthone Mikroorganismen eingeteilt werden. Die allochthonen Mikroorganismen gerieten aus der Umwelt in das Wasser; sie stammen aus dem Boden, der Luft, den tierischen Ausscheidungen — in ihrem Hauptanteil jedoch aus den kommunalen und landwirtschaftlichen Abwässern.

In diesem Kapitel gelten unsere Betrachtungen jener Gruppe der allochthonen Mikroorganismen — Bakterien und Viren —, die vom hygienisch-epideminologischen Standpunkt als Indikator fäkaler Verunreinigungen des Wassers wichtig sind. Ihre quantitative und qualitative Kenntnis ermöglicht eine Bewertung des Wassers hinsichtlich der Möglichkeit des Übertragens von Erregern verschiedener Infektionen und informiert über die Eignung des Wassers zur Trinkwasserversorgung der Bevölkerung, für Tränkzwecke, für die Lebensmittelindustrie, für die Bewässerung von Obst- und Gemüsekulturen und nicht zuletzt für Badezwecke, Wassersport und Erholung im weitesten Sinne des Wortes.

Pathogene und bedingt pathogene Mikroorganismen

Von den pathogenen und fakultativ pathogenen Arten, die im Wasser vorkommen können, sind die Bakterien der Familie Enterobacteriaceae von besonderer Bedeutung. Hierzu gehören die Gattungen *Salmonella, Shigella, Edwardsiella, Escherichia, Citrobacter, Klebsiella, Enterobacter, Hafnia, Serratia, Proteus, Yersinia* und *Erwinia* (Bergeys Manual 1974). Diese sind auch Gegenstand der hygienischen Wasseruntersuchung, und zwar entweder als einzelne Arten bzw. Gattungen oder insgesamt als Indikatoren einer fäkalen Verunreinigung des Wassers. Die beiden zuerst genannten Gattungen werden zu den ausgesprochenen pathogenen Keimen gezählt, die weiteren können für den Menschen fakultativ pathogen sein.

Außer den Bakterien aus der Familie Enterobacteriaceae können im Wasser — und dabei besonders im Abwasser — auch weitere Krankheitserreger wie Viren, Bakterien, Helminthen und Protozoa vorkommen, die eine reale Infektionsgefahr für den menschlichen Organismus darstellen. Es handelt sich vor allem um Enteroviren (Poliovirus, Coxsackievirus, ECHO-Viren, Hepatitisviren), um die Bakterien *Vibrio cholerae, Mycobacterium tuberculosis, Clostridium tetani, Bacillus anthracis, Pseudomonas* (*Malleomyces*) *mallei, Francisella* (*Pasteurella*) *tularensis, Brucella melitensis, Leptospira* spp., um die Eier von Parasiten (*Oxyuris vermicularis, Ascaris lumbricoides,* in den Tropen *Bilharzia*), um die Cysten von Protozoen (*Entamoeba histolytica*) usw.

Bakterien der Familie Enterobacteriaceae

Von allen im Wasser vorkommenden Bakterienarten sind wahrscheinlich diejenigen am gründlichsten erforscht, die eine fäkale — genauer biologische — Verunreinigung anzeigen. Es handelt sich vorwiegend um die Familie Enterobacteriaceae, in geringerem Umfang um fäkale Streptokokken (Enterokokken) und Klostridien (*C. perfringens*). Erhöhte Aufmerksamkeit wird neuerdings den Bakterien der Familie Vibrionaceae (hauptsächlich den Gattungen *Vibrio, Plesiomonas* und *Aeromonas*) und der Art *Pseudomonas aeruginosa* gewidmet.

Die relativ umfassenden Kenntnisse über Bakterien aus der Familie der Enterobacteriaceae und besonders über die Gattungen *Escherichia*, *Citrobacter* und *Enterobacter* (die sog. koliformen Organismen) sind dem Umstand zu verdanken, daß ihnen schon seit Beginn der bakteriologischen Wasseruntersuchung eine spezielle Aufmerksamkeit geschenkt wurde. Die Anwesenheit der erwähnten Bakterien im Wasser im Zusammenhang mit der Verbreitung von Infektionskrankheiten war und ist noch heute eines der wesentlichsten Kriterien bei der Untersuchung und Bewertung von Wasser aus hygienisch-gesundheitlicher Sicht.

Taxonomie, Klassifizierung und Nomenklatur der Enterobacteriaceae

Trotz aller bisherigen Erkenntnisse blieb bis heute eine ganze Reihe von Fragen über Nomenklatur und Klassifizierung dieser Familie ungeklärt. Ihre Überlebensfähigkeit und ihre Veränderlichkeit im Wasser sind noch unzureichend untersucht. Es finden sich unterschiedliche Ansichten über den indikatorischen Wert sowohl einzelner Arten wie auch der Familie als Gesamtheit. Mit der Zunahme an Kenntnissen kam es zu mehreren Vorschlägen für ihre Bezeichnung, Einteilung und Bewertung vom hygienischen und mikrobiologischen Standpunkt.

Als relativ gesichert kann man die taxonomischen Kriterien ansehen.[1]

Danach werden Enterobacteriaceae als gramnegative, nichtsporenbildende gerade Stäbchen definiert, die beweglich (peritriche Begeißelung) oder unbeweglich sein können. Sie wachsen gut auf den gebräuchlichen Nährböden. Glukose (Dextrose) wird unter Bildung von Säure und zumeist von Gas vergoren, Nitrate werden zu Nitrit reduziert, die Cytochromoxidase-Reaktion ist negativ. Antigen-Struktur ist mosaikartig (Kauffmann 1966, Sedlák und Rische 1968, Bergeys Manual 1974).

Die Arten und Gattungen der Familie Enterobacteriaceae stehen sich in ihren biochemischen und serologischen Eigenschaften sehr nahe. Daraus resultiert eines der schwierigsten Probleme bei ihrer systematischen Klassifizierung und Bewertung. Die Grenzen zwischen den einzelnen Gattungen sind nicht immer deutlich. Es existieren viele intermediäre Typen, die sich durch Anwenden nur biochemischer Tests schwer einreihen lassen. Im Bestreben, diesen Schwierigkeiten auszuweichen, wählten einige Autoren die serologischen Eigenschaften der erwähnten Bakterien als Grundlage für ein Klassifikationsschema. Die mosaikartige Antigenstruktur und die bis in andere Familien reichenden Verwandtschaftsbeziehungen machen eine sehr detaillierte Unterteilung in Serotypen und Phagotypen erforderlich. Dadurch wurden die einzelnen Schemata sehr kompliziert und ihre Anwendung in der Routinepraxis erschwert. Aus diesen Gründen geht die Mehrzahl der gegenwärtigen Klassifikationsschemata von biochemischen Kriterien aus, auch wenn empfohlen wird, die detaillierte Identifizierung serologisch durchzuführen.

Prinzipiell bildeten sich bisher drei Klassifizierungsrichtungen heraus, wenn von mehr regionalen Versuchen einiger weiterer Autoren abgesehen wird. Es handelt sich um die Schemata nach Bergey (USA), Kauffmann (Dänemark) und Krasilnikov (UdSSR). Die beiden erstgenannten gehen von der Voraussetzung der Artenkonstanz aus und behalten diese bei, das dritte System zieht die phylogenetische Entwicklung von Mikroorganismen und antagonistische Einflüsse in Betracht.

---

[1] Simpson definiert die Taxonomie als ein theoretisches Studium der Klassifizierung, welches Grundlagen, Prinzipien, Prozedur und Regeln einschließt. Die Klassifizierung ist die Einteilung der Organismen in Gruppen auf Grund ihrer Verwandtschaft (Marmur et al. 1963).

Das BERGEYsche Schema für die Enterobacteriaceae (1974) enthält die 5 Unterfamilien bzw. Gruppen: Escherichieae, Klebsielleae, Proteeae, Yersinieae und Erwinieae, eingeteilt in 12 Gattungen (Tab. 31). Für die hygienisch-bakteriologische Wasserkontrolle ist die Abtrennung der selbständigen Gattungen *Klebsiella* und *Enterobacter* wichtig. Es ist bekannt, daß die Klebsiellen vor allem aus dem respiratorischen, intestinalen und urogenitalen Trakt des Menschen isoliert werden, wogegen Bakterien der Gattung Enterobacter vorwiegend in der Umwelt, Außenwelt und auch im Wasser gefunden werden.

Tabelle 31
Klassifikationsschema für Enterobacteriaceae (BERGEYS Manual 1974).

Unterfamilie (Gruppe)	Gattung	Art (Subgenus, Serotyp)
I. Escherichieae	1. *Escherichia*	1 Art
	2. *Edwardsiella*	1 Art
	3. *Citrobacter*	2 Arten
	4. *Salmonella*	11 Subgenera mit 1544 Serotypen
	5. *Shigella*	4 Arten
II. Klebsielleae	1. *Klebsiella*	3 Arten
	2. *Enterobacter*	2 Arten
	3. *Hafnia*	1 Art
	4. *Serratia*	1 Art
III. Proteeae	1. *Proteus*	5 Arten
IV. Yersinieae	1. *Yersinia*	3 Arten
V. Erwinieae	1. *Erwinia*	13 Arten

Eine breite Anwendung und internationale Anerkennung fanden die KAUFFMANNschen Klassifikationsschemata. In den Systemen aus den Jahren 1950 und 1953 unterteilt KAUFFMANN die Enterobacteriaceae nicht in Gattungen und Arten, die durch unterschiedliche biochemische Eigenschaften definiert sind. Auf Grund der serologischen Verwandtschaften werden serologische Gruppen aufgestellt, von denen jede in mehrere Serotypen unterteilt ist. So enthält das Schema aus dem Jahre 1950 574 und das aus dem Jahre 1953 sogar 944 Serotypen. Im Klassifikationsschema aus dem Jahre 1954 unterteilt KAUFFMANN die Enterobacteriaceae auf Grund ihrer biochemischen Eigenschaften in Unterfamilien, Gattungen und Arten. Angeführt wurden die 4 Unterfamilien: Salmonellae, Escherichieae, Shigelleae und Proteae mit den 9 Gattungen *Salmonella, Arizona, Escherichia, Klebsiella, Cloaca, Hafnia, Shigella, Proteus* und *Providencia.* Dieses Klassifikationsschema entsprach den Forderungen der Praxis und war auch vom hydromikrobiologischen Standpunkt akzeptabel. Im 1959 von KAUFFMANN vorgeschlagenen Klassifikationsschema treffen wir erneut auf die Einteilung nach serologischen Kriterien. Gleiches gilt auch für das letzte Klassifikationsschema, welches KAUFFMANN 1966 in seiner Monographie „The Bacteriology of Enterobacteriaceae" veröffentlichte. Hier werden die Enterobakterien in die 3 Unterfamilien Eschericheae, Klebsielleae und Proteae mit 12 Gattungen eingeteilt (Tab. 32). KAUFFMANN vertritt die Ansicht — und dies zeigt auch sein Klassifikationsschema —, daß die biochemischen Leistungen allein nicht ausreichen, um die Bakterien zu identifizieren und in ein System einzureihen.

Zur Bestimmung der Art, die KAUFFMANN als „Gruppe verwandter serofermentativer Phagotypen" definiert, hält er es für unumgänglich, auch die serologischen Eigenschaften des untersuchten Stammes zu kennen, obwohl die höheren systematischen Einheiten (Gattung, Unterfamilie, Familie) auf Grund biochemischen Reaktionen festgelegt werden.

Tabelle 32

Klassifikationsschema für Enterobacteriaceae (KAUFFMANN 1966).

Unterfamilie	Gattung
I. Escheriсheae	1. *Escherichia*
	2. *Shigella*
	3. *Salmonella*
	4. *Citrobacter*
II. Klebsielleae	1. *Klebsiella*
	2. *Enterobacter*
	3. *Hafnia*
	4. *Serratia*
III. Proteae	1. *Proteus*
	2. *Morganella*
	3. *Rettgerella*
	4. *Providencia*

Die von KRASILNIKOV 1949 vorgeschlagene Bakteriensystematik unterscheidet sich prinzipiell von den vorher angeführten Schemata. Der Autor nimmt eine selbständige Familie Enterobacteriaceae nicht an. Die Reihe *Eubacteriales* teilt er in 6 Familien ein. Innerhalb der Familie Bacteriaceae sind in der Gruppe *Bacterium* auch enterale Bakterien angeführt, jedoch gemeinsam mit anderen gramnegativen Stäbchen, die vom hygienischen oder medizinischen Standpunkt ohne Bedeutung sind. Dieses Schema wurde allgemein wenig verwendet.

Heute kann festgestellt werden, daß praktisch in der ganzen Welt die Klassifikation und Nomenklatur der Bakterien nach BERGEYS Manual verwendet wird. Diese breite Anerkennung wurde nicht nur durch Arbeitsgruppen und führende Persönlichkeiten, sondern auch durch internationale Fachkomitees offiziell bestätigt.

Bei der Nomenklatur der Enterobacteriaceae finden wir als Folge der intensiven Bearbeitung dieses Gebietes eine große Zahl von Synonyma, die untereinander sehr unähnlich sind; außerdem bestehen unterschiedliche Meinungen über die selbständige Artzugehörigkeit der einzelnen Stämme. Dies verwirrt natürlich die Mitarbeiter der unterschiedlichen Fachgebiete wie Hygiene, Epidemiologie oder klinische Praxis.

So z. B. ist die Art *Citrobacter freundii* auch als *Paracolobactrum intermedium*, *Bacterium coli citrovorum* oder *Escherichia freundii* angeführt. *Enterobacter aerogenes* wird als *Aerobacter aerogenes*, *Bacterium aerogenes* u. ä. bezeichnet. *Proteus inconstans* hat die Synonyma *Bacillus inconstans*, *Proteus stuartii*, *Providencia inconstans*, *Providencia alcalifaciens*, *Providencia stuartii* usw.

Eine komplizierte Situation besteht auch in der Gattung *Salmonella* mit ihren vielen Serotypen. In BERGEYS Manual (1974) sind 1544 angeführt und alljährlich kommen weitere dazu. Sie werden nach dem Ort ihres ersten Auftretens bzw. ihrer Isolierung

(z. B. *S. java, S. wien*) oder nach anderen Gesichtspunkten (z. B. *S. cholerae-suis*) benannt. EWING (1973), der sich mit der Frage der Nomenklatur und Klassifikation der Enterobacteriaceae detailliert beschäftigte, kam zu dem Schluß, daß für diese Gattung die Konzeption der 3 Arten, *Salmonella cholerae-suis, S. typhi* und *S. enteritids* als beste Lösung anzusehen ist. In diesem System werden alle Salmonellen außer *S. cholerae-suis* und *S. typhi* als Sero- bzw. Bioserotypen der Art *S. enteritidis* angesehen. Im BERGEYS Manual (1974) werden alle Salmonellen in IV Subgenera mit den 11 Arten *S. cholerae-suis, S. hirschfeldii, S. typhi, S. paratyphi-A, S. schottmuelleri, S. typhimurium, S. enteritidis, S. gallinarum, S. salamae, S. arizonae* und *S. houtenae* eingeteilt.

Uneinheitlichkeit herrscht auch in der Nomenklatur und Klassifikation der Shigellen. In der Klassifikation von KAUFFMANN (1954) bildeten die Shigellen eine selbständige Unterfamilie Shigelleae mit den Arten *Shigella dysenteriae*; *Sh. paradysenteriae* (serologisch unterteilt auf *Sh. flexneri* und *Sh. boydii*) und *Sh. sonnei*. In den zwei nachfolgenden KAUFFMANNschen Schema gehörten Shigellen zur Unterfamilie Escherichieae. In der Klassifikation von BERGEY aus dem Jahre 1959 werden die Shigellen mit 8 Arten zur Unterfamilie Salmonelleae gerechnet. In der 8. Auflage von 1974 befinden sie sich zusammen mit den Gattungen *Escherichia, Edwardsiella, Citrobacter* und *Salmonella* in der Unterfamilie Escherichieae. Die Gattung hat hier die 4 Arten *Shigella dysenteriae, Sh. flexneri, Sh. boydii* und *Sh. sonnei*, was den Vorschlägen der internationalen Nomenklaturkommission aus den letzten Jahren entspricht.

In der Praxis werden die Bakterien, die als Indikatoren für fäkale Verunreinigungen des Wassers dienen, unterschiedlich benannt. Hierher gehören die Vertreter der Gattungen *Escherichia, Citrobacter* und *Enterobacter*. Nach dem Hauptrepräsentanten *E. coli* werden sie meistens als coliforme, d. h. *E. coli*-ähnliche Bakterien, aber auch als *Coli-Aerogenes*-Gruppe, Kolibakterien, Koliformen oder einfach „Koli" bezeichnet. Die einzelnen Autoren unterscheiden sich dabei in ihren Auffassungen über die Zuordnung einzelner Vertreter zu dieser Gruppe. Die Folge ist, daß das untersuchte Material häufig unterschiedlich bewertet wird, obwohl es sich um ein- und dieselbe Bakterienart oder -gruppe handelt, die nur verschieden bezeichnet wurde. Aus diesem Grunde bemühen wir uns darum, daß eine einheitliche international anerkannte Nomenklatur und Klassifikation der Enterobacteriaceae akzeptiert wird, die jedem Spezialisten leicht verständlich sein soll (MUCHA et al. 1962, DAUBNER 1967, MUCHA und DAUBNER 1972).

Biochemische und serologische Eigenschaften der Enterobacteriaceae

Die Bakterien der Familie Enterobacteriaceae verfügen über ein breites Spektrum unterschiedlicher Enzymsysteme. Sie sind fähig, Eiweißstoffe zu spalten sowie Fette, Kohlenhydrate und deren Abbauprodukte bis zu den einfachen organischen Monomeren zu verwerten. Sie sind imstande, Kohlenstoff oder Stickstoff aus anorganischen Substraten zu nutzen. Viele Verbindungen werden zersetzt unter Bildung von charakteristischen (saurer oder alkalischer) Produkte und von Gase, die als diagnostische Merkmale bei der Identifizierung und biochemischer Differenzierung benutzt werden.

Wichtige biochemische Merkmale der Enterobacteriaceae, die auch als taxonomische Kriterien dienen, sind die Fähigkeiten, in kurzer Zeit (5—8 Stunden) Nitrat zu Nitrit zu reduzieren und Glukose mit oder ohne Gasbildung zu vergären. Außer der genannten Zuckerart werden unter Säurebildung und evtl. Gasproduktion eine ganze Reihe anderer Kohlenhydrate vergoren: Laktose, Mannit, Saccharose, Maltose, Adonit, Inosit, Dulzit, Salizin, Arabinose, Xylose, Trehalose und andere. Einen Überblick über die biochemischen Aktivitäten der Enterobacteriaceae vermittelt Tabelle 33.

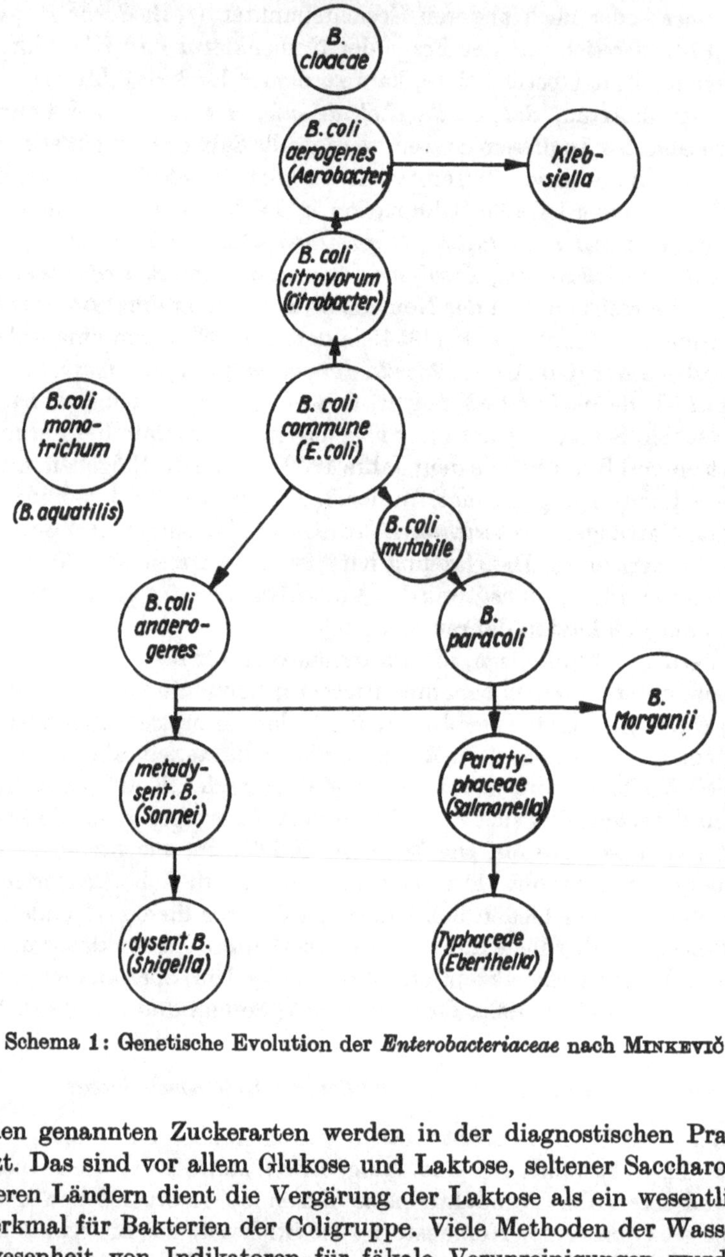

Schema 1: Genetische Evolution der *Enterobacteriaceae* nach Minkevič

Von den genannten Zuckerarten werden in der diagnostischen Praxis nur wenige eingesetzt. Das sind vor allem Glukose und Laktose, seltener Saccharose und Mannit. In mehreren Ländern dient die Vergärung der Laktose als ein wesentliches diagnostisches Merkmal für Bakterien der Coligruppe. Viele Methoden der Wasseruntersuchung auf Anwesenheit von Indikatoren für fäkale Verunreinigungen wurden darauf aufgebaut und begnügen sich mit der Bestimmung der Anwesenheit laktosepositiver Bakterien, die auf differential-diagnostischen Nährböden aus einem bestimmten Wasservolumen in 24 Stunden bei 37 °C nachgewiesen werden. Bei Anwendung des ENDO-Nährbodens wachsen dunkelrote Kolonien mit zumeist typischem Metallglanz. Die Färbung der Kolonie entsteht durch Reduktion der Leukobase des Fuchsins durch saure Reaktionsprodukte, die beim Spalten der Laktose aus dem Nährboden frei werden.

Die bisher besprochene Ansicht muß heute als überholt betrachtet werden. Denn wir müssen in Betracht ziehen, daß die Bildung des Metallglanzes nicht nur von der enzymatischen Aktivität der anwesenden Bakterien abhängt, sondern auch von der

Tabelle 33

Biochemische Eigenschaften der Enterobacteriaceae.

Test	*Escherichia*	*Edwardsiella*	*Citrobacter*	*Salmonella*	*Shigella*	*Klebsiella*	*Enterobacter*	*Hafnia*	*Serratia*	*Proteus*	*Yersinia*
Katalase	+	+	+	+	D	+	+	+	+	+	+
Oxydase	—	—	—	—	—	—	—	—	—	—	—
β-Galaktosidase	+	—	+	D	d	+	+	+	+	—	+
Dextrose (Gas)	+	+	+	+	—	d	+	+	d	D	—
KCN (Wachstum)	—	—	+	D	—	+	+	+	+	+	—
Nitrat	+	+	+	+	+	+	+	+	+	+	+
Adonit	—	—	—	—	—	d	+	—	d	D	D
Arabinose	+	—	+	+		+	+	+	—	—	+
Dulzit	d	—	d	D	d	d	—	—	—	—	—
Inosit	—	—	—	d	—	+	D	—	d	D	—
Laktose	+/×	—	+/×	D	D	D	+	—	—	—	—
Maltose	+	+	+	+		+	+	+	+	D	+
Mannit	+	—	+	+	D	+	+	+	+	D	+
Salicin	d	—	d	—	—	+	+	—	+	d	D
Sorbit	+	—	+	+		+	+	—		—	D
Saccharose	d	—	d	—	D	+	+	—/×	D	+	D
Trehalose	+	—	+	+		+	+	+	+	d	+
Xylose	d	—	+	+	D	+	+	+	d	D	P
Zitrat	—	—	+	+	—	d	+	+	+		—
Malonat	—	—	d	D	—	D	+		—		—
d-Tartrat	d	—	+	D		d	—	—			D
Methylrot	+	+	+	+	+	D	—	—	—	+	+
Voges-Proskauer	—	—	—	—	—	D	+	+	D	d	—
Arginin	d	—	d	+	—	—	D	—	—	—	—
Gelatine	—	—	—	D	—	d	D	—	+	D	—
H_2S	—	+	D	+	—	—	—	—	—	D	D
Indol	+	+	D	—	D	d	—	—	—	D	D
Lysin	+	+	—	+	—	d	D	+	+	d	—
Ornithin	d	+	d	+	d	—	+	+	+	D	D
Urease	—	—	(+)	—	—	d	(d)	—	—	D	D
Glutaminsäure	—	—	—	—	—	—				+	
Phenylalanin	—	—	—	—	—	—	—	—	—	+	—

Zeichenerklärung

D = verschiedene Reaktionen bei einzelnen Arten
d = verschiedene Reaktionen bei einzelnen Stämmen
× = spät und unregelmäßig positiv
+ = positiv
— = negativ
( ) = verschieden

sorgfältigen Herstellung des Nährbodens (falls das richtige Verhältnis von Fuchsin zu Natriumsulfit nicht eingehalten wird oder ein Fuchsin ungeeigneter Qualität verwendet wird, wachsen alle Kolonien mit verschiedenen Rosatönungen) und von den Bebrütungsbedingungen. Darüber hinaus ist bekannt, daß einige Arten von Enterobacteriaceae Laktose verzögert vergären. Wenn die Ergebnisse, wie allgemein üblich, nach 24—48 h abgelesen werden, registriert man diese Stämme als laktosenegativ. Es ist auch bekannt, daß selbst *Escherichia coli* unter Einfluß einiger Umweltfaktoren, besonders bei Anwesenheit von Bakteriophagen, freiem Chlor und verschiedenen toxischen Verbindungen, die Fähigkeit zur Laktosevergärung teilweise oder völlig verlieren kann. Dies würde bedeuten, daß es im Hinblick auf das Kriterium Laktosespaltung nicht mehr zu den Koliformen zu zählen ist.

Einige Enterobacterien-Stämme sind überhaupt nicht fähig, Laktose zu vergären — sie sind damit in ihrer hygienisch-epidemiologischen Bedeutung fraglich. Einige Autoren betrachten laktosenegative Stämme als selbständige Arten.

Minkevič (1949) bezeichnete sie als **para**-Stämme (z. B. *B. paracoli*, *B. paraanaerogenes*). In der Systematik von Bergey (1959) wurden sie als „Paracolon group" abgetrennt. Nach neueren Ansichten handelt es sich um defekte Varianten der Arten *E. coli* oder *C. freundii*, die nicht gesondert bezeichnet werden.

Die laktosenegativen und Laktose verspätet vergärenden Varianten würden dem Nachweis entgehen, wenn nur die typischen Kolonien (z. B. mit Metallglanz) berücksichtigt werden. In der Literatur gibt es jedoch Hinweise, daß solche Stämme Erreger von Epidemien waren (Mucha et al. 1962). Hier ist zu bemerken, daß auch die ausgesprochen pathogenen Arten der Gattungen *Salmonella* und *Shigella* in der Regel laktosenegativ sind. Einige Wässer beinhalten sogar überwiegend laktosenegative Varianten von *E. coli*; solche Vorkommen fanden sich in der Mittelslowakei (Daubner und Mucha 1964). Andererseits bestätigen die Mitteilungen von Keil (1962) sowie Keil und Labitzke (1964) und eigene mehrjährige Erfahrungen, daß Kolonien auf ENDO-Nährboden mit typischem Metallglanz nicht in jedem Falle zur untersuchten Familie gehören müssen. Weiterhin können oft über 50% der andersgefärbten (blaßrosa, rot u. ä.) Kolonien der Familie der Enterobacteriaceae zugerechnet werden (Daubner 1968).

Diese Ausführungen beweisen die Notwendigkeit einer exakteren Bestimmung von Fäkalindikatoren bei der Wasseruntersuchung und die Unzulänglichkeiten einer makroskopischen Bewertung von Kolonien auf festen Nährböden. Aus diesen Gründen gibt es schon seit längerer Zeit Bestrebungen, in die hydromikrobiologischen Methoden zumindest eine begrenzte Anzahl von Tests zur Identifizierung der Kolonien einzubeziehen, da nur auf diese Weise Irrtümer bei Untersuchungen und hygienischen Bewertungen auszuschließen sind.

In den USA wählten u. a. Levine (1921), Parr (1937, 1938) und Koser (1924 zur Routinediagnostik von koliformen Bakterien vier Tests, die in die Praxis unter der Bezeichnung IMViC (IMVC) eingingen. Es handelt sich um die Prüfung der Indolbildung aus Trypsin (I), um pH-Messung mit Methylrot (M), um den Test auf Anwesenheit von Azetylmethylcarbinol nach Voges-Proskauer (V) und um die Fähigkeit der Zitratverwertung (C). Nach diesen 4 Tests wird bis heute bei der hygienischen Wasseruntersuchung die vereinfachte Differenzierung von Bakterien der sog. Koligruppe durchgeführt (Tab. 34).

Von weiteren biochemischen Eigenschaften der Enterobacteriaceae, die gewöhnlich zu ihrer Identifizierung benutzt werden, haben vor allem die Spaltung von Harnstoff, die Verflüssigung von Gelatine, die Bildung von H_2S, das Wachstumsvermögen bei

Tabelle 34

Einteilung von koliformen Bakterien nach den IMVC-Kombinationen (Standard Methods 1971).

Art	Indol	Methylrot	VOGES-PROSKAUER	Zitrat
Escherichia coli				
Var. I.	+	+	−	−
Var. II.	−	+	−	−
Escherichia freundii				
Var. I.	−	+	−	±
Var. II.	+	+	−	+
Aerobacter aerogenes				
Var. I.	−	−	+	±
Var. II.	±	−	+	+

Anwesenheit einer bestimmten Zyanidkonzentration (KCN) oder bei höherer Bebrütungstemperatur (43—47 °C) besondere Bedeutung gewonnen.

Vor einigen Jahren wurden Nachweise zur Prüfung der Fähigkeiten dieser Bakterien zu dekarboxylieren, zu dehydrolysieren und zu desaminieren ausgearbeitet. Diese Tests bieten bei ihrer exakten Anwendung sehr verläßliche differentialdiagnostische Möglichkeiten. Es wurde z. B. festgestellt, daß die Dekarboxylasen der Enterobakterien nach bestimmten Gesetzmäßigkeiten verteilt sind. Einige sind für eine bestimmte Gattung charakteristisch und werden dort regelmäßig vorgefunden. Weitere Dekarboxylasen sind für sie unspezifisch und werden nur selten nachgewiesen. Zum Beispiel wurden Dekarboxylasen für Arginin, Histidin und Ornithin bei nahezu allen Vertretern dieser Familie gefunden. Dies bedeutet, daß diese Dekarboxylasen keine trennenden Eigenschaften der einzelnen Unterfamilien kennzeichnen. Auch die Leuzindekarboxylase, obwohl sie nur bei den Gattungen *Escherichia*, *Citrobacter* und *Enterobacter* gefunden wurde, und die Tyrosindekarboxylase, die nur bei den Gattungen *Escherichia* und *Shigella* auftritt, können nicht zu den charakteristischen Enzymen für diese Gattungen gezählt, werden, da ihr Nachweis lediglich zu 6—19% geführt wird. Im Gegensatz dazu können die Dekarboxylasen des Lysins und der Glutaminsäure als charakteristische Gattungsmerkmale bezeichnet werden. Die erstere wurde nämlich bei den Gattungen *Salmonella*, *Escherichia*, *Enterobacter* und *Hafnia* zu 88—89% (bei frisch isolierten Stämmen sogar zu 95%), dagegen bei der Gattung *Shigella* (und dann nur bei *Sh. sonnei*) zu 5,5% nachgewiesen. Glutaminsäuredekarboxylase wurde bis zu 96% bei *Shigella*, *Escherichia* und *Proteus* gefunden; kein einziges Mal trat sie dagegen bei Salmonellen auf. Daraus kann gefolgert werden, daß die Lysin-Dekarboxylase für die Gattungen *Salmonella* und *Escherichia*, die Glutaminsäure-Dekarboxylase für *Escherichia*, *Shigella* und *Proteus* als Charakteristika angesehen werden können (BIRGER 1962).

Beim Vergleich der zeitabhängigen Höhe von Dekarboxylaseaktivitäten wurde mehrfach festgestellt, daß diese bei mehreren Dekarboxylasen zurückgehen. Zuerst schwand die Fähigkeit zur Dekarboxylierung des Lysins, dann die für Histidin, Tryosin und Ornithin. Stabiler war die Arginindekarboxylase und als nahezu konstant kann man die Dekarboxylase der Glutaminsäure bezeichnen. Mehrere Dekarboxylasen schwinden nach der Lyophilisierung der jeweiligen Bakterienkultur. Nach Überimpfung auf Nährböden mit mehreren Aminosäuren gelangt es bei vielen Stämmen, die Fähigkeit zur

Dekarboxylierung von Lysin, Histidin, Tryosin und Ornithin zu reaktivieren. Dies zeugt von dem variablen induzierbaren Charakter dieser Enzyme. Als stabiles konstitutives Enzym kann man bisher lediglich die Glutaminsäuredekarboxylase betrachten. Nach Sedlák und Rische (1968) ist für differentialdiagnostische Zwecke bei den Enterobacteriaceae auch die Bestimmung der Phenylalanindesaminase wertvoll.

Westphal et al. (1959) fanden interessante Einzelheiten über die chemische Struktur der Enterobacteriaceae, wodurch ihre biochemische Identifizierung präzisiert werden kann. Chromatographisch wurden Polysaccharid-Komplexe in den Zellwänden nachgewiesen, die für einzelne Gruppen von Enterobakterien charakteristisch sind. Es handelt sich um Polysaccharid-Bausteine wie Mannose, Fruktose, Rhamnose und 3,6-Didesoxyhexose: bei Salmonellen der Gruppe A **Paratose** (3,6-Didesoxy-d-Glukose), bei Salmonellen der Gruppe B und C_2 **Abequose** (3,6-Didesoxy-d-Galaktose), bei Salmonellen der Gruppe O, P, Z und *E. coli* O 111 und O 55 (3,6-Didesoxy-l-Galaktose) und bei Salmonellen der Gruppe D_1 und D **Tyvelose** (3,6-Didesoxy-d-Mannose).

Es wurde festgestellt, daß die qualitative Zusammensetzung dieser Zuckerkomplexe, die für die serologische Determination von Bedeutung sind, innerhalb derselben O-Antigen-Gruppe gleich ist. So lassen sich alle **Salmonellastämme** in 2 Gruppen einteilen, von denen die erste niemals die zweite dagegen immer Desoxyhexosen enthält. Interessant ist, daß die Arten mit 3,6-Didesoxyhexosen die höchste Menschen- bzw. Tierpathogenität aufweisen.

*

Die Antigen-Struktur von Bakterien der Familie der Enterobacteriaceae läßt 2 Komplexe erkennen. Das somatische O-Antigen und das H-Antigen der Geißeln bilden gemeinsam das typische Mosaik der Partialantigene.

Der Komplex des somatischen Antigens besteht aus O-, R- und K-Antigen. Das O-Antigen ist ein kompliziertes thermostabiles Glukolipoid. Das R-Antigen kommt bei Bakterien in der R-Phase (rough) vor. Bei einigen Gattungen, vor allem bei Klebsiellen, aber auch bei Escherichien, Shigellen und ausnahmsweise auch bei Salmonellen, findet man das K-Antigen. Es handelt sich um ein Oberflächen-Kapselantigen, das aus Polysacchariden aufgebaut ist und mit verschiedenen Symbolen (A, L, B, M. Vi, α, β) bezeichnet wird.

Das flagellare H-Antigen ist ein thermostabiles System, das aus Nukleoproteiden und Glukolipoiden besteht. Es kommt bei beweglichen begeißelten Stämmen vor. Die einzelnen Gruppen der Partialantigene H, O und K geben bei Agglutination spezifische Präzipitate, d. h. spezifische Zusammenballungen von Bakterienzellen oder ihrer Teile (z. B. von Geißeln).

Die Antigen-Struktur der Enterobacteriaceae wird mit dem Zahlenverhältnis des O:K:H-Antigen-Komplexes ausgedrückt. Die einzelnen Partialantigene werden mit arabischen Zahlen bezeichnet (z. B. *E. coli* O 124:K 72:H 32). Eine Ausnahme bilden Bakterien der Gattung *Salmonella*, bei denen die H-Antigene der ersten Phase mit kleinen Buchstaben bezeichnet werden (z. B. *Salmonella berlin* 17:d 1,5). Detailliert ist diese Problematik in den Monographien von Kauffmann (1966), Sedlák und Rische (1968) und anderen Autoren beschrieben.

Pathogenität von Bakterien der Familie Enterobacteriaceae

Von den Bakterien der Familie Enterobacteriaceae sind die Gattungen *Salmonella* und *Shigella*, die wirksame Toxine produzieren können, für die Gesundheit des Menschen am gefährlichsten. Stämme aus anderen Gattungen der Familie verursachen nur unter gewissen Bedingungen Erkrankungen — sie sind mehr oder weniger fakultativ pathogen.

Der Typhuserreger *Salmonella typhi* wurde 1880 von EBERTH entdeckt (von seinem Namen wurde auch die ältere Bezeichnung *Eberthella typhi* abgeleitet). Auch wenn verhältnismäßig früh deutlich wurde, daß seine Anwesenheit im Wasser für den Menschen gefährlich ist, fielen diesem Krankheitserreger viele Menschen zum Opfer. Nach Angaben von GAINEY und LORD (1952) waren es in den USA im Jahre 1900 über 35000 Menschen. Mit zunehmender Gewährleistung von hygienisch einwandfreiem Trinkwasser sanken diese Zahlen rapid, so daß heute Typhuserkrankungen als Folgen von Havarien anzusehen sind, die auf eine Mißachtung grundlegender hygienischer Vorschriften schließen lassen. Wie aus den statistischen Daten ersichtlich ist, bleibt dieses Problem jedoch leider noch immer aktuell.

Der kranke Mensch scheidet im Verlaufe seiner Krankheit eine große Zahl von Typhuskeimen mit dem Stuhl (in einigen Fällen auch mit dem Urin) aus. Dieses Ausscheiden dauert noch etwa 2 Wochen nach Abklingen der subjektiven Beschwerden an. Falls aber die Bakterien in die Gallen- oder Harnblase gelangen, können sie sich dort ansiedeln; die Ausscheidung von Salmonellen — nach Angaben von MECHALAS et al. (1972) Millionen bis Milliarden von Keimen/g Fäzes — dauert dann einige Wochen, Monate und häufig auch das ganze Leben, wobei sich der betroffene Mensch gesund fühlt. Daß solche Dauerscheider eine außergewöhnliche epidemiologische Bedeutung für die Verbreitung der Krankheitserreger haben, da sie diese unkontrolliert ausscheiden, muß sicher nicht betont werden.

In das Wasser gelangen die Salmonellen aus Exkrementen von Kranken oder Dauerausscheidern bzw. durch ihnen kontaminiertes Material. Glücklicherweise stellt das Wasser für diese Bakterien ein ungünstiges Milieu dar. Sie sterben daher im Verlaufe einiger Tage oder Wochen ab. Unter gewissen Umständen, besonders im kälteren Wasser und bei massiver Kontamination, können die Salmonellen jedoch auch einige Monate überleben (oft länger als die Koliformen). Sie können, **per os** aufgenommen, gesunde Menschen direkt oder durch kontaminierte Lebensmittel (in denen sie sich auch vermehren können) indirekt infizieren. Unterschiedlich sind jedoch die Meinungen der Fachleute, wie groß das reale Risiko einer Erkrankung durch Aufnahme von Salmonellen über kontaminiertes Wasser ist (CARLSON 1966, KALINA 1973, KADLECOVÁ 1976 u. a.).

Unter gewissen Umständen können sich Salmonellen auch im Wasser vermehren. Dafür sprechen die Ergebnisse experimenteller Arbeiten von HENDRICKS (1967, 1972). Ebenfalls wurde von uns bewiesen, daß bei Anwesenheit von Abwässern aus der Lebensmittelindustrie bzw. aus der Zuckerfabriken vermehren sich Salmonellen und andere Darmbakterien verhältnismäßig markant (Tab. 35). Die ursprüngliche Zahl erhöht sich im Verlauf von 24—48 Stunden um 1—4 Ordnungen. Die Vermehrung war der Konzentration des Abwassers direkt proportional (ADÁMEK et al. 1977, DAUBNER et al. 1981).

Um die Jahrhundertwende wurde erstmalig von typhuskranken Patienten ein Keim isoliert, der sich, obwohl er sich sehr ähnlich zeigte, biochemisch und vor allem serologisch von der typischen Art *Salmonella typhi* unterschied. Diese neue Art wurde *Salmonella paratyphi* genannt und wegen der bestehenden serologischen Unterschiede in die Typen A, B und C eingeteilt. Neuerdings wird *S. paratyphi* B als eigene Art mit *S. schottmuelleri* bezeichnet. Die Art der Übertragung in den Organismus und das klinische Erkrankungsbild sind bei Typhus und Paratyphus praktisch gleich; bei letzterem zeigt die Krankheit aber gewöhnlich einen leichteren Verlauf.

Tabelle 35

Die Vermehrung von Salmonellen unter dem Einfluß von Abwässern aus der Lebensmittelindustrie.

Serotyp	Abwasser	Koloniezahl in 1 ml				
		24 h	48 h	4 d	10 d	22 d
S. schottmuelleri	Molkerei	300	$1{,}2 \cdot 10^4$	$2 \cdot 10^4$	80	6
	Stärkefabrik	700	$8 \cdot 10^3$	10^4	200	25
	Kontrolle	70	80	20	3	0
S. enteritidis	Molkerei	800	$1{,}5 \cdot 10^4$	$5 \cdot 10^3$	10^3	60
	Bierbrauerei	6	10	10	5	4
	Stärkefabrik	$1{,}3 \cdot 10^3$	$5 \cdot 10^4$	$5 \cdot 10^4$	$4 \cdot 10^3$	100
	Kontrolle	100	50	7	1	0

Im Jahre 1898 wurde der Erreger der Dysenterie entdeckt. Nach dem Japaner SHIGA, der ihn isolierte, wurde dieser Keim *Shigella dysenteriae* genannt. Danach fand man noch weitere biochemisch und serologisch unterscheidbare Typen. Übertragungsweg, das Krankheitsbild und Keimausscheidung sind ähnlich wie beim Typhus. Bisher ist jedoch die Existenz echter Dysenteriedauerausscheider noch nicht völlig geklärt. Shigellen wurden von Menschen, die diese Krankheit überstanden, noch 10 Wochen nach Abklingen der subjektiven Beschwerden isoliert. Gegen Umwelteinflüsse ist *Shigella* empfindlicher als andere Enterobacteriaceae. Auch ihre Isolierung und Kultivierung sind schwieriger. Wie sich jedoch experimentell feststellen läßt, können sich Shigellen unter gewissen Temperatur- und Nahrungsbedingungen auch im Wasser vermehren (ADÁMEK et al. 1977).

Von der bakteriellen Dysenterie muß die Protozoenruhr unterschieden werden, deren Erreger *Entamoeba histolytica* ist. Er wurde von LÖSCH im Jahre 1879 entdeckt. Die Zysten, aus denen sich dieser Mikroorganismus entwickelt, können ebenfalls durch das Wasser in den Organismus gelangen.

Von den bedingt pathogenen Bakterien der Familie der Enterobacteriaceae, die in diesem Kapitel bereits erwähnt wurden, sind die Vertreter der Unterfamilie *Escherichieae* die wichtigsten. Eine typische und verbreitete Art ist *Escherichia coli*, ein ständiger und obligatorischer Darmbewohner von Mensch und Säugetieren. Im menschlichen Organismus beteiligt er sich mit seinen Enzymen bei der Zersetzung und Synthese komplizierter Verbindungen. Beispiele sind die Bildung des Vitamins K und des Vitamin-B-Komplexes. *E. coli* dürfte eine gewisse Rolle bei der Ernährung und den Stoffwechselprozessen im Verdauungstrakt des Menschen spielen. Die vorrangige Bedeutung von *E. coli* und weiterer Arten der Coligruppe für den hygienischen Wert eines Wassers besteht jedoch nicht in der potentiellen Fähigkeit, unter gewissen Umständen Darmerkrankungen verursachen zu können, sondern vor allem in dem Wert als Indikator von Wasserverunreinigungen durch menschliche und tierische Exkremente. Andererseits ist die Pathogenität von einigen Serotypen der *E. coli* für Mensch (vor allem für Kinder und Säuglinge) und Tier heute eindeutig bewiesen (MC CLURE et al. 1972, SCHIFF et al. 1972, REASONER 1974).

Mögliche fakultativ pathogene Arten, die zwar nicht zur Familie der Enterobacteriaceae gehören, aber in fäkal verunreinigten Wässern auftreten, sind *Pseudomonas aeruginosa* und *Clostridium perfringens*, die auch als Indikatoren fäkaler Verunreinigungen des Wassers verwendet werden oder verwendet werden sollten.

Für die hygienisch-epidemiologische Untersuchung und Bewertung des Wassers sind das Überleben und die Veränderlichkeit von Darmbakterien in der atypischen Umwelt des Wassers wichtige und bisher nur unbefriedigend gelöste Fragen. Es geht vor allem um die Überlebensfähigkeit der Fäkalindikatoren, die mindestens so lange wie die pathogenen Bakterien im Wasser vermehrungsfähig bleiben müssen, wenn sie ihre indikatorische Funktion verläßlich erfüllen sollen. Sie dürfen dabei ihre charakteristischen Eigenschaften nicht so ändern, daß bei der Diagnostik Irrtümer auftreten können. In der Beantwortung dieser beiden prinzipiellen Fragen divergieren die Ansichten und Angaben der Wissenschaftler in der ganzen Welt. Da es sich um eine wichtige theoretische und praktische Problematik handelt, wird ihr schon längere Zeit besondere Aufmerksamkeit gewidmet.

Für Bakterien der Familie der Enterobacteriaceae ist das Wasser eines der häufigsten Orte ihres zeitweiligen Aufenthaltes in der Umwelt. In Abhängigkeit von den Biotopbedingungen und ihrer eigenen physiologischen Disposition können sie im Wasser gewisse Zeit überleben und unter günstigen Umständen sich auch vermehren. Solche Bedingungen können bei höheren Temperaturen und bei Anwesenheit leicht nutzbarer Nährstoffe gegeben sein.

Mack (1974) führt an, daß die Vermehrung von koliformen Bakterien im Flußwasser auch von der Verdünnung abhängt. Die Dauer des Überlebens von Darmbakterien und ihre Vermehrung im Wasser werden dabei von ihrer Anpassungsfähigkeit an die neuen Verhältnisse beeinflußt. Sie kann einige Tage oder Wochen, ein Jahr und auch mehr betragen. Während dieser Zeit kann es zu verschiedenen Veränderungen der serologischen und biochemischen Eigenschaften kommen, es ändern sich Virulenz und Pathogenität und es treten verschiedene Varianten auf (Daubner 1975).

Im allgemeinen ist das Wasser für Enterobakterien, die an die Wärme des menschlichen Körpers und ständige Zufuhr leicht verwertbarer gelöster organischer Stoffe gewöhnt sind, keineswegs günstig. Sie sterben früher oder später dort ab.

Nach Tec (1953) wurden Typhus- und Paratyphuskeime aus Brunnenwasser im Verlaufe von 3 Tagen bis zu 96,8% eliminiert. In weiteren 3 Tagen wurden 99,5—99,98% erreicht. Nach 10 Tagen konnten diese Bakterien nur aus größeren Volumina (1300 ml) isoliert werden, obwohl in der ursprünglichen Probe etwa 2000 Keime/ml gezählt wurden. Bei diesen Untersuchungen wurde außerdem festgestellt, daß einzelne Stämme dieser Gattungen im Sediment die genannten Zeiten wesentlich überschreiten konnten und noch nach mehr als 3 Monaten isolierbar waren. Angaben über langzeitiges Überleben von Bakterien der Familie Enterobacteriaceae bringen auch weitere Autoren.

Rogers (1971) isolierte *E. coli* und *E. aerogenes* noch 9 Monate nach der Kontaminierung des Wassers mit menschlichen Exkrementen, wobei gegen Ende des Experiments die letztgenannte Art überwog. Platt (1935) fand die erwähnten 2 Arten im Wasser noch 80 Tage nach der Beimpfung. Vajsman (1964) gibt die Lebensdauer von S. *typhi* im Brunnenwasser mit 117 Tagen an.

Bedeutend länger als im natürlichen Wasser überleben Darmbakterien im sterilisierten Wasser. Parr (1937) stellte fest, daß sich eine aus Stuhlmaterial isolierte Reinkultur von *E. coli* unter gewissen Umständen im sterilisierten Wasser sogar bei relativ niedriger Temperatur vermehren kann. Keleti (1964) bestimmte in Experimenten das Überleben von *E. coli* in sterilisiertem Brunnenwasser bei Laboratoriumstemperatur mit über 500 Tagen; in sterilisiertem Oberflächenwasser wurde diese Art noch nach 350 Tagen festgestellt. Bei eigenen Versuchen im Laboratorium wurde in sterilisiertem

Oberflächenwasser ein längeres Überleben als im gleichen Standortwasser beobachtet. Die Art *E. coli* überlebte hier mehr als 2 Jahre (DAUBNER und NÉMET 1980). Diese Tatsache, die der Eliminierung biotischer und abiotischer antagonistischer Einflüsse (z. B. höhere Organismen und von ihnen produzierte Stoffe) durch den Sterilisierungsprozeß zugeschrieben werden kann, findet durch andere Autoren ihre Bestätigung. Man kann dies aus der Tabelle 36 entnehmen, in der zusammengefaßte Angaben von der Überlebensdauer der Bakterien aus der Familie der Enterobacteriaceae und anderer hygienisch wichtiger Bakterien in verschiedenen Wasserarten gebracht werden.

Tabelle 36

Überlebensdauer von enteralen und anderen Mikroorganismen in verschiedenen Wasserarten (zusammengefaßte Angaben).

Mikroorganismus	Überleben (d) in					
	steril. Wasser	dest. Wasser	Leitungswasser	Brunnenwasser	Flußwasser	Abwasser
E. coli	8–730	21–72	2–262	–	21–183	–
S. typhi	6–365	3–81	2–93	2–107	4–183	2–42
S. paratyphi A	22–55	73–88	–	–	6–11	–
S. schottmuelleri	39–167	27–150	27–37	–	–	2–42
Sh. dysenteriae	2–72	3–39	15–27	–	12–93	2–4
V. cholerae	3–392	1–214	4–28	1–92	1–92	1–213*
F. tularensis	3–15	–	bis zu 92	12–60	7–31	bis zu 92
Leptospira sp.	bis zu 16	–	–	7–75	bis zu 150	–
Brucella sp.	6–168	–	5–85	4–45**	–	2–77

* im Bodenfiltrat ** bei massiver Kontamination – nicht bestimmt

Einige Enterobakterien sind in der Lage, in destilliertem Wasser nicht nur zu überleben, sondern sich bei Zusatz von minimalen Nährstoff Konzentrationen in bestimmten Fällen sogar zu vermehren. KIČENKO (1962) berichtet, daß *E. coli* zum Überleben und zur Vermehrung in destilliertem Wasser mit einem Gehalt von 0,0025% Pepton, 0,005% Glukose oder 0,1% NaCl fähig ist. Die Autorin machte außerdem die Beobachtung, daß es am 6. Tag des erwähnten Versuches zu einer bedeutenden Vermehrung der untersuchten Bakterien kam, die einige Tage andauerte. Weitere Experimente in dieser Richtung zeigten, daß es sich nicht um eine Vermehrung von *E. coli* auf Kosten abgestorbener Bakterienzellen handelte, sondern um besondere genügsame Stämme, die auch unter den Bedingungen des minimalen Nährstoffangebotes im Wassermilieu noch lebens- und vermehrungsfähig sind.

Für das Überleben von Enterobakterien im Wasser nehmen die Sedimente des Gewässergrundes eine besondere Stellung ein. Die Ergebnisse mehrerer Autoren bewiesen, daß diese Ablagerungen epidemiologische Bedeutung haben können und daß man sie bei der Untersuchung und Klärung der Darmerkrankungen, bei welchen der wahrscheinliche Weg der Infektion des Wassers war, nicht außer acht lassen darf. Es handelt sich nicht nur darum, daß Sedimente reicher an Mikroorganismen sind als das freie Wasser, in das sie bei der Aufwirbelung des Wasserbodens gelangen, sondern sie haben auch die Fähigkeit, dort viel länger zu überleben.

TITOVA (1957) schreibt, daß der Koliformen-Titer im freien Wasser 0,01—10 ml und auf dem Grund 0,00004—0,000004 ml beträgt. Dabei ist der Bakteriengehalt besonders in den Wintermonaten in sandigen Böden kleiner als in tonigen. Der Einfluß der Bodensedimente auf die Verunreinigung des freien Wassers ist um so größer, je seichter das Wasser ist; bis zu einer Wassertiefe von 7—10 m ist er meist deutlich zu erkennen. Bei einer Tiefe von 30—40 m hat der Boden kaum Einfluß auf das freie Wasser.

Die Bodensedimente beeinflussen auch das Überleben pathogener Bakterien. Während im freien Flußwasser das Überleben von Ruhrbakterien mit 4—5 Tagen bestimmt wurde (in Abhängigkeit von der Temperatur auch länger, z. B. im kalten Wasser 10 Tage und im Eis 2 Monate), überlebten sie in tonigen Sedimenten 45 Tage und im Sandgrund 30 bis 37 Tage.

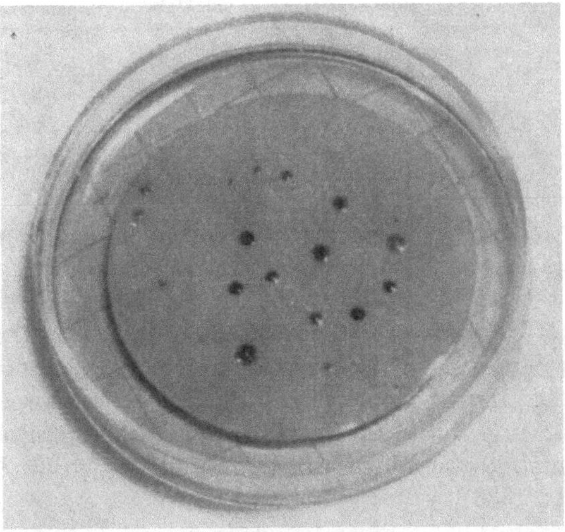

Abb. 17. Kolonien koliformer Bakterien der Familie Enterobacteriaceae aus Wasserproben (Membranfiltermethode, ENDO-Agar 24 h/37 °C).

Paratyphusbakterien überleben im Wasser 6—11 Tage, über tonigem Sediment 11 Tage und bei Aufwirbelungserscheinungen 13—17 Tage. Im Sediment wurden diese Bakterien bis zu 30 Tagen nachgewiesen.

Die Artenvertretung und die Zahl der Bakterien auf und im Sediment ist in hohem Maße von den jeweiligen ökologischen Faktoren (Temperatur, Bodenart, Jahreszeit, Nährstoffangebot und antagonistische Einflüsse) abhängig. Es zeigte sich, daß Enterobakterien in den Frühjahrs- und Sommermonaten am längsten überleben. In diesen Zeitperioden vermehrten sie sich sogar in 50% der Proben, in 45% überlebten sie und nur in 5% kam es zum Absterben. Es handelte sich um Untersuchungen, die sowohl unter natürlichen Bedingungen wie im Laboratorium durchgeführt wurden (TITOVA 1957).

Das Überleben von Enterobacteriaceae im Meerwasser ist bedeutend kürzer als im Süßwasser.

Prescott et al. (1950) führen an, daß koliforme Bakterien in 3—4 Tagen in Abhängigkeit vom Grade der Verunreinigung absterben. Sie stellten bei Versuchen fest, daß sich die Keimzahl der erwähnten Bakterien von 500/ml nach 24 h auf 200/ml und nach 48 h auf 50/ml verminderte. Nach 96 Stunden konnten von diesen Organismen nur etwa 10/ml bestimmt werden. Chait (1959), die Versuche über Veränderlichkeit und Überleben von enteralen Bakterien im Meerwasser durchführte, bestätigte, daß diese dort relativ schnell absterben. Längere Zeit überleben nur einzelne Stämme (Tab. 37).

Tabelle 37
Überlebensdauer von Enterobacteriaceae-Arten im Meerwasser.

Art	Überleben (d) in Wasserqualität			
	verunreinigt	schwach verunreinigt		sterilisiert
		18—22 °C	8—10 °C	
S. typhi	2—12	3—12	15—23	16—29
S. paratyphi A	5—8	10—12	10—14	10—24
S. schottmuelleri	5—28	7—37	16—37	24—147
Sh. dysenteriae	1—9	7—15	8—56	5—20

Nach der Meinung von Vaccaro et al. (1950) sind die Ursachen des schnellen Absterbens von Darmbakterien die Anwesenheit antagonistischer Meeresflora und antibiotischer Stoffe im Meerwasser. Natürlich spielt hier auch der Salzgehalt eine Rolle. Die Autoren fanden, daß einige Tage abgestandenes Meerwasser größere bakterizide Wirkung hat als frisches, auch wenn es gekocht oder autoklaviert wird, änderte es seine bakteriziden Eigenschaften nicht. Der antibiotische Einfluß des Meereswassers wird durch Zugabe organischer Stoffe und durch Sterilisation (Aufkochen, Autoklavieren, Pasteurisieren oder Chlorung) herabgesetzt. Wenig wirksam hingegen ist die Filtrierung durch ein Berkefeldfilter (ZoBell 1936).

Variabilität der Enterobactericeae unter Umwelteinflüssen

Das Auftreten von Enterobakterien außerhalb des Darmtraktes zieht Änderungen in den Stoffwechselleistungen und damit auch in den biochemischen Aktivitäten der Bakterien nach sich. Wenn sich Mikroorganismen neuen Lebensbedingungen anpassen müssen, so ist durchaus zu erwarten, daß sich unter dem Einfluß der bestimmenden Faktoren eine Reihe ihrer Eigenschaften ändern. Dabei bilden sich biochemisch und serologisch unterschiedliche Varianten der ursprünglichen Art. Grinbaum (1952) gibt an, daß *S. typhi* unter gewissen Umständen im Wasser nicht abstirbt, sondern im Anpassungsprozeß an die neuen Lebensbedingungen wesentliche Veränderungen erfährt, die im Endeffekt zum Herausbilden einer neuen Art führen, die in ihren Merkmalen den autochthonen saprophytischen Arten ähnlich ist.

Nach Kalina (1957) ist eine solche „Saprophytisierung“ der pathogenen Bakterien in der äußeren Umwelt ein natürlicher und weit verbreiteter Prozeß. Von diesem Gesichtspunkt muß man auch die veränderten Varianten der pathogenen Bakterien in der Diagnostik der Epidemiologie und der Hygiene betrachten. Wichtig sind in dieser Beziehung die sogenannten „maskierten Stämme“, bei denen es zu bestimmten Veränderungen in Richtung einer Saprophytisierung kam, ohne dabei jedoch die pathogenen Eigenschaften zu verlieren, die diesen Stämmen eine große epidemiologische Bedeutung verleihen. Der gegenläufige Prozeß, die Herausbildung pathogener Eigenschaften bei saprophytischen Bakterien, ist nicht bekannt.

Nach gleichlautenden Angaben der genannten und auch weiterer Autoren kommt es nach dem Übertritt der Enterobacteriaceae in die äußere Umwelt vor allem zu Veränderungen in ihren serologischen Eigenschaften. Kleine Verschiebungen im bakteriellen Metabolismus spiegeln sich in Veränderungen der Antigenstruktur bereits dann wider, wenn die biochemischen Eigenschaften noch unverändert bleiben. So kann man die häufige Isolierung von biochemisch typischen, serologisch jedoch nicht klassifizierbaren Vertretern der Enterobacterien (*S. typhi*, *S. paratyphi* usw.) aus der Umwelt erklären.

Die Bestimmung von Antigenstruktur und biochemischen Eigenschaften erlauben die Zuordnung zu einer Art und legen deren Stellung in der bestehenden Systematik und Klassifikation der Bakterien fest. Veränderungen in der Antigenstruktur, zu denen es infolge der Veränderung der Lebensumwelt der Mikroorganismen kommt, weisen auf weitere Möglichkeiten von Veränderungen hin. In einer Bakterienkultur, die als Population eine ungeheuere Organismenzahl darstellt, kommt es nur ungleichmäßig zum Prozeß der Merkmalsveränderungen. Es handelt sich dabei nicht nur um makro- und mikroskopisch erkennbare Merkmale (in glatten S-Formen sind die Bakterien kompakt gelagert, wogegen die rauhen R-Kolonien einen lockeren Parallel-Aufbau aus einzelnen Zellen, Ketten und ungeteilten Fäden aufweisen), sondern um Veränderungen der enzymatischen Aktivitäten der Bakterien, was eine große praktische Bedeutung haben kann. Die Ungleichmäßigkeit der Kultur bietet die Möglichkeit, durch äußere Bedingungen bestimmte Eigenschaften der Mikroorganismen zu trennen, zu intensivieren oder zu festigen.

Beim Aufenthalt in einer atypischen Umgebung kommt es auch zu außergewöhnlich mannigfaltigen Veränderungen in den biochemischen Aktivitäten, die graduell unterschiedlich ausfallen können. Es gibt Einbußen typischer Merkmale, angefangen von der Schwächung bis zum Verlust gewisser Eigenschaften (Vergärung von Kohlenhydraten, Gasbildung, atypische Reaktionen) und das Erlangen neuer, für die gegebene Art ungewöhnlicher Merkmale. Je nach dem Charakter des Einwirkens der äußeren Faktoren sind die neuen Eigenschaften mehr oder weniger fixiert und stabil.

Grinbaum (1952) untersuchte in gewissen Zeitabständen Stämme, die von verschiedenen, an Dysenterie erkrankten Menschen isoliert wurden. Er fand, daß Kulturen, die zum Zeitpunkt ihrer Isolierung unterschiedlich waren, nach einiger Zeit volle Identität erreichten. In unseren Versuchen machten wir eine ähnliche Beobachtung: *E. coli*-Zellen, die im Wasser exponiert wurden und einige ihrer biochemischen Eigenschaften (z. B. Zitratverwertung) änderten, erwarben nach einigen Passagen in fast 50% der Fälle die ursprünglichen Eigenschaften wieder (Kolláriková-Černá 1974). In Versuchen, die Kičenko durchführte, wurde nach Einimpfen von *E. coli* in Flußwasser eine Schwächung des Abbaus von Laktose und Mannit bei gleichzeitigem Gewinn der Fähigkeiten, Zitrat zu nutzen und Saccharose zu vergären, beobachtet. Unter dem Einfluß toxisch wirkenden Substanzen wie Phenol, Formalin, Malachitgrün, Safranin und oligodynamischer Konzentrationen von Silber verliert *E. coli* die Fähigkeit zur Indol- und Gasbildung bei der Kohlenhydratvergärung (Minkevič 1949). In vielen Fällen wurden Änderungen der Wuchsformen und der Pigmentbildung beobachtet. Krupina (1947) führt an, daß es bei *E. coli* unter dem Einfluß von Chlor außer zu Veränderungen der Antigenstruktur und der biochemischen Eigenschaften auch zur Bildung eines gelben Pigments kommt.

Veränderungen in den biochemischen Eigenschaften der Enterobacteriaceae registrierte auch CHAIT (1959) bei Versuchen mit Meerwasser. Im Verlaufe von 3—10 Tagen kam es zur Abschwächung der Mannitvergärung und der Gasbildung aus anderen Kohlenhydraten. Die Veränderungen waren um so auffälliger, je verunreinigter das untersuchte Wasser und je höher die Temperatur waren. Einige der Veränderungen erwiesen sich als instabil, denn nach einigen Passagen über Gallebouillon gelang eine teilweise oder völlige Wiederherstellung der typischen Fähigkeiten. Nur in den Fällen, bei denen es zu tiefgreifenden Umstellungen von antigenen und enzymatischen Strukturen gekommen war, gelang es nicht, eine Restaurierung der ursprünglichen Eigenschaften zu erreichen.

Zu großen Merkmalsverschiebungen in der Umwelt kommt es auch bei gemeinsamer Kultivierung zweier oder mehrerer Arten. In solchen Fällen machen sich antagonistische und — nicht selten — synergistische Einflüsse bemerkbar.

Bei gemeinsamen Kultivierungen von *E. coli* und *S. schottmuelleri* erhielt man sowohl Varianten, die beiden Arten ähnlich sind, als auch Varianten, die sich von ihnen deutlich unterscheiden. Es wurden z. B. Stämme von *E. coli* isoliert, die hochtitrige Kreuzreaktionen mit Paratyphus-Serum ergaben. Bei gemeinsamer Kultivierung von *S. schottmuelleri* und *P. morganii* erwarben die Salmonellen die Fähigkeit, Indol zu bilden und mit Proteus-Serum bis zu höheren Titern zu agglutinieren. Aus Mischkulturen von *S. schottmuelleri*, *Sh. sonnei* und *Sh. newcastle* wurde eine Variante mit ähnlichen Eigenschaften wie *E. coli* isoliert, die aber gleichzeitig einen hohen Titer bei der Agglutination mit Paratyphus-Serum zeigte. Eine andere Variante stand *S. schottmuelleri* nahe, bildete aber kein Gas aus Kohlenhydraten.

Beim Kultivieren von Enterobacteriaceae auf synthetischen Nährböden, denen als organisches Substrat tote Zellen oder Zellfraktionen (z. B. Nukleoproteide) einer anderen Bakterienart zugesetzt wurden, können die kultivierten Bakterien neue Eigenschaften erwerben. Prinzipiell stimmen sie mit der Art überein, die ihnen als Nahrungsgrundlage dient.

So treten nach dem Impfen von *E. coli* auf Medien mit toten Typhus- oder Paratyphusbakterien Organismen mit Eigenschaften einer selbständigen Art auf, die als *Alcaligenes faecalis* bekannt ist. KUDLAJ (1954) erzielte nach 13—15wöchiger Züchtung von *E. coli* auf synthetischen Nährböden mit thermisch abgetöteten S.-paratyphi-var.-Breslau-Zellen verschiedene Varianten, die weiter untersucht wurden. Ihre Enzymaktivitäten waren vermindert, es kam zu Verlusten der Agglutinierbarkeit, oder es wurde die Fähigkeit zur Agglutination von S.-paratyphi-var.-Breslau-Antiseren erworben. Derartige defektive oder additive Merkmale waren nach gewisser Zeit reversibel. Am beständigsten blieben saccharolytisch inaktive Varianten. Ähnliche Ergebnisse wurden auch bei der Kultivierung von *E. coli* mit *Sh. flexneri*, *S. typhi* und anderen Arten erreicht. Zu analog veränderten Typen kam es nach Anzüchtung pathogener Arten in *E.-coli*-haltigen Medien.

Wichtig sind auch die Veränderungen, die in Bakterienpopulationen durch Bakteriophagen hervorgerufen werden. Einige Autoren betrachten Phagen als wesentlichen Faktoren für beobachtete Merkmalsveränderungen.

OSTROVSKAJA (1956) führt an, daß es unter dem Einfluß von Phagen bei Typhusbakterien schon nach 24 Stunden zum Verlust des Vi-Antigens kommt. Die Veränderung trat sowohl in vivo als auch in vitro ein. GORDINA (1956) stellte fest, daß *S. schottmuelleri* unter dem Einfluß von O- und Vi-Phagen die Fähigkeit zur Gasbildung aus Kohlenhydraten verlor. Einige Stämme wurden saccharolytisch inaktiv, obwohl andere die ursprünglichen Eigenschaften beibehielten. Von bestimmten Stämmen wurde die

Fähigkeit zur Vi-Agglutination geschwächt oder aufgehoben und die Fähigkeit zur hochtitrigen Agglutination mit O-Serum erworben. Dem Einfluß von Bakteriophagen werden noch weitere Veränderungen bei den Darmbakterien zugeschrieben.

Zu markanten Veränderungen in der mikrobiellen Darmflora kommt es nach Eintritt fremder pathogener Keime in den Organismus und im Verlaufe des Infektionsprozesses. Die Intensität dieser Veränderungen hängt mit großer Wahrscheinlichkeit vor allem von der Aufenthaltsdauer des Mikroorganismus im neuen Milieu ab, d. h. vom Grad seiner Adaptionsfähigkeit an die veränderten Bedingungen für den eigenen Metabolismus und der Möglichkeit zum Überleben im immunen Organismus. Soweit es sich um pathogene Bakterien handelt, werden im Verlaufe der Krankheit aus dem Wirtsorganismus überwiegend Kulturen der Darmbakterien isoliert, die den typischen Eigenschaften der betreffenden Art voll entsprechen. Die Isolierung atypischer Stämme ist eher ein Ausnahmefall. Dieser Zustand verändert sich nach Abklingen des Infektionsprozesses. Von Rekonvaleszenten bzw. chronisch Erkrankten und Dauerausscheidern werden atypische, häufig laktosenegative und laktosevariable Stämme isoliert (nach Überimpfen auf feste Nährböden ergeben sie laktosepositive und laktosenegative Varianten). Ihre Ätiologie ist noch nicht ganz geklärt. Einige Autoren schreiben sie Phagen zu, andere sind der Meinung, daß es sich um Stämme handelt, die im Begriff sind, sich den neuen Lebensbedingungen anzupassen. Durch das Ausscheiden atypischer Stämme aus dem Darmtrakt von Rekonvaleszenten vergrößert sich die Zahl dieser Stämme in der Umwelt, daher auch im Wasser.

Nach Grinbaum (1956) steigt die Zahl der atypischen, von Menschen isolierten Stämme in den Sommermonaten Juli und August und sinkt im September und im Oktober etwas ab. Die niedrigsten Werte werden in den Winter- und Frühjahrsmonaten beobachtet (Abb. 18). Dies spiegeln auch die Resultate aus den Wasserproben wider (Abb. 19). Es ist deutlich, daß sich beide Kurven ähneln, und die Maxima für das Auftreten der atypischer Formen in den Sommermonaten festzustellen sind. Ähnliche Zusammenhänge ließen sich auch bei eigenen Untersuchungen des Donauwassers finden. Die kleinsten Zahlen laktosenegativer Varianten und zugleich relativ niedrigsten Werte im Vergleich zu den laktosepositiven Arten beobachteten wir in den Wintermonaten Januar und Februar. Dann erhöhte sich die Zahl laktosenegativer Stämme und erreichte von März bis September die relativ höchsten Werte. Das Ansteigen im November und Dezember kann mit der Zuckerrübenkampagne in Zusammenhang gebracht werden (Abb. 20). Man kann annehmen, daß es sich in den erwähnten Fällen um Analogie handelt. Mit verstärktem Auftreten pathogener Bakterien im epidemiologischen Geschehen erhöht sich auch die Zahl der atypischen Varianten. Dies deutet darauf hin, daß die laktosenegativen Varianten die Intensität der Wasserverunreinigung entsprechend der saisonbedingten Erkrankungshäufigkeit anzeigen und an ihren Nachweisorten als epidemiologische Indikatoren dienen können.

Die extensive Anwendung von Antibiotika kann ebenfalls Ursache für das Auftreten von Bakterienstämmen mit veränderten Eigenschaften sein. Hierbei handelt es sich vor allem um das Entstehen von Antibiotika-Resistenzen, wodurch die Therapie der Infektionskrankheiten erschwert wird. Zugrunde liegt das Phänomen des Resistenztransfers für das eine Gruppe von extrachromosomalen Faktoren, die sog. R-Plasmide, verantwortlich sind. Durch sie können unterschiedliche Resistenzen sowohl innerhalb derselben Art als auch zwischen Stämmen aus verschiedenen Bakterienarten übertragen werden.

In diesem Zusammenhang sind die Angaben von Grabow (1974) sehr wichtig, daß die R-Faktoren Resistenzen nicht nur gegen Antibiotika, sondern auch gegenüber ande-

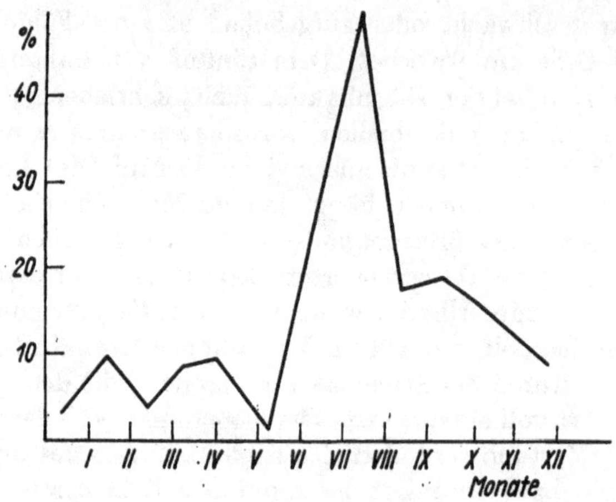

Abb. 18. Prozentuales Auftreten atypischer Stämme von Enterobakterien in menschlichen Exkrementen während des Jahresverlaufs (GRINBAUM 1956).

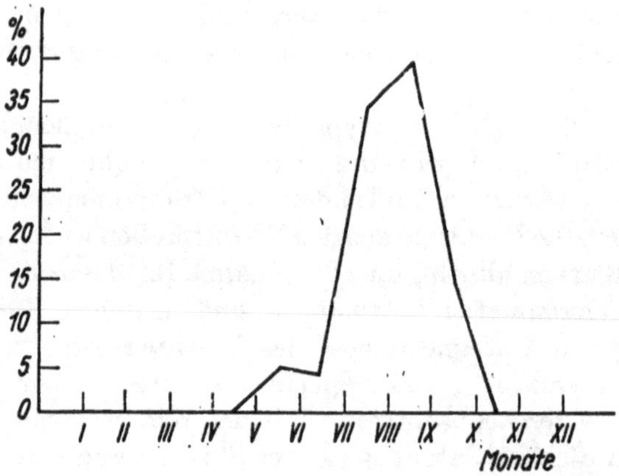

Abb. 19. Prozentuales Vorkommen laktosenegativer Varianten von Enterobakterien im Oberflächenwasser von Wolga und Oka während des Jahresverlaufs (GRINBAUM 1956).

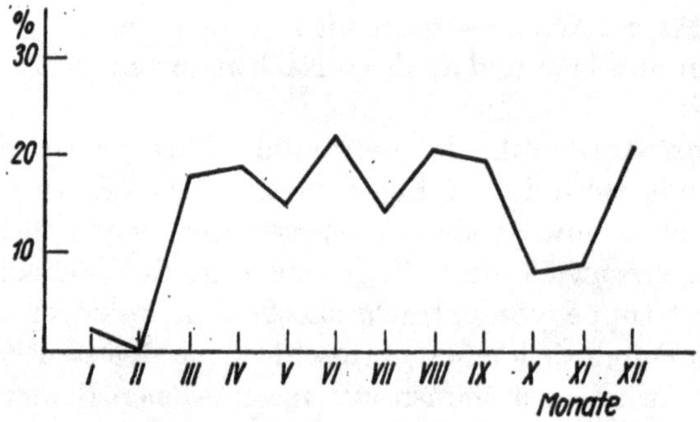

Abb. 20. Prozentuales Auftreten laktosenegativer Varianten von Enterobakterien in einem Profil der Donau (km 1868) im Jahresverlauf.

ren antibakteriellen Agenzien (z. B. UV, Schwermetalle, Bakteriozine, Bakteriophagen) determinieren. Dadurch können Virulenz und Infektiosität von Krankheitserregern erhöht sein. Nach KODITSCHEK und GUYRE (1974) zeigt ein hoher Prozentsatz von Darmbakterien Mehrfachresistenzen. Eine große Zahl von Fäkalkoliformen und anderen gramnegativen nichtkoliformen Bakterien kann als Donator für R-Plasmide bei der Resistenz-Übertragung dienen. Dieser Vorgang kann experimentell bewiesen werden (KELLEN und KRČMÉRY 1966).

Literaturangaben sprechen davon, daß der Nachweis resistenter Stämme mit R-Plasmiden eine steigende Tendenz aufweist. Dies spiegelt sich auch in den Befunden aus verschiedenen Wassertypen wider. Als Beispiel mag die Tabelle 38 dienen, in der HUGHES und MEYNELL (1974) eigene Ergebnisse mit anderen Resultaten aus den Jahren 1970 und 1974 vergleichen. KADLECOVÁ et al. (1976) bringen ähnliche Daten aus Untersuchungen der Donau. Während hier in den Jahren 1967/68 Antibiotika-Resistenz nur bei 4,76% der Stämme festgestellt wurde, stiegen die entsprechenden Zahlen in den Jahren 1968/69 und 1972/73 auf 12,5 bzw. 12,0%. Bei 77,4% dieser Stämme ließen sich R-Plasmide nachweisen. Die größte Häufigkeit von R^+-Stämmen wurde in den Wintermonaten Dezember—Februar beobachtet.

Tabelle 38

Durchschnitts- und Grenzwerte (%) der Antibiotika-Resistenz von Enterobakterien aus einigen Flüssen in England (A = Stour, B = 12 verschiedene Flüsse, C = Taff)

Antibiotikum	Flüsse		
	A/1974	B/1970	C/1970
Ampicillin	73 (50—88)	7 (0—25)	25 (0—80)
Streptomyzin	12 (7—21)	6 (0—25)	5 (0—10)
Tetrazyklin	10 (4—17)	4 (0—25)	4 (0—16)

Aus den erwähnten Resultaten, die nur einen Teil der bisher durchgeführten Experimente und Beobachtungen über Veränderungen bei enteralen Bakterien wiedergeben, ist ersichtlich, daß Populationen dieser Organismen zu relativ schnellen und vielfältigen Anpassungen an veränderte Umweltbedingungen fähig sind. Man kann davon ausgehen, daß das natürliche Biotop, das die erwähnten Bakterien normalerweise bewohnen, der Darmtrakt von Mensch und Tier ist. Hier befinden sich die Enterobacteriaceae in engem Kontakt mit dem Wirtsorganismus, ausgedrückt in komplizierten und hochkomplexen Interaktionen über Stoffwechsel- und Exkretionsprozesse bzw. -produkte dieses Organsystems, deren spezielle Ausprägungen von der Art der Ernährung, des Klimas und anderer Faktoren abhängen. Hier entwickeln die Enterobakterien in enger Abhängigkeit von den ständig wechselnden Millieubedingungen die Eigenschaften, die für sie als typisch angesehen werden.

In welchem Maße und durch welche Faktoren Veränderlichkeit oder Stabilität von Bakterienmerkmalen in einer atypischen Umwelt (z. B. im Wasser) bestimmt werden, kann bisher nicht mit Sicherheit gesagt werden. Neben Angaben über „breite und plastische Veränderlichkeiten“ der Enterobacteriaceae finden sich Meinungen und Resultate, daß diese Bakterien auch bei langem Aufenthalt in einer atypischen Umwelt keine veränderten Eigenschaften aufweisen.

Nyberg et al. (1939) untersuchten 203 Stämme von *E. coli* und anderen Koliformen aus Abwässern auf Veränderung ihrer Eigenschaften. Nach zweijährigem Aufbewahren unter Laboratoriumsbedingungen veränderten 68 Stämme ihre Eigenschaften nicht. Bei 53 Stämmen kam es zu Veränderungen von morphologischen und biochemischen Merkmalen (Verlust oder Gewinn der Fähigkeiten zur Laktosevergärung und/oder zur Indolbildung). Die Autoren schreiben diese Veränderungen dem Aufenthalt im Abwasser und der Anwesenheit von Bakteriophagen zu. Prescott et al. (1950) gelang es trotz wiederholter Versuche nicht, die Umwandlung eines Typs von Koliformen in einen anderen zu bewirken. Es kam nur zu einigen unwesentlichen Modifikationen einiger biochemischer Aktivitäten, so bei der Indolbildung und beim Vergären bestimmter Kohlenhydrate. Die Autoren kamen zu der Überzeugung, daß es unter ungünstigen Lebensbedingungen bei diesen Bakterien zwar zu gewissen Abweichungen vom ursprünglichen Typ kommen kann, die Möglichkeit einer kompletten Speziesänderung jedoch ausgeschlossen werden kann. Ebenso geben Kauffmann und Perch (1954) an, daß die von ihnen untersuchten *E. coli*-Stämme auch nach 6 Jahren, abgesehen von einigen unbedeutenden Abweichungen, alle ursprünglichen biochemischen Eigenschaften beibehielten. Tomašoffová (1960) macht ähnliche Angabe über Vertreter der Proteae. Sedlák und Rische (1968), die einige tausend Stämme von Enterobacteriaceae untersuchten, schreiben, daß alle über mehr als zwei Jahre ihre taxonomisch entscheidenden biochemischen Merkmale bewahrten. Keleti (1961) stellte gleichfalls fest, daß *E. coli* nach 95wöchigem Aufbewahren in sterilem Boden unter Laboratoriumsbedingungen, nach 77wöchigem Aufenthalt in sterilem Brunnenwasser bei Zimmertemperatur und nach 69wöchigem Aufenthalt in sterilem Boden bei Temperaturen von 10—15 °C keine der ursprünglichen geprüften 34 biochemischen Eigenschaften veränderte. Ähnliche Ergebnisse wurden auch bei den Arten *C. freundii* und *E. aerogenes* erzielt.

In unserer experimentellen Arbeit untersuchten wir im Verlauf von 2 Jahren in regelmäßigen Intervallen die biochemischen Eigenschaften von E. coli (aus bakteriologischen Sammlungen wie auch aus den Exkrementen gesunder Menschen) während des Überlebens im Wasser verschiedener Art (deionisiertes und destilliertes Wasser, reines und verunreinigtes Oberflächenwasser). Es wurden Veränderungen in der Bildung von H_2S, der Verflüssigung der Gelatine, der Vergärung von Saccharose, der Harnstoffspaltung und der Verwertung von Zitrat festgestellt. Stabil verblieben in allen 27 Versuchsreihen: die Vergärung von Glukose und Laktose, die Reduktion der Nitrate, die Reaktion mit Methylrot, der Voges-Proskauer-Test und die Bildung von Indol (Daubner und Német 1980).

Titova (1959), die das Überleben von Enterobakterien in Sedimenten untersuchte, berichtet gleichfalls, daß alle untersuchten Stämme in diesem Milieu weder die serologischen noch die biochemischen Eigenschaften veränderten. Die einzige Ausnahme beobachtete sie bei *Shigella flexneri* (Sh. newcastle), wo 26 Kulturen die Agglutinierbarkeit verloren.

Wir nehmen an, daß auch die angeführten Beispiele anzudeuten vermögen, daß auf diesem Spezialgebiet noch Ergebnisse fehlen, die eine eindeutige und zweifelsfreie Entscheidung zulassen. Nach unserer Meinung und Erfahrung (Daubner 1975, Daubner und Német 1980) ist bei allen derartigen Versuchen die Reinheit der Kultur eine entscheidende Voraussetzung. Ist diese nicht garantiert, können verschiedene widersprüchliche Resultate auch mit inhomogenem Ausgangsmaterial erklärt werden, ehe an Selektionsprozesse für präexistente (oder induzierte) Mutanten bzw. Rekombinanten (z. B. durch Lysogenisation mit Hilfe von Phagen) gedacht wird.

Seitdem bekannt ist, daß pathogene Bakterien durch Wasser übertragen werden können, sucht man nach Möglichkeiten für ihren Nachweis und ihre Diagnostik. Bald kam man aber zu der Überzeugung, daß die direkte Bestimmung pathogener Keime sehr kompliziert ist. Schon bei der Zusammenstellung der ersten Einheitsverfahren zur Wasseruntersuchung wurden diese Schwierigkeiten betont. So waren die Mikrobiologen genötigt, Indikatoren zu suchen, deren Nachweis im Wasser belegen würde, daß zusammen mit ihnen auch darmpathogene Arten vorkommen können. Solche Indikatoren müssen die Forderung nach leichter und schneller Diagnostik erfüllen und fähig sein, im Wasser etwa gleich lange zu überleben wie die pathogenen Bakterien, deren Vorhandensein sie anzeigen sollen.

Es war schon frühzeitig bekannt, daß der Darmtrakt von Mensch und Tier eine große Zahl von Mikroorganismen enthält, die im allgemeinen harmlos sind. Unter ihnen zeigten sich überwiegend gramnegative nichtsporulierende gerade Stäbchen, die die üblichen Zuckerarten unter Bildung von Säure und Gas kräftig vergären. Sie erhielten wegen ihrer morphologischen Eigenschaften und dem Ort ihres Aufenthaltes die Bezeichnung *Bacterium coli* und später nach ihrem Entdecker, Professor Theodor ESCHERICH aus Graz, die Bezeichnung *Escherichia coli*. Sie wurden in großer Zahl in Fäkalien gefunden und da sie normalerweise im Darm vorkommen, war der Schluß logisch, daß Wasser, in dem diese Mikroorganismen gefunden werden, Kontakt mit Exkrementen bzw. mit fäkal verunreinigten Produkten oder Materialien gehabt haben muß. Da festgestellt wurde, daß die Überlebenszeit dieser Bakterien im Wasser mit dem Überleben der ausgesprochen pathogenen Darmbakterien annähernd übereinstimmt, wurde *E. coli* als Indikator für eine fäkale Verunreinigung des Wassers vorgeschlagen.

Dieses scheinbar so erfolgreich gelöste Problem wurde durch weitere Kenntnisse über den erwähnten Mikroorganismus kompliziert. Es wurde festgestellt, daß es sich nicht um eine uniforme Art *E. coli* handelt, sondern um eine ganze Gruppe biochemisch verwandter Organismen — die Gruppe der Koliformen. Viele von ihnen können auch außerhalb des Darmtraktes gefunden werden. Außerdem gibt es Bakteriengruppen, die den fäkalen Kolibakterien hinsichtlich physiologischer und enzymatischer Eigenschaften sehr ähnlich sind. Weiterhin wurde die Frage durch die Erkenntnis kompliziert, daß *E. coli* und besonders andere Koliforme nicht nur bei Mensch und warmblütigen Tieren, sondern auch bei Kaltblütern, bei Insekten u. a. Tiergruppen gefunden werden, was die Spezifität ihres Indikatorwertes vermindert. Es wurden mehrere Ansichten über die Herkunft und die hygienisch-epidemiologische Bedeutung der einzelnen Arten und der ganzen Gruppe der Darmbakterien entwickelt. Große Mühe wurde zur Unterscheidung fäkaler von nichtfäkalen Stämmen bzw. bei Keimen, die von warm- und kaltblütigen Lebewesen isoliert wurden, aber ohne endgültige Resultate zu erhalten. Man kam zu der Erkenntnis, daß diese Bakterien einen Komplex von Mikroorganismen mit gemeinsamen prinzipiellen Merkmalen darstellen, die in ihren biochemischen Leistungen variieren und eine ungewöhnlich entwickelte Fähigkeit zur Anpassung an veränderte Existenzbedingungen aufweisen.

Trotz dieser Tatsachen und der noch bestehenden Uneinheitlichkeit verschiedener Meinungen wurden die genannten Bakterien als universaler Indikator der fäkalen Verunreinigung des Wassers akzeptiert. Auf der ganzen Welt werden *E. coli* bzw. die Koliformen als wichtigste Kriterien zur hygienisch-bakteriologischen Beurteilung des Wassers herangezogen. Neuere Vorschläge befürworten jedoch das Einbeziehen der gesamten Familie der Enterobacteriaceae (MUCHA et al. 1962) oder eine Kombination von mehreren Indikatoren (Salmonellen, Enterokokken, Fäkalkoliformen, *E. coli* — KALINA 1973). Andere mögliche Fäkalindikatoren (Klostridien, Bifidus-Bakterien) fanden keine allgemeine Anwendung und internationale Anerkennung.

Auf Grund der bekannten biochemischen Eigenschaften stellten DURHAM (1901) und etwas später MAC CONKEY (1905) Schemata auf, in denen sie Arten bzw. Typen von Koliformen entsprechend ihren Verhaltensweisen unter den gewählten Testbedingungen einteilten. Ein Beispiel bringen wir in der Tabelle 39.

Tabelle 39

Klassifikationsschema der Koliformen aus dem Jahre 1905 nach MAC CONKEY (MINKEVIČ 1949).

Art	Saccharose	Dulzit
B. coli commune	—	+
B. acidi lactici	—	—
B. lactis aerogenes	+	—
B. neapolitanum	+	+

Weitere Schemata schlugen LEVINE (1921), BERGEY (1925), MONIAS (1927) und andere (zt. bei MINKEVIČ 1949) vor. Es handelt sich um grundlegende Überarbeitungen der Koliformen, bei denen bis zu 22 Arten nach zahlreichen biochemischen Tests unterschieden werden.

Eine eigene Auffassung der Unterteilung von Darmbakterien, die fäkale Verunreinigungen des Wassers indizieren, bringt das im Jahre 1936 ausgearbeitete Schema von MINKEVIČ. Darin werden nicht nur biochemische, sondern auch genealogische und evolutionär-adaptive Beziehungen der Bakterien in Betracht gezogen (Tab. 40). MINKEVIČ teilte die Gruppe in 4 laktosepositive und 4 latosenegative (Para)-Arten ein, von denen jede nach ihren Reaktionen in den Testen mit Methylrot, nach VOGES-PROSKAUER und auf Zitratverwertung in den drei Varianten commune, citrovorum und aerogenes auftreten kann, woraus sich insgesamt 24 Varianten ergeben. Großen Wert legte er auf das Wachstumsvermögen der untersuchten Bakterien bei 43 °C und auf den negativen Zitratverwertungstest als Zeichen frischer fäkaler Verunreinigung.

Koliforme Bakterien bei Mensch und Tier

Der typische Vertreter der Darmflora des Menschen und der Indikator fäkaler Verunreinigung des Wassers ist die Art *Escherichia coli*. Dieses Bakterium gelangt schon bei der Geburt von der Mutter in den kindlichen Organismus. Während der ersten 4—20 Lebensstunden siedelt es sich im Darmtrakt an. Beim Brustkind überwiegen anfangs noch *Bifidobacterium bifidum*, *Streptococcus lactis* und andere Arten. Wenn der Säugling auf Fremdmilch und später auf gewöhnliche Kost umgestellt wird, wird *E. coli* in den nördlichen und gemäßigten Klimaten zum charakteristischen Vertreter der aerob wachsenden Mikroflora des menschlichen Darmtraktes. In bedeutend geringerer Anzahl sind seine Varianten und die übrigen Arten wie *C. freundii* und *E. aerogenes* vertreten.

TONNEY und NOBLE (1930) führen an, daß in 1 g menschlichem Stuhl (Trockensubstanz) 92,8 Millionen Koliforme (Druchschnittswert aus 132 Proben) gefunden wurden. Bei Tieren ist die Zahl höher, denn 1 g Kot enthält bis zu 689 Millionen dieser

Tabelle 40

Einteilung der Koliformen Bakterien (Minkevič 1949).

Art (Typ)		Dextrose + Gas	Laktose + Gas	Methylrot	Voges-Proskauer	Zitrat	Gelatine	Beweglichkeit	
B. coli	*commune*	+	+	+	−	−	−	±	
	citrovorum	+	+	+	−	+	−	±	
	aerogenes	+	+	−	+	+	−	−	
B. paracoli	*commune*	+	−	+	−	−	−	±	
	citrovorum	+	−	+	−	+	−	±	
	aerogenes	+	−	−	+	+	−	−	
B. anaerogenes	*commune*	+	+	+	−	−	−	−	
	citrovorum	+	+	+	−	+	−	−	
	aerogenes	+	+	−	+	+	−	−	
B. paraanaerogenes	*commune*	+	−	+	−	−	−	−	
	citrovorum	+	−	+	−	+	−	−	
	aerogenes	+	−	−	+	+	−	−	
B. cloacae	*commune*	+	+	+	−	−	+	++	peritrich
	citrovorum	+	+	+	−	+	+	++	
	aerogenes	+	+	−	+	+	+	++	
B. paracloacae	*commune*	+	−	+	−	−	+		
	citrovorum	+	−	+	−	+	+		
	aerogenes	+	−	−	+	+	+		
B. aquatilis	*commune*	+	+	+	−	−	+	++	monotrich
	citrovorum	+	+	+	−	+	+	++	
	aerogenes	+	+	−	+	+	+	++	
B. paraaquatilis	*commune*	+	−	+	−	−	+		
	citrovorum	+	−	+	−	+	+		
	aerogenes	+	−	−	+	+	+		

Bakterien (Durchschnitt aus 324 Proben). Dabei dominiert die Art *E. coli*. Die durchschnittlichen Zahlen für zitratpositive Koliforme betrugen beim Menschen 200000/g, bei Tieren 640000/g. Prescott et al. (1950) geben an, daß die Zahlen von *E. coli* in 1 g Stuhl 5–500 Millionen und von *E. aerogenes* etwa 500000 ausmachen. Reedy und Puncochar (1940) schrieben, daß das Verhältnis von *E. coli* zu zitratverwerteten Arten im Stuhl etwa 100:1 beträgt. Es handelt sich dabei jedoch keineswegs um ein konstantes Zahlenverhältnis, denn in 4 von 253 untersuchten Proben überwogen sogar zitratpositive Stämme. Nach Geldreich (1975) wurden bisher aus menschlichen und tierischen Exkrementen über 400 Arten von Mikroorganismen isoliert, wovon 113 Anaerobier waren.

Im allgemeinen werden aus den Exkrementen gesunder Menschen überwiegend indolpositive *E. coli* isoliert. Gewöhnlich machen sie 90% und mehr aller dort nachgewiesenen koliformen Bakterien aus.

Ruchhoft et al. (1931) untersuchten die Exkremente von Mensch und Tier aus verschiedenen Ländern und fanden, daß 92,9% zu diesem Typ gehörten. Bei anderen Untersuchungen wurden 486 Stämme aus 32 Proben von menschlichen und tierischen Fäkalien isoliert und ergaben 83,2% indolpositive *E. coli*stämme, 11,5% waren indolnegativ, nur 5,3% gehörten anderen Typen an. Die restlichen Stämme erwiesen sich zu 3,3% als *E. aerogenes* und zu 2% als *C. freundii.*

Gray (1932), der 200 Kolonien aus menschlichen Stühlen isolierte, fand in allen Fällen *E. coli.* Burke-Gaffney (1933) untersuchte 500 Stämme aus menschlichen Fäzes und fand eine Verteilung von 87% *E. coli,* 8% *E. aerogenes,* 4% intermediärer und 1% nichtidentifizierbarer Stämme.

Eine relativ umfangreiche und detaillierte Studie führte Parr (1938) durch, wobei er 235 Proben von 100 Menschen untersuchte. Er isolierte 1987 Stämme und unterzog 4837 weitere dem Zitratverwertungstest. Bei 93 Menschen fand er typische *E. coli,* 7 Proben (es handelt sich um Kinder im Alter von 2 Wochen) fielen negativ aus. *E. aerogenes* fand er bei 33, *C. freundii* bei 31 und *E. cloacae* bei 14 Personen. Aus der Gesamtzahl von 235 Proben verliefen die Anreicherungen auf Koliformen in 11 Fällen negativ. In 7 Proben fand er nur zitratpositive Stämme, von einer Person wurde die Art *C. freundii* isoliert, bei einer anderen nur *E. aerogenes.* Insgesamt fand er *E. coli* in 218, *E. aerogenes* in 66, *C. freundii* in 51 und *E. cloacae* in 21 Proben. Ein gemeinsames Vorkommen der drei erstgenannten Arten wurde in 19 Proben nachgewiesen. Minkevič (1949) führt in seiner Monographie an, daß er aus 141 Proben von menschlichen Fäzes in 83% *E. coli* isoliert hat.

Nach eigenen Ergebnissen war *E. coli* zu 90,4% unter 314 aus Stuhlproben von 50 gesunden Personen isolierten Stämmen vertreten. Die übrigen Arten und ihre Varianten bildeten nur einen unbedeutenden Anteil (Tab. 41).

Tabelle 41

Koliforme Arten und Varianten von 50 Personen (auf ENDO-Agar nach 24 h bei 37 °C).

Art	Zahl der untersuchten Stämme	Prozentualer Anteil
E. coli	284	90,4
C. freundii	5	1,6
E. aerogenes	7	2,3
Laktosenegative Varianten	7	2,3
Anaerogene Varianten	11	3,4*

* von 1 Person isoliert.

Die hier gebrachten Angaben sind natürlich sehr unterschiedlich, da sich die quantitative und qualitative Verteilung der Bakterien in Abhängigkeit von verschiedenen ökologischen und geographischen Bedingungen (Ernährung, Jahreszeit, Klima) ändert. Nach Minkevič (1949) isoliert man von Bewohnern des Südens und der Tropen häufiger atypische Stämme, in einigen Fällen können sie auch in unseren Breiten die üblichen biochemischen Typen von *E. coli* überwiegen. Eine relative Erhöhung tritt auch bei zitratverwertenden Arten (10—13%) auf. Als weitere Beispiele wurden an 500 Stämmen aus Exkrementen von 55 Bewohnern Tanganjikas 8% und bei Einwohnern Kalkuttas 9% als *E. aerogenes* identifiziert. 113 Stämme von 15 Personen aus Madras ergaben 13,3% *E. aerogenes.*

Bei Störungen im gastrointestinalen Trakt und während der Rekonvaleszenz treten in menschlichen Ausscheidungen in erhöhtem Maße laktosenegative Varianten auf. Seltener kommen im Stuhl anaerogene Stämme vor, die nicht zur Gasbildung aus Kohlenhydraten befähigt sind. Minkevič nennt sie *B. anaerogenes* und ordnet sie in seinem Klassifikationsschema einer Sondergruppe zu. Es handelt sich wahrscheinlich um Varianten der Grundart, die die Fähigkeit zur Gasbildung bei der Vergärung von Zuckerarten verloren haben. Wie im Abschnitt über die Veränderlichkeit der Enterobacteriaceae erwähnt, handelt es sich um ein inkonstantes Merkmal, welches in relativ kurzer Zeit zurückerworben werden oder verlustig gehen kann.

Nur selten werden aus menschlichen Exkrementen gelatineverflüssigende Stämme von *E. cloacae* und ihrer Varianten isoliert, die Minkevič *B. aquatilis* nannte. Sie werden häufiger bei Tieren gefunden.

Gelegentlich kann bei Infektionen des gastrointestinalen Traktes auch der Urin, der beim gesunden Menschen steril ist, Darmbakterien enthalten. In solchen Fällen wird gewöhnlich in höherem Prozentsatz *E. aerogenes* gefunden. Burke-Gaffney (1933) isolierte aus dem Urin von Menschen in den Tropen, die an den genannten Erkrankungen litten, 1000 Stämme. Darunter fand sich *E. coli* nur in 33% der Isolate. Den höchsten Anteil hatte *E. aerogenes* mit 52%. Die intermediären und unbestimmbaren Stämme waren zu 15% vertreten. Im Gegensatz dazu gibt Sandholzer (1936) an, daß unter 530 Stämmen von 283 Kranken analoger Ätiologie *E. coli* zu 83%, *E. aerogenes* jedoch nur zu 13% auftrat.

E. coli und andere Koliforme sind jedoch nicht nur für den menschlichen Organismus typisch. Die umfangreiche Literatur und die bisherige Praxis zeigen, daß sie bei den meisten Warmblütern, aber auch bei wechselwarmen Wirbeltieren und Insekten verbreitet sind.

Als ständig überwiegender Mikroorganismus fand sich *E. coli* in Ausscheidungen von Pferden, Kühen, Kälbern, Ziegen, Schafen, Schweinen, Hunden, Enten, Kaninchen, Katzen, Ratten, Meerschweinchen, Mäusen, Tauchvögeln, Möwen, Tauben, Sperlingen und anderen Vögeln (Minkevič 1949). Ferreira et al. (1908) isolierten 81 laktosepositive Stämme von 38 Säugetieren (Affen, Bären, Hirschen, Kamelen, Panthern, Hyänen, Wölfen, Füchsen, Tapiren) und aus 8 Vogelarten, die im Zoologischen Garten leben. 93% dieser Stämme wurden als typische *E. coli* identifiziert.

Ein unterschiedliches Resultat wurde bei den Säugern im hohen Norden festgestellt. Minkevič (1949) gibt an, daß bei Walrossen, Seehunden, Eisbären, Spitzbergen-Renen, Polarwölfen und Polarhasen die Hälfte der untersuchten Fäzesproben negative Befunde ergab. In positiven Fällen wurden verschiedene Arten isoliert, wobei jedoch nur von 10% der untersuchten Tiere typische *E. coli* erhalten wurden.

Ein ähnliches Bild bietet sich auch bei Untersuchungen wechselwarmer Tiere. Konrich (1910) testete 70 Fäzesproben von verschiedenen Tierarten, darunter von Blindschleichen, Würmern und Forellen. *E. coli* wurde zwar von jeder Tierart isoliert, aber nur von 14% der untersuchten Individuen. Amyot (1902) fand *E. coli* sogar in keinem von 23 untersuchten Fischen, die 14 Arten angehörten.

Johnson (1904) überprüfte 67 Fische, die in den verunreinigten Flüssen Illinois und Mississippi gefangen wurden, und fand *E. coli* nur in 47 Fällen. Der überwiegende Teil der Stämme zeigte kein Wachstum bei Temperaturen von 43–45 °C. Bei näherer Analyse zeigte sich, daß die gefundenen thermoresistenten Stämme aus den verunreinigten Vorflutern stammten und nur als zufällige transitäre Darmflora in den Darmtrakt der untersuchten Tiere gelangten. Nach Umsetzung der Fische in reines Wasser verschwanden diese Bakterien schnell aus dem Darm. Auf Grund dieser und weiterer

Untersuchungen kam JOHNSON zu dem Schluß, das koliforme Bakterien nur bei Fischen aus verunreinigten Wässern vorkommen. Fische aus reinen Gewässern enthalten sie nur ausnahmsweise oder überhaupt nicht. Außerdem vertritt er die Meinung, daß der Test von EIJKMAN-BULÍŘ bei 43—44 °C zur Unterscheidung von enteralen Bakterien aus warm- und kaltblütigen Organismen dienen kann, aber nur in nordlichen und mittleren Zonen. In subtropischen bzw. tropischen Klimaten wird der Test unspezifisch.

Einen ähnlichen Standpunkt vertritt auch MINKEVIČ. Dieser Autor stellte fest, daß im Darm von Fischen und Fröschen, soweit Darmbakterien überhaupt nachgewiesen werden, gelatineverflüssigende Vertreter der Gattung *Enterobacter* überwiegen. Nicht selten treten auch laktosenegative Varianten auf. Typische *E. coli*-stämme können nur selten isoliert werden.

Diese Angaben bestätigen auch unsere Untersuchungen mit 54 Stämmen, die aus Donaufischen isoliert wurden. Von diesen Stämmen verflüssigten 44 Gelatine, laktosenegativ waren 8. Nicht eine Kolonie wuchs auf ENDO-Agar mit typischem Metallglanz, alle waren rosafarben in unterschiedlichen Tönungen. Die Art *E. coli* wurde in 6 Fällen (11%) gefunden. Aus allen genannten Angaben ist ersichtlich, daß die Koliformen einen ständigen und überwiegenden Teil der Darmflora warmblütiger Organismen darstellen, bei wechselwarmen Tieren jedoch nur eine sporadische und augenscheinlich transitäre Flora bilden, die sich auf Verunreinigungen des Wassers der Umwelt dieser Tiere zurückführen läßt.

Enterobakterien wurden auch bei Insekten gefunden, aber nur in sehr kleiner Zahl und nicht bei allen Individuen. MINKEVIČ (1949) fand sie zu 8% bei Fliegen und zu 2% bei Mücken. Die isolierten Stämme wuchsen normalerweise bei höheren Temperaturen nicht und müssen daher nicht unbedingt auf eine potentielle Gefährdung hinweisen. Eine gewisse Bedeutung bleibt jedoch in Anbetracht der starken Verbreitung und der Beweglichkeit der Insekten für die Bakterienverbreitung und -übertragung.

Enterobakterien in der Umwelt

Aus menschlichen und tierischen Organismen werden Bakterien der Familie der Enterobacteriaceae täglich massiv in die Umwelt ausgeschieden. Nach VELZ (1970) scheidet 1 Mensch etwa 200 Billionen Koliforme/Tag aus. Eine große Anzahl gelangt so in den Boden, an Staubteilchen, in das Wasser und an Pflanzen. In der Umgebung des Menschen gibt es nahezu keinen Ort, wo sie nicht in größerer oder kleinerer Zahl gefunden würden.

Eine relativ große Zahl von Darmbakterien gelangt in landwirtschaftlich genutzte, bedeutend weniger in ungedüngte Böden. Ein jungfräulicher Boden enthält diese Bakterien nur in Ausnahmefällen. Den Hauptteil stellen dabei gewöhnlich *E. aerogenes* und andere zitratpositive Arten und Varianten dar, die normalerweise nicht fähig sind, bei 43 °C zu wachsen.

JOHNSON und LEVINE (1917) untersuchten 42 verschiedene Böden und stellten fest, daß von 117 isolierten Stämmen 80,4% zu den Arten *E. aerogenes* und *E. cloacae* gehörten; *E. coli* war zu 19,6% vertreten. RAGHAVACHARI (1926) fand unter 518 Stämmen *E. aerogenes* sogar zu 93,5% und *E. coli* nur zu 5%, die restlichen 1,5% waren *C. freundii*. Andererseits gibt MINKEVIČ (1949) an, daß in primär und nicht massiv kontaminierten Böden die Art *E. coli* überwiegt. In sekundär verunreinigten Böden geht der Anteil von *E. coli* zurück, und es werden relativ häufig zitratverwertende Arten isoliert. Ein anderes Bild zeigen Bodenproben aus dem Süden, wo zitratverwertende und thermoresistente Arten dominieren. Der Autor bringt dies in Zusammenhang mit der Stimulierungder Leen bsprozesse unter dem Einfluß von Wärme. In Böden mit mehreren Monate zurückliegenden Verunreinigungen ist es gewöhnlich schwer, Enterobacteriaceae zu finden.

Große Zahlen dieser Bakterien können auch im Staub nachgewiesen werden. Nach WINSLOW und KLIGLER (1912) sind in Räumen etwa 1000—2000 und im Straßenstaub bis 50000 pro Gramm enthalten. Die Luft selbst enthält Darmbakterien relativ selten und dann nur aus aufgewirbeltem Staub u. ä. Nach Angaben mehrerer Autoren kommt es in der Umwelt nicht oder nur in Ausnahmefällen zur Vermehrung der Enterobakterien. Obwohl sie z. B. im Boden 1 Jahr und noch länger überleben können, ist ihr sukzessives Absterben unvermeidlich. SKINNER und MURRAY (1926) stellten fest, daß in kuhmistgedüngten Böden die Zahl der Koliformen in 122 Tagen von den ursprünglichen 2600000/g auf Null zurückging.

Bakterien aus der Familie der Enterobacteriaceae wurden auch an Pflanzen, Blumen, Getreide, Kleie u. a. gefunden. Überwiegend wurde dabei die Art *E. aerogenes* bestimmt.

PRESCOTT et al. (1950) geben an, daß unter 152 Kulturen von getrockneten Getreidekörnern und 14 Kulturen von unreifem Getriede *E. aerogenes* 91% ausmachten; etwa 1/3 der untersuchten Stämme verflüssigte Gelatine. *E. coli* wurde in 8 Fällen gefunden. Die Autoren behaupten, daß die Koliformen, wenn auch in kleiner Zahl, an verschiedenen und wahrscheinlich unkontaminierten Objekten der äußeren Umwelt angetroffen werden können, was auch angeführte Beispiele bestätigen. MINKEVIČ ist der Meinung, daß es sich um eine Kontamination durch Vögel, Insekten oder andere Tiere handelt. Als Beweis führt er an, daß diese Bakterien nur ausnahmsweise an anderen oberirdischen Pflanzenteilen als an Blüten und Blättern angetroffen werden — also an Teilen, auf welche sich Insekten und Vögel am ehesten zu setzen pflegen. An der Verunreinigung der Objekte der Umwelt beteiligt sich außerdem der Mensch, und dies in nicht geringem Ausmaß.

In das Wasser können Bakterien der Familie der Enterobacteriaceae nicht nur primär durch Ausscheidungen von Mensch und Tier gelangen, sondern auch sekundär aus allen schon angeführten Vorkommen der Umwelt (Boden, Luft, Pflanzen usw.).

Ein minimaler Gehalt an Darmbakterien ist im unaufbereiteten und auch im aufbereiteten Trinkwasser nicht immer zu vermeiden. Die Mehrzahl der Normen fordert in 100 ml Leitungswasser bzw. in 10—50 ml Brunnenwasser negative Befunde. Das gelegentliche Auftreten dieser Organismen im Leitungswasser muß nicht immer eine direkte Gefahr anzeigen. So kann es sich z. B. um aufgewirbeltes Sediment aus der Leitung handeln, welches nahezu ständig einen gewissen Anteil an organischen Stoffen enthält. In solchen Fällen können einzelne Darmbakterien gefunden werden, am häufigsten die Art *E. aerogenes*. Der Ursprung einer solchen Verunreinigung des Wassers können Dichtungsmaterial oder andere Bestandteile sein, die bei gelegentlichen Reparaturen der Leitung mit dem Wasser in Berührung kommen. BORMANN (1941), der Wasserproben aus Leitungssystem untersuchte, kam zu dem Schluß, daß die Anwesenheit von Darmbakterien auf Mängel am Leitungssystem bis zu drei Wochen nach einer Reparatur hinweisen kann.

Nicht einmal die Anwesenheit von Restchlor garantiert immer ein völlig keimfreies Wasser. Nach ZVENIGORODSKAJA (1940) bleiben in einigen Fällen bei Werten von 0,3 mg/l Chlor nach 30minütigem Einwirken Enterobacteriaceae (*E. coli, Sh. dysenteriae* u. a.) noch lebensfähig. Besonders widerstandsfähig sind frisch isolierte Stämme, und nicht selten überleben pathogene Arten die gesuchten Indikatoren. Besonders resistent sind auch zitratpositive Stämme.

ABRAMOVIČ (1957) führt an, daß zu Beginn der Wasseraufbereitung und in den ersten

Klärabschnitten typische *E. coli* (22,3%) und atypischen Varianten (37,3%) isoliert wurden. Am Ende der Aufbereitung, bei der Chlorung und auch im aufbereiteten Wasser überwogen zitratpositive Stämme und gelegentlich atypische Varianten von *E. coli*. LEVINE et al. (1942) schreiben, daß noch bei 0,4 mg/l Restchlor in 10 ml Wasser vereinzelt koliforme Bakterien nachgewiesen werden können. Falls aber das Chlor Werte von 0,6—0,8 mg/l bei 48—72 h Kontaktzeit erreicht, ist es imstande, alle evtl. im Wasser vorhandenen Koliformen abzutöten.

In reinem natürlichen Wasser, wie in Gebirgsquellen und Brunnen, können Darmbakterien nur in größeren Wasservolumina von 50—1000 ml nachgewiesen werden, und auch dies nicht in allen Fällen. Häufig handelt es sich dann um zufällige Verunreinigungen durch Vögel, Laub oder eingetragenen Staub. Nur selten werden typische *E. coli* bestimmt, meist handelt es sich um atypische defekte Stämme überwiegend zitratverwertender Arten.

Bei der Untersuchung solcher Wässer in der Mittelslowakei fanden sich mehrfach die Koliformen ohne *E. coli*. In 6 von 23 Proben konnten selbst in 100 ml keine Enterobacteriaceae nachgewiesen werden (DAUBNER und MUCHA 1964). Ähnliche Angaben macht in seiner Arbeit auch KRETZSCHMAR (1959). PRESCOTT et al. (1950), die 38 verschiedene Bäche untersuchten, berichten von negativen Befunden in 31 Fällen.

Mit Zunahme der allochthonen organischen Stoffe und anderer Verunreinigungen im Wasser erhöht sich auch die Zahl der Darmbakterien. In Flüssen betragen die spezifischen Keimzahlen gewöhnlich 10—1000/ml — dies wechselt jedoch ständig stark. Einerseits hängt die Zahl der Enterobacteriaceae von den zufließenden Verunreinigungen und andererseits von der Intensität der im Gewässer ablaufenden Selbstreinigungsprozesse ab. Mit der Entwicklung der Städte und der Industrie steigt auch die Verunreinigung der Oberflächengewässer und wird selbst bei großen Strömen zu einem ernsten Problem. BREZINA schrieb im Jahre 1906, daß die Donau ein reiner Fluß sei, der auch starke Verunreinigungen ohne jegliche Beeinträchtigung aufzunehmen in der Lage ist. Heute bewegt sich der Reinheitsgrad des Wassers im vom Autor untersuchten Abschnitt „vom Leopoldsberg bis Preßburg" noch in den Grenzen der β-Mesosaprobie (während der Zuckerrübenkampagne in Österreich und Mähren am linken Ufer bereits eine ganze Stufe schlechter). Falls wir aber nur die Indikatoren der fäkalen Verunreinigung zur Beurteilung heranziehen würden, wären wir genötigt, die Donau auf ihrem tschechoslowakischen Abschnitt in die letzte Güteklasse (Polysaprobie) einzureihen. Die nachgewiesenen Anteile von *E. coli* und anderen Koliformen beweisen die ständigen Verunreinigungen dieses Flusses durch menschliche und tierische Ausscheidungen (Tab. 42). Der Gehalt an Fäkalbakterien erreicht Werte, die bis 90fach (in der Zuckerrüben-

Tabelle 42

Prozentuale Anteile von *E. coli* und *E. aerogenes* in verschiedenen Materialien (GAINEY und LORD 1952).

Material	*E. coli* (in %)	*E. aerogenes* (in %)	Zahl der untersuchten Stämme
Menschliche Exkremente	94,1	5,9	2543
Tierische Exkremente	92,6	7,4	1832
Wasser	64,8	35,2	2137
Milch	56,9	43,1	1382
Getreide	18,3	81,7	288
Boden	11,9	88,1	853

kampagne bis 200fach) die Richtwerte für zu Bade- und Erholungszwecken geeigneten Flußwasser übersteigen.

Die Verunreinigung des Wassers mit Bakterien der Familie der Enterobacteriaceae kann besonders bei stehenden und langsam fließenden Gewässern auch vom Sediment her erfolgen. Es ist bekannt, daß die Bakterienkonzentration auf dem Gewässergrund gewöhnlich größer ist als im freien Wasser. Bei dem ständigen Stoffaustausch zwischen Grund und freiem Wasser und besonders bei Aufwirbelungen des Sedimentes kommt es zur Bakterienanreicherung des Wassers durch die benthische Mikroflora. Falls auch pathogene Bakterien anwesend sind, kann es nicht zur Verschlechterung der hygienischen Wassergüte kommen, sondern auch eine potentielle Infektionsgefahr bestehen. Dies trifft besonders bei seichten Wässern zu. Bei tieferen Wässern ist der Einfluß des Grundes auf das freie Wasser nicht so deutlich.

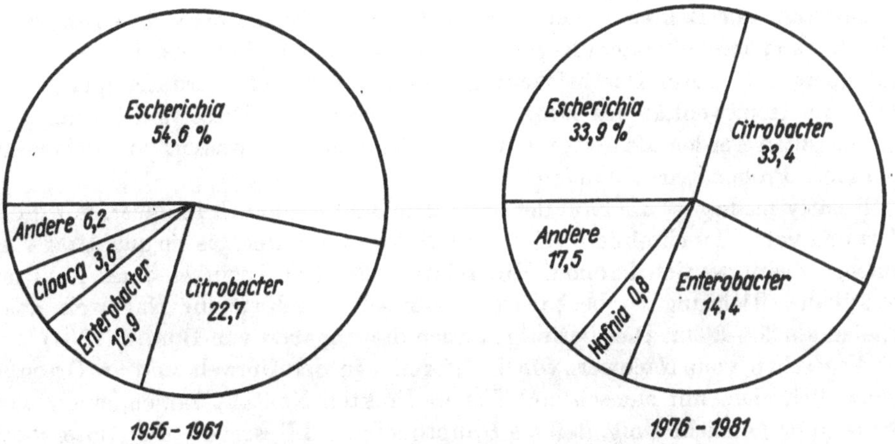

Abb. 21. Prozentuales Auftreten einzelner Enterobacteriaceae-Gattungen in der Donau.

In Oberflächengewässern kann eine sehr breite Skala von Arten und Typen der Bakterien aus der Familie der Enterobacteriaceae angetroffen werden. In Abhängigkeit von den eingeschwemmten Verunreinigungen ändert sich auch ihre prozentuale Verteilung. Bei ständiger Zufuhr kommunaler Abwässer mit hohem Fäkalienanteil überwiegen thermoresistente und Dextrose vergärende *E. coli*. Im Verlaufe der Selbstreinigung ändert sich unter dem Einfluß physikalischer, chemischer und biologischer Faktoren dieses Bild, und es kommt zu Änderungen der Artenzusammensetzung.

Thomas et al. (1959) schreiben, daß in stark verunreinigtem Oberflächenwasser der Gehalt an *E. coli* 76% der isolierten koliformen Bakterien ausmachte. Ähnliche Werte führt auch Bukovský (1956) aus dem Wasser der Moldau bei Prag an. Kratochvíl und Zmoray (1956) bestimmten in Oberflächenwässern der Ostslowakei den *E. coli* Anteil mit 40%, dagegen fand Keleti (1960) in einem unbelasteten Bach diese Art nur zu 6%. Es ist interessant, daß der durchschnittliche Anteil von *E. coli* auf dem tschechoslowakischen Donauabschnitt in den Jahren 1956–1961 54,6% betrug (Daubner 1972). Die biochemisch atypischen Stämme, die nach dem Klassifikationsschema schwer identifizierbar waren und als „andere“ bezeichnet wurden, bildeten 6,2%. In den Jahren 1976–1981 hatte sich das Bild geändert (Abb. 21). Der Anteil an *E. coli* sank auf durchschnittlich 33,9% bei gleichzeitigem Anstieg von atypischen Stämmen auf 17,5%. Auch wenn bei der Bewertung dieser Unterschiede eine gewisse Präzisierung der Methodik in Betracht gezogen werden muß, sind wir der Meinung, daß dies ein Ausdruck der steigenden Verunreinigung des Wassers besonders mit jenen Stoffen ist, die auf die empfindlicheren *E. coli*-Zellen hemmend (toxisch) wirken.

Die Zahl der enteralen Bakterien ist natürlich in kommunalen Abwässern und in Oberflächenwässern dicht unterhalb der Einmündung der Verunreinigung am höchsten. Die Zahlen bewegen sich dort in den Grenzen von 100000 bis mehr als 1000000 Kolonien/ml.

Grundwässer enthalten normalerweise aus zwei Gründen nur wenige Darmbakterien. Erstens entledigt sich das Wasser beim Durchsickern durch Bodenschichten dieser Mikroorganismen durch die natürlichen Filtrationsvorgänge, und zweitens sind diese Wasservorkommen im Gegensatz zu den Oberflächengewässern vor zufälligen und vor ständigen Verunreinigungen besser geschützt.

Die Zahl der Bakterien der Familie der Enterobacteriaceae in Grundwässern kann sich nach langanhaltendem Regen erhöhen, falls der Boden aufweicht, seine Filtrationsfähigkeit z. B. beim Durchsickern größerer Mengen an Verunreinigungen sinkt oder falls die Homogenität des Bodens durch Einschlüsse, Risse und Sprünge gestört ist. Nicht selten werden die erwähnten Bakterien aus Grundwässern auch als Folge unsachgemäßer Probenahme gefunden.

Relativ niedrig ist die Zahl der enteralen Bakterien auch im Meer. Mit größerer Entfernung vom Ufer eliminieren sich diese Bakterien weiter, bis sie quantitativ nicht mehr nachgewiesen werden können. Ein relativ schnelles Absinken ihrer Zahl ist auch in vertikaler Richtung zu beobachten. Nur selten gelingt ihr Nachweis aus größeren Tiefen als 20—30 m. Dies bestätigen auch die Angaben von Bonde (1964).

Abgesehen vom Nachweis von Koliformen in der Umwelt und an Orten, die wahrscheinlich nicht mit Mensch und Tier in direkten Kontakt kamen, sind sich die Fachleute in der Ansicht einig, daß als Hauptquelle und Reservoir aller Enterobacteriaceae-Arten der Darmtrakt von Mensch und warmblütigen Tieren anzusehen ist. Minkevič schreibt in seiner Monographie über Darmbakterien als Indikatoren fäkaler Verunreinigung (1949) wörtlich: „Der Ausgangspunkt bei der Verbreitung von *E. coli* in der Natur ist sicherlich in erster Linie der Mensch, der in großen Kollektiven in Städten und auf dem Lande lebt, wo alle Bedingungen für eine massive und ständige fäkale Verunreinigung der Umwelt gegeben sind". So gelangen *E. coli* und andere Arten der Enterobacteriaceae an verschiedene Orte und auf Gegenstände der äußeren Umwelt.

Zu diesem Schluß kamen mehrere Autoren auf Grund der Kenntnis, daß *E. coli* und andere Koliforme in den Fäzes von Mensch und Tier sowie in der dichtbesiedelten und landwirtschaftlich genutzten Umwelt ständig und in großer Zahl auftreten und sich ihre Zahl mit zunehmender Entfernung von den Einflüssen der menschlichen Zivilisation vermindert. Peripher beginnen zitratverwertende Arten zu dominieren und in Wüsten und arktischen Gegenden werden keine Enterobacteriaceae nachgewiesen. Dies gilt auch für Befunde von Säugern, Vögeln, Fischen und Insekten. Tiere, die wild und entfernt von menschlichen Siedlungen leben, d. h. die mit dem Menschen und seinen Ausscheidungen nicht in Berührung kommen, weisen gewöhnlich keine Bakterien dieser Familie auf. Dagegen sind Haustiere, Wildtiere und Vögel, die in der Umwelt des Menschen leben (z. B. in Zoologischen Gärten), mit diesen Bakterien stark kontaminiert.

Wegen der unterschiedlichen Artenverteilung der enteralen Bakterien im Darm und in der Umwelt (Tab. 42) sowie bei Vorliegen gerade erfolgter und zurückliegender fäkaler Verunreinigung richtete sich die Aufmerksamkeit von Anfang an auf Herkunft und Bedeutung der zitratverwertenden Arten, vor allem auf *E. aerogenes*. Im Hinblick auf die Herkunft dieser Bakterien bildeten sich zwei Theorien heraus.

In den USA entwarfen LEVINE, KOSER und andere die sogenannte dualistische Konzeption, nach der zitratnegative Arten und Varianten von Koliformen allein den Darm von Mensch und Tier als ursprünglichen Standort haben. Das bedeutet, daß nur sie als gesicherte Indikatoren fäkaler Verunreinigung zu gelten haben. Zitratverwertende Arten und Varianten und vor allem *E. aerogenes* sind hingegen autochthone Bakterien der Umwelt, besonders des Bodens. Da sie somit nichtfäkaler Herkunft sind, kann ihnen kein indikatorischer Wert für die Verunreinigung der Umwelt durch Ausscheidungen von Mensch und Tier zuerkannt werden.

Mit fortschreitenden Erkenntnissen, besonders über den Nachweis zitratassimilierender Arten in menschlichen und tierischen Exkrementen, wurde die ursprüngliche Konzeption modifiziert. Es wird nunmehr anerkannt, daß sowohl zitratnegative als auch zitratpositive Arten im Darmtrakt vorkommen. Die letzteren treten dort allerdings nur in geringeren Zahlen auf und werden durch die biochemisch aktiveren *E. coli*-Zellen normalerweise unterdrückt. GAINEY und LORD (1952) zitieren interessante Ergebnisse von ROGERS, die bei Untersuchungen wäßriger Fäzesaufschwemmungen erhalten wurden. Zu Beginn wies dieser Autor nur die Art *E. coli* nach. Die Anzahl *E. aerogenes* war offenbar so klein, daß sie dem Nachweis entgingen. Nach 3 Tagen bei 20 °C kam es jedoch bereits zu Veränderungen der Artenverteilung in den aufbewahrten Fäzesproben: das Verhältnis *E. aerogenes* zu *E. coli* erreichte 1:6. Diese Verschiebung setzte sich fort und nach 278 Versuchstagen überwogen *E. aerogenes* *E. coli* um das 30fache.

In der Umwelt (z. B. im Wasser) zeigen zitratverwertende Arten eine größere Fähigkeit zum Überleben, in manchen Fällen sogar zur Vermehrung, und sind darum noch unter Bedingungen nachzuweisen, unter denen zitratnegative Arten schon lange abgestorben sind (Tab. 43). Diese Erkenntnis führte zu der Ansicht, daß zitratverwertende Arten zwar als Fäkalindikator eine Bedeutung haben, aber auf länger zurückliegende und daher epidemiologisch weniger gefährliche Verunreinigungen hinweisen.

Tabelle 43
Überlebensdauer von *E. coli* und *E. aerogenes* in Leitungswasser (GAINEY und LORD 1952).

Tage	Keimzahl/l	
	E. coli	*E. aerogenes*
1	4400	7440
31	25	440
43	3	176
50	0	122
57	0	81
70	—	30
84	—	25
98	—	6

Eine nahezu gegenteilige Theorie ist die sogenannte monistische Konzeption. Sie wird vorwiegend von sowjetischen Spezialisten vertreten. Die führende Autorität dieser Richtung war Minkevič, der der Erforschung der Enterobacteriaceae eine langjährige Arbeit widmete.

Nach der monistischen Konzeption besteht in der Herkunft von Enterobacteriaceae kein Unterschied. Primär stammen alle aus dem Darmtrakt von Mensch und Tier, als genetisch ursprüngliche Referenzart ist *E. coli* anzusehen. Wenn diese Art unter neue Umweltbedingungen mit außergewöhnlich unterschiedlichen synergistischen und antagonistischen Beziehungen gerät, ist sie zur Änderung ihrer biochemischen Merkmale fähig, so auch zum Erwerb der Fähigkeit zur Zitratverwertung als einzige Kohlenstoffquelle. Mit anderen Worten, es bestehen ursprünglich keine „nichtfäkalen" Typen: zitratpositive Arten und Varianten sind ehemalige *E. coli*, die ihre fermentativen Eigenschaften unter dem Einfluß der Umwelt verändert haben.

Aus hygienischer Sicht haben aber alle Arten und Varianten der Koliformen als Anzeiger fäkaler Verunreinigung der Umwelt indikatorischen Wert. Da keine andere Herkunft dieser Bakterien außer aus dem Darmtrakt von Mensch und Tier bekannt ist, besteht auch kein Grund zur Annahme anderer primärer Vorkommen. Der Fund von Darmbakterien auch an Objekten der äußeren Umwelt (z. B. Pflanzen) beweist in keiner Weise, daß sie sich dort auf die Dauer zu vermehren vermögen.

Zwischen den einzelnen Arten der Koliformen-Gruppe bestehen jedoch in ihrem Indikatorwert für fäkale Verunreinigungen gewisse Unterschiede. Den wichtigsten Hinweis für frische, epidemiologisch schwerwiegende Verunreinigungen gibt *E. coli*. Den stark laktosepositiven Vertretern d. h. den Koliformen, ist der nächsthohe Indikatorwert zuzusprechen, da es sich erwiesen hat, daß der Anteil der laktosepositiven Darmbakterien unter dem Einfluß frischer fäkaler Verunreinigungen signifikant höher als der der laktosenegativen Formen ist. Das besagt jedoch nicht, daß laktosenegative Stämme unbeachtet bleiben dürfen. Zitratverwertende Varianten müssen als Zeichen einer zeitlich zurückliegenden fäkalen Verunreinigung aufgefaßt werden. Diese Bakterien sind sekundär exogener Herkunft (auch wenn sie „ursprünglich" aus dem Darm stammen und per os in den Verdauungstrakt gelangen). Ihr Vordringen bis in den Darm wird wahrscheinlich durch hypoazide bis anazide Bedingungen im Magen ermöglicht. Falls z. B. in einem Wasser nur zitratpositive Varianten ohne *E. coli* auftreten, zeugt dies von früheren direkten oder indirekten (über den Boden erfolgten) Verunreinigungen, gegen die das betreffende Wasservorkommen nicht genügend gesichert war. Diese Auffassung vertraten zahlreiche Autoren (Minkevič 1949, Braune 1956, Geldreich et al. 1958, Gamleško 1961). Wir finden jedoch auch Angaben (Zagorulja 1960, Kalina 1973), daß Zitrat nicht in jedem Falle als Kriterium des Alters bzw. des Charakters der fäkalen Verunreinigung gewertet werden kann. Es gibt sogar Hinweise, daß zitratnegative Stämme in Einzelfällen länger als zitratpositive überlebten und sich sogar vermehren konnten. Nach Selenka (1967) kann das Alter der Fäkalindikatoren im Wasser unter Anwendung eines Nährbodens mit Zusatz von Triphenyltetrazoliumchlorid (TTC) im Verhältnis 1:500 bestimmt werden. *E. coli*-Zellen, die sich bereits länger als 5 Tage im Wasser befinden, gehen mit mehr als 90%iger Wahrscheinlichkeit auf solchen Nährboden nicht mehr an. Wenn wir daher bei Parallelansätzen auf normalem Endoagar und auf TTC-haltigem Nährboden die Keimzahlen vergleichen, können wir auf den Anteil der Indikatoren frischer fäkaler Verunreinigungen schließen. Dies gilt aber nur für Wässer, die kälter als 11 °C sind.

Da Vertreter der Familie der Enterobacteriaceae sowohl bei warmblütigen als auch bei kaltblütigen Organismen gefunden wurden, entstand das Problem der Unterscheidung dieser Stämme. Es ist offensichtlich, daß Bakterien, die vom Menschen und warmblütigen Tieren stammen, epidemiologisch größere Bedeutung haben als jene, die über Ausscheidungen von Fischen, Fröschen und anderen dort befindlichen Lebewesen in das Wasser gelangten. Dieser Frage wurden langjährige Bemühungen gewidmet und verschiedene Differenzierungstests vorgeschlagen. Im Verlaufe der Forschungen wurden auch gewisse biochemische Unterschiede gefunden. Das Problem konnte jedoch auf diese Weise nicht gelöst werden, da Stämme, die in ihren biochemischen Merkmalen der Herkunft von kaltblütigen Tieren entsprachen, auch beim Menschen gefunden wurden und umgekehrt.

Später richtete sich die Aufmerksamkeit darauf, daß frisch aus Exkrementen von Menschen oder warmblütigen Tieren isolierte Stämme nahezu ausnahmslos fähig sind, bei höheren Bebrütungstemperaturen von 43—46 °C zu wachsen. Nach Angaben von Minkevič trifft dies auf 95% der so isolierten *E. coli*-Stämme zu. Dies bestätigen auch eigene Versuche. Im Gegensatz dazu zeigen Stämme von kaltblütigen Tieren diese Eigenschaft nicht. Deshalb schlagen Hajna und Perry (1938), Fuller (1946), Minkevič (1949) sowie Clark et al. (1957) zur Unterscheidung frischer und zeitlich zurückliegender fäkaler Verunreinigungen die Eijkman-Bulířsche Methode vor, d. h. die Kultivierung im Dextrosepepton-Medium bei 43—45 °C. Stämme, die bei dieser Temperatur die Dextrose unter Bildung von Säure und Gas vergären, sind als epidemiologisch besonders bedeutungsvoll anzusehen. Heute werden sie als „Fäkalkoliforme" bezeichnet. Kulturen mit negativem Reaktionsausfall sind vom hygienischen Standpunkt weniger wichtig. Der Thermoresistenztest hat gemeinsam mit der Zitratprobe nach Minkevič bei der hygienischen Wasseruntersuchung grundlegende Bedeutung und entscheidet bei der Bewertung der nachgewiesenen Bakterien. Der Autor schränkt jedoch gleichzeitig ein, daß der diagnostische Wert des Tests in südlichen Regionen stark gemindert wird, da hier auch zitratpositive Arten und einige aus Kaltblütern isolierte Stämme bei den erhöhten Temperaturen zu wachsen vermögen. Übereinstimmende Angaben machen auch Korš und Egorova (1965).

Weitere Erkenntnisse in dieser Richtung brachten Experimente, die in der Natur und im Laboratorium durchgeführt und bei denen der Übergang zitratnegativer Stämme in zitratpositive beobachtet wurden. Ruchhoft et al. (1931) führten als erste in dieser Beziehung die Ergebnisse ihrer Versuche mit der Züchtung von *E. coli* im Zitratmedium nach Koser an. Den Autoren gelang es, nach mehrmaligem Überimpfen *E. coli* in diesem Medium anzuzüchten, wobei es auch zu morphologischen Veränderungen in den untersuchten Kulturen kam.

Diese Experimente bestätigen später mehrere Autoren: in den USA Parr und Simpson, in der UdSSR Gorovic-Vlasova und andere (zit. Minkevič 1949), in der ČSSR Kratochvíl und Zmoray (1956) und Keleti (1961). Eigene Resultate (Daubner 1974, 1975, Daubner et al. 1975, Daubner und Német 1980) sprechen dafür, daß sich die biochemischen Eigenschaften der Darmbakterien in Abhängigkeit von der Umwelt nur unwesentlich ändern können. Man kann mehr von physiologischer Induktion sprechen, da wir bisher keine genetisch fixierte Veränderung registriert haben. In mehreren Fällen (z. B. bei der Zitratverwertung als einziger C-Quelle) wurde bestätigt, daß die positive Reaktion nicht durch *E. coli*, sondern durch Begleitflora, die mit dem untersuchten Organismus in engem Kontakt stand, verursacht wurde. *E. coli* selbst blieb auch nach längerem Aufenthalt im Wasser in dieser Richtung unverändert

Soweit es sich um die Bewertung des Nachweises von Koliformen im Wasser handelt, wird übereinstimmend festgestellt, daß aus hygienischer Sicht die Anwesenheit dieser Organismen ohne Berücksichtigung der Art entscheidend ist. Der Nachweis von *E. coli* indiziert jedoch signifikanter eine frische Verunreinigung als die übrigen Vertreter dieser Gruppe. Dabei ist der qualitative Nachweis dieser Art weniger wichtig als ihr quantitativer Befund. Je größer die Anzahl von *E. coli* in einem bestimmten Wasservolumen ist, desto ungünstiger ist die epidemiologische Aussage. Nach Tresh et al. (1933) ist der negative Befund von *E. coli* in 100 ml für Trinkwasser eine genügende Garantie seiner Unbedenklichkeit. Andererseits belegt der Nachweis dieser Art in mehreren Proben oder in einem kleineren Wasservolumen eindeutig eine fäkale Verunreinigung. Als suspekt muß man Proben betrachten, welche *E. coli* in 50 ml enthalten; möglicherweise handelt es sich um eine Verunreinigung durch Tiere o. ä.

Zitratverwertenden Stämmen im Wasser wird nicht die Bedeutung eines Indikators frischer Verunreinigung zugeschrieben. Aber in Anbetracht dessen, daß wirklich unbeeinflußtes Wasser selbst diese Organismen nie enthält, muß man sie notwendigerweise als Zeicher einer exogenen Verunreinigung werten. Dies trifft auch zu, wenn z. B. *E. aerogenes* aus dem Boden oder von einem anderen Umweltobjekt in das Wasser eingespült wurde, denn auch das kann unter gewissen Umständen für die Gesundheit des Menschen gefährlich sein. Falls die Möglichkeit der Kontamination des Wassers besteht, muß man diesen Umstand untersuchen und ggf. ausschließen. Die Frage, inwieweit ein gehäuftes Vorkommen dieser Bakterien in fäkal verunreinigten Wässern zur Beurteilung heranzuziehen ist, kann im Einzelfall nur nach langjähriger praktischer Erfahrung beantwortet werden.

Nach Prescott et al. (1950) sollte die Bedeutung des Nachweises von Koliformen im Wasser nach folgenden Gesichtspunkten eingeschätzt werden:

1. Bakterien, die der Definition der Koliformen entsprechen, sind nicht ausschließlich an ihre Wirtsorganismen gebunden, sondern in der Natur weit verbreitet.
2. Die Anwesenheit einer kleinen Anzahl von Koliformen in größeren Wasservolumina, oder ihr gelegentliches Auftreten auch in kleineren Wassermengen muß nicht unbedingt eine besondere Bedeutung haben.
3. Eine größere Anzahl von Koliformen in 1 ml Wasser ist eindeutig als Hinweis auf eine frische fäkale Verunreinigung zu werten.
4. Für die Beurteilung der fäkalen Verunreinigung des Wassers ist die Zahl der Koliformen ein wichtigeres Kriterium als der bloße Nachweis oder die genaue Artbestimmung.

Man kann feststellen, daß in diesen Punkten die gegenwärtigen Kenntnisse und Anschauungen über die hygienische Einschätzung des Indikatorwertes der Koliformen zusammengefaßt sind. Abgesehen davon erscheint es notwendig, bei der bakteriologisch-hygienischen Wasseranalyse auch andere Arten bzw. Gattungen der Familie der Enterobacteriaceae (z. B. Salmonellen) in Erwägung zu ziehen. Es hat sich nämlich gezeigt, daß keine eindeutige Korrelation zwischen der Anwesenheit von Salmonellen und Koliformen besteht, d. h. die Salmonellen im Wasser länger als die Koliformen überleben können. Deshalb müssen auf Grund von Vergleichsmaterial und weiterer Erfahrungen auch die bisher geltenden Normen und Kriterien überprüft werden. Die direkte Bestimmung pathogener Bakterien und die erhöhten Anforderungen an die Reinheit des Wassers ergäben auch größere Sicherheit im Hinblick auf andere Krankheitserreger (z. B. Viren).

Natürlich genügt für die hygienische Gesamtbewertung eines Wassers keine noch so gründliche mikrobiologische Bestimmung, sondern es ist eine komplexe physikalische, chemische und biologische Untersuchung erforderlich. Der alleinige Nachweis von Fäkalindikatoren ohne Kenntnis der speziellen örtlichen Bedingungen und physikalisch-chemischen Analysendaten des Wassers beantwortet lediglich die Frage, ob das Wasser zur Zeit der Probeentnahme durch diese Bakterien kontaminiert war oder nicht. Der fachliche Meinungsstreit über Herkunft und Bedeutung der einzelnen Arten und der ganzen Familie der Enterobacteriaceae ist bisher noch nicht eindeutig entschieden. Auch heute, nach mehr als einem halben Jahrhundert, bleiben manche Fragen der Bewertung dieser Fäkalindikatoren offen und es wird wahrscheinlich noch lange dauern, bis ein gemeinsamer und exakter Standpunkt gefunden wird.

Abgesehen von diesen und ähnlichen Uneinheitlichkeiten der Ansichten anerkennen nahezu alle Fachleute, daß als alleiniges primäres Biotop von Koliformen und auch der ganzen Familie der Enterobacteriaceae der Darmtrakt von Mensch und Tier zu gelten hat. Es ist auch unbestritten, daß der thermoresistente *E. coli* (Fäkalcoli) der wichtigste Indikator einer frischen fäkalen Verunreinigung ist; ihm zuzuordnen ist der indol- und methylrotpositive sowie VOGES-PROSKAUER- und zitratnegative Fäkaltyp *E. coli* (IMVC = ++−−). Alle weiteren Arten und Typen der Koliformen, auch falls sie den Charakter eines Fäkalindikators tragen, z. B. Fäkalkoli (Koliforme mit Thermoresistenz und/oder IMVC-Kombinationen ++−−, +−−−, −+−−), sind dem Indikator *E. coli* nicht gleichwertig.

Ein ähnlicher Unterschied in der Bedeutung besteht auch zwischen den fermentstarken Koliformen einerseits und den laktosenegativen bzw. den zitratpositiven Stämmen von Enterobakterien andererseits, die im äußeren Milieu und vor allem im Wasser häufig vorkommen. Wichtig aber ist in jedem Falle, daß alle erwähnten Arten und Varianten für Trinkwasser eine exogene Verunreinigung darstellen und daher keinesfalls ignoriert werden dürfen.

Die angeführten Tatsachen gelten unter Berücksichtigung aller anderen Literaturangaben für die Hydromikrobiologie in vollem Umfang. Wir wissen, daß zur hygienischen Bewertung der Wasserqualität nur der exakt begründete Hinweis auf die mögliche Anwesenheit pathogener Bakterien wichtig ist. Falls wir daher sicher sein wollen — und dies ist unsere Pflicht — daß das Wasser keine Typhuskeime, Ruhrbakterien oder andere Erreger von Darm- und weiterer Erkrankungen enthält, dürfen im Wasser keinerlei Bakterien nachgewiesen werden, die ihre mögliche Anwesenheit anzeigen. Ein eventueller Untersuchungsfehler ist gewiß leichter zu entschuldigen, wenn wir bei der Bewertung der Analysenbefunde strengere Maßstäbe anlegen.

Fäkale Streptokokken (Enterokokken)

Bedeutung als Fäkalindikatoren

Geeignete Indikatoren einer fäkalen Verunreinigung des Wassers sind auch Streptokokken, die den Darmtrakt von Mensch und Tier besiedeln. Es handelt sich um mehrere Arten, die unter der Bezeichnung Enterokokken zusammengefaßt werden (Abb. 22). Gemeinsame Merkmale sind ihre Wachstumsfähigkeit bei pH 9,6, bei Temperaturen von 10 und 45 °C, in einem Nährboden mit 6,5%igem NaCl-Gehalt, in Milch mit 0,1%-igem Methylenblau-Zusatz und ihr Überleben nach 30minütigem Aufenthalt bei 60 °C. Hierher gehören *Streptococcus faecalis*, *Str. liquefaciens*, *Str. zymogenes* und *Str. faecium* (*Str. durans*). In der Klassifikation der Gattung *Streptococcus* nach LANCEFIELD sind diese in die serologische Gruppe D eingereiht (BERGEYS Manual 1974). Weiterhin kommen vom hygienischen Standpunkt auch *Str. bovis* und *Str. equinus* in Betracht (Tab. 44). Der erste findet sich konstant im Darmtrakt von Kühen und Schafen, der zweite in dem von Pferden. *Str. bovis* unterscheidet sich durch seine Fähigkeit zur Stärkehydrolyse und zur Raffinosevergärung; allerdings agglutinieren einige Stämme mit Seren von Streptokokken der Gruppe D.

Auch trotz großer Bemühungen gelang es bisher nicht, die Arten, welche von Menschen stammen, von denen tierischer Herkunft sicher zu unterscheiden. Es handelt sich darum, daß nach Meinung mehrerer Autoren gewisse Enterokokkenarten (z. B. *Str. faecalis*) dem Darmtrakt des Menschen eigen sind, wogegen andere (*Str. faecium*, *Str. bovis*) überwiegend zur Flora des Tierdarmes gehören.

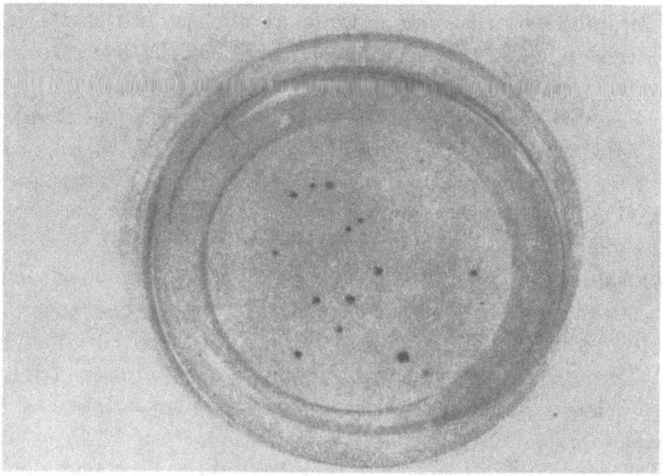

Abb. 22. Enterokokkenkolonien auf Membranfilter (Na—Azid-Nähragar, 48 h/37 °C).

Ramadan und Sabir (1963) führen an, daß es ihnen nicht gelang, aus Proben von Exkrementen verschiedener Tiere (Büffel, Kühe, Schafe, Kamele, Pferde, Maultiere, Esel, Schweine, Kaninchen, Gänse und Hühner) die typische Art *Str. faecalis* auch nur einmal zu isolieren. Von den untersuchten 361 Streptokokkenarten von 142 angeführten Tierarten machten *Str. bovis* 14,8% und *Str. liquefaciens* 12,7% aus. Den Rest von 72,5% stellten Streptokokkenstämme dar, die in ihren biochemischen Merkmalen atypisch waren.

Nach Meinung von Deibel et al. (1963) besteht die ganze Gruppe in Wirklichkeit nur aus den beiden Arten *Str. faecalis* und *Str. faecium*, die sich voneinander gut abgrenzen lassen. *Str. faecelis* zersetzt zum Unterschied von *Str. faecium* Sorbit, Glyzerin (anaerob), Zitrat und Glukonat, vermag Arabinose und Melibiose nicht anzugreifen, vergärt jedoch Lackmusmilch und reduziert Triphenyltetrazoliumchlorid in Agarnährböden, wächst auf einem Medium mit einem Gehalt von 0,04% Kaliumtellurit, bildet auf Blutagar keine gelblichen Höfe usw. Die Autoren kamen auf Grund ihrer Untersuchungen zu der Ansicht, daß die Arten *Str. liquefaciens* und *Str. zymogenes* eigentlich Varianten von *Str. faecalis* sind, da sie sich von diesem nur durch proteolytische Leistungen unterscheiden. Ähnlich ist *Str. durans* von *Str. faecium* nur durch seine Unfähigkeit, Arabinose und Mannit zu vergären bzw. durch die Saccharosenegativität einiger Stämme verschieden und sollte daher als Variante von *Str. faecium* aufgefaßt werden. Bei der Benennung der gesamten Gruppe sollte sich der Terminus Enterokokken nur auf die Arten *Str. faecalis* und *Str. faecium* einschließlich ihrer genannten Varianten

Tabelle 44

Einige biochemische Eigenschaften der Enterokokken.

Mikroorganismus	Bouillon (pH 9,6)	Bouillon (6,5% NaCl)	Dextrose	Lackmusmilch	Laktose	Gelatine	Mannit	Sorbit
Str. faecalis	+	+	+	+*	+	−	±	+
Str. faecium	+	+	+	+**	+	−	±	−
Str. zymogenes	+	+	+	+	+	±	±	+
Str. liquefaciens	+	+	+	+*	+	+	±	+
Str. bovis	−	−	+	±	+	−	±	−
Str. equinus	−	−	+	−	−	−	−	−

* Lackmusreduktion vor der Milchgerinnung

** Lackmusreduktion nach der Milchgerinnung

beziehen. In diesem Sinne äußerten sich auch SKAUDHAUGE (1950) sowie SHARPE und SHATTOCK (1952). BARNES (1956) wertet als sehr gutes Unterscheidungsmerkmal das Verhalten gegenüber TTC. Während dieses von *Str. faecalis* in Nährböden bei pH 6,0 zu dem roten Formazan reduziert wird, bleiben Kolonien von *Str. faecium* nahezu farblos.

Die angeführten Ergebnisse und Ansichten spiegeln sich auch in der letzten Auflage des BERGEYS Manual (1974) wider. Als Hauptarten sind hier nur *Str. faecalis* und *Str. faecium* genannt. Die früheren Arten *Str. zymogenes* und *Str. liquefaciens* sind als Subspecies angeführt. *Str. durans* wird als Synonym für *Str. faecium* angesehen.

Einen abweichenden Standpunkt vertritt die sowjetische Autorin KRUPINA (1962), die die Enterokokken als eine sehr variable mosaikartige Bakteriengruppe hinsichtlich Morphologie, Kultivierung, Biochemie und Serologie charakterisiert. Außer den saprophytischen finden sich unter ihnen auch pathogene Keime. Als Kriterium ihrer Pathogenität können hautnekrotisierende Wirkungen, der Hyaluronidasetest sowie die Fähigkeiten zur Mannitvergärung und zur Plasmakoagulation dienen. Pathogene Stämme der Enterokokken konnten bisher jedoch noch nicht eindeutig irgendwelchen Arten oder Serotypen zugeordnet werden.

Bei der hygienischen Wasseruntersuchung war bisher die Bestimmung der Enterokokken als Fäkalindikatoren in der Routine noch nicht allgemein üblich. Einer der Gründe war das Fehlen einer geeigneten und standardisierten Methode, da sich das Hauptinteresse der Forschung auf die Familie der Enterobacteriaceae bzw. die Koliformen konzentrierte. Ein zweiter Grund liegt im Verhalten dieser Bakterien in der Umwelt. Ihre Überlebenszeit im Wasser ist deutlich kürzer als bei den meisten Enterobakterien, was einerseits ein Vorteil ist — eine Indikation frischer fäkaler Verunreinigung des Wassers — andererseits jedoch bedeutet, daß eine Abwesenheit von Enterokokken im untersuchten Wasser nicht garantiert, daß sich dann dort keine pathogenen oder bedingt pathogenen Darmbakterien befinden.

Eine Anzahl von Autoren vertritt die Ansicht, daß durch die Bestimmung der Enterokokken bei der Wasseruntersuchung nicht mehr erreicht wird, als durch die Bestimmung der klassischen und sehr gründlich durchforschten Fäkalindikatoren — der Koliformen oder Enterobacteriaceae. KOTT (1977) kam an Hand der existierenden Resultate in dieser Richtung zum Schluß, daß die Enterokokken nicht den Kriterien entsprechen, die ein Indikatororganismus erfüllen soll und höchstens nur als Zusatzindikator in dubiosen Fällen dienen können. Andere Autoren, die sich mit der Frage des Enterokokkennachweises näher befaßten, kamen zu der Meinung, daß diese Bakteriengruppe ein geeignetes Kriterium zur Bewertung der frischen fäkalen Verunreinigung des Wassers ist (LITSKY et al. 1955, SLANETZ und BARTLEY 1957, KALINA 1962, GALVANI 1974 und andere). Die zuletzt genannten Autoren sind sogar der Auffassung, daß die Enterokokken ein idealer Indikator der fäkalen Verunreinigung sind, da sie zum Unterschied von Koliformen in der Umwelt ihre Eigenschaften nicht verändern und nicht ubiquitär sind, d. h., daß sie außerhalb des Darmtraktes relativ schnell absterben. Ihre Anwesenheit muß daher als eine kürzlich erfolgte Verunreinigung des untersuchten Milieus mit menschlichen oder tierischen Ausscheidungen gewertet werden. Im Gegensatz dazu verringert die Fähigkeit der *E. coli* und anderer Koliformen in der Umwelt zu leben und sich zu vermehren, ihren indikatorischen Wert, da sie dort wegen ihrer Anspruchslosigkeit, ihrer adaptiven und antagonistischen Eigenschaften oft dominieren und ihren indikatorischen Wert weitgehend eingebüßt haben. Auch muß man auf die höhere Chlorresistenz der Enterokokken hinweisen, die bei gechlorten Trink- oder Badewässern eine erweiterte Aussage ermöglicht.

Anwesenheit und Zahl der Enterokokken im Wasser

Enterokokken gelangen — ähnlich wie Bakterien aus der Familie der Enterobacteriaceae — in erster Linie aus Exkrementen von Mensch und Tier in das Wasser. Nach GAINEY und LORD (1952) enthält 1 g menschlicher Fäkalien etwa 100000 Streptokokken. Diese Zahl ist aber keinesfalls konstant und variiert auch bei den einzelnen Personen stark (Tabelle 45). Ihr Nachweis kann auch im verunreinigten Boden geführt werden. Jungfräuliche, nicht kultivierte Böden oder reine Wässer enthalten keine Enterokokken.

Im allgemeinen ist die Zahl der Enterokokken im Wasser um etwa 1—2 Größenordnungen kleiner als die Zahl der Koliformen (Tab. 46). In Abwässern kann dieses Verhältnis unterschiedlich sein und häufig übersteigt dann die Zahl der Enterokokken sogar die der Koliformen (Tab. 47). Im Oberflächenwasser und Abwasser wurden sämtliche Enterokokkenarten nachgewiesen, die bisher aus menschlichen und tierischen Exkrementen isoliert wurden (BARTLEY und SLANETZ 1960). Diese Autoren untersuchten über 200 Stämme aus verschiedenen Wasserarten und kamen zu den Ergebnissen in Tabelle 48.

Das Überleben fäkaler Streptokokken im Wasser ist relativ kurz. Eine gewisse Zahl dieser Mikroorganismen wird schon in den ersten 24 Stunden nach ihrem Eindringen in das Wasser inaktiviert. Nach anfänglich raschem Absinken ihrer Zahl kommt es in den folgenden 3—5 Tagen zu sukzessivem Absterben. Am längsten überleben *Str. faecalis* und seine Biotypen; weniger widerstandsfähig ist *Str. faecium.* Eigene neuere Experimente zeigen jedoch, daß die Enterokokken sich auch im Wasser vermehren können, wenn sie günstige Temperatur- und Nahrungsbedingungen finden. So vermehrte sich *Str. faecalis* im Abwasser aus einer Zuckerfabrik bei 20 °C relativ intensiv und geringer bei 10 °C (ADÁMEK et al. 1977).

Es herrscht die Auffassung vor, daß Enterokokken im Wasser selten länger als etwa

1 Woche überleben; diese Zeit verlängert sich um einige Tage bei Temperaturen unter 10 °C. Dieser Tatsache wird zugeschrieben, daß in den Wintermonaten eine größere Zahl von Enterokokken im Wasser gefunden wird. Solche Werte führten z. B. Niemelä und Tirronen (1967) aus Untersuchungen an der Kymi in Finnland an und davon zeugen auch unsere Ergebnisse aus der Donau (Tržilová et al. 1974). Neuerdings gibt es Hinweise, daß Überlebenszeiten der Enterokokken von 2—4 Wochen gar nicht so selten sein sollen, was eigenen Erfahrungen entspricht.

Tabelle 45

Vorkommen von Enterokokken in Exkrementen verschiedener Warmblüter (Slanetz und Bartley 1957).

Probe	Zahl der Enterokokken ($\times 10^3$/g Fäzes) bei				
Nr.	Mensch	Schwein	Schaf	Pferd	Hund
1	9800	276	910	150	392000
2	5	3550	347		500000
3	310	73			
4	10000	1010			
5	83	76			
6	2	155			
7	500	387			
8	238000	10			
9	390	22			
10	552	5			
11	205	13500			
12	18000	450			
13	170	3287			
14	16000	1795			
15	886	191			
16	3900				
17	9				
18	5310				
19	270000				
20	27150				

Tabelle 46

Vorkommen von Enterobacteriaceae und Enterokokken in einigen Flüssen der ČSSR, Durchschnittswerte aus 216 Proben aus den Jahren 1971—1973 (Tržilová et al. 1974).

	Keimzahlen/ml	
Entnahmestelle	Enterobacteriaceae	Enterokokken
Donau	450	35
March	294	63
Váh	218	18,5

Tabelle 47

Vorkommen von Enterokokken und Koliformen in Abwässern.

Probe Nr.	Keimzahlen/ml	
	Enterokokken	Koliforme
1	5495	35400
2	4960	5280
3	3930	1235
4	24850	6230
5	15400	2270
6	11400	21000
7	4025	650
8	1340	2800
9	625	387
10	1310	625
11	4776	38600
12	4500	12500
13	13100	34500
14	260	150
15	1300	840
16	300	3500
17	2040	570
18	210	870
19	10	100
20	725	2405
21	190	4050
22	1280	250
23	20	760
24	3357	7100
25	1892	4700

Tabelle 48

Enterokokken aus verschiedenen Wasserarten.

Herkunft	Zahl der Stämme	Anteile der einzelnen Arten (%)		
		Str. faecalis	*Str. faecalis subsp. liquefaciens*	*Str. faecium*
Abwasser	653	15	9	10
Meerwasser	1034	14	5	5
Flüsse (5)	456	9	8	16
Seen (2)	171	22	5	4
Brunnen	168	2	14	12

Anaerobe Sporenbildner

Gemeinsam mit Bakterien aus der Familie der Enterobacteriaceae und den Enterokokken finden sich in den Ausscheidungen von Mensch und Tier regelmäßig auch anaerobe Sporenbildner. Im Vergleich mit den beiden bereits besprochenen Bakteriengruppen sind die Klostridien in geringerer Anzahl von 1000–10000/g Stuhl vertreten. Dabei überwiegt die Art, die Welch und Nuttal isolierten, im Jahre 1892 beschrieben und *Bacillus aerogenes capsulatus* nov. spec. nannten. Heute wird sie als *Clostridium perfringens*, seltener *Clostridium welchii* bezeichnet (Abb. 23).

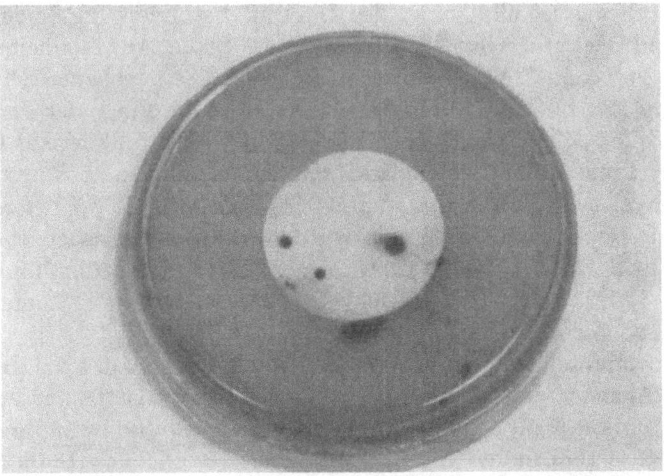

Abb. 23. Klostridienkolonien auf Membranfilter (Wilson-Blair-Nährboden für Anaerobier, 24 h/37 °C).

Es handelt sich um kurze unbewegliche grampositive Stäbchen, die gelegentlich in Kettenformationen auftreten. Die runden Sporen sind zentral oder exzentrisch gelagert. Ein charakteristisches biochemisches Merkmal ist ihr stürmisches Fermentierungsvermögen (z. B. Milchgewinnung) unter starker Gasbildung.

Bedeutung von Clostridium perfringens als Fäkalindikator

Cl. perfringens und andere Klostridien werden gelegentlich als Fäkalindikatoren verwendet.

Houston publizierte schon 1901–1902 in England diesbezügliche Ergebnisse und unterteilte auf Grund der Zahlen an *Cl. perfringens* Trinkwasser in 3 Klassen: I. Klasse = negativ in 100 ml; II. Klasse – negativ in 10 ml, positiver Befund in 100 ml; III. Klasse = negativ in 1 ml, positiver Befund in 10 ml. Wenn das Wasser *Cl. perfringens* in einem kleineren Volumen enthielt, wurde es als ungeeignet bezeichnet. Nach Miller (1933) muß man Wasser, das zwei und mehr dieser Bakterien/ml enthält, vom hygienischen Standpunkt als verunreinigt betrachten. Ähnlich ist Marino (zit. bei Bonde 1963) der Ansicht, daß Wasser mit 1–5 *Cl. perfringens*/ml als suspekt und Wasser mit mehr als 5 Kolonien/ml als verunreinigt zu bezeichnen ist.

In Anbetracht dessen, daß Sporen von *Cl. perfringens* in der Umwelt lange Zeit überleben können, wird die Anwesenheit dieser Mikroorganismen ohne gleichzeitigen Nachweis von Enterokokken oder Koliformen als Indikator einer älteren Verunreinigung betrachtet und beweist dann keine aktuelle epidemiologisch bedeutende Verunreinigung des Wassers.

Im Gegensatz dazu stellte Keleti (1958) fest, daß *Cl. perfringens* im Wasser nicht viel länger überlebt als Koliformen. Dies erscheint auch logisch, denn wenn *Cl. perfringens* im Wasser sehr lange überleben würde, müßten diese in bedeutend größerer Zahl nachgewiesen werden.

Levine (1921) und andere Autoren vertreten die Meinung, daß die Bestimmung des *Cl. perfringens* als Indikator fäkaler Verunreinigungen des Wassers nicht geeignet ist. Dieser Mikroorganismus ist nämlich in der Umwelt (besonders im Boden, auf zerfallendem organischen Material usw.) sehr verbreitet. Seine Anwesenheit korreliert also nicht in jedem Fall mit dem hygienischen Zustand des gegebenen Milieus. Ungünstig ist auch die relativ kleine Zahl im Wasser. Auch ist die Frage der Pathogenität dieser Bakterien und die Möglichkeit ihrer Infektiosität nicht mit letzter Gültigkeit geklärt, obwohl von Hobbs (1953) in England und von Keleti und Rusinko (1963) in der Tschechoslowakei aus Wasser thermophile Stämme von *Cl. perfringens* isoliert und dabei charakteristische Toxine gefunden wurden, die bei Menschen eine Enterotoxikose bewirken. Von den durch diese Autoren aus der Donau isolierten Stämme machten diese Typen bis 47,2% aus. Im Vergleich mit den klassischen Stämmen sind sie empfindlicher und sterben in der Umwelt rascher ab.

Im Gegensatz dazu vertreten einige Autoren wie Thresh, Wilson u. a. (zt. bei Gainey und Lord 1952) die Ansicht, daß *Cl. perfringens* als Mikroorganismus aus dem Darmtrakt ein geeigneter Indikator für fäkale Verunreinigungen ist, und zwar gerade wegen seiner relativ großen Resistenz in der Umwelt, weshalb er vor allem als Indikator sporadischer und zufälliger Verunreinigungen dienen kann. Da viele Wasservorkommen nur in relativ großen Zeitabständen untersucht werden, kann die Anwesenheit von *Cl. perfringens* gerade in solchen Fällen darauf hinweisen, daß in das Wasser vor längerer Zeit fäkale Verunreinigungen gelangten bzw. daß die Möglichkeit zum Eindringen solcher Verunreinigung besteht, obwohl Enterobakterien bzw. Koliforme schon lange eliminiert sind. Nur der negative Befund beider Indikatoren garantiert, daß das untersuchte Wasser zur Zeit der Analyse bakteriologisch tatsächlich einwandfrei ist. Auch Bonde (1963), der den anaeroben Sporenbildnern besondere Aufmerksamkeit widmete, vertrat die Ansicht, daß der Nachweis des *Cl. perfringens* als Indikator fäkaler Verunreinigung des Wassers genauere und adäquatere Ergebnisse gibt als der Nachweis der Koliformen und diesen durchaus ersetzen kann. Neuerlich ist jedoch diese Auffassung nicht akzeptiert (Cabelli 1977).

So kann man feststellen, daß die Klostridien bis heute kein standardisiertes und allgemein angewandtes Kriterium der hygienischen Wasseruntersuchung sind, obwohl der Nachweis des *Cl. perfringens* im Wasser schon lange durchgeführt wird. Nach Meinung der Mehrzahl der Autoren hält man es nicht für erforderlich, bei der routinemäßigen hygienischen Kontrolle des Wassers auch *Cl. perfringens* zu bestimmen und es ist schwer anzunehmen, daß dieser Mikroorganismus die ganze gründlich durchforschte Gruppe von Koliformen, *E. coli* oder die Enterokokken ersetzen könnte. Er stellt aber eine nützliche Ergänzung dieser Indikatoren dar.

Anwesenheit und Zahl von Cl. perfingens im Wasser

Die Zahl von *Cl. perfringens* im Wasser ist im Vergleich zu den Bakterien aus der Familie der Enterobacteriaceae bedeutend kleiner, obwohl sie im Abwasser auch viel höhere Werte annehmen kann. In reinen Wässern werden sie gewöhnlich aus 100 ml und noch größeren Volumina nicht nachgewiesen, in mäßig verunreinigten Wässern ist ihre Anwesenheit aus 1—50 ml gegeben.

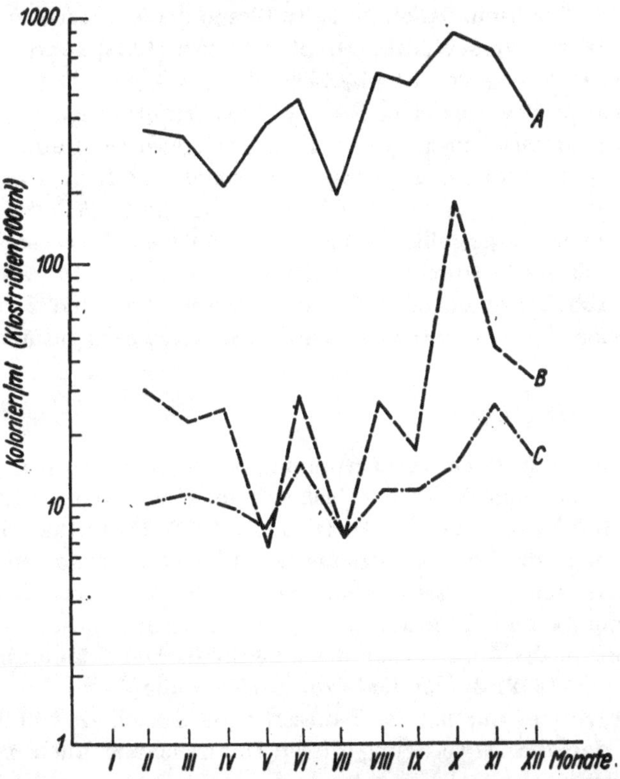

Abb. 24. Vorkommen und Wechselbeziehungen der Fäkalindikatoren im tschechoslowakischen Donauabschnitt (Durchschnittswerte 1971–1973, A = Enterobacteriaceae, B = Enterokokken, C = Klostridien).

Tabelle 49

Keimzahlen von *Cl. perfringens* in 100 ml Donauwasser. In Klammern sind die Werte in der Zuckerrübenkampagne angeführt. Durchschnittswerte aus 216 Proben aus den Jahren 1971–1973 (Tržilová et al. 1974).

Entnahmeort (Donau)	Keimzahl/100 ml		
	1971	1972	1973
Fließ-km 1880	8 (17)	9 (6)	12 (12)
Fließ-km 1867	21 (23)	19 (14)	15 (28)
Fließ-km 1819	4 (8)	9 (6)	11 (8)
Fließ-km 1771	5 (15)	6 (3)	14 (13)
Fließ-km 1708	5 (8)	6 (11)	6 (10)

In der Donau finden sich durchschnittlich 3—21 (während der Zuckerrübenkampagne bis zu 64) Kolonien in 100 ml Wasser (Tab. 49). Mackenzie (1938) führt an, daß im verunreinigten Themsewasser 86% der 10 ml-, 22% der 1 ml- und 2,8% der 0,1 ml-Proben auf *Cl. perfringens* positiv ausfielen. Bonde (1963) zitiert Angaben, daß diese Bakterien im Wasser von artesischen Brunnen nicht nachgewiesen werden konnten. Bei 40 ml-Proben wurden jedoch im Leitungswasser, im reinen Oberflächenwasser sowie in Talsperren jeweils bis zu 2, in Quellen bis zu 101, in Brunnen bis zu 780 und in Bächen und Flüssen 3—568 Kolonien festgestellt. In 100 ml ungeklärtem Abwasser fand sich *Cl. perfringens* in 50%, nach der Klärung in 10% der Proben.

Eigene Erfahrungen (Abb. 24) sprechen dafür, daß Anwesenheit und Zahl von *Cl. perfringens* in verschiedenen Wässern und einzelnen Jahreszeiten sehr variabel sind.

Pseudomonas aeruginosa

Im Zusammenhang mit der steigenden Verunreinigung des Wassers, wird gegenwärtig die Forderung ausgesprochen, den Wert der bisher benutzten Fäkalindikatoren zu überprüfen und weitere Indikatoren zu suchen (Kalina 1973, Daubner 1976, Berg 1978). Einer der Organismen, die bei der hygienischen Wasserkontrolle routinemäßig bestimmt werden sollen, ist die Art *Pseudomonas aeruginosa* (Mitchell 1972, Schubert und Blum 1974, Mucha und Bobková 1977). Ein Ausdruck dieses Vorschlages ist auch die Tatsache, daß in der 13. Ausgabe der amerikanischen Standardmethoden für die Wasseruntersuchung (1972) die Methode zur Bestimmung dieser Art angeführt ist. Es handelt sich zwar vorerst nur um Badewässer, neue Ansichten von Fachleute sprechen jedoch davon, daß die Erweiterung dieser Untersuchung auch auf Trink- und andere Wässer notwendig ist.

Pseudomonas aeruginosa wurde im Jahre 1882 von Gessard aus blauem Eiter eines Patienten entdeckt. Später wurden diese Bakterien in Exkrementen von Kranken und gesunden Menschen in Wasser, Boden und anderen Milieus gefunden. Ihr Nachweis in menschlichen Untersuchungsmaterial gelingt nach gleichlautenden Literaturangaben mit einer Häufigkeit von etwa 10—15%. Aus hygienisch-gesundheitlicher Sicht ist *P. aeruginosa* als fakultativ pathogen zu betrachten. Sie bewirkt verschiedene Entzündungsprozesse (z. B. Konjunktivitis) und ist als Sekundärinfektion auch an anderen Erkrankungen des Menschen beteiligt (Southern et al. 1971). Sie verursacht jedoch Infektionen auch bei mehreren, darunter wirtschaftlich wichtigen Pflanzen (Tabak, Kartoffel, Zuckerrohr usw.) sowie bei Insekten. Es wurde sogar ihr Einsatz zur biologischen Bekämpfung der Heuschrecken vorgeschlagen (Hoadley 1977).

In der Umwelt ist *P. aeruginosa* weit verbreitet. Die Häufigkeit ihres Vorkommens zeigt, wie die Fachliteratur ausweist, eine steigende Tendenz. Als Erklärung ist anzunehmen, daß durch die Anwendung von Antibiotika im Darmtrakt eine selektive Vermehrung von *P. aeruginosa* erfolgt, die gegen eine ganze Anzahl der in Therapie und Prophylaxe benutzten Medikamente resistent ist. Ähnliches gilt auch für Desinfektionsmittel. Eine Bestätigung dieser Tatsache ist weiterhin der höhere Prozentsatz von *P. aeruginosa*, der bei mikrobiologischen Untersuchungen von Krankenhauspatienten gefunden wird.

Mucha und Bobková (1977) bringen Angaben, daß diese Bakterien aus dem Stuhl von 26% Patienten der chirurgischen Abteilung, von 23% Patienten der internen Abteilung und von 50% der Diabetiker isoliert wurden. Das sind bedeutend größere Häufigkeiten als bei der Untersuchung von Patienten aus anderen Milieus.

So gelangt *P. aeruginosa* in verschiedenartige Biotope und vor allem in Kommunalabwässer, wo sie sich bei günstigen Bedingungen sogar vermehren kann. Abgesehen davon, ist die Anwesenheit dieser Bakterien vorwiegend mit dem Vorkommen menschlicher Exkremente verbunden. Wie RINGEN und DRAKE (1952), BOTZENHART et al. (1974) und andere feststellten, geraten sie entweder mit Infektionsmaterial menschlichen Ursprunges oder durch kommunale Abfälle (Abwasser) in das Wasser. HOADLEY (1977) führt an, daß aus 20 Wasserproben verschiedener Art 17 mal *P. aeruginosa* nachgewiesen werden konnte. Dabei waren die sog. Fäkalcoli in den meisten Fällen nicht feststellbar. Das bedeutet, daß *P. aeruginosa* als Indikator fäkaler bzw. biologischer Verunreinigungen dienen kann. Zusammen mit Bakterien aus der Familie Enterobacteriaceae (Koliformen) und den Enterokokken hilft sie, ein komplexes Bild über die Wasserqualität nach hygienischen Kriterien zu bekommen.

Bifidobacterium bifidum

Nur kurz erwähnt werden soll diese anaerobe, grampositive, nichtsporenbildende Art, die von einigen Autoren gleichfalls als möglicher Fäkalindikator des Wassers betrachtet wird (GYLLENBERG et al. 1959, 1961, EVISON and JAMES 1974, LEVIN 1977, RESNICK und LEVIN 1981). Die Zahl von *Bifidobacterium bifidum* (früher als *Lactobacillus bifidus*, *Bacterium bifidum* u. ä. bekannt) in Exkrementen erreicht noch größere Werte als die Koliformen bzw. Enterokokken. Im potentiellen Indikatorswert haben Bifidobakterien den Vorteil, daß sie sich nicht außerhalb des Darmtraktes vermehren. Wie Experimente zeigten, können Bifidobakterien im Wasser gewisse Zeit überleben, nach unseren Ergebnissen sinkt ihre Zahl sehr markant schon nach 1 Woche.

Es muß jedoch festgestellt werden, daß Angaben über *B. bifidum* als Indikator fäkaler Verunreinigung nur selten gefunden werden und soweit uns bekannt ist, wurde nie ernstlich erwogen, sie in dieser Richtung zu verwenden. Die Schwierigkeit liegt höchstwahrscheinlich im methodischen Bereich bei der Kultivierung dieses strengen Anaerobiers.

Enteroviren

Eine bedeutende Gruppe von Mikroorganismen — falls man sie Organismen nennen darf —, die bei der Wasserforschung und der hygienisch-gesundheitlichen Wasseruntersuchung heute nicht mehr übersehen werden kann, sind die Viren. Es ist bekannt, daß die Ergebnisse der bakteriologischen Wasseranalyse über die Anwesenheit von Viren nicht informieren, was häufig Viruserkrankungen und sogar Epidemien zur Folge hatte. Ein typischer Fall war die explosive Epidemie der infektiösen Hepatitis in Indien in den Jahren 1955/56, bei der über 30000 Menschen erkrankten und mehrere starben. Die Ursache war Flußwasser, das mit Abwässern aus einem Stadtteil verunreinigt war, in dem diese Erkrankung sporadisch auftrat. Die Kontamination wurde bakteriologisch nicht registriert. Hier kann konstatiert werden, daß bis heute kein geeignetes Indikatorsystem für die Viren im Wasser existiert. Weder die Koliformen noch die Fäkalkoliformen bzw. Enterokokken können diese Aufgabe adäquat nicht erfüllen (BERG 1978). Derzeit werden in dieser Richtung die Coliphagen als potentielle Indikatoren der Enteroviren studiert (ŠIMKOVÁ und ČERVENKA 1981).

Die Untersuchung des Wassers auf Anwesenheit von Viren hat somit mehrere Aspekte: sie informiert direkt über das reale Infektionspotential des gegebenen Wassers, ermöglicht eine Überprüfung des Effektes von Wasserbehandlung und -desinfektion und bietet eine gewisse Auskunft über die Ausbreitung von Viren in der Population.

Für die Wasseruntersuchung sind Vertreter von Virusgruppen interessant, die durch folgende allgemeine Eigenschaften ausgezeichnet sind:

1. hohe Infektiosität, d. h. hohe Vermehrungsrate im menschlichen Organismus bei oraler Applikation,
2. hohe Ausscheidungsquote über den Gastrointestinaltrakt,
3. relativ langes Überleben unter in-vitro-Bedingungen, z. B. verhältnismäßig langsamer Verlust der Vermehrungsfähigkeit bei Vorkommen im Wasser,
4. leichte Nachweisbarkeit, d. h. mit nicht zu großem methodischem Aufwand realisierbarer zweifelsfreier Nachweis der Anwesenheit weniger Viruspartikel/Volumeneinheit Wasser.

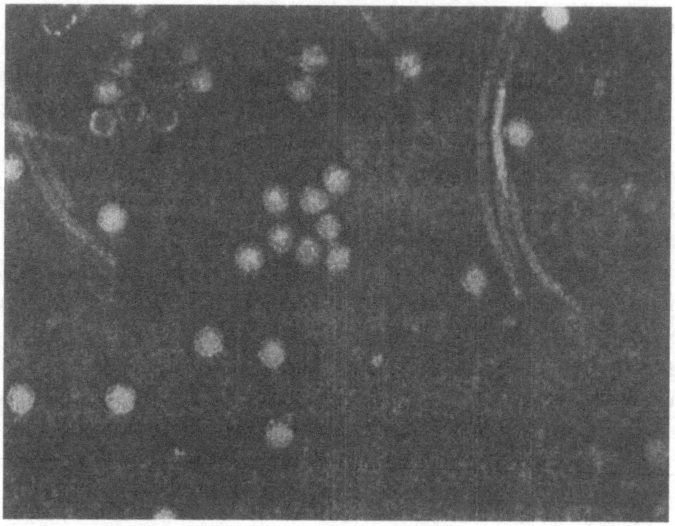

Abb. 25. Poliovirus (Vergrößerung 320000 ×).

Solche für Fäkalindikatoren charakteristische Eigenschaften weisen insbesondere die Enteroviren, weiter Reoviren, Arboviren und wahrscheinlich auch Adenoviren und das Hepatitis-Virus auf. In der vorläufigen Virussystematik wurden die Enteroviren als Untergruppe der Picornaviren (Familie Picornaviridae) verstanden, die 1957 aufgestellt wurde (LENNETTE et al. 1974). Gegenwärtig gehören ihr 72 differential-diagnostisch unterscheidbare Typen an, die sich wie folgt verteilen:

1. Polioviren — Typen 1—3 (Abb. 25),
2. Coxsackieviren, Gruppe A — Typen 1—24,
   Coxsackieviren, Gruppe B — Typen 1—6,
3. ECHO (= Enteric Cytopathogenic Human Orphan)-Viren — Typen 1—34,
4. Enteroviren, Neutypen 68—71,
5. Hepatitis A-Virus

Enteroviren können in verschiedenen Organismen und Ökosystemen nachgewiesen werden, wodurch zusätzliche Differenzierungsmöglichkeiten gegeben sind. Sie rufen charakteristische Veränderungen in von ihnen infizierten Zellen hervor. Der sog. zytopathische Effekt bei sensiblen in-vitro-Zellkulturen macht sich durch Abrunden und Schrumpfen der Zellen bemerkbar. Mikroskopisch ist eine Kernpyknose zu beobachten. Schließlich degenerieren die Zellen völlig und lösen sich von der Wand des Kulturgefäßes ab, wodurch mehr oder weniger große Löcher in den Zellmonoschichten (Monolayers) entstehen. Einige Enterovirus-Typen zeigen eine Plaque-Bildung, wenn die infizierten Zellkulturen unter einer Agarschicht kultiviert werden. Dabei sind Größe und Form der Plaques unter Standardbedingungen zur Typendifferenzierung brauchbar. Die Anzahl der Plaques gibt ein relativ verläßliches Maß des Virustiters.

Enteroviren enthalten Ribonukleinsäure, deren Strangmoleküle von einer Proteinhülle umgeben sind. Die Viruspartikel weisen Durchmesser von 15—30 nm auf. Sie sind resistent gegen Antibiotika und Chemotherapeutika. Freies und sog. Rest-Chlor bewirkt in Konzentrationen von 0,3—0,5 mg/l eine relativ schnelle Inaktivierung des Viruses, die jedoch bei gleichzeitiger Anwesenheit von organischen Substanzen z. B. im Wasser stark verringert sein kann, so daß dann hohe Chlordosen für eine komplette Virusinaktivierung notwendig sind. Enteroviren werden leicht durch UV und Temperaturen über 50 °C inaktiviert.

Die Enteroviren besitzen eine komplexe Antigenstruktur. Dabei können Partialantigene bei mehreren Typen identisch sein (z. B. bei den Typen 1 und 2 von Polioviren). Bei einigen Coxsackieviren wurde eine Antigenvariabilität beobachtet. Darunter ist eine Verschiedenheit in den virus-neutralisierenden und antigenen Aktivitäten zu verstehen. Sog. „Prime"-Stämme werden mit Prototyp-Antiserum nur schwach neutralisiert, induzieren aber Antikörper, die beide Stammtypen gleichwertig neutralisieren.

Enteroviren können durch Aerosole, durch direkten Kontakt, durch Insekten und durch Wasser übertragen werden. Die Infektion erfolgt peroral über den Verdauungstrakt. Die Inkubationszeiten betragen 2—35 Tage. Enteroviren rufen verschiedene Krankheitsbilder mit unterschiedlichen Schweregraden hervor (Paralysen, aseptische Meningitiden, Herpanginen, Pleurodynien, Hepatitis, Myokarditis, Exantheme, Fieber usw.). Infizierte Personen scheiden mit ihrem Stuhl mehrere Wochen Virus aus. Gleiches wurde bei Personen festgestellt, die mit Poliolebendvakzine geimpft wurden.

Tabelle 50
Viren, die sich potentiell im Wasser befinden.

Virusgruppe	Zahl der Serotypen
Enteroviren:	
Poliovirus	3
Echovirus	34
Coxsackievirus A	24
Coxsackievirus B	6
Enteroviren-Neutypen 68—71	4
Hepatitis-Virus A /wahrscheinlich Enterovirus	1
Norwalk-Virus	2
Rotavirus	4
Reovirus	3
Adenovirus	> 30
Papovavirus B	2
Parvovirus	
adeno-assoziiertes Virus	3

Als Infektionserreger spielen Enteroviren weltweit eine bedeutende Rolle. Vierjährige Untersuchungen von 93 Laboratorien in 33 Ländern haben gezeigt, daß Enteroviren mehrmals Epidemien verursachten (ASSAAD und COCKBURN 1972). In der Tabelle 50 bringen wir einen Übersicht über Viren, die potentiell durch das Wasser verbreitet werden können. Ihre Nomenklatur und Klassifikation beruht auf den neuesten Angaben von MATTHEWS (1979).

Vorkommen und Überleben von Enteroviren im Wasser

Untersuchungen aus den letzten 30 Jahren haben bewiesen, daß von den über 100 Virustypen, die durch Exkremente ausgeschieden werden, ungefähr 30 aus Abwässern isoliert werden konnten (ŠIMKOVÁ und WALLNEROVÁ 1974). Die Entero-, Reo-, Arbo- und Adenoviren können regelmäßig in Abwässern gefunden werden, wobei der Nachweis besonders leicht in den Sommermonaten gelingt. Einen gewissen Gegensatz bildet das Hepatitisvirus, für das eine erhöhte Inzidenz in den Wintermonaten beobachtet wurde (Standard Methods 1971). Die Zahl nachweisbarer Enteroviren hängt von den hygienischen und sozial-ökonomischen Bedingungen ab, ist jedoch um einige Ordnungen kleiner als die der Koliformen.

MITCHELL (1972) zitiert Angaben, daß in Abwässern etwa 100—500 Viruseinheiten/100 ml erwartet werden können, das bedeutet 0,1-1 infektiöse Viruseinheit pro 100 ml Oberflächenwasser. Es ist damit zu rechnen, daß die Viren hauptsächlich in Kommunalabwässer und weiter in die Oberflächenwässer gelangen. Es ist bekannt, daß die übliche Abwasserreinigung sie nur wenig eliminiert, da sie wegen ihrer geringen Größe und ihren physikochemischen Eigenschaften den Einwirkungen während der Abwasserbehandlung und -desinfektion widerstehen. Nach BAGDASARJAN und KAZANCEVA (1965) konnten in über 90% aller gereinigten Abwasserproben verschiedene Typen von Enteroviren festgestellt werden. Ähnliche Angaben bringen auch SCHWARTZBROD et al. (1973).

Heute gibt es in der Fachliteratur relativ viele Angaben über die Anwesenheit von Enteroviren in verschiedenen Wässern. Die ersten Befunde beziehen sich auf Abwässer (CLARKE und KABLER 1964, BAGDASARJAN und KAZANCEVA 1965, GRIGORIEVA und STAROVOJTOVA 1965 u. a.). Später finden sich auch Angaben über die Isolierung von Enteroviren aus Oberflächenwässern. Eines der ersten diesbezüglichen Resultate stammt von PAUL und TRASK aus dem Jahre 1941, die das Poliovirus aus dem New-England-Fluß isolierten.

In den nachfolgenden Jahren berichten mehrere Autoren über die Isolierung verschiedener Typen von Enteroviren: LAMB et al. (1964) in den USA, PRIMAVESI (1966) aus Rheinwasser, FRAŇKOVÁ und SYMON (1960), ZDRAŽÍLEK et al. (1971) und VANĚČKOVÁ et al. (1971) in der ČSSR, NIKOLAEVSKAJA und AJZEN (1972) aus den Flüssen Moskva und Wolga, DÜRKOP (1972) in der DDR und viele andere. Die ersten Isolierungen von Enteroviren aus der Donau stammen von ŠIMKOVÁ und WALLNEROVÁ (1973) in der Tschechoslowakei und NESTOR (1974) in Rumänien.

Bisher wurde nicht nachgewiesen, wie groß das Infektionsrisiko für den Menschen durch Wasser mit niedrigem Virusgehalt ist, obwohl schon bekannt wurde, daß auch kleine Virusmengen eine Erkrankung hervorrufen können. Abgesehen davon existieren Angaben über mehr als 50 größere Hepatitisepidemien, und zwar nicht nur in den unterentwickelten, sondern auch in hochindustrialisierten Ländern Europas und Amerikas. In allen diesen Fällen wurde als Erkrankungsursache kontaminiertes Wasser festgestellt (MITCHELL 1972).

Die Möglichkeit einer Direktübertragung des Virus durch Abwasser ist in den entwickelten Staaten relativ gering, da der Mensch hier mit solchen Wässern kaum in Kontakt kommt. Jedoch stellt das Einleiten von ungereinigten oder ungenügend gereinigten Abwässern in die Vorfluter (Flüsse, Seen usw.), die zur Trinkwasserversorgung, zum Baden und zur Erholung bestimmt sind, eine reale Gefahr dar. Wie van der Velde und Mack (1973) berichten, kam es in den USA nach Genuß eines mit Poliomyelitisvirus kontaminierten Trinkwassers zu massenhaften Gastroenteritis-Erkrankungen. Hawley et al. (1973) isolierten aus einem See Coxsackievirus Typ B5, das mehrere Erkrankungen bei Kindern (Konjuktivitis, Meningitis, Pleurodynie) verursachte. Bryan et al. (1974) publizierten Angaben über epidemische Hepatitis-Erkrankungen in den USA, wobei als Ursache das Wasser aus einem zur Erholung benutzten See erkannt wurde.

Da sich die Viren nur in den Wirtszellen vermehren, erhöht sich ihre Zahl im Wasser nicht. Sie können jedoch eine gewisse Zeit überleben und virulent bleiben. Dafür sprechen Laboratoriumsversuche und Beobachtungen, die eine relativ lange Persistenz von Viren im Wasser, besonders bei niedrigeren Temperaturen, bestätigen. Es wurde festgestellt, daß auch weitere physiko-chemische und biologische Faktoren (pH-Wert, chemische Zusammensetzung, Verunreinigungsgrad, anwesende Lebensgemeinschaften usw.) das Überleben von Viren im Wasser beeinflussen. Im allgemeinen kann angeführt werden, daß ein längeres Überleben von verschiedenen Enterovirentypen bei niedrigen Temperaturen (1—8 °C), in verschmutztem (d. h. bei erhöhtem Gehalt an organischen Stoffen) und in sterilisiertem Wasser beobachtet wurde.

Grigoreva (1964) stellte bei Laboruntersuchungen mit Coxsackieviren der Typen A5 und A7 fest, daß die Viren bei 20 °C 3—5fach schneller inaktiviert wurden als bei 4 °C. Ähnliche Resultate erhielten Bykovskaja und Babina (1964) für das Überleben von Poliovirus Typ 1 unter verschiedenen Bedingungen. Im Trinkwasser bei 20 °C blieb das Virus 37 Tage (falls das Wasser sterilisiert wurde, bis zu 90 Tagen), bei 4 °C 99 Tage vermehrungsfähig. Metcalf und Stiles (1965) bestätigten den Einfluß der Temperatur. Poliovirus Typ 1 überlebte bei 37 °C 30 Tage, bei 4 °C bis zu 130 Tagen. Berg (1965) führte an, daß Poliovirus Typ 2 in Trinkwasser bei 37 °C nach 17 Tagen, bei 20 °C noch nach 27 Tagen nachgewiesen werden konnte. ECHOvirus Typ 7 war bei 37 °C 24 Tage, bei 20 °C jedoch bis zu 50 Tagen reisolierbar. Ein langfristiges Überleben von Coxsackievirus Typ A 4 im Donauwasser stellten Šimková und Wallnerová (1974) fest.

Sowjetische Autoren beobachteten das Überleben von Enteroviren sowohl im Wasser wie auch im Sediment. Grigoreva und Korčak (1968) stellten fest, daß Coxsackievirus Typ B5 bei einer Temperatur von 25—28 °C im Oberflächenwasser 30 Tage, im Schlamm 20 Tage überlebte. Bagdasarjan und Abieva (1971) beobachteten, daß das ECHOvirus bei 4 °C im Trinkwasser 75 Tage, im Flußwasser 90 Tage, im Abwasser 115 Tage und im Schlamm des Abwassers bis zu 200 Tagen vermehrungsfähig blieb. Bei Temperaturen von 15—20 °C verkürzte sich die Überlebenszeit der untersuchten Viren um das 2—2,5fache.

Alle diese Beispiele sprechen dafür, daß die Fähigkeit der Entero- und anderen Viren, im Wasser und im Sediment langfristig zu überleben, ein hygienisch-epidemiologisches Problem darstellt. In Tabelle 51 sind Literaturangaben über das Überleben von Enteroviren in verschiedenen Wasserarten bei unterschiedlichen Temperaturen zusammengestellt. Gleichzeitig bestätigt dies die Forderung nach einer virologischen Wasseruntersuchung.

Abgesehen von bisher publizierten Ergebnissen stellt jede Virusisolierung aus Wasser — und vor allem aus Oberflächenwasser — ein methodisches Problem dar. Für Routine-

Tabelle 51
Überleben von Enteroviren in verschiedenen Wasserarten.

Virus	Überlebensdauer (Tage)								
	Trinkwasser (°C) (°C)			Oberflächenwasser (°C)			Abwasser (°C)		Meerwasser (°C)
	4–8	20–28	37	4–8	20–28	37	4–8	20–28	4–8
Poliovirus, Typ 1	99–170	37–10		130		30	65		
Poliovirus, Typ 2		27	17						
Coxsackie, Typ A4				154	45				
Coxsackie, Typen A5 und 7				40–200			70–200		10–18
Coxsackie, Typ B3								65	
Coxsackie, Typ B5					30				
Coxsackie, Typ B6	120	30							
ECHOvirus, Typ 7	75	50	24	90			115		

untersuchungen ist zu fordern, daß die anzuwendende Methodik präzise, genügend empfindlich und zur Standardisierung geeignet ist. Sie darf weder zu aufwendig noch zu anspruchsvoll sein. Entsprechend der Virusnatur des nachzuweisenden Agens und dem heutigen Entwicklungsstand der erforderlichen Nachweismöglichkeiten gibt es mehrere Einzelprobleme, von denen die nachstehend genannten eine besondere Bedeutung haben:

1. Die Empfindlichkeit einer Methode hängt von der Zahl der nachzuweisenden Viruspartikel/Volumeneinheit Wasser ab. Neben dem qualitativen Nachweis des Vorkommens von Viren ist die Bestimmung ihrer Anzahl erforderlich.

   Da Viren im Wasser in relativ geringen Konzentrationen vorhanden sind, müssen relativ große Volumina (10–20 l und mehr) getestet werden. Daraus leitet sich die Notwendigkeit einer „Viruskonzentrierung" ab, für die immer wieder neue Methoden publiziert werden. Sie beruhen auf den Prinzipien der mechanischen Abtrennung (Mulltampone, Membran- u. a. Ultrafiltrationen, Ultrazentrifugation), der Adsorption (Verwendung von Ionenaustauschern, Bierhefezellen, Aluminiumhydroxid, Polyelektrolyten u. a. Adsorbantien) sowie der Ausnutzung anderer selektiver physikochemischer Spezifika (durch Hydroextraktion, Elektrophorese, Phasentrennung, passive Hämagglutination usw.). Besonders effektiv sollen die Verwendung von Alginatfiltern (Nikolaevskaja 1973) und eine Kombination von Membranfiltern mit Adsorptionsmethoden (Shuval und Katznelson 1972) sein.
2. Die Spezifität des Nachweises bestimmter Virustypen ist von der Auswahl geeigneter Wirtszellen abhängig. Da der Virusnachweis indirekt geführt wird, d. h. als Degeneration sensibler Zellkulturen erfolgt, ist eine mögliche Interferenz zwischen zwei oder mehreren Virustypen auszuschließen. Außerdem ist die Signifikanz für Sensibilität oder Unempfindlichkeit einer Zellinie entscheidend für eine Anreicherung bestimmter „reiner" Virussuspensionen, die das Ausgangsmaterial für weitere Identifizierungsschritte darstellen.

Auch wenn heute die virologische Untersuchung des Wassers kein Bestandteil der Routinepraxis ist, kann man konstatieren, daß der Umfang der wasservirologischen Untersuchungen eine steigende Tendenz aufweist. In vielen Ländern stehen Laboratorien und Methoden zur Verfügung, die wenigstens in speziellen Fällen eine virologische Wasseruntersuchung ermöglichen können. Auch hier wollen wir wieder die Notwendigkeit betonen, bei allen Instituten und Laboratorien, die sich mit Wasseruntersuchung und -forschung beschäftigen, materielle und personelle Voraussetzungen zu schaffen, um die Entwicklung der Wasservirologie zu fördern.

Literatur

ABRAMOVIČ, G. A.: Raznovidnosti kišečnoj paločki na različnych stadijach očistki vody na Saratovskich vodoprovodach. Konf. sanit. Bact. AMN UdSSR, Moskva 1957.

ADÁMEK, R., I. DAUBNER, V. JOHNOVÁ und B. TRŽILOVÁ: Der Einfluß von Abwässern aus Zuckerfabriken auf den Gehalt an Darmbakterien im Vorfluter. Zbl. Bakt. Hyg. I. Orig. B **164**, 340, 1977.

AMYOT, J. A.: Is the colon bacillus a normal inhabitant of the intestines of fishes? Trans. Am. Publ. Hlth Ass. **27**, 400, 1902.

ASSAAD, F. und W. CH. COCKBURN: Four year study of WHO-Virus reports of enteroviruses other than poliovirus. Bull. WHO **46**, 329, 1972.

BAGDASARJAN, G. A. und R. M. ABIEVA: Vyživaemost' entero- i adenovirusov v vode. Gigiena **36**, 10, 1971.

BAGDASARJAN, G. A. und V. A. KAZANCEVA: Opyt izučenija očistki stočnych vod ot citopathogennych enterovirusov na očistnych sooruženijach. Gigiena **30**, 14, 1965.

BARNES, E. M.: Tetrazolium reduction as a means of differenting *Streptococcus faecalis* from *Streptococcus faecium*. J. gen. Microbiol. **14**, 57, 1956.

BARTLEY, C. H. und L. W. SLANETZ: Types and sanitary significance of fecal streptococci isolated from feces, sewage and water. Am. J. Publ. Hlth **50**, 1545, 1960.

BERG, G.: Die Virusübertragung auf dem Wasserweg. Arch. Hyg. **149**, 310, 1965.

BERG, G.: Indicators of Viruses in Water and Food. Ann Arbor Sci. Publ., Ann Arbor 1978.

BERGEYS Manual of Determinative Bacteriology, 7. Aufl. The Williams und Wilkins Co., Baltimore **1959**

BERGEYS Manual of Determinative Bacteriology, 8. Aufl. The Williams and Wilkins Co., Baltimore 1974.

BIRGER, M. O.: Raspredelenie dekarboksilaz aminokislot u bakterij semejstva kišečnych i ich značenie v charakteristike etich mikrobov. Autoref. Diss., Moskva 1962.

BONDE, G. J.: Bacterial Indicators of Water Pollution. Teknisk-Forlag, Kopenhagen 1963.

BONDE, G. J.: Bacteriological examination of surface water and bottom deposits of a marine environment. Comm. Int. Explor. Sci. Mer. Medit., Monaco 1964.

BONDE, G. J.: Bacterial indication of water pollution. In: Advances in Aquatic Microbiology, Vol 1, 273—364, Academic Press, London New York San Francisco, 1977 (ed. M. R. DROOP and H. W. JANNASCH.)

BORMANN, E. K., E. D. ROBINTON und C. A. STUART: A study of standard methods for the detection of coliform organisms in raw and treated waters. Am. J. Publ. Hlth **31**, 557, 1941.

BOTZENHART, K., R. WOLF und E. THOFERN: Das Verhalten von *Pseudomonas aeruginosa* in Oberflächenwasser, Kühlwasser und Abwasser. Zbl. Bakt. I. Orig. B **161**, 72, 1975.

BRAUNE, J. F.: Über die Bedeutung der Untersuchungstechnik bei der bakteriologischen Trinkwasseruntersuchung auf *Escherichia coli*. Arch. Hyg. **140**, 1, 1956.

BREZINA, H.: Die Donau vom Leopoldsberg bis Preßburg, die Abwässer der Stadt Wien und deren Schicksal nach ihrer Einmündung in den Strom. Z. Hyg. **53**, 112, 1906.

BRYAN, J. A. et al.: An outbreak of Hepatitis-A associated with recreational water. Amer. J. Epid. **99**, 145, 1974.

BUKOVSKÝ, L.: K otázce výskytu jednotlivych druhů mikrobů coliformní skupiny v povrchových vodách. Voda **35**, 397 1956.

BURKE-GAFFNEY, H. J.: The classification of the colon-aerogenes group of bacteria in relation to their habitat and its application to the sanitary examination of water supplies in the tropics and in temperate climates. J. Hyg. **32**, 85, 1932.

BYKOVSKAJA, O. V. und N. C. BABINA: O vyživaemosti i ustojčivosti vakcinal'nych štammov virusa poliomyelitida vo vnešnej srede. Gigiena 8, 45, 1964.

CABELLI, V. J.: Clostridium perfringens as a Water Quality Indicator. In: HOADLEY/DUTKA: Bacterial Indicators/Health Hazards Associated With Water. ASTM, Philadelphia 1977.

CARLSON, S.: Zur Hygiene der Freibadegewässer und öffentlichen Schwimmbäder. Bundesgesundheitsblatt 9, 169, 1966.

CHAIT, K. B.: Vyživaemost i izmenčivost patogennych bakterij kišečnoj gruppy v morskoj vode. Sb. Tr. Odesskogo med. Inst. 9, 190, 1959.

CLARK, H. F. et al.: The coliform group. I. Mitt. Appl. Microbiol. 5, 396, 1957.

CLARKE, N. A. und P. W. KABLER: Human enteric viruses in sewage. Hlth Lab. Sci 1, 44, 1964.

DAUBNER, I.: K súčasnej klasifikácii baktérií čel'ade *Enterobacteriaceae*. Biológia (Bratislava) 22, 692, 1967.

DAUBNER, I.: Jahreszeitliche Dynamik und Vorkommen von Fäkalindikatoren im Flußwasser unter besonderer Berücksichtigung der *Enterobacteriaceae*. Z. ges. Hyg. 14, 118, 1968.

DAUBNER, I.: Mikrobiologie des Wassers. Akademie-Verlag, Berlin 1972.

DAUBNER, I.: Zum Einfluß des Lebensraumes Wasser auf Morphologie und physiologische Eigenschaften von *E. coli*. Z. ges. Hyg. 20, 771, 1974.

DAUBNER, I.: Changes in the properties of *E. coli* under the influence of water environments. Verh. Internat. Verein. Limnol. 19, 2650, 1975.

DAUBNER, I.: Das Infektionspotential des Wassers und sein Nachweis. Z. ges. Hyg. 22, 401, 1976.

DAUBNER, I. und I. MUCHA: Uplatnenie metódy mikroskopického zisťovania baktérií pri vyšetrovaní čistých vôd. Biológia Bratislava 19, 40, 1964.

DAUBNER, I., E. JEŽOVÁ und D. TÓTH: Effect of different water environment on physiological and metabolical properties of *Escherichia coli*. Folia microbiol. 20, 74, 1975.

DAUBNER, I., V. JOHNOVÁ, R. ADÁMEK und D. TÓTH: Zur Möglichkeit der Vermehrung von Darmbakterien im Wasser. Zbl. Bakt. Hyg. I. Abt. Orig. B 174, 453, 1981.

DAUBNER, I. und J. NÉMET: Der Einfluß des Wassermilieus auf die biochemische Aktivität der Darmbakterien. Acta ecolog. 8, 103, 1980.

DEIBEL, R. H., D. E. LAKE und C. F. NIVEN: Physiology of the enterococci as related to their taxonomy. J. Bact. 86, 1275, 1963.

DÜRKOP, J.: Virologische Aspekte bei der landwirtschaftlichen Abwasserverwertung. Z. ges. Hyg. 12, 975, 1972.

EVISON, L. M. und A. JAMES: *Bifidobacterium* as an indicator of faecal pollution in water. In: Proc. of the 7th Internat. Conference on Water Poll. Res. Pergamon Press Ltd., Oxford 1974.

EWING, W. H.: The nomenclature of *Salmonella*, its usage and definitiosn for the three species. Canad. J. Microbiol. 18, 1629, 1973.

FELDMAN, M. B.: B. paracoli iz vody r. Dona i ego dissociacija. Ž. mikrobiol. 7, 189, 1930.

FERREIRA, O., A. A. HORTA und C. PAREDES: Recherches sur le *B. coli communis* de l'intestine de l'homme. Arch. Inst. Bact. Camara Pestana 2, 153, 1908.

FRAŇKOVÁ, V. und K. SYMON: Methody stanovení virusů v povrchových a odpadních vodách. Čs. Hyg. 8, 464, 1960.

FULLER, J. E.: Influence of incubation temperatures on differential tests of coliform bacteria. J. Bact. 51, 486, 1946.

GAINEY, P. L. und T. H. LORD: Microbiology of Water and Sewage. Prentice-Hall, Inc. Englewood Cliffs 1952.

GALVANI, M. M.: Fecal contamination — the water. Part 1. Analysts responsibility. Water and Sew. Works 211, 66, 1974.

GAMLEŠKO, CH. P.: Ob osobennostjach citratassimilirujuščich paloček. Ž. mikrobiol. 8, 91, 1961.

GELDREICH, E. E.: Microbiology of water. J. Water Poll. Control Fed. 47, 1543, 1975.

GELDREICH, E. E. et al.: The coliform group. Appl. Microbiol. 6, 347, 1958.

GORDINA, R. V.: Izmenenie bakterij paratifa B pod vlijaniem Vi-bakteriofaga in vivo. In: TIMAKOV, V. D., Izmenčivost' mikroorganizmov. Medgiz, Moskva 1965.

GRABOW, W. O. K. et al.: Drug resistant coliform call for review of water quality standards. Water Res. 8, 1, 1974.

GRAY, J. D. A.: The significance of *Bact. aerogenes* in water. J. Hyg. 32, 132, 1932.

GRIGOREVA, L. V.: Do pitanija pro vyživanija virusov coxsackie v vode. Mikrobiol. ž. 5, 40, 1964.

GRIGOREVA, L. V. und G. I. KORČAK: Sanitarno-virusologičeskaja charakteristika stočnych vod, ilov i počvy prigorodnoj zony Kieva. Gigiena 9, 44, 1968.

GRIGOREVA, L. V. und T. V. STAROVOJTOVA: O častote obnaruženija v vodoemach i stočnoj vode nekotorych kišečnych virusov i bakterij. Gigiena 30, 108, 1965.

GRINBAUM, F. T.: Izmenčivost' patogennych mikrobov v zavisimosti ot uslovij ich obitanija. Tr. Konf. po napravl. izmenč. i selekcii mikroorg. Izd. AN SSSR, Moskva 1952.

GRINBAUM, F. T.: O netipičnych bakterijach kišečnoj gruppy. Medgiz, Moskva 1965.

GYLLENBERG, H. und S. NIEMELÄ: Survival of bifid bacteria in water. J. Sci. Agr. Soc. Finn. 8, 20, 1959; Appl. Microbiol. 8, 1961.

HAJNA, A. A. und C. A. PERRY: A modified Eijkman medium for the isolation of *Escherichia coli* from sewage. Sewage Works J. 10, 261, 1938.

HAWLEY, H. B. et al.: Coxsackievirus B epidemic at a boy's summer camp. Isolation of virus from swimming water. J. Amer. Med. Ass. 226, 33, 1973.

HENDRICKS, CH. W.: Enteric Bacterial Growth Rates in River Water. Appl. Microbiol. 24, 168, 1972.

HENDRICKS, CH. W. und S. M. MORRISON: Multiplication and growth of selected enteric bacteria in clean mountain stream water. Water Res. 1, 567, 1967.

HOADLEY, A. W. und B. J. DUTKA: Bacterial Indicators/Health Hazards Associated With Water. ASTM, Philadelphia 1977.

HOBBS, B. C. et al.: *Cl. welchii* food poisoning. J. Hyg. 51, 75, 1953.

HUGHES, C. und G. G. MEYNELL: High frequency of antibioticresistant enterobacteria in the river Stour, Kent. The Lancet 7878, 451, 1974.

JOHNSON, B. R. und M. LEVINE: Characteristics of coli-like organisms from the soil. J. Bact. 2, 379, 1917.

JOHNSON, G. A.: Isolation of *Bacillus coli communis* from the alimentary tract of fish and the significance therefore. J. inf. Dis. 1, 384, 1904.

KADLECOVÁ, O.: Sledovanie znečistenia Dunaja zárodkami zo skupiny salmonel. Abschlußbericht. KHS, Bratislava 1976.

KADLECOVÁ, O., M. JANOUŠKOVÁ und V. KRČMÉRY: Salmonellen mit Antibiotikaresistenz und R-Plasmiden im tschechoslowakischen Donauabschnitt. Ref. a. d. XIX. Arbeitstagung der Internationalen Arbeitsgemeinschaft Donauforschung, 26. September—2. Oktober, Sofia.

KALINA, G. P.: Povedenie patogennych bakterij vo vnešnej srede v aspekte sanitarnoj bakteriologii, epidemiologii i gigieny. Ref. Vses. Konf. san. bakt. AMN SSSR, Moskva 1957.

KALINA, G. P.: O kritike tak nazyvaemogo „temperaturnogo testa" pri opredelenii titra kišečnoj paločki. Gigiena 27, 86, 1962.

KALINA, G. P.: Kompleksnaja sanitarno-bakteriologičeskaja charakteristika vody otkrytych vodoemov, ee sanitarnoe i epidemičeskoe značenie. In: Metody obnaruženija i količestvennogo učeta rozbuditelej ostrych kišečnych zabolevanij vo vnešnej srede, ich povedenie i vyživaemost'. Min. zdravoochr. RSFSR, Moskva 1973.

KAUFFMANN, F.: The Bacteriology of Enterobacteriaceae. E. Munksgaard, Kopenhagen 1966.

KAUFFMANN, F. und R. PERCH, in: KAUFFMANN, F.: Enterobacteriaceae. E. Munksgaard, Kopenhagen 1954.

KEIL, R.: Das Spektrum gramnegativer koliformer und nichtkoliformer Bakterien in Flußwasser und die Kolizahl. Z. ges. Hyg. 8, 533, 1962.

KEIL, R. und E. LABITZKE: Beitrag zur Frage des Coli-Nachweises im Wasser. Arch. Hyg. Bakteriol. 148, 69, 1964.

KELETI, J.: Príspevok k otázke zachytenia a prežívania *Cl. perfringens* v povrchových vodách. Čs. Hyg. 2, 223, 1958.

KELETI, J.: Výskum výskytu, prežívania, premenlivosti a významu baktérií podčel'ade Escherichieae v životnom prostredí človeka. Kand. Dissertation, Bratislava 1961.

KELETI, J.: Štúdium biologických vlastností niektorých druhov baktérií čel'ade Enterobacteriaceae. Čs. Farm. **13**, 110, 1964.

KELETI, J. und M. RUSINKO: Príspevok k štúdiu biologickych vlastností *Cl. welchii*. Čs. Farm. **12**, 35, 1963.

KELLEN, J. und V. KRČMÉRY: Bull. III. Congr. Internat. Med. Ruralis, Bratislava 264, 1966.

KIČENKO, M. G.: O vyživaemosti kišečnoj paločki v vode pri raznoj temperature i minimalnych koncentracijach pitatelnych veščestv. Ž. mikrobiol. 8, 25, 1962.

KODITSCHEK, L. K. und P. GUYRE: Resistance transfer fecal coliforms isolated from the Whippany river. Water Res. 8, 747, 1974.

KOLLÁRIKOVÁ-ČERNÁ, V.: Změny biochemické aktivity bakterií čeledě Enterobacteriaceae pod vlivem vodního prostředí. Diplomarbeit, Pharm. Fakultät, Bratislava 1974.

KONRICH, J.: Zur Bewertung des *Bacterium coli* im Wasser. Klin. Jahrb. **23**, 1, 1910.

KORŠ, L. E. und S. G. EGOROVA: Charakteristika mikroflory gruppy kišečnoj paločki vodoemov jugo-vostočnoj Turkmenii. Gigiena **6**, 7, 1965.

KOSER, S. A.: Correlation of citrate utilization by members of the colon-aerogenes group with other differential characteristics and with habitat. J. Bact. **9**, 59, 1924.

KOTT, Y.: Current Concepts of Indicator Bacteria. In: HOADLEY/DUTKA: Bacterial Indicators/ Health Hazards Associated With Water. ASTM, Philadelphia 1977.

KRASILNIKOV, N. A.: Opredelitel' bakterij i aktinomicetov. Izd. AN SSSR, Moskva 1949.

KRATOCHVÍL, I. und I. ZMORAY: Koliformné baktérie v povrchovej vode. Čs. Hyg. **1**, 38, 1965.

KRETZSCHMAR, W.: Die Bedeutung der Differenzierung von *Coli* und coliformen Keimen für die bakteriologische Wasseruntersuchung. Z. ges. Hyg. **5**, 73, 1959.

KRUPINA, A. P.: Ob ustojčivosti i izmenčivosti bakterij kišečnotifoznogo semejstva v chlorirovannoj vode. Dissertation, Leningrad 1947.

KRUPINA, A. P.: Vozmožnaja differenciacija štammov enterokokkov ot saprofytnych. Konf. über sanit. Bakt. AMN UdSSR, Moskva 1962.

KUDLAJ, D. G.: Izmenčivost' mikrobov kišečnoj gruppy. Medgiz, Moskva 1954.

LAMB, G. A. et al.: Isolation of enteric viruses from sewage and river water in a metropolitan area Amer. J. Hyg. **80**, 320, 1964.

LENNETTE, E. H., N. J. SCHMIDT et al.: Laboratorní vyšetřovací metody virových a rickettsiálních nákaz (Übersetzung) Avicenum, zdrav. nakl., Praha 1974.

LEVIN, M. A.: Bifidobacteria as Water Quality Indicators. In: HOADLEY/DUTKA: Bacterial Indicators/Health Hazards Associated With Water. ASTM, Philadelphia 1977.

LEVINE, M.: Bacteria fermenting lactose and their significance in water analysis. Iowa State Col. Publ. **20**, 31, 1921.

LEVINE, M., A. HELLER und R. BENDER: Chlorine residual and bacterialogical quality. J. Am. Water Works Ass. **34**, 1787, 1942.

LITSKY, W., W. MALLMANN und C. W. FIFIELD: Comparison of the most probable numbers of *Escherichia coli* and enterococci in river waters. Am J. Publ. Hlth **45**, 8, 1955.

MACCONKEY, M.: Lactose fermenting bacteria in feces. J. Hyg. **5**, 333, 1905.

MACK, W. N.: Investigations into the occurence of coliform organisms from Pristine streams. Anal. Method. Inf. Center **25**, 9474, 1974.

MACKENZIE, E. F. W.: 33-Ann. Report, Metropolitan Water Board, London 1938.

MACLURE, H. M. et al.: Enteropathogenic *Escherichia coli* infection in anthropoid apes. J. Amer. Vet. Med. Ass. **161**, 687, 1972.

MARMUR, J., S. FALKOW und M. MANDEL: New approaches to bacterial taxonomy. Ann. Rev Microbiol. **17**, 329, 1963.

MATHEWS, R. E. F.: The Classification and Nomenclature of Viruses. Intervirol. **11**, 133, 1979.

MECHALAS, B. et al.: Water Quality Criteria, Washington 1972.

MELNICK, J. L. und V. RENNICK: Infectivity Titers of Enterovirus as Found in Human Stools. J. Med. Virol. **5**, 205, 1980.

METCALF, T. G. und W. C. STILES: Survival of enteric viruses in estuary waters. J. inf. Dis. 115 68, 1965.

MILLER, A. A.: Sanitarnaja bakteriologija. Medgiz, Moskva 1933.

MINKEVIČ, I. E.: Bakterii gruppy kišečnoj paločki kak sanitarno-pokazatelnye mikroorganizmy. Medgiz, Leningr. otd. 1949.

MITCHELL, R.: Water Pollution Microbiology. John Wiley & Sons Inc., New York 1972.

MUCHA, V.: Die Beziehung der Limnologie und Wasserhygiene. 16. Arbeitstagung der Internationalen Arbeitsgemeinschaft Donauforschung 17.—23. September 1973, ČSSR. II. Teil: Festrede und Hauptreferate, Bratislava 1974.

MUCHA, V. und M. BOBKOVÁ: *Pseudomonas aeruginosa* v životnom prostredí. Bratislavské lek. listy.

MUCHA, V. und I. DAUBNER: Gegenwärtige Stellung und Methodik der Hydromikrobiologie. Biolog. práce 18, 1—42, 1972.

MUCHA, V., J. KELETI und I. DAUBNER: Zdôvodnenie potreby štandardizácie hydrobakteriologických metód. Čs. Hyg. 7, 209, 1962.

NESTOR, I. et al.: Das Studium der Anwesenheit der enterischen Viren im Wasser und Schlamm der Donau in einigen Zonen des rumänischen Abschnittes. 17. Arbeitstagung der Internationalen Arbeitsgemeinschaft Donauforschung 22.—29. September 1974 in Rumänien (Kurzreferat).

NIEMELÄ, S. und E. TIRRONEN: A study of fecal bacteria in the river Kymi (south-east Finnland). Canad. J. Microbiol. 13, 1087, 1967.

NIKOLAEVSKAJA, Z. S.: Effektivnost' nekotorych metodov koncentracii virusov iz vody otkrytych vodoemov. In: Metody obnaruženija i količestvennogo učeta vozbuditelej ostrych kišečnych zabolevanij vo vnešnej srede, ich povedenie i vyživaemost'. Min. zdravoochr. RSFSR, Moskva 1973.

NIKOLAEVSKAJA, Z. S. und M. S. AJZEN: Obnaruženie minimalnych koncentracij virusov v bolšich objemach ultrafiltraciej čerez rastvorimye lantan-aljuminij-alginatnye ultrafiltry. Vopr. virusol. 12, 723, 1972.

NYBERG, C., K. BONSDORF und K. KAUPIL: Über die Veränderlichkeit einiger Coli und Coliähnlicher aus Kloackenwasser isolierter Bakterien. Zbl. Bakt. I. Orig. 139, 13, 1939.

OSTROVSKAJA, Z. S.: Izmenenie antigennoj struktury bakterij brjušnogo tifa pod dejstviem Vi- i O-fagov. In: TIMAKOV, V., D., Izmenčivost' mikroorganismov. Medgiz, Moskva 1956.

PARR, L. W.: Viability of *coli-aerogenes* organisms in culture and in various environments. J. inf. Dis. 60, 291, 1937.

PAAR, L. W., The occurrence and succession of coliform organisms in human feces. Am. J. Hyg. 27, 67, 1938.

PAUL, J. R. und J. D. TRASK: The virus of poliomyelitis in stools and sewage. J. Amer. Med. Ass. 116, 493, 1941.

PLATT, A. E.: The variability of *Bact. coli* and *Bact. aerogenes* in water. J. Hyg. 35, 437, 1935.

PRESCOTT, S. C., C. E. A. WINSLOW und M. H. MCCRADY: Water Bacteriology, 6. Aufl., J. Willey and Sons Inc., New York 1950.

PRIMAVESI, C. A.: Virologische Untersuchungen von Oberflächenwässern und ihre Ergebnisse, Arch. Hyg. Bakteriol. 150, 196, 1966.

RAGHAVACHARI, T. N. S.: The application of Koser's citrate utilization test to sanitary water analysis in India. Ind. J. Med. Res. 14, 51, 1926.

RAMADAN, F. M. und M. S. SABIR: Differentiation studies of fecal streptococci from farm animals. Canad. J. Microbiol. 9, 443, 1963.

REASONER, D. J.: Microbiology-detection of bacterial pathogens and their occurrence. J. Water Poll. Control. Fed. 46, 1395, 1974.

REEDY, R. J. und J. F. PUNCOCHAR: The incidence of *Aerobacter aerogenes* in human fecal excreta. J. Bact. 39, 757, 1940.

RESNICK, I. G. und M. A. LEVIN: Assessment of Bifidobacteria as Indicators of Human Fecal Pollution. Appl. Environ. Microbiol. 42, 433, 1981.

RINGEN, L. M. und C. H. DRAKE: A study of the incidence of *Pseudomonas aeruginosa* from various natural sources. J. Bact. 64, 841, 1952.

ROGERS, L. A.: The variability of colon-aerogenes bacteria in water. Abstr. Bact. 1, 56, 1917.

RUCHHOFT, C. C. et al.: *Coli-aerogenes* differentiation in water analysis. J. Bact. 22, 125, 1931.

SANDHOLZER, L. A.: Cultural characteristics of aerobic Gramnegative bacilli isolated from genito-urinary infections. J. Bact. 31, 39, 1936.

SCHIFF, L. J. et al.: Enteropathogenic *Escherichia coli* infections: Increasing awareness of a problem in laboratory animals. Lab. Animal Sci 22, 705, 1972.

SCHUBERT, R. und U. BLUM: Zur Frage der Erweiterung der hygienischen Wasserkontrolle auf den Nachweis von *Pseudomonas aeruginosa*. GWF-Wasser/Abwasser 115, 224, 1974.

SCHWARTZBROD, L. et al.: Virus et eaux. I. Enterovirus et traitement des eaux usées et des eauch destinées a l'alimentation humaine. Rev. Epid. Med. Soc. et Santé Publ. 21, 99, 1973.

SEDLÁK, J. und H. RISCHE: Enterobacteriaceae-Infektionen, 2. Aufl. VEB G. Thieme Verlag, Leipzig 1968.

SELENKA, F.: Weitere Untersuchungen zur Bestimmung des Alters von fäkalen Verunreinigungen im Wasser. Arch. Hyg. Bakteriol. 150, 660, 1967.

SHARPE, E. M. und P. M. F. SHATTOCK: The serological typing of group D streptococci associated with outbreaks of neonatal diarrhoea. J. Gen. Microbiol. 6, 150, 1952.

SHUVAL, H. I. und E. KATZNELSON: The Detection of Enteric Viruses in the Water Environment. In: MITCHELL, R., Water Pollution Microbiology. John Wiley and Sons, Inc., New York 1972.

SKAUDHAUGE, K.: Studies on enterococci with special reference to the serological properties. E. Munksgaard, Kopenhagen 1950.

SKINNER, C. E. und J. T. MURRAY: The viability of *B. coli* and *B. aerogenes* in soil. J. inf. Dis. 38, 37, 1926.

SLANETZ, L. W. und C. H. BARTLEY: Numbers of enterococci in water, sewage and feces, determined by the membrane filter technique with an improved medium. J. Bact. 74, 591, 1957.

SOUTHERN, P. M., A. K. PIERCE und J. P. SANFORD: Comparison of the pulmonary bactericidal capacity of mice and rats against strains of *Pseudomonas aeruginosa*. Appl. Microbiol. 21, 377, 1971.

Standard Methods for the Examination of Water and Wastewater, 13. Aufl. AWWA-APHA-WPCF, New York 1971.

ŠIMKOVÁ, A. und Z. WALLNEROVÁ: Nachweis von Enteroviren im Donauwasser. 16. Arbeitstagung der Internationalen Arbeitsgemeinschaft Donauforschung 17.–23. September 1973, ČSSR, I. Teil: Kurzreferate, Bratislava 1973.

ŠIMKOVÁ, A. und Z. WALLNEROVÁ: Štúdium výskytu vírusov vo vodách Dunaja so zvláštnym zretel'om na enterovírusy. Schlußbericht, VÚEM Bratislava 1974.

ŠIMKOVÁ, A. und J. ČERVENKA: Coliphages as ecological indicators of enteroviruses in various water systems. Bull. WHO 59, 611, 1981.

TEC, V. I.: Sanitarnaja bakteriologija. Medgiz, Moskva 1953.

THOMAS, S., P. HOBSON und R. DRUCE: *Coli-aerogenes* in farm water supplies. J. appl. Bact. 22, 23, 1959.

THRESH, C. J., J. F. BEALE und J. SUCKLING: The examination of waters and water supplies. J. and A. Churchill, Ltd., London 1933.

TITOVA, A. V.: K voprosu vyživaemosti dizenterijnych bakterij v donnych otloženijach. Tr. Dnepropetr. n/i. Inst. 3, 1, 1957.

TITOVA, A. V.: Kišečnaja paločka v donnych otloženijach kak pokazatel zagrjaznenija vodoemov. Tr. Dnepropetr. n/i. Inst. im Gamaleja 5, 1, 1959.

TOMAŠOFFOFÁ, M.: Příspěvek k taxonomii a ekologii skupiny *Proteus-Providencia*. Dissertation, Brno, 1960.

TONNEY, F. O. und R. E. NOBLE: The relation of direct *B. coli* and *B. aerogenes* counts to sources of pollution. J. Amer. Water Works Ass. 22, 488, 1930.

TRŽILOVÁ, B. et al.: Výskum ukazovatel'ov znečistenia vody Dunaja so zretel'om na obsah fekálnych baktérií. Abschlußbericht. Limnobiol. Institut, Bratislava 1974.

VACCARO, R. F. et al.: Viability of *Escherichia coli* in sea-water. Am. J. Publ. Hlth 40, 1257, 1950.

VAJSMAN, J. I.: O rasprostranenii bakterialnych zagrjaznenij v podzemnych vodach. Gigiena 29 19, 1964.

VAN DER VELDE, T. L. und W. N. MACK: Poliovirus in water supply. J. Amer. Water Works Ass. 65, 345, 1973.

VANĚČKOVÁ, N., J. KOZA und V. MIKEŠOVÁ: Systematické sledování cirkulace poliomyelitických a ostatních enterálních virů v odpadních vodách. Čs. epid. mikrobiol. imunol. 20, 18, 1971.

VELZ, C. J.: Applied Stream Sanitation. John Wiley and Sons, Inc., New York 1970.

WESTPHAL, O. et al.: Vorkommen und immunologische Differenzierung zweier optischer Antipoden — Abequose und Colitose (3-Desoxy-D- und L-Fucose) als determinante Endgruppen in *Salmonella* 0-Antigen. Zbl. Bakt. I. Orig. 174, 307, 1959.

WILSON, G. A. und A. A. MILES: Topley and Wilson's Principles of Bacteriology and Immunity. E. Arnold Publ. Ltd., London 1955.

WINSLOW, C. E. A. und I. J. KLIGLER: A quantitative study of the bacteria in city dust with special reference to intestinal and buccal forms. Am. J. Publ. Hlth 2, 663, 1912.

ZAGORULJA, N. J.: K ocenke zagrjaznenija vodoemov po kišečnoj paločke. Konf. über sanit. Bakt. AMN UdSSR, Moskva 1960.

ZDRAŽÍLEK, J. et al.: Virologicke přehledy přítomnosti enterovirů v odpadních vodách. I. Výskyt poliovirů v Praze koncem roku 1968 a v roce 1969. Čs. epid. mikrobiol. imunol. 20, 67, 1971.

ZOBELL, C. E.: Periphytic habits of some marine bacteria. Proc. Soc. exp. Biol. Med. 35, 270, 1936.

ZVENIGORODSKAJA, A. J. und G. A. MANUJLOVA: Značenie dechlorirovanija dlja bakteriologičeskogo issledovanija vody. Vodosnab. i san. techn. 15, 37, 1940.

Fünftes Kapitel

Ökologische Beziehungen der Mikroorganismen im Wasser

Jeder lebende Organismus steht in engem wechselseitigem Kontakt mit seiner Umwelt. Er kann nur überleben und sich vermehren, wenn ihm das gegebenen Milieu wenigstens grundlegende materielle und energetische Bedingungen bietet. Andererseits beeinflußt der Organismus seine Umwelt aktiv und ändert sie ständig. Man kann sagen, daß sich ein Organismus und seine Umwelt ständig wechselseitig beeinflussen: einmal befinden sie sich in harmonischem Einklang, dann wieder bestehen komplizierte Gegensätze — was die Voraussetzung für eines der grundlegenden Entwicklungsgesetze darstellt. Der Komplex der Umwelt-Eigenschaften trägt die Bezeichnung **ökologische Bedingungen** oder **ökologische Faktoren**; zwischen dem Organismus und seiner Umwelt entwickeln sich **ökologische Beziehungen** (die Bezeichnung **Ökologie** ist vom griechischen Wort **oikos** — Haus abgeleitet).

Die komplexe ganzheitliche Betrachtung der Organismen und ihrer Umwelt ist für das Verständnis der Entwicklung sowohl des Einzelindividuums wie der gesamten lebenden Natur von besonderer Wichtigkeit. Die Zweckmäßigkeit der Ausbildung von morphologischen und physiologischen Eigenschaften eines Organismus ist das Ergebnis des ständigen und unmittelbar wirkenden Einflusses dieser seiner Umwelt. Darunter sind sowohl die zeitweiligen Änderungen oder Modifikationen zu verstehen, die die sog. Adaptation hervorbringen, wie auch die erblich fixierten Veränderungen oder Mutationen aufzufassen, die den Idiotyp festlegen. Darum muß der möglichst umfassende Kenntniserwerb nicht nur auf den Organismus selbst sondern auch auf dessen Umwelt zielen.

Die angeführten allgemeinen Grundsätze haben in vollem Maße auch für das Reich der Mikroorganismen Gültigkeit. Die komplizierten Beziehungen zwischen Umwelt und Bakterien finden ihren besonderen Ausdruck in den Wechselwirkungen ihres Vorkommens, ihrer Existenz und Vermehrung sowie ihres Absterbens unter natürlichen Bedingungen.

Mikroorganismen treffen wir überall an, wo günstige Bedingungen für das Leben bestehen. Drei grundlegende Voraussetzungen sind:

1. **Wasser**, notfalls auch nur in Form genügender Feuchtigkeit,
2. **Nährstoffe**, deren Anwesenheit das erforderliche Energieminimum deckt, und
3. ein gewisses **Temperaturintervall** (0—80 °C), das Lebensvorgänge ermöglicht.

Außer dem Komplex von Umweltfaktoren, über die wir im weiteren Abschnitt sprechen werden, spielen in unserem Falle auch rein biologische Eigenheiten, die für jede Bakterienart charakteristisch sein können, eine wichtige Rolle. Eine spezifische Eigenschaft von Bakterienpopulationen, die es ihnen ermöglicht, zu überleben und sich unter Bedingungen der stetig sich ändernden Umwelt zu erhalten, ist z. B. ihre außergewöhnliche Fähigkeit zur Anpassung an die im konkreten Einzelfall entstandenen Bedingungen. Diese Erkenntnisse haben theoretische, besonders aber auch praktische Bedeutung.

Indem wir das Vorkommen von Organismen mit ihrer ökologischen Situation im Zusammenhang bringen, können wir Schlüsse über ihre Tätigkeit ziehen. Zum Beispiel genügt es nicht, im Wasser proteolytische Bakterien lediglich nachzuweisen, um behaupten zu können, daß im untersuchten Wasser proteolytische Prozesse vor sich gehen:

man muß auch die Anwesenheit des Substrates (in diesem Falle von Eiweiß) bestätigen, das die Voraussetzung für die Proteolyse bildet. Oder wenn wir annehmen, daß Übertragungsmechanismen und Umweltfaktoren die Widerstandsfähigkeit der Mikroorganismen bestimmen, können wir analog sagen, daß aus der Resistenz der einzelnen Arten geschlossen werden kann, welche Infektionswege in Betracht gezogen werden müssen. Dies kann z. B. epidemiologische Bedeutung für Bakterien haben, wenn der Übertragungsmechanismus der betreffenden Infektionskrankheit erst ungenügend bekannt ist. In diesem Sinne erweist es sich als notwendig, einen selbständigen Zweig der sanitären Bakteriologie zu betreiben, der sich mit der *Ökologie der pathogenen Bakterien* befassen muß, d. h. mit ihrem quantitativen Studium in der Umwelt.

In Anbetracht der Beziehungen zwischen der Konstanz von Organismen und ihrer Adaptationsfähigkeit an die Umwelt können wir Vorkommen, Tätigkeit und Funktion der Mikroorganismen im Wasser leichter erkennen. Wenn wir die Angaben über das quantitative und qualitative Vorkommen von Bakterien mit der Art des Wassers vergleichen, stellen wir fest, daß die Abhängigkeit ihrer Zahl und Verteilung von den bestehenden ökologischen Bedingungen gewisse Korrelationen aufweist. So erhöht sich z. B. relativ die Anzahl der saprophytischen Bakterien unter Verminderung ihrer Artenzahl, wenn im Wasser die Salzkonzentration oder die Gesamtverunreinigung ansteigt. Als Beispiel können Angaben von Kusnezow (1959) dienen, die die Veränderungen der Mikroflora einiger Seen in der UdSSR z. B. in Abhängigkeit von Veränderungen der Salzgehalte betreffen (Tab. 52).

Tabelle 52

Veränderungen der Artenzusammensetzung in Abhängigkeit vom Salzgehalt des Wassers.

Untersuchtes Wasser (See)	Spez. Leitfähigkeit ($K_{18} \cdot 10$)	Keimzahl von saproph. Bakt./ml	Artenzahl saproph. Bakt./ml	von Mykobakterien
Svetloe	0,74	254	8	2
Gornoe	0,75	268	5	0
Borovoe	0,96	241	11	2
Pustinnoe	2,52	660	5	1
Čebač'e	6,01	174	3	1
Terenkul	6,56	792	14	2
Presnoe	10,0	720	8	2
Mogilnoe	29,4	3250	5	1
M. Umreševo	29,9	1000	3	0
B. Krivoe	48,0	475	5	0
Majbalik	112,0	94	10	5
Balpaš	395,0	2200	2	0
Orazsor	408,0	582	4	3
B. Gorkoe	555,0	1200	2	2

Im speziellen Falle ist aber an die Gesetzmäßigkeiten und Eigenarten des Wassers als Umwelt zu denken, da bekannt ist, daß es sich um einen entscheidenden Faktorenkomplex für Ausbildung, Adaptation und Widerstandsfähigkeit von Mikroorganismen handelt. Man kann sagen, daß es in diesem Sinne in der Natur keine zwei völlig gleichartigen Wassertypen gibt. Es unterscheiden sich nicht nur Bakterien, die Salz- und Süßwasser besiedeln, sondern auch die Mikroflora der Meere und Ozeane, die der reinen

Gebirgsseen, Quellen, Gebirgsbäche, Flüsse, Ströme und Seen sowie die des Abwassers. Ja, sogar die Pfützen haben ihre eigenen Biozönosen, die sich mehr oder weniger voneinander unterscheiden; sie bilden so jeweils eine selbständige Einheit — eine ökologische Individualität aus hydromikrobiologischer Sicht.

Alle abiogenen und biogenen Komponenten des Wassers sind kein zufälliges Konglomerat, sondern sie befinden sich in wechselseitigen Abhängigkeiten und widerspiegeln die Bedingungen, unter denen ihre Ausprägung in der Natur verlief. Es steht außer Zweifel, daß das Studium der Abhängigkeit des quantitativen und qualitativen Vorkommens von Mikroorganismen im Wasser schwierig ist, da die Ausbildung einer bestimmten Mikroflora durch ein Ensemble aus physikalischen, chemischen und biologischen Faktoren bedingt wird. Ein großes Hindernis stellt auch deren schon genannte Adaptationsfähigkeit dar, welche in einer Umwelt wie das Wasser Veränderungen der Morphologie der Bakterien und ihrer biochemischen und serologischen Eigenschaften zur Folge haben kann. Dies stellt die Hydromikrobiologen vor eine schwere Situation, vor allem beim Beurteilen der Analysen und beim Bewerten der verschiedenen atypischen Varianten. Aus diesem Grunde werden die bestehenden Gesetzmäßigkeiten des Lebens und der Verbreitung der Mikroorganismen im Wasser an isolierten Proben untersucht, in denen die Einflüsse der einzelnen Außenfaktoren standardisierbar und evtl. ausschaltbar sind.

Der ganze Komplex der autökologischen Faktoren kann prinzipiell in zwei Gruppen unterteilt werden:

1. **materielle** Faktoren (nutritive und Regulationsfaktoren) hängen von der Art der Umwelt ab. Hierher gehören solche Parameter wie Oberflächenspannung, pH-Wert, osmotischer Druck, chemische Zusammensetzung des Milieus usw. Hierzu zählen wir auch die „essentiellen Bioelemente“ (C, H, O, N, P, S), die sog. „Mineralstoffe“ (Ca, Mg, Si, K und andere) und die Spurenelemente.
2. **energetische** Faktoren (Temperatur, Licht u. a.).

Die einzelnen Autoren messen den angeführten und weiteren Faktoren unterschiedliche Bedeutung zu und stellen dementsprechend verschiedene Rangfolgen auf.

Nach den amerikanischen Autoren Hoskins und Butterfield (1933) hängt das Vorkommen der Bakterien im Wasser in erster Linie von der Nährstoffmenge, in zweiter Linie von der Temperatur und der Anwesenheit des Planktons ab; Licht und O_2-Konzentration sollen dabei keine besondere Rolle spielen.

Lapšin und Stroganov (1938) führen folgende Reihenfolge für die Wertigkeit von Umweltfaktoren an: chemische Zusammensetzung des Milieus, Lichtbedingungen, Sauerstoffgehalt, Temperaturregime und Wasserbewegung.

Gainey und Lord (1952) betrachten als Hauptfaktoren für die Anwesenheit und Zahl der Bakterien im Wasser Jahreszeit, Temperatur, Nährstoffkonzentration, Licht, Wassertiefe, Sauerstoffsättigung und Dauer des Aufenthaltes im Wasser.

Kuznecov (1962) sieht als wichtigsten Faktor für die Beeinflussung der bakteriellen Aktivität im Wasser die Temperatur an, darauf folgen Licht, Druck, Feuchtigkeit, Gehalt an organischen Stoffen und biogenen Elementen, Redoxbedingungen und Konzentrationen von Salzen. Als wichtigster Faktor, der für die Zahl der Bakterien bestimmend ist, ist die Konzentration von organischen Stoffen und besonders deren leicht verwertbarer Anteil aufzufassen.

Einige Autoren fügen zu den ökologischen Faktoren noch Auswirkungen bzw. Produkte der Tätigkeit von Mikroorganismen hinzu: Antagonisten, Bakteriophagen und verschiedene antibiotische Substanzen, die andere Wasserorganismen produzieren.

Man muß diese häufig unverdient vernachlässigten Faktoren unbedingt in Betracht ziehen, um zu einer synökologischen bzw. biozönotischen Betrachtungsweise zu kommen. Da die Bakterien nicht den alleinigen lebenden Anteil des Wassers ausmachen, stehen ihre Individuenzahl und Artenzusammensetzung natürlich in enger Abhängigkeit zu den Beziehungen, die sich aus den weiteren Komponenten des jeweiligen Biotops ergeben. Die Erkenntnis der Wechselbeziehungen zwischen Bakterien und anderen Formengruppen im Wasser ist eine Voraussetzung zur Schaffung der günstigsten Bedingungen zur bakteriellen Selbstreinigung des Wassers und für weitere limnologische und hygienische Zwecke, über die wir in einem anderen Kapitel schreiben werden.

Wir unterteilen den Gesamtkomplex der ökologischen Faktoren, die die Anwesenheit und Zahl bzw. die Vermehrung und Veränderung der Bakterien im Wasser beeinflussen, in drei Gruppen:

1. physikalische Faktoren,
2. chemische Faktoren und
3. biologische Faktoren.

Dies widerspiegelt nach unserer Ansicht am treffendsten den tatsächlichen Zustand, auch wenn wir uns bewußt sind, daß die einzelnen Faktoren nicht isoliert einwirken, sondern sich gegenseitig überdecken, ergänzen, stimulieren oder annullieren. Auch jeder einzelne Faktor kann auf eine oder mehrere Arten die Mikroorganismen beeinflussen: es kann dies eine Stimulierung des Wuchses oder der physiologischen Aktivität, eine Beeinflussung der Richtung des Wuchses (dies gilt vor allem für höhere Organismen, aber auch bei Bakterien finden sich Taxis-Phänomene), eine quantitative oder qualitative Beeinflussung der Stoffwechselprodukte (Pigmentbildung, mineralisierende oder synthetisierende Wirkung), eine Beeinflussung der Orientierung des Organismus (Bakterien-Konglomerate an Luftblasen oder Nährstoffteilchen) oder eine Beeinflussung der Morphologie (verschiedenes Längen-Breiten-Verhältnis) der bakteriellen Zelle bis zur Fadenbildung) sein. Dabei kann ein und derselbe ökologische Faktor auf den einen Organismus positive, auf den anderen negative Wirkungen haben. Als Beispiel sei auf den Sauerstoff und einige Verbindungen hingewiesen, die für eine Bakterienart toxisch wirken, für eine andere jedoch als Nährstoffquelle dienen.

Physikalische Faktoren

Temperatur

Einer der grundlegenden physikalischen Faktoren, der das Leben der Organismen beeinflußt, ist die Temperatur. Die Stoffwechselaktivität einer Zelle befindet sich in voller Abhängigkeit von den Temperaturbedingungen. Ihre typischen physiologischen Funktionen können nur innerhalb bekannter Temperaturgrenzen ablaufen.

Vermehrung und Metabolismus der Bakterien verlaufen in einem relativ engen Temperaturbereich. Die überwiegende Zahl der Mikroorganismen hat Grenzwerte von 8–40°C. Für viele pathogene Bakterien, die in warmblütigen Organismen leben, ist das Intervall noch enger, z. B. beträgt es für *Mycobacterium tuberculosis* 29–41°C. Andererseits gibt es eurytherme Arten, die einen relativ weiten Temperaturbereich besitzen und häufig bei extremen Werten vorkommen. Wir kennen Bakterien, die bei 0°C oder noch niedrigerer Temperatur fähig sind, zu leben und sich zu vermehren.

Andererseits gibt es eine Reihe thermophiler Bakterien mit optimaler Vermehrung bei 65—70 °C und darüber. Thermische Inaktivierung beruht auf der Denaturierung von Eiweiß, die das Leben vegetativer Formen unterbricht.

Für jede Bakterienart sind drei sogenannte **kardinale** Temperaturpunkte charakteristisch: **Minimum, Optimum** und **Maximum.**

Die niedrigste und höchste Temperatur, bei der ein Organismus noch lebensfähig ist, sind sein Temperaturminimum und sein Temperaturmaximum. Diese Grenzen bedeuten jedoch nicht den sofortigen Tod des betreffenden Organismus. Unter diesen Grenzwerten versteht man die Temperaturen bei denen noch Stoffwechsel- und Vermehrungsvorgänge ablaufen. Unmittelbar unter bzw. über diesen Werten hört der Organismus auf, sich zu vermehren, und es kommt zu seinem allmählichen Absterben. Dies gilt auch dann, wenn die absolute Höhe der Temperatur bei der Zelle noch keine strukturellen Degradationen bewirkt. Man muß sich vergegenwärtigen, daß die Vermehrung nur ein wenn auch komplexes Symptom des Lebens ist. Andere Funktionen wie Atmung, Bewegung usw. können andauern, wenn die Vermehrung der Zellen aufhört. Die niedrigste oder höchste Temperatur, die in kurzer Zeit bzw. nahezu sofort einen Organismus abtötet, wird als unterer oder oberer **thermaler** Letalpunkt bezeichnet. Diesen Punkt zu kennen, ist besonders für die Praxis, z. B. für die Hitzesterilisation, sehr wichtig. Außer der Temperatur an sich gibt es noch eine Reihe anderer Faktoren, die für die Definition des Letalpunktes eine Rolle spielen. Von ihnen seien die Zahl der abgetöteten Zellen, ihr physiologischer Zustand (Alter), das umgebende Medium (Milieu), die relative Feuchtigkeit der Umwelt u. a. genannt.

Die Temperatur, bei der die Gesamtbilanz aller Stoffwechselprozesse so gelagert ist, daß die Mikroorganismen ihre typischen Reaktionen zeigen, wird als Temperaturoptimum bezeichnet. Ein solches Optimum hat auch jede einzelne metabolische Reaktion. Für die meisten Lebensprozesse sind diese Optima bei den einzelnen Organismenarten nahezu gleich. Im allgemeinen liegt das Temperaturoptimum zwischen 0 und 80 °C und in der Regel näher zum maximalen als zum minimalen Wert.

Nach ihrer Beziehung zur Temperatur werden die Mikroorganismen in drei Gruppen eingeteilt:

1. **Psychrophile** (kälteliebende) Mikroorganismen besitzen deutliche enzymatische Aktivitäten bei Temperaturen um 0 °C. Sie sind in der Natur sehr verbreitet und kommen hauptsächlich in den mittleren und kalten Regionen der Erde vor. Hierher gehört auch die Mehrzahl der Vertreter der autochthonen Wasserflora. Die ganze Gruppe kann unterteilt werden in **obligat** und **fakultativ psychrophile** Organismen. Erstere mit Temperaturminimum um —10 °C und darunter, vermehren sich gut bei Temperaturen zwischen 5—15 °C und ihr Temperaturmaximum liegt in der Nähe von 20 °C. Viele von ihnen sterben schon bei gewöhnlicher Zimmertemperatur ab. Fakultativ psychrophile Organismen besitzen eine größere Wärmetoleranz. Ihre optimale Wuchstemperatur liegt um 20 °C und das Maximum kann 45 °C erreichen (Stokes 1967).

   In der wasserhygienischen Praxis hat sich eingebürgert, als „psychrophile" Bakterien jene zu bezeichnen, die bei 20 ± 2 °C innerhalb von 48 bzw. 72 Stunden angezüchtet werden können. Man muß einschränkend feststellen, daß bei 20 °C außer psychrophilen auch ein Teil der mesophilen Bakterien wachsen kann. Um einen Organismus als psychrophil im oben definierten Sinne bezeichnen zu können, müßte zuerst festgestellt werden, ob er fähig ist, bei 0—5 °C Vermehrung und Stoffwechsel zu zeigen. In der Wasserhygiene bezieht man sich auf das Temperaturoptimum für die Vermehrung der Mehrzahl der saprophytischen Wasserbakterien (vorwiegend fakultativer Psychrophiler).

2. **Mesophile** (mittelmäßig wärmeliebend) Mikroorganismen weisen Wachstumsgrenzen bei Temperaturen zwischen 10 und 50 °C auf. Zu ihnen werden viele bekannte Bakterienarten gerechnet, darunter alle pathogenen, bedingt pathogenen und andere vom hygienischen Standpunkt aus wichtigen Mikroorganismen. In der wasserhygienischen Praxis orientieren sich die Untersuchungsverfahren auf ein Temperaturoptimum von 35—37 °C.
3. **Thermophile** (wärmeliebende) Mikroorganismen haben ein Temperaturminimum bei 30 °C und ein Maximum um 80 °C. Der Optimalwert beträgt gewöhnlich 45 °C und mehr. Es sind Arten, die häufig in Thermalwässern leben. Bei wasserhygienischen Untersuchungen wird als thermophiles Temperaturkriterium eine Inkubationstemperatur von 41—45 °C angenommen, da die hygienisch wichtigsten Indikatoren einer frischen fäkalen Verunreinigung mit erhöhter epidemiologischer Bedeutung bei diesen Temperaturen noch kräftiges Wachstum und ungeschädigte Enzymaktivität zeigen.

In der Tabelle 53 sind die wichtigen Temperaturbereiche der erwähnten Bakteriengruppen nach Literaturangaben und eigenen Erfahrungen zusammengestellt.

Tabelle 53
Kardinale Temperaturen für die Vermehrung von Mikroorganismen.

Organismengruppe	°C		
	Minimum	Optimum	Maximum
Psychrophil			
streng	−10	5—15	15—20
fakultativ	0	20—30	35—45
Mesophil	10	30—40	45—50
Thermophil	30	50—60	70—80

Die Unterschiede zwischen den einzelnen angeführten Gruppen hinsichtlich der Temperatur erklären sich im wesentlichen durch zwei Faktoren. Der eine ist der Charakter des enzymatischen Apparates mit unterschiedlichen Thermostabilitäten der Einzelenzyme. Während die Enzyme der mesophilen Bakterien bei tieferen Temperaturen inaktiv werden, sind die der psychrophilen Organismen auch bei Temperaturen unter dem Gefrierpunkt noch funktionstüchtig. Ein anderer möglicher Faktor ist die unterschiedliche Thermoresistenz der intrazellulären Organisation und der Zellwandstruktur. Bei den psychrophilen Organismen wird die Permeabilität bei tiefen Temperaturen nicht herabgesetzt und ermöglicht einen ungestörten Verlauf des Metabolismus, während es bei mesophilen und mehr noch bei thermophilen Organismen zu Funktionsstörungen in der Permeabilität kommt. Es muß gesagt werden, daß die Forschung in dieser Richtung noch nicht weit genug fortgeschritten ist und erst die Zukunft ausreichende Kenntnisse bringen wird.

Im allgemeinen sind Bakterien gegen Kälte widerstandsfähiger als gegen Wärme. Sie überleben lange Zeit im Eis; flüssige Luft (—190 °C) und flüssiger Sauerstoff (—252 °C) sind nicht absolut destruktiv. Viel schädlicher wirken sich mehrmalige schroffe Temperaturwechsel aus.

Kälte ist schon lange als gutes Konservierungsmittel bekannt. Tiefe Temperaturen inhibieren das Wachstum, und Mikroorganismen bleiben sehr lange (sogar jahrelang) lebensfähig. Dieses Mittel wird weit verbreitet — oft unbewußt — zur Verhinderung von Bakterienwachstum und zur Vermeidung von bakteriellen Nahrungsmittelschädigungen angewandt; heute wird es auch in der Industrie häufig eingesetzt. Auf diesem Prinzip beruht auch die Erhaltung bakterieller Kulturen über lange Zeit in Laborsammlungen. Bei der sogenannten lyophilen Trocknung oder Lyophilisierung von Kulturen wird es mit einer sukzessiven Entfernung des unter Vakuum auftretenden freien Wasserdampfes kombiniert.

Viel markanter als die Kälteeinwirkung ist der Einfluß höherer Temperaturen auf die Mikroorganismen. Schon das Einwirken von 65—70 °C tötet im Verlaufe von 5—30 Minuten die Mehrzahl der vegetativen Bakterienformen ab (Pasteurisierung). Die destruktive Wirkung höherer Temperaturen schwankt in breiten Grenzen und ist weitgehend von der Feuchtigkeit des Milieus abhängig. Aus der Laboratoriumspraxis ist bekannt, daß zur Sterilisation mit trockener Wärme eine Exposition von 1,5—2 Stunden bei 180 °C notwendig ist, bei Anwendung eines Dampfstromes 30—40 Minuten bei 100 °C ausreichen und unter Druck (Autoklavierung) 15—20 Minuten bei 121 °C genügen. Eine entscheidende Rolle spielt hier die Feuchtigkeit, die eine irreversible Koagulation des Protoplasmaeiweißes bewirkt. Bei alleiniger Anwendung trockener Luft koagulieren nur einige essentielle Eiweiße bei viel höheren Temperaturen als bei höherer Luftfeuchtigkeit. Diese Erkenntnis bestätigten Frost und McCampbell experimentell (zit. Gainey und Lord 1952), die feststellten, daß Eiweißalbumin mit 50% Feuchtigkeit schon bei 56 °C koagulierte, während es im ausgetrockneten Zustand erst bei 160—170 °C sichtbare Veränderungen zeigte. Diesem Umstand schreibt man auch die hohe Resistenz bakterieller Sporen mit minimalem Wassergehalt zu. Außerdem hat feuchte Wärme ein größeres Durchdringungsvermögen als trockene Wärme.

Der obere thermale Letalpunkt liegt bei der Mehrzahl der nichtsporenbildenden Formen bei 55—56 °C. Bei 100 °C sterben im feuchten Milieu alle vegetativen Bakterienzellen in einigen Minuten ab. Eine Ausnahme bilden wiederum die Sporen, die auch mehrstündiges Kochen überstehen und nur durch Autoklavieren verläßlich abgetötet werden.

Der negative Einfluß von Wärme auf das Leben der mikrobiellen Zelle vervielfältigt sich bei schroffen Temperaturschwankungen; dabei ist es gleich, ob es sich um Erhöhungen oder Verminderungen der Temperatur handelt. Jede schnelle Veränderung ruft die gleiche Reaktion hervor, d. h. eine Verminderung der biochemischen Aktivitäten, die nur allmählich kompensiert wird.

Von anderer Wirkung ist die sukzessive langsame Veränderung der Temperatur, da die Intensität der Lebensvorgänge in direkter Abhängigkeit von der Temperatur steht. Eine Erklärung bietet das van't-Hoffsche Gesetz für chemische Reaktionen, nach dem sich die Geschwindigkeit einer Reaktion 2—3fach erhöht, wenn die Temperatur um 10 °C ansteigt. Natürlich ist zum Unterschied von rein chemischen Reaktionen bei Mikroorganismen der Gültigkeitsbereich dieses Gesetzes eingeschränkt. Wir sind jedoch der Meinung, daß es gerade für die Hydromikrobiologie eine große Bedeutung bei der Bewertung der Funktion von Kläranlagen, bei den Selbstreinigungsvorgängen in Flüssen im Jahresablauf und bei den Umsetzen der Stoffe hat. So stellte Hamilton schon 1935 bei Untersuchungen am Huangpu fest, daß es auf dem relativ kurzen Abschnitt von Schanghai bis Wusung im Winter zu einer 16%igen Abnahme der Fäkalbakterien kam, während im Verlaufe des Sommers etwa 97—99% eliminiert wurden. Das beweist, daß Wasser ein typisches Milieu ist, in welchem das van't-Hoffsche

Gesetz in bezug auf die allmählichen Veränderungen der Temperatur im Verlaufe der einzelnen Jahreszeiten angewendet werden kann.

Häufig existiert aber zwischen Temperatur und Bakterienzahl keine direkte Proportionalität (Abb. 26). Der Grund dafür ist, daß die Änderung der Bakterienzahl im Wasser

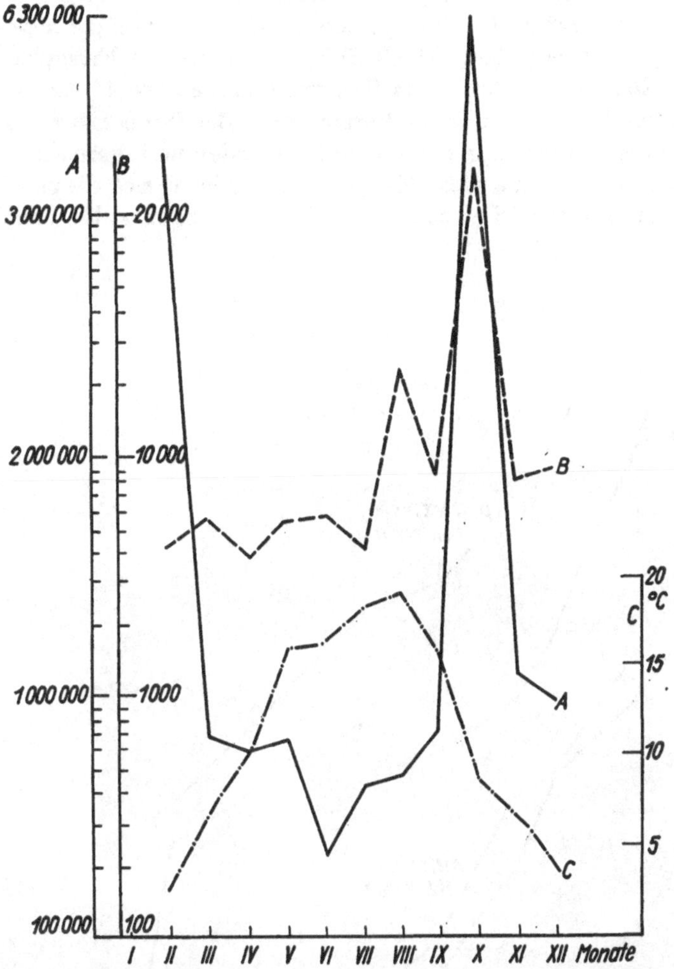

Abb. 26. Beziehungen zwischen Gesamtzellzahl (A), Keimzahlen heterotropher psychrophiler Bakterien (B) und Wassertemperatur (C) im Jahresverlauf (ČSSR-Donauabschnitt, Durchschnittswerte 1971—1973).

außer von der Temperatur noch durch weitere Faktoren wie Durchflußmenge des Wassers, Zahl der Konsumenten, Menge der organischen Stoffe u. a. beeinflußt wird. So bewirkt z. B. die Erhöhung der Wassertemperatur bei Anwesenheit einer größeren Menge leicht verwertbarer organischer Stoffe eine rapide Vermehrung der Bakterien. Falls das Wasser jedoch nur wenig organische Stoffe enthält, ist der Effekt gegenläufig, was offenbar mit dem schnellen Verbrauch der Nährstoffe zusammenhängt. Eine niedrige Wassertemperatur erleichtert das Überleben der Bakterien ungeachtet der Konzentration organischer Stoffe, weil sich die Bakterien nicht vermehren und daher auch die anwesenden organischen Nährstoffe nicht aufbrauchen. Es kommt im Gegenteil zu einem allmählichen Absterben, dessen Geschwindigkeit in Abhängigkeit von der Art oder Gruppe der Bakterien verschieden ist.

Der Einfluß der Temperatur auf Ausmaß und Veränderungen der bakteriellen Besiedlung des Wassers wurde von uns experimentell untersucht. Wir führten Versuche mit Wasser aus dem Fluß Moskva durch, das wir im Laboratorium bei mittlerer Winter- (1—4 °C) und Sommertemperatur (18—20 °C) hielten. Wir studierten die heterotrophen psychrophilen (20 °C) und mesophilen (37 °C) Bakterien sowie die Enterobacteriaceae als Fäkalindikatoren. Bei den psychrophilen Bakterien kam es sowohl bei den höheren als auch bei den tieferen Temperaturen zur Vermehrung. Bei Temperaturen von 20 bis 22 °C vermehrten sich die Bakterien in den ersten 24 Stunden und dann sank ihre Zahl zu Beginn schneller, später langsamer ab. Bei 1—4 °C vermehrten sich die psychrophilen Bakterien zu Beginn langsamer und es kam auch erst später zu ihrer langsamen Eliminierung (Abb. 27).

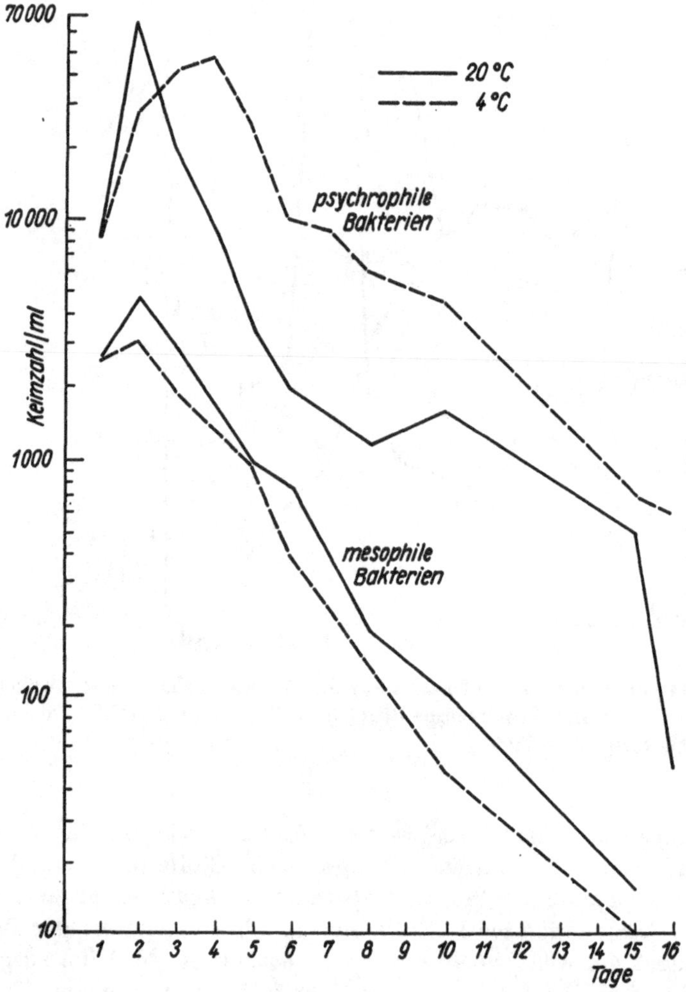

Abb. 27. Überleben heterotropher psychrophiler und mesophiler Bakterien im Fluß Moskva bei verschiedenen Temperaturen.

Die mesophilen Bakterien vermehrten sich bei höherer und auch bei tieferer Wassertemperatur, aber nur in den ersten 24 Stunden, dann kam es zu ihrem Absterben. Die Vermehrung erfolgte nicht so intensiv wie bei den psychrophilen Bakterien. Aus diesem Grunde ging auch ihre Eliminierung im Wasser schneller vor sich.

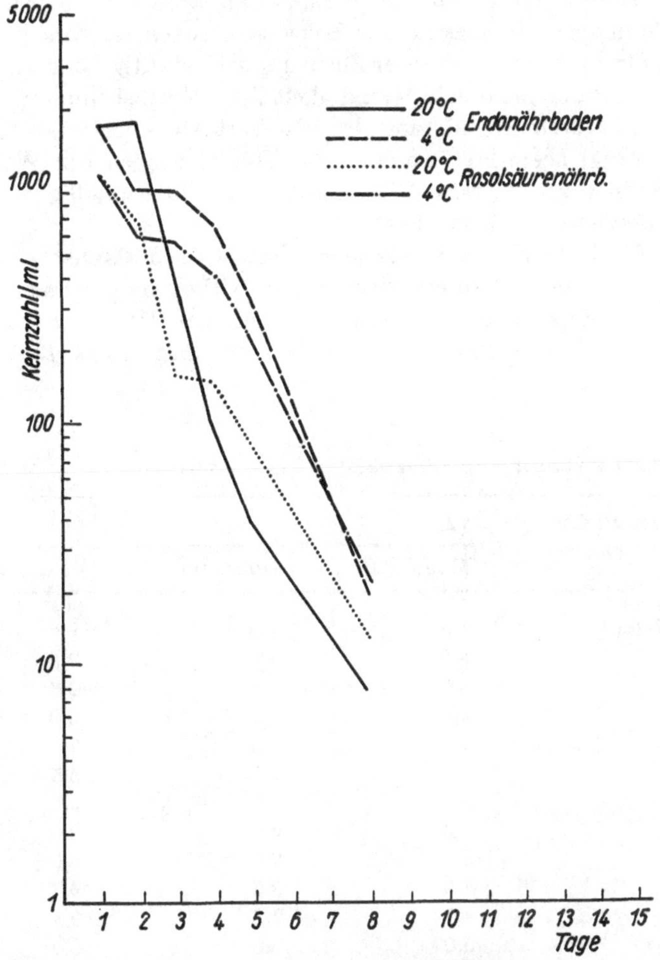

Abb. 28. Überleben von Enterobakterien im Fluß Moskva bei verschiedenen Temperaturen.

Die Enterobakterien vermehrten sich im Wasser nicht, sondern starben langsam ab – wenn auch bei Sommertemperaturen im Verlaufe der ersten 24 Stunden eine gewisse Erhöhung ihrer Zahl beobachtet wurde. Dieses geringe Ansteigen wurde bei Verwendung von Endoagar registriert, konnte jedoch in den parallel angewandten Rosolsäurenährböden nicht festgestellt werden, wo die Zahl der Enterobacteriaceae kontinuierlich abnahm (Abb. 28).

Wasserstoffionenkonzentration (pH)

Alle biochemischen Vorgänge bei Mikroorganismen werden in starkem Maße von der Reaktion des Milieus — der Wasserstoffkonzentration (pH-Wert) — beeinflußt. Die Wachstumsoptima sind für die einzelnen Mikroorganismen-Gruppen relativ breit und schwanken von pH 2 (*Thiobacillus thiooxidans*) bis pH 9 (*Thiobacillus denitrificans*). Die optimalen und Grenz-pH-Werte für einige Bakterien werden in Tabelle 54 aufgeführt. Die Kenntnis der pH-Grenzwerte für Mikroorganismen ist vom praktischen Standpunkt nicht nur für die Möglichkeit ihrer Züchtung sehr wichtig, sondern vielleicht genauso im gegenteiligen Sinne bei der Notwendigkeit ihrer Wuchshemmung bei unerwünschtem Vorkommen. Durch Regulierung des pH-Wertes können mikrobielle Prozesse gezielt (z. B. Gärung) beeinflußt werden. Bei Veränderungen der Wasserstoffionenkonzentration in einer oder anderer Richtung kommt es regelmäßig zu Veränderungen der Zusammensetzung von Mikrofloren.

Im allgemeinen ist für Bakterien ein neutraler oder schwach alkalischer pH-Wert (7,0—7,4) am günstigsten. Starke Säuren oder Laugen wirken proportional zu ihrem Dissoziationsgrad, d. h. entsprechend der Konzentration der H^+- oder OH^--Ionen, destruktiv. Winslow und Lochridge (zit. nach Wilson und Miles 1955) stellten

Tabelle 54

pH-Angaben für die Vermehrung ausgewählter Bakterienarten.

Mikroorganismenspezies	pH-		
	Minimum	Optimum	Maximum
Thiobac. thiooxidans	1,0	4,0	9,8
S. typhi	4,0	7,0	9,6
S. paratyphi	4,0	6,7	9,6
E. aerogenes	4,4	6,3	9,0
E. coli	4,4	6,5	7,8
B. subtilis	4,5	6,7	8,5
Str. pyogenes	4,5	7,8	9,2
Str. viridans	4,5	7,2	8,0
Sh. dysenteriae	4,5	7,0	9,6
Alc. faecalis	4,6	8,5	9,7
P. vulgaris	4,9	7,6	9,4
Serr. marcescens	5,0	6,5	8,0
Yer. pestis	5,0	6,6	8,2
Cl. perfringens	5,0	7,0	9,0
Mycob. tuberculosis	5,0	7,2	8,4
Thiob. denitrificans	5,0	8,0	10,7
Cl. tetani	5,5	7,3	8,3
P. aeruginosa	5,6	6,8	8,0
V. cholerae	5,6	7,2	9,6
Neiss. gonorrhoeae	5,8	7,3	8,3
Bac. anthracis	6,0	7,2	8,5
Coryneb. diphtheriae	6,0	7,4	8,3
Brucella melitensis	6,3	7,4	8,4
Dipl. pneumoniae	7,0	7,8	8,3
Nitrobacter	6,6	7,1	8,0
Nitrosomonas	7,0	7,8	8,6

fest, daß *E. coli* im Leitungswasser durch 0,0123 n HCL in weniger als 40 Minuten abgetötet wurde; umgerechnet bedeutet dies 12,3 mg/l H^+-Ionen.

Einige Verbindungen wirken auch undissoziiert auf Mikroorganismen toxisch. Organische Säuren sind aber gewöhnlich nur in höheren Konzentrationen bakterizid. Es scheint, daß ihre Wirkung nicht nur von der Konzentration der freien Wasserstoffionen abhängt, sondern auch von den undissoziierten Molekülen oder Anionen.

Der Einfluß der Azidität des Wassers auf die Destruktion der Bakterien ist nicht ganz geklärt. So zeigen einige natürliche Wässer eine saure Reaktion in Abhängigkeit vom Huminsäuregehalt. Trotzdem sind diese Wässer mikrobiell reich belebt (nach Ergebnissen der direkten mikroskopischen Methode) und zeigen rege Stoffumsetzungen, an denen gerade Bakterien in entscheidendem Maße beteiligt sind.

Strahlungen

Dem Biotop Wasser werden durch Strahlungen z. T. beträchtliche Energiemengen zugeführt, die ihren Einfluß auf diese Mikroflora ausüben. Entscheidend für Art und Effekt der Strahlung ist die transferierte Energiemenge, die von der Strahlendosis und der -wellenlänge abhängt. Die Dosis ist unter natürlichen Bedingungen recht unterschiedlich und wird durch weitere Faktoren wie Tag-Nacht-Rhythmus, Bewölkungsdichte, Wasserbewegung, Art und Konzentration von Inhaltsstoffen usw. stark modifiziert. Als durchsichtiges Milieu ermöglicht Wasser generell ein Eindringen von Strahlen, jedoch werden verschiedene Wellenlängen unterschiedlich absorbiert (vgl. Kapitel 2), so daß differierende Eindringtiefen festzustellen sind.

Die biologische Wirksamkeit einer Strahlung hängt davon ab, ob die Wellen oder Strahlungsteilchen in der Zelle eine empfindliche Stelle finden oder nicht. Unter der Voraussetzung, daß eine solche „Zielscheibe" existiert, kann vergröbert zwischen reversiblen und irreversiblen Effekten unterschieden werden. Während zu den reversiblen Effekten alle physiologisch wichtigen (z. B. photosynthetisierenden) Prozesse und alle durch vielfältige intrazelluläre Ausgleichs- und Reparaturmechanismen beseitigten Auswirkungen verstanden werden sollen, gehören zu den irreversiblen Effekten die Erzeugung von Mutationen und das Abtöten von Zellen. Beide sind — bei Betrachtung der primären Strahlenwirkungen — nicht generell verschieden, sondern nur der Ausdruck unterschiedlicher Quantitäten.

Sichtbares und ultraviolettes (UV) Licht

Während die zur Photosynthese befähigten (autotrophen) Mikroorganismen (neben den einzelligen Planktonalgen, z. B. die grünen Schwefelbakterien) Licht unumgänglich benötigen, ist die Mehrzahl der Bakterien vom Licht unabhängig, Da der Teil des Sonnenlichtspektrums, der von den grünen und rot-gelben Photosynthesepigmenten bevorzugt ausgenutzt wird, schon in den oberen Wasserschichten adsorbiert wird, entfaltet sich die autotrophe Wasserflora fast ausschließlich in diesen oberflächennahen Schichten. Durch die Photosynthese entsteht O_2, der bei oxidativen Vorgängen — vor allem bei Mineralisierung vorhandenen organischen Materials — wieder verbraucht wird. Einer der Hauptverbraucher sind die Wasserbakterien. Das Licht hat deshalb einen bedeutenden, wenn auch indirekten, Einfluß auf den Abbau organischer Substanzen und damit auf Selbstreinigungsvorgänge im Wasser.

Eine direkte Sonnenstrahlung ist für die meisten Bakterien schädlich und trägt besonders in seichten Gewässern zu deren Eliminierung bei. Daran sind alle Spektralbereiche vom infraroten (~ 800 nm) bis zum UV-Licht (< 300 nm) beteiligt. Die inaktivierende oder abtötende Wirkung kann durch intrazelluläre Farbstoffe verringert werden, woraus sich z. B. das Überwiegen von pigmentbildenden Kokken in reinen Gewässern erklärt. Ähnlich machen sich niedriger Hydratisierungsgrad und sehr geringe Stoffwechselintensität bei Sporen von Bakterien und Pilzen bemerkbar. Besonders empfindlich sind dagegen Mikroorganismen, die normalerweise in höheren Organismen als Kommensalen oder Parasiten vorkommen und zu denen alle pathogenen Bakterien gehören.

Die bakterizide Wirkung von sichtbarem Licht kann bei bestimmten Bakteriengruppen leicht beobachtet werden. Es handelt sich dabei um eine direkte Einwirkung auf das Zytoplasma und eine photochemische irreversible Inaktivierung wichtiger katabolischer Enzymsysteme, die einen Zelltod nach sich ziehen. Beispiele sind Nitrit-

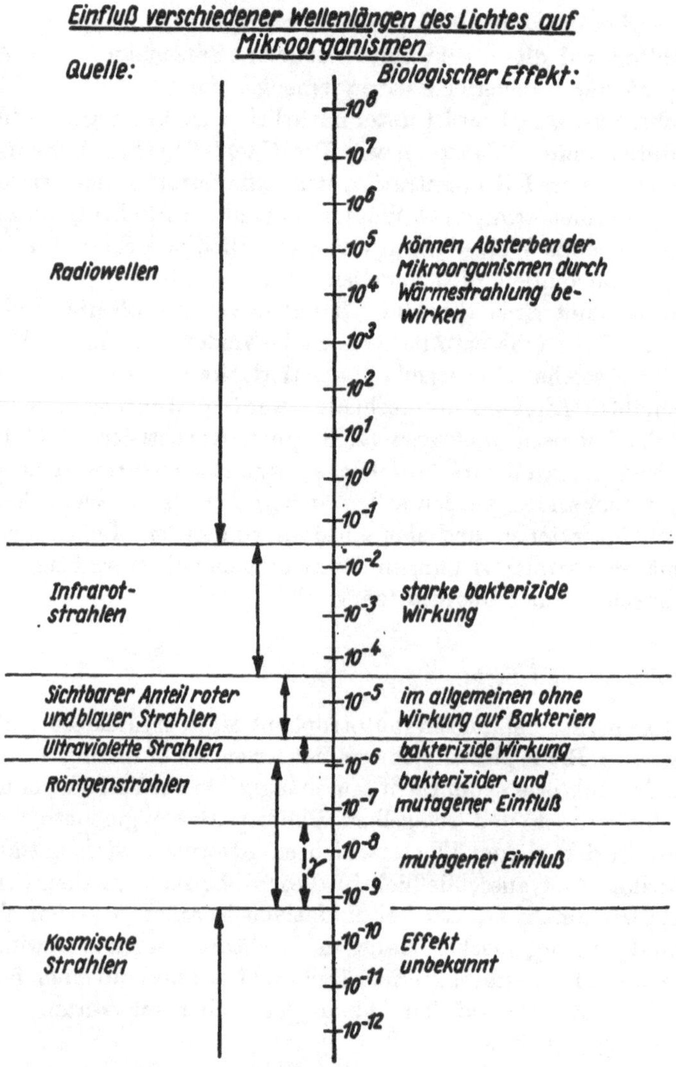

Schema 2

bzw. Nitratbakterien (MÜLLER-NEUGLÜCK und ENGEL 1961, BOCK 1965), *Micrococcus denitrificans* (MÜTZE 1963), Koliforme (GAMESON und SAXON 1967) u. a. Nach HARRISON (1967) kann die bakterizide Wirkung von sichtbarem Licht an dem Verlust der Vermehrungsfähigkeit, der Zellauflösung (sog. Photolyse), der Verlängerung der lag-Phase von Flüssigkulturen und an Stoffwechselveränderungen (Verlust von fermentativen Aktivitäten und der Vermehrbarkeit für Bakteriophagen) festgestellt werden. Ähnliche Effekte lassen sich auch bei Pilzen beobachten (SPARROW 1968, RHEINHEIMER 1975).

Besonders hoch ist die bakterizide Wirkung von kurzwelligen Spektralbereichen. Das Wirkungsmaximum wird bei Wellenlängen zwischen 240—270 nm erreicht. DNA besitzt ein Absorptionsmaximum von 254 nm. Damit ist eine Erklärung für die Tatsache gegeben, daß UV dieser Wellenlänge nicht nur vegetative Zellen in Reinkulturen und in Wasser, sondern auch Bakteriensporen inaktiviert. Für die Beurteilung der Verhältnisse in natürlichen Wässern ist zu beachten, daß das kurzwellige UV des Sonnenlichtes bereits zum überwiegenden Teil durch die Atmosphäre zurückgehalten wird und nur relativ geringe UV-Dosen die Wasseroberfläche erreichen. Weiterhin ist zu berücksichtigen, daß auch bei völlig durchsichtigem Wasser das UV von der dünnen Oberflächenschicht absorbiert wird und nur in diesem Bereich bakterizid zu wirken vermag. Letztlich ist zu bedenken, daß natürliche Wässer stets meßbare Mengen an organischen makromolekularen Substanzen, Resten von Zellen u. ä. enthalten, die UV absorbieren und damit die zellinaktivierende Wirkung verringern.

Einen überzeugenden Versuch führte PROCACCINI (zit. nach WILSON und MILES 1955) in Italien durch: er goß in zwei 50 cm hohe sterile Glaszylinder natives Wasser, aus dem er vorher alle suspendierten Stoffe entfernt hatte. Das eine Gefäß exponierte er 6 Stunden der direkten Sonnenstrahlung, das Kontrollgefäß blieb vor der Sonne geschützt. Nach Beendigung des Versuches war das durchstrahlte Wasser nahezu steril, wogegen es im zweiten Gefäß zur Vermehrung der Bakterien kam (Tab. 55).

Tabelle 55
Einfluß des Sonnenlichtes auf die Bakterienzahl im Wasser.

Versuch	Bakterienzahl/ml	
	im Licht	im Dunkeln
Vor der Exposition:		
Oberfläche	4900	4900
Mitte	4510	4510
Grund	6780	6780
Nach der Exposition:		
Oberfläche	0	7200
Mitte	2	9050
Grund	8	12590

Bei Anwendung künstlicher Lichtenergie zur Sterilisierung von Wasser können künstliche Lichtquellen mit Wellenlängen, die denen des natürlichen Sonnenlichtes (einschließlich UV-Anteil) entsprechen, denselben bakteriziden Effekt ergeben. Häufig wird dies bei der Sterilisation von Wasser angewandt. Man benützt dabei Quecksilberlampen aus Quarzglas und einem Hauptanteil des exmittierten Spektralbereichs um 260 nm.

Bei ihrer Anwendung kann man einen verläßlichen Sterilisationseffekt nur unter der Voraussetzung erzielen, daß das Wasser in dünner Schicht (bis 10 cm) durchstrahlt wird und dabei vollkommen klar ist. Falls es sich um fließendes Wasser handelt, muß die notwendige Expositionsdauer eingehalten werden. STRECHA und KELETI (1959) stellten fest, daß bei einem Durchfluß von 500 l/h (Wasserschicht ca. 1,9 cm) und bei einer Exposition von länger als 20 s aus Oberflächenwasser 99,7% Bakterien der Familie Enterobacteriaceae, 95,6% der sog. psychrophilen und 90,7% der mesophilen Bakterien eliminiert wurden. Im Brunnenwasser wurden bei Enterobacteriaceae 99,9%, bei psychrophilen 98,5% und bei mesophilen Bakterien 99,6% inaktiviert. Die Bestrahlung rief keinerlei Veränderung der chemischen Eigenschaften des Wassers hervor.

Ionisierte Strahlen

Man kennt heute unterschiedlichste Typen von ionisierenden Strahlen, von denen jedoch in diesem Zusammenhang nur Röntgen- und Kobalt-γ-Strahlen erwähnt werden sollen. Es muß hinzugefügt werden, daß die ionisierende Strahlung für die Wassermikrobiologie ein relativ untergeordneter Umweltfaktor ist. Sie können nur unter ganz speziellen Bedingungen, z. B. für die Umgebung von Kernkraftwerken in Havariefällen oder von Versuchsreaktoren, bzw. bei Forschungsarbeiten in dieser Richtung an Bedeutung gewinnen.

Ionisierende Strahlen besitzen ein wesentlich besseres Durchdringungsvermögen für wäßrige Lösungen als z. B. UV-Licht. Schwierigkeiten bereitet in der Regel die Vergleichbarkeit biologischer Strahleneffekte mit der eingesetzten Dosis bei Verwendung unterschiedlicher Strahlenarten. Man behilft sich, indem man die Größe der „relativen biologischen Wirksamkeit (RBE)“ verwendet, bei der man zu testenden Strahleneffekt mit dem einer relativ gut dosierbarer Strahlung wie Co-γ vergleicht.

Das Ausmaß der biologischen Wirkungen von ionisierenden Strahlen ist extrem dosisabhängig. Dabei ist der Lethaleffekt höher bei Anwesenheit von Sauerstoff als bei anaeroben Verhältnissen. Eine bedeutende negative Rolle spielt auch die Temperatur (DAVIES 1976). Von großer Bedeutung sind Veränderungen, die in der DNA induziert werden und die Ursache für Mutationen und Inaktivierungen sind. Im Gegensatz zum UV-Licht, durch das vorrangig Dimere von benachbarten Basen induziert werden, rufen vergleichbare Röntgendosen Strangbrüche hervor. Aus diesem Grunde ist die Lethalitätsrate wesentlich höher als die Mutationsrate. Auf der anderen Seite sind deshalb Co-γ-Strahlen sehr gut geeignet, um in Industrie, Landwirtschaft und Medizin hochempfindliche Produkte (Enzyme, Pharmaka, Therapeutika usw.) zu sterilisieren. Der Vorteil besteht darin, daß keine Radioaktivität induziert wird.

Druck

Jeder Organismus ist fähig, gewisse Druckwerte auszuhalten. Außergewöhnlich widerstandsfähig sind in dieser Beziehung die meisten Bakterien. In erster Linie sind es die Meeresbakterien, die unter normalen Bedingungen bei hohen Drücken über 30 MPa ($>$ 300 at) leben. Es ist jedoch noch nicht bekannt, wie unter diesen Umständen ihre Lebensaktivität hoch ist bzw. sein kann.

Es gibt „barophile“ Mikroorganismen, die nur bei hohem Druck (50—120 MPa) leben, bei normalem atmosphärischem Druck sterben sie ab. Eine andere Gruppe „barotoleranter“ Bakterien ist fähig, bei normalen und auch hohem Druck (0,1—60 MPa) zu existieren. Die Arten, die bei höherem Druck inaktiviert werden, können als „barophob“

bezeichnet werden (MORITA 1974). Bisher wurden als Hauptfaktoren, welche die Drucktoleranz einer Zelle beeinflussen können, Temperatur, das umgebende Milieu und die Salzkonzentration bekannt. Nach DRING (1976) hängt die Art und Höhe der Beschädigung der Zelle unter dem Einfluß des hydrostatischen Druckes von der Wachstumsphase des Mikroorganismus, Zeit, Temperatur und der chemischen Zusammensetzung des gegebenen Milieus ab. Bewiesen wurde der enge Zusammenhang zwischen der Barotoleranz und der Temperatur.

Bei Versuchen, den Druck als bakteriostatisches oder bakterizides Mittel anzuwenden, kam man zu einigen interessanten Erkenntnissen. So benötigte man zur Abtötung der vegetativen Formen bis zu 60 MPa Überdruck bei einer Einwirkungszeit von 14 Stunden, bei Sporen sogar 1200 MPa Überdruck während derselben Zeitdauer. Versuche von ZOBELL und OPPENHEIMER (1950) mit *Serratia marinorubra* zeigten, daß sich diese Mikroorganismen bei 0,1—20 MPa Überdruck und 23 °C in Form kleiner Stäbchen vermehrten, bei 40 MPa Überdruck vergrößerte sich die Stäbchenlänge, bei 60 MPa Überdruck hörte die Teilung auf und die Zellen wuchsen als lange Fäden weiter. Bei Druckabfall zerfielen die Fäden und bildeten wieder kurze Stäbchen. Die Autoren sind der Meinung, daß der kritische Druck für Bakterien bei 300—1200 MPa Überdruck liegt. Viele Mikroorganismen sterben in der exponentiellen Wachstumsphase bei 50 bis 60 MPa Überdruck ab bzw. stellen ihre Vermehrung bei 30 MPa Überdruck ein (ZOBELL und JOHNSON 1949). Bei *E. coli* hört die Zellteilung bei 5—15 MPa Überdruck auf, die Stäbchen verlängern sich bis zu einer Länge von 100 µm (DRING 1976). Süßwasserbakterien vermehren sich bis zu 40 MPa Überdruck. Widerstandsfähiger sind nur Sporenbildner, die sich auch bei 60 MPa Überdruck noch gut vermehren können und noch 10fach höhere Drücke überstehen, dabei sie jedoch ihre Vermehrungsfähigkeit verlieren. Merklich empfindlicher als Bakterien gegenüber dem Druck sind die Hefen.

Das Aufhören der Zellteilung ist das erste Zeichen eines schädigenden Druckeinflusses. Bei weiterer Druckerhöhung kommt es zu enzymatischen Störungen, die sich in den Mechanismen der Eiweiß- und Nukleinsäure-Synthese bemerkbar machen. Es erhöht sich auch der Bedarf an Kohlenhydraten, wobei die Bakterien nicht mehr fähig sind, diese vollkommen oder über eine bestimmte Grenze hinaus ökonomisch zu verwerten. So verläuft der Dextroseabbau nicht bis zum Endprodukt CO_2, sondern bleibt bei Zwischenprodukten (organische Säuren usw.) stehen. Weiterer Druckanstieg ruft Schäden in den Funktionen der Zytoplasmamembran und schließlich Denaturationen von Zellproteinen hervor.

Wasserbewegung

Stagnation oder Bewegung der Wassermassen beeinflussen viele weitere Faktoren: Dispersion der Nährstoffe, Bedingungen des O_2-Transportes, Möglichkeit der Sedimentierung (und damit der Beeinflussung des Gewässergrundes), Trübung, Reaktion auf klimatische Bedingungen usw. Schon aus diesen wenigen Bemerkungen kann man erkennen, daß die Strömung des Wassers hydromikrobiologisch große Bedeutung hat und auf die Artenzusammensetzung der Mikroflora in stehenden und fließenden Gewässern Einfluß nimmt.

Die Bewegung an sich (Vibrieren, Schütteln, Mischen) wirkt bis zu einer gewissen Intensität auf die Mikroorganismen keineswegs negativ — eher positiv im Sinne einer Aktivierung ihrer Lebensprozesse. Nur stärkere und länger anhaltende Vibration wirkt auf die Mikrobenzelle destruktiv.

So hat die Bewegung der Wassermassen auf die Mehrzahl der Mikroorganismen positiven Einfluß. Das Wasser, welches während ihres ganzen Lebens die Zelle umspült, führt ständig neue Nährstoffe zu und entfernt die Stoffwechselendprodukte. Gleichzeitig verbessern sich der Gasaustausch und der Sauerstofftransport im Wasser. Weiterhin wird das Zerschlagen von mikrobiellen Konglomeraten erleichtert, so daß jede Zelle einzeln mit der gesamten Oberfläche ihres Körpers metabolisieren kann.

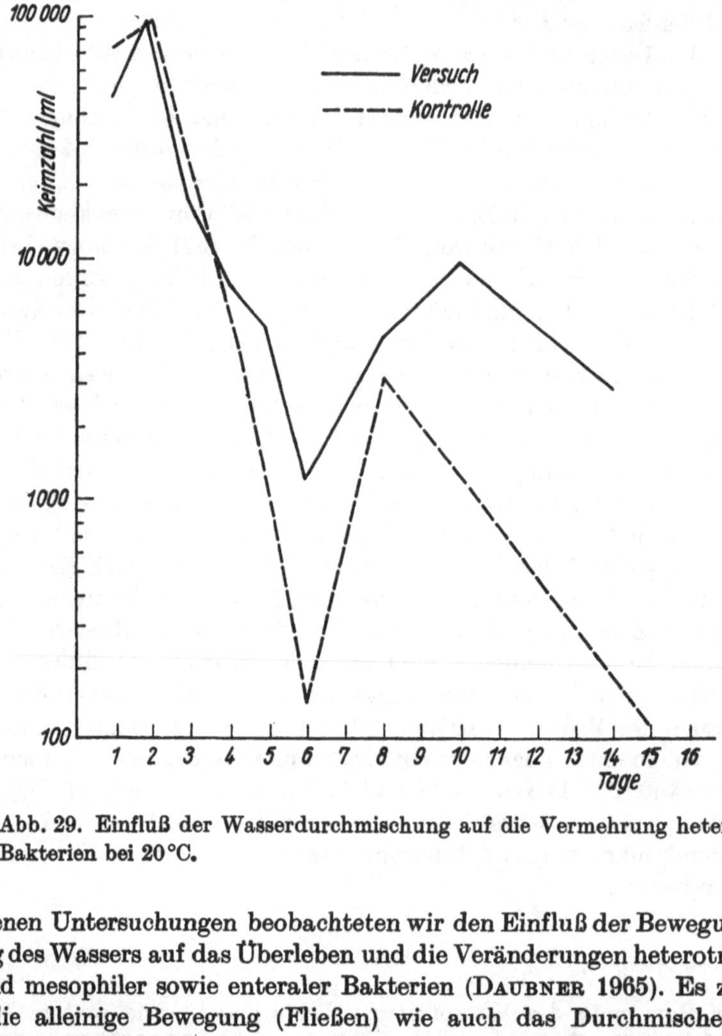

Abb. 29. Einfluß der Wasserdurchmischung auf die Vermehrung heterotropher Bakterien bei 20 °C.

In eigenen Untersuchungen beobachteten wir den Einfluß der Bewegung und Durchmischung des Wassers auf das Überleben und die Veränderungen heterotropher psychrophiler und mesophiler sowie enteraler Bakterien (Daubner 1965). Es zeigte sich, daß sowohl die alleinige Bewegung (Fließen) wie auch das Durchmischen des Wassers einen positiven Einfluß hatte. Psychrophile und mesophile Bakterien vermehrten sich in den ersten 24 Stunden relativ kräftig, bevor es später zu ihrem Absterben kam. In allen Fällen jedoch überlebten die Bakterien im bewegten Wasser länger als in der Kontrolle (Abb. 29); dies kann man in hohem Maße der Auflösung von bakteriellen Zusammenballungen zuschreiben.

Sedimentation

Wenn auch durch Sedimentieren ein Teil der Mikroorganismen aus dem Wasser eliminiert wird, kann man doch diesen Faktor wegen der Kleinheit der Zellen und der damit zusammenhängenden hohen Sedimentationszeit als nicht wesentlich ansehen. Außerdem kommt der Effekt der Sedimentation nur bei stehenden oder langsam fließenden Wässern in Betracht. In Flüssen mit stark turbulenter Strömung ist die Sedimentierung praktisch unwirksam und es kommt auch zu keiner benthischen Lebensgemeinschaft.

Andererseits steht fest, daß ein gewisser Teil der Mikroorganismen an suspendierten Teilchen im Wasser anhaftet und so schneller auf den Grund gerissen wird. Dieser Umstand wird auch bei einigen Nachweismethoden für Wasserbakterien und Viren sowie bei künstlichen Reinigungsverfahren angewandt. Dabei werden dem Wasser verschiedene Koagulantien (Eisen und Aluminiumsalze) zugesetzt, die bei ihrem Ausflocken die anwesenden Zellen nahezu quantitativ fällen.

Einige Autoren (z. B. Hendricks 1971) messen der Sedimentation große Bedeutung bei der Eliminierung von Bakterien (besonders von pathogenen Arten) aus dem Wasser bei. Wilson und Miles (1955) führen an, daß ein einwöchiges Stehenlassen des Wassers für die Verminderung der Typhus- und Cholerakeimzahl effektiver ist als eine Bodenfiltration. Durch diesen Effekt erklärt sich auch die relativ niedrigen Bakterienzahlen in Seen und langsam fließenden Strömen. Wir meinen jedoch, daß die Sedimentation nicht überbewertet werden darf und daß bei der Eliminierung von Bakterien aus dem Wasser der Gehalt an organischen Stoffen und die Anwesenheit des Zooplanktons bedeutendere Rollen spielen.

Austrocknung

Obwohl die Austrocknung im eigentlichen Sinne des Wortes in der Hydromikrobiologie nicht erwähnt werden braucht, sei auf diese Erscheinung der Vollständigkeit halber hingewiesen.

Der intra- und extrazelluläre Feuchtigkeitsgehalt hat auf die mikrobielle Zelle großen Einfluß. Dies gilt nicht nur im negativen Sinne, wie bei Anwendung trockener Wärme zur Sterilisierung, sondern die Anwesenheit von Feuchtigkeit (bzw. von Wasser) ist für die Sicherstellung der Zellfunktionen eine unumgängliche Voraussetzung. Eine Austrocknung muß keineswegs zum sofortigen Absterben der Zelle führen. Die Stoffwechselaktivität verringert sich adäquat zum Wassergehalt, bis die Zelle in ein inaktives latentes Stadium übergeht, in dem ihr Metabolismus auf ein Minimum reduziert ist. In diesem Zustand kann der Mikroorganismus, falls das Austrocknen nicht aus anderen Gründen schädigend wirkt, den Wasserentzug relativ lange Zeiten (bis zu einigen Jahren) überstehen. Das gilt aber nicht für alle Arten. Besonders pathogene Bakterien sind in dieser Beziehung viel empfindlicher und sterben früher oder später nach Austrocknung ab.

Für den eigentlichen Austrocknungseffekt sind die Bedingungen sehr wichtig, unter denen es zur Austrocknung kommt. Für die Bakterienzelle ist das schroffe Austrocknen viel schädigender als ein allmählicher Wasserentzug. Gleichermaßen ist ein langanhaltendes kontinuierliches Austrocknen weniger schädlich als ein unterbrochener Prozeß oder ein Austrocknen unter sich ändernden Bedingungen. Diese Tatsachen begründen große Ansprüche an die Herstellung lyophilisierter Konserven vom Mikroorganismenstämmen für Kultursammlungen.

Eine bekannte Adaptationsreaktion einiger Bakteriengattungen auf eine Austrocknung ist die Sporenbildung. Wegen des geringen Wassergehaltes und der minimalen Stoffwechselaktivität können Sporen unphysiologische Bedingungen ungewöhnlich lange aushalten. Interessant sind in dieser Beziehung Angaben, nach denen bei archäologischen Ausgrabungen in Pharaonengräbern auf Getreidekörnern Sporen einiger Bakterien gefunden wurden, die bei Kultivierung in vegetative Formen übergeführt werden konnten und mindestens 3000–4000 Jahre überlebt hatten.

Elektrizität

Nach gleichlautenden Literaturangaben hat der elektrische Strom praktisch keinen direkten Einfluß auf Mikroorganismen. Die dafür verantwortliche Ursache könnte darin bestehen, daß der Strom wahrscheinlich nicht durch die Zelle des Mikroorganismus hindurchgeht. Diese wird wegen ihrer negativen Ladung nur zum positiven Pol im elektrischen Feld hingelenkt bzw. erfährt reversible Ladungsänderungen ihrer Oberfläche.

Im Wasser kann der elektrische Strom jedoch durch Elektrolyse von Wasserinhaltstoffen indirekt negativ einwirken, indem für die Zellen toxische Produkte gebildet werden (z. B. gasförmiges Chlor aus Chloriden).

Zentrifugieren

Wie aus der Laboratoriumspraxis bekannt ist, zeigt das Zentrifugieren keinen zerstörenden Einfluß auf Mikroorganismen. Künstliche Schwerefelder werden im Gegenteil oft als methodisches Hilfsmittel zum Trennen von Mikroben und höheren Organismen oder Teilchen größeren spezifischen Gewichtes benutzt. Auch in diesem Falle muß man den Grund des minimalen Einflusses des Zentrifugierens auf die Mikroorganismen in deren geringen Abmessungen sehen. Davon zeugt auch die Tatsache, daß für höhere Organismen das Zentrifugieren schädlich ist (es wirkt sich destruktiv auf die Zellen aus); dies trifft z. B. bereits für eine ganze Reihe von Ciliaten zu.

Schall und Ultraschall

Schall gewöhnlicher Frequenz schädigt die Bakterienzelle nicht. Zu physikalischen oder chemischen Veränderungen kommt es erst bei Frequenzen von > 290 kHz. Nach Angaben mehrerer Autoren kann man Ultraschall zur schonenden Sterilisation von Wasser, Nahrungsmitteln und anderen Produkten anwenden, da keine ungünstigen organoleptischen oder anderen Wirkungen der Sterilisationsgüter festgestellt wurden.

Chemische Faktoren

Die im Wasser lebenden Mikroorganismen entnehmen alle lebensnotwendigen Stoffe in fester, gelöster und gasförmiger Form dem Wasser, das ihre Zelle umgibt. Es ist daher verständlich, daß Anwesenheit, Konzentration und Zusammensetzung von chemischen Substanzen (Elemente und Verbindungen) im Wasser entscheidende Voraussetzungen für die Entwicklung einer Mikroflora darstellen.

Substanzkonzentrationen im Wasser beeinflussen das Leben der Bakterien und der übrigen Wasserorganismen direkt und indirekt. Die chemische Zusammensetzung des Wassers beeinflußt auch eine Reihe physikalischer Eigenschaften wie Dichte, Viskosität, Lichtbrechung usw., die für die Eignung dieses Milieus als Lebensraum mitbestimmend sind.

Für die direkte Einwirkung der chemischen Stoffe haben Kohlenstoff in organischen Verbindungen oder in Form von Kohlensäure verschiedenen Dissoziationsgrades und

Stickstoff in organischen und anorganischen Verbindungen sowie als Luftstickstoff vorrangige Bedeutung. Weiterhin spielen Phosphor, Schwefel, Eisen, Magnesium, Kalzium, Silizium u. a. als Ionen oder in Form ihrer Salze eine wichtige Rolle. Anwesenheit und Konzentration dieser Stoffe bestimmt das Auftreten der Mikroorganismen im Wasser in quantitativer (Zellzahl) und qualitativer (Artenzusammensetzung) Hinsicht.

Prinzipiell können die chemischen Stoffe im Wasser nach ihrem Einfluß auf Mikroorganismen in zwei große Gruppen unterteilt werden:

1. Stoffe, die stimulierend wirken (organische Verbindungen, Vitamine und Hormone, biogene Elemente),
2. Stoffe mit inhibierendem Einfluß (toxische Verbindungen, antibiotische Stoffe, Desinfektionsmittel).

In die erste Gruppe muß man vor allem gelöste organische Stoffe einreihen, die von der Mehrzahl der Autoren als Hauptfaktoren bei der Entwicklung der Bakterien im Wasser betrachtet werden. Von diesen Verbindungen sind jene am wichtigsten, die von den Mikroorganismen gut verwertet werden. Bemerkenswert sind Versuche von Moskalenko (1957), daß einige organische Stoffe, wie z. B. Nitraniline, Nitrobenzol und Nitrophenol, in Konzentrationen von bis zu 50 mg/l stimulierend wirken, so daß es nach ihrer Zugabe zu einer kräftigen Vermehrung der Bakterien kommt. Bei höheren Konzentrationen vermehren sich die Bakterien in den ersten 24 Stunden nur schwach und zu einer kräftigen Zunahme kommt es erst nach der genannten Zeit. Der Autor entnimmt daraus, daß die Stoffe in diesen Konzentrationen von den Bakterien nur schwer verwertet werden können und deshalb erst nach einer Zeit von etwa 24 Stunden voll wirksam werden.

Eine ähnliche Situation ist experimentell nach Zugabe verschiedener Pestizidkonzentrationen zum Wasser zu beobachten. Erst nach etwa 24 h begannen sich die als Testorganismen verwendeten *E. coli*-Zellen in Abhängigkeit von der Konzentration zu vermehren, wobei das Biozid Lindan als C-Quelle verwertet wurde (Daubner et al. 1975, Abb. 30).

Ein Mangel an organischen Stoffen oder einigen essentiellen Substanzen beeinflußt nicht nur die Zahl der Mikroorganismen, sondern kann außerdem morphologische und andere Veränderungen bewirken. So wurde z. B. festgestellt, daß Mg-Mangel bei Koliformen nicht nur Wachstumsstörungen hervorruft, sondern auch zum Verlust von Ribonukleinsäuren führt. Außerdem hören die Zellen auf, sich zu teilen, wachsen in Form langer Fäden und zeigen eine verschlechterte Anfärbbarkeit mit Methylenblau. Da bekannt ist, daß Mg-Ionen die Zellmembran stabilisieren, werden die Effekte mit Störungen der Membranintegrität erklärt (Brock 1962).

Nach Rahn (1936) beginnt sich ein Nährstoffmangel in den Bakterienpopulationen dann bemerkbar zu machen, wenn die Nährstoffkonzentration unter 0,1—0,01% sinkt. Dieser Wert kann natürlich nicht als absolut geltend angesehen werden, da Bakterien nach gleichlautenden Angaben anderer Autoren auch bei kleineren Nährstoffkonzentrationen lebens- und vermehrungsfähig bleiben. Zobell und Grant (1942) beschreiben normalen Wuchs von Meeresbakterien bei Konzentrationen an organischen Stoffen von weit unter 0,1 mg/l. Nach Angaben Razumovs (1962) vermehren sich *E. coli* und *P. aeruginosa* gut bei Dextrosekonzentrationen von 0,0001—0,0015%. Kičenko (1962) führt an, daß *E. coli* bei Konzentrationen von 0,0025% Pepton, 0,005% Dextrose und 0,1% NaCl vermehrungsfähig ist. Sie sieht dabei den Hauptgrund in der Verwendung geeigneter Stämme, die Einsaatmenge hat zweitrangige Bedeutung. Die

Frage des Überlebens und der Vermehrung von Bakterien in Wasser mit niedrigem Nährstoffgehalt wurde bisher nur ungenügend untersucht.

Aus mikroskopischen Untersuchungen ist bekannt, daß in vielen Wässern trotz geringer Konzentration an organischen Stoffen relativ große Mikroorganismen vorhanden sind. Die sog. oligokarbophilen Bakterien bilden eine bis heute nur ungenügend untersuchte Gruppe. Der dafür verantwortliche Hauptgrund ist, daß ihre physiologischen Anforderungen unbekannt sind und daher keine hinreichenden Möglichkeiten bestehen, für sie einen entsprechenden Nährboden herzustellen. Nährböden, auf denen heterotrophe saprophytische Bakterien kultiviert werden, sind für sie ungeeignet. Darum werden Kultivierungsversuche sowohl mit sog. „Hungeragar" (einem Agar, aus dem die Mehrzahl der Nährstoffe durch wiederholtes Auswachsen mit destilliertem Wasser entfernt wurden) als auch mit synthetischen Nährböden unternommen. Doch auch so gelang es bisher nur ungenügend, die spezifischen Wachstumsansprüche dieser ökologischen Gruppe aufzuklären. Auf die Hydromikrobiologen wartet hier ein dankbares Arbeitsfeld.

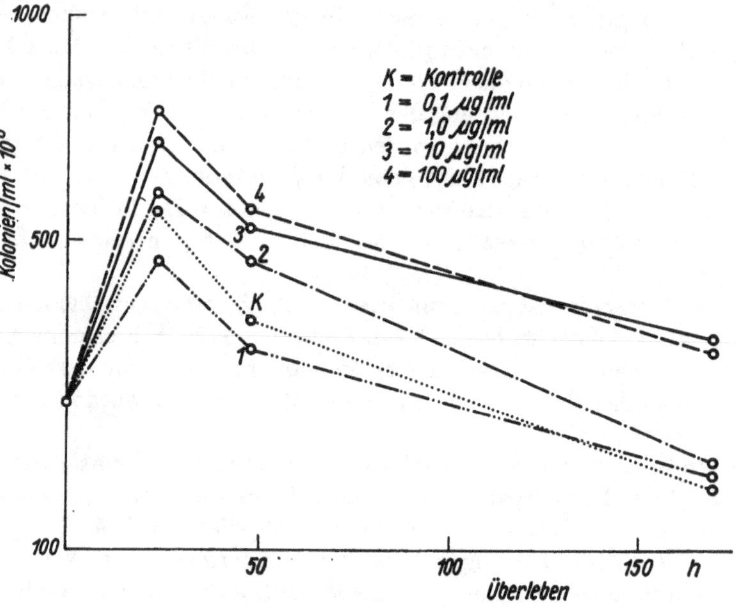

Abb. 30. Überleben von *E. coli* in sterilisiertem Oberflächenwasser (Donau) nach Zugabe verschiedener Konzentrationen des Pestizides Lindan.

Im Gegensatz zu diesen erwähnten Bakterien stehen Arten, die nicht fähig sind, bei niedrigen Nährstoffkonzentrationen zu leben und die ihre Vermehrung einstellen, wenn die NaCl-Konzentration unter 1,5% absinkt. Diese Eigenschaft wird als diagnostisches Merkmal genutzt. So unterschied z. B. van Delden schon 1904 zwei Arten bzw. Subspecies von schwefelreduzierenden Bakterien als *Desulfovibrio desulfuricans* und *Desulfovibrio aestuarii*. Pelš (1935) führt an, daß im Wasser der Bucht von Karalugarsk mit ungewöhnlich hoher Salzkonzentration (Dichte $= 1{,}181$ g/cm^3) 21×10^6 Bakterien /ml nachgewiesen wurden. Diese Zahl liegt wesentlich höher als die 3×10^6/ml, die an den am stärksten verunreinigten Stellen des Kaspischen Meeres, mit einer viel niedrigeren Salzkonzentration festgestellt werden konnten.

An höheren Salzgehalt können sich Bakterien auch adaptieren. GRINBAUM (1956) führt an, daß es durch sukzessives Passagieren in Bouillon mit steigenden NaCl-Konzentrationen gelang, *E. coli* auf einem Nährboden mit 5% NaCl zu kultivieren. Dabei ist interessant, daß dieser Stamm dabei seine Fähigkeit verlor, in gewöhnlicher Bouillon mit 0,5% Salz zu wachsen. Der Autor berichtet weiter, daß es mit einer ähnlichen Methodik gelang, Stämme von *E. coli* und *S. paratyphi B* (*S. schottmuelleri*) in Bouillon mit 25% Kochsalz zu züchten. Obwohl eine große Anzahl von Wasserorganismen existiert, die sich bei NaCl-Konzentrationen bis zu 3,3% vermehren, verläuft die Entwicklung solcher Bakterien bei geringeren Konzentrationen viel intensiver. Der Grund dafür ist, daß die Vermehrung von Bakterien nicht nur durch hohe Salzkonzentrationen als solche inhibiert wird, sondern auch durch die Zusammensetzung der Salze. Nach Wirkung der einzelnen Kationen auf die Lebensaktivität kann man folgende Reihenfolge aufstellen: Na^+, K^+, NH_4^+, Mg^{++}, Ca^{++}, Ba^{++}, Mn^{++}, F^{++}, Zn^{++}, Fe^{+++}, Al^{+++}, Pb^{++}, Cu^{++}, Hg^{++}, Ag^{++} (KUSNEZOW 1959).

Außer organischen Stoffen und biogenen Elementen sind für das Leben und die Vermehrung von Bakterien auch die im Wasser gelösten Gase wichtig. Unter ihnen steht an erster Stelle der Sauerstoff. Nach ihren Beziehungen zum Sauerstoff sind die Bakterien in **aerobe** (benötigen Sauerstoff zum Leben), in **fakultativ anaerobe** (lebensfähig in Milieu mit und ohne Anwesenheit von Sauerstoff) und in **anaerobe** (existieren ohne Sauerstoffzufuhr — für strikte Anaerobier wirkt O_2 toxisch) eingeteilt. Außerdem kennen wir **mikroaerophile** Bakterien, die für ihr Leben Sauerstoff in unbedeutender Konzentration benötigen.

Oxydierend wirkt nicht nur der freie gelöste Sauerstoff, sondern auch O_2 aus leicht reduzierbaren Verbindungen. Zur biochemischen Oxydation wird zuerst der freie gelöste O_2, dann O_2 stufenweise aus Nitrat, Nitrit, Sulfat und Phosphat verbraucht. Dabei wird O_2 zuerst aus einer Verbindung abgebaut, bevor es zur Reduktion der anderen sauerstoffhaltigen Verbindungen kommt. Bis zur Reduktion von NO_3^- und NO_2^- herrschen aerobe Bedingungen. Danach ergeben sich für das freie Wasser ungünstigere Verhältnisse. Durch die Reduktion des SO_4^{--} entstehen H_2S und Sulfide mit charakteristischer Färbung, Geruch und Toxizität. Dabei wird die Grenze zwischen aeroben und anaeroben Bedingungen überschritten. Der O_2 aus SO_4^{--} und PO_4^{--} wird nur bei sehr hohen Reduktionspotentialen verbraucht.

Die Grenze zwischen aeroben und anaeroben Bakterien ist nicht scharf. Es gibt Redoxpotentiale, die für gewisse Bakteriengruppen optimal, andere Werte, die tolerabel, und schließlich solche, die für die gegebene Art unzuträglich sind.

Aus dieser Aufzählung ist ersichtlich, daß das Redox-Potential auf das Überleben und die Intensität der Stoffwechselprozesse regulierend wirkt. WHIPPLE und MAYER (zit. nach WILSON und MILES 1955) stellen fest, daß *S. typhi* und *E. coli* in sauerstoffhaltigem sterilen Wasser viel länger überlebten als in Wasser mit aneroben Bedingungen. Bei Zimmertemperatur war *S. typhi* im erstgenannten Fall 2 Monate, im zweiten nur 4 Tage nachzuweisen. Die Autoren meinen, damit eine Erklärungsmöglichkeit dafür zu haben, warum Typhuskeime in verunreinigtem Wasser viel schneller als in reinem Wasser absterben und warum sie im Sommer kürzere Zeit als im Winter überleben. Im Gegensatz dazu fand TAYLOR (1940) keine Korrelation zwischen der Konzentration an gelöstem Sauerstoff im Wasser eines Sees und der Bakterienzahl.

Der für Mikroorganismen notwendige Sauerstoffgehalt im Wasser wird zum größeren Teil durch Lufteintrag aus der Atmosphäre, in geringerem Maße durch biochemische Umsetzungen und durch Stoffwechselprozesse (z. B. durch Photosynthese) eingestellt. Dabei können — obwohl durch diesen Vorgang das Wasser und die in ihm lebenden

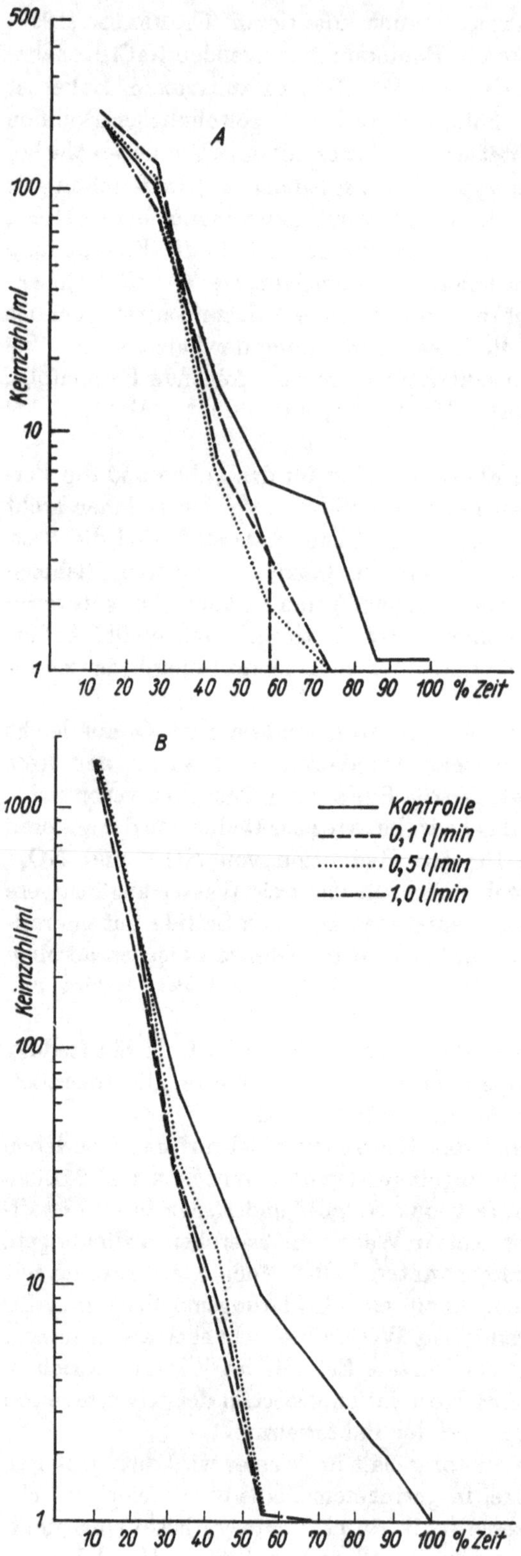

Abb. 31. Einfluß der Belüftung des Wassers bei 10°C (A) und bei 20°C (B) auf die Eliminierung von Bakterien der Famlie Enterobacteriaceae.

Organismen mit O_2 versorgt werden — Belüftung und Sauerstoffanreicherung des Wassers nicht gleichgesetzt werden, da die Luft bekanntlich Stickstoff als Hauptanteil und Sauerstoff nur in kleinerer Menge enthält.

In eigenen Untersuchungen (Abb. 31) über den Einfluß der Belüftung von Wasser auf die Eliminierung von Bakterien wurde festgestellt, daß es beim Einblasen von Luft und von deren Komponenten Stickstoff und Sauerstoff im Vergleich zur unbelüfteten Kontrolle zu einem schnelleren Absterben der Enterobacteriaceae kam. Das war auch dann der Fall, wenn bei der Aeration das Wasser in ständiger Bewegung gehalten wurde, wodurch eine Sedimentation der Bakterien ausblieb und ein Zerschlagen von Bakterien-Konglomeraten eintrat. Den größten Einfluß hatte das Einblasen von Luft, wodurch die Enterobakterien fast doppelt so schnell abstarben; die entsprechenden Zeitverkürzungen betrugen bei Stickstoff nahezu 40% und bei Sauerstoff 30—35%. Es ist interessant, daß es zu dieser schnelleren Eliminierung sowohl bei Anwendung kleinerer (0,1 l/min.) als auch größerer (1—3 l/min) Mengen der untersuchten Gase kommt. Der Effekt des Durchblasens verringert sich mit absinkender Temperatur.

In weiteren Versuchen zeigte es sich, daß auch der mikrobielle Antagonismus hier eine gewisse Rolle spielt. Durch die Belüftung entstanden günstige Entwicklungsbedingungen für Bakteriengruppen, die antagonistische Eigenschaften gegen Darmbakterien aufweisen. Im nativen Donauwasser waren bei Untersuchungsbeginn die Enterobacteriaceae in der Überzahl. Nach 6—8 Tagen Belüftung überwogen — und in einigen Fällen dominierten — allein Bakterien mit positivem Cytchromoxidase-Test, die zu Versuchsbeginn nur einen kleinen Teil ausgemacht hatten. Fast alle erwiesen sich auf festen und flüssigen Medien für *E. coli* als Antagonisten (häufig wurde die Art *Pseudomonas fluorescens* isoliert).

Zur zweiten Stoffgruppe, die sich im Wasser befinden oder in dieses gelangen kann, gehören jene Inhaltsstoffe, die auf Bakterien schädigend einwirken. Sie haben entweder bakteriostatischen oder bakteriziden Effekt (prinzipiell besteht zwischen diesen beiden Effekten kein grundlegender Unterschied, da jeder vermehrungshemmende Faktor zum Absterben des Organismus früher oder später führt).

In der Mehrzahl der Fälle ist die Konzentration des gegebenen Stoffes ausschlaggebend. Verbindungen, die in niedrigen Konzentrationen nur bakteriostatisch wirken, können bei höheren Werten ein Absterben der Mikroorganismen hervorrufen. Nicht selten hat ein toxischer Stoff in minimalen Konzentrationen sogar einen stimulierenden Einfluß auf die Vermehrung. Die Beziehung zwischen der Konzentration toxischer Stoffe und der Intensität ihres Einflusses ist zumeist exponentiell. So vermindert die Verdünnung eines gegebenen Stoffes auf die Hälfte den desinfizierenden Einfluß um den Faktor $2^4 - 2^6$, d. h. 16—64fach; die Verdünnung auf ein Drittel vermindert den Einfluß um den Wert $3^4 - 3^6$ usw.

Die Wirkungsmechanismen chemischer Substanzen auf die Zelle werden durch mehrere Faktoren beeinflußt. Ein und dieselbe Verbindung kann für eine Bakterienart oder -gruppe toxisch, für eine andere indifferent und für eine dritte stark toxisch sein. Im allgemeinen sind vegetative Formen weniger resistent als Sporen. Eine große Bedeutung haben die Exposition, d. h. die Einwirkungsdauer des Stoffes auf die Zellen, und die Individuendichte (je höher diese ist, desto schwerer kann eine abtötende Wirkung erzielt werden). Auch das Milieu, in welchem sich die behandelten Bakterien befinden, ist in Betracht zu ziehen (Ergebnisse von Versuchen an Reinkulturen können nicht ohne weiteres auf natürliche Verhältnisse übertragen werden).

Eine Erhöhung der Temperatur hat bis zu einer gewissen Grenze die Erhöhung der desinfizierenden Wirkung zur Folge. Sehr wichtig ist die Anwesenheit weiterer chemischer Stoffe, mit denen die toxische Substanz evtl. unter Bildung nichttoxischer Verbindungen reagieren kann. In solchen Fällen muß man zur Erzielung verläßlicher bakterizider Effekte mehr als das 10—100fache zugeben. Ein Beispiel hierfür ist der Einfluß des Peptons auf die Chlorung von Wasser. Die Anwesenheit von Fremdstoffen, hauptsächlich in dispergiertem Zustand, kann den Einfluß der toxischen Verbindungen auch aus mechanischen oder anderen physikalischen Gründen verringern. Wichtig ist in diesem Zusammenhang die Oberflächenspannung, deren Veränderung ein Absterben der Mikroorganismen unterstützen kann. So haben desinfizierende Stoffe, die die Oberflächenspannung herabsetzen, größere Wirkung, da sie das Eindringen von Stoffen in die Zelle erleichtern. Aus diesem Grunde wirken Stoffe bakterizid, die sonst für Bakterien nicht toxisch sind. Oft wird eine desinfizierende Wirkung erst in wäßriger Lösung ermöglicht, und viele Stoffe sind ohne Anwesenheit von Wasser unwirksam.

Der Mechanismus des Einwirkens desinfizierender Verbindungen ist unterschiedlich und nicht in allen Fällen geklärt. Im allgemeinen wirken desinfizierende und toxische Stoffe (z. B. Chlor, Wasserstoffperoxyd) auf die Bakterien mittels ihrer stark oxydativen Eigenschaften. Starke Säuren und Laugen wirken durch Hydrolyse. Eine andere Gruppe von Stoffen reagiert mit dem Protoplasmaeiweiß, das sie koagulieren oder in unlösliche Verbindungen einbeziehen. Andere Effekte sind die Denaturierung des Eiweißes, Plasmolyse oder Plasmoptyse, Störung der Integrität der Zellwand usw. Gut bekannt ist auch die oligodynamische Wirkung von Schwermetallen (Ag, Cu), die schon im Altertum empirisch zur „Desinfektion“ des Wassers angewendet wurde.

Von einem guten Desinfektionsmittel verlangt man vor allem eine hohe bakterizide Wirkung bei relativer Ungiftigkeit gegenüber anderen Organismen (einschließlich des Menschen). Der Grad der desinfizierenden Wirkung wird durch den Phenolkoeffizienten charakterisiert: Die Wirkung einer bestimmten Phenolkonzentration wurde als Einheit gewählt und mit ihr ($f = 1$) werden dann die weiteren Desinfektionsmittel verglichen. Ein gutes Desinfektionsmittel soll außer seiner toxischen Wirkung gegen Bakterien möglichst geringe Affinität zu anderen chemischen Stoffen, eine große Penetrierungsfähigkeit und vor allem schnelle Wirkung aufweisen. Die letztgenannte Eigenschaft ist z. B. für die Schnelldesinfektion der Hände sehr wichtig. Weitere notwendige Eigenschaften sind gute Löslichkeit im Wasser, Homogenität, große Stabilität u. a. Ein Desinfektionsmittel muß von anderen Stoffen und Medikamenten bereits äußerlich gut zu unterscheiden sein, um Verwechslungen zu vermeiden, und schließlich darf es nicht kostspielig sein.

Biologische Faktoren

Außer den physikalischen und chemischen Faktoren gibt es noch eine weitere komplexe Faktorengruppe, die auf die Mikroorganismen im Wasser einwirkt. Es handelt sich um die Vertreter der Lebensgemeinschaften, die im Milieu Wasser anzutreffen sind. Zwischen ihnen bestehen komplizierte wechselseitige, dynamische und für ein spezielles Biotop typische Beziehungen. Solche Lebensgemeinschaften werden *Biozönosen* genannt.

Die **Biozönose** ist eine beständige Organismengruppe (im Wasser aus Zoo- und Phytoplankton, Bakterien sowie Viren einschließlich Bakteriophagen), die durch die Besonderheiten ihres Aufenthaltsortes und die grundlegenden ökologischen Beziehungen welche im Adaptationsprozeß der Organismen an die Bedingungen der Umwelt entstanden sind, verbunden ist. Sie kann eine verschiedene Zahl von Komponenten haben und ein kleineres oder größeres Gebiet besiedeln. Zwischen den Organismen der Biozönose stabilisiert sich ein gegenseitiges enges Verhältnis, das gemeinsam mit dem Biotop ein Gesamtbild der Natur als Einheit widerspiegelt.

Eine Biozönose kann ein gegenseitiges nützliches Zusammenleben sein — **Symbiose**, eine mehr oder weniger indifferente Beziehung — **Kommensalismus**, oder ein Verhältnis von direkten oder indirekten Gegenspielern — **Antagonismus**. Häufig ist der **Parasitismus**, für den eine Grenzlinie zur Symbiose manchmal schwer zu ziehen ist.

In einigen Fällen kann es sich um fakultativen Parasitismus handeln, wobei Bakterien unter gewissen Umständen (z. B. symbiotisch an der Oberfläche von Algen lebend) Infektionen hervorrufen können. Ein Beispiel für gegenseitig nützliches Zusammenleben bieten chromogene Bakterien mit einigen farblosen Organismen wie *Cylindrogloea bacterifera*.

Die Beziehungen zwischen den einzelnen Organismengruppen im Wasser werden sehr häufig durch unterschiedliche physiologische Ansprüche und Funktionen beeinflußt. So induzieren z. B. Bakterien, die Eiweiß unter Freisetzung von H_2S abbauen, günstige Bedingungen für die Vermehrung von Schwefelbakterien; oder Arten, die intensiv O_2 verbrauchen, ermöglichen die Existenz anaerober Bakterien. Ein solcher Typ gegenseitiger Beziehungen, bei dem durch die Bildung von Stoffwechselprodukten bestimmter Bakterienarten oder -gruppen geeignete Bedingungen zur Entfaltung anderer Mikroorganismen entstehen, werden als **Metabiose** bezeichnet.

Sehr markant und häufig ist diese Form von Beziehungen gerade bei den Selbstreinigungsprozessen im Wasser. Bei der Mineralisierung organischer Stoffe kommt es zu deren stufenweisen Abbau von komplizierten Verbindungen bis zu den „physiologisch universellen Grundbausteinen" durch einzelne Bakterien-Assoziationen. Einzelne Erscheinungsformen von Mikroorganismen-Assoziationen lösen sich stufenweise ab, wobei die jeweils frühere günstige Bedingungen für die Entfaltung der nachfolgenden schafft, die normalerweise einen unterschiedlichen physiologischen Typ vertritt.

Beispiele können mikrobielle Prozesse des Kohlenstoffkreislaufes oder bei der Umsetzung von Stickstoffverbindungen sein, die über Protein—Harnstoff—Ammoniumsalze—Nitrit—Nitrat vor sich geht. Vom praktischen Standpunkt ist hier der Prozeß der Methangärung wichtig, der in zwei Phasen mit ganz spezifischen Biokatalysatoren verläuft: aus komplexen organischen Verbindungen (Eiweiß, Kohlenwasserstoffen, Fetten) werden zuerst organische Säuren (Ameisensäure, Essigsäure, Buttersäure usw.) und aus diesen dann Methan und Kohlensäure bzw. CO_2 gebildet. Ähnliche Beispiele können für die Stoffumwandlungen im Wasser in großer Zahl angeführt werden.

Im Gegensatz zu den erwähnten Beispielen stehen Mikroorganismen, die durch ihre Tätigkeit eine zur Vermehrung anderer Bakterien ungünstiges Milieu schaffen. Zum Beispiel kann sich infolge mikrobieller Stoffwechseltätigkeit der ph-Wert erhöhen oder erniedrigen, wodurch die Vermehrung von solchen Arten unmöglich wird, deren optimaler pH-Wert im neutralen oder nur schwach alkalischen Bereich liegt. Hier muß auch die trophische bzw. andere Konkurrenz — **Kompetition** — genannt werden, die zwischen einzelnen Organismengruppen existiert oder sich herausbilden kann.

Das Ergebnis aller angeführten und weiterer Beziehungen sind charakteristische und spezifische Biozönosen, die aus Arten und Gruppen bestehen, welche dem jeweiligen Zusammenspiel der gegebenen ökologischen Bedingungen entsprechen. Die biologischen Faktoren bilden gemeinsam mit den physikalischen und chemischen Bedingungen die Charakteristik des betreffenden Wassers als selbständige natürliche Einheit — seine Individualität.

Die Bakterien stellen eine reiche Nahrungsquelle für die im Wasser vorhandenen höheren Organismen, besonders für das Zooplankton, dar. Für viele Protozoen genügen gelöste organische Stoffe bzw. Nährstoffe als Algen zur Ernährung nicht. Viele Protozoen können sich nur bei Vorhandensein von bakterieller Nahrung gut entwickeln. Das ist auch dann der Fall, wenn Bakterien die einzige Nahrungsquelle darstellen. RODINA (1949) stellte fest, daß die geringste Bakteriendichte, bei der sich noch Daphnien vermehren können 50000 Zellen/ml beträgt. Nach SLÁDEČEK (1962) entfernen einige Daphnienarten in stehenden Gewässern bis zu 99% der anwesenden Bakterien. Bei Kleinkrebsen bewirkt die Zugabe von Bakterien zur Algennahrung eine Erhöhung der Eiproduktion. Auch andere Tiergruppen (*Ciliata, Flagellata, Crustacea, Rotatoria, Vermes*) sind von dieser Art Nahrung abhängig. Der Grund dürfte sein, daß Bakterienzellen neben organischen essentiellen Stoffen auch Verbindungen (wie z. B. Vitamine und Hormone) enthalten, die jene Organismen nicht selbst synthetisieren können.

Der Nährwert der verschiedenen Bakterien ist für das Zooplankton offenbar nicht gleich. So verschlingen z. B. Kleinkrebse bereitwilliger *Azotobacter* oder Hefen als andere Bakterienarten. Sie verweigern die Aufnahme pigmentierter Stämme (z. B. von *Serratia marcescens* oder *Chromobacterium violaceum*). Sind Bakterien im Wasser die alleinige Nährstoffquelle für die Gattungen *Sphaerium* und *Bithynia*, so wurde beobachtet, daß *Azotobacter* und Hefen einen höheren „Futterwert“ haben als z. B. *E. coli*.

Antagonistische Beziehungen zwischen Bakterien und dem Zooplankton sind schon länger bekannt. HUNTEMÜLLER wies schon im Jahre 1905 darauf hin, daß sich Protozoen in hohem Maße an der Eliminierung von Bakterien beteiligen. Er konnte feststellen, daß die Flagellaten *Bode ovatus* und *Bodo saltans* in Flußwasser, welches mit einer Suspension von Typhuskeimen beimpft wurde, diese Bakterien in 4 Tagen liquidierten. Einen ähnlichen Effekt beobachteten STOKVIS und SWELLENGREBEL (1911) für den Ziliaten *Colpoda cucullus*. Proportional zum Grad der Bakterienelimination vergrößerte sich die Individuenzahl dieses Einzellers. Wichtig waren dabei aerobe Bedingungen und Temperaturen von 10—30 °C. Zu analogen Befunden kamen auch EMMERICH und HAMMOND (zit. nach RAZUMOV 1962), wenn sie natürliches Oberflächenwasser mit Kulturen von *S. typhi* und *V. cholerae* beimpften. Sie kamen zu der Überzeugung, daß die relativ schnelle Eliminierung dieser Bakterien nicht allein durch den Einfluß der antagonistischen Mikroflora und das sterilisierende Einwirken des Sonnenlichtes erklärt werden kann. Den Hauptgrund sahen sie in der Lebenstätigkeit des, Zooplanktons, besonders der der farblosen Flagellaten *Bodo ovatus* und *Bodo saltans* die häufig in Oberflächenwässern sowie in Quellen und Brunnen vorkommen.

MÜLLER (zit. nach RAZUMOV 1962) stellte mit seiner Direktmethode zum Nachweis von Mikroben und Protozoen im Wasser fest, daß es bei der Vermehrung der Flagellaten für jeden neuen Organismus zu einer Verminderung der Bakterienzahl um etwa 230 Zellen kam. Wenn sich unter den Flagellaten auch Ziliaten befanden, stieg die Anzahl der liquidierten Bakterien auf durchschnittlich 1360 Zellen für jeden neuen Konsumenten. Nach übereinstimmenden Angaben sind gerade Ziliaten intensive Bakterienfresser. Während die Flagellatenzellen durchschnittlich nicht mehr als einige Dutzend Bakterien enthielten, waren in den Vakuolen der Ziliaten bis zu 1500 Zellen (Abb. 32, Abb. 33).

In neueren Arbeiten kamen JOHNSTONE und KUBINSKI (1974) zu dem Schluß, daß Ziliaten und Flagellaten die Hauptfaktoren sind, die für die Eliminierung von Darmbakterien im Wasser die Verantwortung tragen. Auf eine ähnliche antagonistische

Beziehung zwischen Mikroflora und Konsumenten macht auch GELDREICH (1975) aufmerksam.

Eine Vorstellung über die Nahrungsmenge der Protozoen kann man sich auch durch folgende Berechnung machen: der Inhalt der Vakuolen wechselt durchschnittlich dreimal in einer Stunde, d. h. ein Konsument ist fähig, durch seinen Organismus etwa 30000 Bakterien/h zu filtrieren, wobei er mit seinen Zilien im Wasser Wirbel im Umkreis von 0,5 mm verursacht. Die Art *Mytilus edulis* mit einer Größe von 5—40 mm filtriert in einer Stunde 65—1200 ml Wasser und entfernt dadurch auch die Gesamtzahl der enthaltenen Bakterien. Vitalfärbungen zeigten, daß die Bakterien in den Protozoen-

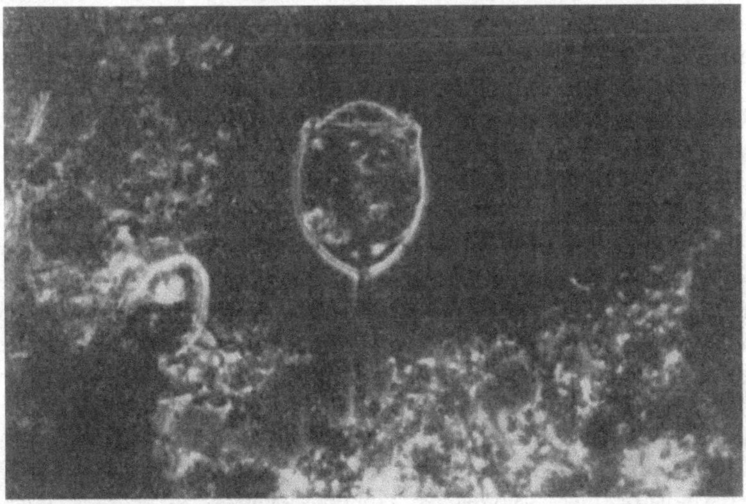

Abb. 32. Bakterienfresser im Wasser: *Vorticella* spec.

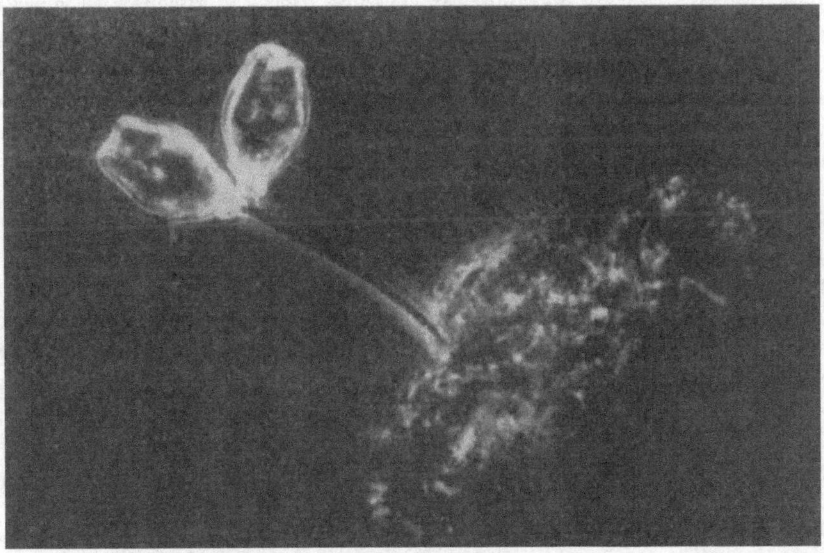

Abb. 33. Bakterienfresser im Wasser: *Opercularia* spec.

zellen abstarben und zerstört wurden. Gleichzeitig wurde jedoch auch beobachtet, daß die Sporen einiger Bakterien nach ihrer Ausscheidung aus den Nahrungsvakuolen wieder auszukeimen vermochten.

Bei der Untersuchung der Frage, ob Crustaceae als Übermittler pathogener Bakterien wirksam werden können, stellten STRACHOVA und FEJGINA (1946) fest, daß die Bakterien im Darmstrakt der Konsumenten absterben und nicht lebend in das Wasser zurückgelangen. In vielen Protozoen, die bei der Chlorung des Wassers abgetötet wurden, fand man noch lebende Bakterien, was beweist, daß diese in ihnen erst später zersetzt werden. Die Vertreter des Zooplanktons und des Phytoplanktons können jedoch Bakterienzellen an ihrer Oberfläche in horizontaler und vertikaler Richtung auf relativ große Entfernungen übertragen. SELENKA und RUSCHKE (1965) vertreten die Ansicht, daß es sich um eine spezielle Form von Symbiose oder Parasitismus handeln kann, die den Mikroben längeres Überleben ermöglicht.

Außer den erwähnten Vertretern des Zooplanktons beteiligen sich an der Konsumierung der Bakterien auch zahlreiche andere Organismen, wie *Nematoda*, *Oligochaeta*, *Mollusca*, Insektenlarven u. a. RACHMANOVA (1937) gelang es, Larven von *Anopheles maculipennis* und *Culex pipiens* durch Reinkulturen von *E. coli* und *P. fluorescens* bis in das Imaginalstadium zu ernähren.

Bei dieser Diskussion darf man auch nicht die benthischen Organismen vergessen, die sich gleichfalls an der Eliminierung von Bakterien aus dem Wasser beteiligen. Von ihnen müssen an erster Stelle verschiedene Nematoden erwähnt werden, die auch tiefer gelegene Schichten von lehmigen Sedimenten ausnutzen. Außerdem haben sie Bedeutung, weil sie größere Nährstoffmengen verbrauchen, dadurch den Selbstreinigungsprozeß beeinflussen und indirekt die Zahl der anaeroben Bakterien vermindern.

Die Bedeutung der Protozoen liegt aber nicht nur in der einfachen Konsumierung von Bakterien. Gleichermaßen wichtig ist die Tatsache, daß die Konsumenten durch ihre Tätigkeit zur Erhaltung des biologischen Gleichgewichtes im Wasser beitragen. Die Reduzierung der Bakterien ist kein logarithmischer Prozeß, der mit deren völliger Eliminierung aus dem Wasser endet. Obwohl die Mikroorganismen laufend dezimiert werden und somit keine maximalen Zellzahlen erreichen können, verbleiben doch stets Bedingungen für ihre weitere Vermehrung. Infolge dieses zyklischen Prozesses entsteht im Wasser normalerweise ein ausgewogenes Verhältnis zwischen der Bakterienzahl, die sich wegen der Anwesenheit organischer Stoffe stets erneuert, und dem Plankton, das die Bakterien konsumiert. Dieses Verhältnis kann von außen gestört werden. Zum Beispiel kommt es bei Zufluß reinen Wassers durch den Verdünnungseffekt zur zahlenmäßigen Verringerung von Mikroflora und Plankton. Die Bakterien sind dabei in einer relativ günstigeren Position, da sie sich schneller vermehren als das Zooplankton. Dadurch tritt für einige Zeit eine Erhöhung der Bakterienzahl auf, bis sich das o. g. Gleichgewicht wieder einstellt. Diese Tatsache wurde durch Laboratoriumsversuche von BUTTERFIELD und PURDY (1931) bestätigt. Die Bakterienzahl in der Probe wurde durch physikalische und chemische Mittel experimentell verringert. Jede Verminderung der Bakterienzahl hatte anschließend eine erneute Vermehrung und eine intensivierte Mineralisierung der organischen Stoffe zur Folge.

Es wurden auch Versuche an Belebtschlammanlagen durchgeführt, bei denen durch Chemikalien die Protozoen getötet und den Bakterien eine ungestörte Entwicklung ermöglicht wurde. Letztere vermehrten sich tatsächlich recht stürmisch, aber der Reinigungseffekt sank. Nach Zugabe neuer Konsumenten verminderte sich die Zahl der Bakterien und der Reinigungseffekt stieg wieder auf die ursprünglichen hohen Werte. Ein einfacher Beweis der antagonistischen Beziehung zwischen Bakterien und Protozoen ist die Tatsache, daß bei Entfernung des Zooplanktons aus dem Wasser eine intensive Entwicklung der Bakterien eintritt (Abb. 34). Ein ähnliches Bild wird auch dann erhalten, wenn aus dem Wasser lediglich die Stoffwechselprodukte der höheren Organismen entfernt werden.

Bei der Bakterieneliminierung aus dem Wasser hat auch das Phytoplankton einen merklichen Anteil, obwohl es sich dabei keinesfalls um eine einseitige Unterdrückung der Bakterien sondern um eine wechselseitige Inhibierung handeln kann. Allerdings machen sich die algiziden Eigenschaften der Mikroorganismen nur wenig bemerkbar.

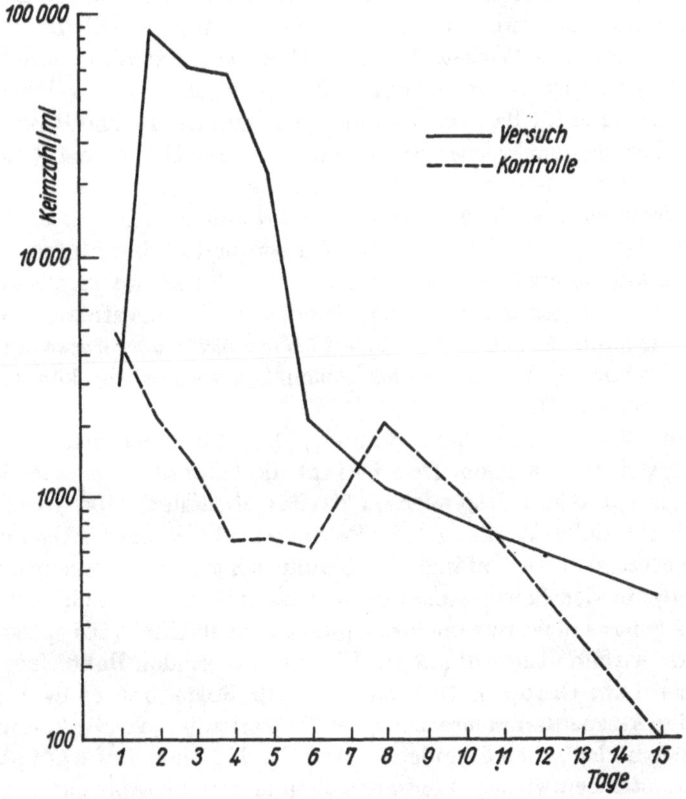

Abb. 34. Einfluß des Entfernens von Zoo- und Phytoplankton auf die Vermehrung heterotropher Bakterien bei 20 °C.

Die komplizierte Erscheinung des Antagonismus zwischen Bakterien und Algen ist eine Folge mehrerer Faktoren. An erster Stelle muß man die Wirkung von Antibiotika, Exotoxinen und Bioziden erwähnen, die von den Algen produziert und in das Wasser abgegeben werden. An zweiter Stelle ist die natürliche Alkalisierung des Wassers als Folge der Photosynthese zu berücksichtigen. Schließlich ist die Nahrungskonkurrenz zu erwähnen. Ein direkter Antagonismus der Algen gegenüber Bakterien, den man als erworbenen Adaptationsmechanismus ansehen kann, ist die Bildung und Ausscheidung von auf saprophytische und auf pathogene Arten bakterizid wirkenden Stoffen.

Razumov (1962) stellte bei mikroskopischen Studien des Phytoplanktons aus Talsperren, Strömen und Flüssen fest, daß die Oberfläche vieler Algen nicht bakteriell besiedelt waren. Praktisch sterile Zellen besaßen *Anabaena*, *Ankistrodesmus*, *Aphanizomenon*, *Asterionella*, *Chlamydomonas*, *Chlorella*, *Coelosphaerium*, *Conferva*, *Enteromorpha*, *Eudorina*, *Fragillaria*, *Melosira*, *Microcystis*, *Mougeotia*, *Navicula*, *Nitella*, *Oscillatoria*, *Pandorina*, *Pediastrum*, *Scenedesmus*, *Synedra*, *Tabellaria* und *Volvox*. Zur Klärung dieser Tatsache wurden mehrere Versuche durchgeführt, deren Ergebnisse bewiesen, daß die Sterilität der Oberfläche dieser Algen durch bakterizid wirkende Substanzen verursacht wird. Später gelang es RAZUMOV und seinen Mitarbeitern, Aether-Extrakte von diesen Substanzen zu gewinnen. Es handelte sich um komplexe organische Verbindungen, die einen spezifischen Geruch hatten, von Aktivkohle gut adsorbiert wurden und Membranfilter mit (0,1 μm) Porenweite passierten. Nach Zugabe zum Wasser sind sie fähig, die Vermehrung von Bakterien und den gesamten Sauerstoffverbrauch für 1—2 Tage zu hemmen. Bisher wurden diese Wirkstoffe nur in Form von Extrakten erhalten, ihre genaue chemische Struktur ist nicht bekannt. Wie VERTEBNAJA angeführt (1953), können solche Stoffe nicht nur für Bakterien, sondern auch für Schafe und Rinder toxisch sein. Außerdem verleihen sie dem Wasser einen unangenehmen Geruch und Geschmack, was sich auch am Fleisch dort lebender Fische bemerkbar macht.

Aus hygienischen Gründen ist wichtig, daß die Produkte einiger Algen (z. B. *Anabaena*, *Aphanizomenon* und *Microcystis*) nicht nur die Wasserqualität beeinträchtigen bzw. zur Eutrophierung des Gewässers beitragen, sondern selbst für Menschen schädlich sein können. Sie rufen Entzündungen der Haut und Bindehaut, Dermatitiden u. ä. Symptome hervor. Nach neueren Angaben produziert *Microcystis aeruginosa* spezifische Toxine, die Dysenterien von sogar epidemischen Ausmaßen verursachen können (Water Newsletter 1974, DAUBNER 1976).

Bemerkenswert sind übereinstimmende Befunde, daß die angeführten Stoffe nur von lebenden Algen produziert werden. Dabei hängt die Intensität der antibiotischen bzw. sondern vielmehr von deren Stoffwechselaktivität ab. EMEIS (1956) beobachtete die intensivste antibakterielle Wirkung bei Produkten 5—8tägiger Algenkulturen. Nach diesem Autor setzt sich die anfängliche Liquidierung der Bakterien durch das Zooplankton im Verlaufe der Selbstreinigungsprozesse sukzessiv durch den Einfluß der Algen fort. Dabei geht es nicht nur um einen quantitativen Effekt. Die produzierten antibakteriellen Stoffe wirken nicht auf alle im Wasser anwesenden Bakterien, sondern nur auf gewisse Arten bzw. Gruppen. Dies hat u. a. zur Folge, daß es nach gewisser Zeit zur Änderung der Artenzusammensetzung der Bakterien im Wasser kommt.

Aus hygienisch-epidemiologischen Gründen ist wichtig, daß diese Stoffe auf pathogene Darmbakterien relativ stark einwirken. Wenn es sich hingegen um saprophytische Arten handelt, ist ihr Effekt verhältnismäßig klein und sogar nicht ganz eindeutig, da in einigen Fällen nach einer gewissen Zeit sogar eine Adaptation dieser Bakterien an die Wirkstoffe beobachtet wurde.

Interessant ist auch die Erkenntnis, daß *Chlorella vulgaris* antibiotische Stoffe ausscheidet, die nicht nur gegen grampositive und gramnegative Batkerien (*Str. pyogenes*, *Staph. aureus*, *Bac. subtilis*, *E. coli* u. a.) toxisch wirken, sondern in bestimmten Konzentrationen auch *Chlorella* selbst inhibieren. Im Abwasser bewirken diese Algen ein intensives Absterben von *E. coli*. Ähnliche Angaben über den Einfluß von *Clathrocystis* machen GAINEY und LORD (1952).

Aus toten Algen konnten keine Substanzen mit antibiotischer Aktivität isoliert werden. Die Zugabe abgestorbenen Phytoplanktons zum Wasser hatte keine Wachstumshemmung sondern eine intensive Vermehrung der Mikroflora zur Folge, da das tote Phytoplankton als verwertbare Nahrungsreserve für die Bakterien diente. Eine ähnliche Erscheinung wurde auch nach Entfernung des lebenden Phytoplanktons zu $> 50\%$

aus dem Wasser beobachtet. Bereits in den ersten 16 Stunden kam es nicht nur zu einer starken Vermehrung der anwesenden Bakterien, sondern auch zu einer Verkürzung ihrer Generationsdauer von ursprünglich 2,7 auf 1,3 Stunden.

Die einzelligen Grünalgen wirken nicht nur durch den O_2-Eintrag bei der Photosynthese günstig auf das Leben im Wasser ein, sie beteiligen sich auch indirekt an der Eliminierung von Bakterien aus dem Wasser. Durch diesen Prozeß wird das Wasser deutlich alkalisiert, und der pH-Wert kann Werte von 10,0 erreichen. So entstehen ungünstige Bedingungen für die Vermehrung der anwesenden autochthonen und allochthonen Bakterien, die dadurch schneller absterben. Dies bestätigen Laboratoriumsversuche von OSTAPENJA et al. (1957) in Wässern aus Fischteichen mit Grünalgen der Gattungen *Golenkinipsis* und *Solitaria*. Das Wasser wurde künstlich mit *S. typhi* und *Sh. dysenteriae* in Konzentrationen von 1000 Zellen/ml kontaminiert. In den Experimentalgefäßen konnten diese Bakterien schon nach 48–74 Stunden nicht mehr nachgewiesen werden. Im Gegensatz dazu konnten im Kontrollversuch, in dem die Photosynthese dieser Algen durch fehlende Belichtung ausgeschaltet worden war und der ursprüngliche pH-Wert des Wassers von 8,7–9,0 auf 7,6–7,4 zurückging, die Testkeime auch nach 72 Stunden nachgewiesen werden. Man kann annehmen, daß der bei der Photosynthese entstandene Sauerstoff die schädigenden Einflüsse auf die Bakterien verstärkte, da es sich um den wirksamen „in statu nascendi"-Sauerstoff handelte.

Die antagonistischen Beziehungen zwischen Phytoplankton und Bakterien sind nicht einseitig. Die im Wasser vorhandenen Bakterien produzieren Stoffe, die das Algenwachstum hemmen. Bisher wurden in dieser Richtung Versuche mit dem Ziel unternommen, auf biologischem Wege die Vermehrung solcher Algen wie *Anabaena*, *Aphanizomenon* und *Microcystis* zu hemmen und die wasserwirtschaftlich, hygienisch und ästhetisch unerwünschten „Wasserblüten" zu bekämpfen.

Mikrobieller Antagonismus

Sehr kompliziert und bemerkenswert sind die wechselseitigen Beziehungen zwischen den Mikroorganismen. Die synergistischen und metabiotischen Beziehungen, die sich besonders bei Selbstreinigungsprozessen bemerkbar machen, wurden schon kurz besprochen. Eine weitere Form der Beziehungen ist der **Antagonismus**, ein Gebiet, welches in der Hydromikrobiologie bisher nur ungenügend beachtet wurde. Die Ergebnisse von Untersuchungen des bakteriellen Antagonismus in anderen Fachgebieten haben schon erfolgreiche Anwendungen gefunden, besonders bei der medikamentösen Behandlung von bakteriellen Infektionen bei Mensch und Tier mit Antibiotika.

Die Erscheinung des Antagonismus war schon PASTEUR bekannt, obwohl er diesen Ausdruck noch nicht gebrauchte. In seinen Arbeiten beschrieb er mehrere Fälle von Hemmwirkungen einer Bakterienart auf eine andere. Als erster prägte DE BARY 1818 den Ausdruck „Antagonismus", wobei er damit alle gemeinsamen negativen Beziehungen im weitesten Sinne bezeichnete. In den engeren Grenzen, in denen wir heute den Begriff anwenden, wurde er 10 Jahre später von GARÉ eingeführt (NACHIMOVSKAJA 1938).

Die Ursachen des Antagonismus sind vielfältig: Nährstoffkonkurrenz, Veränderungen der physikalischen und chemischen Umwelteigenschaften oder die Produktion von Stoffen, die gewöhnlich bakteriostatische oder bakterizide Eigenschaften aufweisen. Die Bildung dieser Stoffe selbst wird wiederum durch die physikalischen und chemischen Eigenarten des Biotops beeinflußt. Der Begriff „Antagonismus" wird häufig zu Unrecht auf das zuletzt angeführte Phänomen der Antibiotikabildung reduziert, obwohl dieses nur eine Erscheinung der komplexen Wechselbeziehung zwischen den Mikroorganismen darstellt. Bei den verschiedenen Bakteriengruppen dominiert die eine oder andere Form. So überwiegt z. B. bei Aktinomyzeten eindeutig die Fähigkeit zur Bildung von Antibiotika. Diese Eigenschaft ist ein stabiles Merkmal, das bei der Identifizierung und Klassifizierung dieser Mikroorganismen als ein grundlegendes taxonomisches Kriterium benutzt wird.

Die chemische Struktur der produzierten Antibiotika ist heute noch nicht in allen Fällen geklärt. Im allgemeinen sind es komplizierte, hochmolekulare Verbindungen. Nach ihrer Bildungsart gehören sie zu zwei Typen.

Die antagonistisch wirkenden Substanzen lassen sich aus den Zellen nicht isolieren. Ihre Produktion macht sich nur in der Wachstumsphase durch Diffusion in halbflüssigen Nährböden bemerkbar. Man bezeichnet sie als **Endoantibiotika**.

Nach PERETC 1951 ist diese Form des Antagonismus grundlegend und drückt die Adaptierung eines Organismus an die gegebenen Lebensbedingungen am typischsten aus. Sie ist auch viel ökonomischer als das ständige Ausscheiden von Antibiotika in die Umgebung. Einen solchen Antagonismus zeigen z. B. alle zur normalen Mikroflora des menschlichen Körpers gehörenden Bakterien. Dies gibt nach dem genannten Autor Grund zur Annahme, daß auch in der Natur die endoantibiotikabildenden Antagonisten die häufigsten sind. In Anbetracht dessen, daß solche Arten in der pharmazeutischen Industrie als Produzenten von Antibiotika nicht geeignet sind, wurden sie bisher wenig untersucht.

Die zweite besser durchforschte Gruppe bilden die **Exoantibiotika**, d. h. Stoffe mit antibakterieller Wirkung, die von Mikroorganismen reichlich in das Milieu ausgeschieden werden, was auch industriell mit Erfolg genutzt wird.

Man kann feststellen, daß die Wechselbeziehungen zwischen einzelnen Arten und Familien von Mikroorganismen, die durch deren antagonistische Eigenschaften zustande kommen, gegenwärtig nur in groben Zügen bekannt sind. Es handelt sich dabei jedoch fast ausschließlich um Untersuchungsergebnisse über Antagonismen in künstlichem Milieu, d. h. in festen oder flüssigen Nährmedien.

Weitreichende Erkenntnisse verarbeitete in ihren Publikationen NACHIMOVSKAJA, die im Jahre 1938 das damalige Wissen über den zwischenartlichen Antagonismus zusammenfaßte; WAKSMAN, der dieses Thema und besonders die Anwendung und Nutzung der Antibiotika monographisch verarbeitete (1945); KRASILNIKOV (1958), der sich dem entsprechenden Studium der Aktinomyzeten widmete; MEYERS mit seinen Arbeiten über Hefen im Meerwasser (1967, 1973) und viele andere. Die Skala der Angaben über Antagonismus ist heute so reichhaltig, daß eine detaillierte Diskussion dieser Frage den Rahmen unserer Zielsetzung überschreiten würde. Um antagonistische Wirkungen von Mikroorganismen, die für die Hydrobiologie interessant sind, zu zeigen, wurde in Tabelle 56 ein Überblick zu geben versucht, der nach Literaturangaben und eigenen Ergebnissen zusammengestellt worden ist.

Eine offene Frage bleibt, ob die antagonistischen Beziehungen zwischen den einzelnen Bakterienarten und -gruppen so, wie sie unter Laboratoriumsbedingungen und auf Nährmedien beobachtet werden, auch in der Natur — im speziellen Falle im Wasser — wirksam werden. Besonders geht es darum, ob die ausgeschiedenen Antibiotika im stehenden und fließenden Wasser Konzentrationen erreichen können, die sich auf die entsprechenden Mikroorganismen hemmend auswirken. Dabei ist weniger an die Tätigkeit der einzelnen Arten, sondern an den Effekt der Bakterienassoziation als mikrobielles Plankton in der Gesamtheit zu denken. Es ist noch ungenügend bekannt, inwieweit es sich um Nährstoffkonkurrenz oder um echten Antagonismus handelt.

Tabelle 56

Antagonistische Beziehungen einiger Mikroorganismen.

Gattung	Art	Antagonistische Wirkung gegen
Actinomyces		*S. typhi, S. paratypi* A, B, *Sh. dysenteriae, Mycobact. tuberculosis, Bac. subtilis, Bac. cereus* var. *mycoides, Bac. mesentericus, Bac. megatherium, Bac. alvei, Bac. asterosporus, Bac. anthracis, Micr. luteus, V. cholerae, P. fluorescens*
Bacillus	*Bac. anthracis*	*S. typhi*
	Bac. mesentericus	*Yersinia pestis, Corynebact. diphtheriae*
	Bac. mycoides	*Proteus* sp., *S. typhi, V. cholerae, Mycobact. tuberculosis,* Staphylokokken
	Bac. subtilis	*Mycobact. tuberculosis, S. typhi, Bac. anthracis, Corynebact. diphtheriae*
Diplococcus		*Bac. anthracis, S. typhi, Bac. subtilis, Staph. aureus, V. cholerae*
Micrococcus		*Bac. anthracis, V. cholerae, Mycobact. tuberculosis, Strept. pneumoniae, Micr. luteus, Bac. subtilis, Bac. mesentericus, Bac. megaterium,* Enterokokken
Staphylococcus		*Bac. anthracis, P. mallei, Micr. tetragenes anaerobius, Staph. aureus, S. typhi, Strept. pneumoniae, V. cholerae*
Streptococcus		*Bac. anthracis, Corynebact. diphtheriae,*
Enterokokken		*S. typhi, Sh. flexneri, S. schottmuelleri*
Escherichia	*E. coli*	*S. typhi, S. paratyphi* A, B, *Sh. dysenteriae, Sh. flexneri, P. vulgaris, Corynebact, diphtheriae, Bac. anthracis, Mycob. tuberculosis*
Citrobacter	*C. freundii*	*E. coli (E. aerogenes)*
Enterobacter	*E. aerogenes*	*Cl. putrificum, Strept. pneumoniae, Yersinia pestis, (E. coli, C. freundii)*
Proteus	*P. vulgaris*	*Bac. anthracis,*
	P. mirabilis	*Yersinia pestis*
Pseudomonas	*P. aeruginosa*	*Bac. anthracis, P. mallei, Bac. megaterium, Strept. pneumoniae, E. coli, Micr. tetragenes anaerob., Staph. aureus, S. typhi, V. cholerae*
	P. fluorescens	*S. typhi, Staph. aureus, Sterpt. pneumoniae, Bac. cereus var. mycoides, Bac. anthracis, V. cholerae, Bac. cereus, Bac. vulgatus, Bac. subtilis, Bac. megaterium, Sarc. lutea, E. coli, Yersinia pestis, Corynebact. diphtheriae, Sh. sonnei, S. cholerae-suis, Serr. marescens*
	P. phosphorescens	*Staph. aureus, Micr. tetragenus anaerob., P. mallei, V. cholerae, S. typhi*
Salmonella	*S. typhi*	*Staph. aureus, Bac. anthracis, P. vulgaris, S. paratyphi, P. fluorescens, (E. coli)*
Serratia	*S. marcescens*	*Bac. anthracis, Staph. aureus, Micr. tetragenes anaerobius, Micr. roseus, Strept. pneumoniae, S. typhi, P. mallei, Bac. megaterium, P. fluorescens, Corynebact. diphtheriae,* Neisserien, Streptokokken, Staphylokokken

Im allgemeinen wird die Wirkung von bakteriellen Antagonisten im Wasser nach dem längeren Überleben saprophytischer Arten im Vergleich zu den pathogenen Formen und/oder nach der Vermehrung der Antagonisten bei gleichzeitiger Verminderung der Individuenzahl empfindlicher Arten eingeschätzt. Es ist möglich, Stämme mit hoher antagonistischer Aktivität aus Wasserproben zu isolieren. Die Zone der Wachstumshemmung sensibler Bakterien erreicht auf festem Nährboden bis zu 80 mm im Durchmesser. Es handelt sich dabei besonders um autochthone Formen, daneben auch um Bakterien allochthonen Ursprungs, die z. B. aus dem Boden stammen. Erhöhte antagonistische Aktivitäten bestehen gegenüber Darmbakterien (*S. typhi*, *S. paratyphi*, *Sh. dysenteriae*, *Sh. flexneri*, *V. cholerae*, *E. coli*) anderen Bakterien (*P. aeruginosa*, *Staph. aureus* u. a.) und Hefen (*Rhodotorula*, *Candida*). Spezifische Antagonisten konnten bisher weder exakt differenziert noch in ausreichendem Maße nach ihren morphologischen oder physiologischen Merkmalen eingeteilt werden. Zu den saprophytischen Antagonisten gehören Stäbchen und Kokken, grampositive und gramnegative Zellen, sporenbildende und nichtsporenbildende Arten (obwohl im Wasser sporenbildende Stämme zu überwiegen scheinen). Bei einigen Bakterien sind die antagonistischen Eigenschaften relativ stabil und bleiben über längere Zeit erhalten. In anderen Fällen verlieren die Antagonisten ihre antibakteriellen Eigenschaften schon nach einigen Nährbodenpassagen.

Nach Kučeravyj (1957) findet sich auf dem Gewässergrund eine bedeutend größere Anzahl von bakteriellen Antagonisten als im freien Wasser. Unter den planktischen Formen machten sie etwa 20%, im tonigen Sediment hingegen 90% aller Stämme aus.

Peretc und Medvinskaja (1946) vertreten auf Grund ihrer Versuche die Ansicht, daß sich der bakterielle Antagonismus unter geeigneten Bedingungen (genügend O_2, günstige Temperatur usw.) auch im Wasser bemerkbar macht. Der stärkste bakteriostatische Effekt wurde bei 37 °C beobachtet. Bei abnehmender Temperatur sank auch die antagonistische Aktivität und war bei 5 °C nicht mehr feststellbar. Die Autoren erklären so auch das längere Überleben pathogener Bakterien im Wasser während der Wintermonate. Dabei ist interessant, daß der Prozentsatz bakterieller Antagonisten im Wasser nach vorhergehendem Abkühlen der Probe ansteigt.

In Laboratoriumsversuchen über die Bestimmung des Einflusses der Belüftung auf Enterobacteriaceae bei mehrtägigem Lufteintrag von 0,1—1,0 l/min wurden Stämme isoliert, die antagonistische Eigenschaften gegen Darmbakterien aufwiesen (Daubner 1968). In reproduzierbaren Versuchen mit verschiedenen Wassertypen erwiesen sich Stämme von *P. fluorescens*, *P. putida*, *P. stutzeri* und *Aeromonas hydrophila*, als markante Antagonisten. Nach Zugabe dieser Stämme zu Oberflächenwasser konnten die dort vorhandenen Enterobakterien bereit nach 48 Stunden nicht mehr nachgewiesen werden; im Kontrollversuch überlebten sie jedoch 12 Tage. Bei der Untersuchung der Extrakte antagonistischer Stämme wurde durch papierchromatographische Trennung und Anwendung spezieller Verfahren festgestellt, daß es sich um einen direkten Antagonismus handelt, d. h. um eine echte Produktion antibiotisch wirkender Stoffe von amphoterer Natur und mit mäßig hydrophilen Eigenschaften (Tržilová 1968).

Für hydromikrobiologische Belange ist die antagonistische Aktivität der sich im Wasser befindenden Stämme besonders wichtig. Bakterien mit einer nahezu gleichen antagonistischen Aktivität leben nebeneinander, ohne daß sie sich gegenseitig inhibieren; Arten mit höherer Aktivität vermehren sich allmählich bis zur eindeutigen Dominanz (Peretc und Medvinskaja 1946). Diese Autoren untersuchten über 1000 frisch aus Stuhl isolierten *E. coli*-stämme und stellten fest, daß im Darm gesunder Warmblüter *E. coli* und *E. aerogenes* mit hoher antagonistischer Aktivität überwiegen. Von Personen, die an chronischen Darmerkrankungen litten, wurden Stämme mit schwach antagonistischer Aktivität isoliert. Als außergewöhnlich schwach aktiv erwiesen sich laktosedefekte Stämme.

Der Einfluß von bakteriellen Antagonisten beschränkt sich nicht nur auf die bakteriostatische oder bakterizide Wirkung gegenüber anderen Arten, sondern kann auch deren biochemische Aktivitäten verändern. Aus diesem Grunde schreiben einige Autoren das häufige Auftreten defekter Enterobacteriaceae-stämme im Wasser nicht nur den physikalischen und chemischen Faktoren des Milieus, sondern auch der Tätigkeit von bakteriellen Antagonisten zu.

Kičenko et al. (1964) berichten über aus dem Wasser isolierte laktosenegative Stämme, die sich in weiteren Passagen als typisch *E. coli* erwiesen. Der Verlust der Fähigkeit zur Vergärung von Laktose oder anderen Zuckern kann theoretisch auch dem Einfuß von Antagonisten zugeschrieben werden. Die Autoren fordern aus diesem Grunde außer dem direkten Nachweis pathogener Bakterien im Wasser zusätzlich die Anwendung eines indirekten Nachweises (z. B. die Bestimmung des Bakteriophagen-Titers).

Pereto und Medvinskaja (1946) vertreten die Ansicht, daß auch längeres Überleben der Art *E. aerogenes* nach zurückliegender Verunreinigung und das Überwiegen von *E. coli* in Wässern mit frischer fäkaler Kontamination keineswegs ein Beweis für die Umwandlung von *E. coli* in *E. aerogenes* sein muß (wie dies Minkevič und seine Schule behauptet — Anmerkung des Verf.). Die Autoren belegen ihre Schlüsse mit Experimenten, daß *E. aerogenes* einfach dank seiner höheren Adaptationsfähigkeit und seiner antagonistischen Aktivität *E. coli* aus dem gegebenen Milieu verdrängt.

In Zusammenfassung der angeführten Erkenntnisse über diese Frage kann gesagt werden, daß man trotz noch laufender Forschung Existenz und Auswirkungen des bakteriellen Antagonismus im Wassermilieu nicht negieren kann, da dies der natürlichen Zweckmäßigkeit der entstandenen Mechanismen und zwischen den Lebewesen widersprechen würde. Mit anderen Worten — wenn die von Bakterien gegen andere Arten produzierten antibiotischen Stoffe keinen Effekt hätten, würden sie im Entwicklungsprozeß verlorengehen.

Beziehungen zwischen Bakterien, Bakteriophagen und Viren

Ein weiteres, bisher weniger untersuchtes hydromikrobiologisches Problem ist der Einfluß von Bakteriophagen auf die Bakterien. In der Literatur werden schon seit langem Angaben gemacht, daß Wasser von Flüssen, Seen und Meeren bakterizide Eigenschaften hat, die häufig spezifisch gegen Darmbakterien gerichtet sind. So schreiben Arloing und Sempé schon in den Jahren 1924—26, daß Wasser der Rhône und der Saône die Vermehrung von *E. coli*, *S. typhi*, *S. paratyphi* und dysenterischen Bakterien hemmt. Ähnliche Ergebnisse wurden bei Probenahmen von Wässern bei Toulouse, Bordeaux und Marseille bekannt. Die Autoren zitieren auch Angaben, nach denen in der Donau (bei Belgrad) und in der Save lytische Effekte gegen *V. cholerae*, *S. paratyphi A* und *E. coli* beobachtet wurden. Im Wasser des Atlantischen Ozeans, des Südatlantiks und in südamerikanischen Häfen wurden analoge Feststellungen gemacht. Khan (1930) führt eine bakteriolytische Wirkung des Gangeswassers gegenüber *V. cholerae* an. Wilson und Miles (1955) bringen Angaben, daß Isarwasser das Wachstum von *S. paratyphi* A, Rheinwasser das von *S. paratyphi* B (*S. schottmeulleri*) und Meerwasser bei Le Havre die Entwicklung von *Sh. dysenteriae* hemmt. Ähnliche Angaben über den Einfluß von Meeren führen auch ZoBell (1937), Krasilnikov (1938) u. a. an.

Anfänglich wurde dieser lytische Effekt einem unbekannten, im Wasser vorhandenen Agens, physikalisch-chemischen Faktoren oder Stoffwechselprodukten der Bakterien zugeschrieben. Später wurden im Zusammenhang mit Arbeiten über Bakteriophagen Ansichten ausgesprochen, daß die Ursache dieser bakteriolytischen Eigenschaften des Wassers ein Bakterienvirus sei — von Twort erstmalig als solches beschrieben und von D'Herelle als Bakteriophage bezeichnet. Diese Meinung stützte sich auf die Tatsache, daß sich die bakteriziden Eigenschaften dieser Wässer nahezu ausschließlich gegen allochthone Bakterien und nur selten gegen die autochthone Mikroflora richten. Später wurden experimentelle Hinweise erhalten, daß sich die Bakteriophagen an der Bakterienelimination maßgeblich beteiligen und daher ein wichtiger Faktor bei der Selbstreinigung sind (Vajndrach 1938, Izvozčikova 1952, Ogata et al. 1980). Andererseits wurden auch Meinungen vertreten, die eine Wirkung von Phagen in diesem Sinne nicht anerkannten (Gildemeister und Watanabe 1932, Beard 1933), weil es nicht gelang, einen bakteriziden Effekt ohne Kultivierung im Thermostat nachzuweisen.

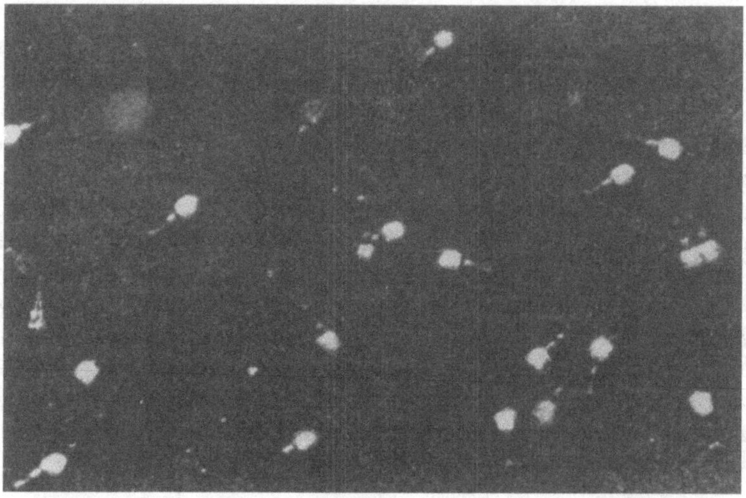

Abb. 35. Elektronenmikroskopisches Bild des *Escherichia-coli*-Phagen T_2 (Vergrößerung 40000 ×).

Es wurde festgestellt, daß Bakteriophagen in der Natur weit verbreitet sind und in Böden und in Salz- und Süßwasser vorkommen. In reinen Wässern und in großen Entfernungen vom Meeresufer wurden sie jedoch nicht gefunden. Ihr Vorkommen hängt stets mit Abwassereinflüssen oder einer anderen Art fäkaler Verunreinigungen zusammen. Dies zeugt von der engen Abhängigkeit der Phagen von ihrer spezifischen Mikroflora. Daher sind mehrere Autoren der Ansicht, daß ihre Anwesenheit als Fäkalindikatoren genutzt werden kann.

Schlossmann (1932) gibt z. B. an, daß eine fäkale Verunreinigung im Wasser vor allem durch das Auftreten dysenterischer Phagen charakterisiert wird. Wenn daneben auch Phagen der Coli-Typhus-Paratyphus-Gruppe gefunden werden, handelt es sich um eine starke Verunreinigung durch menschliche oder tierische Exkremente. Zmeev et al. (1943) schreiben das große Selbstreinigungsvermögen von Gewässern im südlichen Tadshikistan dem Einfluß von Bakteriophagen zu. Dort kommt es nicht zu Epidemien, deren Ursache kontaminiertes Wasser wäre.

Der Wirkung der Phagen schreibt man auch das Auftreten atypischer Varianten von Enterobakterien im Wasser und einen großen Anteil an der bakteriellen Selbstreinigung bei biologischen Abwasserreinigungsprozessen zu. Unter aeroben Bedingungen war eine Zunahme verschiedener Bakteriophagen zu beobachten, da Phagen aus Rohabwasser nur 21,5% und aus Schnellfiltern 50% der untersuchten Stämme lysierten. Unter den anaeroben Bedingungen von Faultanks konnte ein langes Überleben der Bakteriophagen beobachtet werden (Demichovskij 1936, Dolivo-Dobrovolskij 1948).

Ergebnisse aus den letzten Jahren sprechen davon, daß bei der Eliminierung von pathogenen Bakterien und Viren im Wasser die von Stolp und Starr entdeckte parasitische Bakterienart *Bdellovibrio bacteriovorus* eine gewisse Rolle spielt. Es wurde nachgewiesen, daß sie gegen gramnegative Bakterien, vor allem aus der Familie Enterobacteriaceae (*Salmonella, Shigella, Enterobacter, Escherichia*), Vibrionaceae (*Vibrio, Aeromonas, Photobacterium*), Pseudomonadaceae (einige Arten der Gattung *Pseudomonas*) eine lytische bzw. inhibierende Wirkung zeigt. Das lytische Spektrum variiert zwischen 12—28 Bakterienarten, bzw. -typen (Afinogenova et al. 1981). Außerdem bewirkt sie irreversible Veränderungen der biologischen Eigenschaften bei *Salmonella* und *Shigella*. Deshalb wurde vorgeschlagen, *Bd. bacteriovorus* als möglichen Indikator für Krankheitserreger im Wasser, bzw. als wirksamen biologischen Faktor des Selbstreinigungsprozesses anzusehen (Sidorenko et al. 1975, Čuvilskaja et al. 1976, Lambina et al. 1981). Wie jedoch die unterschiedlichen Meinungen zeigen (Abram und Davis 1970, Taylor et al. 1974, Fry und Staples 1976, Čuvilskaja et al. 1976, Emberger 1976 u. a.) sind noch weitere Untersuchungen und Forschungen notwendig.

Die Beziehungen zwischen Bakterien und Viren im Wasser sind ebenfalls noch nicht genügend bekannt. Einige Autoren (Zilber 1952, Razumov 1962) schreiben, daß zwischen Viren, Bakterien und Zooplankton symbiotische Beziehungen bestehen. So wurde z. B. festgestellt, daß das Poliomyelitis-Virus im Abwasser längere Zeit vermehrungsfähig bleiben kann, wenn es an Zellen von Flagellaten, *E. coli* oder *B. subtilis* „adsorbiert" ist. Synergistische Beziehungen wurden auch zwischen Styphylokokken und Influenzaviren beobachtet (Grossgebauer 1967). In mehreren Experimenten wurde bestätigt, daß sowohl Enteroviren wie auch Vertreter des Zooplanktons (z. B. *Tetrahymena pyriformis*) gemeinsam länger überleben als in der Kontrolle, d. h. bei alleiniger Aufbewahrung im Wasser (Daneš und Červa 1981, Golaisová 1981, 1982 unpubl.).

Dies schließt jedoch keineswegs aus, daß zwischen Viren und anderen im Wasser anwesenden Mikroorganismen auch metabiotische und evtl. antagonistische Beziehungen bestehen können. Einen gewissen Anhaltspunkt dafür bieten Angaben, daß einige Bakterien und Pilze sowie deren Produkte in-vivo und in-vitro antivirale Wirkungen zeigen. Dieser Effekt wurde auf die Anwesenheit der zweifädigen RNS, die Interferon induzierte, gebunden. Antagonistische Beziehungen wurden auch zwischen Produkten von Corynebakterien und Arbo- sowie Echoviren beobachtet; *S. typhi* und *E. coli* wirken gegen das Vakzine- und Newcastle-Disease-Virus usw. Herrmann et al. (1974) beobachteten, daß die Coxsackievieren bei Anwesenheit proteolytischer Bakterien im See- bzw. Brunnenwasser schneller inaktiviert wurden. Vermutlich wurde ihre Proteinhülle durch die produzierten Proteasen (partiell) abgebaut. Das Poliovirus Typ 1 ist gegen diese Protease resistent, jedoch empfindlich gegen einige andere proteolytische Bakterien, z. B. gegen *Pseudomonas aeruginosa*.

Mehrmals wurde auch bewiesen, daß Enteroviren unter natürlichen Bedingungen im Wasserbiotop kürzere Zeit überleben als unter Laboratoriumsbedingungen in sterilisiertem Wasser. Was nicht nur den physikalischen und chemischen, sondern auch den biologischen (= antagonistischen) Faktoren zuzuschreiben sein dürfte.

Literatur

ABRAM, D. und B. K. DAVIS: Structural properties and features of parasitic *Bdellovibrio bacteriovorus*. J. Bact. **104**, 948, 1970.

AFINOGENOVA, A. V. et al.: Sravnitelnaja charakteristika štammov *Bdellovibrio*, vydelennych iz rečnoj i stočnych vod. Mikrobiol. **50**, 378, 1981.

ARLOING, F. und D. SEMPÉ: Propriétés empechantes des eaux du Rhône et de la Saône sur le development de certaines bactéries. C. R. Soc. Biol. **91**, 667, 1924.

ARLOING, F. und D. SEMPÉ: Puvoir antimicrobien lytique d'eaux fluviales ou marine, francaises et étrangéres: Rôle possible du Bactériophage. C. R. Soc. Biol. **94**, 191, 1926.

BEARD, P. J.: Role of bacteriophage in natural purification. J. inf. Dis. **52**, 3420, 1933.

BOCK, E.: Vergleichende Untersuchungen über die Wirkung sichtbaren Lichtes auf *Nitrosomonas europaea* und *Nitrobacter winogradskyi*. Arch. Mikrobiol. **51**, 18, 1965.

BROCK, T. D., Effects of Magnesium ion deficiency in *Escherichia coli* and possible relation to the mode of action of Novobiocin. J. Bact. 84, 679, 1962.

BUCHANAN, J.: Bacteriology. The Macmillan Comp. Ltd., London 1951.

BUTTERFIELD, C. T.: Observations on changes in numbers of bacteria in polluted water. Sew. Works J. **5**, 600, 1933.

BUTTERFIELD, C. T. und W. C. PURDY: Some interrelationships of plankton and bacteria in natural purification of polluted water. Ind. Eng. Chem. **23**, 213, 1931.

ČUVILSKAJA, N. A. et al.: *Bdellovibrio bacteriovorus* kak faktor samoočiščenija rečnoj vody. Gigiena **2**, 10, 1976.

DANEŠ, L. und L. ČERVA: Survival of Polioviruses and Echoviruses in *Acanthamoeba castellanii* cultivated in vitro. J. Hyg. Epid. Microbiol. Immunol. Prag **25**, 169, 1981.

DAUBNER, I.: Ein experimentelles Studium der Entwicklung von Bakterien des Oberflächenwassers bei Laboratoriumsbedingungen. I. Mitt. Der Einfluß von Temperatur und Durchmischung. J. Hyg. Epidemiol. Microbiol. Immunol. (Prag) **9**, 8, 1965; II. Mitt. Der Einfluß höherer Organismen und ihrer Produkte. ibid. **10**, 373, 1966; III. Mitt. Der Einfluß der Belüftung des Wassers. ibid. **12**, 168, 1968.

DAUBNER, I.: Das Infektionspotential des Wassers und sein Nachweis. Z. ges. Hyg. **22**, 401, 1976.

DAUBNER, I. et al.: Výskum prežívania, zmien a eliminácie enterobakteriaceí vo vode za experimentálnych podmienok. Abschlußbericht ÚEBE SAV, Bratislava 1975.

DAVIES, R.: The Inactivation of Vegetative Bacterial Cells by Ionizing Radiation. In: SKINNER, F. A. und W. B. HUGO: Inhibition and Inactivation of Vegetative Microbes. Acad. Press, New York 1976.

DEMICHOVSKIJ, E. I.: O vozmožnosti očistki stočnych vod bakteriofagom. Mikrobiol. **5**, 515, 1936.

DOLIVO-DOBROVOLSKIJ, L. B.: Izučenia bakteriofagii v processach biologičeskoj očistki vod. Sb. Vopr. san. bakt. AMN SSSR, Moskva 1948.

DRING, G. J.: Some Aspects of the Effects of Hydrostatic Pressure on Micro-organisms. In: SKINNER, F. A. und W. B. HUGO: Inhibition and Inactivation of Vegetative Microbes. Acad. Press, New York 1976.

EMBERGER, O.: *Bdellovibrio* — jeho biologie a hygienický význam. Čs. Hyg. **21**, 88, 1976.

EMEIS, C. CH.: Untersuchungen über die antibakteriellen Eigenschaften der Algen. Arch. Hyg. Bakteriol. 140, 597, 1956.

FRY, J. C. und D. G. STAPLES: Distribution of *Bdellovibrio bacteriovorus* in sewage works, river water, and sediments. Appl. Environ. Microbiol. **31**, 469, 1976.

GAINEY, P. L. und T. H. LORD: Microbiology of Water and Sewage. Prentice-Hall Inc., Englewood-Cliffs 1952.

GAMESON, A. L. H. und J. R. SAXON: Field studies on effect of daylight on mortality of coliform bacteria. Water Res., **1**, 279, 1967.

GELDREICH, E. E.: Microbiology of water. J. Water Poll. Contr. Fed. **47**, 1543, 1975.

GILDEMEISTER, E. und H. WATANABE: Untersuchungen über das Vorkommen von Bakteriophagen in Oberflächenwasser. Zbl. Bakt. I. Orig. 112, 556, 1932.

GRINBAUM, F. T.: O netipičnych bakterijach kišečnoj gruppy. Medgiz, Moskva 1956.

GROSSGEBAUER, K.: Antagonistische Phänomene zwischen Viren und Bakterien. Arch. Hyg. Bakteriol. 151, 146, 1967.

HAMILTON, W.: A study of the pollution of the river Whangpoo as affecting its use as a source of water supply. The Mercant. Print et Co. Ltd., Shanghai 1935.

HARRISON, A. P.: Survival of bacteria. Ann. Rev. Microbiol. 21, 143, 1967.

HENDRICKS, CH. W.: Increased recovery rate of Salmonellae from stream bottom sediments versus surface waters. Appl. Microbiol. 21, 379, 1971.

HERRMANN, J. E. et al.: Persistence of enteroviruses in lake water. Appl. Microbiol. 28, 895, 1974.

HUNTEMÜLLER, O.: Vernichtung der Bakterien im Wasser durch Protozoen. Arch. Hyg. 54, 89, 1905.

IZVOZČIKOVA, V. A.: Sanitarno-gigieničeskoe značenie obnaruženija tifoznogo faga v vodoemach. Gigiena 2, 7, 1952.

JOHNSTONE, D. L. und A. M. KUBINSKI: Survival of intestinal bacteria in oligotrophic waters. Water Res. Abstr. 7, 1974.

KHAN, S.: On the vibriocidal power of the water of certain rivers in India. Ind. J. Med. Res. 18, 361, 1931.

KIČENKO, M. G.: O vyživaemosti kišečnoj paločki v vode pri raznoj temperature i minimalnych koncentracijach pitatelnych veščestv. Ž. mikrobiol. 8, 25, 1962.

KIČENKO, M. G.: Effektivnost testa IMVIC pri identifikacii mikrobov gruppy *coli-aerogenes* vydelennych iz vody. Ž. mikrobiol. 2, 145, 1964.

KRASILNIKOV, N. A.: Baktericidnost morskoj vody. Mikrobiol. 7, 329, 1938.

KRASILNIKOV, N. A. et al.: O samougnetenii u aktinomicetov. Dokl. AN SSSR, Moskva 120, 900, 1958.

KUČERAVYJ, J. M.: K voprosu o roli antagonizma meždu mikrobami v processe samoočiščenija otkrytych vodoemov ot paratifoznych bakterij. Konf. über san. Bakt. AMN SSSR, Moskva 1957.

KUSNEZOW, S. I.: Die Rolle der Mikroorganismen im Stoffkreislauf der Seen. Deutscher Verlag der Wissenschaften, Berlin 1959.

KUZNECOW, S. I. et al.: Vvedenie v geologičeskuju mikrobiologiju. Izd. AN SSSR, Moskva 1962.

LAMBINA, V. A., L. A. LEDOVA und N. S. SITUCHINA: Učastie Bdellovibrionov v processach samoočiščenija stočnych vod. Mikrobiol. 50, 140, 1981.

LAPŠIN, M. I. und S. N. STROGANOV: Chimija i mikrobiologija pitevych i stočnych vod. Gosstrojizdat, Moskva—Leningrad 1938.

MEJSEL, M. N.: O biologičeskom dejstvii jonizirujuščich izlučenij na mikroorganizmy. Izd. AN SSSR, Moskva 1955.

MEYERS, S. P. et al.: Mycological investigations of the Black Sea. Bull. Marine Sci. 17, 576, 1967.

MEYERS, S. P.: Contribution of fungi to biodegradation of *Spartina* and other brackish marshland vegatation. Veröff. Inst. Meeresf. Bremerhaven Suppl. 5, 1973.

MORITA, R. Y.: Hydrostatic pressure effects on microorganisms. In: COLLWELL, R. R. und MORITA, R. Y., Effect of the Ocean Environment on Microbial Activities. Univ. Park Press, Baltimore, London, Tokyo 1974.

MOSKALENKO, E. G.: Vlijanie nitrosoedinenij (n-nitroanilina, trinitrofenola i dinitrobenzola) na mikrobnuju floru vody v svjazi s processami ego samoočiščenija. Konf. über san. Bakt. AMN SSSR, Moskva 1957.

MÜLLER-NEUGLÜCK, M. und H. ENGEL: Photoinaktivierung von *Nitrobacter winogradskyi* Buch. Arch. Mikrobiol. 39, 130, 1961.

MÜTZE, B.: Der Einfluß des Lichtes auf *Micrococcus denitrificans* Beijerinck. Arch. Mikrobiol. 46, 402, 1963.

Nachimovskaja, M. I.: Antagonizm meždu bakterijami. Mikrobiol. 7, 238, 1938.

Ogata, S., H. Miyamoto und S. Hayashida: An ivestigation of the influence of bacteriophages on the bacterial flora and purification powers of activated sludge. J. Gen. Appl. Microbiol. 26, 97, 1980.

Ostapenja, M. V. et al.: Dinamika otmiranija kišečnoj patogennoj mikroflory v biologičeskich prudach i rol fotosintetizirujuščich organizmov v etich processach. Autoref. dissertacii, Moskva 1957.

Peretc, G. L.: Mikrobnyj antagonizm i antibiotiki. Ž. mikrobiol. 3, 18, 1951.

Peretc, G. L. und K. G. Medvinskaja: Rol' mikrobnogo antagonizma v samoočiščenii vody. Gigiena 7, 18, 1946.

Rachmanova, P. I.: O roli bakterij v žizni ličinok *Culicidae*. Med. parazit. bolezni 6, 1937.

Rahn, O.: Salt. A study of its bacterial content. The Natl. Provisioner, New York 1936.

Razumov, A. S.: Mikrobialnyj plankton vody. Tr. Vses. gidrobiol. obšč. 12, 60, 1962.

Rheinheimer, G.: Mikrobiologie der Gewässer. Zweite Auflage. Gustav Fischer Verlag, Jena 1975.

Rodina, A. G.: Rol' bakterij i drožževych gribkov v pitanii *Daphnia magna*. Tr. Zool. Inst. AN SSSR, Leningrad 7, 3, 1949.

Schlossmann, K.: Über das Vorkommen von Bakteriophagen im Wasser. Z. Hyg. 114, 65, 1932.

Selenka, F. und R. Ruschke: Keimzahlen und Fäkalindikatoren im Bodenseewasser. Arch. Hyg. Bakteriol. 149, 273, 1965.

Sidorenko, G., et al: *Bdellovibrio bacteriovorus* als aktiver Faktor der Selbstreinigung von Oberflächenwässern unter hygienischem Aspekt. Ref. a. d. Kongreß der Ges. Allg. u. Komm. Hygiene der DDR und der Ges. f. Seuchenschutz der DDR, 13.—15. Januar 1975, Dresden 1975.

Sládeček, V.: Úvodni kurs technické hydrobiologie pro vodohospodaře na universitě v Lipsku. Vod. hosp. 12, 387, 1962.

Sparrow, F. K.: Ecology of freshwater fungi. In: The fungi in advanced treatise, III, ed. by G. C. Ainsworth and A. S. Sussmann. Academic Press, New York, London 1968.

Stokes, J. L.: Heat-sensitive enzymes and enzyme synthesis in psychrophilic microorganisms. Molecul. Mechan. Temp. Adapt. AAAS 311, 1967.

Stokvis, C. S. und N. H. Swellengrebel: Purification of water by infusoria. J. Hyg. 11, 481, 1911.

Stolp, H. und M. P. Starr: *Bdellovibrio bacteriovorus* gen. et. spin., a predatory ectoparasitic. and bacteriolytic microorganism. A van Leeuwenhoek, 29, 217, 1963

Strachova, V. A.: O nekotorych baktericidnych svojstvach vody v period pavodka. Mikrobiol. 15, 4, 1946.

Strecha, M. und J. Keleti: Dezinfekcia vody ultrafialovým žiarením. Čs. Hyg. 4, 338, 1959.

Taylor, C. B.: Bacteriology of Freshwater. J. Hyg. 40, 616, 1940.

Taylor, V. I. et al.: Isolation, enumeration, and host range of marine Bdellovibrios. Arch. Mikrobiol. 98, 101, 1974.

Tržilová, B.: Výskum bakteriálneho antagonizmu vo vode so zvláštnym zretel'om na *Enterobacteriaceae*. Dissertation. ÚEH SAV, Bratislava 1968.

Vajnďrach, G. M.: Bakteriofag v stočnych i pitevych vodach. Gigiena 8, 1938.

Van Delden, A.: Beitrag zur Kenntnis der Sulfatreduktion durch Bakterien. Zbl. Bakt. II. Orig. 11, 1904.

Vertebnaja, P. J.: Massovoe razvitie sinezelenych vodoroslej. Schlußbericht. AMN SSSR, Moskva 1953.

Waksman, S. A.: Microbial Antagonism and Antibiotical Substances. New York 1945.

Water Newsletter (Water Information Center Inc.) 15. 8. 1974.

Wilson, G. S. und A. A. Miles: Topley and Wilson's Principles of Bacteriology and Immunity. E. Arnold Publ. Ltd., London 1955.

Zilber, L. A.: O simbioze virusov i mikrobov. Uspechi sovrem. biol. 33, 1, 1952.

ZMEEV, G. J.: Sanitarno-pokazatelnaja flora gruppy coli-aerogenes južnogo Tadžikistana. Zb. Probl. kišeč. inf., Stalinabad 1943.
ZOBELL, C. E. et al.: The bacteriostatic and bactericidal action of great Salt Lake Water. J. Bact. 33, 253, 1937.
ZOBELL, C. E. und C. W. GRANT: Bacterial activity in diluted nutrient solutions. Science **96**, 189, 1942.
ZOBELL, C. E. und F. H. JOHNSON: The influence of hydrostatic pressure on the growth and viability of terrestrial and marine bacteria. J. Bact. 57, 2, 1949.
ZOBELL, C. E. und C. H. OPPENHEIMER: Some effects of hydrostatic pressure on the multiplication and morphology of marine bacteria. J. Bact. **60**, 771, 1950.

Sechstes Kapitel

Rolle und Aktivität der Mikroorganismen im Wasser

Grundlegende Lebenstätigkeiten aller Organismen auf der Erde sind die Synthese und die Zersetzung organischer Stoffe.[1] Nach Berechnungen werden auf unserem Planeten täglich etwa eine Milliarde Tonnen organischer Verbindungen zu CO_2 und H_2O oxydiert. Ein Teil der dabei gewonnenen chemischen Energie wird für den Katabolismus (zu energetischen Zwecken) und für den Anabolismus zum (Aufbau der Makro- und Mikroorganismen) verbraucht; der Rest speichert sich in Form von biogenen Ablagerungen und kann nach Millionen von Jahren unter schützenden Erdschichten (Kohle, Erdöl) u. a. „fossile Brennstoffe" ergeben.

Bei den existierenden Abbaugeschwindigkeiten würde der Gesamtvorrat organischer Stoffe auf der Erde in 15—20 Jahren verbraucht sein. Daher ist die Tätigkeit von Organismen, organische Stoffe zu produzieren, besonders wichtig. Andererseits wäre die Situation ebenso katastrophal, wenn die organischen Stoffe nicht abgebaut würden. Im Mineralisierungsprozeß nehmen — hauptsächlich saprophytische — Bakterien den ersten Platz ein und stellen einen entscheidenden Faktor der Umweltsanierung dar.

Eine besondere Bedeutung hat in diesem Zusammenhang die bakterielle Tätigkeit im Wasser, wo sie für die Selbstreinigungsprozesse und indirekt auch für die Veränderung der chemischen Wassergüte entscheidend ist. Die Mikroflora widerspiegelt den hygienischen Zustand des jeweiligen Milieus, wie er infolge der Tätigkeit von Mensch, Tier und anderen Faktoren entstanden ist und kann so zu dessen Bewertung nach seuchenhygienischen Kriterien herangezogen werden.

Da jeder Fluß, jeder See und jedes andere Wasservorkommen eine selbständige Individualität ist, muß auf Grund seiner hydrologischen und hydromikrobiologischen Eigenschaften beurteilt werden. Dabei muß man die Anwesenheit toniger Sedimente, den Verlauf von Belüftungs- und Photosyntheseprozessen, die Rolle der einzelnen verunreinigenden Faktoren, hydrologische und hydrobiologische Gegebenheiten und deren wechselseitige Beziehungen in Betracht ziehen. Das Studium und die Kenntnis aller dieser Fragen bietet die Möglichkeit, die Prozesse zu begreifen, welche im Wasser bei Verunreinigung und Selbstreinigung auftreten.

Prozeß der Wasserverunreinigung

An der Qualitätsverminderung des Wassers sind viele Faktoren beteiligt. Hierzu sind alle natürlichen Verunreinigungen zu zählen, auch die Anreicherung von verschiedenen organischen Stoffen im Wasser ohne menschliches Zutun. Eine andere Gruppe bilden

---

[1] Im Wasser vorhandene Organismen können nach ihrer Ernährungsweise bzw. nach den von ihnen hauptsächlich genutzten Nahrungsquellen prinzipiell in drei große Gruppen eingeteilt werden: Autotrophe Organismen bauen durch Photo- oder Chemosynthese aus anorganischen Verbindungen organische Substanzen auf. Sie werden Produzenten genannt.

Heterotrophe Organismen sind zu einer solchen Synthese nicht fähig, sondern von der Anwesenheit organischer Stoffe abhängig. Letztere werden unter Energiegewinn teilweise in körpereigene Stoffe umgewandelt. Solche Organismen werden Konsumenten genannt.

In die 3. Gruppe gehören Organismen, die sich vorwiegend an der Zersetzung abgestorbener Materie beteiligen. Sie werden als Destruenten bezeichnet.

die von außen hineingetragenen Verunreinigungen (z. B. durch Laubfall, Tätigkeit der Vögel und Säugetiere) und die Biomasse der abgestorbenen pflanzlichen und tierischen Wasserorganismen. Ein weiteres typisches Beispiel natürlicher Verunreinigungen des Wassers ist die schon erwähnte „Wasserblüte", die durch Massenvermehrung einiger Algenarten in einem Gewässer verursacht wird. Im Sommer überwiegen synthetische Prozesse, wodurch sich das Wasser hauptsächlich mit „lebenden" organischen Stoffen anreichert. Im Herbst, wenn es zum intensiven Absterben des Phytoplanktons kommt, handelt es sich in erhöhtem Maße um eine Anreicherung toter organischer Stoffe.

Einige organische Verbindungen (wie z. B. Huminsäuren aus dem Boden), der Graswuchs und die übrige Flora verschlechtern auch die organoleptische Wassergüte. Bei verminderter Durchsichtigkeit treten Veränderungen von Farbe, Geschmack und Geruch des Wassers auf. Das Ausmaß dieser Veränderungen hängt von der Konzentration der organischen Verbindungen und vom Charakter der jeweiligen organischen Stoffe ab.

Außer den erwähnten Verunreinigungen des Wassers ist an der Wasserbelastung in entscheidendem Maße der Mensch beteiligt. Es handelt sich um kommunale, landwirtschaftliche und gewerbliche Abwässer, die den größten und bedeutendsten Anteil der Verunreinigungen ausmachen. Hinzu kommen andere zivilisatorische Einflüsse aus der Umgebung des Wassers (Bauten, Meliorationen und anderen Arbeiten, Schiffahrt, Erholung, Wassersport u. ä.). Im Jahre 1960 wurden in den USA 0,73 Tonnen Abfälle pro Mensch und Jahr produziert. Es wird vorausgesagt, daß es im Jahre 1980 schon 1 Tonne sein wird. Dabei erhöht sich nicht nur die Menge, sondern es ändert sich auch die Zusammensetzung der Abfälle (VELZ 1970).

Die Verunreinigungen des Wassers können in 4 Gruppen eingeteilt werden:

1. **Chemische Stoffe und Verbindungen** anorganischer oder organischer Natur sind mehr oder weniger stabil, d. h. unterschiedlich schnell abbaubar. Hierzu gehören auch die toxischen Stoffe.
2. **Radioaktive Stoffe (Radionuklide)** stellen eine für den Menschen äußerst gefährliche Belastung des Wassers dar und müssen besonders für die Zukunft als potentielles Risiko angesehen werden.
3. **Mikroorganismen** umfassen saprophytische Bakterien, deren Häufigkeit im Wasser von den physikalischen, chemischen und biologischen Bedingungen des Biotops (Temperatur, Nährstoffe, Konsumenten usw.) abhängt, sowie pathogene und bedingt pathogene Bakterien, Viren bzw. andere Krankheitserreger, die mit den kommunalen Abwässern den Vorflutern zugeführt werden und aus hygienisch-gesundheitlichen Gründen wichtig sind.
4. **Thermische Belastungen** sind Folgen menschlicher Tätigkeit und beeinflussen das Leben im Wasser und die damit zusammenhängende Prozesse.

Für die Hydromikrobiologie ist in erster Linie die Verunreinigung des Wassers mit organischen Stoffen von Bedeutung. Dabei können drei verschiedene Stoffgruppen unterschieden werden:

1. organische Verbindungen autochthonen Ursprungs, die infolge der Lebenstätigkeit im Wasser gebildet wurden,
2. organische Stoffe direkten und indirekten anthropogenen Ursprungs und
3. organische Verbindungen der Humingruppe.

Aus diesen Gruppen ist jener Anteil der organischen Stoffe wichtig, der von Phytoplankton, Zooplankton, Uferflora und Benthos sowohl als Produkte während des aktiven Stoffwechsels als auch nach dem Absterben der Organismen gebildet wird und als sog. „biologisch aktive Verbindungen“ auf die Lebensprozesse anregend (Vitamine, Hormone) oder inhibierend (Antibiotika) wirken. In gewissem Umfang bestimmt dieser Teil der organischen Stoffe die Artenzusammensetzung und die qualitativen Verhältnisse der Biozönose im Wasser und ist auch während des Selbstreinigungsprozesses des Wassers für die Eliminierung der allochthonen Mikroflora wichtig.

Produktion von organischen Stoffen und Biomasse

In reinen Wässern, die keine Zufuhr von außen erhalten, sind Anwesenheit und Konzentration organischer Stoffe von der Produktivität der assimilierenden Organismen aus Flora und Fauna abhängig. Die Menge pro Zeiteinheit gebildeten organischen Stoffe wird als Produktion bezeichnet. Es handelt sich dabei entweder um die **Primärproduktion**, d. h. um die Synthese organischer Verbindungen durch Organismen mittels Photosynthese, oder um die Sekundärproduktion, die durch den Stoffwechsel bedingte Umwandlung von schon synthetisierter organischer Materie in körpereigene Substanzen. Die sog. **reine Produktion** (Nettoproduktion) ist jene Menge organischer Stoffe im Wasser, die von der Primärproduktion nach dem Verbrauch eines gewissen Anteils, der für die Atmung des Phytoplanktons notwendig ist, verbleibt. Die Gesamtproduktion wird durch die weitere Tätigkeit der lebenden Organismen geregelt, hauptsächlich durch die der Bakterien im Verlaufe der natürlichen Selbstreinigung des Wassers.

Hauptproduzenten lebender organischer Stoffe aus anorganischen Substraten sind die grünen Pflanzen, die chemische Energie anreichern und bei der Erhaltung des Gleichgewichtes der organischen Materie in der Natur eine wichtige Rolle spielen. Die Fixierung des Kohlenstoffes in den Weltmeeren beträgt 35—75 Milliarden Tonnen jährlich. Ein weiterer Faktor ist die chemosynthetische Tätigkeit der Bakterien, die, sowohl bedeutend geringer als die assimilierende Aktivität der Algen (etwa 1—2%), doch einen beachtlichen Gesamtumfang hat.

Die hauptsächliche Energiequelle chemosynthetisierender Bakterien ist die Oxydation des molekularen Wasserstoffs und des Methans. Im Wasser entstehen diese Gase ständig bei der anaeroben Zersetzung organischer Verbindungen in Sedimenten, in den ersten Staujahren einer Talsperre und in Abwässern. Die Reaktion kann unter anaeroben Bedingungen auch so verlaufen, daß Sulfat oder Karbonat als H_2-Akzeptoren fungieren und aus dem freigesetzten O_2 letztlich Wasser entsteht. Im ersten Falle handelt es sich um den Prozeß der Wasserstoff-Sulfatreduktion, die z. B. zur H_2S-Bildung durch *Desulfovibrio desulfuricans* führt, im zweiten Falle kommt es zur Oxydation des Wasserstoffs bzw. des Karbonats unter gleichzeitiger Bildung von Methan. An diesem Prozeß sind *Methanobacterium formicicum*, *Methanococcus mazei*, *Methanosarcina methanica* u. a. beteiligt.

Nach SOROKIN (zit. nach SALMANOV 1964) beträgt die heterotrophe Assimilation von Kohlensäure 2—3% der Biomasse von Bakterien. Mit Hilfe radioaktiver Markierung (^{14}C) wurde festgestellt, daß der Maximalwert der Synthese im Sommer auftritt und in 24 Stunden 0,04—0,07 mg C/l beträgt. Im Winter beträgt der Wert 0,006 bis 0,03 mg/C/l. In oberflächennahen Wasserschichten sind die Werte der Chemosynthese kleiner als in den tieferen Regionen. Genau betrachtet, handelt es sich im Falle der Chemosynthese eigentlich um eine sekundäre Produktion — um eine Nutzung von Energie, die primär von grünen Pflanzen akkumuliert wurde. Andererseits jedoch sind Anwesenheit und Tätigkeit der assimilierenden Organismen von gewissen chemischen Stoffen und Elementen wie N, P, K, Ca, Mg usw. abhängig. Eine wichtige Rolle spielen dabei auch andere Faktoren wie Temperatur, Morphologie des Flußbettes, Verhältnis der pelagialen zur litoralen Zone usw.

So wie ertragsreiche und magere Böden unterschieden werden, lassen sich auch die Wässer in hochproduktive und schwachproduktive einteilen. Nach den Nährstoffverhältnissen sind eutrophe, mesotrophe, dystrophe und oligotrophe Wässer zu unterscheiden. Ein Beispiel für die eutrophe Gruppe sind Fischteiche oder Seen mit hohem Mineralgehalt und großem Abdampfrückstand (100—400 mg gelöste Stoffe/l). Schwach mineralisierte Wässer mit 50 mg/l oder weniger, z. B. der Ladoga-See, sind oligotrophe Wässer. Mesotrophe Wässer bilden eine Zwischenstufe dieser beiden Extremtypen. Torfige, sumpfige Moraste haben den Charakter dystropher Wässer.

Die Produktion autochthoner organischer Stoffe ist sehr unterschiedlich. Im allgemeinen beträgt sie in Flüssen und Seen einige Gramm O_2/m^2/Tag. Zum Beispiel erreicht die durchschnittliche Primärproduktion im tschechoslowakischen Donauabschnitt 3,80 g O_2/m^2/Tag für Phytoplankton und 3,39 g für Periphyton (Ertl 1976). Die organischen Stoffe bestehen zu 10—11,5% aus Eiweiß, zu 21,5% aus Kohlenhydraten, zu 2,5% aus Fetten und zu 64,5—66% aus Asche (davon sind 50—58% SiO_2). Zur Zeit der intensiven Algenentwicklung sind diese Relationen etwas verschoben. Man findet 13% Eiweiß, 39% stickstoffreie Verbindungen, 1,3% Fette, 41,5% Zellulose und 5,2% Asche.

Im Meer verläuft die Produktion organischer Stoffe ähnlich. Dabei ist interessant, daß die arktischen Gebiete 10—20mal reicher an Plankton als die tropischen sind. Es wurde festgestellt, daß Meerwasser durchschnittlich 2—2,5 mg organische Stoffe/l enthält. Davon sind aber nur 10—50% in Abhängigkeit von Temperatur, Druck und weiteren ökologischen Faktoren verwertbar.

Zu diesen Angaben muß man bemerken, daß sie auf Grund indirekter Bestimmungsmethoden erhalten wurden, wodurch ihre Genauigkeit und Vergleichbarkeit beeinträchtigt sind. Die Menge organischer Stoffe wird an Hand des für die Oxydation benötigten O_2 berechnet, wobei nicht mit jeder Methode die Gesamtmenge der organischen Stoffe oxydiert wird.

Bei der Produktion organischer Stoffe im Wasser spielen auch die Schlammablagerungen eine wichtige Rolle. Ihre Bedeutung steigt mit abnehmender Wassertiefe. In tiefen Wässern ist aus verständlichen Gründen die Produktion des Bodens nur untergeordnet und von der Produktivität der oberen Schichten abhängig. Das bedeutet, daß es auf dem Gewässerboden nur zur Umwandlung solcher Stoffe kommt, die in den oberen Wasserschichten gebildet wurden. Bei genügendem Sauerstoffgehalt reichern sich auf dem Grunde Bakterien an, die Ammoniak, Schwefelwasserstoff und Methan oxydieren. Sie verhindern den Übergang der dort anwesenden Stoffe in höhere Wasserschichten.

Organische Stoffe, die im Wasser durch Photosynthese entstanden oder die von außen in das Wasser gelangten, erreichen allmählich als Sedimente den Gewässerboden. Auf dem Grunde beginnt ihre weitere Zersetzung, deren Intensität von ihrem Gehalt an leicht verwertbarem Stickstoff abhängt.

Im Zusammenhang mit der biologischen Produktivität eines Gewässers wird der Begriff der bakteriellen Produktivität oft fälschlich mit dem Begriff Biomasse verwechselt. **Biomasse** ist die Menge von organischen Stoffen in lebenden Organismen pro Flächen- oder Volumeneinheit. In Wirklichkeit informiert die Biomasse als Resultat zweier gegenläufiger Prozesse nicht über die Reproduktionsfähigkeit der Bakterien bzw. über die Produktivität des gegebenen Gewässers im oberen erläuterten Sinne. Außer der Biomasse ist auch die Kenntnis der Generationszeit der Bakterien, wichtig, d. h. der Zeitabschnitt, in welchem sich ihre Zahl verdoppelt.

Wenn die Generationszeit der Bakterien und ihre Biomasse bekannt sind, ist es möglich, die Bakterienproduktion für eine beliebige Zeitspanne zu berechnen. Die Generationszeit ist mit folgender Formel berechenbar:

$$g = \frac{t\,10\,\mathrm{g}\,a}{\log b - \log B},$$

dabei bedeuten

g = Generationszeit in Stunden,
B = Zahl der Bakterien (zu Beginn des Versuches),
b = Zahl der Bakterien (am Ende des Versuches),
t = Zeit in Stunden,
a = Koeffizient mit dem Wert 1,6 (da während der Vermehrung sich nicht alle Zellen teilen, sondern sogar eine bestimmte Anzahl von Bakterien abstirbt, vergrößert sich die effektive Zellzahl nach einer Generation nicht um den Wert 2).

Die Zunahme der Bakterien im Wasser hat natürlich ihre Grenzen, die einerseits durch die Nährstoffkonzentrationen und andererseits durch die Zahl der anwesenden Bakterienfresser bestimmt werden. Bei bekannter Generationszeit der Bakterien läßt sich auch die „Menge" der vom Zooplankton konsumierten Bakterien/l/h berechnen. Dazu müssen natürlich die Zahl der Bakterien im Wasser zu Beginn und am Ende eines bestimmten Zeitabschnittes bekannt sein.

Die Generationsdauer der Bakterien g Stunden und die Zahl der Bakterien zu Beginn des Versuches mit b in t Stunden ist ohne Konsumierung $\frac{bt}{g}$, wenn die Gesamtzahl der Bakterien im Wasser $b + \frac{bt}{g}$ erreicht. Da aber das Zooplankton stündlich x Bakterien konsumiert, ist ihre reale Zahl B im Wasser nicht $b + \frac{bt}{g}$, sondern um den Wert xt kleiner. Deshalb sind

$$B = b + \frac{bt}{g} - xt \quad \text{und} \quad xt = b + \frac{bt}{g} - B, \text{ vereinfacht}$$

$$x = \frac{b - B}{t} + \frac{b}{g}$$

Berechnung der Biomasse

Als weitere Kennziffer für Produktion und Produktivität eines Wassers läßt sich die Biomasse der Bakterien (Bakterienmasse) auf Grund von Angaben über Form und Abmessung der Bakterienzellen nach deren mikroskopischer Beobachtung berechnen. Die Bakterienmasse in einer bestimmten Wassermenge kann dann in Volumen- oder in Gewichtseinheiten ausgedrückt werden.

Vor allem ist es erforderlich, die Größe der einzelnen Bakterienzellen zu messen. Am zweckmäßigsten geschieht das mit einem geeichten Okularmikrometer; als Resultat gibt man den Durchschnittswert von 10 Messungen an. Zur eigentlichen Berechnung verwendet man die Formel zur Volumenbestimmung eines geometrischen Körpers, dessen Form der Gestalt der betreffenden Mikroorganismenzelle am weitesten angenähert ist. So verwendet man für Kokken die Formel des Kugelvolumens, für Stäbchen die des Zylindervolumens, bei Hefe die des Ellipsoidvolumens usw.

Durch Messungen sei der durchschnittliche Kokkendurchmesser mit 1 μm bestimmt worden. Nach der Formel zur Volumenberechnung der Kugel $V = \frac{1}{6} \pi \cdot D^3$ beträgt das Volumen einer Zelle $V_Z = \frac{1}{6} 3{,}14 \cdot 1^3 \doteq 0{,}52\ \mu m^3$. Wenn in einem ml 100000 Kokken ausgezählt wurden, beträgt deren Biomasse $M_V = 0{,}52\ \mu m^3 \cdot 100000 = 0{,}00005\ mm^3 \cdot 1000$ ml Wasser enthalten dann 0,05 mm³ Biomasse.

Diese Biomasse (Bakterienmasse) wird üblicherweise in Milligramm oder Gramm ausgedrückt. Wenn das spezifische Gewicht von Bakterien gleich dem spezifischen Gewicht von Wasser = 1,000 ist, bedeutet dies, daß 1 mm³ Bakterien 0,001 g, d. h. 1 mg, wiegen. Um die Biomasse in mg/ml auszudrücken, muß man das Volumen einer Bakterienzelle mit 1000 und mit der Zahl der Bakterien/ml multiplizieren und dieses Produkt durch 1000³ teilen. Das Endergebnis der Biomasse von Kokken ist dann

$$M_G = \frac{0{,}52 \cdot 1000 \cdot 100000}{1000^3} = \frac{0{,}52 \cdot 100}{1000} = 0{,}052\ \text{mg/l}.$$

Durch Messungen bestimmten wir die Länge eines Stäbchens mit 1,78 μm und seine Breite mit 1 μm. Von der Formel zur Berechnung des Zylinderinhaltes $\frac{1}{4} \pi d^2 \cdot h$ ausgehend, beträgt das Volumen eines Stäbchens

$$M_V = \frac{1}{4} 3{,}14 \cdot 1^2 \cdot 1{,}78 = 1{,}4\ \mu m^3.$$

Falls in 1 ml Wasser 100000 Stäbchen enthalten sind, beträgt deren Biomasse

$$M_G = \frac{1{,}4 \cdot 1000 \cdot 100000}{1000^3} = 0{,}14\ \text{mg}.$$

Bei hoher Bakteriendichte im Wasser bildet die Bakterienmasse einen nicht zu vernachlässigenden Anteil. Im Abwasser, wo sich in 1 ml einige Millionen Zellen befinden, nehmen diese Bakterien etwa 0,1 Volumenprozent ein, ungerechnet weiterer Millionen im Sediment.

Unter der Voraussetzung, daß 100 Millionen Bakterien in 1 ml enthalten sind, beträgt ihr Gesamtvolumen etwa 0,42 mm³, d. h. 0,04% des Gesamtvolumens des Wassers. Das bedeutet, daß von 1000 ml Wasser allein auf die Bakterien 0,4 ml mit einem Gewicht von 400 mg entfallen. Wenn der Wassergehalt in Bakterienzellen 80—85% ausmacht, beträgt der Trockenrückstand 60—80 mg/l. Nativgewicht: Trockenrückstand: Kohlenstoffgehalt verhalten sich etwa wie 16:2:1.

Bei der Untersuchung des tschechoslowakischen Donauabschnittes bestimmten wir an einzelnen Entnahmeorten folgende Werte für die Bakterienmasse: bei Eintritt in das Gebiet der ČSSR 1,10 mg/l, oberhalb Bratislava 1,44 mg/l, unterhalb Bratislava 1,50 mg/l, bei Verlassen des Gebietes der ČSSR 0,78 mg/l. Wurden diese Mengen auf Durchflußwerte von durchschnittlich 2000 m³/s bezogen, stellten wir fest, daß im Profil bei Bratislava der jährliche Anteil an Bakterienmasse 94608 Tonnen beträgt. Der vertikale Unterschied in der Mikrobenzahl wurde nicht berücksichtigt, was aber in diesem Falle nicht entscheidend ist, da das Wasser bei seinem schnellen und turbulenten Fließen gründlich durchmischt wird. Weitere diesbezügliche Angaben bringt Tabelle 57.

Die Produktion der Bakterienmasse und die Intensität der Vermehrung von Bakterien stehen in enger Abhängigkeit von den Nährstoffen (Tab. 58). In eutrophen Gewässern beträgt die Bakterienmasse 1–1,8 mg/l und in mesotrophen bzw. oligotrophen Wässern nur einige Zehntel bis Hundertstel mg/l, wenn das Volumen einer Bakterienzelle mit 1 μm^3 und ihr spezifisches Gewicht mit 1 angenommen werden.

Tabelle 57

Produktion von Biomasse in verschiedenen Gewässertypen (Kuznecov 1952, 1962).

See	Bakterienzahl (× 10^3/ml		Versuchsdauer (Tage)	Produktion	Koeffizient
	Beginn des Versuches	Ende des Versuches		(in 24 h)	
Jamat-See	1250	1520	17,5	1536	1,23
Glubokoe-See	453	450	25	138	0,31
Bajkal-See	228	218	24	34	0,15

Tabelle 58

Generationszeiten von Bakterien in Gewässern mit unterschiedlichem Trophiegrad (Kuznecov 1952, 1962).

See	Bakterienzahl		Generationszeit der Bakterien (Stunden)
	Beginn des Versuches	Ende des Versuches	
Jamat-See (eutroph)	910	1580	14,5
Glubokoe-See (mesotroph)	351	437	78
Bajkal-See (oligotroph)	194	210	218

Nach den erzielten Resultaten kann man feststellen, daß die Bakterien auch in der Produktivität des Wassers eine wichtige Rolle spielen. Das ist vor allem bei eutrophen und bei mesotrophen Gewässern der Fall. Sie stellen eine bedeutende Nährstoffbasis für das Zooplankton dar, welches wieder das Futter für Fische, Weichtiere, Insekten, Vögel und andere höhere Tiere abgibt. So werden die Nahrungskette und der Kreislauf organischer Stoffe im Wasser geschlossen, der sich unaufhörlich seit Jahrtausenden wiederholt, wobei eine Form der organischen Stoffe in eine andere übergeht oder zur Deckung des Energiebedarfes der Organismen verbraucht wird.

Das Saprobiensystem

Das Vorhandensein von Fremdstoffe im Wasser wirkt sich nicht nur auf dessen physikalische und chemische Eigenschaften, sondern auch auf die Zusammensetzung der jeweiligen Biozönosen aus. Vor allem sterben viele Vertreter des Zoo- und Phytoplanktons ab, die das normale Bild der Lebensgemeinschaften im Wasser charakterisieren. Andererseits beginnen sich andere Organismen — besonders Bakterien — zu vermehren. Die Veränderungen sind um so größer, je höher der Verunreinigungsgrad des Wassers ist. Dabei vermehren sich hauptsächlich solche Mikroorganismen, die zersetzbare Stoffe verwerten können. Es handelt sich vor allem um saprophytische Bakterien, Fadenbakterien (*Sphaerotilus*) und Pilze sowie aus dem Phytoplankton besonders um *Oscillatoria*- und Diatomeen-Arten.

Die Untersuchungen zeigten, daß jedem Verunreinigungsgrad eine bestimmte, mehr oder weniger stabile Biozönose entspricht. Diese Erkenntnis hat größte praktische Bedeutung, da durch Bestimmen von Artenspektrum und Organismenzahlen eine ziemlich genaue Bewertung der Wassergüte möglich wird. Das Spektrum der Arten spiegelt dabei ähnlich einem empfindlichen Gerät den aktuellen physikochemischen Zustand des Milieus wider.

Auf Grund dieser Erkenntnis stellten Kolkwitz und Marsson in den Jahren 1908 bis 1909 das Saprobiensystem zusammen, das im Prinzip bis heute bei der hydrobiologischen Bewertung des Wassers angewandt wird. Im Laufe der Zeit wurde dieses System von Thomas (1944), Šrámek-Hušek (1950, 1956), Liebmann (1959), Fjerdindstad (1964, 1965) Sládeček (1966, 1973) und anderen revidiert und ergänzt. Dabei ging es um Präzisierungen und Erweiterungen der einzelnen Saprobitätsstufen. Es handelt sich um sehr diffizile Fragen, die bisher noch nicht zufriedenstellend beantwortet werden konnten, wovon die Arbeiten von Caspers und Schulz 1960, Elster 1962, Knöpp 1962, Bringmann et al. 1962 und vieler anderer zeugen. Da die Wissenschaft immer neue Erkenntnisse hervorbringt und deren Anwendung erstrebt, können wir auch keine baldige Beendigung dieser Diskussion erwarten.

Das Kolkwitz-Marssonsche Saprobiensystem beschreibt die Zersetzung organischer Stoffe im Wasser in 4 Phasen, die den Wassergüteklassen mit einzelnen Zwischenstufen entsprechen. Jede Klasse ist durch bestimmte Indikatororganismen charakterisiert.

IV. Güteklasse — Polysaprobie

Es handelt sich um stark verunreinigtes Wasser mit hohem Gehalt an organischen Stoffen unterschiedlichsten Ursprunges. Im Milieu überwiegen biochemische Reduktionsprozesse unter Bildung von H_2S, CH_4 und CO_2. Freier Sauerstoff tritt höchstens in Spuren auf. Es sind hochmolekulare stickstoffhaltige Verbindungen (hauptsächlich Eiweiß und deren Abbauprodukte) vorhanden. Im Sediment wird Eisensulfid nachgewiesen.

Für den biologischen Aspekt ist die Artenarmut bei gleichzeitig hohen Individuenzahlen charakteristisch. Unter den Vertretern des Zooplanktons überwiegen einzellige Bakterienfresser. Die Mikrobenzahl/ml erreicht Werte einiger Millionen. Es dominieren saprophytische Bakterien, daneben treten auch andere (*Sphaerotilus natans*) auf. Vertreter der Enterobacteriaceae erreichen Werte von einigen Hundert bis Hunderttausend pro ml. Höchstwahrscheinlich sind pathogene Keime und Viren anwesend.

In der polysaproben Zone treten keine Diatomeen, keine Chlorophyten, keine Conjugatae und auch keine höheren Pflanzen auf. Es finden sich weder Süßwasserpilze noch Krebse, Muscheln oder Fische; ausnahmsweise (z. B. in Abwasserfischteichen) können Schleien oder Karauschen vorhanden sein.

III. Güteklasse — α-Mesosaprobie

Die Verunreinigung des Wassers ist bedeutend. Vorhanden sind große Mengen an Aminosäuren und anderen Zwischenprodukten des Eiweißabbaus. Da das Wasser schon nachweisbare Konzentrationen an Sauerstoff enthält, treten bereits Oxydationsprozesse auf. Der biochemische Sauerstoffbedarf (BSB) ist noch sehr hoch.

In solchen Wässern lebt schon eine größere Artenzahl des Zoo- und Phyto- sowie des mikrobiellen Planktons. Es kommen Diatomeen, Conjugatae und Grünalgen sowie höhere Pflanzen vor. Einige Algenarten vermehren sich massenhaft und können „Wasserblüten" hervorrufen. Dies führt wieder zu nächtlichem Sauerstoffmangel, der nach intensiven Dissimilationsprozessen der chlorophyllführenden Organismen besonders ausgeprägt ist.

Die Bakterienzahl ist noch immer hoch und erreicht einige Zehntausend/ml. Es fehlen Pilze und Moostierchen. Von höheren Organismen treten Krebse, Schnecken, Muscheln und die ersten Insektenlarven auf. Von den Fischen können schon Karpfen, Schleien, Karauschen und Aale gedeihen, denen das Phyto- und Zooplankton reiche Nahrung bietet.

II. Güteklasse — β-Mesosaprobie

Es handelt sich um Zonen mit fortschreitender Oxydation und Mineralisation von organischen Stoffen. Das Wasser enthält genügend Sauerstoff, der BSB-Wert ist niedrig.

Biologisch wird diese Zone durch eine große Artenzahl beim Zooplankton, Phytoplanktonund Bakterien charakterisiert. Die Anzahl der Bakterien bleibt im allgemeinen unter 50000/ml.

In dieser Zone mäßiger Verunreinigung gedeihen Fische und andere höhere Wasserorganismen gut.

I. Güteklasse — Oligosaprobie

In dieser Stufe wird die Mineralisierung der zersetzbaren organischen Stoffe zu Ende geführt. Auch das Bodensediment ist bereits oxydiert. Das Wasser ist sauerstoffreich, und der BSB-Wert ist unbedeutend.

In biologischer Hinsicht treffen wir Arten an, die in reinen Wässern gute Lebensbedingungen finden. Von Fischen sind dies hauptsächlich Forellen, denen als Nahrung Insektenlarven dienen, die in dieser Zone reichlich vorkommen. Die Bakterienzahl beträgt bis zu 10000/ml.

Katharobie

Mit dem Begriff Katharobie bezeichnet man sehr reine Wässer. Hierher gehören die noch nicht verunreinigten Grundwässer und ähnliche Wasservorkommen (falls sie verunreinigt sind, werden sie auch nach der Limnosaprobie klassifiziert), sowie Trinkwässer nach Aufbereitung und Desinfektion.

SLÁDEČEK (1973) gibt einen zusammenfassenden Überblick der Wasserbeurteilung vom biologischen Standpunkt und verwendet zur Klassifizierung der Wasserqualität drei Kriterien:

1. das Saprobiensystem,
2. das Toxizitätssystem,
3. das Radioaktivitätssystem.

Der Grad der Saprobie stellt den Hauptfaktor bei der Beurteilung der Wasserqualität dar. Das Toxizitätssystem drückt den toxischen Effekt der chemischen Stoffe auf die Wasserorganismen aus. Das Radioaktivitätssystem gibt die Mengen der natürlichen und künstlichen Radionuklide im Wasser und in den Wasserorganismen an.

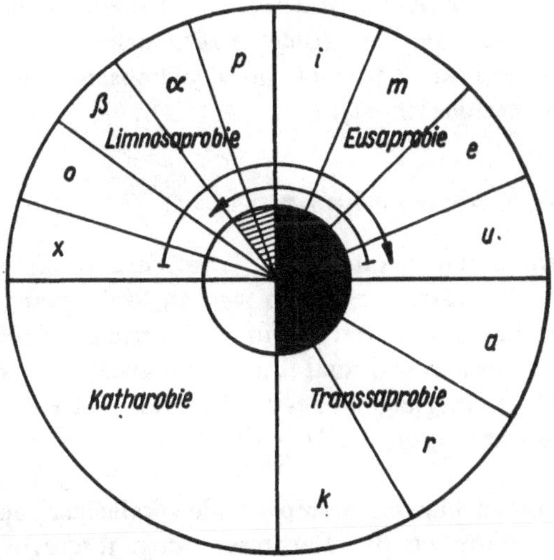

Abb. 36. Das Saprobiensystem nach SLÁDEČEK (1973).

Nach diesem Prinzip können alle Süßwässer entsprechend Reinheit oder Verunreinigung in 3 große Gruppen unterteilt werden: I. Katharobie; II. Limnosaprobie (bzw. Limnotoxizität und Limnoradioaktivität); III. Eusaprobie (bzw. Eutoxizität und Euradioaktivität). Außerdem wird noch die IV. Gruppe Transsaprobie definiert, die schon außerhalb der Saprobie liegt (Abb. 36). Wir führen sie jedoch an, da in diesem Kapitel das ganze System der Wasserqualität interessiert. Die Definition der einzelnen angeführten Stufen ist folgende:

I. Katharobie

kennzeichnet die reinsten, unbeeinflußten natürlichen Wässer (Grundwässer, Quellen) oder künstlich gereinigte (aufbereitete) Trinkwässer. Katharobie wird nicht weiter unterteilt.

II. Limnosaprobie

ist charakteristisch für alle mehr oder weniger verunreinigten Gewässer, Grundwässer und einige Brauchwässer. Mit den reinsten Wässern beginnend, werden fünf Stufen unterschieden: Xenosaprobie, Oligosaprobie, β-Metasaprobie, α-Mesosaprobie und Polysaprobie.

III. Eusaprobie

kennzeichnet konzentrierte oder wenig verdünnte Industrieabwässer bzw. Abwässer mit hohem Gehalt an organischen Stoffen, die der anaeroben mikrobiellen Zersetzung unterliegen. Nach dem Grad der Belastung des Wassers werden Isosaprobie (Ziliaten-Stufe der Abwasserreinigung), Metasaprobie (Flagellaten-Stufe der Abwasserreinigung), Hypersaprobie (anwesend sind nur Bakterien und Mycophyta) und Ultrasaprobie (Abwässer ohne lebende Organismen, höchstens Vorhandensein einiger Sporen) unterschieden.

IV. Transsaprobie
besteht aus 3 Stufen: Antisaprobie (Abwässer mit toxischen Substanzen, die früher oder später das Leben zerstören), Radiosaprobie (radioaktive Wässer, die den dort anwesenden Organismen Radioaktivität verleihen; Möglichkeit der Übertragung der Radioaktivität durch die biologische Nahrungskette und Kryptosaprobie (Wässer, in denen Leben durch ungünstige physikalische Bedingungen, z. B. hohe Temperaturen ausgeschlossen ist).

Prozeß der natürlichen Selbstreinigung

Wenn Wasserproben direkt unterhalb der Einmündung von Verunreinigungen mit anderen Proben einige Kilometer flußabwärts verglichen werden, stellt man unter der Voraussetzung, daß dem Vorfluter keine weiteren Verunreinigungen zufließen, fest, daß das Wasser in allen seinen Kriterien während dieser Fließstrecke „sauberer" wurde. In ihm sind natürliche Selbstreinigungsprozesse abgelaufen. Diese bewirken eine Entfernung der eingeleiteten Verunreinigung und die allmähliche Wiederherstellung der ursprünglichen Wassergüte.

Der Selbstreinigungsprozeß, der einen ganzen Komplex physikalischer, chemischer und biologischer Einzelprozesse (Verdünnung der Verunreinigung, ihre Koagulation, Sedimentierung, Oxydation und Mineralisierung) umfaßt, kann in zwei Hauptetappen eingeteilt werden:

1. Oxydation und Mineralisierung organischer Stoffe (sind im wesentlichen von der Tätigkeit der Mikroorganismen abhängig),
2. Eliminierung der allochthonen und zum Teil auch autochthonen Mikroflora.

Die Kenntnis der physikalischen, chemischen und biologischen Gesetzmäßigkeiten, die bei der Selbstreinigung des Wassers wirksam werden, bietet die Möglichkeit, die Prozesse der Mineralisierung organischer Verunreinigungen und der Bakterienelimination (vor allem die der pathogenen Arten) zu steuern. Gründliche Kenntnisse und richtige Vorstellungen vom Selbstreinigungsprozeß können dem Wasserschutz, der Festlegung von Einleitungsbedingungen kommunaler und gewerblicher Abwässer in Vorfluter, der Bestimmung der maximal zulässigen Belastungen, der Festlegung der Schutzzonen für Trinkwasseranlagen oder der Festsetzung von Ort, Art und Grad von Wassernutzungen dienen. Schließlich sind die Kenntnisse über den Selbstreinigungseffekt wichtig für die hygienische Bewertung des Wassers, für die Wahl des Entnahmeortes, für sanitärtechnische Bauten und Einrichtungen, für Reinigungsmaßnahmen, für die Desinfektion des Wassers usw.

In der ersten Etappe ist an der Liquidierung organischer Verunreinigungen ein Komplex von physikalischen und chemischen Faktoren beteiligt. Vorrangige Bedeutung hat die Verdünnung von Verunreinigungen durch das reinere Wasser des Vorfluters, durch dessen Zuflüsse oder durch Grundwässer.

Im Vergleich zu den komplizierten biochemischen Prozessen der Mineralisierung scheint das Durchmischen ein einfacher Vorgang zu sein. Von ihm hängt aber im wesentlichen der gesamte weitere Mineralisierungsprozeß ab. Für die Geschwindigkeit des Durchmischens kommt es auf das Volumenverhältnis der sich vermengenden Flüssigkeiten an. Das Durchmischen geschieht um so schneller, je kleiner das Verhältnis zwischen den Wassermengen von Vorfluter und seiner Verunreinigung ist. Auch Tiefe und Form des Flußbettes, das Bodenrelief, die punktförmige oder diffus verteilte Zuführung der Verunreinigung, die Temperatur und die Vermischungskinetik der sich vermengenden Wässer, der Charakter und die Fließgeschwindigkeit des Flusses spielen hier wichtige Rollen. In stehenden Gewässern haben Windexposition und Thermik auf das Durchmengen der Wässer großen Einfluß. So ist bei einer Verdünnung von weniger als 20:1 für eine gründliche Vermengung, falls die Verunreinigung durch einen konzentrierten Zufluß erfolgt und die Fließgeschwindigkeit nicht zu hoch ist, eine Fließstrecke von nicht mehr als 3 km erforderlich. Beim Verhältnis 100:1 und mehr erstreckt sich das Vermischen auf eine Strecke von mindestens 7 km. Bei diffuser Verunreinigung des Wassers hat das Durchmischen keinen so bedeutenden Einfluß. Man kann sagen, daß es etwa 1 km unterhalb der Verunreinigung abgeschlossen ist.

In dieser Etappe sedimentieren die schweren Bestandteile schneller oder langsamer in Abhängigkeit von ihren Gewichten, die übrigen feindispergierten oder gelösten Stoffe verteilen sich nach den gegebenen Durchmischungsbedingungen. Größere und kleinere Teilchen reißen bei ihrer Sedimentation auch Bakterien mit sich und werden so zu einem Eliminierungsfaktor. Gleichzeitig reichern sie aber das Sediment mit Mikroorganismen an. In diesem erfolgt ebenfalls eine sehr effektive Zersetzung der anwesenden organischen Stoffe, jedoch nach anderen Gesetzmäßigkeiten als in den oberen Wasserschichten. Die sedimentierten organischen Stoffe, das abgestorbene Phyto- und Zooplankton, bilden dann den Wasserhumus im weitesten Sinne des Wortes.

Wie Beobachtungen zeigten, hängt der Selbstreinigungseffekt außerdem von den Temperaturbedingungen, d. h. vor allem von der Jahreszeit ab. Er ist intensiver in Sommermonaten und schwächer im Winter. Nach Bylinkina (1951) werden im Stausee von Kljazminsk zur Bakterienatmung im Winter 79,1%, zur Oxydation der Abbauprodukte des Sedimentes 16,6% und zur Atmung des Zooplanktons 4,3% des Sauerstoffs verbraucht. Auf Grund der experimentellen Angaben von Winberg und Jarovicina (1946) beträgt die Menge des zur Oxydation der organischen Stoffe und zur Atmung der Bakterien verbrauchten Sauerstoffes bei einer Bakterienzahl von 10^9/ml im Winter am ersten Tag 0,3 mg/l und sinkt an folgenden Tagen auf 0,1 mg/l/24 h. Im Sommer werden unter denselben Bedingungen 0,8 mg/l am ersten Tag und an den weiteren Tagen 0,65—0,7 mg/l/24 h Sauerstoff verbraucht.

Die physikalischen und chemischen Faktoren beteiligen sich nur zu einem gewissen Teil an der Entfernung der organischen Verunreinigungen aus dem Wasser. Die Hauptlast trägt hierbei das mikrobielle Plankton. Es handelt sich hauptsächlich um saprophytische und andere heterotrophe Bakterien, die gelöste organische Stoffe teils als Elemente zum Aufbau ihrer Zellen verwenden und teils zur Deckung des Energiebedarfes für ihren Stoffwechsel nutzen. Nach Kusnezow (1959) besitzt etwa die Hälfte aller heterotrophen Bakterien im Wasser proteolytische Eigenschaften und beteiligt sich intensiv am Abbau von Eiweißen. Ein Drittel wirkt bei der Verwertung stickstofffreier Kohlenwasserstoffe mit. Die Bedeutung der einzelnen Bakterienarten ist in dieser Hinsicht natürlich nicht gleich. Die einen beteiligen sich an der Mineralisierung organischer Stoffe intensiver, die anderen nur unbedeutend. Dabei hat nicht die absolute Zahl der Bakterien für den Mineralisierungsprozeß im Wasservolumen die entscheidende Bedeutung, sondern deren Stoffwechselaktivität (ausgedrückt z. B. durch ihre Vermehrungsgeschwindigkeit), die wiederum durch mehrere andere Faktoren begrenzt werden kann.

Für die Verwertbarkeit organischer Stoffe und damit auch für den Verlauf der Mineralisierung ist wichtig, daß sie in gelöstem Zustand im Wasser vorliegen. Um in den Prozeß des Metabolismus der Bakterien einbezogen zu werden, müssen sie durch die semipermeablen Membranen der Zellumhüllung penetrieren können. Dies bedeutet, daß Teilchen mit Durchmessern von $> 0{,}1\ \mu m$ für Bakterien nicht direkt zugänglich sind, auch wenn es sich um leicht verwertbare organische Stoffe handelt. Wichtige Aufgaben in diesem Zusammenhang erfüllen verschiedene Enzyme, die von Bakterien und anderen Organismen in die Umwelt abgesondert werden. Sie erhöhen den Dispersionsgrad der organischen Stoffe und versetzen diese in einen quasi gelösten Zustand.

Während der Oxydation und Mineralisierung verläuft der Abbau der organischen Stoffe in mehreren Stadien, und zwar in Richtung, von kalorisch hochwertigen und leicht hydrolysierbaren Stoffen (Eiweißen, Kohlenwasserstoffen, Fetten) auf schwer angreifbare Verbindungen, wie α-Humate, Hemizellulose, Lignin usw. Deren Zersetzung geht viel langsamer vor sich und verläuft hauptsächlich auf dem Gewässergrund (in den oberen tonigen Schichten des Sediments bis etwa zu 1 m Tiefe). Im freien Wasser kommt es wegen der ausreichenden Sauerstoffmenge, die ständig durch Belüftung aus der Atmosphäre ergänzt wird, fast ausschließlich zu aeroben Zersetzungsvorgängen. In diesen Fällen verläuft der Abbau der organischen Stoffe schnell und quantitativ, im optimalen Falle bis zu CO_2 und H_2O.

Bei Sauerstoffmangel, z. B. in den tieferen Wasserschichten und im Sediment, werden die organischen Stoffe nur unvollkommen und mit geringeren Energiegewinn abgebaut. Die sich anhäufenden Produkte des bakteriellen Metabolismus limitieren häufig bestimmte Vorgänge und führen schließlich zum Abbruch dieser Zersetzungsvorgänge. Gleichzeitig werden jedoch günstige Bedingungen für die sukzessive Zersetzung der angereicherten Zwischenprodukte durch andere Bakteriengruppen gebildet. Letztere beginnen die vorgefundenen Stoffe abzubauen, wodurch sie die Bedingungen für die vorherige Gruppe mildern und der ganze Prozeß ungehindert weiter verlaufen kann. In einigen Fällen verläuft dieser Prozeß kreisförmig, in anderen hat er einen spiralförmigen Charakter. Die Gesamtmineralisierung der organischen Stoffe ist dann beendet, wenn die Mikroorganismen die in den vorhandenen Substanzen enthaltene Energie nicht mehr nutzen können.

Der Effekt der biochemischen Mineralisierung der organischen Stoffe wird durch den Unterschied im biochemischen Sauerstoffbedarf (BSB) vom Mischungspunkt des Abwassers mit dem Vorfluter bis zu untersten Entnahmestelle gemessen. Falls kein weiteres Reinwasser zufließt, das die Konzentration zwischen den beiden untersuchten Punkten vermindern würde, kann man die Analysenergebnisse unmittelbar auswerten. Bei Wirksamwerden eines Verdünnungseffektes ist noch eine Vergleichsprobe von einem tiefer liegenden Punkt erforderlich.

Wenn wir annehmen, daß die Wassermenge in 24 Stunden Q ist und die Wasseroberfläche in der Selbstreinigungsstrecke F aus der Summe der Teilabschnitte f_1, $f_2, f_3 \ldots f_n$ besteht, gilt für alle n 24 Stunden, in deren Verlauf die Selbstreinigung vor sich geht und der BSB sich auf dem ganzen Abschnitt F für n 24 Stunden auf $Ln_1 - Ln$ und für alle 24 Stunden auf $L_1 - L_2$, $L_2 - L_3$ vermindert, pro Tag für den gesamten Selbstreinigungsprozeß A (umgerechnet auf 1 m² der Oberfläche) folgende Gleichung:

$$A = \frac{Q(L_1 - L_2)}{f_1} + \frac{Q(L_2 - L_3)}{f_2} + \frac{Q(L_3 - L_4)}{f_3} + \frac{Q(L - Ln)}{f_n} + \frac{Q(L_1 - L_n)}{F}.$$

Neben der Verminderung des BSB-Wertes kommt es noch zur Oxydation von Ammoniak-Stickstoff, was man in der angeführten Formel auch berücksichtigen kann. Es handelt sich jedoch um eine Größe, die in Flüssen zu vernachlässigen ist. Im Gegensatz dazu ist die Größe A, ausgedrückt in $g/m^3/24$ h, ein Maßstab, der die Intensität des Verlaufes der BSB-Verminderung, d. h. des Abbaues der organischen Stoffe, in O_2-Werten ausgedrückt, gut charakterisiert. Die Verminderung kann hauptsächlich durch Oxydation mittels des im Wasser gelösten Sauerstoffes, durch Binden der organischen Stoffe in Absorptionsprozessen, durch Koagulation oder auch biologisch verursacht sein. Prinzipiell ist der BSB-Wert im Wasser das Resultat dreier Vorgänge:

1. der Oxydation der gelösten organischen Stoffe durch die Tätigkeit von Bakterien, Zoo- und Phytoplankton,
2. der chemischen Oxydation der organischen Stoffe,
3. der Oxydation von Zerfallsprodukten, die bei anaeroben Prozessen im Sediment entstanden sind und vom Grund her in höhere Schichten diffundieren.

Es dominiert die Auffassung, daß Abnahmen des BSB im Endeffekt Intensitäten der biochemischen Oxydationen im Wasser widerspiegeln. Dies bedeutet, daß der angeführte Wert A ein Maßstab für die Sauerstoffmenge ist, die zur Oxydation der organischen Stoffe verbraucht und vom Wasser in 24 Stunden pro Quadratmetern Wasseroberfläche aus der Luft aufgenommen wird (sogenannter Belüftungskoeffizient).

Elimination von Bakterien aus dem Wasser

Nach der Mineralisation organischer Verunreinigungen führen Nährstoffmangel, Anhäufung von Abbauprodukten, Veränderungen des pH-Wertes, biologische und weitere Faktoren zur stufenweisen Eliminierung der Mikroflora aus dem Wasser. Es kommt zum zweiten Stadium des Selbstreinigungsprozesses, bei dem sich das Wasser vor allem der allochthonen und in gewissem Umfange auch der autochthonen Mikroflora entledigt. Die physikalischen und chemischen Parameter des Selbstreinigungsprozesses wurden relativ gut erforscht und ausgenützt. Das Studium der biologischen Faktoren, besonders der antagonistischen Aktivität der saprophytischen gegenüber den pathogenen Arten, blieb bisher jedoch nur wenig befriedigend.

Der Selbstreinigungsverlauf wird chemisch durch sukzessive Abnahme des BSB-Wertes und gleichzeitig durch erhöhte Sauerstoffsättigung charakterisiert. Ein empfindlicher biologischer Indikator des Selbstreinigungseffektes des Wassers ist die Anzahl und die quantitativen Veränderungen der Bakterien. Durch sie werden Beeinflussungen der Wassergüte oft empfindlicher widergespiegelt als durch chemische Indikatoren. Das ist auch aus den folgenden Erwägungen ersichtlich:

Da der Verunreinigungsgrad bei der Selbstreinigung des Wassers eine große Rolle spielt, ist für die Berechnung notwendig, die jeweiligen Volumina und Konzentrationen der sich vermengenden Wasser-/Abwasseranteile zu kennen. Wenn diese nicht durch direkte Analyse bestimmbar sind, berechnet man kommunale Abwässer pro Einwohner und industrielle Abwässer pro Tonne spezifischer Produkte.

Für den BSB_5 kann man bei kommunalen Abwässern von einem Einwohnergleichwert von 54 g O_2/Tag ausgehen. Die Empfindlichkeit der BSB_5-Bestimmung übersteigt nicht 1 mg/l O_2, was bedeutet, daß bei einem Wasserdurchfluß von > 54 m^3 je Einwohner und Tag Verunreinigungen im Vorfluter durch die Bestimmung des BSB nicht mehr nachweisbar sind. Die bakteriologischen Indikatoren erweitern diesen Bereich jedoch bedeutend. Wenn wir für einen Einwohner je Tag 10^{10} Bakterien annehmen und im reinen Wasser 10 dieser Bakterien/ml zulassen, beträgt das Nachweisvolumen 200 m^3 und damit ein Vierfaches des o. g. Wertes. Diese Überlegungen bestätigen Beispiele von Untersuchungen der Elbe in der DDR (BAUERMEISTER 1960). Zur realeren Bewertung des Selbstreinigungsvorganges trägt im Vergleich zu den chemischen Indikatoren auch der längere Zeitraum des Selbstreinigungsverlaufes bei.

Untersuchungen zeigten, daß es im Wasser für Bakterien, wie groß ihre Zahl auch immer sei, in der relativ kurzen Zeit von einigen Tagen zu deren Eliminierung kommt. Auch in Wässern mit verschiedenem Verunreinigungsgrad vermindern sich, trotz einer ständigen Vermehrung, die Bakterienzahlen unaufhörlich. Wir wissen, daß sich eine Bakterienzelle unter optimalen Bedingungen durchschnittlich einmal in 20 Minuten teilen kann. Wenn sich diese Zunahme ungestört fortsetzen würde, müßten die theoretischen Zahlen von Bakterien in der Volumeneinheit Wasser nach einer Stunde

$$x = 2a^{n-1} = 2a^2$$

und nach 24 Stunden

$$x = (2a)^{3 \cdot 24} = (2a)^{72}$$

betragen, was außerordentlich hohe Werte darstellt. Solche Bakterienzahlen werden unter natürlichen Verhältnissen niemals erreicht. Die begrenzenden physikalischen, chemischen und biologischen Umweltfaktoren wurden im vorigen Kapitel beschrieben.

Bei einer Absterberate von 2%/h werden in 25 Stunden 50% eliminiert, d. h. nach 119 Stunden verbleiben in einem angenommenen Wasservolumen 1% der ursprünglich vorhandenen Bakterien. Dies bestätigen auch die bisherigen Untersuchungen an mehreren Flüssen, bei denen festgestellt wurde, daß während des Selbstreinigungsprozesses nach den ersten 24 Stunden 50—80%, nach 48 Stunden 90% und nach 72 Stunden 90 bis 99% der anwesenden Mikroflora abgestorben sind. Die Eliminierung verläuft im Sommer bzw. in tropischen Flüssen intensiver als im Winter bzw. in nördlichen Gebieten.

Bei kleiner Fließgeschwindigkeit kommt es innerhalb eines kürzeren Abschnittes zur Liquidierung der Mikroorganismen. Bei sehr langsamen Flüssen ähnelt die Eliminierung praktisch der in stehenden Gewässern. Eine wichtige Rolle spielen dabei die Sedimentation sowie die gleichmäßige Vermischung von Wässern mit ungleichmäßiger Qualität.

Die Geschwindigkeit der mikrobiellen Selbstreinigung kann an Hand der stündlichen Absterberate der Bakterien beobachtet werden. Man kann hier die Formel anwenden

$$r = \frac{(N - N_t) \cdot 100}{N \cdot t}$$

dabei bedeuten

r = stündliche Absterberate in %,
N = Zahl der Bakterien in 1 ml der oberen Entnahmestelle,
N_t = Zahl der Bakterien in 1 ml der unteren Entnahmestelle,
t = Fließzeit des Mischwassers von der oberen zur unteren Entnahmestelle.

Die Kenntnis der Absterbedynamik der Bakterien hat eine große praktische Bedeutung. Für Frühjahr/Sommer und Herbst/Winter kann man so die Fließstrecke feststellen, in der sich im gegebenen Wasser die für die Ausgangsqualität typische mikrobielle Besiedlung erneuert. Das ist notwendig zur Festlegung von Entnahmestellen, zur

Bemessung von Schutzzonen für die Wasserversorgung, zur Beurteilung der Wassernutzung und für Entscheidungen über mechanische Intensivierungsmaßnahmen der mikrobiellen Selbstreinigung.

Diese Schlüsse können jedoch nicht in allen Fällen gezogen werden, da im untersuchten Flußabschnitt normalerweise der Selbstreinigungsverlauf nicht bis zu seinem Ende, sondern nur bis zu einer gewissen Verbesserung der Wasserqualität verläuft.

Ein solches Beispiel war bis vor Kurzem auch der tschechoslowakische Donauabschnitt, den das Wasser in 20—25 Stunden durchfließt und bei dem ein gewisser Selbstreinigungseffekt zu beobachten war. Die Mikrobengesamtzahl verminderte sich durchschnittlich um 30%, die Zahl der heterotrophen Bakterien (20°C) um 48% und der Bakterien aus der Familie Enterobacteriaceae um 66% (Durchschnittswerte 1971/1979). In den letzten Jahren 1980/1982 macht sich jedoch schon der Einfluß der Kläranlage für die Stadt Wien, besonders bei den Darmbakterien, bemerkbar.

Frost und Streeter (1924) konnten am Ohio den Selbstreinigungseffekt im Verlaufe von 300 Stunden beobachten. Sie nennen folgende Eliminierungswerte der Koliformen (Angaben für April bis November): nach 10 Stunden auf 64%, nach 20 Stunden auf 41%, nach 100 Stunden auf 1,4% und nach 300 Stunden auf 0,09%.

Wertvolle Angaben macht auch Stroganov (1939) über einige Flüsse in der UdSSR. Im stark verunreinigten Uvod ist der Selbstreinigungsvorgang im Sommer nach 83 Stunden und einer Fließstrecke von 80 km beendet. Im Gerbst (durchschnittliche Wassertemperatur 3,8 °C) sind dazu 113 Stunden und eine Strecke von 100 km erforderlich; der Prozeß der mikrobiellen Selbstreinigung erforderte 96—120 Stunden. Im Svisloč sind diese Prozesse bereits nach 75 km beendet. Eine außergewöhnliche Selbstreinigungskraft hat die Upa bei Tula, wo dieser Prozeß im Sommer schon nach 8 km in 48 Stunden, im Herbst nach 30 km und 130 Stunden und im Winter nach 54 km und 227 Stunden beendet wird. Die prozentuale Abnahme der Bakterien je Stunde betrug im Sommer 0,20%, im Herbst 0,15% und im Winter 0,03%. Der Gesamtprozeß konnte gut verfolgt werden, da in diese Flüsse keine weiteren Verunreinigungen eingeleitet werden.

Ein ähnlich hohes Selbstreinigungsvermögen hat auch der Illinois im Abschnitte Morris-Ottawa, wo er bereits nach 24 Meilen ohne weitere Zufuhr von Reinwasser seine ursprüngliche Wasserqualität wieder erreicht. Wilson und Miles (1955) schreiben dies der geringen Fließgeschwindigkeit und der relativ niedrigen organischen Belastung des Wassers zu.

Bemerkenswert sind die Angaben von Gordon (1972) über das Schicksal der Verunreinigungen in einem subarktischen Fluß in Alaska. Unter der Eisdecke war die Elimination der Fäkalindikatoren viel geringer, denn in einer Woche sank die Zahlen der Koliformen um 3,2—6,6%, der Fäkalkoliformen um 2,4—4,2% und der Enterokokken um 18,1—37,3%.

In den letzten Jahren wurden mehrere Versuche zur Modellierung der Ökosysteme in verschiedenen Gewässern durchgeführt, um die Veränderungen in der Wasserqualität, der Stoffumsatz, die Selbstreinigungskapazität usw. zu erfassen bzw. zu bestimmen. Nach Mahloch (1974) ist die Anwendung der Modellierung für eine Prognose der Veränderung und Haltung von Fäkalindikatoren eine äußerst schwierige Aufgabe. Vielleicht kann dieses Problem in der Zukunft mit mehr Erfahrung gelöst werden.

Bedeutend weniger Literaturangaben liegen über die Selbstreinigungsprozesse im Meer vor. Es steht fest, daß das Meer wegen seiner spezifischen Eigenheiten der thermischen Verhältnisse, durch die hohe Insolation, durch die Intensität der Belüftung usw. eine sehr große Selbstreinigungsfähigkeit besitzt. Dies ist aus Arbeiten von Kičenko (1940) und ZoBell (1946) ersichtlich. Einen gewissen negativen Einfluß übt die unterschiedliche Dichte des zufließenden Süßwassers aus, wodurch eine gründliche Durchmischung erschwert ist. Infolgedessen schichten sich die Abwässer entsprechend ihrem spezifischen Gewicht in gewisser Tiefe ein oder kommen an die Oberfläche, wo sie oft mächtige Verunreinigungsschichten von bis zu 100 m bilden können.

Im Schwarzen Meer fließt der Abwasserstrom 2 m und im Asowschen Meer 3 m unter der Oberfläche. Die Geschwindigkeit der Durchmengung von Abwasser und Vorflut, hängt von hydrologischen (Fließgeschwindigkeit, Wellenschlag) und anderen Bedingungen ab. Sehr wichtig sind dabei die Tiefenströmungen des Meeres. Diese bewirken häufig, daß Abwässer nach ihrer Einleitung weitab vom Ufer (was häufig praktiziert wird, um keine kostspieligen Kläranlagen errichten zu müssen) zurück zur Küste strömen, wo sie lange Uferstrecken verunreinigen und außer ästhetischen Mißständen auch eine hygienisch epidemiologische Gefährdung darstellen. Gründliche Kenntnisse der angeführten Faktoren sind daher Vorbedingung zum Festlegen der Entnahmeorte von Wasserproben, zur Beurteilung Möglichkeiten des Einleitens von Abwässern in das Meer und nicht zuletzt für die Wahl von Erholungsorten und Sportstätten, wofür die Meeresküste ja häufig genutzt wird. Die steigende Verunreinigung der Weltmeere (nach Berechnungen gelangen derzeit jährlich z. B. etwa 10 Millionen Tonnen Öl und Milliarden m^3 andere Stoffe in die Weltmeere) beeinträchtigt so nicht nur das Selbstreinigungsvermögen des Meereswassers sondern auch die Erschließung neuer Standorte für Erholungsobjekte, Fischerei und Aufbereitungsanlagen von Meerwassern für Trinkwasser.

Kreisläufe der wichtigsten biogenen Elemente im Wasser

Aus den vorhergehenden Abschnitten ist ersichtlich, daß der tote organische Stoff, der vom hygienischen Standpunkt aus als Verunreinigung des Wassers zu werten ist, nur eine Zwischenstufe oder ein Übergangsstadium im Kreislauf der Stoffe darstellt. Weiterhin verweisen wir darauf, daß sich Tätigkeit und Bedeutung der Bakterien nicht nur auf die Eliminierung dieser unerwünschten organischen Stoffe aus dem Wasser beschränken, sondern auch in den gesamten Kreislauf der organischen und anorganischen Verbindungen und dadurch in den Chemismus des Biotops eingreifen. Die zur Reproduktion dieses komplizierten Zyklus benötigte Energie wird durch den Stoffwechsel der autotrophen Mikroorganismen gewonnen. Relativ wenig sind in dieser Hinsicht die Aktinomyzeten bzw. Mikromyzeten erforscht, die im Kreislauf der Stoffe zweifellos eine wichtige Rolle spielen. Viele von ihnen sind oligokarbophile Arten und haben die Fähigkeit, auch ungewöhnlich resistente organische Stoffe zu verwerten.

Da sich am Stoffkreislauf autotrophe und heterotrophe Bakterien beteiligen, bewirken deren metabolische Aktivitäten nicht nur qualitative, sondern auch quantitative Effekte. Bei der Beurteilung der Prozesse von Stoffveränderungen im Wasser hat daher das Studium des mikrobiellen Planktons als Gesamtheit Bedeutung. In diesem Sinne ist die Anwendung der direkten mikroskopischen Auszählung der Mikroben sehr wichtig, weil sie die Bestimmung nahezu absoluter Mikroorganismenzahlen in einem bestimmten Wasservolumen und die Berechnung ihrer Biomasse ermöglicht. Für die hygienische Bewertung des Wassers sind außerdem die Zahl und das Verhältnis der einzelnen physiologischen Bakteriengruppen entscheidend. Die Klärung der Bedeutung der einzelnen Organismen als hygienische Indikatoren des Selbstreinigungsvermögens und der jeweiligen Selbstreinigungsstufe ist eine der aktuellen Aufgaben, deren Lösung die Wassermikrobiologie erwartet.

Im folgenden gehen wir auf den Kreislauf der biologisch wichtigsten Elemente ein.

Detailliert können wir uns mit dem ganzen Mechanismus und den Einzelheiten dieses komplizierten Prozesses nicht befassen, da dies den Rahmen unserer Zielsetzung überschreiten würde. Außerdem ist diese Frage in Monographien (z. B. KUSNEZOW 1959, RHEINHEIMER 1971, 1975) bereits ausführlich behandelt worden.

Kreislauf des Kohlenstoffes

Der Kreislauf eines der biologisch wichtigsten Elemente, des Kohlenstoffs, im Wasser ist unlösbar mit der Zirkulation von organischen Stoffen in ihrer Gesamtheit verbunden, weshalb er nur schwer getrennt betrachtet werden kann. KUSNEZOW (1959) schreibt darüber: „...Ganz allgemein versteht man unter dem Kreislauf des Kohlenstoffs die Bildungs-, Umwandlungs- und Zersetzungsprozesse organischer Substanz bzw. die Prozesse der Synthese organischer Materie aus Kohlensäure und ihrer nachfolgenden Mineralisation zu anorganischen Verbindungen".

Wie schon angeführt, sind die kohlenstoffheterotrophen Mikroorganismen in den Wässern reichlich vertreten. Einige von ihnen sind befähigt, nur bestimmte hochmolekulare Stoffe zu zersetzen (sog. Spezialisten) andere, z. B. Bakterien der Gattung Pseudomonas, können eine breite Palette von Verbindungen angreifen (Tab. 59). Die organischen Stoffe und ihre Spaltprodukte (Zucker, Fettsäuren, Alkohole usw.) werden im Endeffekt durch Oxydation mit elementarem O_2 unter Energiegewinn in CO_2 und H_2O überführt. Die Oxydation einiger der angeführten Stoffe verläuft nach der Summengleichung:

$$C_6H_{12}O_6 = 6\,O_2 \rightarrow 6\,CO_2 + 6\,H_2O + 688{,}9\ \text{kcal}.$$

Unter Sauerstoffmangel können die organischen Kohlenstoffverbindungen auch anaerob oxydiert werden. Dazu verwenden die entsprechenden Bakterien den in Nitra-

Tabelle 59

Metabolische Aktivitäten (Sauerstoffverbrauch) von heterotrophen Bakterien nach direkter Isolierung aus Wasserproben und nach Weiterzüchtung im Laboratorium (DONDERSKI und TRŽILOVÁ 1977).

Substrat	µl O_2/mg N	
	direkt	nach Vermehrung
Zystein	130	256
Tyrosin	14	160
Glutaminsäure	22	143
Serin	22	108
Phenylalanin	36	83
Asparaginsäure	21	70
Maltose	30	115
Glukose	6	70
Ribose	15	60
Zellobiose	9	30
Fumarinsäure	22	165
Natriumazetat	31	150
Maleinsäure	13	110
Sukzinat	5	37

ten, Nitriten bzw. in Sulfaten gebundenen Sauerstoff. Dieser Prozeß kann durch folgende Formel summarisch ausgedrückt werden:

$$5C_6K_{12}O_6 + 24KNO_3 \rightarrow 12N_2 + 24KHCO_3 + 6CO_2 + 18H_2O + 645{,}5\ \text{kcal}.$$

Das gebildete Kohlendioxid dient als Kohlenstoffquelle vor allem für die photo- und chemoautotrophen Organismen (Bakterien, Algen und Wassermakrophyta), die aus ihm niedermolekulare organische Verbindungen (z. B. Methan) und kompliziertere organische Substanzen synthetisieren. CO_2 brauchen jedoch auch einige heterotrophe Bakterien. Auf diese Weise entsteht das Bild eines Kohlenstoff-„Kreislaufs".

Kreislauf des Stickstoffs

Im Eiweiß ist Stickstoff in den verschiedensten organischen Teilverbindungen enthalten. Seine Freisetzung erfolgt durch Abbau der Eiweißstoffe zu Aminosäuren, aus denen Ammoniak durch Desaminierung abgespalten wird.

Nach Schulze (1958) beteiligen sich an diesem Prozeß hauptsächlich *S. marcescens*, *E. coli*, *P. vulgaris*, *P. aeruginosa*, *P. fluorescens* und weitere aerobe sowie anaerobe Bakterien. Kusnezow (1959) nennt außer den angeführten Arten noch *P. stutzeri* (*Bac. denitrificans*), *Staph. aureus* (*Micr. albus*), *Bac. substilis*, *Bac. cereus var. mycoides* und *Bac. brevis*.

Unter anaeroben Bedingungen kommt es bei der Eiweißzersetzung zur Bildung einer großen Zahl von Zwischenprodukten. Im Gegensatz dazu verläuft der Abbau unter Anwesenheit von O_2 bis zu den anorganischen Endprodukten. Der Abbau der aus kohlenstoffaufgebauten Grundkörper der organischen Verbindungen verläuft dabei unabhängig von der Abspaltung des Ammoniaks.

Bei Anwesenheit von Bakterien der Gattungen Nitrosomonas und Nitrobacter kommt es zur Oxydation des Ammoniaks zu Nitrit und Nitrat nach folgenden Gleichungen:

I. Etappe: $NH_3 + 1^1/_2 O_2 \rightarrow HNO_2 + H_2O + 334{,}7$ kJ (Nitrosomonas)

II. Etappe: $HNO_2 + {}^1/_2 O_2 \rightarrow HNO_3 + 76{,}2$ kJ (Nitrobacter).

Die bei diesem Prozeß freiwerdende Energie verwenden die genannten Bakterien zur CO_2-Reduktion und zur Chemosynthese. Bisher sind dies die einzigen Bakterien, bei denen kein Bedarf an organischen Stoffen für diesen Zweck beobachtet wurde.

Die entstandenen Nitrate sind eine im Wasser relativ stabile Form des Stickstoffes. Es handelt sich jedoch nur um kleine Mengen, die in reinem Wasser einige mg/l ausmachen. In stark verunreinigtem Wasser treten jedoch Konzentrationen bis zu mehreren Hundert mg/l auf. Es ist bekannt, daß ihr Vorhandensein in größeren Mengen im Trinkwasser bei Säuglingen Methämoglobinämie bewirken kann.

Die bei Zersetzungsprozessen freiwerdenden Nitrate beeinträchtigen auch den Kläreffekt biologischer Anlagen. Nach Sládeček (1957) und anderen Untersuchern fördert die Nitrifizierung im Belebtschlamm bei geringer Härte des Abwassers die Bildung freier Salpetersäure, was wegen des Absinkens des pH auf Werte bis ca. 4,9 zu einer bedeutenden Verschlechterung des Kläreffektes führt. Es sind Kläranlagenabläufe bekannt, bei denen die entstandenen Nitrate eine übermäßige Vegetationswucherung im Vorfluter bewirken können.

In der Natur treten Nitrifikanten überall dort auf, wo eine ausreichende Sauerstoffversorgung, ein günstiger nahezu neutraler pH-Wert, eine gute Pufferung und eine hinreichende NH_4^+-Zufuhr vorhanden sind. Solche Bedingungen existieren z. B. in Abwasserreinigungsanlagen durch die Zersetzung von Nebenprodukten der Tierhaltung (Güllebeseitigung), in den Uferlandschaften von Flüssen, an Küsten usw.

In stehenden oligotrophen Gewässern mit kleiner organischen Produktion sind größere NH_4^+-Konzentrationen nur in den schlammnahen Wasserschichten zu finden, in denen eine starke Vermehrung der Nitrifikanten zu beobachten ist (Ritter et al. 1971, Daubner und Ritter 1973). In eutrophen Gewässern bestehen infolge des O_2-Mangels im Hypolimnion keine günstige Lebensbedingungen für nitrifizierende Bakterien. Nur an der Schlammoberfläche der Uferzonen sind sowohl Nährstoffe wie auch O_2 in ausreichenden Konzentrationen vorhanden. Im Gegensatz dazu bieten die fließenden Gewässer alle Bedingungen (O_2, Nährstoffe, pH usw.), die zur Vermehrung der Nitrifikanten erforderlich sind (Bringmann 1970).

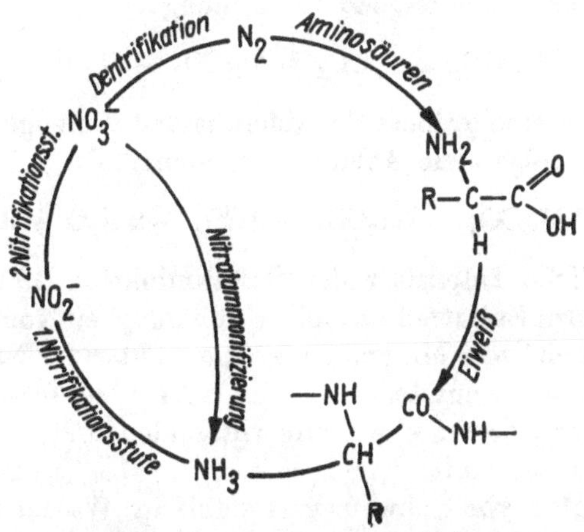

Abb. 37. Schema des Stickstoffkreislaufes im Wasser.

Bei Anwesenheit organischer Verunreinigungen und unter anaeroben Bedingungen (z. B. in Schlammablagerungen) werden Nitrate zu elementarem Stickstoff und Ammoniak reduziert. Bei Sauerstoffmangel kommt es zur Denitrifizierung, an der neben anderen Arten hauptsächlich *Nitr. nitrosus*, *P. stutzeri*, *P. aeruginosa*, *P. fluorescens*, *E. coli* und *P. vulgaris* beteiligt sind. Als Zwischenprodukte entstehen NO_2 und N_2O. Ein anderer Mechanismus ist die direkte Reduktion der Nitrate zu Ammoniak (Nitratammonifikation) durch die Tätigkeit einer Reihe von saprophytischen Bakterien wie *P. stutzeri*, *P. fluorescens*, *Staph. aureus*, *Bac. brevis*, *Bac. cereus* var. *mycoides* und *Bac. subtilis*. Ihre Zahl hängt vom Charakter des Wassers und der Jahreszeit ab. An der Verwertung des anorganischen Stickstoffs beteiligen sich nicht nur Bakterien sondern auch Algen. Die Rolle der Bakterien besteht darin, daß sie im Wasser als Nährstoff für höhere Organismen dienen und den dort verteilten und in kleinen Mengen enthaltenen Stickstoff gleichsam konzentrieren.

Der Vorrat an organisch gebundenem Stickstoff wird durch Bindung von gasförmigen N_2 aus der Luft ergänzt. Dies geschieht durch Bakterien der Gattung *Azotobacter* (*A. chroococcum*, *A. vinelandii*, *A. agile*) und *Cl. pasteurianum* sowie einige Algen. Es handelt sich dabei um Prozesse, in denen die genannten Mikroorganismen den molekularen Luftstickstoff direkt zur Eiweißsynthese benutzen. Nach Untersuchungen in kanadischen Seen genügt die Zufuhr des atmosphärischen Stickstoffs (und des Kohlenstoffs) zur Erhöhung der Eutrophisierung des Wassers (Schindler 1974).

Der gesamte Stickstoffkreislauf im Wasser ist schematisch in Abb. 37 dargestellt.

Die Umwandlung der einzelnen Schwefelverbindungen im Wasser verläuft ähnlich, wie wir es schon beim Kreislauf des Stickstoffs anführten. Schwefel ist in Proteinen als Bestandteil von Aminosäuren (Homocystein, Cystein, Cystin, Methionin) enthalten, aus denen er beim Eiweißabbau als H_2S abspalten wird. An diesem Prozeß beteiligen sich vor allem *Mycobact. phlei*, *P. fluorescens*, *P. stutzeri* und *Corynebact. luteum*. Der Schwefelwasserstoff wird allmählich bis zum SO_4^- oxydiert, welches wieder zu elementarem Schwefel und H_2S reduziert werden kann. Unter reduzierenden Bedingungen und bei Anwesenheit von Sulfaten sowie organischen Substanzen kommt es zur Gesamtreduktion des Sulfats bis zum Sulfid.

Die Reduktion des Sulfats erfolgt vorrangig unter Beteiligung von *Desulfovibrio desulfuricans* und *Desulfovibrio aestuarii* nach folgender Gleichung:

$$2C_3H_5O_3Na + MgSO_4 \rightarrow 2CH_3COONa + CO_2 + MgCO_3 + H_2S + H_2O.$$

Ein anderer Reaktionstyp, bei dem eine größere Schwefelwasserstoffmenge entsteht, ist bei *Desulfovibrio rubentschikii* mit folgendem Ablauf vorhanden:

$$2C_3H_5O_3Na + 3MgSP_4 \rightarrow 3MgCO_3 + Na_2CO_3 + 2CO_2 + 2H_2O + 3H_2S.$$

Versuche bewiesen, daß die tägliche Intensität der Sulfatreduktion 19 mg/l H_2S erreichen kann. Infolge der bakteriellen Sulfatreduktion, in Abhängigkeit vom Charakter des Wassers und der Anwesenheit von Mineralien können Chlorid-, Natriumbikarbonat- oder Kalziumbikarbonat Wässer entstehen. Solche Wässer treten am häufigsten in Erdölgebieten auf, wo genügend organische Stoffe vorhanden sind und die Reduktion des Sulfats besonders intensiv verläuft.

Die Anwesenheit bzw. Konzentration von Schwefelwasserstoff im Wasser ist durch anaerobe Verhältnisse limitiert. Seine Oxydation in diesem Bereich erfolgt hauptsächlich durch Purpurbakterien (die Gattung *Chromatium*, *Thiocystis* u. a.), sowie durch grüne Schwefelbakterien, z. B. *Chlorobium limicola*, denen H_2S als Donor des Wasserstoffes im Prozeß der Photosynthese dient.

An der aeroben Oxydation des Schwefelwasserstoffs beteiligen sich andere Bakteriengruppen. Es sind vor allem die farblosen Schwefelbakterien der Gattungen *Beggiatoa* und *Thiothrix* sowie die Thiobakterien. Als Zwischenprodukt entsteht elementarer Schwefel, der sich entweder in den Zellen ablagert (mikroskopisch erscheint er als kugelförmige oder ellipsoide lichtbrechende Vakuolen, siehe Abb. 16) oder im Wasser dispergiert ist. Der Gesamtprozeß kann mit folgender Formel ausgedrückt werden:

$$2H_2S + O_2 \rightarrow 2H_2O + 2S + 494\,kJ.$$

Untersuchungen mit Hilfe radioaktiv markierten Schwefels zeigten, daß im Verlaufe von 24 Stunden bis zu 50% aller anwesenden Sulfide zu molekularem Schwefel umgesetzt wurden. Davon wurden 30% auf abiogenem Wege und 20% durch bakterielle Stoffwechselprozesse oxydiert. Die weitere Oxydation des freien Schwefels geschieht durch eine Reihe aerober Mikroorganismen. Diese sind damit auch der einzige Faktor, durch die Entfernung des Schwefels aus dem Wasser erfolgt. Die dabei entstehenden Sulfate liegen dann als eine relativ beständige Form des Schwefels im Wasser vor.

Die Bildung der Sulfate in Grundwässern kann zu Lasten der Sulfitoxydation durch Thiobakterien vor sich gehen. Wie Laboratoriumsversuche von Kuznecov und Sokolova (1960) zeigten, oxydiert *Thiobacillus thioparus* Kalziumsulfid oder freien Schwefelwasserstoff leicht in den Redoxpotential-Grenzwerten rH = 12–22.

Vom praktischen Standpunkt bringt die Oxydation von elementarem Schwefel zu Sulfaten, die die Arten *Thiobacillus thiooxidans* und *Thiobacillus ferrooxidans* (aus $FeSO_4$) bewirken, wegen entstehenden Schwefelsäure Korrosionsgefahren mit sich. TEMPLE und DEHLCAMPS (1953) führen das Schema dieser Prozesse an:

$$\text{I. } FeS_2 + 3^1/_2 O_2 + H_2O \rightarrow FeSO_4 + H_2SO_4$$

$$\text{II. } 2FeSO_4 + {}^1/_2 O_2 + H_2SO_4 \rightarrow Fe_2(SO_4)_3 + H_2O$$

$$\text{III. } 2FeS_2 + 2Fe_3(SO_4)_3 \rightarrow 6FeSO_4 + 4S.$$

Bei Absinken des Grundwasserspiegels wird oft die Bildung saurer Wässer mit hohem Gehalt an $FeSO_4$ und freier H_2SO_4 beobachtet. Dann beginnt unter dem Einfluß von *Thiobacillus ferrooxidans* die Oxydation von $FeSO_4$, wie es aus der Gleichung II. ersichtlich ist.

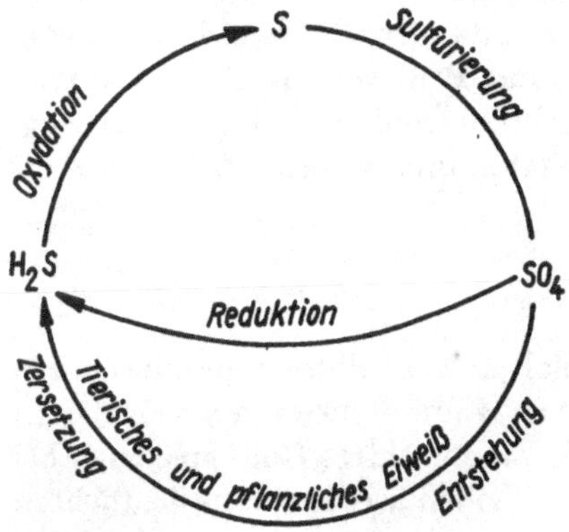

Abb. 38.
Schema des Schwefelkreislaufes im Wasser.

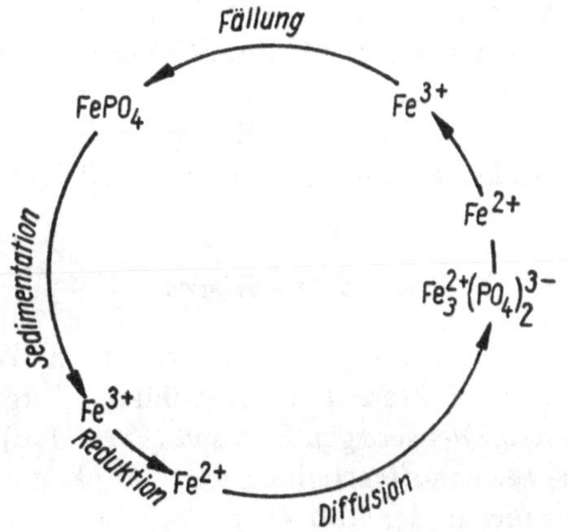

Abb. 39.
Schema des Phosphorkreislaufes im Wasser.

Die entstandene Schwefelsäure wirkt auf Eisen- und Betonkonstruktionen von Brükken, Staudämmen usw. korrodierend. Nach HODGE (1937) betrugen die Korrosionsschäden und in diesem Zusammenhang auch die erhöhten Kosten für die Trinkwasseraufbereitung im Versorgungsgebiet des Ohio jährlich ca. 10 Millionen Dollar. Bei Experimenten von FJERDINGSTAD (1969), der Betonproben bei Anwesenheit von *Thiobacillus thiooxidans* prüfte, bewirkten diese Bakterien Gewichtsverluste des Betons von 11,8–60,1%. In Bergwerken und verschiedenen Schächten verursachten diese Vorgänge bisher große Schäden.

Ein Schema des Schwefelkreislaufes im Wasser bringt Abb. 38.

Kreislauf des Phosphors

Phosphor kommt in organischen Stoffen und besonders in Nukleoproteinen vor. Er liegt in Zuckerphosphatbindungen vor und wird bei deren Zersetzung frei. Seine Umwandlung ist eng mit dem Kreislauf des Eisens verbunden, wie dies aus dem beigefügten Schema (Abb. 39) ersichtlich ist.

Im Kreislauf des Phosphors kann im Gegensatz zu den Kreisläufen des Stickstoffs, des Schwefels oder des Eisens kaum mit Valenzveränderungen gerechnet werden. Die

Reduktion der Phosphate ist stark endotherm und daher in dieser Form nicht wahrscheinlich. Die Mikroorganismen müssen ihre energetische Bilanz aus den Redox-Vorgängen decken.

Im Wasser sind die Phosphate hauptsächlich an dreiwertiges Eisen gebunden, aus dem sie nach Reduktion frei werden. Im Gegensatz zur Oxydation des Eisens kommt es wieder zur Bildung von $FePO_4$. Diese Reaktionen sind vom Sauerstoffgehalt des Wassers und seinem Redoxpotential abhängig. In oligotrophen Gewässern, deren tiefere Schichten ständig O_2 enthalten, bleibt ein gewisser Anteil des Phosphors als Eisenphosphat gebunden und steht dem mikrobiellen Stoffwechsel nicht mehr zur Verfügung. Gewässer dieses Typs sind deshalb arm an gelösten Phosphaten. In Sommermonaten bei Sauerstoffmangel kommt es zu reduktiven Prozessen. Das dreiwertige Eisen geht in den zweiwertigen Zustand und damit in eine lösliche Form über. Bei der herbstlichen thermischen Zirkulation kehrt sich der Prozeß um.

Er verläuft vor allem auf chemischen Wege, auch wenn einige Arbeiten (RODINA 1956, GAK 1962) auf die Rolle der Bakterien und hauptsächlich der Algen in diesem Sinne hinweisen, für die Stickstoff- und Phosphorverbindungen Nährstoffe darstellen. Wie Experimente zeigten, wird der freiwerdende N und P durch das Phytoplankton in wenigen Minuten aufgenommen. Dadurch kann erklärt werden, warum in der sog. produktiven Zone der Gewässer oft Mangel an Phosphaten und Nitraten herrscht.

Kreislauf des Eisens

Der Kreislauf des Eisens verläuft im Wasser prinzipiell in zwei Phasen, die durch den relativ leichten und reversiblen Übergang des Eisens vom dreiwertigen (Ferri-Ion) in den zweiwertigen Zustand (Ferro-Ion) bedingt sind. Eine wichtige Rolle spielen dabei die Sauerstoffverteilung und der ph-Wert des Wassers. Schematisch veranschaulichten wir dies in der Abb. 40.

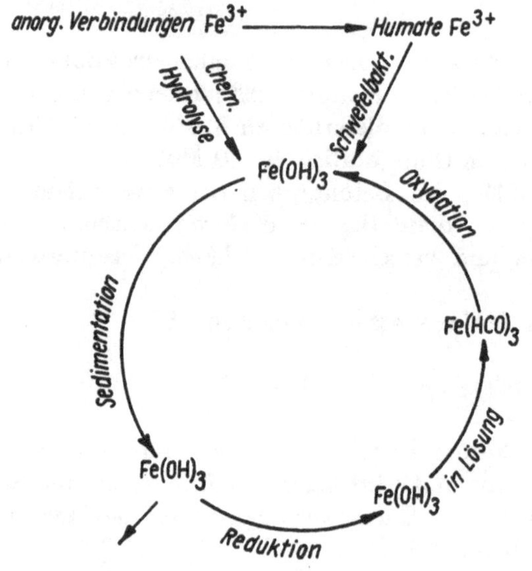

Abb. 40. Schema des Eisenkreislaufes im Wasser.

In der ersten Phase wird die oxydierte Form des Eisens reduziert und als Bikarbonat löslich. Diese Verbindung geht durch Hydrolyse in Ferro- und nach Oxydation in Ferrihydroxid über. Die Löslichkeit des $Fe(OH)_2$ beträgt 6,7 mg/l, die des $Fe(OH)_3$ jedoch nur $4{,}2 \cdot 10^{-9}$ mg/l. So bleibt Eisen entweder in Lösung oder gelangt in das tonige Sediment, wo es zu FeS umgesetzt wird. Dies kann man nach folgender Formel ausdrücken.

$$Fe_2O_3 + 3H_2S \rightarrow 2FeS + 3H_2O + S.$$

Die gelösten Eisenverbindungen lagern sich in den Scheiden der Eisenbakterien (Leptothrix) oder in den schleimigen Kapseln der Gattung *Siderocapsa* ab.

In der zweiten Phase kommt es zur Fällung des Eisens als Hydroxid, oder — wie im Zusammenhang mit dem Phosphorkreislauf erwähnt — in Form des Phosphates. Diese Verbindungen sedimentieren allmählich und werden Bestandteil der Schlammablagerungen. Die Fällung des Eisens verläuft entweder unter direkter Beteiligung autotropher und heterotropher Eisenbakterien (*Leptothrix ochracea, Lept. discophora, Thiobacillus ferrooxidans* u. a.) oder unter indirektem bakteriellen Einfluß, wenn das Eisen zwar chemisch aus der Lösung ausgeschieden wird, aber dies eine Folge von Veränderungen des Wassers durch bakterielle Tätigkeit ist. (Man nimmt an, daß es zu ähnlichen Prozessen auch im Kreislauf des Magnesiums kommt. Dieser ist aber noch nicht ausreichend erforscht.)

Kusnezow (1959) teilt die Mikroorganismen, die an der zweiten Phase des Eisen-Kreislaufs im Wasser beteiligt sind, in vier Gruppen ein.

Die erste Gruppe

bilden Eisenbakterien, die die Oxydation des Eisens nach folgendem Schema realisieren:

$$4FeCO_3 + 6H_2O + O_2 \rightarrow 2Fe_2(OH)_6 + 4CO_2 + 243\,J.$$

Die zweite Gruppe

umfaßt heterotrophe Kapselbakterien, die Eisen in reduzierter oder oxydierter Form aus dem Wasser absorbieren. Hierher gehören auch die fädigen Formen, die Razumov (1962) zur Gattung *Cladothrix* zählt.

Die dritte Gruppe

besteht aus Eisenbakterien mit der Fähigkeit zur Verwertung organischer Stoffe in Form von Eisenhumaten. Ein Vertreter dieser Gruppe ist die Art *Siderocapsa treubii*.

Die vierte Gruppe

bilden Algen und höhere Wasserpflanzen, die bei der Photosynthese CO_2 verwenden, das aus Eisen- und Kalziumkarbonat stammt. Dabei kommt es zu einer starken Alkalisierung des Wassers, die eine Fällung der Hydroxide des Eisens oder des Mangans zur Folge hat.

Man kann feststellen, daß der Fällungsprozeß des Eisenhydroxids auf biologischem Wege ständig verläuft. Mit besonderer Intensität geschieht das bei der Wasserzirkulation bzw. bei geringer Sauerstoffspannung. Eisenfällung ist einerseits eine Folge der Tätigkeit autotropher und heterotropher Eisenbakterien, andererseits eine Konsequenz rein chemischer Vorgänge. Eine spezifische Form der bakteriellen Tätigkeit ist die Bildung von Eisenerz und festen Abscheidungen aus Eisensedimenten durch

Oxydation von Ferro-Verbindungen. An ihrer Entstehung beteiligen sich Bakterien der Gattung *Gallionella* (z. B. *Gallionella tortuosa*) und der Art *Bact. precipitatum*. Bisher aber ist noch nicht restlos geklärt, wie es zur Bildung dieser Erzlager kommt.

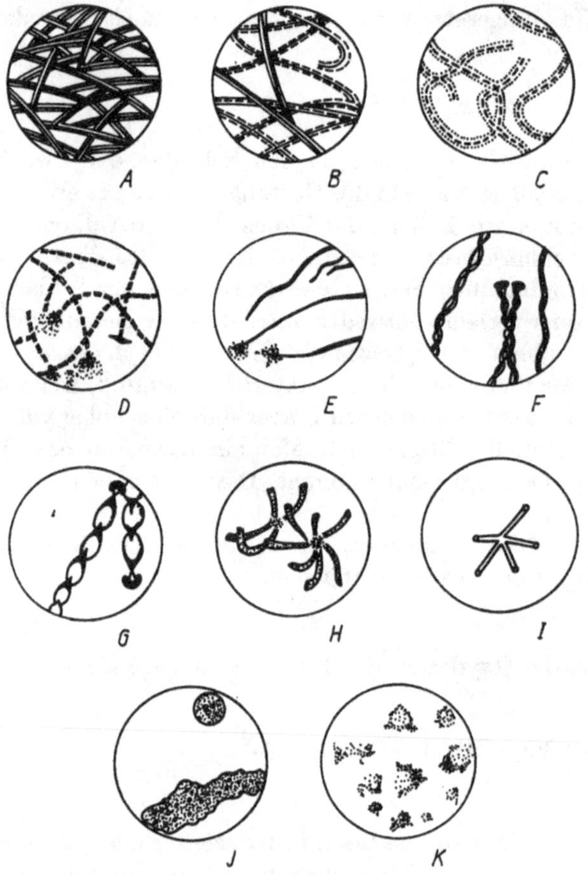

Abb. 41. Eisenbakterien: *Leptothrix ochracea* (A, B), *Leptothrix crassa* (C), *Leptothrix sideropous* (D), *Crenothrix polyspora* (E), *Gallionella ferruginea* (F), *Spirophyllum ferrugineum* (G), *Gallionella corneola* (H), *Gallionella planctonica* (I), *Siderocapsa coronata* (J), *Siderocapsa maior* (K).

Mikrobielle Aktivität im Wasser

Relativ lange beschränkte man sich in der Hydromikrobiologie auf die Bestimmung der Anwesenheit und der Zahl der Bakterien, d. h. auf rein quantitative Angaben. Erst vor etwa 20 Jahren wurde auch die Stoffwechselaktivität der Wassermikroorganismen (vor allem die der heterotrophen Bakterien) mehr beachtet.

In der ersten Phase wurden die freien, mehr oder weniger spezifischen Enzyme und deren potentielle Kapazitäten nachgewiesen, was indirekt die Tätigkeit der Bakterien im Wasser charakterisiert. Dazu ist jedoch erforderlich, daß die zu bestimmenden Enzyme eine gleichartige chemische Struktur und eine methodisch, nachweisbare Reaktionskinetik besitzen. Das ist nicht immer der Fall. Eine quantitative Analyse von Enzymen kann deshalb nur durch Messung der von ihnen pro Zeiteinheit spezifisch katalysierten Reaktionen vorgenommen werden. Die Konzentration des Enzyms wird durch die ihr unter standardisierten Bedingungen proportionale Reaktionsgeschwindigkeit charakterisiert und als „Aktivität" bezeichnet. Derzeit werden vorwiegend die Stoffumsatzkapazität und die Stoffumsatzrate, die Aufnahmekinetik für bestimmte Stoffe und die „adenylate energy charge" gemessen.

Die Bestimmung der mikrobiellen Stoffwechselintensität im Wasser wurde einerseits durch neue empfindliche Methoden (besonders durch die Verwendung radioaktiv markierter Stämme und Substrate) ermöglicht, andererseits wurde sie Ausdruck des Bestrebens — ausgelöst durch die steigende Gewässerverunreinigung — die mineralisierende Tätigkeit der Bakterien im Wasser zu erkennen und dadurch das Selbstreinigungsvermögen von Vorflutern festzustellen. Dabei kann auch die Rolle der Bakterien im Stoff- und Energiekreislauf besser charakterisiert werden. Aus praktischen Gründen handelt es sich vorwiegend um die heterotrophe Aktivität, da die photo- und chemoautotrophen Bakterien beim Abbau der organischen Substanz auch vom Standpunkt der Stoffproduktion im Wasser nur eine untergeordnete Rolle spielen. Letztere treten nur unter bestimmten Bedingungen (günstige Lichtverhältnisse, geeignete Wasserstoffdonatoren usw.) in größeren Zahlen auf, die jedoch in den Gewässern nicht häufig zusammentreffen (Rheinheimer 1975).

Die heterotrophen Bakterien im Wasser bilden dagegen eine limnologisch und hygienisch wichtige Organismengruppe. Bei der Umwandlung der organischen Materien und bei der Änderung des Wasserchemismus spielen sie eine dominierende Rolle. Es wurde dabei festgestellt, daß nicht nur ihre Zahl, sondern vor allem ihre Lebensaktivität von Bedeutung ist. Untersuchungen und Experimente bewiesen, daß auch eine relativ kleine Biomasse eine hohe physiologische Wirksamkeit für den Stoffumsatz besitzen kann und umgekehrt. Das bedeutet, daß nicht immer eine direkte Proportionalität zwischen der Bakterienzahl und deren Leistung besteht (Overbeck 1975, Reichardt 1975), obwohl auch Abhängigkeiten zwischen der Gesamtzahl und der metabolischen Aktivität der Bakterien beobachtet wurden (Godlewska-Lipowa 1974).

Also ist die Messung der Stoffwechselaktivität wenigstens genau so wichtig, wie die Bestimmung der Bakterienzahl bzw. der Bakterienmasse. Man erhält gleichzeitig einen besser geeigneten Maßstab zum Vergleich von Bakterienpopulationen aus verschiedenen Gewässern. Die Angaben über die physiologische Bakterienaktivität im Wasser sind auch von besonderer Wichtigkeit für das Verständnis der Nahrungskettenkinetik und bilden eine notwendige Grundlage für Modellbetrachtungen von Ökosystemen. Gründliche Kenntnisse über die mikrobielle Aktivität unter verschiedenen Bedingungen (z. B. bei der biologischen Abwasserreinigung) erlauben es, die Prozesse, die unter Bakterientätigkeit verlaufen, zu kontrollieren und Mikroorganismen als günstige Vermittler verschiedener spezifischer und nichtspezifischer Stofftransformation zu benutzen.

Heterotrophe mikrobielle Aktivität im Wasser kann in verschiedener Art und Weise bestimmt werden. Gegenwärtig bevorzugt man hauptsächlich die nachstehend besprochenen Methoden.

Die Bestimmung der Substrataufnahme

a) Potentielle Stoffumsatzrate

Das Prinzip besteht darin, daß dem zu untersuchenden Wasser eine bekannte Menge eines spezifischen Substrates zugesetzt und nach einer bestimmten Zeit und bei konstanter Temperatur die Abnahme des Substrates oder die Bildung gewisser Verbindungen

(z. B. von NO_3^- aus NO_2^-) registriert werden (RHEINHEIMER 1965, RITTER und Mitarb. 1971, DAUBNER und RITTER 1973). Analog können Reinkulturen bestimmter Bakterien in einem wäßrigen Milieu z. B. in dest. Wasser zusammen mit Substrat in Modellexperimenten getestet werden.

Es ist offensichtlich, daß es die komplexen Stoffwechseltypen der natürlichen Bakterienpopulationen unmöglich machen, ein einheitliches Substrat zu verwenden. Deshalb müssen die Substrate entsprechend der untersuchten Bakteriengruppe ausgewählt werden. (Bei unseren Versuchen haben wir für die Ammonifikanten Asparagin, für die Nitrifikanten der I. Stufe Ammoniumsulfat, für die Nitrifikanten der II. Stufe Natriumnitrit und für die Denitrifikanten Natriumnitrat benutzt). Aus den Ergebnissen ist eine Voraussage über die Größe der Stoffumsatzpotenz in Abhängigkeit von verschiedenen Faktoren des Biotops möglich. Die Werte lassen zusammen mit den festgestellten Zahlen der untersuchten Bakteriengruppen in den einzelnen Monaten und weiteren damit zusammenhängenden Kriterien (Temperatur, O_2-Gehalt) auf die Beteiligung dieser Bakterien am Umsatz der entsprechenden Verbindungen im Wasser schließen. Wenn es sich nicht um Modellexperimente handelt, muß jedoch bemerkt werden, daß im Biotop verschiedene gegenläufige Prozesse gleichzeitig vor sich gehen, wodurch die Interpretation der Ergebnisse erschwert wird.

b) Aufnahmekinetik

Die oben beschriebene Bestimmung der Stoffumsatzpotenz stellt nur eine statische Beschreibung der Verhältnisse im Biotop dar. Falls unterschiedliche Konzentrationen des Substrates verwendet werden, kann die Bewertung des Stoffumsatzes als Funktion der Substratkonzentration bzw. nach enzymkinetischen Prinzipien erfolgen (PARSONS und STRICKLAND 1962, VACCARO und JANNASCH 1967, HARTMANN und WILDERER 1971, OVERBECK 1975, WILDERER 1976). Zwischen der Substratkonzentration und der Reaktionsgeschwindigkeit besteht nämlich folgende Beziehung: Bei konstanter Enzymkonzentration und gleichen Bedingungen des Milieus ist die Reaktionsgeschwindigkeit von der Substratkonzentration abhängig. Im Bereich niedriger Substratkonzentrationen ist die Abhängigkeit linear. Das Verhältnis zwischen der Reaktionsgeschwindigkeit v und der Substratkonzentration S kann durch die Anwendung der Michaelis-Menten-Gleichung ausgedrückt werden:

$$v = \frac{V_{max} \cdot S}{Km + S}$$

Die wichtigsten kinetischen Parameter sind die Werte V_{max} und Km. V_{max} repräsentiert die maximale Umsatzgeschwindigkeit. Sie wird als Indikator für den Heterotrophiegrad eines Gewässers verwendet und in µg/l/h ausgedrückt. Nach WRIGHT und HOBBIE (1966) kann sie direkt als „heterotrophe Kapazität" des Biotops für ein gewisses Substrat bezeichnet werden. Die Konzentration des Substrates, bei der die Reaktion mit halber Maximalgeschwindigkeit verläuft, wird als Michaelis-Konstante Km bezeichnet. Sie ist eine allgemein angewandte Charakteristik eines Enzyms. In Wirklichkeit bedeutet sie einen reziproken Wert der Affinität des Enzyms zu seinem Substrat: je kleiner der Km-Wert, umso größer ist die Affinität zum Substrat. Die graphische Darstellung der Michaelis-Menten-Gleichung mit den genannten Parametern ergibt eine hyperbolische Sättigungskurve (Abb. 42).

Wenn man die Substratkonzentration S auf der Abszisse und die Menge des gebildeten oder verbrauchten Stoffes P auf der Ordinate aufträgt, können prinzipiell 3 Kurventypen auftreten (Abb. 43). Aus dem Verlauf der Kurven läßt sich entnehmen, ob die Stoffumsatzleistung der betreffenden Bakterien durch die Erhöhung der Substratkonzentration noch weiter gesteigert werden kann (A), ob bei einer Substratkonzentration das Maximum der Aktivität erreicht wurde und es zur Sättigung kommt (B) oder ob die mikrobielle Aktivität durch diese Substratkonzentration bzw. durch andere Faktoren gehemmt wird (C).

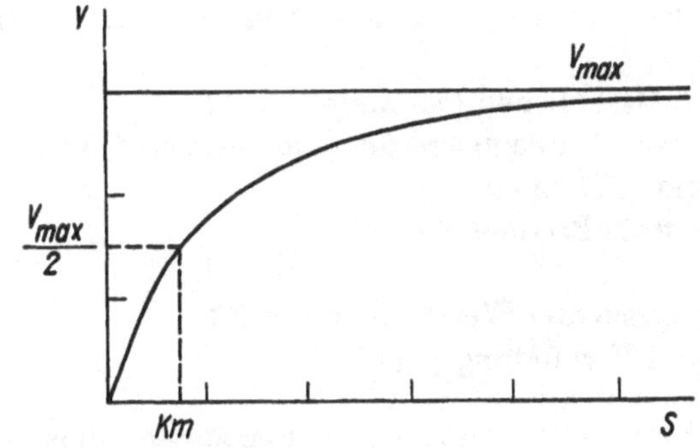

Abb. 42. Die MICHAELIS-Hyperbel: Beziehung zwischen Wachstumsrate (V) und Substratkonzentration (S).

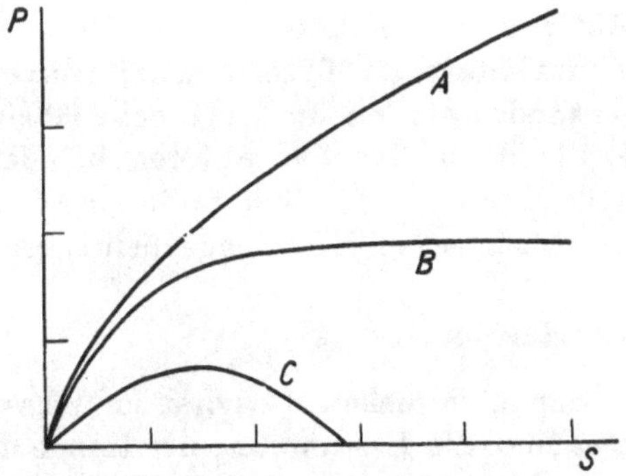

Abb. 43. Beziehung zwischen der Substratkonzentration (S) und der Menge (P) des gebildeten bzw. zersetzten Stoffes.

Von WRIGHT und HOBBIE (1966) bzw. HOBBIE und WRIGHT (1968) wurde eine Methode ausgearbeitet, die eine Weiterentwicklung der Bestimmung der mikrobiellen Aktivität im Wasser darstellt. Nach TIEFENBRUNNER und Mitarb. (1976) bedeutet dies der Übergang von der statischen Zustandsbeschreibung eines aquatischen Ökosystems – besonders der Gewässermikroflora – zu einer dynamischen Betrachtung.

Bie dieser Methode wird die Aufnahmegeschwindigkeit von radioaktiv markierten Testsubstraten in bestimmten Konzentrationsbereichen bestimmt. Die so erhaltenen kinetischen Parameter charakterisieren die **maximale Aufnahmerate** des Substrates V_{max}, die **Umsatzgeschwindigkeit** T_t (d. h. die Zeit h, die von der Population benötigt wird, um das natürlich vorhandene Substrat völlig umzusetzen = turnover-time) und die **Transportkonstante** K_t, die im Prinzip dem Wert Km gleich ist (je kleiner K_t ist, desto spezifischer und effektiver ist die Substrataufnahme bei geringeren Konzentrationen).

Bei Anwendung dieser Methodik kann die Aufnahmegeschwindigkeit einer gelösten organischen Substanz durch Bakterien nach folgender Formel bestimmt werden:

$$v = \frac{c}{C\mu t}(S_n + A)$$

Dabei bedeuten

v = Aufnahmegeschwindigkeit bei einer gegebenen Substratkonzentration ($\mu g\ C\,l^{-1}\,h^{-1}$),
c = Radioaktivität der filtrierten Organismen (counts/min),
C = Zählausbeute (conuts/min) von 1 Becquerel der zugesetzten Verbindung (gemessen in einem entsprechenden Zählgerät)
μ = Menge der zugesetzten Aktivität (Becquerel)
t = Inkubationszeit (h)
S_n = in situ-Konzentration der untersuchten Verbindung ($\mu g\ C\,l^{-1}$)
A = Konzentration der zugesetzten Verbindung ($\mu g\ C\,l^{-1}$)

Trotz gewisser Nachteile (die Repräsentativität des verwendeten Substrates; die Applizierung der Ergebnisse auf die Verhältnisse in der Natur bzw. in natürlichen Mischpopulationen; nur ein Teil des Substrates wird in die Zelle eingebaut, eine gewisse Menge wird veratmet usw.) bietet diese Methode eine schnelle und spezifische Information über die physiologische Struktur und die Komplexität der aquatischen Mikroflora sowie über die potentielle Aktivität der Mikroorganismen im Biotop. Wie Overbeck (1975) sowie Tiefenbrunner und Mitarb. (1976) zeigten, kann diese Methode bei Gewässern verschiedener Trophie verwendet werden. In der Tabelle 60 sind einige enzymkinetische Parameter angeführt, die die genannten Autoren bei der Untersuchung der bakteriellen Aufnahmekinetik (Substrat: ^{14}C-Glukose) in einem eutrophen See, der als Vorfluter für den Ablauf einer biologischen Kläranlage diente, erreichten.

c) Heterotrophe CO_2*-Fixierung und* CO_2*-Produktion*

Weitere Möglichkeiten zur Bestimmung der mikrobiellen Aktivität im Wasser bieten die Messung der heterotrophen CO_2-Aufnahme, die Bestimmung der Menge des in die Zelle inkorporierten C aus radioaktiv markierten organischer Substraten sowie die direkte Bestimmung der CO_2-Produktion auf ^{14}C-Glukose. Es wurde festgestellt, daß beim Wachstum von heterotrophen Bakterien unter aeroben Bedingungen eine gewisse Menge von radioaktivem CO_2 in die Zelle eingebaut wird. Nach Sorokin (1961) stellt die Menge des assimilierten CO_2 2—3% des organischen C der Biomasse dar. Kuznecov und Romanenko (1966) führen an, daß das Verhältnis zwischen heterotropher und photosynthetischer CO_2-Fixierung 1:17 beträgt. Ein noch nicht gelöstes Problem ist die Unterscheidung der heterotrophen CO_2-Aufnahme von der chemolitotropher Aufnahme, die wahrscheinlich größer ist.

Im Vergleich zur Messung der heterotrophen CO_2-Fixierung ist die Bestimmung des in die Zelle inkorporierten C präziser. Einen gewissen Nachteil stellt — wie bei anderen angeführten Methoden — die Spezifität des Substrates sowie die unbekannte C-Umsatzrate bei gemischten Populationen dar, denn ein Teil des inkorporierten C kann im Verlauf der Beobachtung veratmet werden. Dieser Fehler ist durch eine minimale Inkubationszeit (3 Stunden) oder durch zusätzliche CO_2-Bestimmung zu eliminieren (Jannasch 1972).

Respiratorische Messungen

Bestimmung des Sauerstoffverbrauches

Bei den Mineralisierungsprozessen im Wasser unter aeroben Bedingungen ist die Oxydation der gelösten organischen Substanzen mit einer Sauerstoffabnahme verbunden. Diese wird schon lange als Maß für Verunreinigung und Selbstreinigung des Wassers („biologische Sauerstoffbedarf", BSB) verwendet. Im Prinzip repräsentiert dieser Wert in einem geschlossenen System (in der Wasserprobe) die Menge der abbaubaren organischen Substanz unter der Voraussetzung, daß die gewählten Bedingungen einen äquivalenten mikrobiellen Stoffwechsel zulassen. Der Sauerstoff funktioniert hier als Terminalakzeptor der Respirationskette, die der Zelle die notwendige Energie liefert und gleichzeitig verschiedene Intermediärprodukte umwandelt, die zur Energiegewinnung und zur Zellsynthese verwendet werden können.

Für die Messung der Respirationsaktivität wird allgemein der Apparat nach WARBURG oder GILSON verwendet. Als Substrate werden vorwiegend Glukose, aber auch andere Stoffe wie Laktat, Azetat usw. benutzt. Bei Anwendung mehrerer Substratkonzentrationen kann die Kinetik des O_2-Verbrauches als Maß für die Abbaugeschwindigkeit der gelösten organischen Substanz bestimmt werden.

Da die metabolische Aktivität der Zellen sehr gering ist, wurden aus methodischen Gründen die heterotrophen Bakterien aus dem Wasser zuerst untersucht. Der O_2-Verbrauch im WARBURG-Apparat wurde in dichten Suspensionen dieser Zellen gemessen. Es hat sich gezeigt, daß zur Gewinnung der erforderlichen Suspension Membranfilter vorteilhaft eingesetzt werden können. Die Filtration des Wassers verläuft dabei in 2 Stufen: In der ersten Stufe werden die höheren Organismen des Phyto- und Zooplankton sowie andere suspendierte Stoffe entfernt; in der zweiten Stufe werden die Bakterien auf einem Membranfilter mit einer Porengröße von 0,4 µm konzentriert und zur Messung verwendet (DONDERSKI und TRŽILOVÁ 1977).

Wie die Experimente zeigten, ist die Respirationsaktivität von direkt aus dem Wasser isolierten Bakterien im Vergleich zur Aktivität der verwendeten Laborstämme bedeutend kleiner (Tab. 59), doch widerspiegelt sie die Stoffumsatzpotenz der heterotrophen Bakterien im Wasserökosystem getreuer. Es ist interessant, daß einige Substrate, die durch direkt isolierte Bakterien verwertet wurden (Lysin, Tryptophan, Xylose, Galaktose, Ketoglutarinsäure), durch Bakterien aus Subkulturen nicht attackiert worden sind. Entgegengesetzte Resultate liegen z. B. für Threonin und Arabinose vor.

Wie schon erwähnt, bleibt die Frage nach dem Substrat, welches am besten die „heterotrophe Kapazität" der Wasserbakterien charakterisieren würde, noch offen. Die

Tabelle 60

Veränderlichkeit enzymkinetischer Parameter von heterotrophen Bakterien aus einem eutrophen See (TIEFENBRUNNER u. Mitarb. 1976, verändert; A, B, C = unterschiedliche Meßpunkte in einem See bei Plön/BRD; 1–4 = verschiedene Untersuchungstage).

Kinetische Parameter	Profile/Versuchstage											
	A				B				C			
	1	2	3	4	1	2	3	4	1	2	3	4
V_{max}(µg/l/h) · 10^{-1}	120	150	42	610	19	48	23	13	11	42	17	12
K_t(µg/l) · 10^{-4}	326	328	219	535	146	253	182	60	130	232	124	80
T_t(h)	27	21	51	8	75	52	78	45	113	54	71	66

bisher sehr oft benutzte Glukose sollte nach Berland und Mitarb. (1976) durch andere Substrate wie Prolin, Glutamat, Pyruvat oder Sukzinat ersetzt werden. Nach diesen Autoren folgen den durch heterotrophe Bakterien am meisten genutzten Fettsäuren (55% der Stämme), aliphatische (51%) und andere Aminosäuren (44%), organische Säuren (30%), Kohlenhydrate (28%) und ihre Derivate (27%), Alkohole (21%) und organische Basen (19%). Strzelczyk und Mielczarek (1971) führen an, daß die am leichtesten verwertbaren Substrate die Casaminosäuren sind, gefolgt von Glukose, Sukzinat, Fumarat und Glukonat. Azetat und Fruktose gehören zu den nur schwach attackierten Stoffen. Dabei zeigten die epiphytischen und planktischen nicht pigmentierten Formen die höchste metabolische Aktivität.

Elektronentransport-Messung (Tetrazoliumsalze)

Neben der Bestimmung des O_2-Verbrauches kann die metabolische Aktivität von Mischpopulationen, wie sie im Wasser vorkommen, auch durch die Intensität des Elektronentransportsystems gemessen werden. Im Prinzip ist die Elektronentransportrate durch die Koenzymaktivitäten von Nikotinamid-Adenin-Dinukleotid und Flavin-Adenin-Dinukleotid als intermediäre Elektronenakzeptoren feststellbar. Wenn als Elektronenakzeptor ein geeigneter Farbstoff verwendet wird, kann die Aktivität bestimmter Schritte des Zwischenstoffwechsels bzw. die Konzentration von Intermediaten durch Farbveränderung des Akzeptors gemessen werden. Es hat sich gezeigt, daß diese Aufgabe von den Tetrazoliumsalzen, die in der Biochemie als quantitative Indikatoren der Aktivitäten von Oxydations-Reduktionssysteme benutzt werden, gut erfüllt werden kann. Die Tetrazoliumsalze funktionieren als Akzeptoren der Reduktionsäquivalente, wobei sie in farbige Fällungsprodukte, sog. Formazane, übergehen. Ihre allgemeine Struktur ist:

$$-N{=}N-\overset{|}{C}{=}N-NH-$$

Aus mehreren Typen dieser Verbindungen fand in der Mikrobiologie das relativ untoxische 2, 3, 5-Triphenyltetrazoliumchlorid die breiteste Anwendung. Seine oxydierte Form ist farblos oder nur schwach gelb, die reduzierte Form rot. Die Konzentration des gebildeten Formazans wird als Maß für die enzymatische Aktivität der Zelle kolorimetrisch bestimmt.

Die Bestimmung der „energy charge“

Dieses Verfahren beruht auf der Analyse einiger Zellkomponente (Adenosinphosphate). Ursprünglich wurde nur das Adenosintriphosphat (ATP) als Berechnungsgrundlage der Biomasse und dadurch als indirektes Maß der mikrobiellen Stoffwechselaktivität verwendet. Es hat sich jedoch gezeigt, daß die Werte des ATP bei verschiedenen Organismen in Abhängigkeit von ihrem physiologischen Zustand bedeutend schwanken. Außerdem liefern diese Bestimmungen keine Informationen über die Dynamik des aquatischen Ökosystems. Verbesserungen ergeben sich, wenn neben ATP auch Adenosindiphosphat (ADP) und Adenosinmonophosphat (AMP) als sog. „adenylate-energy-charge“ (E) nach folgender Formel herangezogen werden:

$$E = \frac{(\mathrm{ATP}) + 1/2(\mathrm{ADP})}{(\mathrm{ATP}) + (\mathrm{ADP}) + (\mathrm{AMP})} \quad \text{(in mol. Konzentrationen)}$$

Der Vorschlag, das Verhältnis zwischen dem energiereichen ATP und den Umwandlungsprodukten ADP und AMP als Maß der Aktivität einzelner Organismen oder Zellen festzustellen, stammt von ATKINSON (1971). Einen Versuch, diese verhältnismäßig einfache Erweiterung der ATP-Bestimmung auf natürliche Populationen von Mikroorganismen anzuwenden, haben WIEBE und BANCROFT (1975), OVERBECK (1975) u. a. unternommen. Derzeit sind Untersuchungen zum besseren Verständnis dieser Methode und ihrer Anwendungsmöglichkeiten in der Hydromikrobiologie in Gange.

Nutzung der mikrobiellen Tätigkeit im Wasser

Mikroorganismen stellen in ihrer Gesamtheit eine wesentliche Komponente der Biosphäre dar. Ihr Metabolismus ist ein wichtiges Kettenglied im Ablauf der vielfältigen und komplexen Prozesse beim Auf-, Ab- und Umbau der verschiedenen Stoffgruppen. Das summarische Ergebnis des Stoffwechsels und der Wirksamkeit von saprophytischen Bakterien ist eine Degradation von toten pflanzlichen und tierischen Organismen, sowie von kontinuierlich anfallenden Stoffwechselprodukten (Exkrete, Exkremente usw.). Die von den saprophytischen Bakterien hergestellten Zersetzungsprodukte können dann erneut von anderen Mikroorganismen, höheren Organismen bis zum Mensch verwertet werden.

Der Abbau von organischen Stoffen im Wasser findet ebenfalls unter wesentlicher Beteiligung von Mikroorganismen statt. Das geschieht im Verlauf des sog. natürlichen Selbstreinigungsprozesses, als dessen Ergebnis die ursprüngliche Wasserqualität oder -güte wieder hergestellt ist. Ob und in welchem Ausmaß dieses Resultat erreichbar ist, hängt von einer Reihe von Bedingungen ab, von denen besonders die für die Selbstreinigung verfügbare Zeit, das Fernhalten zusätzlicher Verunreinigungen, das Verhältnis Abwassermenge/Wasserführung des Vorfluters genannt werden müssen. Wenn diese und andere Bedingungen nicht erfüllt sind, laufen die dem Selbstreinigungsprozeß zugrunde liegenden physikalischen, chemischen und biologischen Relationen gestört, d. h. nicht ausbalanziert, ab. Die Selbstreinigung erbringt nicht den Effekt, daß die wasserbelastenden Stoffe entfernt, abgebaut oder „entgiftet" werden.

In solchen Fällen ist ein künstlicher Eingriff in den natürlichen Selbstreinigungsprozeß notwendig. Unter Einsatz technischer Mittel müssen Bedingungen geschaffen werden, durch die entweder der natürliche Prozeß soweit intensiviert wird, daß die Verunreinigungen abgebaut werden, oder die Selbstreinigung muß künstlich nachgeahmt werden. Bei dem derzeitig bereits außerordentlich hohen Anfall von Abwässern verschiedenster Art und bei den steigenden Ansprüchen an Trink- und Brauchwasser erlangt diese Frage eine große Bedeutung aus wasserwirtschaftlicher und hygienisch-epidemiologischen Sicht sowie im Hinblick auf die Gesundung der Umwelt im allgemeinen.

Gegenwärtig stehen Hilfsmittel und Methoden zur Verfügung, um Abwässer unter eventueller Nutzung der enthaltenen Abprodukte bis zu dem jeweils geforderten Grad zu klären. Dabei soll auch eine Wiedergewinnung von Produkten, die einen ökonomischen Wert haben, angestrebt werden. Das gilt hauptsächlich für kommunale und in gewissem Sinne auch für industrielle Abwässer. Vom Gesamtprozeß der Abwasserbehandlung interessiert uns aus hydromikrobiologischer Sicht vor allem ihr letzter Teil, die biologische Reinigung, die weitgehend durch Mikroorganismen bewirkt wird. Um aber ein abgerundetes Bild der Abwasserreinigungsprozesse bieten zu können, ist es notwendig, einige weiterführende Angaben anzuführen.

Prozeß der Abwasserreinigung

Die Behandlung von Abwässern erfolgt nach hygienischen und wirtschaftlichen Kriterien. Man fordert vom technologischen Verlauf die Entfernung von anorganischen und organischen Verunreinigungen, die Unschädlichmachung von Stoffen, die sich bei der Behandlung aus dem Wasser nicht entfernen lassen, und die Nutzung wirtschaftlich wertvoller Inhaltsstoffe.

Im Prinzip verläuft die Abwasserreinigung in zwei Etappen:

1. Abtrennen der absetzbaren Stoffe und ihre Beseitigung,
2. Zersetzung kolloiddisperser und gelöster organischer Stoffe mit Hilfe von Mikroorganismen.

Als dritte Etappe, die sog. dritte Reinigungsstufe, kann die Entfernung der angehäuften und mineralisierten Zersetzungsprodukte NO_3, SO_4, PO_4 usw. bezeichnet werden. Diese Stoffe können den im Vorfluter anwesenden Organismen als Nahrungsbasis dienen, da sie nicht selten Minimumfaktoren darstellen und deshalb unerwünschte Eutrophisierungserscheinungen verursachen.

Eine wichtige Aufgabe hat bereits die mechanische Vorreinigung des Abwassers. Es geht hier hauptsächlich um das Entfernen grober Teilchen, d. h. der Schwimm- und Schwebestoffe. Fast stets werden dazu Grob- und Feinrechen verschiedener Konstruktion verwendet, durch die das Abwasser bei einer Fließgeschwindigkeit von etwa 50 cm/s gefiltert wird. Kleinere Sinkstoffe, die die Siebe durchlaufen, werden in einer weiteren Etappe in flachen Kammern — den Sandfängen — aufgehalten. Hierzu ist es notwendig, eine optimale Fließgeschwindigkeit von etwa 30 cm/s einzuhalten. Bei geringerer Geschwindigkeit lagert sich mit dem Sand auch Schlamm ab, der den Sand verunreinigt und den Sandfang verstopft. Bei höheren Fließgeschwindigkeiten kann der feinere Sand in Absetzbecken und Pumpen gelangen und dadurch Störungen im technologischen Ablauf bewirken. Nach dem Sandfang pflegt man in größere oder spezielle Anlagen Leichtstoffabscheider bzw. Öl- oder Fettabscheider einzubauen. Es handelt sich um Vorrichtungen, in die von unten her Luft eingeblasen wird (oft unter Zusatz von Flotationsmitteln), um Öle und Fette an der Oberfläche zu konzentrieren, von der sie dann abgeschieden werden.

Diesen Vorbehandlungen folgt die eigentliche Entschlammung. Das Wasser wird in Absetzanlagen geleitet, in denen die absetzbaren Stoffe sedimentiert werden. Zur effektiven Absetzung ist eine Zeit von 90—120 min erforderlich. Dabei sedimentieren auch die Eier von parasitischen Würmern, deren spezifisches Gewicht nur wenig höher als das des Wassers ist. Der Schlamm, der sich auf dem Grund des Absetzbeckens ansammelt, wird entweder ausgeräumt, oder in zweistöckigen Absetzbecken (z. B. Emscherbrunnen) bis zum Ausfaulen belassen.

Durch die mechanische Klärung und die evtl. zusätzlich erforderliche chemische Fällung werden aus dem Wasser feste und teilweise auch kolloiddispergierte Verschmutzungen entfernt. Ein Teil von ihnen verbleibt aber auch weiterhin im Abwasser. Da es sich hauptsächlich um organische Substanzen handelt, besteht die Möglichkeit ihrer Zersetzung auf biologischem Wege, was hauptsächlich durch aerobe Bakterien und andere Mikroorganismen geschieht.

Die Mineralisierung, die in Boden und Wasser als natürlicher Prozeß abläuft, führt zur Eliminierung von organischen Stoffen. Sie wurde von der Technik nachgeahmt und zur Grundlage aller biologischen Methoden der Abwasserreinigung gemacht. Dabei werden die Bakterien ausgenützt, die im gegebenen Milieu überleben und stoffwechseln.

Die Methoden der biologischen Abwasserreinigung werden in natürliche und künstliche eingeteilt. Nach dem Milieu, in dem sie verwendet werden, unterscheidet man Vorgänge, die an der Luft oder im Wasser stattfinden.

Zu den natürlichen biologischen Reinigungsverfahren gehören die Methoden der Abwasserbodenbehandlung und die Anwendung von Abwasserteichen. Bei den Bodenfiltern wird das mechanisch vorgereinigte Wasser auf abgegrenzte Flächen in Höhen von 5—10 cm gestaut. Zur Entfernung der Verunreinigungen werden der natürliche Filtrierungseffekt des Bodens sowie die im Boden ablaufenden Selbstreinigungsprozesse ausgenutzt. In einer Tiefe von etwa 1 m sind Drainagerohre verlegt, in denen das filtrierte Wasser gesammelt und abgeleitet wird. Während eines Tages kann auf 1 ha Boden das Abwasser von 2500—5000 Einwohnern gereinigt werden. Natürlich kann dieser Prozeß auf der gleichen Fläche nicht beliebig lange wiederholt werden. Nach einer gewissen Zeit ist die Regenerationsfähigkeit des Bodens erschöpft. Daher ist dieses Verfahren bei dem gegenwärtigen Bodenmangel nicht ideal.

Andere Gesichtspunkte gelten für Abwasserverregnung und Rieselfelder, bei denen neben dem Filtrationseffekt die landwirtschaftliche Nutzung der wertvollen (düngenden) Bestandteile der Abwässer in den Vordergrund rückt. Obwohl diese Methoden in vielerlei Hinsicht günstig erscheinen, sind sie in ihrem abwasserreinigenden Effekt wenig rentabel. Nach Umrechnung auf 1 ha/Tag kann der Abwasserabfall von 50—100 Einwohner auf diese Weise gereinigt werden.

Vor der Nutzung von Abwasserschlamm muß sichergestellt werden, daß dieser keine pathogenen Keime enthält. Dies kann durch Pasteurisierung erreicht werden. Nach Liebmann (1967) genügt eine Erwärmung auf 70 °C für die Dauer von 20—25 Minuten. Ein so pasteurisierter Schlamm kann in der Landwirtschaft als wertvolles Düngemittel verwendet werden. Dieser Prozeß ist jedoch technisch nur realisierbar, wenn die anfallenden Schlammengen nicht zu groß sind.

Zur biologischen Abwasserreinigung verwendet man neben Stabilisierungs- und Oxydationsteichen auch Abwasserfischteiche. Sie bestehen aus einem System mehrerer aufeinanderfolgender, seichter Becken mit Tiefen von etwa 50 cm. In diese wird das mechanisch gereinigte und vom Schlamm befreite Abwasser nach Verdünnen mit sauerstoffreichem Klarwasser im Verhältnis 1:3 bis 1:5 eingeleitet. Die Durchflußdauer in einem Fischteich beträgt 1—2 Tage. In diesen Einrichtungen kommt es zur intensiven aeroben Mineralisierung der organischen Stoffe unter hohem Sauerstoffverbrauch. Bei ausreichendem O_2-Gehalt (über 3—4 mg/l) gelingt eine Fischzucht mit gutem wirtschaftlichem Erfolg.

Für saisonbedingte Industrien gibt es akkumulative Fischteiche. Das Abwasser wird in die leeren Fischteiche eingeleitet, in denen man es ausfaulen läßt. Wenn die natürliche Selbstreinigung während des Winters so weit verläuft, daß im Frühjahr Fische eingesetzt werden können, werden diese gute Abwachsergebnisse erbringen.

Für zahlreiche Abwässer aus der Lebensmittelindustrie (z. B. Abwässer aus Molkereien) ist die biologische Reinigung in Abwasserfischteichen besonders geeignet, da die enthaltenen Stoffe zur Ernährung der Fische beitragen. Bei dieser Methode ist das richtige Verhältnis zwischen Abwasser und Verdünnungswasser besonders zu beachten, denn bei Überlastung des Fischteiches mit Abwässern kommt es zu anaeroben Prozessen unter Bildung toxischer Verbindungen sowie zu Sauerstoffmangel mit nachfolgendem Fischsterben.

Die Urbanisierung und die Entwicklung von Industrie und Landwirtschaft führten zu einer starken Erhöhung des Abwasseranfalles und erforderten neue Reinigungsverfahren. Die Ausnutzung des natürlichen Milieus wurde nicht nur wegen seiner begrenzten Leistung, sondern auch wegen der steigenden Forderung nach qualitativ hochwertigerer Bodennutzung immer unzureichender. So kam es zur Entwicklung künstlicher Anlagen verschiedener Konstruktionen (Biofilter, Schnellfilter, Tropfkörper, Belebungsanlagen, Oxydationsgräben, Faulschlammbecken u. a.). Die in ihnen ablaufenden Selbstreinigungsvorgänge entsprechen denen der natürlichen biologischen Reinigungsverfahren. Die Anlagen haben aber den Vorteil, daß sie beeinflußt und reguliert werden können, wodurch eine hochintensive Nutzung erreicht wird.

Eine Form biologischer Filtereinrichtungen sind die sogenannten Langsamfilter, von denen analoge Konstruktionen auch bei der Trinkwasseraufbereitung eingesetzt werden. Bei der Abwasserreinigung sind es Becken, in denen der Filtrationseffekt des Bodens durch körniges Material verschiedener Größe, Oberfläche und verschiedenen Porenvolumens ersetzt wird. Als Füllmaterial dienen Sand, Kies, Hochofenschlacke, Lava, Bruchziegel usw., womit diese Filter etwa bis zu einer Höhe von 2 m beschickt werden. Die Belüftung der Einrichtung und der Filtrationseffekt ist von der Art des Füllmaterials abhängig.

Bei den Tropfkörpern wird Abwasser durch eine Beschickungsvorrichtung in gewissen Zeitintervallen auf die Gesamtoberfläche des Filters verteilt. Nach der Beschickung hat der Filter 5—20 min Zeit zur Belüfung. Das Abwasser dringt durch das körnige Filtermaterial, auf dem sich die organischen Stoffe absetzen. Sie dienen dabei als leicht verwertbare Nährstoffe für die anwesenden Mikroorganismen. Nach einer gewissen Anlaufzeit bildet sich auf der Filteroberfläche ein Rasen, der hauptsächlich aus Bakterien, aber auch aus Protozoen besteht und fähig ist, organische Verbindungen aus dem Wasser zu entfernen. Auf 1 cm^2 entfallen einige Tausend Organismen an der oberen und die etwa 10fache Zahl an der unteren Filterfläche. Die größte Bakterienzahl wurde im oberen Teil des Filters (0,25—0,5 m) gefunden; in tieferen Teilen nimmt sie ab.

Die Untersuchung der Verteilung auf verschiedene physiologische Gruppen zeigte, daß in den oberen Schichten des Biofilters (bis zu einer Tiefe von 0,25 m) Arten überwiegen, die Essigsäure und Azetaldehyd oxydieren können. In Tiefen von 0,25—0,5 m wurden alkoholoxydierende Bakterien und von 0,5—1 m vor allem formaldehydoxydierende Zellen gefunden. In tieferen Schichten ($>$ 1 m) waren Succinatoxydierer und Vertreter der 2. Nitrifikationsstufe nachweisbar.

Anaerobe Bakterien sind in geringer Zahl praktisch im ganzen Filterkörper vertreten. Ihre Zahl erhöht sich jedoch stark ab einer Tiefe von 0,5 m. Dies kann durch intensive Oxydationsprozesse und mit dem damit verbundenen Sauerstoffbedarf in den oberen Schichten erklärt werden.

Diese Erkenntnisse haben große theoretische, vor allem jedoch praktische Bedeutung. Sie erlauben es, die Funktion einer jeden Filterschicht einzuschätzen und die Höhe der gesamten Anlage in Abhängigkeit von den Anforderungen an den Reinigungseffekt zu bestimmen. Die Beeinflussung der Milieubedingungen entsprechen den physiologischen Ansprüchen der einzelnen Bakteriengruppen, die für den Abbau der verschiedenen organischen Stoffe verantwortlich sind, bietet Möglichkeiten zur Intensivierung der biochemischen Abwasserreinigung.

Zur Beschleunigung der Bakterientätigkeit kann Luft in die Filter eingeblasen und dadurch die Mineralisierung der organischen Stoffe intensiviert werden. In einem solchen Fall sprechen wir von der Sonderform der Hochleistungstropfkörper (Biofilter mit künstlicher Belüftung). Bei einer Filterhöhe von 2—3 m und einer kontinuierlichen Beschickung mit Abwasser kann je Volumeneinheit eine 8fach größere Menge an Abwasser im Vergleich zu einem langsam arbeitenden Tropfkörper gereinigt werden.

Auf einem ähnlichen Prinzip beruhen die sogenannten Spültropfkörper. Sie unterscheiden sich von den langsam arbeitenden Filtern hauptsächlich durch eine kontinuierliche Beschickung. Das Füllmaterial ist gewöhnlich kleinkörniger (maximal 5—6 cm) und glatt (Kies, Granit). In Anbetracht dessen, daß das Wasser unter stärkerem Druck in die Filter einströmt, kann sich an den Filterbrocken kein so fester Rasen wie bei den langsam arbeitenden Filtern bilden. Es bleiben nur Bakterien angesiedelt, die in dünner Schicht fest anhaften. Der übrige Rasen wird von den Filterbrocken abgespült und fließt zusammen mit dem gereinigten Abwasser in das Nachklärbecken.

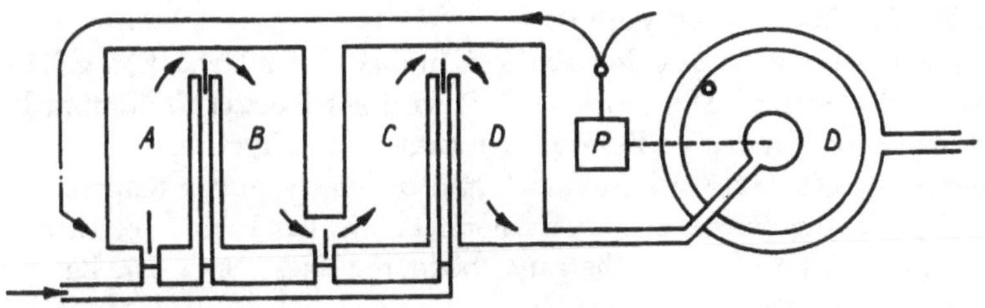

Abb. 44. Schnellbelebungsanlage nach Gould. A—D = Belebungsbecken, P = Pumpe, D = Nachklärbecken.

Eine moderne und ökonomisch günstige Art der Abwasserreinigung ist das Belebtschlammverfahren. Hier liegt das aktive Biomaterial nicht mehr als Rasen an der Oberfläche von Filterbrocken vor, sondern ist als Belebtschlammflocken im Inneren des Belebungsbeckens verteilt. Man verwendet ein- oder mehrstufigen Anlagen mit verschiedener Konstruktion. Bewährt hat sich z. B. die Schnellbelebungsanlage nach Gould als eine Stufenbelüftung (Abb. 44).

Das Belebtschlammverfahren ist auf der Erkenntnis aufgebaut, daß sich im Wasser nach längerer, intensiver Belüftung ein feiner Schlamm bildet, dessen Flocken leicht sedimentieren. Wenn diese Flocken in rohes Abwasser eingeleitet werden, vergrößern sie sich wegen der Zunahme an Biomasse. Die hohe Stoffwechselaktivität der anwesenden Mikroorganismen ermöglicht eine Befreiung des Abwassers von kolloiddispersen und gelösten Stoffen schon nach einigen Stunden im Vergleich zur Reinigung ohne diesen Schlamm, wobei der Prozeß einige Tage beanspruchen würde. Die Flocken sind schleimige Konglomerate aus Millionen von Bakterien und Protozoen. Sie haben eine ähnliche Funktion wie der biologische Rasen beim Biokörper.

Nach Rogovskaja und Lazareva (1963) ist auch die Mikroflora in beiden Systemen praktisch identisch. Es sind nur mehr oder weniger quantitative Unterschiede vorhanden. Durch Kultivierungsmethoden wurde festgestellt, daß in 1 m^3 Filterrasen aus Anlagen zur Reinigung schwefelhaltiger Abwässer 1.10^{12} Bakterien enthalten sind. Davon sind 28,9% anaerobe Bakterien. 1 m^3 Aktivschlamm enthält 1.10^{10}—2.10^{14} Bakterien und 0,009—0,1% Anaerobier. In einem Biofilter, der Abwässer mit organischen Säuren, Aldehyden und Alkoholen reinigte, wurden $2{,}4.10^{10}$ Bakterien/m^3 festgestellt.

Während des Reinigungsprozesses entstehen wirksame Belebtschlammflocken in stets steigender Menge. Die Voraussetzungen sind eine ausreichende Sauerstoffzufuhr und eine ständige Bewegung der Flocken, damit diese mit den organischen Stoffen des Abwassers in permanentem Kontakt bleiben. Beides wird durch Einblasen von Druckluft an der Beckensohle oder durch Lufteintrag mittels walzenförmiger Bürsten erzielt.

Die Belüftungsdauer beträgt etwa 6 Stunden und der ganze Prozeß kann in 2 Phasen unterteilt werden. Zuerst kommt es zur Koagulation gelöster und kolloiddisperser Stoffe im Abwasser und zu ihrer Adsorption an Teilchen des Belebtschlammes. In der zweiten Phase werden die organischen Verbindungen unter reichlicher Zufuhr von Luft oxydativ abgebaut. Die Kohlenstoffverbindungen werden dabei bis zu den Endprodukten CO_2 und H_2O, die Stickstoffverbindungen zu Nitrat mineralisiert. Es wurde festgestellt, daß der Verlauf der Mineralisierung durch Zugabe von Phosphaten günstig beeinflußt wird, da diese Salze das Bakterienwachstum und oxydative Stoffwechselprozesse stimulieren. Als Folge dieser biochemischen Prozesse wird die Adsorptionsfähigkeit der Flocken ständig regeneriert.

Das gereinigte Wasser wird mit den Flocken in das Nachklärbecken geleitet, wo der Belebtschlamm sedimentiert. Ein gewisser Teil wird als Rücklaufschlamm bis zu 50% entsprechend der Menge in das zufließende Abwasser zurückgeführt.

Es ist bemerkenswert, daß der Belebtschlamm in relativ hoher Konzentration Vitamin B_{12} enthält, das für Futterzwecke ausgenützt werden kann. Wenn der jährliche Belebtschlammanfall 2400 Tonnen beträgt, bedeuten dies etwa 150 kg Vitamin B_{12} (Kamikubo und Jursík 1964).

Über Verlauf und Effekt der Abwasserreinigungsvorgänge kann man sich zuverlässig durch die bakteriologische Analyse informieren. Wertvolle Dienste leistet hierbei die direkte mikroskopische Auszählung der Mikroben auf Membranfiltern. So erhält man in kurzer Zeit ein Bild über die tatsächlichen Mikrobenzahlen in einem bestimmten Wasservolumen, über ihre Zu- oder Abnahme und in gewissen Maße auch über ihre qualitative Zusammensetzung. Diese Methode hilft auch beim Auftreten ungewöhnlicher organoleptischer Eigenschaften des Wassers (Farbe, Geruch), wie sie z. B. bei Vermehrung von Eisenbakterien, Aktinomyzeten oder anderer Mikroorganismen in Trinkwasserleitungen beobachtet werden. Die Veränderung der Mikroflora im Verlaufe der Abwasserreinigung gibt die Möglichkeit, den Gesamteffekt der Reinigung und die Wirksamkeit ihrer Einzelphasen zu bewerten.

Nach den Ergebnissen der mikroskopischen Methode bestehen die Zoogloen im Tropfkörper oder im Belebtschlamm hauptsächlich aus Bakterien, Pilzhyphen und farblosen Flagellaten.

Nach Isaac und James (1964) überwiegen die stäbchenförmigen gramnegativen Bakterien bis zu 90%. In der oberen Schicht eines Tropfkörpers, der mit alkohol-, aldehyd- und karbonathaltigem Abwasser beschickt wurde, handelt es sich bei den höheren Organismen hauptsächlich um *Bdelloidea* spec., *Colurella adriatica* und Larven der Gattung *Psychoda*. In einer Tiefe von 0,25–0,5 m ging die Zahl der Pilze stark zurück und dafür dominierten *Cyclidium glaucoma* sowie Bakterien. Von 0,5–1 m verschwanden die Pilze nahezu vollständig und *Euglypha* spec. sowie *Aspidisca costata* waren reichlich vertreten. In Tiefen von mehr als 1 m konnten in den Zoogloen *Euplotes patella*, *Oxytricha platystoma*, *Monostyla lunaris* und *Chaetonotus* spec. nachgewiesen werden.

Im Belebtschlamm kamen hauptsächlich *Epistylis* spec., *Opercularia coarctata*, *Opercularia glomerata*, *Monostyla lunaris*, *Colurus caudatus*, *Aeolosoma* und andere vor. Die Anwesenheit dieser Arten kann als Indikator der guten Funktion der Kläranlage bei voller biochemischer Reinigung gewertet werden, was auch die Ergebnisse der chemischen Analysen bezeugen. An Bakterien wurden vorwiegend Arten der Gattung *Pseudomonas* (*P. caudata, P. denitrificans, P. acidovorans, P. fluorescens, P. rathonis*), weiterhin *Staph. aureus* und *Micr. luteus* nachgewiesen.

Die Mikroflora des Belebtschlammes bei der Reinigung von H_2S-haltigen Abwässern bestand hauptsächlich aus *Thiobacillus thiooxidans, Thiobac. thioparus* und *Thiobac. denitrificans*. Diese Bakterien sichern bei genügendem Sauerstoffangebot die Oxydation von H_2S zu H_2SO_4. Nach der Reinigung ist das Wasser klar und sein pH sinkt von ursprünglich 8,3 auf 3,8.

Nach Razumov (1962) werden bei der mechanischen Wasseraufbereitung 50—75% der Bakterien und bei Anwendung chemischer Fällungsmittel 40—80% der Bakterien entfernt. Nach Absetzbecken und Filteranlagen betrug die Abnahme der Bakterienzahl etwa 45%. Langsam arbeitende Filter und Schnellfilter passieren 20—40% der Mikroorganismen. Imhoff (1976) führt folgende Abnahme der Keimzahlen bei verschiedenen Abwasserbehandlungsmaßnahmen an: Feinsiebe — 10—20%, Absetzbecken — 25—75%, Hochleistungstropfkörper — 70—90%, Belebungsanlagen — 70—98%, Bodenfilter — 95—98% und Chlorung von biologisch gereinigtem Abwasser — 98—99%.

Ähnliche Werte findet man bei der Aufbereitung von Oberflächenwasser zu Trinkwasser. Man kann annehmen, daß in das Leitungssystem etwa 10% der vor der Aufbereitung im Wasser vorhandenen Bakterien gelangen. Razumov (1962) schreibt, daß im aufbereiteten Trinkwasser trotz Restchlormengen von 0,07—0,25 mg/l noch durchschnittlich 2—12% der Bakterienzahl des Rohwassers gefunden wurden.

In ungenutzten Endsträngen ist diese Zahl im Vergleich zu Leitungen mit ständigem Durchfluß noch 4mal größer. Man kann daraus schließen, daß es im Wasser auch bei Anwesenheit von Restchlor nicht nur zum Überleben, sondern sogar zur Vermehrung der Bakterien kommen kann. Es handelt sich hauptsächlich um aerobe, häufig pigmentierte Sporenbilder, die gegen Chlor relativ resistent sind. In Tabelle 61 sind Mikroorganismen angeführt, die Razumov und Mitarb. in aufbereitetem Leitungswasser gefunden haben. Nach dem genannten Autor wird der Reinigungseffekt durch das Absinken der Bakterienmasse gut charakterisiert. Dies kann an Hand der mikroskopischen Untersuchungsbefunde erfolgen. Die quantitative Berechnung der Biomasse ermöglicht es, eine Vorstellung über den Gehalt organischer Stoffe aus lebenden und toten Organismen zu bilden. Das gereinigte Wasser sollte nicht mehr als 0,08—0,1 mg/l Bakterienmasse enthalten.

Tabelle 61
Mikrobenarten im aufbereiteten Leitungswasser.

Gattung	Art
Actinomyces	*Act. globisporus*
Bacillus	*Bac. aerosporus, Bac. cereus* var. *albolactis, Bac. circulans, Bac. asterosporus, Bac. cereus, Bac. freudenreichii, Bac. cereus* var. *mycoides, Bac. megaterium, Bac. subtilis*
Flavobacterium	*Fl. devorans*
Micrococcus	*Micr. freudenreichii, Micr. luteus*
Pseudomonas	*P. rubra*

Offen bleibt die Frage über den Einfluß der Wasseraufbereitung auf Viren. Es ist bekannt, daß sie nahezu quantitativ vollständig die Kläranlage passieren und auch durch die Aufbereitung des Wassers und die Desinfektion nicht völlig entfernt werden. Andererseits macht BERG (1965) Angaben, die bei einigen Abwasserbehandlungsverfahren auf eine merkliche Reduzierung und bei Hochchlorung auf eine hohe Inaktivierungsrate hinweisen. Es muß festgestellt werden, daß die Angaben in der Literatur sehr unterschiedlich sind, was mit den jeweiligen Bedingungen zusammenhängt.

Die inaktivierende Wirkung von Chlor auf Viren wird durch pH-Wert, Exposition, Konzentration, Begleitsubstanzen und Temperatur stark beeinflußt. Bei 5 °C und pH 6 ist z. B. Poliovirus Typ 1 130fach resistenter als *E. coli*; bei pH 10 erwies sich dagegen *E. coli* als 3fach resistenter. Relativ unempfindlich sind Polio- und Coxsackieviren, weniger widerstandsfähig waren ECHO-, Adeno- und Reoviren (Tab. 62). Für eine 99,99%ige Inaktivierung bei 1stündiger Exposition sind für Polioviren Konzentrationen von bis zu 20 mg Cl/l und für ECHOviren 8 mg Cl/l notwendig. Bisher unbekannt ist die Wirkung des Chlors auf Hepatitis-Viren im Wasser — es wird jedoch eine hohe Resistenz angenommen.

Tabelle 62

Zeiten zum Erreichen einer Überlebensrate von 0,01% für verschiedene humanpathogene Viren in Flußwasser nach Applikation von Cl-Ionen; 0,5 mg/l, pH 7,8, 2 °C; Potomac River/USA; (JOHNSON und SCARPINO 1975, verändert).

Virus	Zeit (min)
REOvirus, Typ 1	2,7
REOvirus, Typ 2	4,0
REOvirus, Typ 3	4,2
Adenovirus, Typ 3	4,8
Coxsackie, Typ A 9	6,8
ECHOvirus, Typ 7	7,1
Coxsackie, Typ B 1	8,5
ECHOvirus, Typ 9	12,4
Adenovirus, Typ A 7	12,5
ECHOvirus, Typ 11	13,4
Adenovirus, Typ 12	13,5
ECHOvirus, Typ 12	14,5
Poliovirus, Typ 1	16,2
Coxsackie, Typ B 3	16,2
Poliovirus, Typ B 3	16,7
ECHOvirus, Typ 29	20,0
ECHOvirus, Typ 1	26,1
Coxsackie, Typ A 5	33,5
Coxsackie, Typ B 5	39,5
Poliovirus, Typ 2	40,0

Relativ wenige Angaben findet man über den Einfluß von Ozon auf Viren. Es wurde festgestellt, daß für eine 99,99%ige Inaktivierung von Enteroviren bei einer Restkonzentration von 0,2—1,5 mg Ozon/l Expositionen von 2,5 bis 64 min notwendig sind. Bei einer Konzentration von 1 mg Ozon/l waren Polioviren in 4 min bis zu 99% inaktiviert (JOHNSON 1975).

Literatur

ATKINSON, D. E.: Adenine nucleotides as stoichiometric coupling agents in metabolism and as regulatory modifiers: the adenylate energy charge. In: VOGEL, H. J.; Metabolic Regulation. Acad. Press, New York 1971.

BAUERMEISTER, W.-D.: Über die Ergebnisse der bakteriologischen Elbewasser-Untersuchungen im Rahmen der Elbebereisung 1959. Wasserwirtschaft-Wassertechnik **10**, 465, 1960.

BERG, G.: Die Virusübertragung auf dem Wasserweg. Arch. Hyg. Bakteriol. **149**, 310, 1965.

BERLAND, B. R., J. D. BONIN, J.-P. DURBEC und S. Y. MAESTRINI: Bactéries hétérotrophes aérobies prélevées devant le Delta du Rhône. III. Utilisation potentielle de différents substrats organiques comme source de carbone. Hydrobiol. **50**, 3, 1976.

BRINGMANN, G.: Mikrobiologie des Wassers. In: Handbuch der Lebensmittelchemie. Springer-Verlag, Berlin—Heidelberg—New York 1970.

BRINGMANN, G., R. KÜHN und D. LÜDEMANN: Bedeutung und Zielsetzung biologischer Wasseruntersuchungen. Gas- u. Wasserfach **103**, 1127, 1962.

BYLINKINA, A. A.: Faktory biochimičeskogo potreblenija kisloroda v vodochranilišče. Abschlußbericht AMN SSSR, Moskva 1951.

CASPERS, O. und H. SCHULZ: Studien zur Wertung der Saprobiensysteme. Int. Revue ges. Hydrobiol. **45**, 535, 1960.

DAUBNER, I. und R. RITTER: Bakteriengehalt und Stoffumsatzaktivität einiger physiologischer Bakteriengruppen in zwei künstlichen Grundwasserseen (Baggerseen). Arch. Hydrobiol. **72**, 440, 1973.

DONDERSKI, W. und B. TRŽILOVÁ: Comparison of metabolic activity in heterotrophic bacteria isolated directly from water and by the plate method. Biológia (Bratislava) **32**, 9, 1977.

ELSTER, H.-J.: Seetypen, Fließgewässertypen und Saprobiensystem. Int. Revue ges. Hydrobiol. **47**. 211, 1962.

ERTL, M.: Primárna produkcia planktónu zu stredného toku Dunaja a jej vzt'ah k prietoku teplote a množstvu chlorofylu. Biolog. práce **22**, 81, 1976.

FJERDINGSTAD, E.: Pollution of streams estimated by benthal phytomicro-organisms. Int. Revue ges. Hydrobiol. **49**, 63, 1964.

FJERDINGSTAD, E.: Taxonomy and saprobic valency of benthic phycomicro-organisms. Int. Revue ges. Hydrobiol. **50**, 475, 1965.

FJERDINGSTAD, E.: Bacterial corrosion of concrete in water. Water. Res. **3**, 21, 1969.

FROST, W. H. und H. STREETER: A study of the pollution and natural purification of the Ohio river. Publ. Hlth Rep. **2**, 143, 1924.

GAK, D. Z.: O nakoplenii radiofosfora različnymi komponentami vodoema. Radiobiol. **2**, 938, 1962.

GODLEWSKA-LIPOWA, W. A.: Heterotrophic activity of bacterial microflora in Mazurian lakes of various trophy. Pol. Arch. Hydrobiol. **21**, 51, 1974.

GORDON, R.: Winter survival of fecal indicator bacteria in a sub-arctic Alaskan river. EPA Tech. Ser. EPA-R2-72-013, Washington, D. C. 1972.

HARTMANN, L. und P. WILDERER: Reaktionskinetische Analyse mikrobiologischer Vorgänge. Zbl. Bakt. I. Orig. **216**, 255, 1971.

HOBBIE, J. E. und R. T. WRIGHT: A new method for the study of bacteria in lakes: description and results. Mitt. intern. Verein. Limnol. **14**, 64, 1968.

HODGE, W. W.: Pollution of streams by coal mine drainage. Industr. Engng. Chem. **29**, 1048, 1937.

IMHOFF, K. und K. R. IMHOFF: Taschenbuch der Stadtentwässerung. 24. Auflage. R. Oldenburg, München-Wien 1976.

ISAAC, P. C. G. und A. JAMES: Some aspects of the biology of trickling filters. Sb. VŠCHT, Praha 8, 243, 1964.

JANNASCH, H. W.: New Approaches to Assessment of Microbial Activity in Polluted Waters. In: MITCHELL, R., Water Pollution Microbiology. J. Wiley, Inc., New York 1972.

JOHNSON, J. D.: Disinfection: Water and Wastewater. Ann Arbor Science Publ., Ann Arbor 1975.

KAMIKUBO, T. und F. JURSÍK: Vitamin B_{12} in waste sludges. Sb. VŠCHT, Praha 8, 243, 1964.

KIČENKO, M. G.: Sanitarno-bakteriologičeskoe issledovanie morskoj vody pri izučenii samoočiščenija morja. Sb. naučn. rabot. CNiKS, Moskva 1940.

KNÖPP, H.: Über Situation und Entwicklungstendenzen der Saprobiologie. Int. Revue ges. Hydrobiol. **47**, 85, 1962.

KOLKWITZ, R. und M. MARSSON: Grundsätze für die biologische Beurteilung des Wassers nach seiner Flora und Fauna. Mitt. Kgl. Prüfungsanstalt f. Wasserversorgung und Abwasserbeseitigung 1, 1902.

KUSNETZOV, S. I. und V. I. ROMANENKO: Verhandl. int. Verein. Limnol. **16**, 1493, 1966.

KUSNEZOW, S. I.: Die Rolle der Mikroorganismen im Stoffkreislauf der Seen. Deutscher Verlag der Wiss., Berlin 1959.

KUZNECOV, S. I. und G. A. SOKOLOVA: Nekotorye dannye po fiziologii *Thiobacillus thioparus*. Mikrobiol. **29**, 2, 1960.

LIEBMANN, H.: Methodik und Auswertung biologischer Wassergüte-Kartierung. Münchn. Beitr. Abwasser-, Fischerei- u. Flussbiologie. Oldenbourg Verl. München **6**, 192, 1959.

LIEBMANN, H.: Die hygienischen Anforderungen an die Schlammpasteurisierung und ihre Kontrolle in der Praxis. I. A. M. – Informationsblatt 30, 1967.

MAHLOCH, J. L.: Comparative analysis of modeling techniques for coliform organisms in streams. Appl. Microbiol. **27**, 340, 1974.

OVERBECK, J.: Distribution pattern of uptake kinetic responses in a stratified eutrophic lake (Plussee ecosystem study IV). Verh. Internat. Verein. Limnol. **19**, 2600, 1975.

PARSONS, T. R. und J. D. H. STRICKLAND: On the production of particulate organic carbon by heterotrophic processes in sea water. Deep Sea Res. 8, 211, 1962.

RAZUMOV, A. S.: Mikrobialnyj plankton vody. Tr. Vses. gidrobiol. obšč. **12**, 60, 1962.

REICHARDT, W.: Bacterial decomposition of different polysaccharides in a eutrophic lake. Verh. Internat. Verein. Limnol. **19**, 2636, 1975.

RHEINHEIMER, G.: Mikrobiologische Untersuchungen in der Elbe zwischen Schnackenburg und Cuxhaven. Arch. Hydrobiol./Suppl. **29**, 181, 1965.

RHEINHEIMER, G.: Mikrobiologie der Gewässer. 1. und 2. Auflage. Gustav Fischer Verlag, Stuttgart 1971 und 1975.

RITTER, R., I. DAUBNER und W. SCHMITZ: Experimentelle Untersuchungen über die Aktivität von Bakterien beim Umsatz von N-Verbindungen in Baggerseen. Arch. Hydrobiol. **69**, 294, 1971.

RODINA, A. G.: Metody mikrobiologičeskogo issledovanija vodoemov. In: ŽADIN, V. I., Žizn presnych vod SSSR. Izd. AN USSR, Moskva 1965.

ROGOVSKAJA, C. I. und M. F. LAZAREVA: Mikrobiologičeskaja charakteristika aktivnogo ila, očiščajuščego stočnye vody pri proizvodstve plastmass. Mikrobiol. **32**, 1047, 1963.

SALMANOV, M. A.: Produktivnost' chemosinteza v vodnoj tolšče Kujbyševskogo vodochranilišča. Mikrobiol. **33**, 487, 1964.

SCHINDLER, D. W.: Eutrophication and recovery in experimental lakes: implications for lake managements. Science **184**, 897, 1974.

SCHULZE, E.: Der Kreislauf von Stickstoff, Schwefel und Phosphor. Wasserwirtschaft-Wassertechnik 8, 38, 1958.

SLÁDEČEK, V.: Studie o biologickém čištění městských odpadních vod aktivovaným kalem. Sb. VŠCHT, Praha 1, 165, 1957.

SLÁDEČEK, V.: Biologická pásma a jakost tekoucích vod. Vod. hosp. **16**, 51, 1966.

SLÁDEČEK, V.: System of Water Quality from the Biological Point of View. Ergebnisse der Limnologie. E. Schweizerbartsche Verlagsbuchhandlung, Stuttgart 7, 1973.

SOROKIN, JU. I.: Geterotrofnaja assimiljacija uglekisloty mikroorganizmami. Ž. obščej biol. **22**, 265, 1961.

STRZELCZYK, E. und A. MIELCZAREK: Comparative studies on metabplic activity of planktonic, benthic and epiphytic bacteria. Hydrobiol. **38**, 67, 1971.

STROGANOV, S. N.: Zagrjaznenie i samoočiščenie vodoemov. Izd. Vses. Inst. komm. sanit. i gigieny, Moskva 1939.

ŠRÁMEK-HUŠEK, R.: Biologická kontrola odpadních vod. Péče o čistotu vod 1, 95, 1950.

ŠRÁMEK-HUŠEK, R.: Zur biologischen Charakteristik der höheren Saprobitätsstufen. Arch. Hydrobiol. 51, 376, 1956.

TEMPLE, K. und E. DEHLCAMPS: Autotrophic bacteria and the formation of acid in bituminous coal mines. Appl. Microbiol. 1, 5, 1953.

THOMAS, E. A.: Versuche über die Selbstreinigung fließenden Wassers. (Beitrag zur Kenntnis der Saprobienstufen). Mitt. Geb. Lebensmittelunters. Hyg. 35, 199, 1944.

TIEFENBRUNNER, F., D. DÜSING, H. J. KRAMBECK und J. OVERBECK: Die Anwendung enzymkinetischen Methoden bei der bakteriologischen Untersuchung eines Vorfluters. Zbl. Bakt. Hyg. I. Abt. Orig. B 161, 498, 1976.

VACCARO, R. F. und H. W. JANNASCH: Variations in uptake kinetics for glucose by natural populations in seawater. Limnol. Oceanogr. 12, 540, 1967.

VELZ, C. J.: Applied Stream Sanitation. John Wiley a. Sons Inc., New York 1970.

WIEBE, W. J. und K. BANCROFT: The use of adenylate energy charge ratio to measure growth state of natural microbial communities. Proc. N. A. S. 72, 2112, 1975.

WILDERER, P.: Reaktionskinetik in der biologischen Abwasseranalyse. Karlsruher Berichte zur Ingenieurbiologie 8, 1976.

WINBERG, G. A. und L. I. JAROVICINA: Razmnoženie bakterij i pogloščenie kisloroda v vode. Mikrobiol. 15, 499, 1946.

WILSON, G. S. und A. A. MILES: TOPLEY and WILSON's Principles of Bacteriology and Immunity. E. Arnold Publ. Ltd., London 1955.

WRIGHT, R. T. und J. E. HOBBIE: Use of glucose and acetat by bacteria in aquatic ecosystems. Ecology 47, 447, 1966.

ZOBELL, C.: Marine Microbiology. Chron. Botan. Comp., New York 1946.

Siebentes Kapitel

Nachweis- und Bestimmungsmethoden von Wassermikroorganismen

Es steht außer Zweifel, daß für die wissenschaftliche Arbeit und auch für die Routineuntersuchung die Wahl der Methode außergewöhnlich große Bedeutung hat. Von ihr hängen die Verläßlichkeit der Analysen und die Reproduzierbarkeit der Ergebnisse ab. Darum schreibt man der Auswahl, der Aneignung und Einführung neuer, besserer Methoden mit Recht große Bedeutung zu. Nicht weniger wichtig sind Modifizierung, Standardisierung (Münch 1977) und Vereinheitlichung (Heinrich et al. 1966) von Methoden sowohl im regionalen oder staatlichen wie auch im internationalen Maßstab.

Dies gilt in vollem Umfang auch für die bakteriologischen Wasseruntersuchungen im Hinblick auf die Vielzahl der Arten und physiologischen Mikrobengruppen. Die unterschiedlichen Vermehrungsansprüche und die verschiedenen Bedingungen, aus denen die Mikroorganismen in das Wasser gerieten, erforderten die Ausarbeitung einer relativ großen Zahl von Methoden zur Bestimmung einzelner Arten als auch zum Nachweis ganzer Gruppen.

Davon abgesehen muß man feststellen, daß die Hydromikrobiologie in dieser Beziehung nur ungenügend gerüstet ist. In vielen Laboratorien wird aus Tradition mit veralteten Methoden gearbeitet, obwohl neuere und genauere Verfahren zur Verfügung stehen. Dabei ist die Notwendigkeit der bakteriologischen Analyse bei Wasseruntersuchungen bekannt, da sie häufig Verunreinigungen auch dort erkennen läßt, wo sie chemisch nicht mehr feststellbar sind. Für die hygienische Bewertung der Wassergüte ist hauptsächlich die Möglichkeit der Übertragung von Krankheitserregern ein entscheidendes Kriterium. Das bedeutet aber keineswegs eine Unterschätzung der übrigen Komponenten der Gesamtanalyse, da eben nur der Gesamtkomplex ein adäquates Bild von der Qualität des untersuchten Wassers bietet.

Mannigfaltigkeit und Spezifik der mikrobiellen Besiedlung des Wassers erfordern viele, häufig sehr unterschiedliche Arbeitsmethoden zur Bestimmung des mikrobiellen Planktons als Gesamtheit und seiner einzelnen Komponenten (Arten, Varianten). Prinzipiell kann man das durch mikroskopische und Kultivierungsmethoden erreichen.

Entnahme und Transport (Aufbewahrung) der Wasserproben

Die erste und grundsätzliche Forderung der bakteriologischen Wasseranalyse besteht darin, daß die Probe sachgemäß, d. h. ohne merkliche Beeinflussung während des Transportes oder durch Verunreinigung infolge falscher Handhabung entnommen und verarbeitet wird. Falls aus einem Wasservorkommen mehrere Proben für verschiedene Untersuchungen entnommen werden sollen, zieht man grundsätzlich zuerst die für die bakteriologische Analyse vorgesehene Probe.

Zur Aufnahme der Wasserproben dienen sterile 100—500 ml-Flaschen mit Schliffstopfen. Einige Vorschriften fordern Weithalsflaschen, was aber nicht in jedem Falle erforderlich und nützlich ist.

Zur Vorbereitung von Entnahmeflaschen ist folgendes Verfahren üblich: Die gründlich gewaschene und getrocknete Flasche wird geschlossen. Stopfen und Flaschenhals werden mit Aluminiumfolie oder Pergamentpapier bedeckt und erforderlichenfalls zugebunden. Nachfolgend wird mit Heißluft zwei Stunden bei 180 °C sterilisiert.

Die Probenahme soll ein erfahrener Fachmann durchführen, damit garantiert ist, daß keine Verunreinigungen von der Hand, aus der Umgebung des Wasservorkommens oder von der Oberfläche der Entnahmeflasche bzw. von anderen Hilfsmitteln in die Probe gelangen. Die Flasche wird erst unmittelbar vor der Probeentnahme geöffnet. Man füllt sie so weit, daß unter dem Stopfen ein Luftraum von 1—2 cm Höhe verbleibt.

Die Technik der Probeentnahme ist nach der Art des Wasservorkommens verschieden. Bei der Entnahme aus einem Auslaufventil (Wasserleitungshahn) wird zuerst desinfiziert (abgeflammt) und das Wasser 5—10 min laufen gelassen (bei wenig benützten Wasserleitungen sollen 10 Minuten eingehalten werden). Falls das Wasser aus einer Pumpe entnommen wird, wird das Wasser zuerst 5—10 Minuten abgepumpt, danach das Ausflußrohr abgeflammt und dann das Wasser nach einer weiteren kurzen Abflußzeit entnommen.

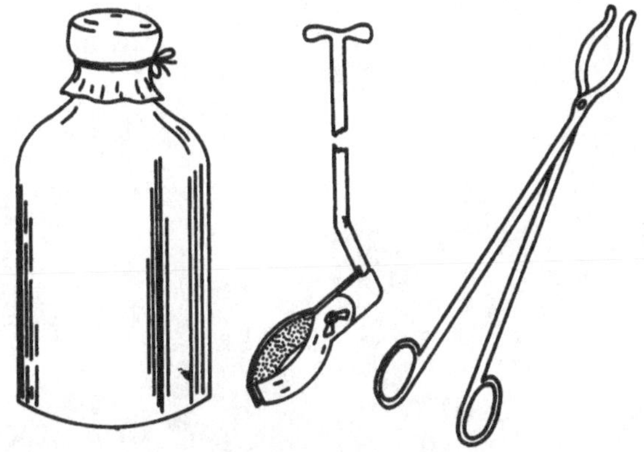

Abb. 45. Flasche zur Wasserentnahme. Rechts Hilfsmittel für die Entnahme (Klammer, Tiegelzange).

Aus einem Schöpfbrunnen oder aus einer Quelle entnimmt man das Wasser mit einem sterilen Becher oder der sterilen Entnahmeflasche. Falls die Wasserquelle zu seicht ist, wird eine kleine Vertiefung ausgehoben und so lange gewartet, bis sich das Wasser wieder geklärt hat.

Zur Entnahme von Oberflächenwasser werden Klemmen oder Greifvorrichtungen (Stangen) benutzt, an denen die Flaschen befestigt werden (Abb. 45). Das Wasser der Oberflächenschicht entnimmt man gewöhnlich aus einer Tiefe von 0,3—0,5 m. Falls die Probe mit der Hand gezogen wird, muß darauf geachtet werden, daß keine Mikroorganismen und Substanzen von der Handoberfläche in die Flasche gespült werden. Dies gilt hauptsächlich für stehende Gewässer; bei Fließgewässern wird die Flasche gegen die Strömung gerichtet. Zur Entnahme aus größeren Tiefen gibt es spezielle Entnahmevorrichtungen (Abb. 46).

Erhöhte Aufmerksamkeit gilt bei der Entnahme von Abwässern, die pathogene Keime oder toxische (aggressive) Stoffe enthalten können. Man benützt nach Möglichkeit Greifvorrichtungen an einer Stange, Hände müssen durch Gummihandschuhe geschützt werden. Selbstverständlich werden die Handschuhe und die Außenseite der Flasche danach sofort gereinigt.

Wasserproben mit Restchlor werden in Flaschen entnommen, in denen sich eine kleine Menge Natriumthiosulfat befindet. Letzteres dient zur Inaktivierung des Restchlors und der Vermeidung einer weiteren Desinfektion der entnommenen Probe. Die Mengen des zuzugebenden „Antichlors“ sind unterschiedlich.

Die „Ausgewählten Methoden der Wasseruntersuchung“ der DDR (1975) sehen die Zugabe von 0,1 ml einer sterilen 0,1-N-Natriumthiosulfatlösung auf 100 ml der Wasser vor. Diese Menge bindet bis zu 3,55 mg/l Restchlor bzw. inaktiviert bis zu 2,35 mg/l Ag-Ionen.

Nach den sowjetischen Standardmethoden (GOST 18963-73) sind für eine 500-ml-Flasche 10 mg Natriumthiosulfat erforderlich.

Die amerikanischen Standardmethoden (1975) schreiben eine Konzentration von 100 mg/l Natriumthiosulfat vor, was 0,1 ml einer 10%igen Lösung für eine 120-ml-Flasche entspricht. Diese Menge neutralisiert bis 15 mg/l Restchlor in der Probe.

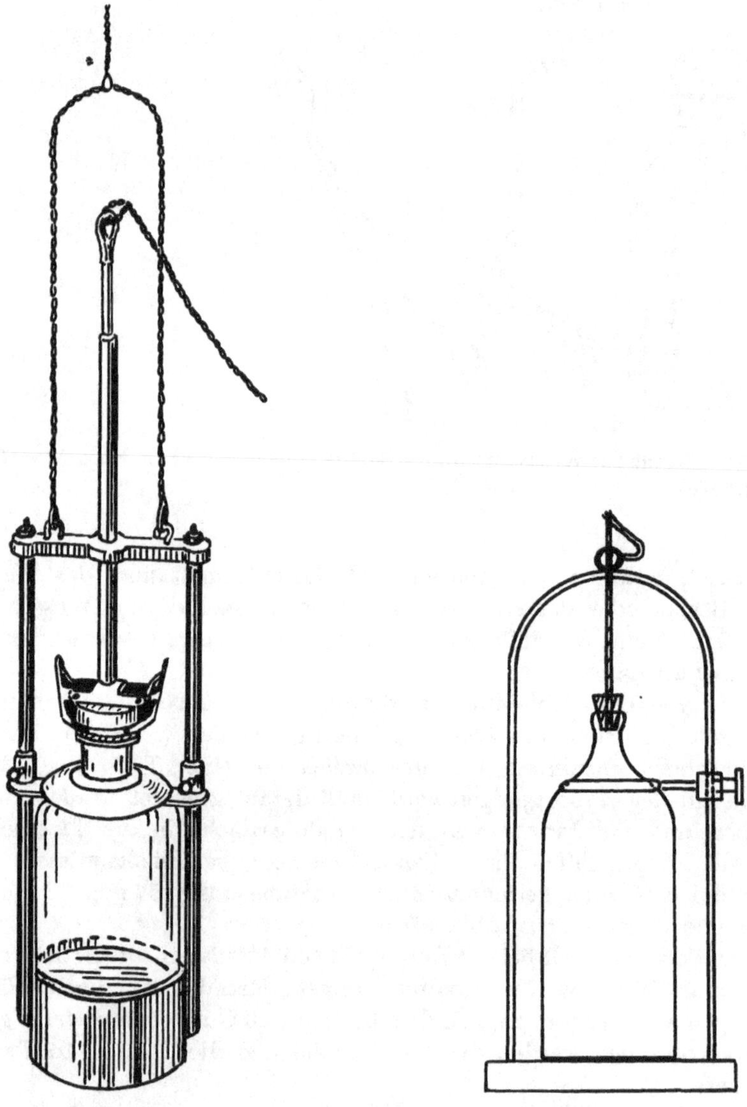

Abb. 46. Zwei Gerätetypen zur Probeentnahme aus größeren Tiefen.

Bei der Entnahme von Eisproben wird ein genügend großes Stück mit einem abgeflammten Stemmeisen abgebrochen. Aus der Mitte des Eisstückes entnimmt man kleinere, nicht verunreinigte Stücke, die in einem sterilen Gefäß bei Zimmertemperatur aufgetaut werden. Dann verfährt man mit dieser Probe wie mit Oberflächenwasser.

Das Gefäß mit der entnommenen Probe wird nach Aufsetzen des Stopfens und Anbringen der Schutzhülle beschriftet. Der Begleitschein wird sorgfältig ausgefüllt, damit keine Verwechslungen auftreten können. Alle Abweichungen von der Norm bei der Probeentnahme müssen eingetragen werden.

Bis zur Verarbeitung wird die Probe in einer geeigneten Hülle aufbewahrt. In der Regel werden dazu gefächerte Kisten aus Holz oder Metall verwendet, deren Zwischenwände mit einem weichen Material (z. B. mit Schaumpolystyrol) ausgekleidet sind, um eine Beschädigung der Flaschen zu vermeiden. Die Seitenwände der Transportkiste sind im allgemeinen hohl. Im Winter wird in diesen Zwischenraum warmes Wasser, im Sommer Eis zur Einhaltung der erforderlichen Wassertemperatur eingefüllt. Zum Transport von Wasserproben haben sich auch zweckentsprechend umgerüstete tragbare Campingkühlschränke bewährt.

Einfluß des Transportes auf die Probe

Zur bakteriologischen Analyse soll die entnommene Wasserprobe schnellstens, möglichst an Ort und Stelle und somit ohne Transport oder Lagerung, verarbeitet werden. Falls diese Forderung aus bestimmten Gründen nicht erfüllt werden kann, muß ein gewisser zeitlicher Abstand zwischen Entnahme und Verarbeitung der Probe zugestanden werden.

Am strengsten sind dabei die sowjetischen Standardverfahren, die vorschreiben, daß eine Probe, die nicht an Ort und Stelle untersucht werden kann, binnen 2 Stunden verarbeitet werden muß. Ein Zeitraum von bis zu 6 Stunden zwischen Entnahme und Analyse wird erlaubt, wenn die Probe bei einer Temperatur von 1—5 °C gehalten, d. h. im Sommer gekühlt und im Winter erwärmt wird. Analoge Kriterien führen auch die empfohlenen Einheitsverfahren der RGW-Länder an (1974).

Einen 6stündigen Zeitraum gestatten die amerikanischen Standardmethoden für Wasseruntersuchungen (1975), die jedoch im Ausnahmefall als Zeitlimit 30 Stunden erlauben.

Die DDR-Methoden (1975) unterscheiden zwischen Aufbewahrungszeiten für Abwasser- und Oberflächenwasserproben (2 Stunden) und für Reinwasser- und Grundwasserproben (6 Stunden). Diese Zeiten dürfen ausnahmsweise (bei Aufbewahrung im Kühlschrank und entsprechendem Vermerk im Protokoll) bei Schmutzwasserproben auf 6 Stunden und bei Reinwasserproben auf 24 Stunden ausgedehnt werden.

Jede Zeitspanne zwischen Entnahme und Verarbeitung der Probe beeinflußt deren mikrobiellen Gehalt. Während der Aufbewahrung kommt es in relativ sauberen Wässern zur Erhöhung der Bakterienzahl (besonders der sog. psychrophilen, weniger der mesophilen Arten), in verunreinigten Wässern zu ihrem Absinken bereits während der ersten 12—24 Stunden. In welchem Ausmaß sich diese Veränderungen bemerkbar machen, hängt von verschiedenen Faktoren, besonders jedoch von der Temperatur ab.

Prescott et al. (1950) geben an, daß sich nach 3 Tagen in einer Brunnenwasserprobe die Bakterien von ursprünglich 7 auf 495000 ml vermehrten und fordern darum die Verarbeitung der Wasserproben an Ort und Stelle, spätestens jedoch nach 12 Stunden, wobei dann eine Temperatur von 6—10 °C eingehalten werden muß. Gainey und Lord

(1952) sind der Ansicht, daß die Probentransportzeiten bei Abwässer 1 Stunde, bei mittelmäßig verunreinigten Oberflächenwässern 6 Stunden und bei relativ reinen Wässern 12 Stunden nicht übersteigen dürfen. Dabei soll das Wasser bei 6—10 °C gehalten werden. Einen ähnlichen Standpunkt vertreten auch DOUGHERTY und LAMBERTI (1954) und belegen ihre Folgerungen experimentell durch Untersuchung über Veränderungen der Keimzahlen von *E. coli*. Sie stellten fest, daß bei Proben, die nach der Entnahme 3—8 Stunden in ungekühltem Zustand gelagert wurden, die Keimzahlen von *E. coli* um 40% niedriger lagen als in den gekühlten Vergleichsproben. Aber auch gekühlt kann die Probe nicht mehrere Tage gelagert werden.

Nach eigenen Erfahrungen (DAUBNER 1960) kommt es in den Sommermonaten innerhalb von 2 Stunden nach der Entnahme noch zu keinen auffälligen Veränderungen der Mikroflora des Wassers. Die Unterschiede in den Heterotrophenkeimzahlen einer Wasserprobe zwischen sofort beimpften Platten (die durch die ungleichmäßige Verteilung der Mikroorganismen im Wasser bedingt sind) und den nach einem 2stündigem PKW-Transport bei 25—27 °C angelegten Platten unterschieden sich nicht signifikant. Auch die statistische Auswertung bestätigte, daß sich die Bakterienzahl in den Proben im Verlaufe von 2 Stunden nicht wesentlich ändert (Tabelle 63).

Tabelle 63
Einfluß der Transportzeit auf den Bakteriengehalt von Wasserproben.

Wasser	Bebrütungs-temperatur	Durchschnittliche Keimzahl/ml (Nährsilikat)	Statistische Sicherung (F-Wert $\alpha = 0{,}01$)
See	20 °C	a 578,9 b 517,0	$1{,}27 < 7{,}19$
	37 °C	a 323,3 b 313,6	$0{,}16 < 7{,}19$
Fließgewässer	20 °C	a 2536,0 b 3633,0	$6{,}60 < 7{,}19$
	37 °C	a 1130,0 b 1252,4	$0{,}48 < 7{,}19$

a = Probe bei Ansatz an Ort und Stelle
b = Ansatz nach 2stündigem Transport

Falls die Wasserprobe jedoch erst nach diesem Zeitraum verarbeitet wird, kommt es zu Veränderungen, die das Resultat beeinflussen. Es ist daher notwendig, die verstrichene Zwischenzeit wie auch Angaben über weitere Veränderungen und Abweichungen vom vorgeschriebenen Verfahren im Protokoll zu vermerken. Eine Untersuchung von Proben nach einer Zwischenzeit von mehr als 24 Stunden ist praktisch wertlos, da kein genaues Bild über die tatsächliche Wassergüte mehr erhalten werden kann.

Wir müssen uns entschieden dagegen aussprechen, daß bakteriologische Wasseranalysen auch noch nach einer ungekühlten Lagerung von 2—3 Tagen durchgeführt werden. Wir schlagen deshalb Methoden vor, die eine einfache und schnelle Untersuchung der Wasserprobe an Ort und Stelle unter Beschränkung auf eine bescheidene Laboratoriumseinrichtung ermöglichen und die in jedem Automobil (Mikrobus) ausgeführt werden können. Zu diesem Zwecke erarbeiteten und modifizierten wir Methoden, wie die Anwendung von Membranfiltern mit und ohne Filtrationsgerät, Kieselsäuremedien anstelle des Agars usw. (DAUBNER 1960, 1963, DAUBNER und PETER 1974).

Methoden zur Bestimmung der Gesamtzahl der Mikroben

Mit den Begriffen „Gesamtzahl", „total count" usw. wird auch heute noch in der Fachliteratur und in Lehrbüchern in unexakter Weise jener Anteil heterotropher (insbesondere saprophytischer) Bakterien bezeichnet, der unter bestimmten festgelegten Bedingungen vermehrbar ist. Diese Bedingungen sind im allgemeinen eine Temperatur von 18—37 °C, eine Bebrütungsdauer von 24—72 Stunden und ein Nährboden, der bei nahezu neutralem pH-Wert kohlenstoff- und stickstoffhaltige Substanzen in Form von Peptonen anbietet.

Aus zahllosen Untersuchungen geht hervor, daß die saprophytischen Bakterien nur einen kleinen Prozentsatz der Wassermikroflora darstellen. In gechlortem Trinkwasser machen sie 0,1—0,01% und in reinen Gewässern nur etwa 0,00001% der Gesamtzahl der insgesamt vorhandenen Mikroorganismen aus. Keines der bisher verwendeten Nährmedien kann die Vermehrung aller im Wasser anwesenden Bakterien gewährleisten. Daß die einzelnen Nährböden (Gelatine, Agar, Kieselsäuregel) verschiedene Arten unterschiedlich begünstigen, ist auch daraus ersichtlich, daß das Verhältnis der Keimzahlen auf den angeführten Nährböden 100:70:80 beträgt (HETTCHE und MÜNCH 1938).

Die zahlenmäßige Erfassung mit der besten Näherung an die Anzahl aller in einem bestimmten Wasservolumen vorhandenen Mikroben erreicht man mit der mikroskopischen Direktzählung. Aber auch dabei bestimmt man nicht die absolute Organismenzahl, denn man übersieht die sich nicht anfärbenden Formen, es sei denn, man arbeitet im Phasenkontrast. Nicht oder ungenau werden besonders kleinste Bakterien (kleiner als 0,2 μm) und Leptospiren, auf keinen Fall Rickettsien, Viren und Bakteriophagen erfaßt. Zu deren Bestimmung sind spezielle Methoden erforderlich.

Die Methode der mikroskopischen Direktzählung findet gerade in der Hydromikrobiologie eine breite Anwendung. Sie ermöglicht nicht nur eine maximale Annäherung an die tatsächliche Mikrobenzahl und damit auch eine bessere Bewertung der Wasserqualität, sondern sie bietet auch günstige Möglichkeiten zur hygienischen Beurteilung des Wassers.

Wir führten schon an, daß mit der Plattenmethode nur einen gewissen Anteil der wirklich vorhandenen Mikroorganismen erfaßt werden kann. Diese Zahl wird zusätzlich dadurch vermindert, daß die Kolonien nicht nur aus einer Einzelzelle, sondern häufig aus Konglomeraten mit einer unterschiedlichen Zellenzahl entstehen. Die Differenz zwischen den aus einem Wasservolumen mikroskopisch und kulturell bestimmten Zahlen ist in reinen Wässern am größten (Tabelle 64) und vermindert sich mit zunehmendem Grad an organischer Verunreinigung. Das ist leicht erklärlich, da in verunreinigten Gewässern gerade jene Mikrobengruppen (z. B. heterotrophe saprophytische Bakterien) überwiegen, die auf den gebräuchlichen Nährböden gut wachsen. Mit der Verminderung des Anteils organischer Stoffe kommt es zu Änderungen in der Artenzusammensetzung, und in reinen Wässern überwiegen die Mikroorganismen, die zwar kulturell nicht oder nur zu einem geringen Prozentsatz nachgewiesen, jedoch mikroskopisch durchaus erfaßt werden können.

Einen bedeutenden Teil der mikrobiellen Besiedlung des Wassers bilden ammonifizierende, denitrifizierende, nitrifizierende, Schwefel-, Eisen-, Phosphor- und andere Bakterien sowie Pilze, die am Kreislauf der Stoffe und an energetischen Umsetzungen beteiligt sind. Sie wachsen auf den gebräuchlichen Nährmedien nicht oder nur sehr schlecht. Außerdem gibt es eine große Gruppe von Mikroorganismen, die bisher in vitro überhaupt noch nicht angezüchtet werden konnten. Die zahlenmäßige Erfassung dieser mikrobiellen Gruppen und Arten hat für die mikrobiologische und hygienische Bewertung des Wassers eine besondere Bedeutung.

Tabelle 64

Verhältnis der mikroskopisch bestimmten Mikrobenzahl und der kulturell nachgewiesenen Keimzahl aus Wässern verschiedenen Reinheitsgrades.

Wasservorkommen	Mikrobenzahl (mikroskop.)	Keimzahl (Nähragar)	Verhältnis
	aus 1 ml		
Abwasser (Kanalisation von Bratislava)	1249156000	48300000	25,8
Oberflächenwasser (Váh unterhalb einer Stadt)	132700	5800	23,0
Oberflächenwasser (Donau, Fließ-km 1868)	119300	1800	67,0
Oberflächenwasser (reiner Fischteich)	103800	1000	100
Oberflächenwasser (Uralfluß-Oberlauf)	398000	200	1900

Hydromikrobiologen ist bekannt, daß in einigen Fällen auch aus sichtlich verunreinigten Wässern nur geringe Keimzahlen ermittelt werden. Ein solches Ergebnis entspricht selbstverständlich nicht den tatsächlichen Verhältnissen im untersuchten Wasser. Bei der mikroskopischen Zählung finden sich dann auch einige Millionen Zellen/ml. Dies beweist das Vorhandensein einer spezifischen Mikroflora, die nur nicht fähig ist, auf den verwendeten Nährmedien anwachsen zu können.

Bei der mikroskopischen Direktmethode handelt es sich nicht nur um ein quantitatives Ergebnis. Bereits durch die Feststellung der Anwesenheit spezifischer physiologischer Bakteriengruppen wird eine gewisse qualitative Bewertung vorgenommen. Eine weitere Möglichkeit besteht in der Differenzierung der erfaßten Mikroorganismen nach ihrer Morphologie (Stäbchen, Kokken, Spirillen, Vibrionen, Azotobacter, Zellen, Schwefel-, Eisen- und sporenbildende Bakterien, Aktinomyzeten, Pilzmyzelien, Hefen usw.). Unter Anwendung spezieller Färbmethoden und chemischer Reaktionen können einige Gruppen noch weiter differenziert werden (grampositive und gramnegative Bakterien, Eisenbakterien, sporenbildende Formen). Es kann angenommen werden, daß nach intensiverer Bearbeitung der mikroskopischen Differenzierungsmethoden auch weitere Gruppen erkannt werden können. Damit sollten sich neue Anwendungsmöglichkeiten dieser bisher als unzureichend eingeschätzten Methode ergeben. Außerdem ist die Methode der mikroskopischen Mikrobenbestimmung einschließlich der anwendbaren mikrochemischen Reaktionen zeitlich bedeutend kürzer und weniger materialaufwendig als die Kultivierung auf Nährböden und daher für die Praxis besonders nützlich.

Das Verhältnis zwischen den Zahlen mikroskopisch und kulturell nachgewiesener Bakterien kann zur Einschätzung der Wasserqualität verwendet werden. Das Verhältnis wird als Quotient K bezeichnet und ergibt sich aus der Gleichung

$$K = \frac{p}{s},$$

wobei

p die Zahl mikroskopisch nachgewiesener Bakterien/ml und
s die Zahl/ml auf Nährböden vermehrbarer Mikroorganismen sind.

Wenn wir als s die Keimzahlen heterotropher psychrophiler Bakterien (20 °C/48 bzw. 72 h) einsetzen, können wir nach den Werten K die Wässer in schwach verunreinigt ($K > 1000$), mittelstark verunreinigt ($K = 10-1000$) und stark verunreinigt ($K < 10$) einteilen. Die Grundlage für diese Einteilung besteht darin, daß sich das Verhältnis zwischen den Zahlen der mikroskopisch und kulturell nachgewiesenen Mikroben mit zunehmender organischer Belastung ändert.

Nach diesem Quotienten bewerteten wir auch die Qualität des Donauwassers im tschechoslowakischen Abschnitt und stellten fest, daß es mittelstark bis stark mit organischen Stoffen verunreinigt ist (vgl. (Tabelle 64), was auch mit den weiteren Indikatoren der Wasserqualität durchaus übereinstimmt.

Wenn wir für den Wert s die Zahlen der Enterobacteriaceae bzw. die der Koliformen einsetzen, können wir daraus das Ausmaß der fäkalen Verunreinigung des Wassers ableiten. Durch Vergleich der Ergebnisse aus verschiedenen Wasserproben ist es möglich, Bewertungskriterien für die Wasserqualität mit Hilfe dieser Formel zu erarbeiten.

Ein nicht minder wichtiger Vorteil der direkten mikroskopischen Methode ist die Möglichkeit einer Bestimmung der Bakterienmasse und dadurch der Bewertung des Wassers hinsichtlich Trophie und Produktivität. Damit ist hauptsächlich die Ausnutzung der Mikroflora als Nahrungsquelle für Zooplankton und Jungfische gemeint.

Absolute Zahlenangaben der Mikroflora können auch zur Einschätzung der Rolle der Bakterien bei biochemischen Prozessen (z. B. bei Selbstreinigungsprozessen) herangezogen werden. Wenn man vom Sauerstoffbedarf einer Zelle ausgeht, läßt sich der O_2-Bedarf des mikrobiellen Planktons im Wasser berechnen.

Ein gewisser Nachteil der mikroskopischen Methode besteht darin, daß die benutzten Farbstoffe im allgemeinen keine Unterscheidung zwischen lebenden und toten Zellen ermöglichen. Auf Grund der bisher vorliegenden Ergebnisse handelt es sich jedoch um keinen prinzipiellen Mangel. Es ist bekannt, daß der Anteil der abgestorbenen Bakterien im Wasser 10—20% beträgt. Ähnliche prozentuale Werte finden sich auch in Bakterienkulturen. Die Ursache hierfür liegt in der baldigen Autolyse der Mikroben nach ihrem Absterben. Im wäßrigen Milieu, das keinerlei konservierende Wirkung aufweist, zerfallen tote Mikrobenzellen innerhalb von einigen bis 24 Stunden. Eine andere Situation ist in Wässern mit fixierend wirkenden Stoffen (Chlor, Antibiotika, andere Chemikalien) vorhanden, da die toten Zellen in einem solchen Milieu wesentlich langsamer zerfallen.

Zur Unterscheidung von lebenden und toten Mikrobenzellen gibt es mehrere Verfahren, die es auch ermöglichen, ihre zahlenmäßigen Anteile zu bestimmen. Da dabei gewöhnlich eine Kombination von zwei und mehreren Kontrastfarbstoffen verwendet wird, kann man solche Methoden für Membranfilter im allgemeinen nicht anwenden, sondern ist auf Glas als Trägermaterial z. B. beim Objektträgerausstrich angewiesen.

Eine Kontrastfärbung lebender und toter Zellen beruht darauf, daß sich lebende und tote Mikroorganismen unterschiedlich färben lassen. Nach Absterben der Mikrobenzellen ändert sich diese Eigenschaft schnell und sie färben sich anders.
Kontrastfärbung nach Peškov (1955):

Die Mikrobensuspension wird auf einem gekennzeichneten und gründlich gereinigten Objektträger aufgetragen. Sie wird mit einer Lösung, aus 60 Teilen Äthylalkohol, 30 Teilen Eisessig und 10 Teilen Chloroform fixiert. Das fixierte Präparat wird an der Luft getrocknet und danach 24 Stunden in die Farblösung nach Giemsa gelegt (Azur II 1:1000 und Eosin BA 1:1000). Die Färbezeit kann bis auf 4 Stunden im Thermostat bei 37 °C verkürzt werden. Nach der Färbung wird mit dest. Wasser mit pH = 7,2 der überschüssige Farbstoff ausgewaschen und das Präparat mit einer 0,25%igen wäßrigen Lichtgrünlösung 20 Sekunden gegengefärbt. Die lebenden Zellen färben sich blauviolett, die toten grün. Bei exakter Einhaltung des Arbeitsverfahrens ist die Färbung gut erkennbar.

Zur Unterscheidung biochemisch aktiver und inaktiver Zellen dient die Methode von Padevět und Kalina (1956):

Auf einem Objektträger streicht man die Mikrobensuspension aus und läßt sie an der Luft trocknen. Das Präparat wird 2 Minuten mit einer gesättigten wäßrigen Methylenblaulösung gefärbt. Der überschüssige Farbstoff wird mit destilliertem Wasser abgespült. Anschließned läßt man 10 Minuten eine 10%ige Lösung von rotem Blutlaugensalz einwirken. Nach Abspülen dieses Reagenzes wird das Präparat mit einer gesättigten Lösung von basischem Fuchsin 30 Sekunden gegengefärbt. Die aktiven Mikroorganismen färbten sich blau-grün oder blau, die inaktiven rot.

Möglicherweise können auch lebende von toten Bakterien durch Anwenden einer 0,1%igen Triphenyltetrazoliumchlorid-Lösung unterschieden werden (Kadlecová 1965). Lebende (aktive) Bakterien reduzieren diese Substanz zu rotem Formazan, das sich mikroskopisch als dunkle Flecken in der Bakterienzelle bemerkbar macht. Zum Gegenfärben benutzt man eine 0,5%ige alkalische, wäßrige Malachitgrünlösung.

Zur Unterscheidung der lebenden und toten Mikrobenzellen kann man auch die Fluoreszenzmikroskopie anwenden. Als Fluoreszenzfaktor eignet sich Akridinorange. Die Unterscheidung beruht darauf, daß lebende, aktive Zellen den Farbstoff nur schwer aufnehmen und im Mikroskop grün fluoreszieren. Tote Zellen adsorbieren den Farbstoff auf Grund eines Überschusses an negativ geladenen Komponenten. Das bedeutet, daß in diese Zellen höhere Konzentrationen gelangen und eine orangefarbene bis rote Fluoreszenz beobachtet werden kann. Methode nach Danckworth (1940):

Auf einem Objektträger wird ein Tropfen Akridinorange, verdünnt in physiologischer Kochsalzlösung (1:5000–1:10000), aufgetragen. In diesem Tropfen vermischt man die Bakteriensuspension gründlich. Das Präparat wird eingedeckt und unter Benutzung eines Fluoreszenzmikroskopes durchmustert. Die Methode gibt, besonders bei der Untersuchung größerer Objekte (Protozoen, Hefe), gute Ergebnisse, aber auch bei Bakterien kann man befriedigende Resultate erzielen. Eine gewisse Schwierigkeit bringen Zellen mit sich, die eine andere Fluoreszenz als rot oder grün aufweisen, da dann eine Bewertung erschwert wird.

Breite Anwendung fand in den letzten Jahren auch die Auflichtfluoreszenz-Technik, die die Vorteile der ursprünglich verwendeten Durchlicht-Fluoreszenzmikroskopie erweitert. Bei Auflichtbestrahlung wird die Fluoreszenz auf der Oberfläche des Präparats entwickelt und daher voll vom Objekt erfaßt, was gerade bei kleinen, relativ schwach fluoreszierenden Objekten, wie dies die Bakterien sind, von Bedeutung ist. Die Auflichtmethode kann auch mit der Durchlichtfluoreszenz im Phasenkontrast oder Dunkelfeld kombiniert werden.

Bei Anwendung der Auflichtfluoreszenz haben sich besonders die *Nucleopore*-Ultrafilter (Nucleopore Corp., Pleasanton, CA, USA) sehr gut bewährt. Zum Unterschied von den bekannten Membranfiltern mit einer schwammförmigen Struktur, ist die Oberfläche der Nucleoporenfilter glatt, mit runden, fast gleichmäßig verteilten Poren. Dies erleichtert wesentlich die mikroskopische Bakterienzählung

Auf anderer Grundlage beruht die Unterscheidung lebender von toten Bakterien mit Hilfe der Bestimmung von Mikrokolonien auf Membranfiltern. Sie besteht darin, daß die Wasserprobe durch ein Membranfilter (gewöhnlich mit einem effektiven Durchmesser von 1 cm), wie es bei der mikroskopischen Direktzählung benutzt wird, filtriert wird. Die zurückgehaltenen Bakterien werden 2—3 Stunden bei entsprechender Temperatur (10, 20, 37 °C) auf festem Nährboden (Hungeragar, Fleischpeptonagar, Proteosepeptonagar usw.) bebrütet. Nach der Inkubation wird das Filter auf eine mit Karbolerythrosin (3% Erythrosin in 5%igem Phenolwasser) gesättigte Unterlage gelegt und nach Anfertigung eines mikroskopischen Präparates durchmustert. Die Bakterien, die Mikrokolonien gebildet haben, sind die lebenden, die anderen werden als inaktiv betrachtet. Diese Feststellung ist jedoch ungenau, da Bakterien, welche keine Mikrokolonien gebildet haben, nicht unbedingt tot sein müssen, sondern vielleicht nur unfähig waren, sich unter den gegebenen Bedingungen zu vermehren. Das bedeutet, daß es bei Anwenden dieser Methode zur Unterscheidung zwischen lebenden und toten Bakterien notwendig wäre, eine Kombination mehrerer Nährsubstrate oder andere genauere Verfahren anzuwenden.

Mikroskopische Direktzählung auf Objektträgern

Es handelt sich um eine mikroskopische Methode, die ursprünglich Cholodnyj ausgearbeitet hatte und Isačenko zur Bestimmung des Phyto- und Zooplanktons vervollkommnete. Später wurde sie besonders für die Hydromikrobiologie modifiziert. Es ist eine einfache Methode, die man auch unter Feldbedingungen anwenden kann, was zu ihren Vorzügen gehört. Als Nachteil dieser Methode muß angesehen werden, daß sie nur die Untersuchung einer kleinen Wassermenge von bis zu 0,5 ml ermöglicht. Größere Mengen würden die Arbeit sehr komplizieren und die Genauigkeit herabsetzen. Daraus folgt, daß die Methode zur Untersuchung relativ reiner Wässer ungeeignet ist.

Methodik:

Auf einem gründlich entfetteten Objektträger markiert man eine Fläche von 1 cm^2. In das entstandene Viereck trägt man mit einer Mikropipette tropfenweise die Probe auf, so daß sie die ganze Fläche gleichmäßig bedeckt. Man verfährt dabei so, daß ein Tropfen an staubgeschützter Stelle lufttrocknet, bevor man einen weiteren aufsetzt. Auf diese Weise werden 0,1—0,5 ml aufgetragen. In der Praxis ist es günstig, eine möglichst kleine Menge (0,1 ml) zu untersuchen.

Nach Auftragen und Eintrocknen der Wasserprobe wird das Präparat mit einigen Tropfen absolutem Alkohol fixiert, den man auf die Oberfläche gibt und verdunsten läßt. Zur exakten Lokalisierung der Mikroorganismen auf dem Glas kann mit einer dünnen Schicht sterilen Agars (mit dest. Wasser im Verhältnis 1:1000 verdünnt und durch ein Membranfilter gesaugt) überschichtet werden. Der Agar bildet auf dem Glas eine dünne durchsichtige Schicht, die aber weitere Behandlungen des Präparates (Färbung der Mikroorganismen, Entfärben, Differenzieren usw.) ermöglicht.

Die Mikroorganismen werden durch Eintauchen des Objektträgers in eine 3%ige Erythrosinlösung mit 5%igem Karbolwasser 30—60 Minuten gefärbt. Nach dieser Zeit nimmt man das Präparat heraus und taucht es einige Male in dest. Wasser, bis es sich schwach rosa entfärbt. Das Präparat läßt man an der Luft trocknen und zählt die Mikroben bei 1000facher Vergrößerung mikroskopisch aus. Das Auszählen nimmt man an verschiedenen Stellen des Präparates vor (z. B. von der linken unteren bis zu rechten oberen Ecke), wobei man wenigstens 10—15 Gesichtsfelder auszählen sollte. Es ist günstig, in das Okular des Mikroskopes ein Okularnetz einzulegen, das Ungenauigkeiten bei der Berechnung verhindert (Übersehen oder doppeltes Auszählen einer Zelle). Je nach der Mikrobenzahl im Gesichtsfeld werden 4, 8, 16 oder 25 Netzquadrate ausgezählt. Je kleiner die Mikrobenzahl ist, desto mehr Quadrate werden durchmustert.

Die Berechnung der Gesamtzahl x der Mikroben im gegebenen Volumen nimmt man nach folgender Formel vor:

$$x = K \frac{N}{n}$$

Dabei bedeuten:

K — Koeffizient des Mikroskopes, d. h. das Verhältnis des Gesichtsfeldes bzw. der Fläche der ausgezählten Netzquadrate zur Fläche des Präparates,
N — durchschnittliche Mikrobenzahl in einem Gesichtsfeld,
n — Volumen des untersuchten Wassers.

Beispiel: Die Fläche des Quadrates (bei Kantenlängen von 1 cm) auf dem Objektträger ist 1 cm². Die Fläche des Gesichtsfeldes beträgt 0,000154 cm². Durch Einsetzen in die Formel zur Berechnung von K erhalten wir

$$K = \frac{1}{0{,}000154} = 6500.$$

Es wurden 0,5 ml untersucht und je Gesichtsfeld im arithmetischen Mittel 10 Bakterien ausgezählt. Dies bedeutet

$$x = 6500 \frac{10}{0{,}5} = 130000,$$

d. h. 260000 Mikroorganismen/ml Wasser.

Bei Verwenden eines Okularnetzes und Auszählen von 16 Quadraten ist die Berechnung folgendermaßen:

Fläche des Quadrates auf dem Objektträger = 1 cm². Die Fläche eines Quadrates im Okularnetz bei Kantenlänge 12 µm = 0,00000144 cm², der Quotient beträgt dann

$$x = K' \frac{N}{16 \cdot n} = 694400 \frac{10}{16 \cdot 0{,}1} = 4340000.$$

Mikroskopische Direktzählung auf Membranfiltern

1932 erarbeitete Razumov eine Methode, die den entscheidenden Mangel des bisherigen Verfahrens, die Unmöglichkeit, ein größeres Wasservolumen als 0,5 ml untersuchen zu können, beseitigt. Zur Anreicherung der Mikroorganismen wurden Membranfilter verwendet. Das hatte den weiteren Vorteil, daß das Präparat nach der Untersuchung als Beleg aufbewahrt werden konnte. Diese Methode wurde entsprechend eigenen Erfahrungen modifiziert (DAUBNER 1956):

Man verwendet Membranfilter des Durchmessers von 12—15 mm mit einem effektiven Durchmesser der Filterfläche von 1 cm. Die Porenweite beträgt 0,2 μm.

Vor der Benutzung entfernt man auswaschbare Rückstände und sterilisiert die Filter. Dazu legt man die Filterblättchen in ein Becherglas und erhitzt sie in dest. Wasser auf etwa 80 °C. Das Wasser wird dabei 2—3mal gewechselt. Zuletzt läßt man die Filter etwa 20 Minuten bei niedriger Flamme kochen. Bei zu starkem Kochen können sich die Membranfilter deformieren, was ihre Befestigung im Filtrationsgerät erschwert.

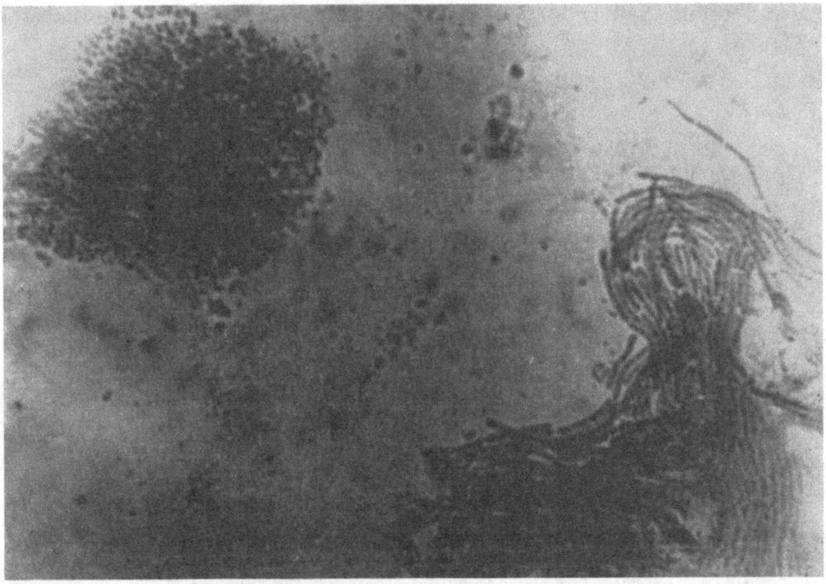

Abb. 47. Mikrokolonien von Bakterien auf einem Membranfilter (8 h/37 °C, Vergrößerung 1000 ×, Färbung mit Erythrosin).

Das sterile Membranfilter wird mit einer abgeflammten Pinzette behutsam in das Filtergerät eingelegt, das auf einer Saugflasche befestigt ist (Abb. 48). Auf das Filter pipettiert man eine Wassermenge von gewöhnlich 1—10 ml; aus Proben von Oberflächenwässern genügt im allgemeinen 1 ml. Erforderlichenfalls spült man mit bakterienfreiem Leitungswasser nach.

Die Probe wird durch Unterdruck (Wasserstrahlpumpe o. ä.) filtriert. Bei Arbeiten im Gelände kann man eine Handpumpe verwenden. Die Filtration soll nicht zu schnell erfolgen: 1 ml Wasser bis etwa 1 Minute (Zur Fixierung der Mikroorganismen sind etwa 5 ml einer 5%igen Formaldehydlösung hinzuzugeben, danach ist das Filter mit bakterienfreiem dest. Wasser nachzuwaschen).

Zur Filtration kann auch eine modifizierte Injektionsspritze (Abb. 49) benutzt werden. Solche Geräte werden von den Firmen Sartorius (Göttingen) oder Millipore (Bedford, USA) industriell hergestellt. Es handelt sich um eine einfache Vorrichtung, die sowohl im Laboratorium als auch im Gelände Vorteile bietet. Zum Beispiel muß die

Wasserprobe nicht mit Umweg über eine Flasche entnommen, sondern kann direkt mit der Spritze eingesaugt und dadurch gleichzeitig durch die eingelegte Membrane filtriert werden (vgl. Abb. 49b).

Nach Beendigung der Filtration entnimmt man das Filter und legt es auf einen gekennzeichneten Objektträger, wo es an der Luft unter einer Glasglocke oder einer Petrischale trocknen kann. Das trockene Filter legt man dann auf ein mit einer 3%igen Erythrosinlösung (mit 5%igem Karbolwasser) getränktes Filtrierpapier. Nach 30–60 Minuten legt man das Filter auf ein anderes, mit dest. Wasser getränktes Filtrierpapier, um den überschüssigen Farbstoff zu entfernen. Diese Prozedur wiederholt man so lange, bis auf dem Filterrand nur eine schwach rosa Färbung zurückbleibt. Das Membranfilter läßt man nach den geschilderten Arbeitsgängen an der Luft trocknen.

Dann wird ein mikroskopisches Präparat hergestellt: Auf einen Objektträger gibt man einen Tropfen Zedernholz- oder Immersionsöl, darauf legt man das Filter, das

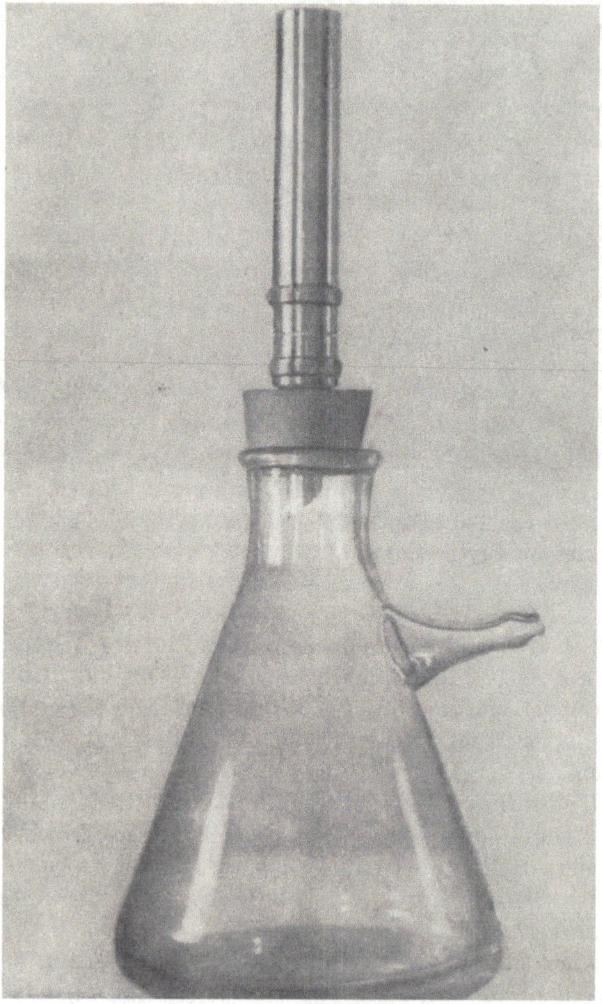

Abb. 48. Filtergerät zur mikroskopischen Direktzählung.

dabei transparent wird. Auf die Filteroberfläche gibt man noch 1—2 Tropfen Öl und deckt das Präparat mit einem dünnen Deckgläschen ein (ein zu dickes Deckglas verhindert bei Anwendung des Immersionsobjektes ein scharfes Einstellen des Präparates).

Die auf dem Membranfilter zurückgehaltenen Mikroben werden dann mikroskopisch ausgezählt, wobei nach der bereits beschriebenen Methode verfahren wird. Es muß bemerkt werden, daß das eigentliche Auszählen und die Unterscheidung der Mikroorganismen von verschiedenen Artefakten einen Hydromikrobiologen mit Erfahrung in der mikroskopischen Technik voraussetzt. Der Farbstoff Erythrosin (Tetrajodfluoreszein) besitzt eine charakteristische Affinität für Proteine und erst nach richtigem Färben und Entfärben des Präparates sind die Mikrobenzellen rot auf dem schwach rosa bis nahezu farblosen Hintergrund zu erkennen, jedoch lassen sich mitfiltrierte organische Zerfalls-

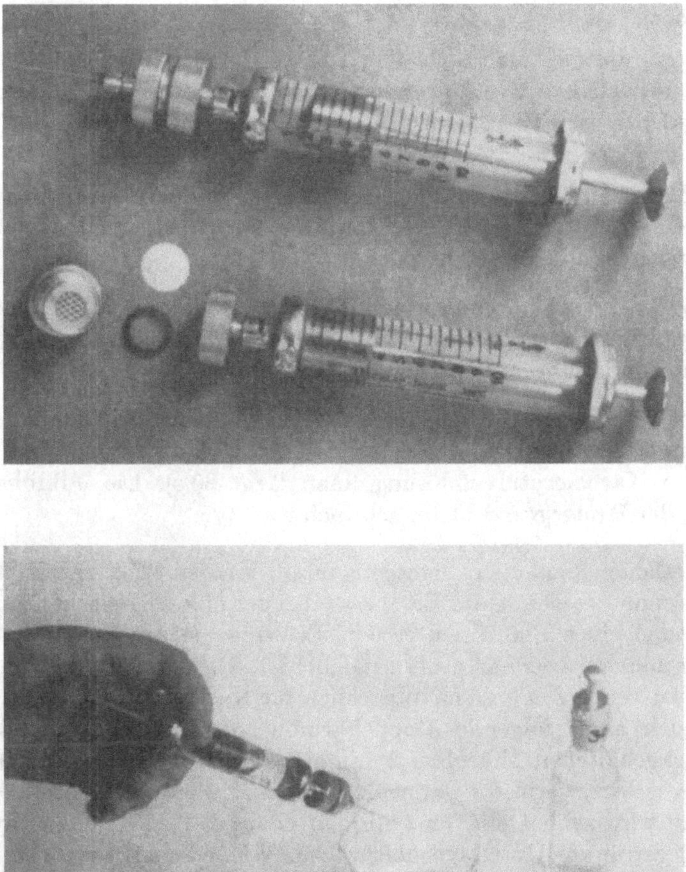

Abb. 49. Modifizierte Injektionsspritze für Methode der mikroskopischen Direktzählung.

produkte (Bestandteile von tierischen und pflanzlichen Zellen, Flagellen usw.) oftmals nicht leicht von Bakterienzellen unterscheiden.

Zur Erleichterung der Unterscheidung von Mikroben und Artefakten wurde die sukzessive Anwendung von zwei Farbstoffen versucht, wodurch die Morphologie des untersuchten Einzelobjektes besser hervortritt. Von mehreren bisher erprobten Methoden seien einige Grundkombinationen angeführt. Man färbt immer durch Auflegen des Filters auf ein Filtrierpapier, das mit dem jeweiligen Farbstoff getränkt ist. Nach Ablauf der Färbzeit entfernt man aus dem Filter den überschüssigen Farbstoff durch wiederholtes Auflegen auf ein mit dest. Wasser getränktes Filtrierpapier und läßt danach das Filter an der Luft trocknen.

Die Grundfärbung erfolgt mit 3%igem Karbolfuchsin. Zur Kontrastfärbung kann einer der nachfolgend genannten Farbstoffe angewendet werden:

a) eine frisch bereitete Fuchsin-Lösung nach Pfeiffer (man färbt 2 min). Die Bakterien sind auf schwach rosa Untergrund dunkelrot bis purpur gefärbt (Stäbchen intensiver, Kokken schwächer).

b) 0,5%ige Brillantgrünlösung (man färbt 90 s). Zuerst bereitet man eine 1%ige Farbstofflösung, die unmittelbar vor Anwendung 1:1 mit dest. Wasser verdünnt wird. Auf graugrünem Untergrund erscheinen die Mikroorganismen dunkelgrün (auf diese Art färben sich besonders Staphylokokken gut).

c) 1%ige wäßrige Methylenblaulösung (man färbt 90 s). Die Mikroben färben sich dunkelblau, das Membranfilter bleibt lichtblau (die verschiedenen morphologischen Mikroorganismengruppen färben sich gleich).

Eine andere Möglichkeit des kombinierten Färbens beruht auf der Grundfärbung mit einer 1%igen wäßrigen Methylenblaulösung. Die Mikroorganismen werden 1 Stunde gefärbt. Die Gegenfärbung führt man folgendermaßen durch:

a) mit frisch bereiteter Fuchsin-Lösung nach Pfeiffer (man färbt 20 s). Auf lichtblauem Untergrund erscheinen die Mikroben intensiver blau gefärbt,
b) mit einer 3%igen Karbolerythrosinlösung (man färbt 90 s). Die Mikroben färben sich dunkelblau, der Hintergrund bleibt schwach rosa.

Die einzelnen Methoden (außer der letztgenannten) können auch zur Färbung von Mikrokolonien verwendet werden. Gute Ergebnisse bei der mikroskopischen Auszählung werden bei Verwenden eines Blaufilters erzielt. Es wurde ferner beobachtet, daß es durch eine Kombination von zwei Farbstoffen möglich ist, die erste Färbung von 1 Stunde auf 5—10 Minuten zu verkürzen (gilt hauptsächlich für Karbolerythrosin).

Weiterhin hat sich auch folgende Doppelfärbung bewährt: Das Membranfilter wird mit den zurückgehaltenen Mikroben 2 min auf eine mit 10%iger HNO_3-Lösung gesättigte Unterlage gelegt, verbleibt dann für 3 min auf einer solchen mit 0,1%igem saurem Fuchsin und wird schließlich für 2 min auf eine mit 0,02%iger Methylenblaulösung (pH 6—6,5) getränkte Unterlage übertragen. Vor jedem Übertragen wird das Membranfilter kurz auf ein Löschblatt gelegt (Lumpkins und Arveson 1968).

Das mikroskopische Auszählen der Mikroben kann bei Anwendung der Membranfilter auch im Phasenkontrast durchgeführt werden. Seine Anwendung hat den Vorteil, daß jede Färbung entfällt und das Differenzieren der Mikroorganismen von Artefakten bis zu einem gewissen Grade erleichtert wird. Allerdings bringt keine Methode allein eine höhere Genauigkeit, diese wird nur durch gründliche Aneignung der mikroskopischen Technik und durch langjährige Praxis erreicht.

Methode des Mikrobenbewuchses auf Objektträgern

Zu den Methoden des direkten mikroskopischen Auszählens von Mikroorganismen kann man auch die Bewuchsmethode auf Objektträgern rechnen. Es handelt sich nicht um eine quantitative, sondern um eine orientierende Methode, die ein Bild der Mikroflora in verschiedenen Profilen und Horizonten eines Gewässers vermittelt. Das Auszählen der Zellen jeder einzelnen Mikrokolonie kann die Vermehrungsrate der betreffenden Mikroben im untersuchten Wasser charakterisieren. Diese Methode kann aber nur in stehenden oder langsam fließenden Gewässern Anwendung finden.

Methodik:

An einer stangenförmigen Halterung (z. B. aus Kunststoff) befestigt man in verschiedenen Höhen gegenständig jeweils 2 Objektträger (Abb. 50). Die Stange wird am unteren Ende mit einem Gewicht beschwert und in das Wasser hinabgelassen,

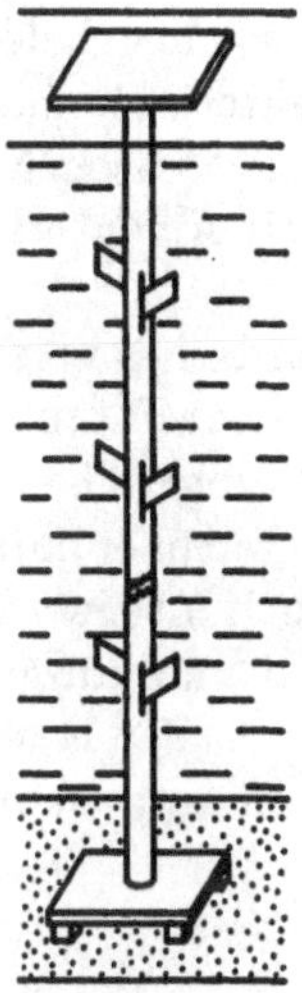

Abb. 50. Apparative Einrichtung zur Anwendung der Bewuchsmethode.

wo sie 2—3 Tage verbleibt. Dann holt man die Stange wieder ein, zieht die Objekträger aus der Halterung und trockent sie. Die während der Exposition aufgefangenen Mikroben fixiert man entweder mit absolutem Alkohol oder Formalindampf. Man färbt sie so, wie es schon bei der Methode der mikroskopischen Direktzählung beschrieben wurde. Am häufigsten verwendet man eine 3—5%ige Karbolerythrosinlösung. Nach Auswaschen des überschüssigen Farbstoffes und anschließendem Trocknen werden die Präparate mikroskopisch durchmustert und bewertet.

Wenn es sich um eine detaillierte Untersuchung oder um die Isolierung der festgesetzten Mikroben handelt, wird das Material nicht fixiert. Man verfährt so, daß jeweils einer der beiden Objektträger eines Horizontes in eine Petrischale gelegt und mit einer dünnen Nährbodenschicht übergossen wird. Je nach Fragestellung wählt man entweder allgemeine Nährböden oder solche zur Differentialdiagnostik bzw. verwendet beide auf je einer Hälfte des Objektträgers.

Methoden zum Nachweis heterotropher Bakterien

Das Vorhandensein und die Keimzahlen heterotropher Bakterien im Wasser können entweder durch direkte Kultivierung auf oder in festen Nährböden oder durch Kultivierung nach Anreichern mittels Membranfiltern festgestellt werden. In gewissem Umfang dient hierzu auch die Methode des Bewachsens von Objektträgern, die im zu untersuchenden Wasser exponiert waren. Diese besprachen wir bereits im vorangegangenen Abschnitt über die Bestimmung der Gesamtzahl von Mikroben, da sich auf den Objektträgern außer Bakterien auch die übrige Mikroflora festsetzt.

Es kann gesagt werden, daß bisher in der ganzen Welt zur Keimzahlbestimmung heterotropher Bakterien nahezu ausschließlich die Plattenmethode von Koch angewendet wird, d. h. die Bakterienzüchtung auf Agar-, seltener auf Gelatinenährböden. Bei der hygienischen Wasserkontrolle werden die Platten für den Nachweis sogenannter psychrophiler Bakterien im allgemeinen 48—72 Stunden bei 18—22 °C, die für mesophile Bakterien 24—48 Stunden bei 35—37 °C bebrütet. Für detaillierte Studien des untersuchten Wassers bzw. für besondere Fragestellungen wird die Kultivierungszeit weiter ausgedehnt. Das ermöglicht auch das Wachstum solcher heterotropher Bakterien, die sich relativ langsam vermehren (z. B. Mykobakterien). Ein anderer Grund für eine verzögerte Koloniebildung kann die Anwesenheit toxischer Stoffe im Wasser sein, z. B. bei der Produktion antibiotischer Stoffe durch Algen oder bei der Chlorung des Wassers.

Keimzahlerhöhungen bei Verlängerung der Bebrütungszeit wurde bei verschiedenen Salz- und Süßwässern, Reinwässern und Abwässern beobachtet. Nach Razumov (1962) handelt es sich um Erhöhungen von 9—114%. Diese Beobachtungen beziehen sich auf die gewöhnlich verwendeten Agar- und Gelatinenährböden. Darüber hinaus kann die Zahl der gezüchteten Kolonien nicht nur extensiv, sondern auch intensiv durch Anwendung von Nährböden mit Zusätzen von Albumin, Hefeextrakt und ähnlichen Stoffen erhöht werden. Es wurde beobachtet, daß eine Zugabe von 0,05% Natriumsulfit oder von primärem und sekundärem Kaliumphosphat das Bakterienwachstum stimuliert.

Anwendung von Agarnährböden

Zur Bestimmung der Keimzahlen heterotropher, im allgemeinen saprophytischer Bakterien verwendet man überwiegend Nähragar (Rezeptur siehe im 8. Kapitel) und die klassische Methode nach Koch.

Methodik:

Die Wasserprobe wird vor der Bearbeitung gründlich durchmischt. Falls notwendig, verdünnt man das Wasser mit steriler Pufferlösung (Vorschrift 119) in Zehnerstufen. Die einzelnen Verdünnungsstufen werden mit sterilen Pipetten angelegt, wobei für das Herstellen jeder Verdünnung eine neue Pipette verwendet werden muß. Dazu wird 1 ml der Wasserprobe oder einer Verdünnungsstufe in 9 ml der Verdünnungslösung übertragen und gründlich vermischt (Mischung 1 + 9; im mathematischen Sinne nicht exakt auch als Verdünnung 1:10 bezeichnet).

Aus der ursprünglichen Wasserprobe oder aus einer ihrer geeigneten Verdünnungen entnimmt man mit einer sterilen Pipette 1 ml, hebt den Deckel einer sterilen Petrischale (von gewöhnlich 10 cm Durchmesser) leicht an und gibt das Wasser in die Schale. Auf der Bodenaußenseite der Petrischale wurden vorher die Kennzeichnung der Probe, die Verdünnung, das Ansatzdatum und evtl. auch die Bebrütungstemperatur vermerkt. Es empfiehlt sich diese Angaben nicht auf den Deckel der Petrischale zu schreiben, da bei den weiteren Manipulationen die Möglichkeit des Vertausches besteht. Es sollen mindestens 2, bei unbekannten Wasserproben noch weitere Verdünnungen angesetzt werden. Aus Trinkwässern sollten je 1 ml unverdünnten Wassers und seiner Verdünnungen 10^{-1} und 10^{-2} verarbeitet werden. Bei Oberflächen- und Abwässern erhöhen sich die Verdünnungsstufen entsprechend dem wahrscheinlichen Verunreinigungsgrad.

Nach Einbringen des Wassers werden in jede Schale 15 ml verflüssigter und auf etwa 45 °C abgekühlter Agarnährboden (Vorschrift 3) gegeben. Durch wiederholte leichte, achterförmige Bewegungen vermischt man das Wasser mit dem Nährboden gründlich und läßt das Gemisch abkühlen. Nach Erstarrung des Agars stellt man die Petrischale mit dem Bodenteil nach oben in den Brutschrank und bebrütet bei der entsprechenden Temperatur die vorgeschriebene Zeit. Zur Ausnutzung der Brutschrankkapazität kann man bis zu 4 Petrischalen übereinanderlegen.

Eine andere Variante der Methode ist, die Wasserprobe auf die Nährbodenoberfläche aufzutragen. Dazu gießt man den Nährboden vorher in eine sterile Petrischale, läßt ihn erstarren und seine Oberfläche antrocknen. Die Wasserprobe wird dann auf diese Oberfläche aufgetragen und gleichmäßig verteilt. Einige Mikrobiologen benutzen dazu abgewinkelte Glasspatel, mit denen sie das Wasser ausstreichen. Wir sind jedoch der Meinung, daß dieser Vorgang die Genauigkeit der Methode beeinträchtigt, da an dem Glasspatel eine gewisse Anzahl der Mikroorganismen haften bleibt oder auch Zellen beschädigt werden können, wodurch das Untersuchungsergebnis beeinflußt wird. Nach Aufbringen und Verteilen der Proben auf der Nährbodenoberfläche werden die Petrischalen in den Brutschrank gebracht. Erforderlichenfalls werden die Schalen vorher mit angehobenem Deckel normal im Brutschrank ausgelegt, um das Verdunsten des überschüssigen Wassers zu ermöglichen. Die getrockneten Platten werden ebenfalls umgekehrt bebrütet.

Das Auszählen der ausgewachsenen Kolonien erfolgt in der Regel bei etwa 6facher Vergrößerung. Dazu legt man die Petrischale auf eine dunkle Unterlage und markiert jede gezählte Kolonie. Bei großen Keimzahlen kann man Hilfsmittel einsetzen (WOLFFHÜGEL-Zählplatte oder verschiedene industriell hergestellte Registriergeräte). Falls diese nicht zur Verfügung stehen, kann die Fläche der Petrischale mit Fettstift bzw. Filzstift in mehrere gleichgroße Segmente unterteilt werden. Auch dann ist es jedoch erforderlich, mindestens 1/4 der Petrischale auszuzählen.

Man wählt zum Auswerten jene Verdünnung, bei der auf der Petrischale 30—300 Kolonien angezüchtet wurden. Nur wenn keine Möglichkeit besteht, die Analyse zu wiederholen, müssen Ausnahmen gemacht werden; jede Abweichung vom Standardverfahren muß jedoch im Protokoll verzeichnet bzw. begründet werden.

Die Ergebnisse werden gewöhnlich auf 1 ml umgerechnet. In das Protokoll trägt man die Ergebnisse nach folgendem Schema aufgerundet ein:

1—100	Kolonien — ohne Abrundung,
101—1000	Kolonien — aufgerundet auf den nächsten Zehner,
1001—10000	Kolonien — aufgerundet auf den nächsten Hunderter,
10001—100000	Kolonien — aufgerundet auf den nächsten Tausender,
100001—1000000	Kolonien — aufgerundet auf den nächsten Zehntausender.

Das Endergebnis wird als Keimzahl heterotropher (psychrophiler, mesophiler oder anderer) Bakterien/ml Wasser ausgedrückt.

Obwohl gegenwärtig bei der Wasseruntersuchung zur Keimzahlbestimmung heterotropher Bakterien nahezu ausschließlich Nähragar verwendet wird (in einigen Ländern arbeitet man außerdem noch mit Nährgelatine), sollte man auch die Nährböden berücksichtigen, bei denen als Erstarrungsmittel Kieselsäuregel dient. Und dies besonders in den Fällen, wo die Kieselsäurenährböden im Vergleich zu Agar bzw. Gelatine Vorteile bieten. Die Kieselsäurenährböden werden auf kaltem Wege hergestellt, es entfällt das Aufkochen und Abkühlen der Medien auf die richtige Temperatur, es werden gebräuchliche und beständige Substanzen verwendet, die chemisch genau definiert werden können usw. Hinsichtlich der Empfindlichkeit sind diese Nährböden bei der Keimzahlbestimmung von saprophytischen und enteralen Bakterien dem Nähragar statistisch gleichwertig (Tab. 65). Medien mit Kieselsäuregel sind für Enterokokken und Klostridien im Vergleich mit Agarnährböden sogar signifikant empfindlicher (Tab. 66). Man kann annehmen, daß Kieselsäuregel als Erstarrungsmittel auch für weitere Nähr- und differential-diagnostische Medien in ähnlicher Weise verwendbar ist, wie es von uns zur Keimzahlbestimmung heterotropher saprophytischer Bakterien und fäkaler Indikatoren eingesetzt wurde (Daubner 1963).

Tabelle 65

Vergleich von Keimzahlen aus Oberflächenwässern auf Nähragar und Nährsilikat.

Bakterien	Inkubationstemperatur (°C)	Durchschnittliche Keimzahl/ml	
		Agar	Silikat
Heterotrophe	20	1150	4150
	37	820	780
Enterobakterien	37	460	440

Tabelle 66

Vergleich von Keimzahlen fäkaler Infikatoren aus Oberflächenwässern auf Nähragar und Nährsilikat.

Bakterien	Durchschnittliche Keimzahl		Statistische Sicherung (F-Wert $\alpha = 0{,}01$)
	Agar	Silikat	
Enterokokken (in 1 ml)	13	21	$9{,}8 > 6{,}9$
Klostridien (in 50 ml)	2,2	4,3	$13{,}6 > 6{,}9$

Methodik:

In eine Petrischale wird auf die schon erwähnte Weise die Wasserprobe einpipettiert. Kurz vor Gebrauch wird der Kieselsäurenährboden durch Zusammengießen zweier Grundlösungen A und B im Verhältnis 100:7 (Vorschrift 4) hergestellt. Die Lösungen werden gründlich gemischt, die Wasserprobe mit dem so entstandenen Medium in der Petrischale übergossen und ebenfalls gleichmäßig vermischt.

Nach Erstarren des Nährbodens, das nach 10—20 min eintritt, klemmt man in den Deckel der Petrischale einen Streifen Filtrierpapier ein, das mit einer 10%igen $CaCl_2$-Lösung getränkt, getrocknet und sterilisiert wurde (Abb. 51). Das Filtrierpapier absorbiert die überschüssige Kondensationsfeuchte des Nährbodens, die beim Gelierungsprozeß entsteht und die das Entstehen von Einzelkolonien stören kann. Es muß darauf geachtet werden, daß das Absorptionspapier an den Rändern der Petrischale gut befestigt ist, damit es nicht die wachsenden Kolonien berührt.

Das weitere Vorgehen gleicht dem, das bei der Keimzahlbestimmung heterotropher Bakterien auf Agarnährboden beschrieben wurde.

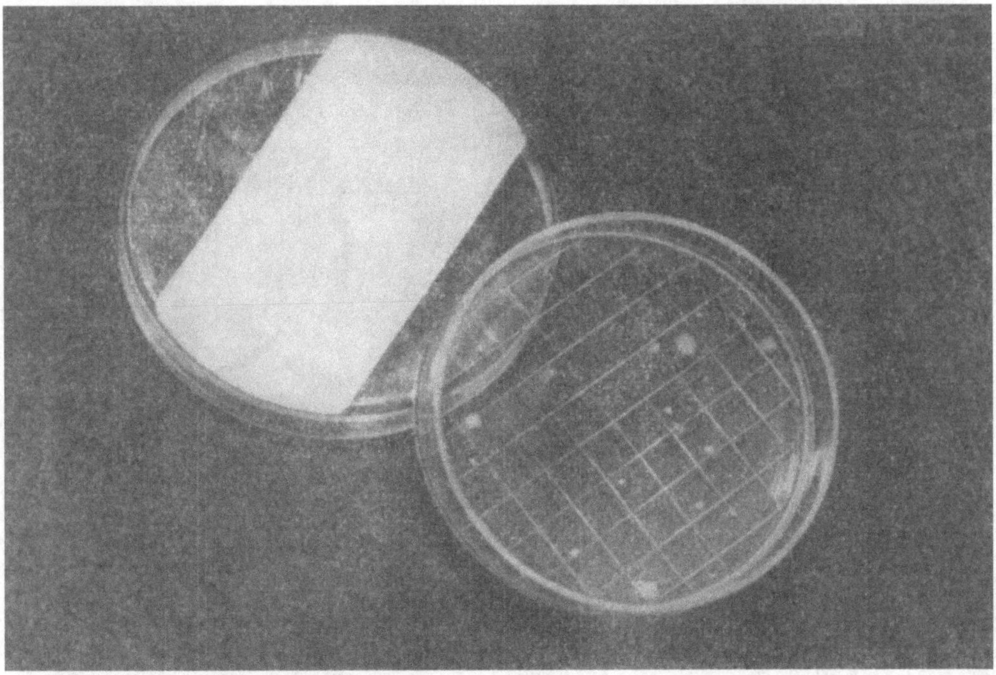

Abb. 51. Kolonien heterotropher Bakterien aus Oberflächenwasser auf Nährsilikat (48 h/20 °C).

Membranfilterverfahren

Zur Keimzahlbestimmung heterotropher Bakterien können auch Membranfilter verwendet werden. Da gewöhnlich die Keimzahl dieser Bakterien aus 1 ml bestimmt wird, ist in solchen Fällen die Verwendung eines Filtergerätes nicht erforderlich. Man verfährt so, daß das sterilisierte und noch feuchte Membranfilter von 5 cm Durchmesser und einer mittleren Porenweite von 0,45 µm in einer Petrischale auf einige Schichten sterilen Filtrierpapiers gelegt wird. Auf das Filterblättchen wird die Wasserprobe mit einer Pipette in gleichmäßiger Verteilung aufgetropft. Mit dieser Technik beimpft man 2 Filter mit je 0,5 ml Wasser oder 1 Filter mit 1 ml Wasser. Für Wassermengen von mehr als 1 ml ist die Anwendung eines Filtergerätes erforderlich. (In einem solchen Falle sollte die filtrierte Wassermenge mindestens 20 ml betragen — erforderlichenfalls muß die Wasserprobe mit sterilem gepufferten Wasser bis zu diesem Volumen aufgefüllt werden).

Nach Durchsaugen der 1-ml-Wasserprobe, das ohne Filtriergerät etwa 1 Minute dauert, oder nach Filtrieren des größeres Probevolumens wird das Membranfilter mit einer abgeflammten Pinzette auf die Oberfläche eines festen Nährbodens zur Bebrütung übertragen. Auf den Nährboden legt man das Filter so, wie es im Filtergerät lag, d. h. die Filteroberfläche mit den darauf zurückgehaltenen Bakterien befindet sich auf der dem Nährboden abgewendeten Seite. Man achte darauf, daß das Filterblättchen mit seiner ganzen Oberfläche dem Nährboden aufliegt, weil eventuell unter der Membran vorhandene Luftblasen die Nährstoffdiffusion erschweren. Der weitere Verlauf der Bebrütung usw. entspricht dem schon erwähnten.

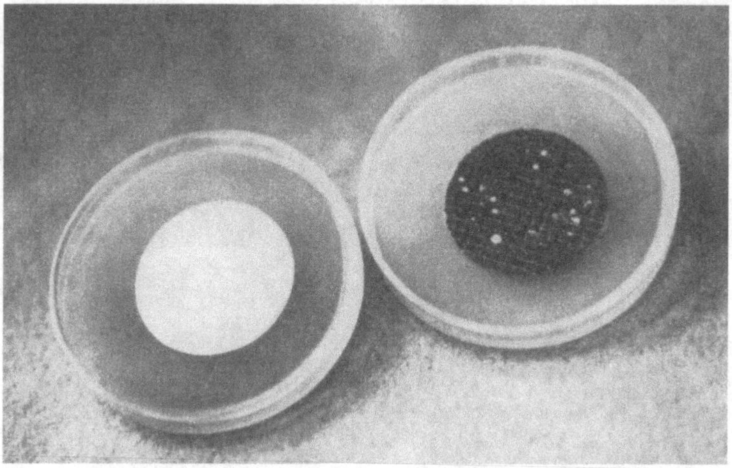

Abb. 52. Kolonien heterotropher Bakterien auf schwarzem Membranfilter (48 h/20 °C).

Außer auf den gebräuchlichen festen Nährboden kann das Membranfilter auch auf einem mit flüssigem Nährmedium getränkten Filtrierpapier oder auf einer speziellen Nährkartonscheibe, die dehydrierten Nährboden enthält, bebrütet werden. Solche Scheiben werden gegenwärtig industriell hergestellt. Sie sind 3—5 mm stark und werden gebrauchsfertig (steril) als Einzelmaterial oder bereits zusammen mit dem aufliegenden Membranfilter geliefert. Dabei sind sie so bemessen, daß die dehydrierte Unterlage durch das durchfiltrierte Wasservolumen gerade gesättigt wird und günstige Bedingungen zur Kultivierung entstehen. Dies bedeutet, daß die Membranfilter nicht übertragen zu werden brauchen, sondern nach Einsaugen der benötigten Wassermenge direkt bebrütet werden können.

In Anbetracht dessen, daß die Kolonien der aus dem Wasser gezüchteten heterotrophen Bakterien im allgemeinen achromogen sind und auf den einfachen Nährböden (ohne Farbindikatoren) nur schwach zu den weißen Membranfiltern kontrastieren, empfiehlt sich eine Kombination von Kultivierung und Färbung der auf dem Filter gezüchteten Kolonien. Dabei haben sich folgende Möglichkeiten bewährt:

1. Das Membranfilter wird nach der eigentlichen Kultivierung auf einen Nährboden mit 0,1% Triphenyltetrazoliumchlorid (TTC) übertragen und dort noch 1 Stunde bebrütet. Die Kolonien färben sich durch die Formazanbildung rot.

2. Das Membranfilter legt man nach der Bebrütung auf ein Filtrierpapier, das mit einer 0,01%igen Methylenblaulösung und einer phosphatgepufferten 0,05%igen Resazurinlösung gesättigt wurde. Das Membranfilter bleibt blau, die entstandenen Kolonien färben sich rosa als Folge der teilweisen Reduktion des Resazurins. Die Filter überträgt man dann auf ein mit dest. Wasser getränktes Filtrierpapier, um den überschüssigen Farbstoff zu entfernen.
3. Die Oberfläche des Membranfilters überschichtet man dünn mit einer 0,01%igen Malachitgrünlösung und läßt sie 3 Sekunden einwirken. Nach Abgießen des Farbstoffes bleiben die Kolonien ungefärbt, und das Filter ergibt einen kontrastierenden grünen Untergrund.

Außer diesen Färbeverfahren bewähren sich farbige (gelbe, grüne, blaue, schwarze) Membranfilter. Für die Keimzahlbestimmung heterotropher Bakterien sind besonders schwarze Membranfilter mit Gitternetzaufdruck gut geeignet (vgl. Abb. 52).

Keimzahlbestimmungen sporenbildender und anaerober Bakterien

Die Methodik zum Nachweis sporenbildender Bakterien ist der Keimzahlbestimmung aller heterotropher Bakterien ähnlich. Der einzige Unterschied besteht darin, daß das Wasser vor der Kultivierung erhitzt wird, d. h. die vegetativen Formen der Mikroorganismen abgetötet werden. Man verfährt dabei so, daß man von dem zu untersuchenden Wasser eine kleine Menge (50 ml) in einen Erlenmeyerkolben füllt, der 20 min lang in ein auf 80 °C temperiertes Wasserbad gestellt wird. Nach dem Abkühlen wird aus dem Kolben die Wasserprobe in oder auf Nähragar ausgeimpft.

Bei der Keimzahlbestimmung anaerober Bakterien verfährt man so, daß die Wasserprobe in eine Petrischale übertragen und mit dem entsprechenden Nährboden übergossen wird. Nach dessen Erstarrung werden die Ränder der Petrischale verklebt. Nach eigenen Erfahrungen sichert diese Maßnahme ein genügend anaerobes Milieu, so daß es nicht erforderlich erscheint, einen Exsikkator anzuwenden. Wenn Keimzahlen anaerober sporenbildender Bakterien bestimmt werden sollen, werden dazu die auf die oben beschriebene Weise erhitzten Wasserproben benutzt.

Bei der Verwendung eines Exsikkators dient zur Entfernung des Sauerstoffs ein Gemisch aus gleichen Teilen Pyrogallol und Kaliumhydroxid. Wichtig ist das gründliche Verschließen des Exsikkators, der einen fehlerfreien Glasschliff haben muß. Der Glasschliff muß mit Vaseline gefettet werden.

Die anaeroben Verhältnisse können auch durch Zugabe von 1% Na-Thioglykolat zum Nährboden gewährleistet werden. In diesem Falle wird das untersuchte Wasser am besten in Reagenzröhrchen übertragen und mit dem Thioglykolat-Agar überschichtet. Die Schicht soll genügend hoch sein.

Methoden zum Nachweis von bakteriologischen Indikatoren fäkaler Wasserverunreinigungen

Zum Nachweis der Anwesenheit und zur Keimzahlbestimmung dieser Bakterien verwendet man Anreicherungs- bzw. Titrationsmethoden in flüssigen Kulturmedien, direktes Beimpfen der Oberfläche selektiver Nährböden (Plattenverfahren) und die Membranfiltertechnik.

Man kann feststellen, daß am häufigsten mit klassischen Methoden gearbeitet wird, seltener werden modernere Verfahren, wie z. B. die Membranfiltertechnik, eingesetzt. Es besteht ein Nachholebedarf bei der Anwendung realisierbarer moderner Methoden, damit die derzeit erhaltenen Ergebnisse auch dem aktuellen Erkenntnisstand der Wissenschaft entsprechen. Aus diesem Grunde beschränken wir uns auf das Anführen einiger neuer (Standard-) Methoden. Die zahlreichen älteren Verfahren kann man in Lehrbüchern der Bakteriologie und Hygiene und teilweise auch in der 1. Auflage dieses Buches finden.

Im allgemeinen wendet man zum Nachweis von Fäkalindikatoren aus Trinkwasser Flüssigmedien mit Gärungsprüfungen, aus Oberflächen- und Abwässern dagegen die direkte Beimpfung fester Selektivnährböden an. Es handelt sich dabei nicht um eine absolute Einteilung, denn flüssige Nährböden werden auch zur Untersuchung verunreinigter Wässer verwendet und bei der hygienischen Kontrolle des Trinkwassers werden immer häufiger Membranfilter eingesetzt.

Der Vorteil flüssiger Anreicherungsnährböden besteht darin, daß sich geschädigte und durch Umwelteinflüsse geschwächte Stämme leichter entwickeln. Der Nachteil ist, daß sich bei gemeinsamer Kultivierung verschiedener Organismen eventuelle antagonistische Erscheinungen bemerkbar machen, wobei während der Bebrütung aktivere Stämme die äquivalente Vermehrung der übrigen unterdrücken. So ist nach der Identifizierung der isolierten Keime kein tatsächliches Bild der Artenzusammensetzung zu erhalten, weil die Ergebnisse durch zwischenartliche Antagonismen beeinflußt sind. Außerdem können Ergebnisse in Nährflüssigkeiten zu falschen Schlußfolgerungen führen, wenn z. B. durch das gleichzeitige Vorhandensein zweier Arten (einer, die den im Nährboden enthaltenen Zucker vergärt, und einer anderen, die Gas im anaeroben Milieu bildet), z. B. die Anwesenheit von *E. coli* vorgetäuscht wird. Ein weiterer Mangel ist der relativ große Fehler bei der tabellarischen Umrechnung der Ergebnisse zur statistisch gesicherten wahrscheinlichen Anzahl. Selbst bei Anwendung von 5 Parallelansätzen mit Anreicherungsflüssigkeit kann der Fehler $\pm$ 120% betragen. Falls wir den Fehler auf 10% verkleinern wollen, müßten wir für jede Wasserprobe 616 Parallelen ansetzen (Swaroop 1956).

Aus diesen Gründen empfiehlt sich die Anwendung der Membranfilter, bei der diese Mängel nicht auftreten. Die ursprünglich relativ geringere Empfindlichkeit der festen Nährböden wird durch Zusatz von Hefeextrakt erhöht, der auf geschädigte und im Metabolismus geschwächte Keime stimulierend einwirkt.

Die Membranfilter haben auch ökonomische Vorteile, da sie einen geringeren technischen und materiellen Aufwand erfordern, als die Arbeit mit vielen Reagenzröhrchen, Pipetten usw. Damit verringern sich auch die Menge des Glasmaterials, die Brutschrankkapazität und die Lager- sowie Kühlungsräumlichkeiten. Dies bedeutet, daß die Arbeitskapazität des Laboratoriums bei Anwendung von Membranfiltern ohne weitere Vergrößerung der materiellen Kennziffern erhöht werden kann. Von Vorteil sind auch die Petrischalen aus Plastikmaterial zur einmaligen Anwendung.

Nach Fixierung der gewachsenen Kolonien können die Membranfilter als Beleg zum Protokoll dienen. Dazu fixiert man die Membranen 20 min auf einem Filtrierpapier, das mit einer Mischung von 10%igem Formalin und 15%igem Glyzerin gesättigt ist (letzteres, damit die Filter nach dem Austrocknen nicht brüchig werden). So bearbeitet halten sie unbegrenzt und verlieren nicht einmal die charakteristische Färbung.

Die Fehler, die bei der tabellarischen Berechnung der wahrscheinlichen Anzahl unterlaufen, sind bei der Anwendung der Membranfilter weitgehend ausgeschaltet, da die Ergebnisse die tatsächlichen Werte repräsentieren, die durch Auszählen der gezüchteten Kolonien erhalten wurden. Der Fehler erhöht sich nur beim eventuellen Umrechnen der Ergebnisse auf größere Volumina, z. B. von 1 ml auf 100 oder 1000 ml (sog. Koli-Index).

Zur bakteriologischen Wasseruntersuchung sind Membranfilter mit mittlerer Porenweite von 0,45 µm geeignet. Die Produktion richtet sich nach den Erfordernissen der Praxis, Membranfilter sollten ein ähnliches alltägliches technisches Hilfsmittel für hydromikrobiologischen Laboratorien werden, wie es z. B. Reagenzgläser und Petrischalen seit langem sind. Derzeit werden Membranfilter in mehreren Staaten industriell hergestellt; nähere Angaben über die Verwendung von Membranfiltern in der Mikrobiologie des Wassers bringen wir in der Arbeit Daubner und Peter (1974).

Nachweis von Bakterien aus der Familie Enterobacteriaceae „(Koliforme")

Verfahren nach den sowjetischen Standardmethoden (1973)

In den sowjetischen staatlichen Standardmethoden aus dem Jahre 1973 (GOST 18963-73) sind zur Bestimmung von Fäkalindikatoren im Wasser zwei Verfahren enthalten: Die Membranfiltermethodik und die Anreicherungsmethodik unter Verwendung von flüssigen Glukose- oder Laktose-Pepton-Medien. Die Zulässigkeit von zwei Verfahren stellt einen Unterschied gegenüber früheren Vorschriften dar, in denen nur eine Anreicherung in glukosehaltigem Medium enthalten war. Neu sind auch die Einführung des Cytochromoxidase-Testes sowie einige Änderungen in Auswahl und Zusammensetzung von Nährböden.

Membranfiltermethodik

Aus dem Reinwasser eines Wasserwerkes und von verschiedenen Stellen eines Leitungsnetzes sollen 333 ml durch mindestens 2 Membranfilter filtriert werden. Aus den verschiedenen Stufen einer Wasseraufbereitung sind jeweils mindestens 2 Wasserproben zu untersuchen, deren Volumina sich um den Faktor 10 unterscheiden (z. B. 1 und 10; 10 und 100 ml usw). Von bereits bekannten Wasser werden die zu untersuchenden Volumina so ausgewählt, daß auf einem Membranfilter nicht mehr als 30 Kolonien wachsen. Bei der Analyse eines unbekannten Wassers müssen in der Regel 3—4 Volumina (z. B. 0,1—1—10 und 100 ml) untersucht werden.

Sterilisierte (s. mikroskopische Direktmethode) Membranfilter werden mit einer abgeflammten Pinzette in den sterilisierten Filterapparat eingelegt. Dann filtriert man die gewählten Wassermengen durch jeweils ein Membranfilter (vor der Filtration von Volumina < 1 ml werden 10 ml sterilisiertes Wasser in den Filtertrichter gegeben).

Nach der Filtration wird das Membranfilter mit seiner Unterseite vorsichtig auf die Oberfläche von Endonährboden (Vorschrift 44) aufgelegt. Dabei dürfen zwischen Membran und Nährboden keine Luftblasen bleiben. Die Petrischale wird dann bezeichnet (filtrierte Wassermenge, Untersuchungsdatum und Probenummer).

Falls das Wasser größere Mengen an suspendierten Stoffe bzw. an abgestorbenen Phytoplankton enthält, müssen die Proben vorher durch das grobsporige Membranfilter filtriert werden. Dieses wird im Filterapparat auf das Membranfilter gelegt. Nach der Filtration werden beide Membranfilter getrennt auf Endonährboden inkubiert und die Ergebnisse aus beiden berechnet.

Die Inkubation der Petrischalen mit den aufgelegten Membranfiltern erfolgt 18 bis 24 Stunden bei $37 \pm 0{,}5\,°C$.

Falls auf den Membranfiltern keine oder nur nichtcharakteristische Kolonien anwachsen, wird das Ergebnis als negativ betrachtet. Damit endet die Analyse nach 18 bis 24 Stunden.

Bei Anwesenheit von Kolonien auf dem Membranfilter, die für die Darmbakterien typisch sind (dunkelrot mit oder ohne Metallglanz, rosa, durchsichtig), werden von einigen aus jeder Farbgruppe mikroskopische Präparate angefertigt. Das Fehlen von gramnegativen nichtsporulierenden Stäbchen bedeutet ein negatives Resultat. Die Analyse wird damit ebenfalls nach 18—24 Stunden beendet.

Falls gramnegative, kurze, polymophe und nichtsporulierende Stäbchen (es können auch fadenförmige oder große polargefärbte Stäbchen anwesend sein) gefunden werden, führt man den Cytochromoxidase-Test durch. Eine positive Oxidase-Reaktion bedeutet ein negatives Resultat. Oxidasenegative, dunkelrote Kolonien mit oder ohne Metallglanz (laktosepositive Stämme) zeigen Darmbakterien an. Wenn keine anderen oxidasenegativen Kolonien anwesend sind, kann die Wasseranalyse damit nach 18 bis 24 Stunden mit der Berechnung des Koli-Indexes beendet werden.

Bei Anwesenhelt von rosafarbenen oder durchsichtigen cytochromoxidasenegativen Kolonien auf dem Membranfilter, werden 2—3 Vertreter auf ihre Zugehörigkeit zu den Darmbakterien überprüft. Dazu werden sie in halbflüssigen Glukosenährboden geimpft und bei 37 ± 0,5 °C inkubiert. Säure- und Gasbildung nach 4—5 Stunden sind ein positives Ergebnis. Bei fehlender Säure- und Gasbildung ist das Resultat negativ und die Analyse wird nach 24—28 Stunden beendet.

Falls nur Säurebildung beobachtet wurde, wird die Inkubation bis zu 24 Stunden fortgesetzt. Gasbildung nach dieser Zeit ist ein positives, keine Gasbildung ist ein negatives Resultat.

Die Ergebnisse werden als Koli-Index, d. h. als Zahl der Darmbakterien/Liter Wasser, ausgedrückt. Nach GOST 2874-73 soll der Koli-Index des Trinkwassers kleiner als 3 sein. Den Koli-Index berechnet man aus der Zahl der Darmbakterien im analysierten Wasservolumen × 1000 ml, dividiert durch das untersuchte Wasservolumen.

Bei Abwesenheit von Darmbakterien auf den Membranfiltern ist der Koli-Index kleiner als der Wert, der berechnet würde, falls im analysierten Wasservolumen 1 Bakterium nachgewiesen worden wäre.

Bei der Berechnung des Koli-Indexes eines nichtdesinfizierten Wassers mit hoher fäkaler Verunreinigung, wenn zur Untersuchung weniger als 10 ml genügen, wird jenes Membranfilter ausgezählt, auf dem 10—30 Einzelkolonien gewachsen sind. Die Zahl der Darmbakterien wird auf 1 Liter berechnet unter Berücksichtigung der Wassermenge, die durch dieses Membranfilter gesaugt wurde.

Falls auf allen Membranfiltern keine Einzelkolonien gewachsen sind und die Analyse nicht wiederholt werden kann, werden die Kolonien aus der höchsten Verdünnung gezählt. Darüber muß im Protokoll eine Bemerkung — wie bei allen anderen Abweichungen von der Standardmethode — gemacht werden.

Bei Feststellung eines unzulässig hohen Koli-Indexes wird durch eine erneute Probenahme eine Untersuchung auf das Vorliegen einer frischen fäkalen Verunreinigung (die Prüfung auf sog. Fäkalkoli) durchgeführt.

Falls bei dieser wiederholten Untersuchung dunkelrote Kolonien mit oder ohne Metallglanz wachsen, werden außer der Berechnung des Koli-Indexes bis zu 15 von ihnen in auf 43 °C vorgewärmten Laktosenährboden mit Borsäure (Vorschrift 10) geimpft und 24 Stunden im Wasserbad inkubiert. Trübung und Gasbildung zeugen von der Anwesenheit einer frischen fäkalen Verunreinigung, bei der es sich vorwiegend um *E. coli* handelt. Eine Trübung ohne Gasbildung wird nicht bewertet. Außer dem genannten Nährboden kann auch der Galle-Laktose-Nährboden mit Brillantgrün (Vorschrift 11) bei einer Bebrütung von 44,5 ± 0,5 °C verwendet werden.

Zur Untersuchung von Wasser aus verschiedenen Aufbereitungs- bzw. Desinfektionsstufen werden von einer Probe Volumina von 100 ml, 10 ml, 1 ml und 0,1 ml getestet. Für Trinkwasserproben sind je 3 Prüfungen mit 100 ml, 10 ml und 1 ml vorgeschrieben.

Die verschiedenen Volumina der Wasserprobe werden in Glukose- oder Laktose-Pepton-Medium geimpft. Alle Kulturgefäße müssen Gärröhrchen enthalten. Die 100 ml-Volumina werden Erlenmeyerkolben mit 10 ml konzentriertem Medium (Vorschrift 7) zugesetzt. Die 10 ml Volumina gibt man in Reagenzröhrchen mit 1 ml konzentriertem Medium. Die 1 ml- und die 0,1 ml-Volumina kommen in Reagenzröhrchen mit 10 ml nichtkonzentriertem Medium (Vorschrift 8). Es wird 25 Stunden bei 37 ± 0,5 °C bebrütet. Sind weder Trübung noch Säure- oder Gasbildung zu beobachten, liegt ein negatives Resultat vor.

Aus allen Kolben und Röhrchen, in denen Trübung, Säure- oder Gasbildung beobachtet wurde, wird Material auf Endonährboden (Vorschrift 44) übertragen. Die Nährbodenfläche sollte in 4 Sektoren aufgeteilt und der Impfstrich so aufgetragen werden, daß isolierte Kolonien anwachsen. Die Inkubation dauert 16—18 Stunden bei 37 ± 0,5 °C.

Falls keine Kolonien auf dem Endonährboden gewachsen sind oder bei Anwesenheit von Kolonien, die für die Darmbakterien nicht charakteristisch sind, wird dieses Resultat als negativ bewertet. Falls aber auf dem Endonährboden dunkelrote Kolonien mit oder ohne Metallglanz (laktosepositive) gewachsen sind, wird ihre Zugehörigkeit zu den Darmbakterien durch die Gramfärbung und durch den Cytochromoxidase-Test (Vorschrift 120) geprüft.

Die Anwesenheit von gramnegativen, nichtsporulierenden Stäbchen mit negativem Cytochromoxidase-Test stellt ein positives Resultat dar. Damit wird die Analyse von Wasser aus verschiedenen Aufbereitungs- und Desinfektionsstufen beendet. Bei Trinkwasser werden auch rosa und farblose bzw. dunkelrote Kolonien weitergeprüft. Von jedem Kolonientyp werden 2—3 Vertreter mikroskopisch (Gramfärbung) untersucht und dem Cytochromoxidase-Test unterworfen.

Falls nur grampositive sporenbildende Bakterien anwesend oder die Cytochromoxidase-Tests positiv sind, ist das Resultat negativ. Damit ist die Analyse nach 40—42 Stunden beendet. Bei Anwesenheit von oxidasenegativen und gramnegativen Stäbchen werden 2—3 Einzelkolonien aus jedem Sektor des Endonährbodens in ein halbflüssiges Dextrosemedium (Vorschrift 9) überimpft und 4—5 Stunden bei 37 ± 0,5 °C inkubiert.

Feststellung von Säure und Gas wird als positiv bewertet. Falls nur Säure festgestellt wird, verlängert sich die Bebrütungszeit auf 24 Stunden. Liegt danach keine Gasbildung vor, ist das Ergebnis negativ. Ist Gasbildung vorhanden, wird es als positiv bewertet.

Die Resultate werden als Koli-Index, d. h. als wahrscheinliche Zahl der Darmbakterien/Liter Wasser ausgedrückt. Diese Zahl wird nach den Tabelle 67 und 68 für Trinkwasser, nach der Tabelle 69 für Wasser aus dem Aufbereitungsprozeß berechnet.

Beim Ergänzungsverfahren zur Bestimmung von Fäkalcoli wird die Anwesenheit jener Darmbakterien (vorwiegend *E. coli*) bestimmt, die zur Laktosevergärung mit Säure- und Gasbildung bei 43 ± 0,5 °C bei einer Inhibition der Begleitflora befähigt sind (vgl. die Membranfiltermethode). Falls bei dieser wiederholten Probenahme auf Endonährboden dunkelrote Kolonien mit oder ohne Metallglanz (laktosepositive) gewachsen sind, werden 2—3 Vertreter aus jedem Sektor in Laktose-Medium mit Borsäure (Vorschrift 10) oder in Galle-Laktose-Medium mit Brillantgrün (Vorschrift 11) geimpft. Die weitere Bearbeitung erfolgt wie bei der Membranfiltermethodik.

Tabelle 67

Abhängigkeit von Koli-Index und Koli-Titer vom Testvolumen (333 ml Wasser), MPN-Verfahren.

Positive Resultate/ml 3 × 100	3 × 10	3 × 1	Koli-Index	Sicherheitsgrenze untere	obere	Koli-Titer
0	0	0	< 3	–	–	>333
0	0	1	3	0,5	9	333
0	1	0	3	0,5	13	333
1	0	0	4	0,5	20	250
1	0	1	7	1	21	143
1	1	0	7	1	23	143
1	1	1	11	3	36	91
1	2	0	11	3	36	91
2	0	0	9	1	36	111
2	0	1	14	3	37	72
2	1	0	15	3	44	67
2	1	1	20	7	89	50
2	2	0	21	4	47	48
2	2	1	28	10	149	86
3	0	0	23	4	120	43
3	0	1	39	7	130	26
3	0	2	64	15	379	16
3	1	0	43	7	210	23
3	1	1	75	14	230	13
3	1	2	120	30	380	8
3	2	0	93	15	380	11
3	2	1	150	30	440	7
3	2	2	210	35	470	5
3	3	0	240	36	1300	4
3	3	1	460	71	2400	2
3	3	2	1100	150	4800	0,9
3	3	3	> 1100	–	–	< 0,9

Tabelle 68

Veränderlichkeit von Koli-Index und Koli-Titer bei der Untersuchung von 500 ml Wasser.

Positive Resultate (5 × 100 ml)	Koli-Index	Sicherheitsgrenze untere	obere	Koli-Titer
0	< 2	0	6,0	> 455
1	2	0,1	12,6	455
2	5	0,5	19,2	196
3	9	1,6	29,4	109
4	16	3,3	52,9	62
5	> 16	8,0	–	< 62

Tabelle 69

Veränderlichkeit von Koli-Index und Koli-Titer in aufbereitetem Wasser

Wassermenge/ml				Koli-Index	Koli-Titer
100	10	1,0	0,1		
–	–	–	–	< 9	> 111
–	–	+	–	9	111
–	+	–	–	10	105
+	–	–	–	23	43
+	–	+	–	94	10
+	+	–	–	230	4
+	+	–	+	960	1
+	+	+	–	2380	0,4
+	+	+	+	> 2380	< 0,4

Bemerkung zur Berechnung: Bei der Bewertung einer Reihe von Röhrchen mit zehnfach größeren oder kleineren Volumina (z. B. 10–1–0,1–0,01) verkleinern oder vergrößern sich die Werte des Koli-Index 10fach, 100fach usw. (bei Koli-Titer umgekehrt).

Zur Abkürzung der Analyse können die Laktose-Medien parallel zu den Endonährböden aus allen Kolben und Reagenzröhrchen, in denen Wachstum (Säure- und Gasbildung) beobachtet wurde, beimpft werden.

Im Protokoll soll der durch die Grundmethode bestimmte Koli-Index zusammen mit dem Ergebnis des Ergänzungsverfahrens (frische fäkale Verunreinigung) angeführt werden.

Sind nur farblose, durchsichtige, kleine (evtl. getrübte oxidasenegative Kolonien auf dem Endonährboden vorhanden, sollten diese isoliert und auf ihre Zugehörigkeit zu pathogenen Enterobakterien näher überprüft werden.

Verfahren nach den amerikanischen Standardmethoden (1957)

Zum Nachweis koliformer Bakterien, die als „aerobe und fakultativ anaerobe, gramnegative nichtsporenbildende Stäbchen, die Laktose unter Gasbildung bei 35 °C innerhalb von 48 Stunden vergären", wendet man in den USA ein flüssiges Anreicherungsmedium oder das Membranfilterverfahren an.

Anreicherungsmethode

Dieses Verfahren beruht auf der Anwendung eines flüssigen Anreicherungsmediums und hat 3 Etappen (Orientierungstest, Nachweistest und Abschlußtest).

Der Orientierungstest (presumptive test) genügt routinemäßig nicht. Seine alleinige Anwendung ist lediglich zur Untersuchung von Abwässern oder anderer stark verunreinigter Wasserproben sowie bei den Rohwasserproben in Kläranlagen empfohlen. Der Nachweistest (confirmed test) soll bei allen Wasserproben durchgeführt werden. Der Abschlußtest (completed test) soll überall dort eingesetzt werden, wo die Untersuchungsergebnisse der Wassergütekontrolle dienen, bei Proben, die zur Bestätigung des Nachweistests notwendig sind, sowie bei der Bestimmung der hygienischen Wassergüte.

1. Orientierungstest

Als Anreicherungsmedium dient Laktose-Nährbouillon oder Lauryl-Tryptose-Medium (Vorschriften 12 und 13).

Die Wasserprobe wird in die gewählte Nährflüssigkeit eingeimpft. Die Methode bezeichnet nicht konkret die Wassermenge, die bei den einzelnen Wasserarten untersucht werden soll. Es wird angegeben, daß bei Trinkwässern im allgemeinen 5 × 10 ml oder 5 × 100 ml Wasser zur Untersuchung gelangen. Bei Wasserproben, die häufig (täglich) untersucht werden, genügen 5 × 10 ml oder 5 × 100 ml. In keinem Falle dürfen aber weniger als 5 Proberöhrchen für jedes Wasservolumen in mindestens 3 Verdünnungsstufen verwendet werden.

Für andere Wasserarten wird eine Serie von mindestens 3 (besser 5) Proberöhrchen mit verschiedenen Wassermengen empfohlen: jede Serie in dezimaler Verdünnung entsprechend dem angenommenen Verunreinigungsgrad.

Die beimpften Röhrchen werden 48 ± 3 Stunden bei 35 ± 0,5 °C bebrütet und nach 24 ± 2 Stunden kontrolliert. Wenn nach dieser Zeit in den Gärröhrchen kein Gas festzustellen ist, sieht man den Orientierungstest als negativ an und fährt in der Untersuchung nicht weiter fort. Im positiven Falle geht man zur zweiten Etappe über.

2. Nachweistest

Als Nährboden verwendet man Brillantgrün-Galle-Laktose-Peptonmedium (Vorschrift 11). Alle Röhrchen der Primärkulturen mit Gasbildung sollen nach 24 Stunden (bei schnellerer Gasbildung auch früher) weiter bearbeitet werden (Nachweistest). Falls Gas in der Mehrzahl der Röhrchen auftritt, genügt es, alle positiven Röhrchen aus den 2 letzten Verdünnungen zu nehmen. Nach 48 Stunden werden alle positiven Röhrchen der Anreicherung dem Nachweistest unterworfen.

Bei Anwendung der Brillantgrün-Galle-Laktose-Peptonmediums bebrütet man 48 ± 3 Stunden bei 35 ± 0,5 °C. Als positiv wird dieser Test bewertet, wenn in den Reagenzröhrchen Gas auftritt und man zur dritten Stufe übergehen kann.

3. Abschlußtest

Aus jedem Brillantgrün-Galle-Pepton-Laktoseröhrchen mit Gasbildung streicht man unverzüglich Material auf Endo- oder Eosin-Methylenblau-Agar (Vorschriften 45, 46) aus. Die Platten sollen so beimpft worden sein, daß Einzelkolonien erhalten werden. Nach 24 ± 2 Stunden bei 35 ± 0,5 °C überimpft man 1—2 typische Kolonien (wenn diese nicht vorhanden sind, dann 2 und mehr Vertreter atypischer, d. h. roter oder rosafarbiger Kolonien) in Laktosenährbouillon oder Lauryl-Tryptose-Medium, wo sie bis 48 ± 2 Stunden bei 35 ± 0,5 °C bebrütet und nach 24 ± 2 Stunden kontrolliert werden. Gasbildung wird als positives Resultat gewertet.

Außerdem wird beim Abschlußtest noch für 48 ± 2 Stunden bei 35 ± 0,5 °C auf Schrägagar überimpft. Von dieser Agarkultur wird dann ein Gram-Präparat hergestellt. Die Feststellung gramnegativer, nichtsporenbildener Stäbchen, die Laktose unter Gasbildung vergären, wird als endgültiger Nachweis von Bakterien der koliformen Gruppe (coliform group) betrachtet. Falls eines der angeführten Merkmale fehlt, wertet man den Test als negativ.

Die Ergebnisse der Untersuchung werden als wahrscheinlichste Zahl (most probable number — MPN) von Bakterien der koliformen Gruppe in 100 ml Wasser angeführt. Zur Berechnung dienen Tabellen für verschiedene Kombinationen der Röhrchenzahl und der untersuchten Wasservolumina (Tab. 67 und 68).

Identifizierung von Fäkalkoliformen

Zur Feststellung, ob es sich um koliforme Bakterien eindeutig fäkalen Ursprungs handelt, empfehlen die amerikanischen Standardmethoden den Temperaturtest, d. h. die Feststellung der Fähigkeit, bei 44,5 °C zu wachsen und metabolisieren. Dieser Test wird nicht bei der ersten Bebrütung (Orientierungstest), sondern parallel zum Nachweistest durchgeführt. Aus positiven Proberöhrchen des Orientierungstestes wird 1 Öse (3 mm Durchmesser) in EC-Nährmedium (Vorschrift 14) überimpft und im Wasserbad 24 Stunden bei 44,5 ± 0,2 °C bebrütet. Als positive Reaktion (Nachweis fäkaler koliformer Bakterien) bewertet man Gasbildung im EC-Nährmedium innerhalb von 24 Stunden.

Membranfiltermethode

In den amerikanischen Standardmethoden wurden die Membranfilter erstmalig in der 10. Auflage (1955) als Versuchsmethode (tentative method) angeführt. Gute Erfahrungen haben erlaubt, diese Methode schon in der nächsten Auflage (1960) als Standardverfahren zu bezeichnen. In der Begründung wird angegeben, daß sie einen hohen Grad der Reproduzierbarkeit aufweist, die Untersuchung größerer Wassermengen zum Nachweis koliformer Bakterien ermöglicht und das Endergebnis in kürzerer Zeit als bei der Anwendung flüssiger Medien erhalten wird. Besonders geeignet ist diese Methode bei Havarien und zur Untersuchung von Wasservorkommen, die nicht als Trinkwasser dienen.

Andererseits wird festgestellt, daß unter gewissen Umständen das Membranfilterverfahren nicht zu empfehlen ist. Das ist der Fall, wenn die Wasserprobe viele suspendierte Stoffe (Algen, Flocken usw.) enthält, sowie bei hohem Gehalt nichtkoliformer Bakterien oder toxischer Substanzen (z. B. bei nicht oder ungenügend gereinigten Abwässern).

Zur Filtration werden Membranfilter mit einem Durchmesser von 5 cm und einer Porenweite 0,45 µm sowie entsprechende Filtergeräte aus sterilisierbarem Material verwendet.

In das auf einer Saugflasche befestigte Filtriergerät wird vorsichtig ein steriles (10 min bei 121 °C autoklaviertes) Membranfilter mit Gitternetzaufdruck eingelegt. Beide Teile des Filtriergerätes werden wasserdicht verbunden. In das Oberteil (Trichter) wird die Wasserprobe eingefüllt. Die Menge des filtrierten Wassers soll so groß sein, daß auf der Membran bis zu 200 Kolonien (davon nicht mehr als 50 Koliforme) wachsen. Prinzipiell sollen aus Trinkwasserproben 2 × 100–500 oder mehr ml, aus allen anderen Proben 3 verschiedene Volumina filtriert werden. Einige Richtwerte bringt Tabelle 70.

Falls weniger als 20 ml filtriert werden, muß die Probe mit sterilem gepufferten Wasser (Vorschrift 119) nachgefüllt werden. Das Wasser wird bei kleinem Druckunterschied (etwa 50 mm Hg) hindurchgesaugt. Dann wird das Filtriergerät mit etwa 30 ml sterilem gepuffertem Wasser nachgespült. Der Apparat wird danach geöffnet, die Membran vorsichtig mit einer abgeflammten Pinzette entnommen und auf die Oberfläche eines festen Nährbodens oder einer Nährkartonscheibe, die mit 1,8 ... 2,2 ml des M-ENDO-Mediums (Vorschrift 24) gesättigt wurde, gelegt. Man achte darauf, daß das Membranfilter mit seiner ganzen Fläche dem Nährboden aufliegt.

Wenn eine Vorkultur angelegt wird, legt man das Membranfilter auf eine Unterlage, die mit Lauryl-Tryptose-Medium (Vorschrift 13) gesättigt ist. Man bebrütet 1,5 bis 2 Stunden bei 35 ± 0,5 °C. Dann überträgt man das Filter auf eine mit M-ENDO-

Tabelle 70

Größe der empfohlenen Wassermenge zur Untersuchung auf Koliforme mit der Membranfiltermethode.

Wasservorkommen	Empfohlenes Testvolumen ml							
	100	50	10	1	0,1	0,01	0,001	0,0001
Trinkwasser	×							
Schwimmbecken	×							
Brunnen, Quellen	×	×	×					
Seen, Stauseen	×	×	×					
Wasser vor der Aufbereitung			×	×	×			
Badeplätze			×	×	×			
Flußwasser				×	×	×	×	
Gechlortes Abwasser				×	×	×		
Abwasser					×	×	×	×

Medium (Vorschrift 24) gesättigte Unterlage, wo es weitere 20—22 Stunden bebrütet wird. Falls keine Vorbebrütung durchgeführt wird, legt man das Membranfilter gleich auf ENDO-Nährboden oder auf die gesättigte Unterlage und bebrütet 22—24 h bei $35 \pm 0{,}5\,°C$.

Danach wertet man alle Kolonien mit typischem Metallglanz als Koliforme. Man zählt sie bei 10—15facher Vergrößerung. Falls nur atypische Kolonien vorhanden sind, sollte ihre Zugehörigkeit zu den Koliformen überprüft werden. Dies geschieht durch Übertragen in Laktose- oder Lauryl-Tryptose-Nährboden und nachfolgend aus den positiven Röhrchen in Brillantgrün-Galle-Laktose-Peptonnährboden. Gasbildung in 48 h bei $35 \pm 0{,}5\,°C$ bedeutet den Nachweis von Koliformen.

Die Untersuchungsergebnisse werden als Keimzahl koliformer Bakterien in 100 ml Probe ausgedrückt. Die Berechnung erfolgt nach der Formel

$$x = \frac{\textit{Zahl der Koliformen} \times 100}{\text{ml } \textit{des filtrierten Wassers}}.$$

Spätinkubationsverfahren

In Fällen, in denen die Entfernung der Entnahmestelle vom Laboratorium sehr groß ist und kein mobiles Laboratorium zur Verfügung steht, kann eine „verspätete" Inkubation eingesetzt werden. Dazu dienen Transportmedien (Vorschrift 15), in denen die Koliformen bis zu 72 h ohne Beeinträchtigung bleiben können. Das Membranfilter wird nach der Filtration der Wasserprobe an Ort und Stelle auf dieses Medium gelegt und transportiert (Verdunstung aus dem Nährboden soll verhindert werden). Im Laboratorium wird das Membranfilter auf LES ENDO-Agar (Vorschrift 47) übertragen und 20—22 h bei $35 \pm 0{,}5\,°C$ inkubiert.

Fäkalkoliformentest:

Bei der Membranfiltermethode kann der Wärmetest unter Anwendung flüssiger Nährböden (vgl. Anreicherungsmethode) oder speziellen M-FC-Medien (Vorschrift 16), mit denen die saugfähige Unterlage gesättigt wird) durchgeführt werden. Die filtrierte Wassermenge soll so gewählt werden, daß auf einem Membranfilter nicht mehr als

20—60 Kolonien wachsen. Nach der Filtration wird das Membranfilter auf seine Unterlage gelegt, zusammen in einen Plastikbeutel gegeben und im Wasserbad bei 44,5 $\pm$ 0,2 °C 24 Stunden inkubiert. Danach werden alle blauen Kolonien gezählt; die unspezifischen Kolonien wachsen grau. Die Berechnung der Fäkalkolikeimzahl erfolgt nach der Formel (S. 264) und wird auf 100 ml des Wassers bezogen.

Spätinkubationsverfahren:

Nach Filtration der Wasserprobe wird die Membran auf das Transportmedium für Fäkalkoliforme (Vorschrift 17) gelegt, wo sie bis 72 h ohne Beeinträchtigung der Fäkalkoli bleiben kann. Im Laboratorium wird das Filter auf M-FC-Medium (Vorschrift 16) übertragen und bei 44,5 $\pm$ 0,2 °C 24 h inkubiert. Nach dieser Zeit werden alle blauen Kolonien gezählt (die unspezifischen Bakterien wachsen als graue Kolonien) und auf 100 ml Wasser berechnet. Dazu dient die Formel auf S. 264.

Verfahren nach den DDR-Methoden (1975)

Die „Ausgewählten Methoden der Wasseruntersuchung der DDR" (1970—1975) führen zur Bestimmung der Koliformen bzw. Fäkalkoliformen 2 Verfahren an: die Anreicherungsmethode mittels Dextrose-Bouillon und die Membranfiltermethode mit ENDO-Medium, beide in Verbindung mit dem Cytochromoxidase-Test als entscheidendes Identifizierungskriterium der gewachsenen Kolonien.

Anreicherungsmethode

Zur Untersuchung werden jeweils 1 größeres Bebrütungsgefäß (mehr als 100 ml fassend, evtl. die Entnahmeflasche) und 3 Reagenzgläser mit Dextrosenährbouillon (Vorschrift 18) vorbereitet. Die Konzentration des Nährmediums und die Wasservolumina werden so gewählt, daß die Dextrose-Endokonzentration 0,4% beträgt. Bei Trinkwasser werden normalerweise 100 ml, 10 ml, 1 ml und 0,1 ml, bei stärker verunreinigten Wässern erforderlichenfalls eine Zehner-Verdünnungsreihe bis zu 10^{-4} verarbeitet. Die Bebrütung erfolgt 24 $\pm$ 1 h bei 37 $\pm$ 0,5 °C.

Von jedem Röhrchen, das Trübung und Säuerung (Indikatorfarbumschlag) zeigt, wird Material so auf ENDO-Agar (Vorschrift 48) ausgestrichen, daß nach 24 $\pm$ 1 h bei 37 $\pm$ 0,5 °C Einzelkolonien erhalten werden. Laktosepositive Kolonien (Rötung des Nährbodens) werden unabhängig von ihrer Zugehörigkeit zu den verschiedenen Farbtypen dem Cytochromoxidase-Test (Cx-Test) unterworfen.

Beim Cx-Test zeigen die Koliformen bzw. die Bakterien der Familie der Enterobacteriaceae keine Veränderung. Cx-positive Bakterien rufen innerhalb von 10 s auf dem mit entsprechendem Reagenz (Vorschrift 120) getränkten Filtrierpapier eine blauviolette Verfärbung hervor.

Da die laktosepositiven Enterobakterien als Koliforme definiert sind, steht unter Rückschluß auf die geringste eingeimpfte Wassermenge, aus der entsprechend vorstehender Kriterien Koliforme nachgewiesen wurden, der kulturell bestimmte Koliformen-Titer fest.

In einer zweiten Etappe können die Untersuchungen zur Feststellung des Fäkalkoli-Titers weitergeführt werden. Ausgangspunkt solcher Untersuchungen sind die aus den verschiedenen Titeransätzen nachgewiesenen Koliformen-Kolonien, die auf Nährböden für die sog. IMVC-Reaktionen (Vorschriften 21, 22, 23) geimpft werden.

Die Bebrütung dieser zweiten Etappe erfolgt bei 37 ± 0,5 °C, die Bebrütungsdauer beträgt bei Indolreaktion 24 ± 1 h, bei Methylrotprobe, VOGES-PROSKAUER-Reaktion und Zitratverwertungs-Test 72 ± 3 Stunden.

Ergeben die IMVC-Reaktionen die Kombinationen „++−−", „+−−−" oder „−+−−", so steht unter Rückschluß auf die geringste eingeimpfte Wassermenge der kulturell bestimmte Fäkalkoli-Titer fest.

Der Koliformen- und der Fäkalkoli-Titer werden pro ml angegeben. Da die bei Routineuntersuchungen durch einmaligen Einsatz von 4 Wasservolumina kulturell bestimmten Titer statistisch nur gering gesichert sind, wird die tabellarische Berechnung (Tab. 69) der wahrscheinlichen Titer empfohlen. Gleichzeitig kann auch der Koli-Index berechnet werden.

Membranfiltermethode

Bei dieser Methode wird das beschickte Filter (Durchmesser 50 mm, Porenweite 0,45 µm) mit der Oberseite nach oben auf ungetrockneten ENDO-Agar (1%ig, überdurchschnittliche Schichtdicke, Vorschrift 48) so aufgelegt, daß sich zwischen Nährboden und Filter keine Luftblasen bilden. Die Bebrütungszeit beträgt 24 ± 1 Stunden bei 37 ± 0,5 °C. Als laktosepositiv gelten solche Kolonien, die den Nährboden unter dem Filter gerötet haben; von ihnen ist der Cytochromoxidase-Test (Cx-Test) durchzuführen. Dazu kann das bewachsene Membranfilter direkt auf das mit dem betreffenden Reagenz (Vorschrift 120) getränkte Filtrierpapier übertragen werden. Positiver Reaktionsausfall ist nach etwa 1 min als ringförmiges Blauviolett-Färbung des Kolonienrandes zu erkennen, die sich zur Kolonienmitte hin ausbreitet.

Laktosepositive und Cx-negative Kolonien werden als koliforme Keime gezählt. Es sollen nur solche Membranfilter ausgewertet werden, die bis zu 50 Kolonien aufweisen; bei stärkeren Verunreinigungen müssen entsprechende Verdünnungen des zu untersuchenden Wassers filtriert werden.

Bei weiteren Untersuchungen zur Feststellung der Fäkalkoli-Keimzahl kann als zweite Etappe die Weiterverarbeitung der Koliformen-Kolonien wie bei der Bestimmung des Fäkalkolititers folgen. Die Koliformen- und die Fäkalkoli-Keimzahlen werden auf 1 ml bezogen. Bei keimarmen Wässern können größere Wasservolumina untersucht und die Ergebnisse als Indices pro 1000 ml angegeben werden.

Beim Plattenverfahren werden für Keimzahlbestimmungen von psychrophilen bzw. mesophilen Bakterien Gußplatten angelegt. Die Anwendung von Spatel- oder Flutplatten ist ebenfalls möglich (bei notwendiger Weiterverarbeitung des Materials sogar vorteilhaft). Als laktosepositiv gelten solche Kolonien, die den Nährboden röten. Mit ihnen ist der Cx-Test durchzuführen. Dieser Test wird nach Abimpfen von Oberflächenkolonien oder Ausstechen von Tiefenkolonien (und evtl. Subkultur) wie bei der Koliformen-Titerbestimmung ausgeführt. Ein Verzicht auf den Cx-Test (z. B. bei Gußplatten) bringt eine Irrtumswahrscheinlichkeit von einigen (Grundwasser) bis zu 50% (Oberflächenwasser) zuviel erfaßter Koliforme. Da die Gußplattenmethode mit der „Endokeimzahl" gleichzeitig eine Angabe zur eingeengten Mesophilen-Keimzahl bringt, ist sie für Routinezwecke zu empfehlen.

Auch beim Plattenverfahren kann als zweite Etappe eine Weiterverarbeitung der Koliformen-Kolonien erfolgen, um die Fäkalkoli-Keimzahl festzustellen. Die Koliformen- und die Fäkalkoli-Keimzahlen werden auf 1 ml bezogen.

Verfahren nach Mucha und Mitarbeitern

Nach den gegenwärtigen Kenntnissen über Herkunft und Bedeutung der Enterobacteriaceae können Vertreter der Gattungen *Serratia* und *Erwinia* für Menschen und Wirbeltiere pathogen oder fakultativ pathogen sein. Es wird daher empfohlen, als Indikatoren der fäkalen Verunreinigung des Wasser die gesamte Familie heranzuziehen. Zu ihrer Anreicherung werden dextrosehaltige Medien vorgeschlagen, da mit ihnen auch laktosenegative Stämme erfaßt werden. Es ist auch unzureichend und dem gegenwärtigen Stand der bakteriologischen Wasseranalyse nicht entsprechend, die Untersuchungen lediglich auf Grund der makroskopischen Prüfung der auf Differentialnährböden gewachsenen Kolonien zu bewerten. Deshalb wird eine grundlegende Bestätigung ihrer Zugehörigkeit zur Familie der Enterobacteriaceae unter Anwendung von 3 Tests (Cytochromoxidase-Test, Dextrose-Vergärung und Nitratreduktion) empfohlen. Die nachfolgende Darstellung der Methode erfolgt unter Anwendung von Membranfiltern, deren Vorteile schon beschrieben wurden.

Methodik:

Es werden Membranfilter (Durchmesser 5—6 cm, Porenweite 0,45 µm) und die entsprechenden Filtergeräte verwendet. Die Sterilisierung erfolgt durch 20minütiges Kochen in destilliertem Wasser. Bei Wasserproben, die nicht eingeengt werden müssen (Oberflächen- und Abwässer), ist die Anwendung eines Filtriergerätes nicht notwendig (vgl. Verfahren auf S. 253).

Die untersuchte Wassermenge soll so groß sein, daß auf einem Membranfilter nicht mehr als 50 Kolonien wachsen. Aus Leitungswasser empfehlen wir, jeweils 100 ml und 10 ml, aus Brunnenwasser 50 ml und 10 ml zu untersuchen. Entsprechend dem Verunreinigungsgrad des zu untersuchenden Wassers werden Volumina aus 2 aufeinanderfolgenden Zehnerverdünnungen gewählt, d. h. 10 und 1 ml, 1 und 0,1 ml usw. Beim Filtrieren von weniger als 10 ml ist es notwendig, die Wasserprobe mit sterilem gepufferten Wasser auf 30 ml aufzufüllen. Nach der Filtration empfiehlt es sich, durch das Gerät 30—50 ml steriles gepuffertes Wasser zu saugen, um die an den Wandungen des Gerätes haftenden Bakterien abzuspülen und die Keime gleichmäßig auf der Membran zu verteilen.

Wenn kleinere Wassermengen als 10 ml untersucht werden sollen, d. h. 1 ml, 0,1 ml usw., ist die Anwendung eines Filtriergerätes nicht erforderlich (vgl. S. 253). Von den Proben werden mit sterilem gepufferten Wasser Verdünnungen hergestellt, wovon zur Untersuchung jeweils 1 ml entnommen und durchgesaugt wird.

Nach Beendigung der Filtration wird das Filter so, wie es im Filtriergerät lag, auf die Oberfläche des festen ENDO-Nährbodens (Vorschriften 48 und 49) übertragen und 24 ± 1 h bei 37 ± 0,5 °C bebrütet. Danach legt man das Filter auf ein Filtrierpapier mit stabilisiertem Cytochromoxidase-Reagenz (Cx). Die Cx-positiven Kolonien färben sich innerhalb 1 min blauviolett, die Cx-negativen Kolonien (Enterobacteriaceae) bleiben unverändert. Kolonien mit negativem Cx-Test werden mikroskopisch überprüft und die gramnegativen nichtsporenbildenden Stäbchen auf Dextrosevergärung und Nitratreduktion getestet. Dieses Identifizierungsverfahren ist auf Seite 269 beschrieben.

Die Ergebnisse der Untersuchung werden nach der Formel (S. 264) als Zahl von Enterobacteriaceae pro 100 ml oder pro untersuchtem Volumen ausgedrückt. Dadurch wird der Fehler vermieden, der beim Umrechnen der Ergebnisse entsteht.

Bei der Routineanalyse (z. B. bei der hygienischen Wasserkontrolle) können die isolierten Kolonien aus Gründen der Zeit- und Materialersparnis biochemisch nicht näher identifiziert werden. Gewöhnlich genügt der Zugehörigkeitsnachweis der isolierten Kolonien zu einer Bakteriengruppe, die als Indikator einer fäkalen Verunreinigung gilt. Bei der Untersuchung neuer Trinkwasservorkommen (besonders bei Vorhaben für zentrale Wasserversorgungen), nach Havarien im Leitungssystem, bei Forschungsarbeiten oder bei Vorhandensein einer bestimmten epidemiologischen Situation ist jedoch eine nähere Analyse des untersuchten Materials notwendig. Auf Grund ihrer Ergebnisse kann man auf den wahrscheinlichen Ursprung der Kontamination des Wassers weitgehende Schlüsse ziehen und entsprechende Vorkehrungen zur Beseitigung der Ursache der Verunreinigung treffen.

Die Differenzierung der isolierten Bakterienstämme schließt die mikroskopische Untersuchung und die biochemische sowie serologische Identifizierung ein. Nach Sedlák und Rische (1968) genügen zur Unterscheidung der Bakteriengattungen 19 biochemische Tests. Zur Differenzierung von Arten benötigt man nach Kauffmann (1966) zusätzlich die serologische Identifizierung. Da es sich dabei um eine Frage handelt, die bisher nicht endgültig beantwortet werden kann und augenscheinlich noch lange Gegenstand taxonomischer Erörterungen sein wird, führen wir die Differenzierung der Bakterien der Familie der Enterobacteriaceae auf Grund biochemischer Tests (vgl. Tab. 33) an. Diese Reaktionen werden zur Zeit allgemein zur mikrobiologischen Diagnostik der Enterobakterien eingesetzt. In den Routinelaboratorien werden aus praktischen Gründen zur Identifizierung der Fäkalindikatoren nur einige Tests verwendet. Hauptsächlich handelt es sich um den Abbau einiger Zucker (Glukose, Laktose, Mannit, Maltose, Saccharose) sowie Indolbildung, Nitratreduktion, Methylrot- und Voges-Proskauer-Test, Zitratverwertung, H_2S-Bildung, Harnstoff-Spaltung, Gelatine-Verflüssigung, KCN-Verträglichkeit und Cytochromoxidase-Reaktion. Diese erlauben die Zuordnung der Stämme zu Gattungen, die für die hygienische Wasseruntersuchung von Bedeutung sind.

Neuerdings werden mehr und mehr industriell hergestellte diagnostische Hilfsmittel, z. B. API-Test benutzt (verschiedene Reihen dehydrierter diagnostischer Nährböden + Tests in kleinen Plastikhüllen, mit den entsprechenden Bewertungstabellen), die die Routineuntersuchung rationalisieren und erleichtern.

Von den Bakterionkolonien, die zur Identifizierung ausgewählt wurden, überträgt man Material auf Schrägagar. Dabei genügt es, mit einer abgeflammten und abgekühlten Öse nur schwach die Oberfläche der Kolonie zu berühren. Man bebrütet 24 Stunden bei 37 °C. Die eigentliche Identifizierung geht von dieser Schrägagarkultur aus.

Mikroskopische Untersuchung

Auf einem Objektträger wird ein Ausstrich angefertigt, der durch wiederholtes vorsichtiges Fächeln über einer Gasflamme fixiert und dann nach GRAM gefärbt wird:

Auf das fixierte Material tropft man eine Lösung von Kristallviolett (Vorschrift 109). Die Lösung wird nach 30 s abgegossen und Lugolsche Lösung (Vorschrift 110) aufgetropft, mit der das Präparat gleichfalls 30 s behandelt wird. Dann wird mit Azeton-Alkohol (Vorschrift 111) so lange entfärbt, wie blauer Farbstoff abfließt. Das Präparat wird mit Wasser abgespült. Schließlich wird 30 s mit Karbolfuchsin (Vorschrift 112) oder mit Safranin (Vorschrift 113) nachgefärbt. Das Präparat wird schließlich mit dest. Wasser gründlich abgespült und an der Luft getrocknet.

Die mikroskopische Untersuchung wird mit Hilfe eines Immersionsobjektes durchgeführt: Auf den Objektträger tropft man etwas Immersionsöl und untersucht bei starker Vergrößerung. Zur Kontrasterhöhung kann man ein Blaufilter verwenden. Bei richtig gefärbten Präparaten erscheinen die gramnegativen Bakterien bei Karbolfuchsin-Färbung rosa bis purpurrot (bei Safranin-Färbung gelblich-orange) und die grampositiven blau.

Falls das Präparat keine gramnegativen nichtsporenbildenden Stäbchen enthält, wird die Untersuchung beendet. Andernfalls wird Material der Schrägagarkultur mit einer Öse in eine Reihe diagnostischer Nährböden (sogenannte „Bunte Reihe") übertragen. Die Zahl der Tests hängt von der Zielsetzung ab.

Kohlenhydrat-Verwertung

In flüssige Nährmedien der „Bunten Reihe" wird so beimpft, daß von der Schrägagarkultur mit einer abgekühlten Öse eine kleine Menge entnommen und in das Medium übertragen wird, das man kurz aufschüttelt. Bei festen Nährböden sticht man 1,5 cm tief ein oder streicht mit der Öse wellenförmig über die schräge Oberfläche.

Nährböden mit Zuckerarten (Vorschrift 19) werden 24 Stunden bei 37 °C bebrütet (bei negativen Ergebnissen — besonders bei Laktose — bis zu 30 Tagen). Eine positive Reaktion macht sich durch Farbumschlag des Indikators von blau nach gelb, durch Trübung mit evtl. Sedimentbildung und durch Gasbildung im Gärröhrchen bemerkbar. Bei negativer Reaktion ändert sich die Färbung des Nährbodens nicht.

Nitratreduktion

Dieser Test gehört wie der Cytochromoxidase-Test zu den grundlegenden taxonomischen Kriterien für Enterobacteriaceae. Die Kulturen werden in eine Nährflüssigkeit mit KNO_3-Zusatz (Vorschrift 20) eingeimpft. Man bebrütet 8—12 Stunden bei 37 °C. Zu beachten ist, daß bei längerer Bebrütungszeit (bis zu 5 Tage werden von einigen Monographien und Handbüchern angegeben) die Reduktion nicht bei Nitrit stehen bleibt, sondern bei einigen Stämmen zu Hydroxylamin, elementarem Stickstoff und Ammoniak weiterverläuft. Dies bedeutet, daß bei Durchführen des Tests nach längerer Bebrütung als 8—12 Stunden falsche negative Ergebnisse erhalten werden können. Andererseits ist bei negativem Reaktionsfall nach 8—12 Stunden eine weitere Bebrütung oder ein Test für die Anwesenheit des Hydroxylamins ratsam.

Nach der Bebrütung gibt man Nitritreagenz (Vorschrift 116) in die Nährflüssigkeit und schüttet das Röhrchen mäßig hin und her. Bei positiver Reaktion färbt sich das Medium rot (die Farbe variiert je nach der Menge der entstandenen Nitrite von schwach rosa bis braun). Bei negativem Testausfall bleibt die Farbe unverändert

Indolbildung

Zu diesem Test kultiviert man 24 Stunden bei 37 °C in Trypsin-Bouillon (Vorschrift 21). Danach gibt man 0,5 ml Kovács-Reagenz (Vorschrift 114) hinzu und schüttelt vorsichtig einige Sekunden. Bei positiver Reaktion bildet sich innerhalb von 5 min ein rötlicher Ring an der Oberfläche der Lösung. Bei negativer Reaktion ist der entstehende Ring gelb.

Methylrot-Test und VOGES-PROSKAUER-*Reaktion*

Bei beiden Reaktionen verwendet man das Medium nach CLARK und LUBS (Vorschrift 22), das man 3—4 Tage bei 37 °C bebrütet. Man kann entweder 2 Reagenzgläser beimpfen oder nur eines und dessen Inhalt nach der Bebrütung für jede der beiden Reaktionen aufteilen.

Durchführung des Methylrot-Testes: In das Reagenzglas gibt man 2—3 Tropfen 0,02%ige alkoholische Methylrot-Lösung. Bei positiver Reaktion färbt sich das Medium rosa bis ziegelrot, bei negativer bleibt es gelb.

Durchführung des VOGES-PROSKAUER-Testes: In das Reagenzglas gibt man eine dem Nährboden äquivalente Menge von 10%ige KOH-Lösung und stellt es für 2—3 Stunden in den Brutschrank. Bei positiver Reaktion entsteht eine braunrote Färbung des Mediums, die in den oberen Schichten intensiver ist (oft bildet sich ein Farbring). Bei negativer Reaktion bleibt die Farbe der Nährflüssigkeit praktisch unverändert.

Zitrat-Verwertung

Man verwendet entweder das flüssige Nährmedium nach KOSER (Vorschrift 23) oder den festen Nährboden nach SIMMONS mit Indikator (Vorschrift 50), der in Reagenzgläser als Schrägagar abgefüllt und erstarrt wird. Die Bebrütung dauert 3—4 Tage (in einzelnen Fällen bis zu 30 Tagen) bei 37 °C. Die positive Reaktion macht sich in der Nährflüssigkeit durch Trübung bemerkbar, der feste Nährboden färbt sich blau und an der schrägen Oberfläche kann man ein Bakterienwachstum beobachten. Im negativen Falle bleibt die Nährflüssigkeit klar bzw. die grüne Färbung des festen Nährbodens ändert sich nicht. Eine Gelbfärbung bewertet man noch als negative Reaktion.

H_2S-*Bildung*

Für diesen Test bewähren sich 2 Nährböden: Ferrochlorid-Gelatine (Vorschrift 51) und der Nährboden nach HAJNA (Vorschrift 52). Der beimpfte Nährboden wird 24 Stunden (in Ausnahmefällen bis zu 72 Stunden) bei 37 °C bebrütet. Bei positiver Reaktion färbt sich der Nährboden schwarz, bei negativer Reaktion bleibt er unverändert.

Die H_2S-Bildung kann man auch auf andere Weise feststellen: ein Streifen Filtrierpapier (1 × 10 cm) wird mit einer 2%igen Bleiazetatlösung gesättigt und getrocknet. Dieser Streifen wird vor der Bebrütung in das Röhrchen mit schwefelhaltigem Nährboden eingehängt und mit den Stopfen festgeklemmt. Die Entfernung von der Nährbodenoberfläche soll etwa 1 cm betragen. Bei positiver Reaktion färbt sich der Indikatorstreifen schwarz, am intensivsten in seinem unteren Teil.

Harnstoff-Spaltung

Das flüssige Medium mit Indikator (Vorschrift 25) für diesen Nachweis wird nach Beimpfung 24 Stunden (bis zu 4 Tagen) bei 37 °C bebrütet. Bei positiver Reaktion ändert sich die ursprünglich gelbliche Färbung des Mediums in rot mit Purpurfarbstich, im negativen Falle bleibt die Farbe unverändert.

Gelatine-Verflüssigung

Dieser Test wird mit Ferrochlorid-Gelatine (Vorschrift 51) durchgeführt. Nach 24stündiger Bebrütung und nach Ablesen der Ergebnisse der H_2S-Bildung werden die Röhrchen für 2—3 Stunden in den Kühlschrank gestellt. Bei positiver Reaktion beobachtet man bei Neigung der Röhrchen eine teilweise oder gänzliche Verflüssigung des Nährbodens, wogegen bei negativem Resultat der Nährboden geliert bleibt.

Natürlich kann der Test auch auf Nährgelatine (Vorschrift 5) ausgeführt werden. Der Nährboden wird zu je 5 ml in Röhrchen abgefüllt. Die Prüfung erfolgt wie oben erwähnt.

KCN-*Test*

Es handelt sich um eine sehr empfindliche Reaktion, weshalb die Verwendung von frisch zubereiteten Nährböden (Vorschrift 26) mit genau eingestelltem KCN-Gehalt erforderlich ist. Man benutzt eine 24stündige Kultur. Im Gegensatz zu den anderen Tests, bei denen man das Inokulum sehr klein hält, bedarf es in diesem Falle einer massiven Beimpfung (2 volle Ösen). Man bebrütet 48 Stunden bei 37 °C. Bei positiver Reaktion macht sich eine Nährbodentrübung bemerkbar, die im negativen Falle ausbleibt.

Phenylalanin-Desaminase-Test

Das Reaktionsprinzip ist die Aminabspaltung aus Phenylalanin durch das spezifische Enzym Desaminase. Die Kultur wird auf die schräge Oberfläche des Nährbodens (Vorschrift 53) aufgeimpft und 12—24 h bei 37 °C bebrütet. Dann tropft man eine kleine Menge 10%iger $FeCl_3$-Lösung auf die Oberfläche. Bei positiver Reaktion färbt sich diese und teilweise auch die Tiefe des Nährbodens grün. Bei negativem Ausfall entsteht keine Farbänderung.

Zu den beschriebenen biochemischen Tests muß man bemerken, daß bei der Differenzierung der Stämme, hauptsächlich bei den aus Wasser gezüchteten, häufig atypische und unklare Reaktionen Schwierigkeiten bereiten. In solchen Fällen hängt die Einordnung des untersuchten Stammes von den theoretischen Kenntnissen und den praktischen Erfahrungen des jeweiligen Mikrobiologen ab. Aus der bisherigen Praxis ist bekannt, daß *Escherichia* Kohlenstoff aus Zitratnährböden nicht verwerten kann (obwohl in dieser Richtung noch viele Unklarheiten herrschen), einen negativen Voges-Proskauer-Test aufweist und Gelatine nicht verflüssigt. Die Gasbildung aus Kohlenhydraten, die Fähigkeit zur Laktosevergärung, das Wachstumsvermögen bei höheren Temperaturen (43—45 °C), die Indolbildung und andere Reaktionen sind variabel.

Einige Citrobacter-Stämme sind zur Indolbildung fähig, und das wichtige diagnostische Merkmal der H_2S-Bildung trifft nicht in allen Fällen zu. Variabel ist auch die Gasbildung aus Kohlenhydraten und die Laktosevergärung. Enterobacter (Aerobacter) pflegt auch anaerob zu wachsen. Einige Stämme spalten keinen Harnstoff. Wenn Enterobacter-Stämme Gelatine verflüssigen, müssen sie zur Gattung *Cloaca* bzw. zur Art *Enterobacter cloacae* gezählt werden.

Serologische Diagnostik

Während bei der biochemischen Identifikation Bildungsvermögen und Aktivitäten bakterieller Enzyme in flüssigen und festen Medien nachgewiesen wird, stellt man bei der serologischen Diagnostik mittels spezifischer Seren von bekanntem Antikörpergehalt Vorhandensein oder Fehlen von O-, H- und K-Antigenen fest. Dies wird durch Agglutinationsreaktionen auf Objektträgern oder Reagenzgläsern geprüft. Außer diesen gebräuchlichen und häufig angewandten Methoden gibt es noch weitere, spezifische Verfahren.

Bei der serologischen Diagnostik von im Wasser gefundenen Bakterien aus der Familie Enterobacteriaceae handelt es sich in der Regel um Stämme der Gattungen *Salmonella*, *Shigella* und *Proteus* bzw. um solche der Art *E. coli*. Letztere gehören hauptsächlich den Serotypen O 111, O 55, O 26, O 86 und der Gruppe der „Dyspepsie-Coli" an. Sie bewirken Enteritiden und andere Durchfallerkrankungen, hauptsächlich bei Kindern.

Die serologische Identifikation führt man nach der biochemischen Überprüfung der Stämme aus. Stämme, die Harnstoff nicht spalten, werden nicht der Agglutinationsprüfung mit Proteus-Seren unterworfen und umgekehrt. Bei harnstoffpositiven Stämmen genügt es, mit Proteus-Seren zu agglutinieren. Bei Stämmen, die in Dextrose-Medien Gas bildeten, ist es nicht notwendig, die Agglutinationsprüfung mit *Shigella*-Seren durchzuführen.

Zur Agglutination verwendet man zuerst polyvalente Seren, die Antikörper gegen die wichtigsten Antigene der entsprechenden Gattung enthalten. Wenn die Untersuchung mit polyvalenten Sera positiv ausfällt, d. h. eine Agglutination bis zu dem angegebenen Titer beobachtet wird, fährt man in der Diagnostik mit spezifischen monovalenten Seren fort. Das sind detaillierte anspruchsvolle Verfahren, die in spezialisierten Laboratorien durchgeführt werden. Die Methodik ist z. B. bei Sedlák und Rische (1968) genau beschrieben.

Zur Kontrolle der Agglutinationsreaktionen führt man zuerst eine Prüfung auf Vorhandensein einer Spontanagglutination aus. Dazu wird ein Tropfen der Bakteriensuspension mit 1 Tropfen physiologischer Kochsalzlösung (0,85% NaCl) vermischt. Man beobachtet, ob in diesem Gemisch eine Reaktion auftritt. Die eigentliche Untersuchung wird auf einem Objektträger oder in einem Röhrchen ausgeführt.

Objektträgeragglutination (Probeagglutination)

Auf einem entfetteten Objektträger gibt man eine dünne Suspension der zu prüfenden Bakterienkultur in physiologische Kochsalzlösung. Hiervon nimmt man 2—3 Ösen Flüssigkeit und vermischt sie auf einem anderen Objektträger mit je einem Tropfen des entsprechenden Serums. Der Objektträger wird wiederholt mäßig geneigt, um die Komponenten gut zu vermischen. Nach 2 min liest man das Ergebnis des Agglutinationsversuches ab, das auch mit freiem Auge gut sichtbar ist.

Will man die Objektträgeragglutination zu einer annähernden Titerbestimmung nutzen, dann trägt man auf den Objektträger in 3 Reihen nebeneinander je 3×3 Tropfen einer Bakteriensuspension auf, die auf die schon beschriebene Art hergestellt wurde. Ein Serumtropfen wird mit den ersten 9 Tropfen der Suspension vermischt, wodurch eine 1:10 Verdünnung erzielt wird. Davon gibt man wiederum 1 Tropfen in die zweite Tropfenserie und erhält so eine 1:100 Verdünnung. Auf diese Weise fährt man fort, solange es zu sichtbaren Agglutinationen kommt. Bei positiven Ergebnissen bis zum höchsten Titer geht man zur Bestimmung des Serotyps über.

Agglutination im Röhrchen

Zuerst verdünnt man das jeweilige Serum in geometrischer Reihe bis zum Endtiter. 0,5 ml jeder Serum-Verdünnungsstufe setzt man das gleiche Volumen der zu testenden Bakteriensuspension zu, wobei die Zahl der Bakterien in der Suspension etwa 10^9/ml betragen soll.

Bei der O-Agglutination beginnt man mit einer 1:10-Verdünnung des Serums. Dadurch erhält man im ersten Röhrchen eine Verdünnung von 1:20, in den folgenden

Röhrchen Verdünnungen von 1:40, 1:80 usw. Die Röhrchen stellt man für 16—20 Stunden in ein Wasserbad von 50 °C und liest danach die Agglutination ab. Sie macht sich durch eine zarte Trübung bemerkbar, die sich beim Schütteln des Röhrchens nur schwer zerteilt. Mikroskopisch sind polar angehäufte Zellen zu sehen, die bewegliche Geißeln haben.

Bei der H-Agglutination im Röhrchen verfährt man im Prinzip ähnlich. Der Unterschied liegt in der Anfangskonzentration des Serums, die 1:50 (nach Zugabe der Suspension 1:100 usw.) beträgt. Zur Bebrütung im Wasserbad bei 50 °C sind 2 Stunden ausreichend. Die Agglutination macht sich durch große, leicht trennbare Flocken bemerkbar. Mikroskopisch erscheinen Bakterienkonglomerate mit verklebten Geißeln; sie sind daher unbeweglich.

Die Vi-Agglutination führt man gleichermaßen aus, nur beträgt die Anfangsverdünnung 1:5.

Bei der K-Agglutination (Antigene M, L, B, A) entspricht der Vorgang dem der O-Agglutination. Die Anfangsverdünnung des Serums beträgt 1:5 und man verdünnt bis zu 1:12800. Auch das Agglutinationsbild ähnelt dem der O-Agglutination.

Nachweis von fäkalen Streptokokken (Enterokokken)

Zur Bestimmung dieser Bakteriengruppe aus dem Wasser verwendet man Anreicherungs- oder Membranfilterverfahren. Man kann feststellen, daß sich hier das Membranfilterverfahren wegen der relativ kleinen Enterokokkenzahlen im Wasser gut bewährt. Besonders bei Anwendung des Natriumazid-Nährbodens mit Triphenyltetrazoliumchlorid (TTC-Zusatz) werden befriedigende Ergebnisse erzielt (Münch 1972).

Amerikanische Standardmethoden (1975)

Von bekannten Verfahren zum Nachweis von Enterokokken sind die o. g. Standardmethoden mehrjährig erprobt und besonders gründlich durchgearbeitet. Daher ist es möglich, nicht nur reproduzierbare, sondern auch vergleichbare Ergebnisse zu erzielen. Der Nachweis von Enterokokken bringt eine wertvolle Information über die hygienische Wasserqualität. Es wird jedoch empfohlen, die fäkalen Streptokokken nicht als einzigen, sondern als ergänzende Indikator der Fäkalverunreinigung zu benutzen. Es ist auch bekannt, daß einige Enterokokkentypen (z. B. *Str. faecalis liquefaciens*) ubiquitär sind und somit nur einen geringen Indikatorwert haben. Da diese Typen durch die verwendeten Nährböden nicht sicher differenziert bzw. ausgeschlossen werden können, ist in einigen Fällen, in denen diese Typen überwiegen können (z. B. in Proben aus natürlichen Badewässern) eine weitere biochemische Identifizierung wünschenswert.

Anreicherungsmethode

1. Orientierungstest

Zum Nachweis von Enterokokken werden Reagenzgläser mit Dextrose-Natriumazidbouillon (Vorschriften 27 und 28) vorbereitet. 10-ml-Wasserproben werden in das Medium 28 überimpft. Proben von 1 ml oder weniger setzt man dem Medium 27 zu. Die Wasserprobe wird in Zehnerstufen verdünnt und in mehrere Parallelröhrchen mit den genannten Nährmedien eingeimpft. Die Wahl der geeigneten Volumina hängt vom angenommenen Verunreinigungsgrad des Wassers ab. Die beste Kombination aus Röhrchenzahl und Wasservolumina kann entsprechend den Empfehlungen zum Nachweis von Koliformen (vgl S. 262) gewählt werden.

Es wird 48 ± 3 Stunden bei 35 ± 0,5 °C mit Zwischenkontrolle nach 24 ± 2 Stunden bebrütet. Alle Röhrchen, die nach 24 bzw. 48 Stunden eine Trübung zeigen, sollen dem Nachweis- bzw. Bestätigungstests („confirmed test") unterworfen werden.

2. Nachweistest

Zum Bestätigungstest überimpft man 3 große Ösen aus den getrübten Röhrchen in Natriumazid-Äthylviolett-Medium (Vorschrift 29). Man bebrütet 24 Stunden bei 35 ± 0,5 °C. Die Anwesenheit von Enterokokken macht sich durch Trübung des Nährbodens oder durch Bildung eines purpurroten Farbringes auf dem Boden des Röhrchens bemerkbar. Falls nach 24 Stunden keine positive Reaktion auftritt, impft man noch einmal 3 Ösen in das Medium und inkubiert weitere 24 Stunden.

Die Ergebnisse werden als wahrscheinlichste Zahl (MPN) von Fäkalstreptokokken (Enterokokken) in 100 ml Wasser angeführt. Zur Berechnung dienen die Tabellen 67 und 68.

Membranfiltermethode

Im Prinzip entspricht der Analysenvorgang dem, der beim Nachweis von Koliformen beschrieben wurde. Die zu untersuchende Wassermenge soll so groß sein, daß auf einem Membranfilter 20—100 Kolonien wachsen (in Abhängigkeit vom Verunreinigungsgrad kommen die Volumina 100 ml, 10 ml, 1 ml, 0,1 ml und 0,01 ml in Frage).

Nach der Filtration wird die Membran vorsichtig auf die Oberfläche des Nährbodens (Vorschrift 54) gelegt und 48 h bei 35 ± 0,5 °C inkubiert. Nach dieser Zeit werden alle dunkelroten bis rosa Kolonien mit Hilfe einer Lupe oder eines Mikroskops bei 10—15-facher Vergrößerung gezählt.

Die Ergebnisse werden als Enterokokken-Keimzahl in 100 ml Wasser nach der auf Seite 264 angeführten Formel ausgedrückt.

Falls eine Bestätigung der Zugehörigkeit der gewachsenen Kolonien zur Enterokokken-Gruppe erforderlich ist, wird Material aus ausgewählten Kolonien auf ein spezielles Medium (Vorschrift 55) überimpft und 24—48 h bei 35 °C bebrütet. Aus positiven Kolonien gibt man 1 Öse auf einen entfetteten Objektträger und fügt einige Tropfen 3%ige H_2O_2-Lösung zu. Fehlende Blasenbildung bedeutet einen negativen Katalase-Test, was schon eine wahrscheinliche Anwesenheit von Enterokokken indiziert. Für die weitere Identifizierung der katalasenegativen Kolonien überimpft man 1 Öse in flüssigen Nährboden (Vorschrift 30) und inkubiert 48 h bei 45 °C. Gleichzeitig wird 1 Öse in Galle-Nährmedium (Vorschrift 31) gegeben und 3 Tage bei 35 °C bebrütet. Wachstum in beiden Medien ist ein Beweis für die Anwesenheit von Fäkalstreptokokken (Enterokokken).

Für eine detaillierte biochemische Identifizierung der Enterokokken sind Prüfungen des Wachstumsvermögens in Methylenblau-Milch, in Nährbouillon bei pH 9,6, nach 30minütiger Wärmeeinwirkung (60 °C) oder in Nährbouillon mit 6,5 % NaCl zu empfehlen. Die biochemischen Eigenschaften der Enterokokken sind in der Tabelle 44 angeführt.

DDR-Methoden (1975)

Die „Ausgewählten Methoden der Wasseruntersuchung der DDR" (1970–1975) führen zur Bestimmung der fäkalen Streptokokken (Enterokokken) mehrere Methoden an: Enterokokken-Titer, Enterokokken-Keimzahl (als Plattenverfahren) sowie — als Empfehlung — Membranfilterverfahren.

Anreicherungsmethode

Dieses Verfahren ist bei gleichzeitiger Durchführung des Koliformen- bzw. des Fäkalkoli-Titers (S. 265) besonders zu empfehlen, da die gleiche Anreicherung in Dextrose-Nährbouillon (Vorschrift 18) verwendet werden kann. Bei Trinkwasser werden normalerweise 100 ml, 10 ml, 1 ml und 0,1 ml, bei stärker verunreinigten Wässern erforderlichenfalls eine Zehner-Verdünnungsreihe bis zu 10^{-4} ml untersucht. Die Bebrütung erfolgt 24 ± 1 Stunden bei $37 \pm 0{,}5$ °C.

Aus jedem Röhrchen, das Trübung und Säuerung (Indikatorumschlag) zeigt, werden etwa 0,5 ml in KF-Medium nach Kenner (Vorschrift 32) übertragen und 24 ± 1 Stunden bei $37 \pm 0{,}5$ °C bebrütet. Als positive Reaktion wird ein vollständiger Farbumschlag nach gelb innerhalb dieser Zeitspanne gewertet.

Unter Rückschluß auf die kleinste und die Dextrose-Nährbouillon-Anreicherung eingeimpfte Wassermenge steht der kulturell bestimmte Enterokokken-Titer fest. Der Titer wird pro ml angegeben. Da die bei Routineuntersuchungen durch einmaligen Ansatz von 4 Wasservolumina kulturell bestimmten Titer statistisch nur wenig gesichert sind, wird nach tabellarischer Umrechnung (Tab. 69) die Angabe des wahrscheinlichen Titers (analog zur Koliformen- bzw. Fäkalkoli-Titerberechnung) empfohlen.

Membranfiltermethode

Die Wasserprobe wird durch ein steriles Membranfilter (Durchmesser 50 mm, Porenweite 0,45 µm) gesaugt. Anschließend wird das Filter auf Natriumazid-Nähragar[1] (Vorschrift 56) gelegt. Kolonien von Enterokokken sind hellrosa bis dunkelbraun gefärbt. Nach 48 ± 2 h Bebrütung bei 37 °C werden diese Kolonien ausgezählt. Zur Berechnung sollen Membranfilter mit bis zu 50 Kolonien ausgewählt werden. Bei stärkerer Verunreinigung müssen entsprechende Verdünnungen der Wasserprobe angesetzt werden.

Die Untersuchungsergebnisse werden entweder als Enterokokken-Keimzahl pro ml oder pro 1000 ml (Enterokokken-Index) angegeben. Die Zahlen von über 100 Enterokokkenkolonien/ml werden auf die beiden ersten bestimmenden Ziffern auf- oder abgerundet.

Nachweis von Klostridien (Cl. perfringens u. a.)

Wegen der geringen Zahl von Klostridien im Wasser muß die entnommene Probe angereichert werden. Hierbei bewährten sich wiederum Membranfilter. Soweit bekannt ist, stellten sich Laboratorien, die über Membranfilter verfügen, ganz auf diese Technik ein.

---

[1] statt Nähragar können Nährböden mit Kieselsäuregel benutzt werden (Vorschrift 57)

Methodik:

Aus der Wasserprobe werden zuerst die vegetativen Formen durch 20minütiges Erhitzen im Wasserbad bei 80 °C eliminiert. Aus den so inaktivierten Proben filtriert man entsprechend dem angenommenen Verunreinigungsgrad 10, 100 oder mehr ml.

Nach der Filtration legt man die Membran auf eine dünne Schicht (ca. 0,5 cm Dicke) des Nährbodens nach Wilson und Blair für anaerobe Bakterien (Vorschrift 58) auf Agar- oder Kieselsäurebasis (Vorschrift 59). Dann wird mit weiteren 10—15 ml desselben Nährbodens übergossen. Nach dem Erstarren werden die Ränder der Petrischale mit Plastilin oder Paraffin verklebt, wodurch bereits ein genügend anaerobes Milieu gewährleistet ist. Man bebrütet 24 Stunden bei 37 °C und kontrolliert bereits nach 12—20 Stunden das Wachstum. Wenn die Keimzahlen auf dem Membranfilter zu hoch werden, färben sie durch den reduzierten Farbstoff die ganze Platte schwarz und verhindern damit eine konkrete Bewertung. Man zählt alle schwarzen Kolonien mit einem Durchmesser von 1 mm und mehr.

Zur Bestätigung überimpft man Material von 1—2 Kolonien in Milchmedium (5 ml Magermilch in Reagenzröhrchen sterilisiert). Nach dem Einimpfen der Probe wird die Milch etwa 1 cm hoch mit flüssigem Paraffin überschichtet, wodurch anaerobe Bedingungen gewährleistet werden. Man bebrütet 24 Stunden bei 37 °C. Milchgerinnung mit starker Gasbildung sind Beweise für die Anwesenheit der gesuchten Bakterien.

Die Ergebnisse werden als Klostridien-Keimzahl pro 100 ml nach der Formel (S. 264) oder im untersuchten Wasservolumen ausgedrückt.

Methoden zum Nachweis pathogener Bakterien und Enteroviren

Wegen der steigenden Verunreinigung des Wassers, besonders mit Produkten und Abfällen der modernen Chemie, die die Eigenschaften der Darmbakterien und damit ihre Eignung als Indikatororganismen beeinflussen können, wird immer mehr die direkte Bestimmung der pathogenen Bakterien und Viren aus dem Wasser gefordert. Dies ist vor allem ein Ausdruck des berechtigten Bestrebens, das Infektionspotential eines Wassers und dadurch auch das Gesundheitsrisiko besser beurteilen zu können. Dazu gehört auch die Erkenntnis, daß die Korrelationen zwischen pathogenen Bakterien und den sog. Fäkalindikatoren (Koliformen usw.) sehr variabel sind. Schließlich muß auf die Tatsache hingewiesen werden, daß die bakteriologische Wasseranalyse nicht über die Anwesenheit von Viren informiert.

Bei der Isolierung der pathogenen Bakterien aus dem Wasser werden zur Konzentrierung der relativ kleinen Zahl dieser Mikroorganismen entweder Anreicherungsmethoden oder Membranfilter verwendet. Außerdem können jedoch auch Zentrifugen- oder Ionenaustauscher- bzw. andere Verfahren eingesetzt werden. Wir führen einige Methoden an, die gegenwärtig zur Bestimmung von pathogenen und bedingt pathogenen Bakterien sowie von Viren im Wasser verwendet werden. Dabei werden auch Organismen berücksichtigt, die gleichzeitig als Indikator einer Verunreinigung dienen können. Bei den angeführten Methoden handelt es sich vorwiegend um Verfahren, die von uns überprüft und modifiziert wurden; bei anderen beziehen wir uns auf die Fachliteratur.

Nachweis von Bakterien der Gattung Salmonella

Der Salmonellen-Nachweis im Wasser wird bisher gewöhnlich zum Erkennen von Infektionsquellen, zur Aufklärung von Übertragungswegen in Epidemiezeiten, sowie für einige andere Aufgaben der Wasserkontrolle und für Forschungsarbeiten durchgeführt. In letzter Zeit häufen sich Vorschläge, daß die Salmonellen-Bestimmung ein ständiger Bestandteil der Standardmethoden zur Wasseruntersuchung (besonders bei Oberflächen- aber auch anderen Wässern) sein soll. Es fehlt jedoch eine einfache und dabei ausreichend empfindliche Methode für diese Anwendung, weil die Salmonellen-Bestimmung immer ein relativ anspruchsvolles Verfahren darstellt, dessen Erfolg in starkem Maße von der fachlichen Erfahrung des Untersuchers abhängt.

Membranfiltermethode

Die Vorbereitung von Filtern und Geräten sowie die Filtration selbst sind die gleichen, die schon bei den vorhergehenden Methoden beschrieben wurden. Das zur Untersuchung erforderliche Wasservolumen schwankt in Abhängigkeit vom Verunreinigungsgrad von einigen Millilitern (Abwasser) bis zu mehreren Litern.

Nach der Filtration entnimmt man das Filter mit einer Pinzette, legt es in eine sterile Petrischale und teilt es mit einer sterilen Schere oder einem sterilen Skalpell in 2 Hälften. Eine Hälfte wird in Selenitmedium nach LEIFSON (Vorschrift 33) oder in Tetrathionat-Nährbouillon (Vorschrift 34) eingelegt. Die zweite Hälfte des Membranfilters legt man auf einen festen Nährboden. Es werden entweder der viel verwendete Nährboden nach WILSON und BLAIR (Vorschrift 60), der Nährboden nach LEIFSON (Vorschrift 61), der *Salmonella-Shigella*-Agar (Vorschrift 62) oder der ENDO-Nährboden benutzt. Auch Nährböden mit Strontium-Salzen (Vorschrift 39) werden als besonders empfindlich empfohlen (IVESON und MACKAY-SCOLLAY 1969). Aus praktischen Gründen ist es vorteilhaft, das auf dem Membranfilter zurückgehaltene Material mit einer Öse auf der Nährbodenoberfläche neben dem Filter zu verteilen. Dadurch erhöht man die Übersichtlichkeit und die Empfindlichkeit der Methode.

Man bebrütet 24 Stunden bei 37 °C. Dabei impft man nach 5—20 Stunden von der Nährflüssigkeit Material auf einen der oben erwähnten Differential-Nährböden. Falls sich auf dem Nährboden suspekte Kolonien entwickeln, werden sie auf KLIGLER-Nährboden (Vorschrift 63) übertragen. Man beimpft durch Einstich und Ausstrich auf der schrägen Oberfläche und bebrütet 24 Stunden bei 37 °C. Man prüft auf H_2S-Bildung sowie auf Dextrose- und Saccharosevergärung. Gleichzeitig sollte die Objektträgeragglutination mit polyvalentem Salmonellenserum ausgeführt werden (vgl. Abschnitt über die Identifizierung von Bakterien der Familie Enterobacteriaceae).

Anreicherungsmethode

In eine 250-ml-Flasche, in der sich 25 ml Nährmedium befinden, gibt man 225 ml der zu untersuchenden Wasserprobe. Zur Anreicherung kann entweder das 10fach konzentrierte Medium nach HEINRICH und PULVERER (Vorschrift 35, KOHL und ZIBUSCHKA 1966) oder nach PREUSS (Vorschrift 36, DDR-Methoden 1975) benutzt werden.

Nach 18—24 h bei 43—44 °C entnimmt man mit einer Pipette 0,5 ml Bodensatz und überträgt ihn in ein Reagenzröhrchen mit 5 ml eines der oben erwähnten Nährmedien von normaler Konzentration. Erneut wird 24 h bei 37 °C bebrütet. Aus dieser zweiten Anreicherungsstufe werden wiederum 0,5 ml entnommen und in eine dritte Stufe mit 5 ml der nicht konzentrierten Nährmedien nach HEINRICH/PULVERER oder nach PREUSS gegeben. Die Bebrütung bei 37 °C dauert nochmals 24 Stunden.

Materialien aus der zweiten und dritten Anreicherungsstufe werden auf feste Selektivnährböden geimpft und 24 h bei 37 °C inkubiert. Dazu kann man einen oder parallel zwei der folgenden Nährböden benutzen: Brillantgrün-Phenolrot-Agar (Vorschrift 64),

WILSON/BLAIR-Nährboden (Vorschrift 60), LEIFSON-Agar (Vorschrift 61) oder ENDO-Agar (Vorschrift 48).

Nach der Bebrütung wird auf Vorhandensein von suspekten Kolonien kontrolliert. Bei der Benutzung des Brillantgrün-Phenolrot-Nährbodens wachsen Salmonellen als grüne Kolonien, die aus den Impfstrichen gleichsam herausrinnen; auf dem WILSON/BLAIR-Nährboden sind Salmonellen als schwarze Kolonien mit einem hellgrauen Zentrum zu erkennen; auf LEIFSON- wie auch auf ENDO-Agar findet man Salmonellen als farblose Kolonien.

Die in Frage kommenden Kolonien können entweder sofort serologisch identifiziert, oder, falls keine Einzelkolonien zur Verfügung stehen, muß Material aus dem Impfstrich auf GASSNER-Nährboden (Vorschrift 65) so weiterverarbeitet werden, daß sich deutlich getrennte Kolonien entwickeln. Diese werden serologisch bzw. biochemisch identifiziert. Dazu sind spezialisierte Laboratorien notwendig.

Die Ergebnisse aus beiden Methoden werden als positiver Nachweis von Bakterien der Gattung *Salmonella* mit den näheren Bezeichnungen *S. typhi*, *S. wien* usw. angegeben.

Nachweis von Bakterien der Gattung Shigella

Ähnlich wie beim Nachweis von Salmonellen kann man auch beim Nachweis der Shigellen verfahren, d. h. die Wasserprobe mit Membranfiltern oder in Anreicherungsmedium verarbeiten, die gesuchten Bakterien auf Selektivnährböden isolieren und nachfolgend mikroskopisch, serologisch und biochemisch identifizieren. Hierbei muß jedoch festgestellt werden, daß die Bestimmung der sehr empfindlichen Shigellen aus dem Wasser anspruchsvoller ist.

Methodik:

Von der Wasserprobe filtriert man je nach dem Verunreinigungsgrad 100 ml bis zu einigen Litern. Nach der Filtration entnimmt man das Filter und teilt es in 2 Hälften. Die eine legt man in eines der Selenitmedien (Vorschriften 33 und 37), die zweite auf Desoxycholat-Agar (Vorschrift 66). Das Material vom Filter wird auf der Nährbodenoberfläche ausgestrichen (vgl. Salmonellen-Methode).

Man kann auch so verfahren, daß das Membranfilter in 3 Teile zerschnitten wird: 2 kommen auf die oben erwähnten Nährböden, das dritte in Nährflüssigkeit nach KAUFFMANN (Vorschrift 38). Dadurch wird die Möglichkeit des Nachweises erweitert.

Die Nährböden werden 24 Stunden bei 37 °C bebrütet. Dann wird das Material aus den flüssigen Medien auf Desoxycholat-Agar übertragen und weitere 24 Stunden bei 37 °C inkubiert. Suspekte Kolonien (klein, weißlich bis transparent) werden mikroskopisch, serologisch und biochemisch identifiziert (vgl. Tab. 34).

Die Ergebnisse werden als positiver Befund von Bakterien der Gattung *Shigella* mit den näheren Bezeichnungen *Sh. dysenteriae*, *Sh. flexneri* usw. im untersuchten Wasservolumen ausgedrückt.

Nachweis von Mycobacterium tuberculosis

Diese Untersuchung wird vor allem bei Abwasserproben aus Tbk-Sanatorien und zur Feststellung des Desinfektionseffektes in solchen Abwässer ausgeführt. Es handelt sich auch um eine relativ anspruchsvolle Methode, die ein spezialisiertes Laboratorium erfordert. Der Nachweis dieser Bakterien wird im Prinzip kulturell und im Tierversuch realisiert.

Methodik:

300 ml Wasser läßt man zuerst 30—60 min sedimentieren oder filtriert sie durch ein grobes Papierfilter. Dann wird sie in drei 100-ml-Volumina geteilt. Zur Abtötung der Begleitflora fügt man jeweils 0,5 g Bradosol-Pulver hinzu. Durch Schütteln löst man es auf und läßt es 60 Minuten bei Zimmertemperatur einwirken. (Anstelle von Bradosol können auch andere spezifische Antibiotika bzw. Antimykotika verwendet werden). Die so vorbereitete Probe wird 10 Minuten bei 2500 U/min zentrifugiert. Das Sediment wird für den kulturellen Nachweis und für den Tierversuch weiter verarbeitet: für die Kultur beimpft man mit dem Material wenigstens 2 feste und ein flüssiges Nährmedium. Man verwendet LÖWENSTEIN/JENSEN-Nährboden (Vorschrift 67) und OGAWA-Nährboden (Vorschrift 68) und KIRCHNER-Nährflüssigkeit (Vorschrift 40).

Die Bebrütung dauert bis zu 12 Wochen bei 37 °C. Damit bei einer derart langen Zeit die Nährböden nicht austrocknen, erhöht man im Thermostat die Luftfeuchtigkeit (z. B. durch Verdunsten von Wasser).

Nach der Inkubation erfolgt die mikroskopische und zumindest gröbere biochemische Identifizierung des erhaltenen Materials: das flüssige Nährmedium wird zentrifugiert und von einem Teil des Sedimentes ein mikroskopisches Präparat hergestellt, das nach ZIEHL-NEELSEN gefäbt wird. Ähnlich verarbeitet und färbt man die Präparate aus verdächtigen Kolonien von den festen Nährböden (gelblich, rauhe und brüchige Kolonien). Wenn im Präparat säurefeste Stäbchen gefunden werden, führt man mit den Kulturen die Katalase-Peroxydase- und die Niazin-Reaktion sowie die Bestimmung der Resistenz gegen das Hydrazin der Isonikotinsäure (INH) aus.

Die Katalase-Peroxydase-Reaktion wird folgendermaßen durchgeführt: in ein Kulturröhrchen gibt man 3 ml 3%ige Wasserstoffsuperoxid-Lösung. Bei positiver Reaktion kommt es zur Bläschenbildung an den Grenzflächen zwischen Kultur und Flüssigkeit.

Niazin-Reaktion: in 1 ml Anilinlösung impft man Kulturmaterial, gibt 1 ml Bromzyan-Lösung hinzu und verschließt das Röhrchen mit einem Gummistopfen. Bei positiver Reaktion färbt sich die Lösung innerhalb einiger Minuten gelb.

Prüfung auf Resistenz gegen INH: in ein Schrägröhrchen mit Eiernährboden gibt man auf den Boden (in die Kuppe) 0,5 ml Nährsalzlösung (Vorschrift 68) ohne Glyzerin mit einem Zusatz von 20 mg INH/ml. Auf die schräge Nährbodenoberfläche impft man die zu untersuchende Kultur und nach der Bebrütung bewertet man den Abstand des Bakterienwachstums von der INH-haltigen Flüssigkeit. Wenn in einer Entfernung von 65 mm kein Wachstum beobachtet wird, handelt es sich um einen empfindlichen Stamm bei 50 mm um eine verminderte Empfindlichkeit, bei 32 mm besitzt er eine geringe Empfindlichkeit und bei kürzerer Entfernung liegen resistente Stämme vor.

Beim Tierversuch wird nach der Bradosol-Behandlung aus der Probe eine Aufschwemmung in 1,5 ml physiologischer Lösung hergestellt und jeweils 0,5 ml zwei Meerschweinchen in die Leistenfalte injiziert. Der evtl. Effekt wird bis zu 10 Wochen beobachtet. Nach 14 Tagen kontrolliert man die Tiere und untersucht palpatorisch den Zustand der Leiste. Nach 6 Wochen seziert man das erste und nach 10 Wochen das zweite Meerschweinchen. (Zur Bestimmung des bovinen Typs von *Mycobact. tuberculosis* benutzt man zum Versuch Kaninchen).

Wenn es sich nur um säurefeste Stäbchen handelt, kommt es höchstens zu lokalen unspezifischen Reaktionen. Es bilden sich zwar pseudotuberkulöse Knötchen, die sich aber histologisch identifizieren lassen. Als positiv wertet man diejenigen Reaktionen, die über die Impfstellen hinausgehen und sich in entfernten parenchymatösen Organen wie Lungen, Leber, Nieren und Milz zeigen. Im Zweifelsfalle wird der Versuch wiederholt.

Die Anreicherung von Mykobakterien aus Abwässern kann auch durch Ionenaustauscher (Dowex, Wofatit, Escarbo usw.) erfolgen. Man bereitet Kolonnen mit diesen Harzen vor, durch die man die Abwasserprobe filtriert. Die Ionenaustauscher werden anschließend mit 5% HCl (Katex) oder 5% NaOH (Anex) ausgewaschen, wodurch die Mykobakterien von der Oberfläche der Ionenaustauscher gespült werden. Nach Zentrifugieren neutralisiert man das Sediment und beimpft selektive Nährböden (Schwartz und Mayer 1963).

Nachweis von Vibrio cholerae

Der Erreger der gefürchteten Cholera kann aus Wasserproben auf einem einfachen peptonhaltigen Nährboden nachgewiesen werden. Dieser aerophile Mikroorganismus wächst gut in alkalischem Milieu, worauf auch das Prinzip seiner Isolierung beruht.

Methodik:

Die Wasserprobe von 100–1000 ml (nach angenommenem Verunreinigungsgrad) wird in einem Erlenmeyerkolben mit 10–50 ml 10%igem Peptonwasser (Vorschrift 2) mit pH 8,5 eingeimpft. Es empfiehlt sich, die Wasserprobe auf mehrere (z. B. fünf) Kolben zu verteilen, wobei jeweils auf 1 Nährbodenanteil 9–10 Anteile des zu untersuchenden Wassers kommen. Nach Einimpfen der Probe gibt man in jeden Kolben agglutinierendes Cholera-O-Serum in einer Verdünnung von 1:1000.

Man bebrütet im Thermostat bei 37 °C. Nach 6, 12 und 24 Stunden stellt man aus der Nährflüssigkeit und dem Bodensatz mikroskopische Präparate her, die sowohl im hängenden Tropfen (kommaförmige Schraubenbakterien mit einer polaren Geißel), als auch nach Gramfärbung (gramnegative nichtsporenbildende gekrümmte Stäbchen) beobachtet werden.

Von der Nährflüssigkeit überträgt man Material auf festen Nährboden — Nähragar mit einem pH 8,5. Die Zellen von *V. cholerae* wachsen bei 37 °C innerhalb von 20 bis 24 Stunden zu großen durchsichtigen Kolonien mit bläulichem Farbstich aus.

Die nähere Identifizierung der isolierten Stämme wird biochemisch und serologisch durchgeführt. Außer den schon erwähnten Merkmalen vergärt *V. cholerae* ohne Gasbildung Dextrose, Maltose, Saccharose und Mannit. Laktose wird in der Regel nicht gespalten. Gelatine wird verflüssigt, Nitrat zu Nitrit reduziert und Indol gebildet.

Serologisch ist *V. cholerae* durch das Vorhandensein eines eigenen Komplementes im Komplex des somatischen Antigens gekennzeichnet. Die Mehrzahl der Stämme kann in 6 O-Gruppen eingereiht werden. (Die Biotypen *cholerae* und *el Tor* gehören zur 0:1 Gruppe). Bei Stämmen in dieser Serogruppe wurden 3 Serotypen (Ogawa, Inaba und Hikojima) mit 3 Faktoren AB, AC und ABC beobachtet. Außerdem existiert ein vierter Serotyp mit ausschließlich A-Faktoren.

Nachweis von Francisella tularensis

Zur Kontamination des Wassers mit dem Tularämie-Erreger kommt es hauptsächlich dann, wenn in das Wasser Kadaver von Tieren gelangen, die an dieser Krankheit starben. Bei der Untersuchung, die vorwiegend auf Tierversuchen beruht, bewährten sich auch Membranfilter. Es handelt sich um einen relativ empfindlichen Mikroorganismus, der auf den gebräuchlichen Nährböden nicht wächst.

Methodik:

Zur Untersuchung verwendet man eine Probe vom 100—1000 ml Wasserprobe. Sie wird entweder mit Membranfiltern (Porenweite 0,2 µm) oder durch Zentrifugieren (30 min bei 5000 U/min) eingeengt.

Das vom Filter zurückgehaltene Material bzw. der Bodensatz nach dem Zentrifugieren wird in 5—10 ml physiologischer Lösung suspendiert. Davon reibt man etwas in die depilierte Haut eines Kaninchens oder Meerschweinchens ein und tropft 2—3 Tropfen in den Bindehautsack des Versuchstieres. Die Tiere können auch durch subkutane oder intraperitoneale Injektion infiziert werden. Anzeichen der Erkrankung sind Abmagerung, erhöhte Temperatur und Sträuben des Haarkleides.

Nach dem Verenden werden bei der Sektion subkutane Hämatome, Hyperplasie, nekrotischer Zerfall der Lymphknoten und kleine nekrotische Herde in den parenchymatösen Organen beobachtet. Aus den Blutausstrichen und dem Organmaterial werden mikroskopische Präparate angefertigt. Zur Anlage von Kulturen aus Organmaterial wird dieses auf der schrägen Oberfläche eines Eiernährbodens (Vorschrift 69) ausgestrichen.

Mikroskopisch werden gramnegative kleine Kokken (0,3 × 0,7 µm) mit zarten Kapseln beobachtet. Biochemisch vergären sie verspätet Dextrose und manchmal Lävulose, sie zerlegen auch Glyzerin. Auf Zystin-Dextrose-Agar (Vorschrift 70) bilden sie feuchte, milchfarbene Kolonien.

Als Nachweis dieser Bakterien betrachtet man die Agglutination mit spezifischen Seren und das Auftreten eines typischen Krankheitsbildes beim infizierten Versuchstier.

Nachweis von Staphylokokken

Hierbei handelt es sich um hämolytische Staphylokokken, die eitrige Erkrankungen bewirken können. Ihr Nachweis dient häufig zur Prüfung des Desinfektionseffektes (besonders bei Badewässern), da sie gegenüber Chlor resistenter als die üblichen Fäkalindikatoren sind. Zu ihrem Nachweis aus dem Wasser bewähren sich wiederum Membranfilter. Zur Verbesserung des Nachweises verwendet man gewöhnlich parallel zwei Nährböden.

Methodik:

Man filtriert jeweils 50 ml Wasser durch 2 Membranfilter (Porenweite 0,45 µm). Danach legt man ein Filter auf Blutagar mit 6,5% NaCl-Gehalt (Vorschrift 71), das zweite auf Tellurit-Eier-Nährboden (Vorschrift 72).

Man bebrütet 24 Stunden bei 37 °C. Nach dieser Zeit überimpft man verdächtige Kolonien (gelbe, graue, cremefarbene) auf normalen Blutagar (Nachweis der Hämolyse) und auf Esber-Faulconner-Nährboden (Vorschrift 73), auf dem man die Mannitvergärung und die Plasmakoagulasereaktion prüft. Beide Nährböden werden 24 Stunden bei 37 °C bebrütet. Hämolyse auf Blutagar und gelbgefärbte Kolonien mit mattem Hof auf Esber-Faulconner-Nährboden beweisen die Anwesenheit von Staphylokokken. Mikroskopisch werden grampositive Kokken in Traubenform festgestellt.

Die Ergebnisse werden als Keimzahl hämolytischer Staphylokokken in 100 ml Wasser ausgedrückt.

Nachweis von Pseudomonas aeruginosa

Auch bei dieser fakultativ pathogenen Art, die eitrige Erkrankungen, Entzündungen des äußeren Gehörs und anderer Organe hervorrufen kann, handelt es sich um einen Mikroorganismus, der als Indikator der Wasserverunreinigungen gilt. Zu seinem Nachweis benützt man entweder die Membranfilter- oder die Anreicherungsmethode, wobei das Untersuchungsverfahren weitgehend mit dem identisch ist, wie es bei den Enterobacteriaceae beschrieben wurde. Gegenwärtig wird *P. aeruginosa* praktisch nur bei Badewässern bestimmt, es gibt jedoch auch Hinweise, daß diese Art auch in anderen Wasserproben bestimmt werden sollte (vgl. S. 137).

Wir führen die Membranfiltermethode an, da die Zahl von *P. aeruginosa* im Wasser gewöhnlich so klein ist, daß die Wasserprobe konzentriert werden muß; wenn nur kleine Wassermengen untersucht werden, benutzt man das Verfahren ohne Filtriergeräte.

Methodik:

Die Wasserprobe wird durch ein Membranfilter (Porenweite 0,45 μm) filtriert. Bei der Wahl der Wassermenge kann zur Orientierung die Tabelle 70 benutzt werden. Die Wassermenge soll so groß sein, daß auf einem Membranfilter nicht mehr als 50 bis 80 Kolonien wachsen.

Man bebrütet auf festem KING-Nährboden in der Modifikation nach KLINGE (Vorschrift 74) 48 Stunden bei 37 °C. Nach dieser Zeit werden graugrüne oder rotbraune Kolonien ausgezählt. Zur Erhöhung der Empfindlichkeit des Nährbodens empfiehlt sich die Zugabe einer 0,1%igen Lösung von Azetyltrimethylammoniumbromid oder einer 0,05%igen Lösung von Hexadezyltrimethylammoniumbromid. Gute Ergebnisse wurden auch durch Anwendung des Cetrimid-Agarnährbodens (Merck) erzielt, der die Pigmentbildung fördert. Die amerikanischen Standardmethoden für Wasseruntersuchung führen einen Nährboden mit Lysin M-PA-Agar (Vorschrift 75) und die Inkubation bei 41,5 ± 0,5 °C/48 h an.

Um die isolierten Kolonien zu identifizieren, überimpft man Material auf Schrägagar und bebrütet weitere 24 Stunden bei 37 °C. Von dieser Kultur werden vor allem der Cytochromoxidase-Test (siehe S. 265) sowie die Gramfärbung und die Prüfung in Lackmusmilch (Vorschrift 41) durchgeführt. Wenn der Cx-Test positiv ausfällt, es sich um gramnegative nichtsporenbildende Stäbchen handelt und es zur Fällung der Lackmusmilch mit rotbraunen Färbänderung des Indikators kommt, wird dies als Nachweis von *P. aeruginosa* gewertet.

Die Ergebnisse werden als Keimzahl von *P. aeruginosa* in 100 ml (siehe Formel auf Seite 264) oder im untersuchten Wasservolumen ausgedrückt.

Nachweis von Leptospiren

Zur Bestimmung und Isolierung von Leptospiren aus dem Wasser verwendet man entweder flüssige Nährmedien, Versuchstiere oder Membranfilter. Es besteht auch die Möglichkeit ihrer direkten Kultivierung auf festem (genauer gesagt halbflüssigem) Nährboden. Folgende methodische Varianten sind zu empfehlen:

I. Der Wasserprobe wird inaktiviertes Kaninchenserum zugesetzt. Danach werden einige Deckgläschen eingetaucht. Das Gefäß wird mit einem Paraffinpfropfen luftdicht verschlossen. Letzterer soll praktisch bis an die Wasseroberfläche heranreichen. Man bebrütet bei Zimmertemperatur 48 Stunden. Nach dieser Zeit entnimmt man die Gläschen und gibt sie zu einem selektiven Nährboden, wo die auf der Oberfläche anhaftenden Leptospiren weiter kultiviert werden.

II. Versuchstieren (gewöhnlich junger Meerschweinchen) wird das Sediment der angereicherten Probe (Zentrifugation oder Ultrafiltration) in die skarifizierte Haut eingerieben oder subkutan appliziert. Einige Autoren praktizieren auch das Baden von Versuchstieren, deren Fell abrasiert wurde, in der entnommenen Wasserprobe oder direkt im zu untersuchenden Wasser. Nach einigen Tagen untersucht man Urin und Blut und legt Blutkulturen an. Diese Methode wurde von Tec (1953) genau ausgearbeitet und beschrieben.

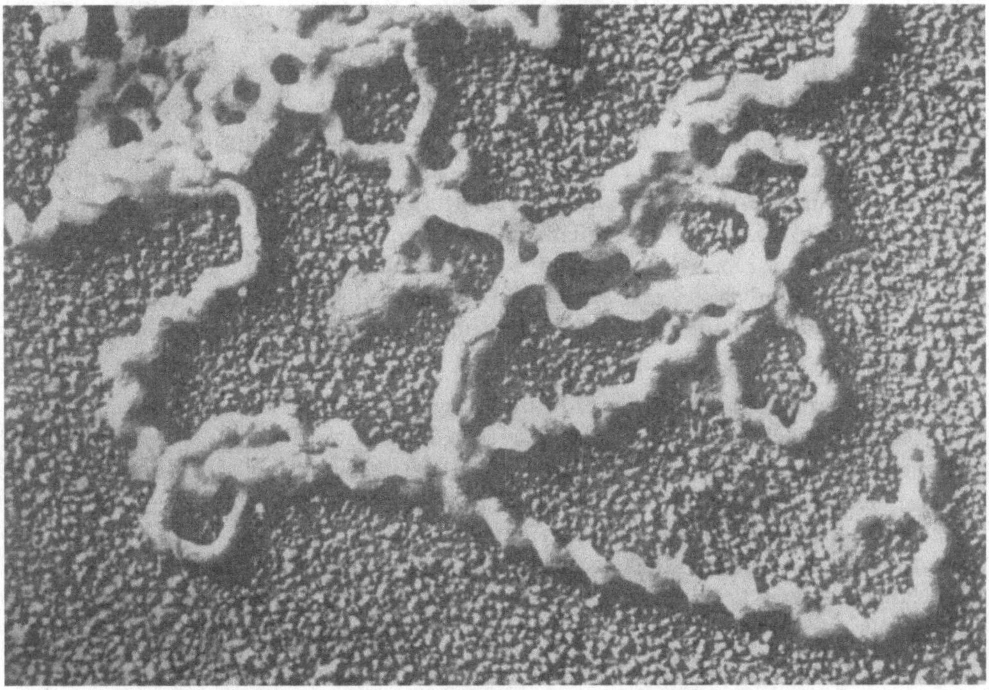

Abb. 53. Typische Formen von Leptospiren (Vergrößerung 10000 ×).

III. Wir wählten zum Leptospirennachweis im Wasser folgendes Verfahren: Zu 300 m Wasser gibt man 10 ml Phosphatpuffer (pH 7,2). Nach Durchmischen setzt man 1 ml Eigelb von frischen Hühnereiern und 1 ml gelösten schwach alkalischen Nähragar zu. Das Ganze wird vorsichtig vermischt und in 5–10 Erlenmeyerkolben von nur wenig größerem Volumen als die jeweilige Flüssigkeitsmenge aufgeteilt. Falls wir den Leptospiren-Titer bestimmen wollen, wird diese Anreicherung der Wasserprobe in jeweils 1:10 abgestuften Volumina durchgeführt, d. h. die Ingredienzien werden in adäquater Verdünnung zu 300 ml, 30 ml, 3 ml und evtl. 0,3 ml Wasser hinzugefügt.

Man bebrütet im Thermostat bei 28–30 °C. Bis zu einem Monat werden die Kolben in 5tägigen Abständen mikroskopisch kontrolliert. Mit einer Öse überträgt man Material auf einen entfetteten Objektträger. Man mikroskopiert im Dunkelfeld bei 100–150facher Vergrößerung. Von den Proben, in denen sich die

Leptospiren gut vermehrten — manchmal übertreffen sie die anderen Mikroorganismen absolut — geht man zur weiteren Isolierung aus.

Zur Abtrennung der Leptospiren von der Begleitflora verwendet man entweder die Zentrifugation oder die Ultrafiltration. Man zentrifugiert 30 Minuten bei 3000 bis 3500 U/min. Die Leptospiren sedimentieren infolge ihres geringen spezifischen Gewichtes langsamer als andere Bakterien. Das Zentrifugat wird abgetrennt, mikroskopisch durchmustert und entsprechend der Leptospirendichte im Präparat mit sterilen dest. Wasser im Verhältnis 1:100 bis 1:100000 oder stärker verdünnt. Die Möglichkeit einer sekundären Kontamination muß dabei vermieden werden. So hergestellte Proben werden in 5—10 Proberöhrchen mit Nährmedien nach Korthof (Vorschrift 42) oder nach Terskich (Vorschrift 43) überimpft. Man bebrütet im Thermostat bei 28—30 °C mit wöchentlicher mikroskopischer Kontrolle.

Eine andere Möglichkeit zur Leptospirenisolierung aus der Anreicherung ist die Filtration durch ein Membranfilter. Der Inhalt eines Erlenmeyerkolbens wird zuerst durch ein Vorfilter (Porenweite 3—5 µm) filtriert, um größere suspendierte Teilchen zu entfernen. Danach wird das Filtrat erneut durch ein Filter mittlerer Porenweite (0,45 µm) gegeben, das die Bakterien zurückhält, den Durchtritt der Leptospiren jedoch erlaubt. Schließlich wird das Filtrat wie das schon erwähnte Zentrifugat weiterverarbeitet. Auch wenn die Ultrafiltration nicht einfach ist und außergewöhnlich präzise sterile Arbeit sowie gut standardisierte (isoporöse) Filter erfordert, erhält man bei Einhaltung dieser Kautelen Leptospiren-Reinkulturen (Daubner 1957).

IV. Zur Gewinnung von Leptospiren-Reinkulturen wird verflüssigtem und auf 50 °C abgekühltem Nähragar 10% inaktiviertes Kaninchenserum zugegeben, gründlich durchmischt und dann die Probe eingeimpft, aus der eine Reinkultur der Leptospiren angelegt werden soll. Nach Erstarren des Agars wird bei 28—30 °C bebrütet. Nach 10—20 Tagen wird aus einem Agarbezirk, auf dem sich keine Bakterienkolonien entwickelt haben, ein kleines Quadrat (etwa 1 × 1 cm) ausgeschnitten und in Nährflüssigkeit gelegt. Nach Literaturangaben kann man so Reinkulturen von Leptospiren erhalten.

V. Es ist möglich, Leptospiren auf halbfestem Nährboden als Kolonie anzuzüchten, was eine deutliche Arbeitserleichterung darstellt. Die Nährböden und die Methodik erarbeiteten Cox und Larsen (1957), später wurden diese modifiziert (Pleško 1963). Nach diesen Angaben bewährte sich von drei untersuchten Nährböden, dem ursprünglichen Cox/Larsen-Nährboden (Vorschrift 76), der Kirchner-Graham-Modifikation mit Dichlorphenol-Indophenol und der modifizierten Nährflüssigkeit nach Korthof mit Hefeextrakt, 1% Agar und evtl. Dichlorphenol-Indophenol-Zusatz, besonders der zuletzt genannte. Es wurde beobachtet, daß saprophytische Arten bedeutend intensiver als pathogene Formen wachsen. Diese Besonderheit kann gemeinsam mit der Oxidase-Reaktion zur Unterscheidung beider Gruppen angewandt werden.

Nachweis von Hefepilzen der Gattung Candida

Es handelt sich um fakultativ pathogene Mikroorganismen, die besonders bei der Untersuchung des Wassers aus Beckenbädern als Verschmutzungsindikatoren nachgewiesen werden. Diese Hefen sind gegen Chlor resistenter als die üblichen Fäkalindikatoren

(Koliforme, Enterokokken) und haben daher bei stark gechlorten Wässern als hygienischer Indikator der Wassergüte eine spezielle Bedeutung. Auch bei ihrem Nachweis bewährten sich Membranfilter mit nachfolgender Kultivierung auf festen Nährböden.

Methodik:

Aus der Wasserprobe filtriert man 50—100 ml durch ein Membranfilter (Porenweite 0,45 μm). Die Membran wird dann auf die Oberfläche des Nährbodens nach VITÉZ (Vorschrift 77) gelegt und bei 37 °C 2—5 Tage bebrütet.

Nach dieser Zeit werden alle gewölbten, weißen bis grauen Kolonien ausgezählt. Es werden 2—3 repräsentative Kolonien abgeimpft, mit Löfflerblau 2 min gefärbt und mikroskopisch geprüft. Zur biochemischen Identifizierung beimpft man Nährflüssigkeiten mit Dextrose, Laktose und Saccharose (Vorschrift 19). Die positive Reaktion erkennt man an der Zuckervergärung mit evtl. Gasbildung. Zur näheren Identifizierung muß eine spezielle mykologisch-systematische Untersuchung angeschlossen werden.

Die Ergebnisse werden als Kolonienzahl von Candida-Hefen in 100 ml oder im untersuchten Wasservolumen ausgedrückt.

Nachweis von Enteroviren

Wie schon kurz in viertem Kapitel angeführt, werden derzeit zur Konzentrierung und Isolierung von Enteroviren aus dem Wasser mehrere Verfahren unter Anwendung von Membranfilter, Ionenaustauschern, Flokkulationsmitteln u. a. benutzt. Wir führen eine modifizierte Methode an, die in unserem Laboratorium zur Isolierung von Enteroviren aus Oberflächenwässern verwendet wird.

Methodik:

Zu 10 l der Probe werden 20 ml 10%iges Aluminiumsulfat gegeben und der ph-Wert auf 5,4 ... 5,8 gebracht. Die Lösung wird 1 Stunde gemischt und anschließend zentrifugiert; dann wird das Dekantat verworfen und der Rest (etwa 1 Liter) bei 4 °C über Nacht stehen gelassen. Nach dieser Zeit zentrifugiert man die Lösung 15 min bei 1500 U/min. Der Überstand wird erneut entfernt und das Sediment in 30 ml EAGLE-(MEM)-Medium (Fertigpräparat) resuspendiert. Zu dieser Flüssigkeit wird 30 ml Chloroform gegeben und das Ganze 20 min geschüttelt. Die Mischung wird wieder über Nacht bei 4 °C stehen gelassen, wobei sich 3 Schichten bilden.

Am nächsten Tag wird die oberste Schicht abgesaugt und 20 min bei 2500 U/min zentrifugiert. Der Überstand wird nochmals abgesaugt und 1,5 h in der Sterilbox gelassen (Verdunstung des Chloroforms). Dann wird zu der so behandelten Probe 1000 IE Penicillin und 50 ... 100 μm/ml Streptomyzin gegeben. Die Probe wird schließlich auf Gewebekulturen — Affennierenzellen und embryonale menschliche Lungenzellen — geimpft (1 ml wird 2 ... 3 h an die entsprechenden Zellen bei 37 °C adsorbiert, die Flüssigkeit entfernt und 2 ml des MEM-Mediums zugegeben). Dann wird bei 37 °C inkubiert und der zytopathische Effekt beobachtet. Aus den positiven Röhrchen wird letztlich die Virus-Typisierung und -Identifizierung durchgeführt. Dies geschieht in spezialisierten Laboratorien.

Methoden zum Nachweis physiologischer Mikrobengruppen

Außer den Bakteriengruppen, die üblicherweise bei der Wasseranalyse (z. B. bei der hygienischen Kontrolle) bestimmt werden, befinden sich im Wasser Mikroorganismen, die nur in speziellen Fällen (z. B. bei Forschungsarbeiten) Interesse finden. Es handelt sich um sog. physiologische Gruppen, die im Wasser an spezifischen Stoff- und Energiekreisläufen beteiligt sind. Es ist in der vorliegenden Arbeit nicht möglich, die Nachweismethoden aller Mikrobengruppen mit speziellen physiologischen Leistungen anzuführen. Das wäre eine Zielsetzung für eine selbständige umfassende Monographie. Wir beschränken uns deshalb nur auf jene Gruppen, deren Nachweis es ermöglicht, zumindest ein grundlegendes Bild vom Charakter des untersuchten Wassers und von den dort ablaufenden Prozessen zu erhalten.

Prinzipiell kann man zum Nachweis der physiologischen Mikrobengruppen flüssige oder feste Nährböden benutzen. Es handelt sich um selektive, sehr häufig synthetische Substrate, die mit dest. Wasser, Leitungswasser oder mit originalem Standortwasser hergestellt werden. Die Beimpfungsmethode flüssiger und fester Nährböden ist dieselbe, wie wir sie bei der Titer- oder Keimzahlbestimmung heterotropher Bakterien und Fäkalindikatoren beschrieben haben. Deshalb werden wir nicht in allen Fällen die analogen Vorgänge im einzelnen anführen. Detailliert beschreiben wir nur die vom Bekannten abweichenden Methodiken.

Nachweis von Aktinomyzeten

Obwohl die Aktinomyzeten keine eigentliche physiologische Mikrobengruppe repräsentieren, führen wir sie als wichtigen Bestandteil des mikrobiellen Planktons an dieser Stelle an. Zur großen Gruppe der Aktinomyzeten gehören auto-, hetero- und myxotrophe Arten. Sie werden gewöhnlich in den Gewässern häufiger auf dem Grunde und seltener im freien Wasser angetroffen. Bei massivem Vorkommen bewirken sie charakteristische Geruchsveränderungen, die das Wasser hygienisch entwerten.

Die Aktinomyzeten entwickeln sich gut in flüssigen und auf festen Nährmedien. Ihr charakteristischer Wuchs ist ein wichtiges Hilfsmittel bei der Identifizierung. So bilden sie in Nährflüssigkeiten nie eine Trübung. Sie wachsen als Flocken, die an den Wandungen anhaften und/oder auf dem Grunde der Röhrchen ein Sediment bilden, sowie unter Umständen ein Oberflächenhäutchen entstehen lassen.

Aktinomyzeten-Kolonien sind entweder kompakt, fest und matt oder sie haben ein hügeliges Aussehen mit einer durch Luftmyzelien wie bestäubt wirkenden Oberfläche. Sie sind in den Nährboden eingewachsen, so daß sie aus diesem nur schwer entnommen werden können und es praktisch unmöglich ist, einen Teil der Kolonie zu entfernen. Häufig sind sie unterschiedlich (rot, violett, rosa oder schwarz) gefärbt. Aktinomyzeten sind grampositiv.

Die Aktinomyzeten spalten Eiweiß, Aminosäuren, Harnstoff und einfachere stickstoffenthaltende Verbindungen. Gute Nährstoffe sind vor allem Pepton und Aminosäuren. Sie sind jedoch auch fähig, Stickstoff aus Nitrat und evtl. aus Nitrit und Ammoniumsalzen zu nutzen. Als Kohlenstoffquelle verwerten sie Zuckerarten, einige organische Säuren, Stärke und Aldehyde. Im Wasser (wo hauptsächlich die Vertreter der Gattung *Streptomyces* anwesend sind) beteiligen sie sich an der Zersetzung organischer Stoffe tierischer und pflanzlicher Herkunft sowie an der Freisetzung von Ammoniak aus komplizierteren Eiweißverbindungen.

Methodik:

Zum Nachweis und zur quantitativen Erfassung der Aktinomyzeten kann man entweder flüssige oder feste Nährböden verwenden (Vorschriften 78, 79, 95, 96). Beim Beimpfen der Proben in Nährflüssigkeiten wählt man in Abhängigkeit vom Verunreinigungsgrad des Wassers Volumina in 1:10-Abstufungen. Bei festen Nährböden wird das Wasser direkt auf deren Oberfläche aufgebracht. Man bebrütet 2–5 Tage bei Zimmertemperatur.

Zur näheren Identifizierung bedient man sich mikroskopischer Methoden, wobei im nativen Präparat charakteristische Formen der Aktinomyzeten (Abb. 54) unterschieden werden können, und biochemischer Leistungsprüfungen.

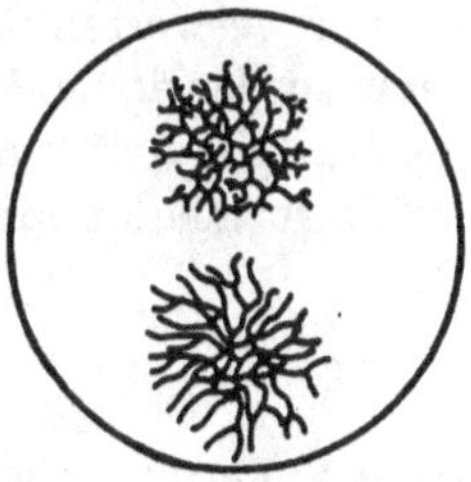

Abb. 54. Verschiedene Verzweigungstypen bei Aktinomyzeten.

Nachweis ammonifizierender Bakterien

Die Zersetzung von Eiweißstoffen im Wasser, bei der es zur Bildung von freiem Ammoniak kommt, erfolgt durch saprophytische Bakterien, die deshalb als ammonifizierende bezeichnet werden. Ihr zahlenmäßiges Vorkommen hängt von der Gewässerart, dem Verunreinigungsgrad und der Jahreszeit ab. Nach Angaben von Kusnezow (1959) gehören die meisten Kolonien, die bei der Wasseruntersuchung auf Nähragar gezüchtet werden, zu dieser Bakteriengruppe. Die Anwesenheit ammonifizierender Bakterien kann am einfachsten mit Peptonnährboden und Nessler-Reagenz nachgewiesen werden.

Methodik:

I. Aus der Wasserprobe beimpft man 5 Röhrchen mit 1%igem Peptonwasser (Vorschrift 2) mit Volumina in 1:10-Abstufungen. Die jeweilige Wassermenge richtet sich nach dem angenommenen Verunreinigungsgrad. Im Prinzip soll bei der Titerbestimmung von Bakterien aus dem Wasser die Zahl der beimpften Röhrchen zumindest so gewählt werden, daß das erste Röhrchen positiv, das letzte negativ ausfällt. Nur so kann der Titer ohne größeren Fehler berechnet werden.

Es wird 8–10 Tage bei 20 °C mit einer Kontrolle nach 4–6 Tagen bebrütet. Die Anwesenheit von Ammoniak wird dann mit Nessler-Reagenz bestimmt: Man entnimmt eine kleine Menge der Kultur aus dem Röhrchen und vermischt sie auf einem Objektträger mit einem Tropfen Reagenz. Bei positiver Reaktion entsteht eine Gelb- bis Braunfärbung, bei negativer Reaktion wird keine Farbänderung beobachtet.

II. Die ammonifizierenden Bakterien können auch als Kolonien unter Anwendung von Membranfilter nachgewiesen werden. Diese Methodik ermöglicht eine einfache und schnelle Identifizierung der Kolonien „in situ". Als Nährboden dient Peptonwasser (Vorschrift 2), zu dem man 1% Agar gibt.

Die Wasserprobe (1 ml aus dem Oberflächenwasser oder einer seiner entsprechenden Verdünnungen) filtriert man durch ein Membranfilter (Porenweite 0,45 µm).

Nach der Filtration überträgt man das Filter auf die Oberfläche des Nährbodens und bebrütet 4 Tage bei 20 °C. Nach dieser Zeit legt man ein gleichgroßes, feuchtes Membranfilter auf die gezüchteten Kolonien und tropft NESSLER-Reagenz auf die gesamte Oberfläche. Fast unmittelbar bildet sich ein gelber Fleck über jeder Kolonie, die Ammoniak freisetzt. Da gelbgefärbte Kolonien eine positive Reaktion vortäuschen können, ist es empfehlenswert, das obere Membranfilter abzunehmen und evtl. abgeklatschte Kolonien abzuwaschen; die gelben Flecke der positiv reagierenden Kolonien bleiben auch dann erhalten.

Nachweis amylolytischer Bakterien

Stärke und ähnliche Verbindungen können von außen in das Wasser eingebracht oder beim Absterben des Phytoplanktons frei werden. Bakterien verwerten diese Substanzen relativ leicht. Dabei sind zwei Phasen unterscheidbar. In der ersten kommt es zur Hydrolyse mit Dextrinbildung, in der zweiten wird das Dextrin weiter abgebaut. Zum Nachweis dieser Bakterien kann man feste oder flüssige Nährmedien mit Stärkezusatz verwenden.

Methodik:

I. Die Wasserprobe wird entsprechend dem angenommenen Verunreinigungsgrad in abgestuften Volumina in den flüssigen Nährboden nach IMŠENECKIJ (Vorschrift 80) eingeimpft. Man bebrütet 24 Stunden bei 23—25 °C. Dann tropft man Jodlösung in das Röhrchen, wobei bei Vorhandensein von Stärke eine charakteristisch blauviolette Färbung auftritt. Wenn die Stärke zersetzt wurde, entsteht diese Färbung nicht.

II. Bei festen Nährboden (Vorschrift 97) wird das Wasser auf die Oberfläche aufgebracht. Die Bebrütung dauert bei Zimmertemperatur 5 Tage. Dann zählt man alle Kolonien aus, um die sich auf dem Nährboden ein gelber Farbring gbildet hat. Zur Bestätigung der Reaktion überschichtet man die Nährbodenoberfläche mit einer dünnen Schicht LUGOLscher Lösung (Verdünnung 1:5). Nach Abgießen der Flüssigkeit zählt man alle Kolonien aus, um die sich charakteristische Farbzonen gebildet haben. Bei dieser Methode können auch Membranfilter verwendet werden (DAUBNER und PETER 1974).

Nachweis von Stickstoffbakterien

Unter dieser Bezeichnung fassen wir drei Gruppen von Mikroorganismen zusammen, die sich am Kreislauf und an der Erhaltung des N-Gleichgewichtes im Wasser beteiligen: nitrifizierende, denitrifizierende und stickstoffbindende Bakterien.

Nitrifizierende Bakterien

Es handelt sich um autotrophe aerobe Mikroorganismen, die im Wasser an der Oxydation des Ammoniaks beteiligt sind. Die Reaktion verläuft in zwei Phasen: in der ersten wird Ammoniak zu Nitrit, in der zweiten Nitrit zu Nitrat oxydiert.

Die Anwesenheit und die Zahl der nitrifizierenden Bakterien kann in flüssigen Nährmedien als Titer oder auf festem Differentialnährboden als Keimzahl festgestellt werden. Da es sich um empfindliche, selektive und synthetische Medien handelt, ist bei deren Herstellung besondere Aufmerksamkeit erforderlich (Einhalten der Rezeptur, einwandfreie Chemikalien).

Für die Bakterien beider Nitrifikationsstufen wurden spezifische Methoden und Nährböden erarbeitet. Bei der Titerbestimmung bewährte sich die Nährflüssigkeit nach VINOGRADSKIJ, zur Keimzahlbestimmung eignen sich Nährböden auf Kieselsäuregrundlage.

1. Nitrifikationsstufe:

I. Nährflüssigkeit nach VINOGRADSKIJ (Vorschrift 81) wird in Erlenmeyerkolben mit Wasservolumina in 1:10-Abstufungen (10 ml, 1 ml, 0,1 ml, 0,01 ml usw.) beimpft. Die Bebrütung erfolgt bei 25—28 °C. Nach 4 Tagen werden täglich das Bakterienwachstum kontrolliert und Reaktionen auf Ammoniak und Nitrit durchgeführt. Ammoniak wird mit NESSLER-Reagenz (Vorschrift 115), Nitrit mit GRIESS-Reagenz (Vorschrift 116) oder Stärke-Reagenz (Vorschrift 117) nachgewiesen. Dazu pipettiert man 0,1 ml auf einen Objektträger oder in eine Porzellanschale und fügt einige Tropfen des Indikators hinzu. Die positive Reaktion auf Anwesenheit von Ammoniak besteht in einer Gelb- bis Braunfärbung. Nach Zugabe von GRIESS-Reagenz machen sich Nitrite durch Rotfärbung und bei Anwendung von Stärke-Reagenz durch Blaufärbung bemerkbar. Die quantitative Bestimmung kann kolorimetrisch ausgeführt werden.

Neben den chemischen Reaktionen soll auch eine mikroskopische Untersuchung der Kultur durchgeführt werden. Eine negative Reaktion auf Ammoniak zeugt nur dann von dessen bakterieller Oxydation, wenn ein positiver Nitritnachweis geführt und mikroskopisch typische nitrifizierende Bakterien nachgewiesen werden. Denn es muß auch damit gerechnet werden, daß sich Ammoniak im alkalischen Milieu allmählich verflüchtigt. Als Kontrolle empfiehlt es sich, 1—2 unbeimpfte Nährboden-Röhrchen gemeinsam mit den eigentlichen Proben zu bebrüten und anschließend ebenfalls allen chemischen Reaktionen zu unterwerfen.

II. Zum Nachweis der nitrifizierenden Bakterien als Kolonien dient ein Kieselsäurenährboden, der entweder mit 2 ml Nährflüssigkeit nach VINOGRADSKIJ (Vorschrift 81) oder mit 10 ml 0,5%iger NH_4MgPO_4-Lösung gesättigt wird. Diese Flüssigkeiten werden mit einer Pipette gleichmäßig auf die Nährbodenoberfläche aufgetropft und dann schwach angetrocknet.

Die Beimpfung der Probe wird entweder mit einer Pipette oder mit einer großen Öse (Durchmesser 3 mm) ausgeführt. Die Tropfen bzw. die Impfstiche werden in 2 cm Entfernung voneinander aufgetragen. Man bebrütet im Thermostat bei erhöhter Luftfeuchtigkeit, damit der Nährboden auch nach mehrtägiger Bebrütung bei 25—28 °C nicht übermäßig austrocknet (Rißbildung).

Nach 4tägiger Bebrütung kontrolliert man täglich den Wuchs der nitrifizierenden Bakterien. Dieser macht sich vor allem durch Zonenbildung um die Kolonien bemerkbar, die infolge der Zersetzung des Kalziumkarbonates im VINOGRADSKIJ-Nährboden oder des Ammonium-Magnesium-Phosphats unter Einfluß der Salpetersäure hervorgerufen wird. Die Kolonien sind ursprünglich farblos und nehmen später eine gelbe bis dunkelgraue Farbe an. Der Nährboden weist an diesen Stellen positive Nitritreaktion auf.

2. Nitrifikationsstufe:

I. Wie bei der Bestimmung von Bakterien der ersten Nitrifikationsstufe wird die Wasserprobe in Nährflüssigkeit nach VINOGRADSKIJ (Vorschrift 82) eingeimpft. Nach 4tägiger Bebrütung bei 25—28 °C wird täglich das Wachstum kontrolliert.

Die Anwesenheit nitrifizierender Bakterien wird durch positive Nitratreaktion, durch Anwesenheit von Nitrit und durch den mikroskopischen Nachweis der untersuchten Bakterien bestätigt.

Die Nitrite werden durch die schon erwähnten Reagenzien nachgewiesen. Nitrate bestimmt man mit Bruzin, Pyrogallol oder Diphenylamin. Bei Benutzen von Diphenylamin darf das Medium kein Nitrit enthalten, weil dieses gleichfalls reagiert und falsche positive Resultate vortäuschen könnte. Günstiger sind deshalb die beiden erstgenannten Reagenzien. Bruzin wird als 0,02%ige Lösung in H_2SO_4 verwendet. Bei positiver Reaktion entsteht nach Zugabe von einem Tropfen eine rote bis purpurrote Färbung. Bei Verwendung von Pyrogallol werden zu 10 ml Nährmedium 0,2 g des Reagenz hinzugefügt, dann überschichtet man vorsichtig mit 2 ml konzentrierter H_2SO_4 und gibt mit einem Spatel 0,1 g NaCl hinzu. An der Grenze beider Schichten entsteht bei positiver Reaktion ein purpurroter Farbring.

II. Die Keimzahlbestimmung nitrifizierender Bakterien der 2. Nitrifikationsstufe wird auf Kieselsäuregel ausgeführt (Vorschrift 98). Dieses wird vor der Beimpfung mit 3,5 ml einer Salzlösung (Vorschrift 98) mit Kaolinzusatz gesättigt. Dadurch erleichtert man die Identifizierung der Kolonien nitrifizierender Bakterien auf der glatten Nährbodenoberfläche.

Nach Sättigung des Gels und Verdunsten des überschüssigen Wassers beimpft man den Nährboden mit der Wasserprobe. Der Vorgang entspricht dem Nitrifikationsnachweis der 1. Stufe. Die Bebrütung dauert bei 25—28 °C 4—6 Tage. Es werden kleine, graue, schwachkörnige Kolonien ausgezählt, in deren Umgebung Nitrat-Ionen nachgewiesen werden können. Mikroskopisch werden typische nitrifizierende Bakterien erkannt (z. B. hat Nitrobacter winogradskyi birnen- bis keulenförmige Zellen von 1,1 × 0,45 μm Größe).

Denitrifizierende Bakterien

Diese Mikroorganismen beteiligen sich am Stickstoffkreislauf im Wasser bei jenen Prozessen, die zu den bisher beschriebenen gegenläufig verlaufen. Es handelt sich um die Reduktion der Nitrate zu Nitriten. Obwohl dieser Prozeß aerob verläuft, erhöht sich die Reduktionsintensität bei vermindertem O_2-Gehalt des Wassers. Denitrifizierende Bakterien sind einerseits fähig, verschiedenste organische Substanzen zu zerlegen, andererseits sind auch streng artspezifische Stoffwechselleistungen bekannt. Nachweis und zahlenmäßige Erfassung dieser Mikroorganismen können entweder in flüssigen (Titer) oder auf festen Nährböden (Keimzahl) durchgeführt werden.

Methodik;

I. Die Wasserprobe wird in abgestuften Verdünnungen (1:10 usw.) in Nährflüssigkeit nach Giltay (Vorschrift 83) eingeimpft. Man bebrütet 4—6 Tage bei 25—30 °C. Auf die Anwesenheit denitrifizierender Bakterien wird aus der Gasbildung geschlossen, die an der Oberfläche des Mediums eine Schaumbildung unterschiedlicher Höhe verursacht. Chemisch werden sie durch positive Reaktionen auf Nitrit und Ammoniak (die Reaktion auf Nitrat muß negativ sein) und durch Anwesenheit von freiem Stickstoff im Gärröhrchen nachgewiesen. Durchführung und Bewertung der Reaktionen erfolgen wie bei den nitrifizierenden Bakterien beschrieben.

II. Zum Nachweis denitrifizierender Bakterien als Kolonien dient ein synthetischer Nährboden mit Agarzusatz (Vorschrift 99). Die Wasserprobe wird auf die Oberfläche des Nährbodens auf die schon beschriebene Art aufgetragen. Man bebrütet 4—6 Tage bei 25—30 °C. Dann zählt man alle Kolonien aus, um die sich aufgehellte Zonen gebildet haben. Chemisch kann an diesen Stellen Nitrit nachgewiesen werden; die Nitratreaktion fällt negativ oder nur schwach positiv aus. Die Reagenzien und die Nachweismethodik haben wir bereits beschrieben.

Unter Anwendung von Membranfiltern (Porenweite 0,45 µm) kann man die denitrifizierenden Bakterien „**in situ**" identifizieren: Das Membranfilter mit den gezüchteten Kolonien legt man auf ein mit GRIESS/ILOSVAY-Reagenz (Vorschrift 118) getränktes Filtrierpapier. Innerhalb einer Minute färben sich die Kolonien der denitrifizierenden Bakterien rot. Kolonien der Begleitflora bleiben unverändert, obwohl sie nach gewisser Zeit auch eine schwach rosa Farbe annehmen können; diese Färbung ist jedoch unspezifisch.

Stickstoffbindende Bakterien

Es handelt sich um Bakterien, die fähig sind, auf aerobem oder anaerobem Wege freien Stickstoff binden. Die bekanntesten Aerobier sind Bakterien der Gattung *Azotobacter*, von den anaeroben Formen ist es vor allem die Art *Clostridium pasteurianum*. Diese Bakterien können aus dem Wasser entweder durch Nährflüssigkeiten oder mit Hilfe von Agar- und bzw. Kieselsäurenährböden isoliert werden.

Aerobe Stickstoffbindung (Azotobacter)

Bei der Titerbestimmung werden verschiedene 1:10 abgestufte Wasservolumina in Erlenmeyerkolben mit Nährboden (Vorschrift 84) eingeimpft. Es wurde festgestellt, daß sich *Azotobacter* bedeutend besser entwickelt, wenn in das Medium ein kegelig zusammengelegtes Filterpapier (Abb. 55) eingelegt wird

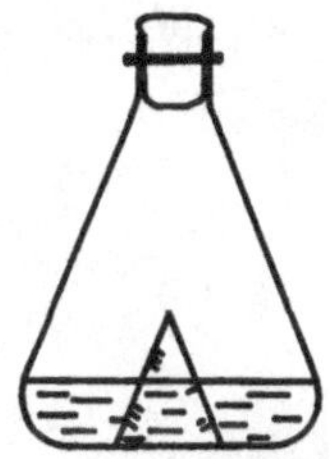

Abb. 55. Kultivierung von Azotobacter im Erlenmeyerkolben mit kegelförmig eingelegtem Filtrierpapier.

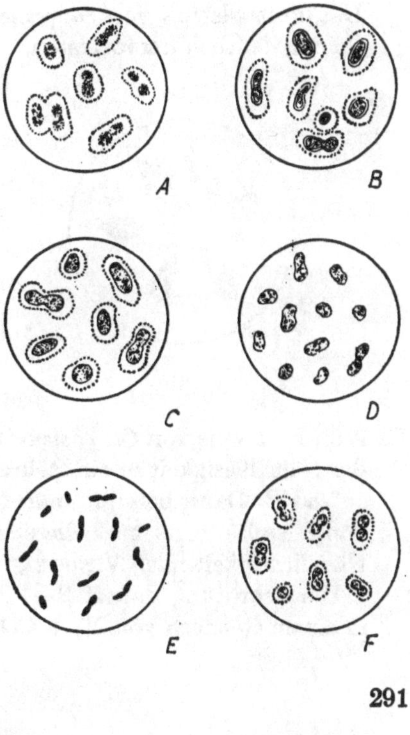

Abb. 56. Azotobacter: *A. chroococcum* (A), *A. beijerinckii* (B), *A. agilis* (C), *A. insigne* (D), *A. vinelandii* (E), und *A. macrocytogenes* (F).

Die Bebrütung kann entweder bei 25 °C oder bei Zimmertemperatur durchgeführt werden. Nach 4 Tagen führt man die makro- und mikroskopische Kontrolle durch. Bei Anwesenheit von *Azotobacter* beobachtet man an der Oberfläche des Mediums einen starken, fettigen Belag (bei Anwesenheit von Spirillen trübt sich der Nährboden). Mikroskopisch werden charakteristische, große *Azotobacter*-Zellen (Abb 56) nachgewiesen.

Bei Anwendung fester Nährböden werden diese vor der Beimpfung mit einigen ml des zehnfach verdünnten flüssigen Nährmediums angereichert. Nach dem Antrocknen beimpft man mittels einer Pipette oder einer großen Öse. Nach mehrtägiger Bebrütung bei 25 °C wird kontrolliert — *Azotobacter*-Kolonien sind schleimig und grau, mikroskopisch werden typische Zellen nachgewiesen.

Anaerobe Stickstoffbindung (Cl. pasteurianum)

Zum Nachweis dieser Art verwendet man hauptsächlich Nährflüssigkeiten, obwohl sie auch in Kolonieform gezüchtet werden kann. Als klassisch wird die Nährflüssigkeit nach VINOGRADSKIJ (Vorschrift 85) angesehen, der man auf 1000 ml 1 ml Spurenelementen-Gemisch, 1 g Hefeextrakt und 1 g Ascorbinsäure steril zusetzt. Als Grundlage für feste Nährböden verwendet man Agar oder Kieselsäuregel.

I. Bei der Titerbestimmung wird die Wasserprobe als Verdünnungen (1:10-Abstufung) in den Nährboden eingeimpft. Man bebrütet bei 25—28 °C. Bei Anwesenheit der gesuchten Bakterien beobachtet man eine vom Boden des Röhrchens ausgehende Gasbildung, die schließlich an der Oberfläche zu einer dichten Schaumbildung führt. Zur Bestätigung kontrolliert man mikroskopisch und führt evtl. die Jodreaktion durch. Mikroskopisch werden die typischen keulenförmigen Zellen von *Cl. pasteurianum* mit exzentrisch angeordneten Sporen beobachtet (Abb. 57). Zu diesem Zweck gibt man auf einen Objektträger natives Material und deckt es ein. Unter dem Deckgläschen zieht man einen Tropfen LUGOLscher Lösung hindurch. Das Protoplasma von *Cl. pasteurianum* färbt sich blau, wobei die nichtgefärbten Sporen deutlich hervortreten.

Abb. 57. Vegetative Formen und Sporen von *Cl. pasteurianum.*

II. Zum Nachweis von *Cl. pasteurianum* als Kolonien überträgt man Sedimentmaterial der Nährflüssigkeit in ein Röhrchen mit 1—2 ml sterilem Wasser und erhitzt 10 min auf 80 °C. Dann beimpft man festen Nährboden (Vorschrift 100). Bei Anwendung von Kieselsäuregel muß dieser vor der Beimpfung mit einer zehnfach verdünnten Nährflüssigkeit nach VINOGRADSKIJ gesättigt werden.

Die Bebrütung dauert 2...4 Tage bei 25—28 °C in anaerobem Milieu, am besten in einem Gemisch von $N_2 + CO_2$. Die Kolonien werden mikroskopisch geprüft.

Nachweis von Phosphorbakterien

Der Komplex der Phosphorumsetzungsprozesse spielt für die Produktivität und den Stoffkreislauf des Wassers eine wichtige Rolle. An ihm sind zwei physiologische Mikroorganismengruppen beteiligt: die eine zersetzt ungelöste anorganische Verbindungen, die andere mineralisiert organische Phosphorverbindungen. Durch beide Vorgänge werden lösliche Phosphate gebildet. Die Mehrzahl der Arten, die organische Phosphorverbindungen abbauen, gehört zu den Gattungen *Pseudomonas*, *Bacillus* und *Enterobacter*. Daneben sind auch einige Hefen und Pilze beteiligt.

Die Anzahl phosphorverwertender Bakterien hängt von der Jahreszeit und der Substratmenge im Wasser ab. Nach eigenen Ergebnissen sind im Donauwasser in 1 ml durchschnittlich 15 Phosphorbakterien enthalten. Die kleinsten Werte wurden im Winter, die größten in den Frühjahrsmonaten beobachtet. GAK (1961) führt an, daß die Zahl der Phosphorbakterien im sowjetischen Donauabschnitt 38—3200/ml beträgt, wobei im Ästuar höhere Zahlen als im eigentlichen Flusse festgestellt wurden.

Beim Nachweis der Phosphorbakterien bewährten sich feste Nährböden. Die Untersuchung und die Bewertung der Ergebnisse ist für beide Gruppen der Phosphorbakterien gleichartig, unterschiedlich sind nur die den jeweiligen Nährböden zugesetzten Phosphorverbindungen.

Methodik:

Die Wasserprobe wird entweder auf einen festen Nährboden aufgetragen oder in einer Petrischale mit verflüssigtem und auf 45 °C abgekühlten Nährboden gemischt. Es wird im Thermostat 5 Tage bei 20 °C bebrütet. Nach dieser Zeit werden alle Kolonien ausgezählt, um die sich charakteristisch aufgehellte Zonen gebildet haben.

Bei Bakterien, die anorganische Phosphorverbindungen verwerten, wird ein Nährboden mit Kalziumphosphatzusatz (Vorschrift 101) verwendet. Bei Arten, die organische Phosphorverbindungen zersetzen, verwendet man einen Nährboden mit Lezithinzusatz (Vorschrift 102).

Nachweis von Schwefelbakterien

Am Schwefelkreislauf im Wasser beteiligen sich prinzipiell zwei Bakteriengruppen. Die eine zersetzt Eiweißverbindungen unter H_2S-Bildung, die zweite oxydiert Schwefelwasserstoff, Schwefel und Thiosulfate.

Für die H_2S-Bildung sind anaerobe sulfatreduzierende Bakterien (z. B. *Desulfovibrio desulfuricans*) verantwortlich. Wenn im Wasser Sulfate oder Proteine in höheren Konzentrationen vorhanden sind, werden größere Schwefelwasserstoffmengen gebildet. Eine solche Anreicherung würde aber das Leben vieler im Wasser lebender Organismen bedrohen. Daher ist die Tätigkeit der zweiten Gruppe, der oxydierenden Schwefelbakterien, sehr wichtig. Bei diesen handelt es sich um anaerobe grüne sowie Purpurschwefelbakterien, bzw. einige aerobe Thiobakterien. Die Tätigkeit dieser Bakterien kann aber auch negative Auswirkungen haben. Bei der Oxydation von H_2S und anderer Verbindungen kommt es zur Bildung von Schwefelsäure, die biologische Vorgänge hemmen und an Beton- bzw. Eisenkonstruktionen Schäden hervorrufen kann.

Sulfatreduzierende Bakterien

Zum Nachweis der desulfurierenden Bakterien kann man feste und flüssige Nährmedien anwenden, obwohl diese Bakterien leichter in Nährflüssigkeiten gezüchtet werden können. Als klassisch kann man das STARKEY-Nährmedium (Vorschrift 86) ansehen. Als Wasserstoffdonator wirken Eisen(III)-ammoniumsulfat oder Natrium- bzw. Kalziumlaktat. Streng anaerobes Milieu ist Grundbedingung.

Methodik:

I. Die Wasserprobe wird in 1:10 abgestuften Verdünnungen oder in Mengen von 10 ml, 5 ml, 1 ml und 0,1 ml in das STARKEY-Medium eingeimpft. Der Ansatz wird mit geschmolzenem Paraffin oder Paraffinöl überschichtet. Man bebrütet mit wöchentlicher Kontrolle 5 Wochen bei 30 °C. Im positiven Falle kommt es zur Dunkelfärbung des Mediums und zur Bildung eines schwarzen Sediments. Beim Entfernen der Überschichtung riecht man H_2S. Mikroskopisch werden im Präparat bewegliche Vibrionen festgestellt.

II. Die Wasserprobe wird in Petrischalen oder — besser — in hohe Reagenzgläser eingebracht und mit einer Nährbodenschicht übergossen. Man kann den Nährboden nach STARKEY mit 2% Agargehalt verwenden. Die Züchtung erfolgt unter anaeroben Bedingungen. Es werden alle schwarzen Vibrionenkolonien ausgezählt.

III. Für die quantitative Bestimmung sulfatreduzierender Bakterien ist auch der Nährboden nach SOKOLOVA und SOROKIN (Vorschrift 105) gut geeignet. Man mischt die Wasserprobe mit 15 ml dieses verflüssigten Nährbodens in hohen Reagenzgläsern und jeweils mit 1 ml, 0,1 ml und 0,01 ml (in Abhängigkeit vom Verunreinigungsgrad des Wassers). Nach Erstarren des Gemisches überschichtet man mit Paraffin (etwa 1 cm hoch). Man bebrütet bei 32 °C maximal 4 Wochen mit Kontrolle nach 3 Wochen. Im positiven Falle wachsen Desulfovibrionen als schwarze Kolonien verschiedener Größe im Nährbodeninneren.

Die Isolierung der Desulfovibrionen in Reinkultur ist relativ schwierig. Eine solche Kultur wird erzielt, indem man die Nährbodensäule an der Stelle einer gewachsenen Kolonie zerschneidet und mit einer abgeflammten Nadel Koloniematerial in Nährflüssigkeit überträgt. Nach einwöchiger Vermehrung überimpft man wieder auf festen Nährboden. Dieser Vorgang muß einige Male wiederholt werden.

Schwefeloxydierende Bakterien

Bei den Purpurschwefelbakterien handelt es sich um eine große Gruppe autotropher Organismen, die sich durch morphologische und physiologische Eigenschaften abgrenzen lassen. Sie sind gramnegativ und beweglich (polare Begeißelung). Sie enthalten Bakteriopurpurin und ähnliche Karotinoide. Diese Mikroorganismen benötigen zu ihrer Entwicklung H_2S oder andere Schwefelverbindungen, die als Wasserstoffdonatoren dienen. Daher benützt man zur Züchtung pigmentierter Schwefelbakterien häufig die kombinierte Kultivierung mit desulfurierenden Bakterien. Sie wachsen aber auch auf synthetischen festen Nährböden mit Zusätzen von Vitaminen und Spurenelementen. Ein geeignetes Medium ist z. B. der Nährboden nach VAN NIEL (Vorschrift 87).

Methodik:

I. In einen hohen Glaszylinder gibt man Sediment und Wasser von der jeweiligen Entnahmestelle. (Bei der Titerbestimmung mißt man abgestufte Wassermengen bzw. deren Zehnerverdünnungen in die Zylinder ein.) Man fügt einen Kristall Asparagin hinzu und verschließt den Zylinder mit einem Korkstopfen, den man noch mit Paraffin abdichtet. Bei 20—30 °C wird 3—5 Wochen im beleuchteten Thermostat (Luminostat) bebrütet.

Die Anwesenheit und das Wachstum von Purpurschwefelbakterien machen sich durch mehr oder weniger starke Rosafärbung der Flüssigkeit, des Sediments oder in Form von rosa Flecken an der Glaswand bemerkbar. Mikroskopisch werden längliche ellipsoide Zellen bestimmt, die kleine Schwefelkörnchen enthalten.

II. Bei der Anwendung fester synthetischer Nährböden zur Züchtung der Purpurschwefelbakterien gießt man die Wasserprobe in einen Erlenmeyerkolben mit Glasschliff und mischt mit verflüssigtem und auf 45 °C abgekühlten Nährboden (Vorschrift 87, mit 1,5—2% Agar). Nach dem Erstarren werden die Stopfen mit Paraffin abgedichtet. Man bebrütet einige Wochen bei 20—30 °C bis zu sichtbarem, charakteristischem Wachstum (rosa Belag und Flecken an Wandungen und im Sediment). Zur Isolierung von Reinkulturen verfährt man so, wie es bei den desulfurierenden Bakterien beschrieben wurde.

Grüne Schwefelbakterien sind gramnegative, streng anaerobe Stäbchen, die häufig Ketten bilden. Sie besitzen Bakteriochlorophyll und ähnliche Verbindungen. Einige Arten dieser Gruppe enthalten in den Zellen elementaren Schwefel, den man als mikroskopische Strukturen mit unterschiedlicher Lichtbrechung erkennen kann (vgl. Abb. 16).

Der Nachweis unterscheidet sich im Prinzip nicht von der Methode, die für die Kultivierung von Purpurschwefelbakterien beschrieben wurde. Es werden der VAN NIEL-Nährboden (Vorschrift 87) oder der LARSEN-Nährboden (Vorschrift 88) verwendet. Wichtig ist das Einhalten des pH-Wertes, der für diese Bakterien mit 7,0—7,5 optimal ist.

Die Vermehrung grüner Schwefelbakterien ist durch die Bildung grüner Flecken an der Glaswandung erkennbar.

Farblose Schwefelbakterien verlangen als Voraussetzung für ihre Züchtung einen geeigneten Wasserstoffdonator (am besten in Form von Schwefelwasserstoff). Ihre Kultivierung auf festem Nährboden ist schwierig, man verwendet deshalb besser Nährflüssigkeiten.

Methodik:

In einen hohen Glaszylinder wird Agarnährboden mit Kaliumsulfid-Zusatz (Vorschrift 106) eingegossen. Nach dem Erstarren beimpft man die Oberfläche mit dem Sediment der Probe und füllt mit Probenwasser voll auf. Im positiven Falle bildet sich nach 10—15 Tagen bei 20—30 °C an der Flüssigkeitsoberfläche ein dicker Belag, der Fäden farbloser Schwefelbakterien enthält.

Zur Züchtung von Vertretern der Gattung *Beggiatoa* verwendet man die Medien nach SCOTTEN und STOKES (Vorschrift 89) oder nach CATALDI mit Heu und Na_2S (Vorschrift 90). Im übrigen gleicht der Vorgang dem bereits beschriebenen, nur empfiehlt es sich, bedeutend mehr Sediment bzw. Schlamm aufzuimpfen. Das Wachstum der *Beggiatoa* wird durch Belüftung des Wassers während der Züchtung erleichtert. Die Anwesenheit dieser Bakterien macht sich durch Bildung einer kräftigen weißen Oberflächenhaut bemerkbar. Mikroskopisch werden typische *Beggiatoa*-Zellen (vgl. Abb. 58 D) nachgewiesen.

Bei den **Thiobakterien** handelt es sich um eine große Mikroorganismengruppe die sich durch ihre physiologischen Ansprüche, besonders bezüglich der organischen

Stoffe, des pH-Wertes und der Schwefelverbindungen, abgrenzen läßt. Die Thiobakterien sind intensiv am Selbstreinigungsprozeß des Wassers und leider auch an der Zerstörung von Betonkonstruktionen im Wasser beteiligt.

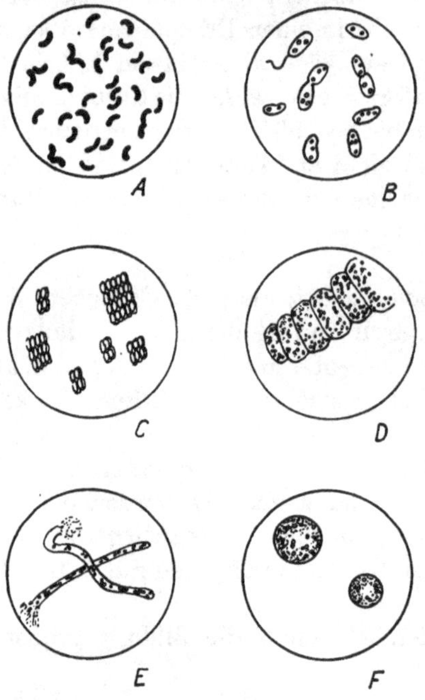

Abb. 58. Schwefelbakterien: ***Desulfovibrio desulfuricans*** **(A),** ***Chromatium*** **(B),** ***Thiosarcina*** **(C),** ***Beggiatoa*** **(D),** ***Thiothrix*** **(E) und** ***Thiophysa*** **(F).**

Methodik:

Die Wasserprobe wird entweder in die Nährflüssigkeit nach Colmer (Vorschrift 91) eingeimpft oder auf die Oberfläche eines festen Nährbodens aufgebracht. Man bebrütet bei 20—30 °C. Die Anwesenheit von Thiobakterien ist in flüssigen Hyposulfit-Medien durch Trübung und durch Entstehen eines dünnen Oberflächenhäutchens erkennbar, das sich später gelb färbt. An den Wandungen und am Boden des Bebrütungsgefäßes bildet sich ein gelber Belag. Mit fortschreitender Sedimentation klärt sich die Nährflüssigkeit. Die Oxydation des Hyposulfits kann auch analytisch nachgewiesen werden. Auf festem Nährboden wachsen Thiobakterien als zarte, kleine gelbliche Kolonien. Mikroskopisch können in den Zellen Schwefeltröpfchen beobachtet werden.

Nachweis von Eisenbakterien

In eisenhaltigen Wässern vermehren sich Bakterien, die an der Umsetzung von Eisen beteiligt sind. Ihre Anwesenheit im Wasser verrät sich durch rostbraune Beläge oder Sedimente an seichten Stellen und auf dem Gewässergrund.

Zur Gruppe der Eisenbakterien gehören autotrophe, heterotrophe und myxotrophe Arten mit verschiedenen physiologischen Ansprüchen, die bei ihrer Züchtung berücksichtigt werden müssen. Der einfachste Nachweis von Eisenbakterien ist ihre Reaktion mit gelbem Blutlaugensalz, die wir im folgenden beschreiben.

Methodik:

I. Eine Wasserprobe von 1—10 ml wird durch ein Membranfilter gesaugt (Porenweite 0,45 µm). Zu diesem Zweck genügt ein kleines Filter mit einem Durchmesser von 12—15 mm, wie es zur mikroskopischen Direktzählung benutzt wird. Dieses wird getrocknet und auf ein mit 3%iger Lösung von gelbem Blutlaugensalz getränktes Filterpapier gelegt. Nach kurzer Zeit überträgt man das Filter auf ein mit 5%iger HCl imprägniertes Filtrierpapier. Nach 2 min trocknet man das Filter und färbt durch 30minütiges Auflegen auf ein Filtrierpapier, das mit Karbolerythrosin getränkt wurde. Das Filter wird erneut getrocknet, mit Zedernholzöl aufgehellt und mikroskopiert (siehe Methode der mikroskopischen Direktzählung von Mikroben auf Membranfiltern). Die Bakterien sind rot, die Kapseln und Fäden der Eisenbakterien blau gefärbt.

II. Eine ähnliche Methode besteht darin, daß die Wasserprobe in ein kleines Glasaquarium gegeben wird. Auf der Oberfläche läßt man einen Korkstopfen von 5—7 cm Durchmesser mit einigen Deckgläschen schwimmen, die in die Unterseite des Korken eingesetzt sind (Abb. 59). Schon nach 24—28 Stunden setzen sich an der Oberfläche der Gläschen Eisenbakterien an, die auf die erwähnte mikrochemische Art identifiziert werden.

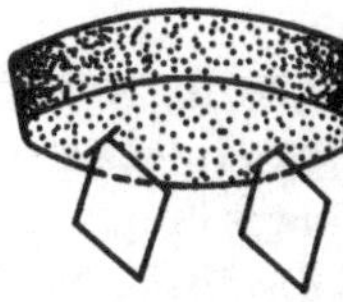

Abb. 59. Einfache Vorrichtung zum Nachweis von Eisenbakterien (Aufwuchsmethode).

Eisenbakterien der Gattung Leptothrix

Diese Formen können gezüchtet werden, indem in einen Glaszylinder zuerst eine kleine Menge vorher ausgekochten Heues eingelegt wird. Dieses wird mit frisch gefällten Eisen(III)-hydroxid überstreut. Darauf gießt man die Wasserprobe. Man kultiviert bei 10 bis 20 °C. Während der anaeroben Zersetzung des Heues kommt es zur Reduktion des Eisensalzes und zur Bildung von löslichem Bikarbonat, das in höhere Schichten diffundiert. An der Grenzschicht zum sauerstoffhaltigen Wasseranteil kommt es zum Wachstum von Eisenbakterien, die in der Probe als zarte Flocken auftreten. Mikroskopisch werden Fäden von Eisenbakterien nachgewiesen.

Zur Züchtung von Bakterien der Gattung *Leptothrix* als Kolonien kann man einen Nährboden mit Eisen(III)-ammoniumzitrat (Vorschrift 92) verwenden. Das Wasser wird in Erlenmeyerkolben oder in Petrischalen eingeimpft und mit dem Nährboden übergossen. Man bebrütet bei 10—20 °C. Die untersuchten Bakterien bilden nach einigen Tagen auf dem Nährboden rostbraune Kolonien.

Eisenbakterien der Gattung Sphaerotilus

Es handelt sich in der Regel um die Art *Sphaerotilus natans*, die jedoch unter verschiedenen ökologischen Bedingungen (Temperatur, Verunreinigungsgrad usw.) unterschiedliche Formen bildet. Dies war wahrscheinlich der Hauptgrund zur Einteilung in zwei Arten, ja sogar Gattungen: *Sphaerotilus natans* und *Cladothrix dichotoma* (Razumov 1961). Gegenwärtig wird letztere als Synonymum von *Sph. natans* betrachtet

(BERGEYS Manual 1974). Diese Mikroorganismen treten in Wässern mit hohem Verunreinigungsgrad durch organische Substanzen (Eiweißstoffe, z. B. in Abwässern) auf, wo sie einen typischen fadenförmigen Bewuchs bilden und als Indikatoren der polysaproben Zone betrachtet werden können.

Die Isolierung dieser Mikroorganismen aus dem Wasser gelingt auf festen Nährböden ohne Schwierigkeiten. Nach unseren Erfahrungen bewährt sich der Nährboden nach MULDER (1964), der sog. Mn-Agar (Vorschrift 107).

Methodik:

Von dem *Sphaerotilus*-Bewuchs auf Steinen oder vom Gewässergrund entnimmt man mit einer Pinzette eine kleine Materialmenge gemeinsam mit der Wasserprobe. Die Fäden werden vor der Beimpfung in sterilem Wasser durchgewaschen. Dann entnimmt man aus dem Eluat mittels Öse oder Kapillare Material und tropft dieses auf die Oberfläche eines festen Nährbodens. Man bebrütet 2—5 Tage bei 25 °C. Schon nach 48 Stunden wachsen auf der Platte im positiven Falle durchsichtige graue Kolonien mit kompaktem Zentrum, von dem radial sich verzweigende Fäden ausgehen (vgl. Abb. 10). Mikroskopisch werden Fäden verschiedener Länge beobachtet, die parallel nebeneinander verlaufen oder vernetzt sind. Sie enthalten Zellen in Kettenanordnung.

Weitere Eisenbakterien

Zur Kultivierung von *Gallionella ferruginea* wird die Wasserprobe in Nährflüssigkeit (Vorschrift 91) eingeimpft, die sich in vorher besonders sorgfältig gereinigte Erlenmeyerkolben befindet. Zur Erhöhung der Empfindlichkeit des Nährbodens empfiehlt sich die Zugabe von Vitaminen und Spurenelementen. Man bebrütet bei 6—10 °C. Nach einigen Tagen beobachtet man im positiven Falle zarte Flocken, die sich hauptsächlich auf dem Boden des Röhrchens befinden. Mikroskopisch können vernetzte *Gallionella*-Fäden nachgewiesen werden.

Bei *Ferrobacillus ferrooxidans* handelt es sich um einen autotrophen Mikroorganismus, den man in SILVERMAN/LUNGREN-Nährmedium (Vorschrift 94) kultiviert. Eine Belüftung während der Wachstumsphase erleichtert die Züchtung. Die anderen Kultivierungsbedingungen entsprechen denen, die für die Anzucht anderer Eisenbakterien beschrieben worden sind.

Nachweis von Hefepilzen und verwandten Mikroorganismen

Diese große, heterogene Mikrobengruppe beteiligt sich im Wasser gemeinsam mit anderen physiologischen Gruppen an der Zersetzung stickstoffreier Verbindungen. Zu ihr gehören viele Arten, die sich voneinander durch ihren vegetativen Vermehrungstyp, durch Größe und Zellform, durch Bildung und Form der Askosporen oder durch die makroskopische Charakteristik ihrer Kulturen deutlich unterscheiden lassen.

Zum Nachweis von Hefen im Wasser verwendet man feste Nährböden. Die vegetative Form wird auf Bierwürze-Agar (Vorschrift 103) bestimmt. Es kann sich um runde, ovale, längliche, zylindrische, flaschenähnliche usw. Formen handeln (Abb. 60). Außerdem werden echte Myzelien oder Pseudomyzelien unterschieden. Ähnlich werden Bildung und Form von Askosporen berücksichtigt. Die Sporenbildung wird auf Dextrose-Nährboden (Vorschrift 104) bestimmt.

Die Charakteristik der Kolonienmorphologie werden nach einmonatiger Züchtung auf Bierwürze-Agar festgestellt. Physiologisch werden die Zuckerspaltung, die Verwertung einzelner Stickstoff- und Kohlenstoffquellen im Nährboden, die Zersetzung von Arbutin, die Bildung karotinoider Pigmente sowie von Stärke getestet.

Von der Wasserprobe werden verschiedene Volumina in Petrischalen gegeben und mit verflüssigtem und auf 45 °C abgekühlten Nährboden (Vorschrift 103) übergossen. Nach Mischen und Erstarren des Nährbodens werden die Petrischalen bei 22—23 °C 10 Tage (mit Kontrolle nach 5 Tagen) bebrütet. Man zählt die gewachsenen Kolonien und kontrolliert mikroskopisch, ob es sich um Hefen handelt. Die Artbestimmung wird in spezialisierten Laboratorien durchgeführt.

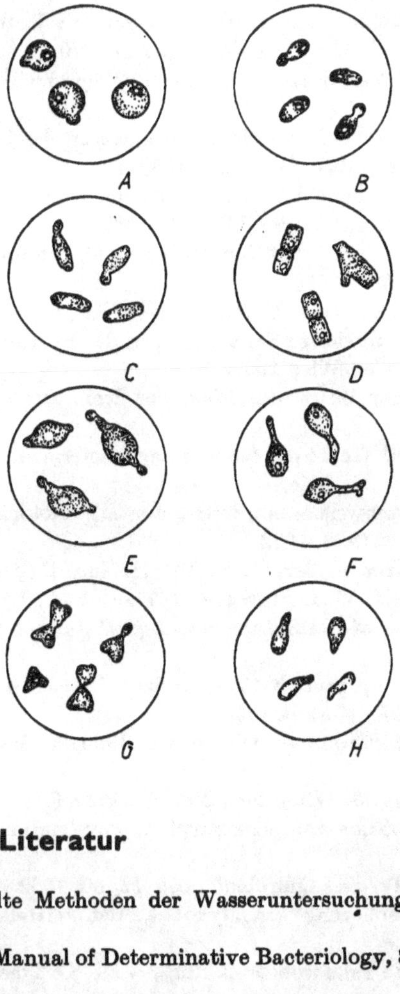

Abb. 60. Verschiedene Zellformen von Hefen: rundlich (A), oval (B), länglich-oval (C), zylinderförmig (D), zitronenförmig (E), flaschenartig (F), dreieckig (G) und tropfenförmig (H).

Literatur

Ausgewählte Methoden der Wasseruntersuchung, Band II. VEB Gustav Fischer Verlag, Jena 1975.

BERGEYS Manual of Determinative Bacteriology, 8. Aufl. The Williams and Wilkins Co., Baltimore 1974.

COX, CH. D. und A. D. LARSEN: Colonial Growth of Leptospirae. J. Bact. 73, 4, 1957.

DANCKWORTH, P. W.: Luminiszenz-Analyse, 4. Aufl. Akad. Verlagsges. Geest und Portig, Leipzig 1940.

DAUBNER, I.: O metóde priameho mikroskopického zisťovania baktérií vo vode. Biológia (Bratislava) 11, 272, 1956.

DAUBNER, I.: Použitie membránových filtrov pri práci s leptospírami. Biológia (Bratislava) 12, 203, 1957.

DAUBNER, I.: Eine neue Methode der Anwendung der Membranfilter. Wasser u. Abwasser, Band II., Wien 1960.

DAUBNER, I.: Anwendung des Kieselsäuregels bei der Bereitung bakteriologischer Nährböden. Z. ges. Hyg. 9, 302, 1963.

DAUBNER, I. und H. PETER: Membranfilter in der Mikrobiologie des Wassers. W. de Gruyter, Berlin 1974.

DOUGHERTY, J. M. und A. J. LAMBERTI: Textbook of Bacteriology, 3. Aufl., C. W. Mosby, St. Louis 1954.

GAINEY, P. L. und T. H. LORD: Microbiology of Water and Sewage. Prentice-Hall Inc., Englewood-Cliffs N. J. 1952.

GAK, D. Z.: Bakterioplankton nižnego tečenija Dunaja (v predelach SSSR). In: Dunaj i pridunajskie vodoemy v predelach SSSR. Izd. AN USSR, Kiew 1961.

Gosudarstvennyj standart Sojuza SSR. Voda pitevaja, GOST 18963-73. Moskva 1973.

HEINRICH, H. und H.-D. MÜNCH: Mikrobiologische Wasseruntersuchungen. In: Untersuchungsmethoden der Hygiene, Hrsg. Hackenberg. Volk und Gesundheit, Berlin 1970.

HEINRICH, H. et al.: Vorschlag zu einheitlichen Verfahren für die bakteriologische Wasseruntersuchung. Z. ges. Hyg. 12, 393, 1966.

HETTCHE, H. O. und H. MÜNCH: Die Verwendung von Kieselsäurenährböden bei der bakteriologischen Untersuchung von Wasser und Abwasser, Arch. Hyg. 119, 168, 1938.

IVESON, J. B. und E. M. MACKAY-SCOLLAY: Strontium chloride and strontium selenite enrichment broth media in the isolation of Salmonella. J. Hyg. (Camb.) 67, 457, 1969.

KADLECOVÁ, O.: Príspevok k určovaniu počtu biologicky aktívnych bakteriálnych foriem mikroskopickou metódou. Biológia (Bratislava) 8, 575, 1965.

KAUFFMANN, F.: The Bacteriology of Enterobacteriaceae. E. Munksgaard, Kopenhagen 1966.

KOHL, W. und F. ZIBUSCHKA: Eine Nachweismethode für Salmonellen in der hydrobakteriologischen Routineuntersuchung. Wasser u. Abwasser, Wien 1966.

KUSNEZOW, S. I.: Die Rolle der Mikroorganismen im Stoffkreislauf der Seen. Dtsch. Verlag d. Wissenschaften, Berlin 1959.

LUMPKINS, E. D. und J. S. ARVESON: Improved technique for staining bacteria on membrane filters. Appl. Microbiol. 16, 433, 1968.

MÜNCH, H.-D.: Nährböden zum Enterokokkennachweis — ein Beitrag zur bakteriologischen Wasseruntersuchung im Routinelabor. Z. ges. Hyg. 18, 7, 1972.

MÜNCH, H.-D.: Hydromikrobiologische Standards in der DDR. In: II. Int. Hydromikrobiol. Symposium Smolenice (ČSSR) 1975. Vyd. Akad. Vied, Bratislava 1977.

MULDER, E. G.: Iron bacteria, particularly those of the *Sphaerotilus-Leptothrix* group and industrial problems. J. appl. Bact. 27., 151, 1964.

PADEVĚT, M. und Č. KALINA: Nový způsob barvení prvoků. Čs. mikrobiol. 1, 183, 1956.

PEŠKOV, M. A.: Citologija bakterij. Izd. AN SSSR, Moskva 1955.

PLEŠKO, I.: Our experiences with cultivation of *Leptospira* on solid media. Biológia (Bratislava) 18, 685, 1963.

PRESCOTT, S. C. und Mitarb.: Water Bacteriology. J. Wiley Inc., New York 1950.

RAZUMOV, A. S.: Mikrobialnye pokazateli vodoemov zagrjaznennych promyšlennymi stočnymi vodami. Mikrobiol. 30, 515, 1961.

RAZUMOV, A. S.: Mikrobialnyj plankton vody. Tr. vses. gidrobiol. obšč. 12, 60, 1962.

SCHWARTZ, E. und J. MAYER: Versuche zur Isolierung von Mykobakterien mittels Ionenaustauscher. Zbl. Bakt. I. Orig. 190, 485, 1963.

SEDLÁK, J. und H. RISCHE: Enterobacteriaceae-Infektionen, 2. Aufl., VEB G. Thieme-Verlag, Leipzig 1968.

Standard Methods for the Examination of Water and Wastewater, 14. Aufl., APHA, AWWA New York 1975.

SWAROOP, S.: Estimation of bacterial density of water samples: methods of attaining international comparability. Bull. WHO 14, 1089, 1953.

TEC, V. J.: Sanitarnaja mikrobiologija. Medgiz, Moskva 1953.

Unificirovannye metody issledovanija kačestva vod. Mikrobiologičeskie metody, Praga 1974.

Achtes Kapitel

Nährmedien

Nicht weniger wichtig als die Wahl der Untersuchungsmethode ist für die hydromikrobiologische Analyse das verwendete Medium. Von seiner sorgfältigen Herstellung, dem rezepturgerechten Einsatz von chemisch reinen Substanzen, dem Einstellen des pH-Wertes und der Sterilisation hängt letztlich der Bestimmungsbefund ab. Deshalb muß man im Falle negativer Untersuchungsergebnisse jeweils die Nährbodenqualität prüfen.

In steigendem Maße werden zur hydromikrobiologischen Arbeit auch dehydrierte Fertignährböden herangezogen. Dies bringt neben einer merklichen Arbeitserleichterung Vorteile hinsichtlich der Standardisierung, der Reproduzierbarkeit und der Anwendung in kleinen Laboratorien. Die Zubereitung solcher Fertignährböden richtet sich nach den Angaben des Herstellers. Das Angebot großer Firmen mit Angaben über Zusammensetzung, Zubereitung und Anwendung ist den einschlägigen Handbüchern zu entnehmen.

In diesem Kapitel führen wir flüssige und feste Nährmedien an, die bei der mikrobiologischen Wasseruntersuchung zur Züchtung und Aufbewahrung der Mikroben im allgemeinen angewandt werden sowie spezielle selektive Medien zur Isolierung pathogener Keime und einzelner physiologischer Gruppen. Da gegenwärtig bereits eine sehr große Zahl von Nährmedien bekannt ist, können wir nicht alle beschreiben. Wir beschränken uns deshalb im wesentlichen auf solche, die in Beziehung zu den angeführten Methoden und Mikroorganismen stehen; auch hier bringen wir von mehreren, für die gleiche Zielsetzung verfügbaren Medien nur die unumgänglich notwendigen. Wir führen jedoch auch die entsprechenden Indikatoren, Reagenzien und Hilfslösungen an, die zur Nährbodenherstellung und Identifizierung der Mikroorganismen erforderlich sind.

Nährmedien zur Kultivierung heterotropher Bakterien

Es handelt sich um grundlegende Nährsubstrate, die zur Keimzahlbestimmung heterotropher Bakterien und zur Isolierung, zur Vermehrung und zur Aufbewahrung von Reinkulturen der Mikroorganismen verwendet werden.

Flüssige Nährmedien

1. Nährbouillon, neutral

Zur Herstellung benutzt man am besten Fertigpräparate („Trockennährbouillon") oder geht von folgender Rezeptur aus:

Fleischwasser[1] (oder die Lösung von 5 g industriell hergestelltem Fleischextrakt in dest. Wasser)	1000 ml
Pepton	10 g
NaCl	5 g

[1] Zur Herstellung von Fleischwasser wird sehnen- und fettfreies zerkleinertes Fleisch nach Zugabe der doppelten Menge dest. Wassers 12–18 Stunden stehengelassen und dann 30 min gekocht. Nach dem Erkalten wird filtriert. Das Filtrat wird mit dest. Wasser zum ursprünglichen Flüssigkeitsvolumen aufgefüllt.

Pepton und Kochsalz werden in heißem Fleischwasser gelöst. Nachdem der pH-Wert auf 7,2 mit 1-N NaOH eingestellt ist, wird im Autoklaven 30 min bei 121 °C sterilisiert.

2. Peptonwasser

dest. Wasser	1000 ml
Pepton	10 g
NaCl	5 g

Pepton und Kochsalz werden in dest. Wasser gelöst. Das Medium wird durch Papier filtriert und der pH auf 7,0—7,2 eingestellt. Nach Abfüllen in Röhrchen sterilisiert man im Autoklaven 30 min bei 121 °C.

Feste Nährböden

3. Nähragar

Am gebräuchlichsten ist der Nähragar mit 2% Agargehalt. Bei Anwendung des Membranfilterverfahrens vermindert man zwecks Erleichterung der Nährstoffdiffusion den Agargehalt auf 1—1,5%.

Industriell produzierte Trockennähragar ist jeweils entsprechend der Gebrauchsanweisung mit dest. Wasser zu versetzen, in der Hitze (Dampftopf) zu verflüssigen, in Reagenzgläser oder Vorratsflaschen abzufüllen und im Autoklaven 20 min bei 121 °C zu sterilisieren.

4. Nährsilikat

Anstelle von Agar wird Kieselsäuregel verwendet. Im Prinzip besteht der Nährboden aus 2 Grundsubstanzen: einer sauren und einer alkalischen Lösung, welche nach Zusammengießen im richtigen Verhältnis ein Gel mit dem erforderlichen pH-Wert bilden.

A. Saure Lösung

dest. Wasser	1000 ml
Hefeextrakt	20 g
Pepton	10 g
Fruktose	10 g

In das dest. Wasser gibt man den Hefeextrakt, kocht auf und filtriert durch ein angefeuchtetes Faltenfilter. Man fügt Pepton und Fruktose hinzu, erhitzt 15 min im Dampftopf und filtriert erneut. Nach Abkühlen gibt man Phosphorsäure hinzu, deren Menge man folgendermaßen bestimmt:

Zu 10 ml der Lösung A gibt man 90 ml dest. Wasser (die ursprüngliche Lösung wird als Stammlösung konzentriert aufbewahrt) und einige Tropfen Indikator (0,4%ige Bromthymolblau-Lösung in 50%igem Alkohol). Man fügt 7 ml der alkalischen Lösung B hinzu und titriert mit 25%iger Phosphorsäure bis zur olivgrünen Färbung, die einem pH-Wert von 7,2—7,4 entspricht. Es empfiehlt sich, den pH-Wert auch elektrometrisch zu kontrollieren.

Zur Stammlösung gibt man das 100fache der zur Titration benötigten Phosphorsäure-Menge und füllt mit dest. Wasser auf 2000 ml auf. Zur unmittelbaren Anwendung verdünnt man 200 ml der konzentrierten Stammlösung durch Zugabe von 800 ml dest. Wasser und sterilisiert Mengen von 50 ml, 100 ml, 200 ml usw. im Autoklav 15 min bei 121 °C.

B. Alkalische Lösung

Wasserglas (Na—K-Silikat)	1000 ml
Na_2SO_3 krist.	10 g

Die Lösung des technischen Wasserglases läßt man absetzen oder filtriert durch ein doppeltes Faltenfilter. In ca. 20 ml dest. Wasser löst man 10 g kristallines oder 5 g wasserfreies Natriumsulfit, das man mit dem Wasserglas gründlich vermischt. Die fertige Lösung gibt man in eine dunkle Flasche mit Gummistopfen. Es ist notwendig, das Gefäß gut zu verschließen, um ein Verdunsten des Wassers zu vermeiden.

5. Nährgelatine

In 1000 ml Fleischwasser löst man unter vorsichtigem Erhitzen 10–150 g vorher gequollener Gelatine im Wasserbad. Danach stellt man mit 1 NNaOH den pH-Wert auf 7,4–7,6 ein. Das abkühlende Medium wird mit Eiweißschnee geklärt. Man sterilisiert im Dampftopf 20 min und kontrolliert den pH-Wert erneut. Es wird durch in Gaze gehüllte Watte filtriert. Falls ein geringes Sediment übrig bleibt, kann dieses durch vorsichtiges Dekantieren entfernt werden. Die Lösung wird in Röhrchen abgefüllt und an drei aufeinander folgenden Tagen im Dampftopf jeweils 15 min sterilisiert. Der Nährboden wird bei Wasseruntersuchungen hauptsächlich zum Nachweis proteolytischer Bakterien verwendet.

6. Eiernährboden

Das Medium dient zur Aufbewahrung von Bakterienkulturen (insbesondere von Enterobakterien). Im Kühlschrank können die Stämme auf diesem Nährboden mehrere Monate gelagert werden. Der Nährboden wird auf foldende Art hergestellt:

Zu jeweils 3 Teilen Eiinhalt (Eigelb und Eiklar) gibt man 1 Teil 0,9%iger NaCl-Lösung. Nach dem Durchmischen gießt man das Medium in Röhrchen (Füllhöhe bis etwa 3 cm unter dem Rand), verschließt mit Kork- oder Gummistopfen und läßt es in Schräglage erstarren. Es wird an zwei aufeinanderfolgenden Tagen durch Erhitzen auf 85 °C sterilisiert, während des ersten Tages 2 Stunden, am zweiten 1 Stunde.

Nährmedien zur Kultivierung pathogener und bedingt pathogener Keime

Flüssige Nährmedien

7. (Glukose) Laktose-Medium (konzentriert)

dest. Wasser	1000 ml
Pepton	100 g
NaCl	50 g
Glukose (oder Laktose)	50 g

Pepton und Kochsalz werden im erwärmten dest. Wasser gelöst, Glukose bzw. Laktose zugegeben und der pH-Wert auf 7,4–7,6 eingestellt. Der Nährboden wird in Erlenmeyerkolben, in breite Reagenzgläser mit Gärröhrchen zu 10 ml und in gewöhnliche bakteriologische Röhrchen zu 1 ml abgefüllt. Man sterilisiert an drei aufeinanderfolgenden Tagen jewels 30 min im Dampftopf.

8. (Glukose) Laktose-Medium (verdünnt)

Dieses wird wie die konzentrierte Nährflüssigkeit zubereitet aber die Konzentration der einzelnen Bestandteile ist 10fach geringer. Man füllt es in gebräuchliche bakteriologische Reagenzgläser mit Gärröhrchen zu 10 m ab.

9. Halbflüssiges Medium mit Glukose

dest. Wasser	1000 ml
Pepton	10 g
NaCl	5 g
Agar-Agar	4–5 g
1,6%ige alkoholische Bromthymolblau-Lösung	1 ml

Die festen Bestandteile werden in dest. Wasser gelöst, der pH-Wert wird auf 7,2—7,4 eingestellt und die Indikator-Lösung zugegeben. Danach wird 20 min bei 121 °C sterilisiert. Dem noch heißen Medium werden 5 g Glukose zugefügt. Nach dem Abfüllen in Reagenzgläser wird erneut 12 min bei 112 °C sterilisiert. Die Aufbewahrungsdauer darf 7 Tage nicht überschreiten.

10. Borsäure-Laktose-Peptonwasser

Zu 1000 ml dest. Wasser gibt man 10 g Pepton, 5 g Laktose, 12,2 g K_2HPO_4, 4,1 g KH_2PO_4 und 3,5 g Borsäure. Man löst unter Erwärmen und füllt das verdunstete Wasser auf. Je 5 ml Medium werden in Reagenzgläser mit Gärröhrchen gefüllt und 12 min bei 112 °C sterilisiert.

11. Brillantgrün-Galle-Laktose-Medium

In 500 ml dest. Wasser werden 10 g Pepton und 10 g Laktose gelöst. Dann wird 20 g dehydrierte Ochsengalle (in 200 ml dest. Wasser gelöst) zugegeben. Die Gallelösung soll einen pH-Wert von 7,0—7,5 haben. Man füllt mit dest. Wasser bis zu 975 ml auf und stellt den pH-Wert auf 7,4 ein. Danach gibt man 13,3 ml 0,1%iger wäßriger Brillantgrün-Lösung hinzu. Die Menge des Mediums wird mit dest. Wasser zu 1000 ml ergänzt. Nach Filtration füllt man den Nährboden in Röhrchen und sterilisiert 12 min bei 112 °C.

12. Laktose-Nährmedium

dest. Wasser	1000 ml
Fleischextrakt	3,0 g
Pepton	5,0 g
Laktose	5,0 g

Die angegebenen Bestandteile werden in dest. Wasser gelöst. Der pH-Wert wird auf 6,8—7,0 eingestellt. Das Medium wird in Proberöhrchen mit Gärröhrchen gefüllt und 12 min bei 112 °C sterilisiert.

13. Lauryl-Tryptose-Medium

dest. Wasser	1000 ml
Tryptose	20,0 g
Laktose	5,0 g
K_2HPO_4	2,75 g
KH_2PO_4	2,75 g
NaCl	5,0 g
Natriumlaurylsulfat	0,1 g

Die Bestandteile werden in dest. Wasser gelöst und der pH-Wert auf 6,8 eingestellt. Das Medium wird in Proberöhrchen abgefüllt und 12 min bei 112 °C autoklaviert.

14. EC-Medium

In 1000 ml dest. Wasser werden 20 g Tryptose, 5 g Laktose, 1,5 g Gallensalze, 4 g K_2HPO_4 und 5 g NaCl unter Erhitzen gelöst und das verdampfte Wasser ergänzt. Das Medium wird in Röhrchen abgefüllt und im Autoklaven bei 112 °C 12 min sterilisiert. Das Einstellen des pH-Wertes ist nicht erforderlich.

15. LES MF Holding-Medium

Caseinpepton	3,0 g
M-Endo-Medium	3,0 g
K_2HPO_4	3,0 g
Natriumbenzoat	1,0 g
Sulfanilamid	1,0 g

p-Aminobenzsäure	1,2 g
Cykloheximid	0,5 g

Alle Bestandteile werden in kaltem dest. Wasser gelöst. Der End-pH-Wert soll 7,1—7,2 betragen.

16. M-FC-Medium

Es sollen die dehydrierten Nährböden Difco M-FC Broth Base (Nr. 0883) oder das dehydrierte BBL M-FC Broth-Medium (Nr. 01-757) benutzt werden.

17. M-VFC Holding-Medium

Caseinpepton (Casitone, vitaminfrei)	0,2 g
Natriumbenzoat	4,0 g
Sulfanilamid	0,5 g
Äthylalkohol (95%)	10,0 ml
dest. Wasser	1000 ml

Die Bestandteile werden unter Erwärmen gelöst, der pH-Wert soll 6,7 betragen. Das Medium wird durch Filtration (Membranfilter mit einer Porenweite von 0,22 μm) sterilisiert.

18. Glukose-Nährbouillon

Nährbouillon (aus Trockennährboden, 4fach konzentriert)	1000 ml
Glukose	44 g
Bromthymolblau-Lösung (0,25 g wäßrig suspendiert)	5 ml

Die Bestandteile werden gelöst, der pH-Wert wird auf 7,4 eingestellt. An drei aufeinanderfolgenden Tagen wird im Dampftopf jeweils 15 min sterilisiert.

19. Nährmedium zum Nachweis der Zucker-Spaltung

dest. Wasser	1000 ml
Fleischextrakt	5 g
Pepton	10 g
NaCl	3 g
$Na_2HPO_4 \cdot 12\,H_2O$	2 g
Bromthymolblau-Lösung	15 g
zu prüfender Zucker	0,5%

Die einzelnen Bestandteile werden im dest. Wasser gelöst und der Indikator hinzugefügt. Dieser wird durch Lösen von 1 g Bromthymolblau in 475 ml dest. Wasser unter Zugabe von 25 ml 0,1 NaOH hergestellt. Zu dieser Grundlösung gibt man 0,5% des zu prüfenden Zuckers und füllt in Reagenzgläser mit Gärröhrchen ab. Man sterilisiert im Dampftopf an drei aneinanderfolgenden Tagen jeweils 15 min. Die Farbe des Nährbodens soll blaugrün sein.

20. Nährmedium zum Nachweis der Nitratreduktion

In 1000 ml dest. Wasser löst man 0,2 g KNO_3 und 5 g Pepton. 3—5 ml Nährmedium werden in Röhrchen agbefüllt und im Autoklaven bei 112 °C 12 min sterilisiert.

21. Nährmedium für die Indolreaktion

I. Pepton	10,0 g
NaCl	5,0 g
dest. Wasser	1000 ml

II. Trypsin	0,2 g
K_2HPO_4	0,2 g
$MgSO_4$	0,2 g
Chloroform	10 ml

Die beiden genannten Bestandteile werden in dest. Wasser gelöst und nachfolgend 30 min bei 121 °C sterilisiert. Nach Abkühlen auf etwa 45 °C wird der pH-Wert mit Na_2CO_3 auf 7,5 eingestellt. Die Lösung wird auf 20 °C gekühlt und mit K_2HPO_4, $MgSO_4$ und Chloroform versetzt. Das Medium wird 24 h in einem Thermostaten bei 37 °C aufbewahrt. Danach wird filtriert, in Röhrchen zu 3—5 ml abgefüllt und erneut 20 min bei 121 °C autoklaviert.

22. Medium nach Clark *und* Lubs

(für Methylrotprobe und Voges-Proskauer-Reaktion)

dest. Wasser	1000 ml
Pepton	5 g
Dextrose	5 g
K_2HPO_4	5 g

Die einzelnen Bestandteile werden unter Erwärmen im dest. Wasser gelöst. Die Lösung wird filtriert, auf 20 °C abgekühlt und mit dest. Wasser zu 1000 ml aufgefüllt, in Röhrchen zu 3—5 ml verteilt und 12 min bei 112 °C autoklaviert.

23. Zitrat-Nährmedium nach Koser

dest. Wasser	1000 ml
NaCl	5 g
$MgSO_4 \cdot 7\,H_2O$	0,2 g
$NH_4H_2PO_4$	1 g
K_2HPO_4	1 g
Natriumzitrat krist.	2 g

Die einzelnen Bestandteile werden im dest. Wasser gelöst. Je 5 ml Medium werden pro Röhrchen abgefüllt und diese im Autoklav 20 min bei 112 °C sterilisiert.

24. M-ENDO-Medium

dest. Wasser	1000 ml
Pepton (Polypepton)	10 g
Thiopepton	5 g
Casitone	5 g
Hefeextrakt	1,5 g
Laktose	12,5 g
NaCl	5 g
K_2HPO_4	4,375 g
Natrium-Laurylsulfat	0,050 g
Natrium-Desoxycholat	0,1 g
Natriumsulfit	2,1 g
Fuchsin, basisch	1,05 g

In 1000 ml dest. Wasser gibt man zuerst 20 ml 95%igen Äthylalkohol und dann alle Bestandteile in der angeführten Reihenfolge. Das Gemisch wird zum Lösen bis zum Siedepunkt erhitzt, aber nicht gekocht. Der pH-Wert wird so eingestellt, daß er im fertigen Nährboden 7,1—7,3 beträgt. Das Medium kann lichtgeschützt bei 2—10 °C maximal 3 Tage aufbewahrt werden.

25. Nährmedium zum Nachweis der Harnstoff-Spaltung

dest. Wasser	1000 ml
Pepton	1 g
NaCl	5 g
KH_2PO_4	2 g
0,2%ige wäßrige Phenolrot-Lösung	6 ml

Die einzelnen Bestandteile werden in dest. Wasser gelöst. Der pH-Wert wird auf 6,8—6,9 eingestellt. Das Nährmedium wird 15 min bei 112 °C autoklaviert. Zusätzlich filtriert man eine Lösung von 1 g Glukose und 20 g Harnstoff durch ein Membranfilter (0,45 µm Porengröße) und gibt sie steril zur Grundlösung. 3—5 ml des Nährmediums werden pro Röhrchen abgefüllt.

26. Nährmedium für den KCN-Test

dest. Wasser	1000 ml
Pepton	10 g
NaCl	5 g
KH_2PO_4	0,225 g
$Na_2HPO_4 \cdot 2H_2O$	5,64 g

Im dest. Wasser löst man die angeführten Substanzen, stellt den ph-Wert auf 7,6 ein und sterilisiert den Nährboden im Autoklaven 20 min bei 112 °C. Nach dem Abkühlen gibt man 15 ml einer sterilen 0,5%igen KCN-Lösung zu. 2 ml des Nährmediums werden in schmale Röhrchen abgefüllt, die schnell mit Korkstopfen — in Paraffin sterilisiert — verschlossen werden. Im Kühlschrank kann dieser Nährboden maximal 14 Tage aufbewahrt werden.

27. Glukose-Natriumazid-Medium

Fleischextrakt	4,4
Tryptone (Polypepton)	15 g
Glukose	7,5 g
NaCl	7,5 g
Natriumazid	0,2 g
dest. Wasser	1000 ml

Die Bestandteile werden im dest. Wasser gelöst. Der ph-Wert wird auf 7,2 eingestellt. 10 ml Medium werden pro Röhrchen abgefüllt und bei 112 °C 20 min autoklaviert.

28. Glukose-Natriumazid-Medium (konzentriert)

Dieses wird wie das vorher genannte Medium zubereitet. Die Konzentrationen der einzelnen Bestandteile sind 2fach höher. Man füllt in Reagenzgläser zu 10 ml ab.

29. Natriumazid-Äthylviolett-Medium

dest. Wasser	1000 ml
Pepton (Caseinpepton)	20 g
Glukose	5 g
NaCl	5 g
K_2HPO_4	2,7 g
KH_2PO_4	2,7 g
Natriumazid	0,4 g
Äthylviolett	0,00083 g

Alle Bestandteile werden unter mäßigen Erwärmen in dest. Wasser gelöst. Der ph-Wert wird so eingestellt, daß er nach dem Sterilisieren 7,0 beträgt. 5 ml Nährmedium werden pro Röhrchen abgefüllt und 15 min bei 112 °C autoklaviert.

30. Brain-Heart-Medium

dest. Wasser	1000 ml
Kalbshirn-Infusion	200 g
Rinderherz-Infusion	250 g
Proteose-Pepton	10 g
Glukose	2 g
NaCl	5 g
Na_2HPO_4	2,5 g

Die Bestandteile werden in dest. Wasser gelöst. Der pH-Wert wird so eingestellt, daß er nach dem Sterilisieren 7,4 beträgt. Das Medium wird in Röhrchen abgefüllt und 12 min bei 112 °C autoklaviert.

31. Brain-Heart-Galle-Medium

Dieser Nährboden wird so zubereitet, daß man unter sterilen Bedingungen zu 600 ml des Mediums Nr. 30 400 ml einer sterilen 10%igen Lösung von Rindergalle zugibt. Bei Bedarf können auch kleinere Mengen (60 + 40 ml) zubereitet werden.

32. Natriumazid-Nährboden nach Kenner

dest. Wasser	1000 ml
Pepton	10 g
Hefeextrakt	10 g
NaCl	5 g
Natrium-β-glycerophosphat	10 g
Maltose	20 g
Laktose	1 g
Na_2CO_3, wasserfrei	0,636 g
Bromkresolpurpur	0,015 g

Alle Bestandteile werden in dest. Wasser im Dampftopf gelöst. Danach wird filtriert und der pH-Wert auf 7,2—7,4 eingestellt. Nach Abkühlen auf Zimmertemperatur werden 0,4 g Natriumazid (steril und kalt in kleiner Wassermenge gelöst) zugegeben.

33. Selenit-Nährboden nach Leifson

dest. Wasser	1000 ml
Pepton	5 g
$NaHSeO_2$	4 g
Laktose	4 g
Na_2HPO_4	7,5 g
KH_2PO_4	2,5 g

Im dest. Wasser werden alle angeführten Bestandteile gelöst und der pH-Wert auf 7,0—7,1 gebracht. Das Medium wird in Röhrchen abgefüllt und 8 min im Dampftopf sterilisiert. Falls im Medium Sediment oder Rotfärbung entstehen, ist es unverwendbar.

34. Tetrathionat-Nährbouillon

Zu 1000 ml Nährbouillon gibt man 10 ml einer 2%igen wäßrigen Metachromgelb-Lösung und sterilisiert im Autoklaven 20 min bei 121 °C. Danach gibt man steril 15 g Kaliumtetrathionat hinzu und füllt den Nährboden in sterile Röhrchen ab.

35. *Nährmedium nach* Heinrich *und* Pulverer

Stammlösung:

dest. Wasser	500 ml
Fleischextrakt	50 g
Kaseinpepton (Merck)	100 g
NaCl	15 g
K_2HPO_4	10 g

Die einzelnen Bestandteile löst man in dest. Wasser und sterilisiert das Nährmedium zweimal 5 min im Dampftopf. Für die eigentliche Beimpfung verwendet man eine Arbeitslösung aus

Stammlösung	100 ml
Kalimtetrathionat	10 g
Rindergalle	100 g

Die einzelnen Bestandteile werden gut vermischt. Das Nährmedium wird 3–5 min im Dampftopf sterilisiert. Nach dem Abkühlen werden 1,6 ml einer sterilen 1%igen Brillantgrün-Lösung zugegeben.

36. *Kaliumtetrathionat-Bouillon nach* Preuss

In 100 ml Nährbouillon (pH 6,5) wird 0,5 ml einer 0,1%igen wäßrigen Kristallviolettlösung vermischt. Nach Autoklavieren bei 121 °C/20 min und Abkühlen auf Zimmertemperatur werden steril 2 g Kaliumtetrathionat zugegeben.

37. *Selenit-Cystin-Medium*

dest. Wasser	1000 ml
Pepton	5 g
L-Cystin	0,01 g
Laktose	4 g
Na_2HPO_4	2 g
Natriumselenit	4 g

Die einzelnen Bestandteile werden unter vorsichtigem Erwärmen in dest. Wasser gelöst. Das Medium wird sterilfiltriert und dann unter aseptischen Bedingungen zu 6 ml in Röhrchen abgefüllt. Der pH-Wert des Nährbodens soll 6,9–7,1 betragen.

38. *Tetrathionat-Bouillon nach* Kauffmann

Nährbouillon	900 ml
$CaCO_3$	45 g
Lugolsche Lösung	20 ml
$Na_2S_2O_3 \cdot 5\,H_2O$ (50%ige Lösung)	100 ml
Rindergalle	50 ml
Brillantgrün (0,1%ige Lösung)	10 ml

Alle angeführten Bestandteile mischt man unter sterilen Kautelen, füllt 5–10 ml Nährmedium in Röhrchen ab und sterilisiert im Dampftopf an zwei aufeinanderfolgenden Tagen jeweils 20 min

39. *Strontium-Nährmedium*

dest. Wasser	1000 ml
Pepton (Bactotryptone)	5 g
NaCl	8 g
Strontiumselenit 2%	100 ml
KH_2PO_4	1 g

Die einzelnen Bestandteile werden im dest. Wasser gelöst. Der pH-Wert wird auf 7,8 eingestellt. 10 ml in Röhrchen abgefüllte Mediummengen werden 30 min im Dampftopf sterilisiert. Das Nährmedium kann 2 Monate aufbewahrt werden; ein schwaches Sediment beeinträchtigt nicht.

40. Kirchner-*Substrat (für Tuberkelbakterien)*

dest. Wasser	1000
$Na_2HPO_4 \cdot 12\,H_2O$	9 g
KH_2PO_4	1 g
$MgSO_4 \cdot 7\,H_2O$	0,6 g
Natriumcitrat (sauer)	3 g
L-Asparagin	3 g
NH_4Cl	5 g
1%ige wäßrige $Fe(NH_4)_2SO_4$-Lösung	1 ml
Glyzerin (reinst)	20 ml
0,75%ige wäßrige Malachitgrün-Lösung	2,5 ml

Die einzelnen Bestandteile werden in dest. Wasser gelöst. Das Substrat wird nach Durchmischen an zwei aufeinanderfolgenden Tagen jeweils 40 min im Dampftopf sterilisiert. Dem Medium setzt man 10% Rinderserum zu.

41. Lackmusmilch

Zu steriler Magermilch gibt man 2,5%ige alkoholische Lackmus-Lösung. 5 ml Medium werden in Röhrchen abgefüllt. Man sterilisiert im Dampftopf an drei aufeinanderfolgenden Tagen jeweils 20 min und läßt den Nährboden zwischenzeitlich im Brutschrank bei 37 °C. Röhrchen, die während dieser Zeit ihre Farbe verändern, werden ausgesondert.

42. Korthof-*Nährmedium (für Leptospiren)*

dest. Wasser	1000 ml
Pepton Witte	0,8 g
NaCl	1,4 g
$NaHCO_3$	0,02 g
KCl	0,04 g
$CaCl_2$	0,04 g
KH_2PO_4	0,2 g
$Na_2HPO_4 \cdot 2\,H_2O$	0,2 g

Die Bestandteile werden in dest. Wasser gelöst. Die Lösung wird an drei aufeinanderfolgenden Tagen jeweils 30 min bei 121 °C autoklaviert und nach Abkühlen jeweils durch Papier filtriert. Je 3 ml des Nährmediums werden dann in Röhrchen abgefüllt und erneut an drei aufeinanderfolgenden Tagen jeweils 60 min im Dampftopf sterilisiert. Schließlich gibt man zu jedem Röhrchen 0,5 ml steriles Kaninchenserum. Das fertige Nährmedium wird nunmehr nochmals an drei aufeinanderfolgenden Tagen jeweils 60 min bei 56 °C inaktiviert.

43. Terskich-*Nährboden (für Leptospiren)*

In 900 ml dest. Wasser gibt man 100 ml Phosphatpuffer (pH 7,2). 3—5 ml der Lösung werden in Röhrchen abgefüllt und 20 min im Autoklaven bei 121 °C sterilisiert. Medien, die sich im Verlauf der Sterilisierung trüben, werden ausgesondert. Zu den übrigen gibt man je 10% frisches, steril entnommenes Kaninchenserum, das 30 min bei 56 °C im Wasserbad inaktiviert wurde.

Feste Nährböden

44. ENDO-Nährboden (Modifikation nach GOST *18963-73)*

Die Grundsubstanz wird aus dem Trockennährboden nach Gebrauchsanweisung zubereitet. Zu 100 ml auf 60—70 °C abgekühltes Medium werden 0,2 ml 10%ige alkoholische basische Fuchsinlösung und 0,2 ml 5%ige alkoholische Rosolsäurelösung gegeben. Nach Durchmischen werden 20—25 ml Nährboden in Petrischalen gegossen.

45. ENDO-Agar (Modifikation nach US-Standardmethoden)

dest. Wasser	1000 ml
Pepton	10 g
Laktose	10 g
K_2HPO_4	3,5 g
Agar	15 g
Natriumsulfit	2,5 g
Fuchsin, basisch	0,5 g

Die Bestandteile werden in dest. Wasser gelöst. Der pH-Wert wird auf 7,4 eingestellt. Das Medium wird 12 min bei 112 °C autoklaviert. Der Nährboden darf nur schwach rosa im warmen und fast farblos im kalten Zustand sein.

46. Eosin-Methylenblau-Agar

dest. Wasser	1000 ml
Pepton	10 g
Laktose	10 g
K_2HPO_4	2 g
Agar	15 g
Eosin Y	0,4 g
Methylenblau	0,065 g

Die einzelnen Bestandteile werden im dest. Wasser gelöst. Der pH-Wert wird auf 7,1 eingestellt. Das Medium wird im Autoklaven bei 112 °C 12 min sterilisiert. Bei der Sterilisierung wird das Medium farblos, nach der Abkühlung färbt es sich wieder.

47. LES-ENDO-Agar

dest. Wasser	1000 ml
Hefeextrakt	1,2 g
Kasiton (Tryptikase)	3,7 g
Thiopepton (Thioton)	3,7 g
Tryptose	7,5 g
Laktose	9,4 g
K_2HPO_4	3,3 g
KH_2PO_4	1 g
NaCl	3,7 g
Natriumdesoxycholat	0,1 g
Natriumsulfit	1,6 g
Fuchsin, basisch	0,8 g
Agar	15 g

Zu 1000 ml dest. Wasser gibt man erst 20 ml 95%igen Äthylalkohol und dann alle Bestandteile in der angeführten Reihenfolge. Das Gemisch wird zum Lösen erhitzt, auf 45—50 °C abgekühlt und in Petrischalen gegossen. Das Medium kann lichtgeschützt bei 2—10 °C bis zu 2 Wochen aufbewahrt werden.

48. ENDO-*Agar (Modifikation nach DDR-Methoden)*

Nähragar (aus Trockennährboden, 2%ig)	1000 ml
Laktose	10 g
Na_2SO_3	2 g
Diamantfuchsin-Lösung (in 96%igem Äthylalkohol)	5 ml

Der Trockennähragar und die anderen angeführten Substanzen werden 20 min im Dampftopf gelöst. Die benötigte Menge der gesättigten Diamantfuchsin-Lösung wird durch Papier filtriert und zugegeben. Der Nährboden kann in Platten gegossen oder als Hochschichten in Röhrchen abgefüllt, dunkel und kühl aufbewahrt werden.

49. ENDO-*Agar auf Kieselsäurebasis*

Grundlösung A:

dest. Wasser	1000 ml
Pepton	10 g
Hefeextrakt	10 g
30%ige wäßrige Laktose-Lösung	100 ml
Diamantfuchsin-Lösung (in 96%igem Äthylalkohol)	6 ml
20%ige wäßrige Na_2SO_3-Lösung	10 ml
KH_2PO_4	1 g
K_2HPO_4	4 g

Zu 500 ml dest. Wasser (pH 7,2) gibt man Pepton, Hefeextrakt und die Phosphate. Die Lösung wird aufgekocht und durch ein Faltenfilter gesaugt. Danach gibt man die vorgeschriebenen Volumina der sterilen Laktoselösung, der gesättigten alkoholischen Diamantfuchsinlösung und der Natriumsulfitlösung hinzu. Das Medium wird mit dem restlichen dest. Wasser aufgefüllt und die 25%ige Phosphorsäure hinzugegeben. Die Phosphorsäuremenge soll so bemessen sein, daß der pH-Wert des Nährbodens (100 ml Lösung A + 8,5 ml Lösung B) 7,2 – 7,4 beträgt.

Nach unseren Erfahrungen ist es erforderlich, 24 ml 25%ige Phosphorsäure zuzugeben. Es empfiehlt sich, bei der ersten Herstellung des Nährbodens den pH-Wert elektrometrisch zu prüfen. Falls der geforderte pH-Wert nicht eingehalten wird, vermindert sich die Empfindlichkeit des Nährbodens und der typische Glanz der Kolonien tritt nicht auf.

Grundlösung B:

Wasserglas, technisch 85 ml

Das Wasserglas läßt man absetzen oder filtriert es durch ein Faltenfilter.

Bei der Fertigstellung des Nährbodens gibt man auf 100 ml der Lösung A 8,5 ml der Lösung B, der Nährboden wird gründlich vermischt und in Petrischalen gefüllt, wo er abgeflammt wird. Nach dem Erstarren zeigt der Nährboden nur eine schwach rosa Färbung und einen matten glasartigen Glanz.

50. *Zitrat-Nährboden auch* SIMMONS

dest. Wasser	1000 ml
$NH_4H_2PO_4$	1 g
K_2HPO_4	1 g
NaCl	5 g
$MgSO_4 \cdot 7\,H_2O$	0,2 g
Agar	20 g

Die Bestandteile werden im Dampftopf gelöst. Der pH-Wert wird auf 7,1 eingestellt. Man sterilisiert an drei aufeinanderfolgenden Tagen jeweils 15 min im Dampftopf. Danach werden zugegeben:

1,5%ige Bromthymolblau-Lösung	5 ml
Natriumzitrat	5 g

Der Nährboden wird zweimal 15 min im Dampftopf sterilisiert und nach dem Abfüllen in Röhrchen schräg zum Erstarren gebracht.

51. Ferrochlorid-Gelatine

Leitungswasser	1000 ml
Fleischextrakt	7,5 g
Pepton	25 g
NaCl	5 g
Gelatine	120 g
10%ige wäßrige $FeCl_2 \cdot 4\,H_2O$-Lösung	5 ml

Die einzelnen Bestandteile werden im Dampftopf gelöst. Zuletzt wird das frisch gelöste Eisen(II)-chlorid zugegeben. Der pH-Wert wird auf 7,6 eingestellt. Der Nährboden wird in kleine Röhrchen abgefüllt, die mit Korkstopfen — in Paraffin sterilisiert — verschlossen werden. Besondere Aufmerksamkeit muß man der Qualität des Eisen(II)-chlorids widmen. Der Nährboden wird im Kühlschrank aufbewahrt.

52. Nährboden nach Hajna

dest. Wasser	1000 ml
Pepton	20 g
NaCl	5 g
Agar	15 g

Die genannten Bestandteile werden unter Erwärmen gelöst. Der pH-Wert wird auf 7,5 eingestellt. Danach werden hinzugefügt:

Laktose	10 g
Saccharose	10 g
Glukose	1 g
$Na_2S_2O_3 \cdot 5\,H_2O$	0,2 g
$(NH_4)_2SO_4 \cdot FeSO_4 \cdot 6\,H_2O$	0,2 g
1%ige wäßrige Phenolrotlösung	2,5 ml

Der Nährboden wird kurz aufgekocht, durch Watte filtriert und in Röhrchen zu 5 ml abgefüllt. Dann sterilisiert man im Dampftopf an drei aufeinanderfolgenden Tagen jeweils 15 min. Man läßt das Medium in Schräglage erstarren.

53. Nährboden zum Nachweis der Phenylalanin-Desaminase

dest. Wasser	1000 ml
Hefeextrakt	3 g
DL-Phenylalanin	2 g
(oder L-Phenylalanin)	1 g
Na_2HPO_4	1 g
NaCl	5 g
Agar	12 g

Die einzelnen Bestandteile bringt man in dest. Wasser im Dampftopf in Lösung. 5 ml Nährboden werden in Röhrchen abgefüllt und 10 min bei 121 °C autoklaviert. Nach dem Sterilisieren läßt man ihn in Schräglage erstarren.

54. KF-Streptococcus-Agar

Es wird das dehydrierte Medium Difco KF *Streptococcus* Agar Nr. 0496 oder BBL KF Streptococcal Agar Nr. 01-690 verwendet.

55. Brain-Heart-Infusion-Agar

Es handelt sich um das flüssige Medium (Vorschrift 30) zu welchem 15 g Agar gegeben wird. Nach Lösen und Vermischen wird der pH-Wert auf 7,4 eingestellt das Medium in Röhrchen abgefüllt und bei 112 °C 12 min autoklaviert.

56. Natriumazid-Nähragar nach Slanetz *und* Bartley

dest. Wasser	1000 ml
Pepton	20 g
Hefeextrakt	5 g
Glukose	2 g
K_2HPO_4	4 g
Natriumazid	0,4 g
Triphenyltetrazoliumchlorid	0,1 g
Agar	10 g

Die erstgenannten Zusätze werden in dest. Wasser gelöst. Der pH-Wert wird auf 7,2 eingestellt. Dann fügt man den Agar hinzu und erhitzt bis zu dessen Lösung. Während des Erkaltens gibt man das steril gelöste TTC als 10%ige Lösung hinzu und gießt Platten. Die Nährbodenoberfläche wird schwach abgeflammt.

Vereinfachte Modifikationen nach Müller: 4 g Glukose, 8 g K_2HPO_4, 0,8 g Natriumazid und 0,2 g TTC werden steril in 1000 ml dest. Wasser kalt gelöst und mit der gleichen Menge verflüssigtem, aber nicht zu heißem 1%igen Nähragar gemischt. Der pH-Wert wird auf 7,2–7,6 eingestellt. Sterilisieren und Plattengießen wie oben.

57. Natriumazid-Nährsilikat-Nährboden

Grundlösung A:

dest. Wasser	1000 ml
Pepton	20 g
Hefeextrakt	5 g
Glukose	2 g
K_2HPO_4	4 g
Natriumazid	0,4 g
Triphenyltetrazoliumchlorid	0,1 g

In dest. Wasser löst man im Dampftopf Pepton und Hefeextrakt und filtriert. Dann werden Glukose, Kaliumphosphat und Natriumazid zugegeben. Die Chemikalien werden unter Erwärmen gelöst. Nach erneutem Filtrieren und Erkalten gibt man sterile 1%ige TTC-Lösung und die erforderliche Phosphorsäuremenge (25%ig) hinzu (siehe Vorschrift 4). In diesem Falle wird aber keine konzentrierte Stammlösung hergestellt und demzufolge nicht verdünnt.

Grundlösung B:

Wasserglas, technisch 100 ml

Das Wasserglas läßt man absetzen oder filtriert es. Vor der Verwendung gibt man zu 100 ml der Lösung A 5 ml der Lösung B. Der Nährboden wird vermischt und in Petrischalen gegossen, wo er in 15–20 Minuten erstarrt.

58. WILSON/BLAIR-*Nährboden (für Klostridien)*

I. 20 g Natriumsulfit in 80 ml dest. Wasser,
II. 20 g Glukose in 80 ml dest. Wasser,
III. 0,8 g Eisen(II)-sulfat in 9,2 ml dest. Wasser

Jede Lösung wird filtriert; zu 20 ml der Lösung I gibt man 10 ml der Lösung II und 2 ml der Lösung III. Nach gründlichem Mischen gibt man 200 ml 2%igen verflüssigten Nähragar dazu. 10—15 ml Nährboden werden steril in Röhrchen abgefüllt.

59. WILSON/BLAIR-*Silikat-Nährboden (für Klostridien)*

Grundlösung A:

dest. Wasser	1000 ml
Glukose	10 g
$FeSO_4$	8 g
Pepton	20 g
Hefeextrakt	5 g

In je 100 ml dest. Wasser werden durch Erhitzen bis zum Siedepunkt gemeinsam Glukose und $FeSO_4$ sowie Pepton und Hefeextrakt gelöst. Nach Abkühlen werden die Lösungen filtriert, vermengt und mit dest. Wasser zu 1000 ml aufgefüllt. Dann gibt man die benötigte Phosphorsäuremenge (25%ig) dazu, die durch Titrieren (siehe Vorschrift 4) bestimmt wird. Der End-pH-Wert soll nach Zugabe des Wasserglases 7,2—7,4 betragen. Man titriert direkt 100 ml der Lösung A + 8,5 ml der Lösung B (ohne Verdünnung).

Grundlösung B:

Wasserglas, technisch	100 ml
Natriumsulfit krist.	2 g

Das Wasserglas läßt man absetzen oder filtriert es durch Papierfilter. In 10 ml Wasser wird das Sulfit gelöst, zum Wasserglas gegeben und mit diesem gut vermischt.

Zur unmittelbaren Anwendung gibt man auf 100 ml der Grundlösung A 8,5 ml der Grundlösung B. Man gießt Platten, wobei der Nährboden in 15—20 min geliert.

60. WILSON/BLAIR-*Nährboden (für Salmonellen)*

Zuerst wird die Wismutsulfit-Grundlösung hergestellt, die aus 3 Komponenten besteht:

I. 80 g Natriumsulfit in 400 ml dest. Wasser,
II. 24 g Wismutcitrat in 50 ml dest. Wasser, unter Rühren gibt man Ammoniak hinzu, bis sich die Lösung nahezu klärt. Dann füllt man mit dest. Wasser auf 200 ml auf,
III. 4 g $FeSO_4 \cdot 7H_2O$ in 50 ml dest. Wasser, nach Zugabe von ca. 3 Tropfen konz. HCl klärt sich die Lösung.

Bei der Herstellung der Wismutsulfit-Grundlösung vermengt man die Lösung I und II und gibt 40 ml der Lösung III dazu. Schließlich fügt man 42 g $Na_2HPO_4 \cdot 12H_2O$ hinzu. Die Lösung wird vorsichtig gekocht, bis sie sich schwach grau färbt.

Der eigentliche WILSON/BLAIR-Nährboden wird folgendermaßen zubereitet:

2%iger Nähragar mit 0,5% Glukose	1000 ml
Wismutsulfit-Grundlösung	70 ml
1%ige wäßrige Brillantgrün-Lösung	4 ml

Nach gründlichem Mischen wird der Nährboden 15 min im Dampftopf sterilisiert.

61. Desoxylcholat-Zitrat-Agar nach LEIFSON

Zuerst werden die Grundlösungen hergestellt:

I. Unter Erwärmen löst man in 100 ml dest. Wasser 17 g Natriumcitrat ($Na_3C_6H_5O_7 \cdot 2\,H_2O$), 17 g Natriumthiosulfat ($Na_2S_2O_3 \cdot 5\,H_2O$) und 2 g Eisen(III)-citrat ($FeC_6H_5O_7 \cdot 5\,H_2O$). Die Lösung wird schwach gekocht.

II. In 100 ml dest. Wasser löst man 20 g Laktose. Die Lösung wird an drei aufeinanderfolgenden Tagen im Dampftopf jeweils 15 min sterilisiert.

III. In 100 ml dest. Wasser löst man 10 g Natrium-Desoxycholat und kocht schwach auf.

IV. In 100 ml sterilem dest. Wasser löst man 1 g Neutralrot.

Zur Herstellung des eigentlichen Nährbodens verwendet man:

2%iger Nähragar	1000 ml
Lösung I	50 ml
Lösung II	50 ml
Lösung III	50 ml
Lösung IV	3 ml

Die einzelnen Bestandteile werden gründlich vermischt. Der Nährboden wird 15 min im Dampftopf sterilisiert.

62. Salmonella-Shigella-Agar

dest. Wasser	1000 ml
Fleischextrakt	5 g
Pepton	6 g
Laktose	10 g
Natriumzitrat	8,5 g
$Na_2S_2O_3$	8,5 g
Eisen(III)-citrat	1 g
Agar	20 g
Brillantgrün	0,33 g
Neutralrot	0,025 g
Rindergalle	100 ml

Im Wasser löst man unter Erhitzen Agar, Fleischextrakt und Pepton. Dann gibt man die weiteren Bestandteile in das heiße Wasser und kocht noch einmal auf. Der resultierende pH-Wert soll 7,0—7,2 betragen. Man gießt Platten.

63. KLIGLER-Eisen-Agar

dest. Wasser	1000 ml
Fleischextrakt	3 g
Hefeextrakt	3 g
Pepton	15 g
Proteose-Pepton	5 g
NaCl	5 g
Agar	12 g

Die einzelnen Bestandteile löst man in dest. Wasser, gibt den Agar hinzu und autoklaviert 15 min bei 121 °C. Dann fügt man hinzu:

Laktose	10 g
Saccharose	10 g
Glukose	1 g
$FeSO_4 \cdot 7\,H_2O$	0,2 g
Phenolrot	0,024 g

Der Nährboden wird gut gemischt, der pH-Wert auf 7,4 eingestellt und 30 min im Dampftopf erhitzt. Nach Wattefiltration werden jeweils 5 ml in Röhrchen abgefüllt. Man sterilisiert an drei aufeinanderfolgenden Tagen im Dampftopf und läßt in Schräglage so erstarren, daß Nährbodensäule von 1—2 cm Höhe verbleibt und der Rest eine Schrägfläche bildet. Man beimpft durch Einstich in die Säule und Ausstrich auf der Schrägfläche.

64. Brillantgrün-Phenolrot-Agar

Nähragar, 1,5%ig	250 ml
Glukose	7,5 g
1%ige Brillantgrünlösung	0,5 ml
0,2%ige Phenolrotlösung	5 ml
Harnstoff	5 g

Die 4 erstgenannten Bestandteile werden gemeinsam 1 Stunde im Dampftopf erhitzt. Nach Abkühlen auf 45 °C gibt man steril den Harnstoff hinzu, mischt den Nährboden gründlich und gießt Platten.

65. Dreifarben-Agar nach Gassner

Fleischwasser- oder Hefewasser-Agar (pH 7,2)	2000 ml
2%ige wäßrige Metachromgelblösung	125 ml
1%ige wäßrige Wasserblaulösung	125 ml
Laktose	100 g

Alle Reagenzien müssen vorher getrennt aufgekocht werden (Metachromgelblösung 2 min, Wasserblaulösung und Laktose 10 min). Alle Lösungen sind zu mischen und sofort zu Platten (Schichtdicke 4—5 mm) gießen. Die Nährbodenfarbe soll sattgrün sein.

66. Desoxycholat-Laktose-Agar

dest. Wasser	1000 ml
Pepton	10 g
Laktose	10 g
NaCl	5 g
Natriumzitrat	2 g
Natriumdesoxycholat	0,5 g
Neutralrot	0,033 g
Agar	12,5 g

Alle Bestandteile werden in dest. Wasser gelöst. Der pH-Wert wird auf 7,0—7,2 eingestellt. Das Medium ist in Röhrchen abzufüllen, die 15 min im Dampftopf sterilisiert werden.

67. Loewenstein/Jensen/Holm-*Einährboden (für Tuberkelbakterien)*

dest. Wasser	1000 ml
KH_2PO_4	4 g
$MgSO_4$	0,4 g
Natriumzitrat	1,7 g
Casein-Hydrolysat	50 g
Glyzerin, bidest.	20 ml

Die einzelnen Bestandteile werden in dest. Wasser gelöst. Zu 600 ml der erhaltenen Lösung gibt man nach 30 min Autoklavieren bei 121 °C und nach Abkühlen 30 g Kartoffelstärke hinzu und erhitzt vorsichtig bis zum Siedepunkt. Man kocht 15 min, kühlt den Nährboden auf 55—56 °C ab und fügt 100 ml Eiemulsion hinzu (man benötigt frische Hühnereier, die steril in ein Gefäß entleert werden). Nach vollkommener Homogenisierung des Mediums gibt man noch 10 ml 1,5%ige wäßrige Malachitgrünlösung hinzu. Man vermischt wieder gründlich und füllt jeweils 5 ml in Röhrchen ab. Der Nährboden wird im Dampftopf so koaguliert, daß die schräg eingelegten Röhrchen 10 min auf 85 °C und dann weitere 20 min auf 80—82 °C erhitzt werden. Bei richtiger Koagulation verbleibt im Reagenzglas ein Rest Kondensationsflüssigkeit. Wenn Temperatur und Zeit der Koagulation nicht genau eingehalten werden, sind die Nährböden wertlos.

68. Einährboden nach OGAWA *(für Tuberkelbakterien)*

Dieser wird aus 2 Grundlösungen folgender Zusammensetzung hergestellt:

Grundlösung A (Nährsalz):

dest. Wasser	100 ml
KH_2PO_4	1 g
Natriumglutamat	1 g

Beide Substanzen werden in dest. Wasser gelöst und 20 min bei 121 °C autoklaviert oder an zwei aufeinanderfolgenden Tagen im Dampftopf jeweils 40 min sterilisiert.

Grundlösung B (Eimasse):

Inhalt von 4 Hühnereiern + 1 Eigelb

Die Grundlösung A wird mit maximal 200 ml der Grundlösung B vermischt, danach werden 6 ml 2%ige Malachitgrünlösung und 6 ml Glyzerin hinzugefügt. Nach gründlichem Mischen aller Komponenten füllt man je 5 ml Nährboden in Röhrchen ab und koaguliert die Eimasse in Schräglage (siehe Vorschrift 67).

69. Nährboden nach MCCOY/CHAPIN *(für Tularämie-Bakterien)*

In einen Erlenmeyerkolben mit Schliffstopfen werden ein Eiinhalt und 4 Eigelb steril eingebracht, was etwa 150 ml entspricht. Dazu gibt man 40 Volumenprozent physiologische Kochsalzlösung. Man fügt sterile Glasperlen hinzu und homogenisiert den Nährboden 15 min. Die Emulsion wird 24 Stunden im Kühlschrank belassen, steril in 5 ml Portionen in Röhrchen abgefüllt und im Dampftopf in Schräglage bei 85 °C 45 min koaguliert.

70. Zystin-Dextrose-Agar nach FRANCIS

2%iger Agar	1000 ml
Zystin	0,1…0,2 g
Glukose	10 g

In den verflüssigten 2%igen Agar gibt man Zystin (gelöst in 2 ml 10%ige NaOH). Dann fügt man die Glukose (am besten als 20%ige Lösung) hinzu und sterilisiert im Dampftopf 20 min. Nach Abkühlen auf 50 °C kommt 5—10% defibriniertes Kaninchenblut hinzu. Der Nährboden wird steril in Röhrchen abgefüllt, in denen er in Schräglage zum Erstarren gebracht wird.

71. Blutagar

Zu 1000 ml verflüssigtem 2,5—3%igem Nähragar gibt man nach Abkühlen auf 45 °C unter Mischen 100 ml defibriniertes Hammelblut steril hinzu. Der Nährboden muß kurz vor seiner Anwendung hergestellt werden und ist im Kühlschrank maximal 3 Tage haltbar.

Bei der Kultivierung von Staphylokokken verwendet man einen Blutagar mit erhöhtem NaCl-Gehalt. Hierbei gibt man vor der Zugabe des Blutes 65 g Kochsalz zu 1000 ml verflüssigtem Agar.

72. Kaliumtellurit-Einährboden

dest. Wasser	900 ml
Mannit	10 g
NaCl	10 g

LiCl	5 g
Pepton	10 g
Fleischextrakt	3 g
Bromthymolblau	10 ml (Vorschrift 19)

Die einzelnen Komponenten werden in dest. Wasser gelöst. Der pH-Wert wird auf 9,2 eingestellt. Es werden 20 g Agar hinzugefügt und durch Erwärmen gelöst. Der Nährboden wird in 90-ml-Volumina aufgeteilt und 20 min bei 121 °C autoklaviert. Vor Gebrauch gibt man zu 90 ml dieses verflüssigten und auf 50 °C abgekühlten Nährboden 10 ml einer sterilen Eigelbemulsion und 1 ml sterile Kaliumtellurit-Lösung (1 : 400). Der pH-Wert des Nährbodens wird auf 8,0—8,2 eingestellt, dann werden Platten gegossen.

73. ESBER/FAULCONNER-*Nährboden*

2%iger Nähragar	100 ml
Mannit	10 g
Blutplasma	70 ml
1,5%ige wäßrige Bromthymolblau-Lösung	10 ml

Zuerst löst man das Mannit im verflüssigten Nähragar. Nach Abkühlen des Mediums auf 50 °C gibt man menschliches Blutplasma steril hinzu. Der pH-Wert des fertigen Nährbodens soll 7,2—7,4 betragen.

74. Nährboden nach KING/KLINGE

Der Nährboden wird aus 2 Grundlösungen hergestellt. Es ist wichtig, ein hochwertiges Pepton zu verwenden, von dem die Pigmentproduktion, ein wichtiges diagnostisches Merkmal der Gattung *Pseudomonas*, abhängt.

Grundlösung A:

dest. Wasser	100 ml
Pepton	2 g
Glyzerin	2 g
$MgCl_2$	0,7 g
$KHSO_4$	2 g

Die angeführten Bestandteile werden unter mäßigem Erwärmen in dest. Wasser gelöst.

Grundlösung B:

In 300 ml dest. Wasser legt man 9 g gewässerte und wieder getrocknete Agarsubstanz und autoklaviert 30 min bei 121 °C.

Beide Grundsubstrate werden zu gleichen Mengen zusammengegossen und filtriert. Der pH-Wert wird auf 7,2 eingestellt und der Nährboden nochmals im Autoklav sterilisiert.

75. M-PA-Agar

dest. Wasser	1000 ml
L-Lysin	5 g
NaCl	5 g
Hefeextrakt	2 g
Xylose	2,5 g
Saccharose	1,25 g
Laktose	1,25 g
Phenolrot	0,08 g
Eisen(III)-ammoniumcitrat	0,8 g
Natriumthiosulfat	6,8 g
Agar	15 g

Alle Bestandteile werden in dest. Wasser gelöst. Der pH-Wert wird auf 6,5 eingestellt. Es wird 12 min bei 112 °C autoklaviert. Nach Abkühlen wird der pH-Wert auf 7,0–7,2 gebracht. Folgende Antibiotika-Mengen sind zuzugeben: Sulfapyridin 176 mg, Kanamyzin 8,5 mg, Nalidixinsäure 37 mg, Actidion 150 mg. Nach Durchmischen werden Platten gegossen. Das Medium kann bei 2–10 °C bis zu 1 Monat aufbewahrt werden.

76. COX/LARSEN-*Nährboden (für Leptospiren)*

dest. Wasser	90 ml
Pepton Witte	0,2 g
Agar	1 g
Kaninchenserum	10 ml
Haemolysat	1 ml

Im dest. Wasser löst man Pepton und Agar und stellt den pH-Wert auf 7,5 ein. Das Medium wird 15 min bei 121 °C autoklaviert und auf 50 °C abgekühlt; dann gibt man das Kaninchenserum und das Haemolysat steril hinzu. Der Nährboden wird 30 min bei 56 °C im Wasserbad inaktiviert und steril in Petrischalen abgefüllt.

Das Haemolysat wird folgendermaßen hergestellt: Hammel-Erythrozyten werden in 20 Volumeneinheiten kaltem dest. Wasser haemolysiert, die Lösung wird zentrifugiert und das Zentrifugat durch Filtration mittels Seitz- oder Membranfilter (mittlere Porenweite 0,1 μm) sterilisiert.

77. Nährboden nach VITÉZ *(für Hefen)*

dest. Wasser	1 000 ml
Fleischextrakt	2 g
Glukose	30 g
NaCl	3 g
$NH_4H_2PO_4$	1 g
K–Na-Tartarat	1 g
Pepton	15 g
Glyzerin	5 ml
KH_2PO_4	1 g
KNO_3	1 g
$MgSO_4$	0,2 g
Agar	20–25 g

Im Erlenmeyerkolben werden die angeführten Bestandteile nacheinander gelöst. Nach Filtration durch ein feuchtes Filtrierpapier werden 0,05 g p-Aminobenzoesäure, Spuren von Co, Mn, Zn, Cu, Fe und 2–2,5% Agar hinzugefügt. Der Nährboden wird 20 min bei 121 °C autoklaviert und steril in Petrischalen gegossen. Der pH-Wert des fertigen Nährbodens soll 5,9–6,3 betragen.

Nährmedien zur Kultivierung physiologischer Mikrobengruppen

Flüssige Nährmedien

78. Nährlösung nach KRASILNIKOV *(für Aktinomyzeten)*

Fluß- (Leitungs-) Wasser	1000 ml
K_2HPO_4	3 g
$MgCO_3$	0,3 g
NaCl	0,2 g
KNO_3	1 g
$FeSO_4 \cdot 7\,H_2O$	0,001 g
$CaCO_3$	0,5 g
Saccharose	20 g

Die einzelnen Bestandteile löst man unter Erwärmen im filtrierten und sterilisierten Fluß- oder Leitungswasser und stellt den pH-Wert auf 7,0—7,2 ein. Die Nährlösung wird 2 Tage hintereinander im Dampftopf jeweils 20 min sterilisiert.

79. Nährlösung mit Natriumlaktat (für Aktinomyzeten)

dest. Wasser	1000 ml
Glukose	10 g
KH_2PO_4	2,4 g
K_2HPO_4	5,7 g
$(NH_4)_2SO_4$	2,6 g
$MgCl_2 \cdot 6H_2O$	1,2 g
$ZnSO_4 \cdot 7H_2O$	0,01 g
$FeSO_4 \cdot 7H_2O$	0,01 g
$CuSO_4 \cdot 5H_2O$	0,006 g
$MnCl_2 \cdot 6H_2O$	0,008 g
Natriumlaktat	11 g

Die einzelnen Bestandteile löst man in dest. Wasser und sterilisiert den Nährboden 2 Tage hintereinander jeweils 20 min im Dampftopf. Der pH-Wert der fertigen Nährlösung beträgt 7,0.

80. Nährboden nach IMŠENECKIJ *(für amylolytische Bakterien)*

Kartoffelabsud	1000 ml
Pepton	5 g
Stärke, unlösliche	30 g
$CaCO_3$ (Kreide)	Spuren

Zuerst bereitet man den Kartoffelabsud: 500 g gründlich gereinigte und geschälte Kartoffeln werden zerschnitten und mit 1000 ml dest. Wasser übergossen. Man kocht 10 min, dekantiert die Flüssigkeit und filtriert. Das Filtrat wird mit dest. Wasser zum ursprünglichen Volumen aufgefüllt. Dann gibt man die weiteren Bestandteile dazu, vermischt gut und autoklaviert 15 min bei 121 °C.

81. Nährflüssigkeit nach VINOGRADSKIJ *(für Bakterien der 1. Nitrifikationsstufe)*

dest. Wasser	1000 ml
$(NH_4)_2SO_4$	2 g
K_2HPO_4	1 g
$MgSO_4 \cdot 7H_2O$	0,5 g
NaCl	2 g
$FeSO_4 \cdot 7H_2O$	0,4 g
$CaCO_3$ (Kreide)	Spuren

Alle Bestandteile (bis auf $CaCO_3$) werden im dest. Wasser gelöst. Schließlich gibt man in die Nährbodenflasche eine Messerspitze Kreidestaub. Das Medium wird dann 10 min bei 121 °C autoklaviert. Die fertige Nährflüssigkeit wird steril in Erlenmeyerkolben mit etwa 2 cm Schichthöhe eingefüllt. Alle Glasgefäße müssen vorher gründlich mit Chromschwefelsäure und nachfolgend mit dest. Wasser gereinigt worden sein. Die verwendeten Chemikalien dürfen kein Nitrat oder Nitrit enthalten.

Nach RODINA (1965) ist die Nährflüssigkeit nach VINOGRADSKIJ für das Wachstum nitrifizierender Bakterien besonders geeignet, wenn sie 10fach verdünnt wird.

82. Nährflüssigkeit nach VINOGRADSKIJ *(für Bakterien der 2. Nitrifikationsstufe)*

dest. Wasser	1000 ml
$NaNO_2$	1 g
Na_2CO_3	1 g

NaCl	0,5 g
K_2HPO_4	0,5 g
$MgSO_4 \cdot 7\,H_2O$	0,3 g
$FeSO_4 \cdot 7\,H_2O$	0,4 g

Die einzelnen Bestandteile werden in dest. Wasser gelöst. Ansonsten gelten bei der Herstellung die Grundsätze der Vorschrift 81.

83. GILTAY-*Nährmedium (für denitrifizierende Bakterien)*

Grundlösung A:

dest. Wasser	500 ml
Asparagin	0,5 g
Glukose	10 g
KNO_3	2 g

Grundlösung B:

dest. Wasser	500 ml
Natriumzitrat	2,5 g
KH_2PO_4	2 g
$MgSO_4 \cdot 7\,H_2O$	2 g
$CaCl_2 \cdot 6\,H_2O$	0,2 g
$FeCl_2 \cdot 4\,H_2O$	Spuren

Nach Zusammengießen beider Lösungen stellt man den pH-Wert auf 7,0 ein. Es empfiehlt sich, als Indikator einige Tropfen Bromthymolblau (siehe Vorschrift 19) beizufügen. Der Nährboden wird so in Röhrchen abgefüllt, daß diese 2/3 gefüllt sind, und im Dampftopf an drei aufeinanderfolgenden Tagen sterilisiert.

84. Nährflüssigkeit nach FEDOROV *(für Azotobacter)*

dest. Wasser	1000 ml
Mannit	20 g
K_2HPO_4	0,3 g
$CaHPO_4$	0,2 g
$MgSO_4 \cdot 7\,H_2O$	0,3 g
K_2SO_4	0,2 g
NaCl	0,5 g
$FeCl_3 \cdot 6\,H_2O$	0,1 g
$CaCO_3$	5 g
Spurenelementen-Gemisch	1 ml

Die einzelnen Bestandteile werden in dest. Wasser gelöst. Nach dem Vermischen wird das Medium im Dampftopf 2 Tage hintereinander jeweils 20 min sterilisiert. Zur erhaltenen Lösung gibt man unter sterilen Kautelen ein Gemisch von Spurenelementen, das separat hergestellt und 15 min bei 121 °C autoklaviert wurde. Es besteht aus folgenden Bestandteilen:

dest. Wasser	1000 ml
H_3BO_3	5 g
$(NH_4)_2MoO_4$	5 g
KJ	0,5 g
NaBr	0,5 g
$ZnSO_4 \cdot 7\,H_2O$	0,5 g
$Al_2(SO_4)_3 \cdot 18\,H_2O$	0,3 g

85. Nährmedium nach Vinogradskij *(für Cl. pasteurianum)*

dest. Wasser	1000 ml
Glukose	20 g
K_2HPO_4	1 g
$MgSO_4 \cdot 7\,H_2O$	0,5 g
NaCl	Spuren
$MnSO_4 \cdot 5\,H_2O$	Spuren
$FeSO_4 \cdot 7\,H_2O$	Spuren
$CaCO_3$ (Kreide)	40 g

Die einzelnen Bestandteile werden im dest. Wasser gelöst und das Medium im Dampftopf (2 × 10 min) sterilisiert.

86. Starkey-*Medium (für desulfurierende Bakterien)*

Leitungs- oder Standortwasser	1000 ml
Natriumlaktat	3,5 g
NH_4Cl	1 g
K_2HPO_4	0,5 g
$MgSO_4 \cdot 7\,H_2O$	2 g
Na_2SO_4	0,5 g
$CaCl_2 \cdot 2\,H_2O$	0,1 g
Eisen(III)-ammoniumsulfat	Spuren

Die einzelnen Bestandteile werden in Wasser gelöst und je 8 ml des Nährbodens in Röhrchen abgefüllt. Man autoklaviert 15 min bei 121 °C.

87. Nährflüssigkeit nach van Niel

dest. Wasser	1000 ml
NH_4Cl	1 g
K_2HPO_4	0,5 g
$MgCl_2 \cdot 6\,H_2O$	0,2 g
$NaHCO_3$	0,5 g
$Na_2S \cdot 9\,H_2O$	1 g
$Na_2S_2O_3 \cdot 5\,H_2O$	0,2 g
Spurenelement-Gemisch	1 ml

In dest. Wasser werden die drei erstgenannten Bestandteile gelöst, danach autoklaviert man das Medium 15 min bei 121 °C. Man sterilisiert die übrigen Bestandteile als 10%ige Einzellösungen und das Spurenelement-Gemisch durch Seitz- oder Membranfiltration. Man fügt sie dem Nährboden unmittelbar vor seiner Verwendung steril zu. Für Purpurschwefelbakterien ist ein pH-Wert von 8,0—8,4, für grüne Schwefelbakterien ein solcher von 7—7,5 erforderlich. Das Spurenelement-Gemisch, das getrennt autoklaviert wird, besteht aus folgenden Bestandteilen:

dest. Wasser	1000 ml
$FeCl_3 \cdot 6\,H_2O$	1,5 g
H_3BO_3	0,1 g
$ZnSO_4 \cdot 7\,H_2O$	0,01 g
$Co(NO_3)_2 \cdot 6\,H_2O$	0,05 g
$CuSO_4 \cdot 5\,H_2O$	0,005 g
$MnCl_2 \cdot 4\,H_2O$	0,005 g

88. Nährflüssigkeit nach Larsen

dest. Wasser	1000 ml
NH_4Cl	1 g
KH_2PO_4	1 g

$MgCl_2 \cdot 6H_2O$	0,5 g
NaCl	1 g
$NaHCO_3$	2 g
$Na_2S_2O_3 \cdot 5H_2O$	1 g
$CaCl_2 \cdot 6H_2O$	0,1 g
Spurenelement-Gemisch	1 ml

Alle Bestandteile außer $Na_2S_2O_3$, Na_2S und Spurenelemente werden im Wasser gelöst und 15 min bei 121 °C autoklaviert. Getrennt werden Na_2S und $Na_2S_2O_3$ als 10%ige Lösungen durch Filtration sterilisiert und unmittelbar vor der Verwendung dem Nährboden zugegeben. Das Spurenelement-Gemisch wird autoklaviert und hat folgende Zusammensetzung:

dest. Wasser	1000 ml
Komplexon II (EDTA II)	50 g
$ZnSO_4 \cdot 7H_2O$	22 g
$CaCl_2 \cdot 6H_2O$	5,54 g
$MnCl_2 \cdot 4H_2O$	5,06 g
$FeSO_4 \cdot 7H_2O$	4,99 g
$(NH_4)_6MoO_2 \cdot 4H_2O$	1,1 g
$CaSO_4 \cdot 2H_2O$	1,57 g
$CoCl_2 \cdot 6H_2O$	1,61 g

89. Nährmedium nach SCOTTEN/STOKES *(für Beggiatoa)*

Leitungswasser	1000 ml
$CaCl_2 \cdot 6H_2O$	0,2 g
K_2HPO_4	0,5 g
$MgSO_4 \cdot 7H_2O$	0,5 g
Hefeextrakt	1 g
Fleischextrakt	1 g
Pepton	1 g

Die einzelnen Bestandteile werden unter Erwärmen im Wasser gelöst. Das Medium wird 20 min bei 121 °C autoklaviert. Getrennt wird durch Ultrafiltration ein Vitamingemisch sterilisiert, von dem 0,4 ml auf 100 ml Nährboden hinzugefügt wird. Die Vitaminkonzentrationen (auf 1 ml dest. Wasser bezogen) sind folgende:

Pantothensäure	25 µg
Nikotinsäure	100 µg
Biotin	0,5 µg
p-Aminobenzoesäure	10 µg
Riboflavin	100 µg
Thiamin	100 µg
Pyridoxin	100 µg
Inosit	500 µg
Vitamin B_{12}	100 µg
Folsäure	1 µg

90. Nährflüssigkeit nach STARKEY *(für Thiobakterien)*

dest. Wasser	1000 ml
$(NH_4)_2SO_4$	0,2–0,4 g
KH_2PO_4	3–4 g
$MgSO_4 \cdot 7H_2O$	0,5 g
$CaCl_2 \cdot 6H_2O$	0,25 g
$Fe_2(SO_4)_3 \cdot 9H_2O$	0,01 g

Schwefel, amorph	10 g
(oder $Na_2S_2O_3 \cdot 5H_2O$	5 g)

Die einzelnen Bestandteile werden in dest. Wasser gelöst. Der pH-Wert wird auf 7,5 eingestellt. Der Nährboden wird 15 min bei 121 °C autoklaviert. Zur Züchtung von *Thiobac. thiooxidans* stellt man den pH-Wert auf 3,5 ein.

91. Nährflüssigkeit nach Colmer *(für Thiobac. ferrooxidans)*

dest. Wasser	1000 ml
$FeSO_4 \cdot 7H_2O$	2 g
$(NH_4)_2SO_4$	0,1 g
KH_2PO_4	0,1 g
$MgSO_4 \cdot 7H_2O$	0,1 g

Die einzelnen Bestandteile werden in dest. Wasser gelöst. Mit Schwefelsäure stellt man auf pH-Wert 2,5 ein und autoklaviert das Medium 15 min bei 121 °C.

92. Nährmedium nach Vinogradskij *(für Eisenbakterien)*

dest. Wasser	1000 ml
NH_4NO_3	0,5 g
$NaNO_3$	0,5 g
K_2HPO_4	0,5 g
$MgSO_4 \cdot 7H_2O$	0,5 g
$CaCl_2 \cdot 6H_2O$	0,2 g
Eisen(III)-ammoniumzitrat	10 g

Die einzelnen Bestandteile werden in dest. Wasser gelöst. 5—8 ml des Nährbodens werden in Röhrchen abgefüllt und 15 min bei 121 °C autoklaviert. Zur emersen Züchtung der Eisenbakterien gibt man 1,5—2,0% Agar zu diesem Nährboden.

93. Nährmedium nach Lieske *(für Gallionella ferruginea)*

dest. Wasser	1000 ml
$(NH_4)_2SO_4$	1,5 g
KCl	0,05 g
$MgSO_4 \cdot 7H_2O$	0,05 g
K_2HPO_4	0,05 g
$Ca(NO_3)_2 \cdot 4H_2O$	0,01 g

Die Bestandteile werden im dest. Wasser gelöst. Das Medium wird in hohe Röhrchen abgefüllt und 15 min bei 121 °C autoklaviert. Vor der Beimpfung gibt man in jedes Röhrchen eine kleine Menge (etwa 3 Gewichtsprozent) Eisenspäne oder frisch gefälltes FeS.

Es empfiehlt sich auch die Zugabe von $\leqq 1$ Volumen-% eines Vitamin- und eines Spurenelement-Gemisches zum Nährboden. Die Rezepturen sind folgende:

Vitamingemisch:	
Aneurin (B_1)	0,2 µg
Riboflavin	0,2 µg
Ca-Pantothenat	0,2 µg
Pyridoxin	0,2 µg
p-Aminobenzoesäure	0,6 µg
Biotin	0,002 µg
Nikotinsäure	0,04 µg
Folsäure	0,2 µg
Vitamin B_{12}	Spuren

Spurenelementen-Gemisch:

dest. Wasser	1000 ml
$ZnSO_4 \cdot 7\,H_2O$	4,4 mg
$CaCl \cdot 6\,H_2O$	1,0 mg
MoO_3	3,0 mg
$BaCO_3$	15,0 mg
$Co(NO_3)_2 \cdot 6\,H_2O$	2,5 mg
H_3BO_3	56,0 mg
KJ	1,3 mg
$Al_2(SO_4)_3 \cdot 6\,H_2O$	250,0 mg
Kieselsäure	Spuren

94. Nährmedium nach SILVERMANN/LUNGREN *(für Ferrobac. ferrooxidans)*

dest. Wasser	700 ml
$(NH_4)_2SO_4$	3 g
K_2HPO_4	0,5 g
KCl	0,1 g
$MgSO_4 \cdot 7\,H_2O$	0,5 g
$Ca(NO_3)_2 \cdot 4\,H_2O$	0,01 g
H_2SO_4, 0,1 n	1 ml
14,74%ige $FeSO_4 \cdot 7\,H_2O$-Lösung	300 ml

Die einzelnen Bestandteile werden in dest. Wasser gelöst. 5—8 ml des Nährmediums werden in Röhrchen gefüllt und 10 min bei 121 °C autoklaviert.

Feste Nährböden

95. Stärkeagar (für Aktinomyzeten)

dest. Wasser	1000 ml
Kartoffelstärke, lösliche	10 g
K_2HPO_4	0,3 g
$MgCO_3$	1 g
NaCl	0,5 g
$NaNO_3$	1 g
Agar	15 g

Die einzelnen Bestandteile werden im dest. Wasser gelöst. Agar wird hinzugefügt, der Nährboden im Autoklaven zuerst gekocht und dann 15 min bei 121 °C sterilisiert. Der pH-Wert des fertigen Nährbodens soll 7,4 betragen.

96. Hefeextraktagar

dest. Wasser	1000 ml
Hefeextrakt	10 g
Glukose	10 g
NaCl	1 g
$MgSO_4 \cdot 7\,H_2O$	0,25 g
$FeSO_4 \cdot 7\,H_2O$	0,01 g
Agar	15 g

Man löst die Bestandteile in dest. Wasser und kocht nach Zugabe des Agars auf. Das Medium wird dann an zwei aufeinanderfolgenden Tagen jeweils 15 min bei 112 °C autoklaviert.

97. Stärkeagar (für amylolytische Bakterien)

Leitungswasser	1000 ml
KH_2PO_4	0,5 g
K_2HPO_4	0,5 g
$MgSO_4 \cdot 7\,H_2O$	0,2 g
$(NH_4)_2SO_4$	0,2 g
Stärke	10 g
Agar	15 g

Die Bestandteile werden im Wasser gelöst. Nach Zugabe des Agars gibt man den Nährboden in den Autoklaven, in dem er zuerst aufgekocht und dann 10 min bei 121 °C sterilisiert wird.

98. Nährboden für Bakterien der 2. Nitrifikationsstufe

Auf die Oberfläche eines gelierten Kieselsäurenährbodens (Vorschrift 4) wird eine Nährlösung so aufgetragen, daß sie eine zusammenhängende Schicht bildet. Sie besteht aus 3 Komponenten:

I. Lösung:

dest. Wasser	200 ml
K_2HPO_4	0,5 g
$MgSO_4 \cdot 7\,H_2O$	0,3 g
NaCl	0,3 g
$FeSO_4 \cdot 7\,H_2O$	0,02 g
$MnSO_4 \cdot 5\,H_2O$	0,02 g
Salze: Zn oder Ti, Mo, NH_4	Spuren

II. Lösung:

dest. Wasser	200 ml
KNO_2	6 g

Die Lösungen I und II werden getrennt im Autoklav sterilisiert (15 min bei 121 °C); gesondert sterilisiert man 0,5 g gut verriebenes Kaolin. Dann mischt man 2 ml der Lösung I und 1 ml der Lösung II mit den 0,5 g Kaolin. Nach gründlichem Vermischen wird die Lösung erhitzt und so auf den Nährboden aufgetragen.

99. Nährboden für denitrifizierende Bakterien

Leitungswasser	1000 ml
$NaNO_3$	2 g
K_2HPO_4	1 g
$MgSO_4 \cdot 7\,H_2O$	0,5 g
KCl	0,5 g
$FeSO_4 \cdot 7\,H_2O$	Spuren
Saccharose	30 g
Agar	15 g

Die einzelnen Bestandteile werden im Wasser gelöst und der pH-Wert auf 7,0 eingestellt. Man autoklaviert 15 min bei 112 °C.

100. Nährboden für Cl. pasteurianum

Kartoffelabsud	1000 ml
Glukose	2 g
K_2HPO_4	0,2 g
$MgSO_4 \cdot 7\,H_2O$	0,2 g
Askorbinsäure	1 g

Hefeextrakt	1 g
$CaCO_3$	3 g
Agar	20 g

In den Kartoffelabsud (siehe Vorschrift 80) gibt man den Agar und kocht bis zu dessen Lösung. In der noch heißen Lösung werden die übrigen Bestandteile gelöst. 10—15 ml des Nährbodens werden in Röhrchen abgefüllt und 20 min im Dampftopf sterilisiert.

101. Kalziumphosphat-Nährboden

Leitungs- bzw. Standortwasser	1000 ml
$Ca_3(PO_4)_2$	5 g
Glukose	20 g
$(NH_4)_2SO_4$	0,5 g
$MgCl_2$	0,3 g
NaCl	0,2 g
KCl	0,1 g
$FeSO_4$	Spuren
$MgSO_4$	Spuren
Agar	20 g

Die einzelnen Bestandteile werden im Wasser gelöst. Nach Zugabe von Agar wird das Medium bis zu dessen Auflösen gekocht. Man sterilisiert im Dampftopf 2 Tage hintereinander jeweils 20 min.

102. Lezithin-Nährboden

dest. Wasser	1000 ml
$(NH_4)_2SO_4$	0,5 g
$MgCl_2$	0,3 g
KCl	0,3 g
NaCl	0,3 g
$FeSO_4$	Spuren
$MnSO_4$	Spuren
Glukose	20 g
$CaCO_3$ (Kreide)	10 g
Agar	20 g
Lezithin	0,3 g

Der Agar für den Nährboden wird vorher gründlich gewässert. Die einzelnen Bestandteile werden in der Hitze gelöst. Das Lezithin löst man in 1 ml 96%igem Äthylalkohol und gibt es zu dem Nährboden, der im Dampftopf auf zwei aufeinanderfolgenden Tagen jeweils 20 min sterilisiert wird. Der pH-Wert des fertigen Nährbodens soll 7,0—7,2 betragen.

103. Bierwürze-Agar (für Hefen)

Leitungswasser	1000 ml
Saccharose	150 g
$(NH_4)_2HPO_4$	2 g
KH_2PO_4	1 g
$MgSO_4 \cdot 7H_2O$	1 g
Bierwürze	10 ml
Na-Propionat	0,5 g
Streptomyzin	5,0—10,0 mg
Agar	20 g

Man löst die einzelnen Bestandteile im Wasser und kocht auf. Dann füllt man in Röhrchen ab und autoklaviert 30 min bei 112 °C. Zum abgekühlten Nährboden gibt man das Streptomyzin und das Na-Propionat steril hinzu.

Steht keine Bierwürze zur Verfügung, so verwendet man ein industriell hergestelltes Malz (1:1 mit Wasser verdünnt) oder ein Laborprodukt (zu 1000 ml Wasser bei 48–49 °C gibt man 250 g gemahlene Braugerste; diese Temperatur hält man 30 min ein, dann erhöht man auf 55 bis 58 °C bis zur Zersetzung der Stärke [Jodprüfung]. Die Lösung wird filtriert, ihr Zuckergehalt soll 6–8% betragen).

104. Hefe-Dextrose-Agar (für Hefen)

Leitungswasser	900 ml
Glukose	60 g
KH_2PO_4	1 g
K_2HPO_4	0,1 g
$MgSO_4 \cdot 7H_2O$	0,7 g
NaCl	0,5 g
$Ca(NO_2)_2$	0,4 g
Hefeextrakt	50 ml
Hefeautolysat	50 ml
Agar	20 g

Den Hefeextrakt stellt man durch Kochen von 200 g Hefe in 1000 ml Wasser her. Alle in der Vorschrift angeführten Bestandteile werden im Wasser gelöst. Der Nährboden wird im Dampftopf sterilisiert.

105. Nährboden nach SOKOLOVA/SOROKIN *(für Desulfovibrio desulfuricans)*

dest. Wasser	1000 ml
Leitungswasser	50 ml
K_2HPO_4	0,5 g
Na_2HPO_4	0,3 g
Na_2SO_4	0,5 g
$MgSO_4$	0,1 g
$(NH_4)_2SO_4$	0,2 g
Na- oder Ca-Laktat	2,0 g
Agar	15 g

Man löst die einzelnen Bestandteile im Wasser, autoklaviert den Nährboden 15 min bei 121 °C und gibt steril eine 0,1%ige $FeSO_4$-Lösung bis zum Dunkelfärben des Nährbodens hinzu. Dann werden jeweils 15 ml des Nährbodens in Röhrchen abgefüllt.

106. Nährboden für farblose Schwefelbakterien

dest. Wasser	1000 ml
K_2S	3 g
K_2HPO_4	0,2 g
NH_4Cl	0,1 g
$MgCl_2 \cdot 6H_2O$	0,1 g
Agar	20 g

Die einzelnen Bestandteile werden unter Kochen im Wasser gelöst. Der Nährboden wird 15 min bei 121 °C autoklaviert.

107. Mn-Agar nach MULDER

Leitungswasser	1000 ml
MOHRsches Salz	150 mg
$MnCO_3$	2 g
Hefeextrakt	75 mg
Natriumzitrat	150 mg

Vitamin B_{12}	0,005 mg
Agar	7,5 g

Die einzelnen Bestandteile werden im Wasser gelöst. Der Nährboden wird autoklaviert; danach gibt man steril das Vitamin B_{12} dazu.

Indikatoren, Reagenzien und Hilfslösungen

108. ANDRADE-*Indikator*

In 100 ml dest. Wasser löst man 0,1—0,5 g saures Fuchsin. Dazu gibt man 6 ml 1 NaOH. Nach 1—2 Stunden filtriert man durch Filtrierpapier. Der Indikator wird im Kühlschrank in einer dunklen Flasche aufbewahrt.

109. Kristallviolett-Lösung (zur Gramfärbung)

In 20 ml 96%igem Äthylalkohol löst man 1 g Kristallviolett und gibt 80 ml 1%iges Ammoniumoxalat dazu. Die Lösung wird gut vermischt und durch Papier filtriert. Es empfiehlt sich, die Farblösung vor jeder Anwendung zu filtrieren.

110. LUGOL*sche Lösung (zur Gramfärbung)*

In 200 ml dest. Wasser löst man 2 g KJ, danach fügt man 1 g kristallines Jod hinzu und füllt nach Auflösen mit dest. Wasser zu 300 ml auf.

111. Azeton-Alkohol (zur Gramfärbung)

In 100 ml 96%igem Äthylalkohol löst man 3 ml Azeton. Die Lösung muß gut verschlossen aufbewahrt werden.

112. Karbolfuchsin (zur Gramfärbung)

Zuerst stellt man eine gesättigte alkoholische Lösung von saurem Fuchsin her. Dazu löst man 7 g Fuchsin in 100 ml 96%igem Äthylalkohol. Von der gesättigten Fuchsin-Lösung gibt man 10 ml in 5%iges Karbolwasser (5 g Phenol in 100 ml dest. Wasser), mischt und filtriert. Man bewahrt es in dunkler Flasche mit Schliffstopfen auf.

113. Safranin (zur Gramfärbung)

In 100 ml 96%igem Äthylalkohol löst man 2,5 g Safranin. Von dieser Lösung gibt man 10 ml dest. Wasser und vermischt beides. Die Lösung bewahrt man in einer dunklen, gut verschlossenen Flasche auf.

114. KOVÁCS-*Reagenz*

2,5 g p-Dimethylaminobenzaldehyd löst man in 15 ml konz. HCl und gibt 75 ml Amylalkohol zu. Das Reagenz wird im Kühlschrank gut verschlossen aufbewahrt.

115. NESSLER-*Reagenz*

In einer Porzellanschale verreibt man 10 g HgJ_2 mit einer kleinen Menge Wasser und spült es in einen Kolben. Auf 100 ml des Reagenz gibt man 5 g KJ; nach dessen Auflösen gießt man eine NaOH-Lösung (20 g in einer kleinen Wassermenge) dazu. Nach Abkühlen füllt man mit dest. Wasser auf 100 ml auf, läßt einige Tage absetzen und filtriert.

116. GRIESS-*Reagenz*

Man verreibt 1 g α-Naphthylamin (besser 1-Amino-7-sulfonaphthylsäure) mit 10 g Sulfanilsäure und 89 g Bernsteinsäure (evth. Oxalsäure). Das Reagenz wird in einer dunklen Flasche mit Schliffstopfen aufbewahrt.

117. Stärke-Reagenz

Man verreibt in einer Schale 4 g Stärke mit einigen ml Wasser. Dieses Gemisch gibt man unter ständigem Rühren zu einer 20%igen kochenden $ZnCl_2$-Lösung und kocht bis zur Klärung des Reagenz. Das verdampfte Wasser wird nachgefüllt. Dann gibt man 2 g ZnJ dazu, füllt mit dest. Wasser auf 1000 ml auf und filtriert im warmen Zustand. Das Reagenz wird in einer dunklen Glasschlifflasche aufbewahrt.

118. GRIESS/ILOSVAY-*Reagenz*

Grundlösung A: In 100 ml 5N Essigsäure löst man 0,8 g Sulfanilsäure.
Grundlösung B: In 100 ml 5N Essigsäure löst man 0,5 g α-Naphtylamin (besser 0,8 g 1-Amino-7-sulfonaphthylsäure) und bewahrt die Lösung in einer dunklen Flasche auf. Vor Verwendung mischt man gleiche Teile der Lösungen A + B.

119. Pufferlösung (Verdünnungswasser)

In 500 ml dest. Wasser löst man 34 g KH_2PO_4, stellt mit 1NaOH den pH-Wert auf 7,2 ein und füllt auf 1000 ml mit dest. Wasser auf. Von dieser Grundlösung gibt man 1,25 ml in 1000 ml Wasser und füllt 9 ml oder 99 ml in Röhrchen bzw. Kolben ab, die 20 min bei 121 °C autoklaviert werden. Es empfiehlt sich die Verwendung von Röhrchen bzw. Kolben mit Schliffstopfen oder Metallverschluß, damit das Wasser nicht verdunstet.

*120. Reagenz für den Cytochromoxidase-Test (*DAUBNER *und* MAYER *1968)*

In 10 ml dest. Wasser löst man 0,01 g Dinatriumsalz der Äthylendiamintetraessigsäure (EDTA), 0,02 g Natriumthiosulfat und 0,1 g Tetramethyl-p-phenylendiamindihydrochlorid. Die Lösung wird in dunkler Flasche im Kühlschrank aufbewahrt. Sie darf nur eine schwach blaue Färbung haben.
Durchführung des Testes: a) man entnimmt mit einer Platinöse Material aus einer Kolonie und macht einen Abstrich über Filterpapier, das mit dem Reagenz gesättigt ist. Bei positiver Reaktion ist in 10 s eine blauviolette Färbung deutlich — spätere Färbung ist bedeutungslos; b) bei Verwendung von Membranfiltern vergl. S. 266.

Literatur

Ausgewählte Methoden der Wasseruntersuchung, Band II. VEB Gustav Fischer Verlag, Jena 1975.

DAUBNER, I.: Die Anwendung des Kieselsäuregels bei der Bereitung bakteriologischer Nährböden. Z. ges. Hyg. 9, 320, 1963.

DAUBNER, I. und J. MAYER: Die Anwendung des Oxydase-Testes bei der hygienisch-bakteriologischen Wasseranalyse. Arch. Hyg. Bakteriol. 152, 302, 1968.

DAUBNER, I. und H. PETER: Membranfilter in der Mikrobiologie des Wassers. W. de Gruyter, Berlin 1974.

Gosudarstvennyj standart Sojuza SSR. Voda pitevaja, GOST 18963-73. Moskva 1973.

HALLMANN, G. L.: Bakteriologische Nährböden. G. Thieme Verlag, Stuttgart 1953.

KAUFFMANN, F.: *Enterobacteriaceae*. E. Munksgaard, Kopenhagen 1954.

MULDER, E. G.: Iron bacteria particularly those of the *Sphaerotilus-Leptothrix* group, and industrial problems. J. appl. Bact. 27, 151, 1964.

RODINA, A. G.: Metody vodnoj mikrobiologii. Izd. AN, Moskva—Leningrad 1965.

SEDLÁK, J. und H. RISCHE: *Enterobacteriaceae*-Infektionen, 2. Aufl. G. Thieme, Leipzig 1968.

Standard Methods for the Examination of Water and Wastewater, 14. Aufl., AWWA New York 1975.

TEC, V. J.: Sanitarnaja bakteriologija. Medgiz, Moskva 1953.

Bibliographie

ALBRIGHT, L. J. und E. M. WILSON: Sublethal effects of several metallic salts-organic compounds combinations upon the heterotrophic microflora of natural water. Water Res. **8**, 101, 1974.

AMATO DE LAGARDE, E. et al.: Bacteriological quality of soda water bottled in siphons. Rev. Latinoam. Microbiol. **14**, 233, 1972.

ANDRIK, P. und S. TAKÁCS: Újabb adatok kórokozó baktériumok ivóvízben történä elöfordulásához. Egészségtudomány **19**, 253, 1975.

BACHRACH, U. und Z. BACHRACH: Radiometric method for the detection of coliform organisms in water. Appl. Microbiol. **28**, 169, 1974.

BAGDASARJAN, G. A., A. E. NEDAČIN und T. V. DOSKINA: Vlijanie chimičeskich veščestv na nekotorye processy mikrobnogo samoočiščenija vodoemov. Gigiena **2**, 104, 1977.

BAGDASARJAN, G. A., J. G. TALAEVA und E. L. LOVCEVIČ: O neposredstvennom obnaruženii v vode vozbuditelej kišečnych infekcij. Gigiena **2**, 74, 1974.

BANSEMIR, K. und G. RHEINHEIMER: Bakteriologische Untersuchungen über die Bildung von Schwefelwasserstoff in einer Vertiefung der inneren Kieler Förde. Kieler Meeresforsch. **30**, 91, 1974.

BARRIC, F. F. et al.: Iron and manganese bacteria in Ranney Wells. Water Res. (G. B.) **8**, 895, 1974.

BERNHARDT, H. und A. WILHELMS: Die Belastung einer Talsperre mit eingeschwemmten Bakterien und deren Abbau. GWF-Wasser/Abwasser **113**, 303, 1972.

BISONNETTE, G. K. et al.: Influence of environmental stress on enumeration of indicator bacteria from natural waters. Appl. Microbiol. **29**, 186, 1975.

BORING, J. R., W. T. MARTIN und L. M. ELLIOT: Isolation of *Salmonella typhimurium* for municipal water, Riverside, California. Amer. J. Epidemiol. **93**, 49, 1971.

BOTZENHART, K., E. THOFERN und W. R. KÜLPMANN: Schwimmbadfilter und bakteriologische Qualität des Badewassers. Öff. Gesundh.-Wes. **36**, 326, 1974.

BOYLEN, C. W. und T. D. BROCK: Bacterial decomposition processes in lake Wingra sediments during winter. Limnol. Oceanogr. **18**, 628, 1973.

BRINGMANN, G. und R. KÜHN: Mikrobiologische Befunde an Sickerwasser- und Bodenproben petrochemisch infundierter Lysimeter. Ges.-Ing. **93**, 271, 1972.

BRODSKY, M. H. und M. C. NIXON: Membrane filter method for the isolation and enumeration of *Pseudomonas aeruginosa* from swimming pools. Appl. Microbiol. **27**, 938, 1974.

CADA, R. L.: Proficiency test specimens for water bacteriology, Appl. Microbiol. **29**, 255, 1975.

CRAUN, G. F. und L. J. MCCABE: Review of the causes of waterborne-disease outbreaks. J. Amer. Water Works Assoc. **65**, 74, 1973.

ČEBOTAREV, E. N.: Mikrobiologičeskoe obrazovanie serovodovoda v presnych karstovych ozerach Bolšoj Kičier i Černyj Kičier. Mikrobiol. **43**, 1105, 1974.

DEUFEL, J.: Hydrobakteriologische Untersuchungen im Bodensee. III. Progressive Zunahme der planktonabhängigen Bakterienproduktion als Zeichen der Eutrophierung. Int. Revue ges. Hydrobiol. **57**, 153, 1972.

DONDERSKI, W.: Influence of physical and chemical factors on heterotrophic bacteria isolated from the southern part of the Lake Jeziorak. Acta Univ. N. Copernici **34**, 17, 1974.

DONDERSKI, W. und E. GŁAZEWSKA: Utilization of aminoacids by planktonic, benthic and epiphytic bacteria isolated from the Lake Jeziorak. Acta Univ. N. Copernici **34**, 27, 1974.

DONDERSKI, W. und E. STRZELCZYK: Generic composition and nutritional requirements of bacteria isolated from three lakes. Acta Microbiol. Polon., Ser. B **6**, 67, 1974.

DUTKA, B. J. et al.: Comparison of autoclave and ethylene oxide sterilized membrane filters used in water quality studies. Appl. Microbiol. **28**, 474, 1974.

ERGAŠEVA, L.: Vydelenie enteropatogennych bakterij iz stočnych vod i počvy v uslovijach Uzbekistana. Med. ž. Uzbek. 1. 44, 1973.

FAUST, M. A.: Coliform bacteria from diffuse sources as a factor in estuarine pollution. Water Res. **10**, 619, 1976.

FEACHEM, R.: Fecal coliforms and fecal Streptococci in the New Guinea highlands. Water Res. (G. B.) **8**, 367, 1974.

FEREBEE, R. N. und R. K. GUTHRIE: The effects of selected herbicides on bacterial populations in an aquatic environment. Water Res. Bull. **9**, 1125, 1973.

FJERDINGSTAD, E., E. FJERDINGSTAD und F. POPEA: Analysis of heavy metals and bacteria in sediments from danish lignite pits. Arch. Hydrobiol. **77**, 226, 1976.

FRANCISCO, D. E. et al.: Acridine orange-epifluorescence technique for counting bacteria in natural waters. Trans. Amer. Microscop. Soc. **92**, 416, 1973.

GELDREICH, E. E., H. D. NASH, D. J. REASONER und R. H. TAYLOR: The necessity of controlling bacterial populations in potable water; community water supply. J. Amer. Water Works Assoc. **64**, 596, 1972.

GELLER, A.: Studies on the Degradation of Atrazine by Bacterial Communities Enriched From Various Biotopes. Arch. Environm. Contam. Toxicol. **9**, 289, 1980.

GERBA, C. P. und J. S. MELLEOD: Effect of sediments on the survival of *Escherichia coli* in marine waters. Appl. Environ. Microbiol. **32**, 114, 1975.

GODLEWSKA-LIPOWA, W. A.: Methods of microbiological investigations of water in the light of the requirements of hydrobiology. Pol. Arch. Hydrobiol. **21**, 19, 1974.

GODLEWSKA-LIPOWA, W. A.: Organic matter decomposition in aquatic ecosystems of different trophic types. Bull. Acad. Polon. **22**, 41, 1974.

GOCKE, K.: Methodische Probleme bei Untersuchungen zur mikrobiellen Stoffaufnahme in Gewässern. Kieler Meeresforschungen **30**, 12, 1974.

GRABOW, W. O. K. und O. W. PROZESKY: Drug resistance of coliform bacteria in hospital and city sewage. Antimicrob. Agents Chemother. **3**, 175, 1973.

GRAY, E. A.: Survival of *Escherichia coli* in stream water in relation to carbon dioxide and plant photosynthesis. J. appl. Bacteriol. **39**, 47, 1975.

GRIGOREVA, L. V. und G. I. KORČAK: K metodike koncentrácii virusov v vode. Gigiena **6**, 62, 1977.

GUTHRIE, R. K. et al.: A comparison of thermal loading effects on bacterial populations in polluted and non-polluted aquatic systems. Water Res. (G. B.) **8**, 143, 1974.

GUTHRIE, R. K., D. S. CHERRY und F. L. SINGLETON: Effects of nitrate and phosphate concentrations on natural aquatic bacterial populations. Water Res. Bull. **11**, 1131, 1975.

GÜDE, H. und W. REICHARDT: A preliminary note on the sequential decomposition of pectin by aquatic bacteria. Water Res. (G. B.) **7**, 1881, 1973.

HAMAN, S.: Bakteryjne wskatniki zanieczyszcenia wody w plywalniach z uwzglednieniem roznych sposobov dezynfekcji wody. Roczn. PZH **26**, 675, 1975.

HENDRICKS, C. H.: Sorption of heterotrophic and enteric bacteria on glass surface in the continuous culture of river water. Appl. Microbiol. **28**, 572, 1974.

HENDRICKS, C. W.: Enteric bacterial growth rates in river water. Appl. Microbiol. **24**, 168, 1972.

HOADLEY, A. W. und G. AJELLO: Some characteristics of fluorescent pseudomonads isolated from surface waters and capable of growth at 41 °C. Canad. J. Microbiol. **18**, 1769, 1972.

HOADLEY, A. W., G. AJELLO und N. MASTERSON: Preliminary studies of fluorescent pseudomonads capable of growth at 41 °C in swimming pool waters. Appl. Microbiol. **29**, 527, 1975.

HOADLEY, A. W. und C. M. CHENG: The recovery of indicator bacteria on selective media. J. appl. Bacteriol. **37**, 45, 1974.

HOBBIE, J. E. und L. R. POMEROV: Experimental concentration of aquatic microorganisms. Verh. Limnol. **18**, 696, 1972.

HERRY, D. S. et al.: Temperature influence on bacterial populations in three aquatic systems. Water Res. (G. B.) **8**, 149, 1974.

INHORN, S. L. et al.: A bacteriologic study of Madison Area Beaches. Wisconsin Med. **72**, 12, 1973.

ISHIDA, Y. und H. KADOTA: Ecological studies on bacteria in the sea and lake. Waters polluted with organic substances-I. Responses of bacteria to different concentrations of organic substances. Bull. Jap. Soc. Sci. Fish. **40**, 999, 1974.

JANNASCH, H. W., C. O. WIRSEN und C. D. TAYLOR: Undecompressed microbial populations from the deep sea. Appl. Environ. Microbiol. 32, 360, 1976.

JONES, J. G.: Studies on freshwater bacteria: the effect of enclosure in large experimental tubes J. Appl. Bacteriol. 36, 445, 1973.

KALINA, G. P. et al.: Salmonelly kak odin iz pokazatelej biologičeskogo zagrjaznenija vody otkrytych vodojemov. Ž. mikrobiol., epidemiol., immunol. 5, 40, 1974.

KHANNA, P.: Rapid enumeration of water bacteria. Water Res. (G. B.) 8, 311, 1974.

KOHL, W.: Über die Bedeutung bakteriologischer Untersuchungen für die Beurteilung von Fließgewässern, dargestellt am Beispiel der österreichischen Donau. Arch. Hydrobiol./Suppl. 44, 4, 392, 1975.

KOKINA, A. G., N. A. LUKAŠEVIČ und N. V. NOVICKAJA: Vyživaemost enterovirusov i enterobakterij v zavisimosti ot chimičeskogo i mikrobiologičeskogo sostava podzemnoj vody. Gigiena 5, 111, 1977.

KUZNETSOV, S. I., G. A. DUBININA und N. A. LAPTEVA: Biology of oligotrophic bacteria. Ann. Rev. Microbiol. 33, 377, 1979.

LAMBINA, V. A. et al.: Količestvennye zakonomernosti rasprostranenija *Bdellovibrio bacteriovorus* v rečnoj vode. Mikrobiol. 43, 715, 1974.

LEONOVA, V. E. und V. F. KARPUCHIN: Mikrobiologičeskaja charakteristika aktivnogo ila, očiščajuščego stočnye vody proizvodstva antibiotikov. Mikrobiologija 43, 138, 1974.

LIN, S. et al.: Bacteriological assessment of Spoon River water quality. Appl. Microbiol., 28, 288, 1974.

LINDELL, S. S. und P. QUIN: *Shigella sonnei* isolated from well water. J. Bacteriol. 26, 424, 1973.

LUND, E.: Human Pathogens as Potential Health Hazards in the Reuse of Water. Ambio 7, 56, 1978.

MAKSKIMOVA, E. A., V. N. MAKSIMOV und E. I. VOROBJEVA: O količestve geterotrofnych mikroorganizmov v vode ozera Bajkal. Mikrobiol. 43, 124, 1974.

MALACHOVA, T. S. und A. S. LEJBENZON: Sanitarno-virusologičeskoe issledovanie vody reki Dnepr v rajone vodozabora pitevogo vodoprovoda. Gigiena 6, 90, 1977.

MALOSEJA, Ž., Z. PAVLETIĆ, und B. STILINOVIĆ: Utjecaj nekih bentoskih i planktonskih algi na preživljavanja vrste *Escherichia coli* u vodi. Ekologija 8, 263, 1973.

MARA, D. D.: Coliform counts of polluted waters: A comparison of media and methods. Water Res. (G. B.) 7, 1899, 1973.

MARXSEN, J.: Untersuchungen zur Ökologie der Bakterien in der fließenden Welle von Bächen. Arch. Hydrobiol./Suppl. 4, 461, 1980.

MATSEN, J. M. et al.: Characterization of *Klebsiella* isolates from natural receiving waters and comparison with human isolates. Appl. Microbiol. 28, 672, 1974.

MAYR, A.: Wasser als Vektor von Infektionserregern: Viren im Wasser. Zbl. Bakt. Hyg. I. Abt. Orig. B172, 237, 1980.

MCFETERS, G. A. et al.: Comparative survival of indicator bacteria and enteric pathogens in well water. Appl. Microbiol. 27, 823, 1974.

MCFETERS, G. A., G. K. BISSONNETTE, J. J. JEZESKI, C. A. THOMSON und D. G. STUART: Comparative survival of indicator bacteria und enteric pathogens in well water. Appl. Microbiol. 27, 823, 1974.

MESSLEY, K. E. und P. J. KINGSBURY: The fecal coliform/fecal Streptococcus ratio as a measure of bacterial contamination and indicator of its source in the Des Moines river. Proc. Iowa Acad. Sci. 80, 74, 1973.

METZ, H.: Wasser als Vektor von Infektionserregern: Bakterien im Wasser. Zbl. Bakt. Hyg. I. Abt. Orig. B127, 255, 1980.

MICKEVIČ, I. N.: Čislennost' i raspredelenie geterotrofnych bakterij v južnej Atlantika i prilegajuščej časti južnogo okeana. Mikrobiol. 43, 564, 1974.

MICKEVIČ, I. N.: Plotnost' geterotrofnoj mikroflory v zapadnoj polovine Indijskogo okeana. Mikrobiol. 43, 895, 1974.

MICKEVIČ, I. N. und I. E. MIŠUSTIN: Razvitie issledovanij pomorskoj i okeaničeskoj mikrobiologii v Akademii nauk SSSR. Mikrobiol. 43, 564, 1974.

MUCHA, V. und I. DAUBNER: Ergebnisse der limnomikrobiologischen Donauforschung als Grundlage für hygienische Maßnahmen. Arch. Hydrobiol./Suppl. 52, 16, 1977.

MÜNCH, H.-D.: Die bakteriologische Wasseruntersuchung. In: BREITIG/LEGLER, Ausgewählte Methoden der Wasseruntersuchung, Bd. 2. Fischer, Jena 1970.

MÜNCH, H.-D.: Bestimmung der Fäkalkoli. In: Breitig/Legler, Ausgewählte Methoden der Wasseruntersuchung, Bd. 2. Fischer Jena 1970.

NIEWOLAK, S.: Production of bacterial biomass in the water of the Ilawa lakes. Acta Hydrobiol. 16, 101, 1974.

NIEWOLAK, S.: Vertical distribution of the bacterioplankton and the thermal-oxygen relations in the water of the Ilawa lakes. Acta Hydrobiol. 16, 173, 1974.

PAPADAKIS, I. A., J. PAPAVASSILIOU und S. VAVOULIOTIS: Comparison of methods for bacteriological examination of drinking water. Acta microbiol. hellen. 20, 156, 1975.

POIKOLAINEN, M. L. und H. SEPPANEN: The viability of hygienic indicator bacteria and *Salmonella* in water. Acta Fenn. 81, 1971.

PONOMAREVA, L. V.: K voprosu o vyživaemosti enteropatogennych bakterij v pribrežnych morskich vodach. Gigiena 5, 113, 1977.

PUGSLEY, A. P. et al.: A simple technique for the differentiation of *Escherichia coli* in water examination. Water Res. (G. B.) 7, 1434, 1973.

PUNČOCHÁŘ, P.: O možnostech studia bakteriálních populací sledováním nárostů baktérií. Vod. hosp. 25, 189, 1975.

RAO, S. S. und B. J. DUTKA: Influence of temperature on lake bacterial activity. Water Res. (G. B.) 8, 525, 1974.

REICHELT, L. J. und P. BAUMANN: Effect of sodium chloride on growth of heterotrophic marine bacteria. Arch. Microbiol. 97, 329, 1974.

REICHELT, J. L. und P. BAUMANN: Taxonomy of the marine, luminous bacteria. Arch. Microbiol. 94, 283, 1973.

RHEINHEIMER, G. und K. H. KULLMANN: Untersuchungen über den Bakterien- und Hefegehalt von Wasser und Sand an einem Badestrand der Ostseeküste. Kieler Meeresforsch. 28, 204, 1972.

RITTER, R.: Zur Methodik der hydrobakteriologischen Untersuchung. I. Grundlagen der Arbeitstechnik mit Anwendungsbeispielen. GFW-Wasser/Abwasser 115, 7, 319, 448, 542 1974.

ROBINSON, G. G. C. et al.: A relationship between heterophic utilization of organic acids and bacterial populations in west Blue Lake, Manitoba. Limnol. Oceanogr. 18, 264, 1973.

ROMANENKO, V. I. und E. P. NIKIFOROVA: Razvitie bakterij na rastvorennych organičeskich veščestvach presnych vodoemov. Mikrobiol. 43, 133, 1974.

SCHAEFFER, D. J. et al.: Statistical analysis of the recovery of coliform organisms on gelman and millipore membrane filters. Appl. Microbiol., 28, 605, 1974.

SCHERB, K. und G. HEUSCHMANN-BRUNNER: Bakteriologische und chemische Untersuchungen bei der Ozonbehandlung von biologisch gereinigtem städtischen Abwasser in einer Versuchsanlage. Münchener Beiträge zur Abwass. Fisch. Flußbiol. 26, 179, 1975.

SCHLESNER, H. und G. RHEINHEIMER: Auswirkungen einer Ozonisierungsanlage auf den Bakteriengehalt des Wassers eines Schauaquariums. Kieler Meeresforsch. 30, 117, 1974.

SCHUBERT, R. und U. BLUM: Zur Frage der Erweiterung der hygienischen Wasserkontrolle auf den Nachweis von *Pseudomonas aeruginosa*. GFW-Wasser/Abwasser 115, 224, 1974.

SCHWARZ, J. und R. COLWELL: Heterotrophic activity of deep-sea sediment bacteria. Appl. Microbiol. 30, 639, 1975.

SCHWEISFURTH, R.: *Crenothrix polyspora* COHN als Indikator für eine organische Belastung von Grundwasser. Verh. Ges. Ökol. 161, 1974.

SCHWEISFURTH, R.: Manganoxydierende Mikroorganismen in Trinkwasserversorgungsanlagen. GFW-Wasser/Abwasser 113, 562, 1972.

SLÁDEČEK, V.: Nutzung der Cyanophagen in der Praxis. Acta Hydrochim. Hydrobiol. 3, 169, 1975.

SPELLER, D. C. E.: Colonisation of dental units by water bacteria. Brit. Dental **135**, 189, 1973.
STAPLES, D. G. und J. C. FRY: A medium for counting aquatic heterotrophic bacteria in polluted and unpolluted waters. J. Appl. Bacteriol. **36**, 179, 1973.
STILINOVIČ, B.: The application of the replica technique in investigations of physiological groups of bacteria in surface waters. Acta Bot. Croat. **38**, 71, 1979.
STRAŠKRABOVÁ, V.: Biomass and activity of bacterioplankton in reservois. Folia Microbiol. **21**, 216, 1976.
STRZELCZYK, E., W. DONDERSKI und W. LEWOSZ: Occurrence of microorganisms capable of decomposing organic phosphorus compounds in two types of bottom sediments of the eutrophic lake Jeziorak. Acta Microbiol. Pol. **4**, 101, 1972.
STRZELCZYK, E. und W. DONDERSKI: The oxidation of different organic compounds in bottom sediments of three lakes. Acta Univ. N. Copernici **34**, 105, 1974.
STRZELCZYK, E., W. DONDERSKI und W. LEWOSZ: Utilization of aromatic compounds by benthic microorganisms of an eutrophic lake. Acta Microbiol. Pol. **4**, 191, 1972.
STRZELCZYK, E., U. LENIARSKA und W. DONDERSKI: Studies on metabolic activity of benthic bacteria isolated from three lakes. Acta Microbiol. Pol. **6**, 125, 1974.
STRZELCZYK, E., M. STOPIŃSKI und W. DONDERSKI: Studies on metabolic activity of planktonic bacteria isolated from three lakes. Acta Microbiol. Pol., S. B **7**, 177, 1975.
ŠVORCOVÁ, L.: Mikrobiologische Verunreinigung der Mineralwässer und Möglichkeiten ihrer Kontamination. Acta Hydrochim. Hydrobiol. **1**, 553, 1973.
ŠVORCOVÁ, L.: Vliv životní činnosti mikroorganismu na chemismus přírodních vod. Geol. práce **62**, 45, 1975.
TALAEVA, J. G.: Obnaruženie i izučenie patogennych enterobakterij v vode. Gigiena **12**, 23, 1973.
THOMSON, B. M. und R. D. HAMILTON: Heterotrophic utilization of sucrose in an artificially enriched lake. J. Fish. Res. Board. Can. **30**, 1547, 1973.
TRONOVA, T. M.: Mikroflora rozličnych tipov mineral'nych vod jugovostočnej časti zapadnoj Sibiri. Mikrobiol. **43**, 129, 1974.
TRUST, T. J. und K. H. BARTLETT: Occurence of potential pathogens in water containing ornamental fishes. Appl. Microbiol. **28**, 35, 1974.
TUTTLE, J. H. und H. W. JANNASCH: Microbiol utilization of thiosulfate in the deep sea. Limnol. Oceanogr. **21**, 697, 1976.
VAN DER VELDE, T. L. und W. N. MACK: Poliovirus in a water supply. J. Amer. Water Works Assoc. **65**, 345, 1973.
VERSTRAETE, W. und J. P. VOETS: Comparative study of *E. coli* survival in two aquatic ecosystems. Water Res. **10**, 129, 1976.
VERSTRAETE, W., J. P. VOETS und H. VANSTAEN: Shifts in microbial groups of river water upon passage through cooling systems. Environ. Pollut. 8, 275, 1975.
VICTORIN, K.: A field study of some swimming-pool waters with regard to bacteria, available chlorine and redox potential. J. Hyg. **72**, 101, 1974.
WALLIS, C. et al.: The hazards of incorporating charcoal filters into domestic water systems. Water Res. (G. B.) **8**, 111, 1974.
WALLNEROVÁ, Z. und A. ŠIMKOVÁ: Význam výskytu vírusov vo vodnom prostredí. Biológia (Bratislava) **32**, 445, 1977.
WOLF, H.-J., W. DOTT und K. BOTZENHARDT: Zur hygienischen Beschaffenheit von Freibadgewässern. I Mitt. Zbl. Bakt. Hyg. I Orig. B **171**, 184, 1980.

Register der Personennamen

Register der Mikroorganismen

Sachregister